21世纪高等学校计算机规划教材

21st Century University Planned Textbooks of Computer Science

信息技术基础及应用教程（第2版）

Information Technology Tutorial (2nd Edition)

蒋厚亮 曾洁玲 主编

胡敏 吴劲芸 吴俊 王慧 邓贞嵘 副主编

人民邮电出版社

北京

图书在版编目（C I P）数据

信息技术基础及应用教程 / 蒋厚亮，曾洁玲主编
. -- 2版. -- 北京 : 人民邮电出版社，2017.8（2019.1重印）
21世纪高等学校计算机规划教材
ISBN 978-7-115-46854-3

Ⅰ. ①信… Ⅱ. ①蒋… ②曾… Ⅲ. ①电子计算机－高等学校－教材 Ⅳ. ①TP3

中国版本图书馆CIP数据核字(2017)第224337号

内 容 提 要

本书全面、系统地介绍了信息技术基础知识，内容包括计算机概述、Office 2010 相关软件的应用等，每章后都附有思考与练习题，有助于加深读者对各章知识的理解。本书内容充实，案例丰富，以提高读者的计算机应用能力为主线，以案例为导向，突出培养读者的计算机应用能力，有较强的可操作性和实用性；编者编写本书时力求语言简洁、层次清晰、图文并茂。

本书可作为高等院校非计算机专业计算机应用基础、信息技术基础及应用等课程的教材，也可以作为其他计算机基础教学参考书或读者自学参考书。

◆ 主　　编　蒋厚亮　曾洁玲
副 主 编　胡　敏　吴劲芸　吴　俊　王　慧　邓贞嵘
责任编辑　吴　婷
责任印制　陈　犇
◆ 人民邮电出版社出版发行　　北京市丰台区成寿寺路 11 号
邮编　100164　　电子邮件　315@ptpress.com.cn
网址　http://www.ptpress.com.cn
北京捷迅佳彩印刷有限公司印刷
◆ 开本：787×1092　1/16
印张：18.75　　2017 年 8 月第 2 版
字数：491 千字　　2019 年 1 月北京第 4 次印刷

定价：54.00 元

读者服务热线：(010)81055256　印装质量热线：(010)81055316
反盗版热线：(010)81055315
广告经营许可证：京东工商广登字 20170147 号

第 2 版前言

随着计算机科学和信息技术的飞速发展，计算机技术的应用领域不断扩大，系统地学习和掌握计算机知识，从而具备较强的计算机应用能力已成为信息社会对大学生的基本要求。面对大学新生在中小学阶段已接受过计算机教育的事实，大学计算机基础教育在教学内容上不断提高计算机知识及其应用的起点，从而培养和提高大学生计算机理论方面的素养和实际操作能力，是编者的本意。

信息技术基础及应用是高等院校非计算机专业教育的公共必修课，是学习其他计算机相关课程的基础，也是其他非计算机课程的一个有力的辅助工具。本书在第 1 版的基础上做了修订，使案例更充实、语言更简洁。本书编写的宗旨是使读者较全面地了解计算机基础知识，具备计算机实际应用能力，并在各自的专业领域中能自觉地应用信息技术进行学习与研究。

本书以提高学习者的计算机应用能力为主线，以案例为导向，注重实用性。本书编写力求语言简洁、层次清晰、图文并茂，做到基本原理、基础知识、操作技能三者有机结合。本书由多位从事计算机基础课程教学、具有丰富教学经验的教师集体编写而成。编者在编写时注重理论与实践相结合，实用性与可操作性相结合；案例的选取注重日常学习和工作的需要；内容深入浅出、通俗易懂。

全书共 6 章，主要包括计算机概述、Word 2010 的应用、Excel 2010 的应用、PowerPoint 2010 的应用、网页制作、Flash 动画设计。每章后都附有思考与练习题，有助于加深读者对各章知识的理解。

由于信息技术发展的速度很快，本书涉及内容较多，加之编者水平有限、时间仓促，书中难免存在不足与疏漏之处，敬请广大读者和同行批评指正。

编　者

2017 年 5 月

第2版前言

随着计算机科学和信息技术的飞速发展，计算机技术的应用领域不断扩大，系统地学习和掌握计算机知识，从而具备较强的计算机应用能力已成为信息社会对大学生的基本要求。面对大学新生在中小学阶段已接受过计算机教育的事实，大学计算机基础教育在教学内容上不断提高计算机知识及其应用的起点，从而培养和提高大学生计算机理论方面的素养和实际操作能力，是编者的本意。

信息技术基础及应用是高等院校非计算机专业教育的公共必修课，是学习其他计算机相关课程的基础，也是其他非计算机课程的一个有力的辅助工具。本书在第1版的基础上做了修订，使案例更充实，语言更简洁。本书编写的宗旨是使读者较全面地了解计算机基础知识，具备计算机实际应用能力，并在各自的专业领域中能自觉地应用信息技术进行学习与研究。

本书以提高学习者的计算机应用能力为主线，以案例为导向，注重实用性。本书编写力求语言简洁，层次清晰，图文并茂，做到基本原理、基础知识、操作技能三者有机结合。本书由多位从事计算机基础课程教学、具有丰富教学经验的教师集体编写而成。编者在编写时注重理论与实践相结合、实用性与可操作性相结合；案例的选取注重日常学习和工作的需要，内容深入浅出，通俗易懂。

全书共6章，主要包括计算机概述、Word 2010的应用、Excel 2010的应用、PowerPoint 2010的应用、网页制作、Flash动画设计。每章后都附有思考与练习题，有助于加深读者对各章知识的理解。

由于信息技术发展的速度很快，本书涉及内容较多，加之编者水平有限，时间仓促，书中难免存在不足与疏漏之处，敬请广大读者和同行批评指正。

编 者

2017年5月

目录

第6章 Flash动画设计......230

参考文献......291

第 1 章 计算机概述

随着生产的发展和社会的进步，人类使用的计算工具经历了从简单到复杂、从低级到高级的发展过程。自 1946 年第一台电子计算机诞生以来，计算机的应用领域已从最初的军事科研应用扩展到社会的各个领域，成为信息社会中必不可少的工具。

1.1 信息技术基础知识

21 世纪是信息化的崭新时代，信息技术的应用更是日新月异、突飞猛进，给人类社会带来了前所未有的变革，同时也对我们提出了更高的要求。如何应用信息科学的原理和方法对信息进行综合的研究和处理，已成为衡量科学技术水平的一个重要标准。

1.1.1 数据与信息

数据是指某一目标定性、定量描述的原始资料，包括数字、文字、符号、图形、图像以及它们能够转换成的数值等形式。信息是向人们或机器提供关于现实世界新的事实的知识，是数据、消息中所包含的意义。

信息是客观事物属性的反映，是经过加工处理并对人类客观行为产生影响的数据表现形式。数据是反映客观事物属性的记录，是信息的具体表现形式。任何事物的属性都是通过数据来表现的。数据经过加工处理之后成为信息，而信息必须通过数据才能传播，才能对人类有影响。

信息是较宏观的概念，它由数据有序排列组合而成，能传达给读者某个概念方法。数据是构成信息的基本单位，离散的数据没有任何实用价值。由此可知数据与信息的联系和区别如下。

（1）信息与数据是不可分离的。信息由与物理介质有关的数据表达，数据中所包含的意义就是信息。信息是对数据的解释、运用与解算。即使是经过处理以后的数据，只有经过解释才有意义，才能成为信息。就本质而言，数据是客观对象的表示，而信息则是数据内涵的意义，只有数据对实体行为产生影响时才成为信息。

（2）数据是记录下来的某种可以识别的符号，具有多种多样的形式，也可以加以转换；但其中包含的信息内容不会改变，即不随载体的物理设备形式的改变而改变。

（3）信息可以离开信息系统而独立存在，也可以离开信息系统的各个组成和阶段而独立存在；而数据的格式往往与计算机系统有关，并随承载它的物理设备的形式而改变。

（4）数据是原始事实，而信息是数据处理的结果。

（5）知识不同、经验不同的人，对于同一数据的理解，可得到不同信息。

1.1.2 信息处理

由于信息通常加载在一定的信号上，对信息的处理总是通过对信号的处理来实现，信息处理往往和信号处理具有相似的含义。进行信息处理的主要目的如下。

（1）提高有效性的信息处理。根据信息的性质和特点，压缩信息量的各种方法都属于这一类。

（2）提高抗干扰性的信息处理。为了提高抗干扰的能力，针对干扰的性质和特点，对承载信息的信号进行适当的变换和设计。

（3）改善主观感觉效果的信息处理。这类技术主要应用在图像处理方面。

（4）识别和分类的信息处理。

（5）选择与分离的信息处理。

信息处理一般是对电信号进行的处理，但也有对光信号、超声信号等进行直接处理的。在图像处理中，通常采用串行处理。为了适应复杂图像实时处理等需要，还要研究并行处理技术。在计算机技术不断发展的基础上，如能加上对事物的理解、推理和判断能力，信息处理的效果就会有更大的改进。

信息处理的一个基本规律是“信息不增原理”。这个原理表明，对承载信息的信号所做的任何处理，都不可能使它所承载的信息量增加。一般来说，处理的结果总会损失信息，而且处理的环节和次数越多，这种损失的机会就越大，只有在理想处理的情况下，才不会丢失信息，但是也不能增加信息。虽然信息处理不能增加信息量，却可以突出有用信息，提高信息的可利用性。随着信息理论和计算机技术的发展，信息处理技术得到越来越广泛的应用。

1.1.3 信息化的特征

社会的信息化，也就是信息社会。信息化是人类社会进步发展到一定程度所产生的一个新阶段。它的实质是在信息技术高度发展的基础上实现社会的信息化。信息化可以从以下三个方面来叙述。

（1）信息化是在计算机技术、数字化技术和生物工程技术等先进技术基础上产生的。

（2）信息化使人类以更快、更便捷的方式获得并传递人类创造的一切文明成果，它将提供给人类非常有效的交往手段，促进全人类之间的密切交往和对话，增进相互理解，有利于人类的共同繁荣。

（3）信息化是人类社会从工业化阶段发展到一个以信息为标志的新阶段。与工业化不同，信息化不是关于物质和能量的转换过程，而是关于时间和空间的转换过程。在信息化这个新阶段里，人类生存的一切领域，如政治、商业，甚至个人生活，都是以信息的获取、加工、传递和分配为基础。

信息资源毫无疑问已成为第一战略资源，信息化也就理所应当地处于最突出的战略地位。信息化是从有形的物质产品创造价值的社会向无形的信息创造价值的新阶段转化的过程，也就是从以物质生产和物质消费为主的阶段向以精神生产和精神消费为主的阶段转变。信息化的特征可概括为“四化”和“四性”。

1. 信息化的四化

（1）智能化。知识的生产成为主要的生产形式，知识成为创造财富的主要资源。这种资源可以共享，可以增倍，可以“无限制地”创造。这一过程中，知识取代资本，人力资源比货币资本更为重要。

（2）电子化。光电和网络代替工业时代的机械化生产，人类创造财富的方式不再是工厂化的机器作业，有人称之为“柔性生产”。

（3）全球化。信息技术正在取消时间和距离的概念，信息技术的发展大大加速了全球化的进程。随着因特网的发展和全球通信卫星网的建立，国家的概念将受到冲击，各网络之间可以不考虑地理上的联系而重新组合在一起。

（4）非群体化。在信息时代，信息和信息交换遍及各个地方，人们的活动更加个性化。信息交换除了在社会之间、群体之间进行外，个人之间的信息交换日益增加，以致将成为主流。

2. 信息化的四性

（1）综合性。信息化在技术层面上指的是多种技术综合的产物，它整合了半导体技术、信息传输技术、多媒体技术、数据库技术和数据压缩技术等，在更高的层次上它是政治、经济、社会、文化等诸多领域的整合。人们普遍用协同（synergy）一词来表达信息时代的这种综合性。

（2）竞争性。信息化进程与工业化进程不同的一个突出特点是：信息化是通过市场和竞争推动的，政府引导、企业投资、市场竞争是信息化发展的基本路径。

（3）渗透性。信息化使社会各个领域发生全面而深刻的变革，它同时深刻影响物质文明和精神文明，已成为经济发展的主要牵引力。信息化使经济和文化的相互交流与渗透日益广泛和加强。

（4）开放性。创新是高新技术产业的灵魂，是企业竞争取胜的法宝。参与竞争，在竞争中创新，在创新中取胜。开放不仅是指社会的开放，更重要的是指心灵的开放。开放是创新的心灵开放，开放是创新的源泉。

1.2　信息编码与数据表示

在日常生活中，人们最常用和最熟悉的就是十进制数。在计算机内部，数据的计算和处理采用的二进制数、八进制数和十六进制数，十进制数、二进制数、八进制数和十六进制数之间可以相互转换。

1.2.1　进位计数制规则

现实生活中，人们用十进制计数法时，使用了十个数字符号 0、1、2、3、4、5、6、7、8、9，这些数字符号称为数码，其进位规则是“逢十进一”，借位规则为“借一当十”。十进制中数码在数中所处的位置不同，所代表的数值就不同。例如，547.125 按其各位的权值展开如下：

$$547.125 = 5\times10^{2} + 4\times10^{1} + 7\times10^{0} + 1\times10^{-1} + 2\times10^{-2} + 5\times10^{-3}$$

上式称作十进制数 547.125 的按权展开和式。

1.2.2　进位制之间的转换

同一个数可以用不同的进位制来表示，这就导致不同进位制数之间的转换问题。本节主要介绍进位数制之间的转换。

1. 任意进制数与十进制数之间的转换

任意进制数与十进制数之间的转换只需按权展开和式，进行相加求和，即可得到相应的十进制数。

【例 1】 求$(1110)_2=(\quad ?)_{10}$

解：$(1110)_2=1\times2^3+1\times2^2+1\times2^1+0\times2^0$

$=8+4+2+0=(14)_{10}$

【例 2】 求$(1110)_8=(\quad ?)_{10}$

解：$(1110)_8=1\times8^3+1\times8^2+1\times8^1+0\times8^0$

$=512+64+8+0=(584)_{10}$

【例 3】 求$(1110)_{16}=(\quad ?)_{10}$

解：$(1110)_{16}=1\times16^3+1\times16^2+1\times16^1+0\times16^0$

$=4096+256+16+0=(4368)_{10}$

2. 十进制数与二进制数之间的转换

（1）十进制整数转换成二进制整数。十进制整数转换为二进制整数的方法如下：把被转换的十进制整数反复地除以 2，直到商为 0，所得的余数（从末位读起）就是这个数的二进制表示。简单地说，就是“除 2 取余法”。

例如，将十进制整数$(156)_{10}$转换成二进制整数的过程如下：

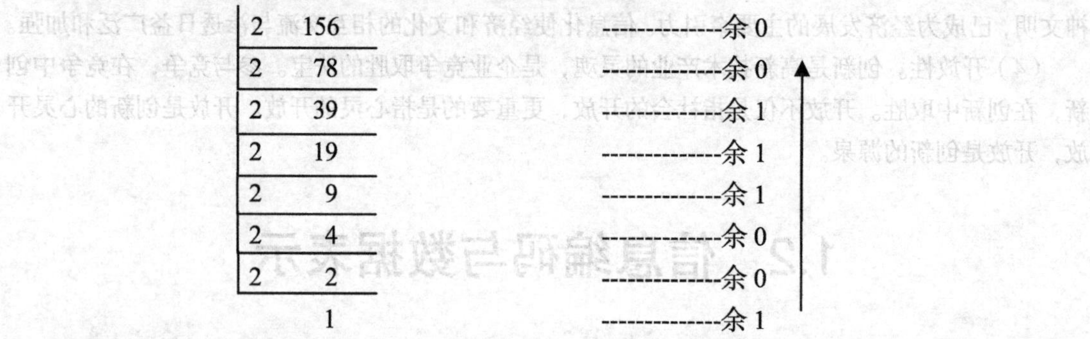

于是，$(156)_{10}=(10011100)_2$

掌握十进制整数转换成二进制整数的方法后，十进制整数转换成八进制或十六进制就很容易。十进制整数转换成八进制整数的方法是“除 8 取余法”，十进制整数转换成十六进制整数的方法是“除 16 取余法”。

（2）十进制小数转换成二进制小数。十进制小数转换成二进制小数是将十进制小数连续乘以 2，选取进位整数，直到满足精度要求为止，简称“乘 2 取整法”。

例如，将十进制小数$(0.8125)_{10}$转换成二进制小数的过程如下：

```
      0.8125
  ×)       2
  ----------
      1.6250     取整数，1
      0.6250
  ×)       2
  ----------
      1.2500     取整数，1
      0.2500
  ×)       2
  ----------
      0.5000     取整数，0
  ×)       2
  ----------
      1.0000     取整数，1
```

将十进制小数 0.8125 连续乘以 2，把每次所进位的整数，按从上往下的顺序写出。于是，$(0.8125)_{10} = (0.1101)_2$。

掌握十进制小数转换成二进制小数的方法后，十进制小数转换成八进制或十六进制小数就很容易。十进制小数转换成八进制小数的方法是“乘 8 取整法”，十进制小数转换成十六进制小数的方法是“乘 16 取整法”。

十进制数既有整数，又有小数转换成二进制数时，要将十进制数的整数部分和小数部分分别进行转换，最后将结果合并起来。

3. 二进制数与八进制数、十六进制数之间的转换

由于二进制数与八进制数、十六进制数之间存在特殊的关系，即 $8^1=2^3$，$16^1=2^4$，因此，每位八进制数可用三位二进制数表示，每位十六进制数可用四位二进制数表示。

（1）二进制数转换成八进制数。转换方法是：将二进制数从小数点开始，整数部分从右向左三位一组，小数部分从左向右三位一组，不足三位用 0 补足即可。

例如，将$(11110101010.11111)_2$转换为八进制数的过程如下：

011　110　101　010 . 111　110
↓　↓　↓　↓　↓　↓
3　6　5　2 . 7　6

于是，$(11110101010.11111)_2 = (3652.76)_8$。

（2）八进制数转换成二进制数。转换方法是：以小数点为界，向左或向右每一位八进制数用相应的三位二进制数取代，然后将其连在一起即可。

例如，将$(5247.601)_8$转换为二进制数的过程如下：

5　2　4　7 . 6　0　1
↓　↓　↓　↓　↓　↓　↓
101　010　100　111 . 110　000　001

于是，$(5247.601)_8 = (101010100111.110000001)_2$。

（3）二进制数转换成十六进制数。二进制数的每四位，刚好对应于十六进制数的一位($16^1 = 2^4$)，其转换方法是：将二进制数从小数点开始，整数部分从右向左四位一组，小数部分从左向右四位一组，不足四位用 0 补足，每组对应一位十六进制数即可得到十六进制数。

例如，将二进制数$(111001110101.100110101)_2$转换为十六进制数的过程如下：

1110　0111　0101 . 1001　1010　1000
↓　↓　↓ . ↓　↓　↓
E　7　5 . 9　A　8

于是，$(111001110101.100110101)_2 = (E75.9A8)_{16}$

（4）十六进制数转换成二进制数。转换方法是：以小数点为界，向左或向右每一位十六进制数用相应的四位二进制数取代，然后将其连在一起即可。

例如，将$(7FE.11)_{16}$转换成二进制数的过程如下：

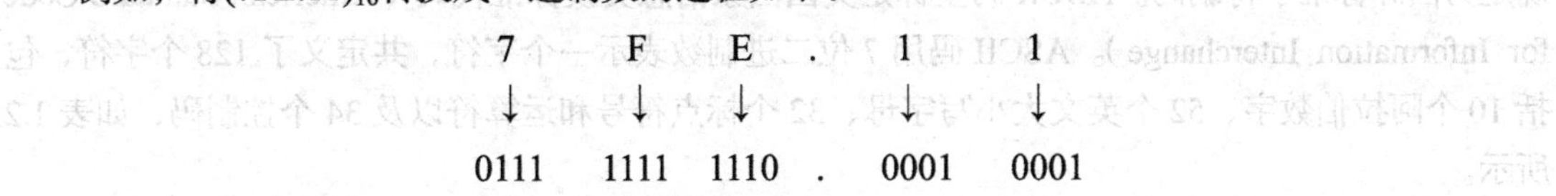

于是，$(7FE.11)_{16} = (11111111110.00010001)_2$

1.2.3 常见的信息编码

1. BCD 码（二–十进制编码）

BCD（Binary Code Decimal）码是用若干个二进制数表示一个十进制数的编码，BCD 码有多种编码方法，常用的有 8421 码。表 1.1 是十进制数 0 ~ 9 的 8421 编码表。

表 1.1　十进制数与 BCD 码的对照表

十进制	二进制	八进制	十六进制	BCD
0	0	0	0	0000
1	01	1	1	0001
2	10	2	2	0010
3	11	3	3	0011
4	100	4	4	0100
5	101	5	5	0101
6	110	6	6	0110
7	111	7	7	0111
8	1000	10	8	1000
9	1001	11	9	1001
10	1010	12	A	0001 0000
11	1011	13	B	0001 0001
12	1100	14	C	0001 0010
13	1101	15	D	0001 0011
14	1110	16	E	0001 0100
15	1111	17	F	0001 0101
16	10000	20	10	0001 0110
⋮	⋮	⋮	⋮	⋮
$(255)_D$	$(11111111)_B$	$(377)_O$	$(FF)_H$	$(0010\ 0101\ 0101)_{BCD}$

8421 码是将十进制数码 0 ~ 9 中的每个数分别用四位二进制编码表示，8、4、2、1 这种编码方法比较直观、简要，对于多位数，只需将它的每一位数字按表 1.1 中所列的对应关系用 8421 码直接列出即可。例如，十进制数转换成 BCD 码如下：

$$(1209.56)_{10} = (0001\ 0010\ 0000\ 1001.0101\ 0110)_{BCD}$$

8421 码与二进制之间的转换不是直接的，要先将 8421 码表示的数转换成十进制数，再将十进制数转换成二进制数。例如：

$$(1001\ 0010\ 0011.0101)_{BCD} = (923.5)_{10} = (1110011011.1)_2$$

2. ASCII 码

在计算机系统中，字符编码必须确定标准。英文字符的编码是以当今世界上使用最广泛的 ASCII 码为标准的。ASCII 码是由美国国家标准学会（ANSI）提出的，后由国际标准组织（ISO）确定为国际标准字符编码。ASCII 码全称是美国国家信息交换标准代码（American Standard Code for Information Interchange）。ASCII 码用 7 位二进制数表示一个字符，共定义了 128 个字符，包括 10 个阿拉伯数字、52 个英文大小写字母、32 个标点符号和运算符以及 34 个控制码，如表 1.2 所示。

表 1.2 ASCII 字符编码

$b_7b_6b_5$ \ $b_4b_3b_2b_1$	000	001	010	011	100	101	110	111
0000	NUL	DLE	空格	0	@	P	`	p
0001	SOH	DC1	!	1	A	Q	a	q
0010	STX	DC2	“	2	B	R	b	r
0011	ETX	DC3	#	3	C	S	c	s
0100	EOT	DC4	$	4	D	T	d	t
0101	ENQ	NAK	%	5	E	U	e	u
0110	ACK	SYN	&	6	F	V	f	v
0111	BEL	ETB	‘	7	G	W	g	w
1000	BS	CAN	(	8	H	X	h	x
1001	HT	EM	)	9	I	Y	i	y
1010	LF	SUB	*	:	J	Z	j	z
1011	VT	ESC	+	;	K	[	k	{
1100	FF	FS	,	<	L	\	l	|
1101	CR	GS	-	=	M	]	m	}
1110	SO	RS	.	>	N	^	n	~
1111	SI	US	/	?	O	_	o	DEL

表中 34 个控制符，注释如下：

NUL（空白）	SOH（序始）	TEX（文始）	ETX（文终）
EOT（送毕）	ENQ（询问）	ACK（应答）	BEL（告警）
BS（退格）	HT（横表）	LF（换行）	VT（纵表）
FF（换页）	CR（回车）	SO（移出）	SI（移入）
DLE（转义）	DC1（设控 1）	DC2（设控 2）	DC3（设控 3）
DC4（设控 4）	NAK（否认）	SYN（同步）	ETB（组终）
CAN（作废）	EM（载终）	SUB（取代）	ESC（扩展）
FS（卷隙）	GS（勘隙）	RS（录隙）	US（元隙）
SP（空格）	DEL（删除）		

ASCII 码在存储时占一个字节，有 7 位 ASCII 码和 8 位 ASCII 码两种，7 位 ASCII 码称为标准 ASCII 码，8 位 ASCII 码称为扩充 ASCII 码。

3. 汉字的编码

我国用户在使用计算机进行信息处理时，一般都要用到汉字，因此，必须解决汉字输入、输出以及汉字处理等一系列问题。1981 年 5 月，我国国家标准总局颁布了《信息交换用汉字编码字符集》(GB2312-80)，简称国家标准汉字编码，也叫国标码。

国标 GB2312-80 规定了汉字信息交换用的基本图形字符及其二进制编码，这是一种用于计算机汉字处理和汉字通信系统的标准交换代码。

国标 GB2312-80 规定了信息交换用的 6 763 个汉字和 682 个非汉字图形符号（包括几种外文

字母、数字和符号）的代码。6 763 个汉字又根据所使用频率、组词能力以及用途大小分成 3 755 个一级常用汉字和 3 008 个二级汉字，每个汉字占用两个字节。

此标准的汉字编码表有 94 行、94 列，其行号称为区号，列号称为位号。双字节中，用高字节表示区号，低字节表示位号。非汉字图形符号置于第 1 至 11 区，3 755 个一级汉字置于第 16 至 55 区，3 008 个二级汉字置于第 56 至 87 区。信息产业部和国家质量技术监督局在 2003 年 3 月 17 日联合发布《信息技术信息交换用汉字编码字符集基本集的扩充》（GB18030-2000），GB18030-2000 包括 27 533 个汉字，该标准从 2001 年 9 月 1 日起执行。

1.3 计算机的发展

电子计算机（Electronic Computer），又称计算机或电脑（Computer），诞生于 20 世纪 40 年代，它是一种能够按照事先存储的程序，自动、高速地进行大量数值计算和各种信息处理的电子设备。

1.3.1 计算机的发展过程

1946 年 2 月，美国军方和宾夕法尼亚大学莫尔学院联合研制的第一台电子计算机 ENIAC（Electronic Numerical Integrator And Calculator）在美国加州问世，ENIAC 用了 18 000 个电子管和 86 000 个其他电子元件，总体积约 $90\mathrm{m}^3$，重达 30t，占地 $170\mathrm{m}^2$，耗电量 174kW · h，它能进行平方运算和立方运算，运算速度为每秒 300 次各种运算或每秒 5 000 次加法，耗资 100 多万美元。尽管 ENIAC 有许多不足之处，但它毕竟是计算机的始祖，揭开了计算机时代的序幕。

多年来，人们以计算机物理器件的变革为标志，把计算机的发展划分为四个时代。

1. 第一代计算机

1946 年到 1959 年这段时期我们称之为“电子管时代”，这一代计算机主要用于科学研究和工程计算，其内部元件使用的是电子管。由于一台计算机需要几千个电子管，每个电子管都会散发大量的热量，因此，如何散热是一个令人头痛的问题。电子管的寿命最长只有 3 000 小时，因此计算机运行时常常出现由于电子管被烧坏而死机的情况。

2. 第二代计算机

1960 年到 1964 年，由于在计算机中采用了比电子管更先进的晶体管，所以将这段时期称为“晶体管时代”，这一代计算机主要用于商业、大学教学和政府机关。晶体管比电子管小得多，不需要预热时间，能量消耗较少，处理更迅速、更可靠。第二代计算机的程序语言从机器语言发展到汇编语言。接着，高级语言 FORTRAN 语言和 COBOL 语言相继开发出来并被广泛使用。这时，开始使用磁盘和磁带作为辅助存储器。第二代计算机的体积和价格都下降了许多，使用的人也多了起来，计算机工业开始迅速发展。

3. 第三代计算机

1965 年到 1970 年，集成电路被应用到计算机中，因此这段时期被称为“中小规模集成电路时代”。集成电路（Integrated Circuit，IC）是做在硅晶片上的一个完整的电子电路，这个晶片比手指甲还小，却包含了几千个晶体管元件。第三代计算机的代表是 IBM 公司花了 50 亿美元开发的 IBM 360 系列，其特点是体积更小、价格更低、可靠性更高、计算速度更快。

4. 第四代计算机

1971 年到现在，被称为“大规模集成电路时代”。第四代计算机使用的元件依然是集成电路，不过，这种集成电路已经大大改善，它包含着几十万到上百万个晶体管，人们称之为大规模集成电路（Large-Scale Integrated Circuit，LSI）和超大规模集成电路（Very Large Scale Integrated Circuit，VLSI）。采用 VLSI 是第四代计算机的主要特征，运算速度可达每秒几百万次，甚至上亿次的基本运算，计算机也开始向巨型机和微型机两个方向发展。

1.3.2　计算机的发展趋势

计算机技术是世界上发展最快的科学技术之一，产品不断升级换代。当前计算机正朝着巨型化、微型化、智能化、网络化和多媒体化等方向发展，计算机本身的性能越来越优越，应用范围也越来越广泛，计算机已成为人们工作、学习和生活中必不可少的工具。

1. 多极化

如今，个人计算机已席卷全球，但由于计算机应用的不断深入，对巨型机、大型机的需求稳步增长，巨型、大型、小型、微型机有各自的应用领域，形成了一种多极化的形势。如巨型计算机主要应用于天文、气象、地质、核反应、航天飞机和卫星轨道计算等尖端科学技术领域和国防事业领域，它标志一个国家计算机技术的发展水平。目前运算速度为每秒几百亿次到几千万亿次的巨型计算机已投入运行，并正在研制更高速的巨型机。

2. 智能化

智能化使计算机具有模拟人的感觉和思维过程的能力，使计算机成为智能计算机，这是目前正在研制的新一代计算机要实现的目标。智能化的研究包括模式识别、图像识别、自然语言的生成和理解、博弈、定理自动证明、自动程序设计、专家系统、学习系统和智能机器人等。目前，已研制出多种具有人的部分智能的机器人。

3. 网络化

网络化是计算机发展的又一个重要趋势。从单机走向网络是计算机应用发展的必然结果。所谓计算机网络化，是指用现代通信技术和计算机技术把分布在不同地点的计算机互联起来，组成一个规模大、功能强、可以互相通信的网络结构。网络化的目的是使网络中的软件、硬件和数据等资源能被网络上的用户共享。目前，大到世界范围的通信网，小到实验室内部的局域网已经很普及了，因特网（Internet）已经连接了包括我国在内的 240 多个国家和地区。由于计算机网络实现了多种资源的共享和共同处理，提高了资源的使用效率，因而深受广大用户的欢迎，得到了越来越广泛的应用。

4. 多媒体化

多媒体计算机是当前计算机领域中最引人注目的高新技术之一。多媒体计算机就是利用计算机技术、通信技术和大众传播技术，来综合处理多种媒体信息的计算机。这些信息包括文本、视频图像、图形、声音、文字等。多媒体技术使多种信息建立了有机联系，并集成为一个具有人机交互性的系统。多媒体计算机将真正改善人机界面，使计算机朝着人类接受和处理信息的最自然的方式发展。

1.3.3　计算机的特点

1. 运算速度快

计算机的运算速度指计算机在单位时间内执行指令的平均速度，可以用每秒钟能完成多少次操作（如加法运算）或每秒钟能执行多少条指令来描述，随着半导体技术和计算机技术的发展，计算机的运算速度已经从最初的每秒几千次发展到每秒几十万次、几百万次，甚至每秒几十亿次、上百亿次，是传统的计算工具所不能比拟的。

2. 计算精度高

计算机中数的精度主要表现为数据表示的位数，一般称为机器字长，字长越长，精度越高，目前已有字长128位的计算机。

3. 具有“记忆”和逻辑判断功能

计算机不仅能进行计算，而且还可以把原始数据、中间结果、运算指令等信息存储起来，供使用者调用，这是电子计算机与其他计算装置的一个重要区别。计算机还能在运算过程中随时进行各种逻辑判断，并根据判断的结果自动决定下一步应执行的命令。

4. 程序运行自动化

计算机内部的运算处理是根据人们预先编制好的程序自动控制执行的，只要把解决问题的处理程序输入到计算机中，计算机便会依次取出指令，逐条执行，完成各种规定的操作，不需要人工干预。

1.4 计算机系统的基本组成与工作原理

半个世纪以来，计算机已发展成为一个庞大的家族，尽管各种类型的计算机在性能、结构、应用等方面存在着差别，但它们的基本组成结构却是相同的。

1.4.1 计算机系统的基本组成

一个完整的计算机系统包括两大部分，即硬件系统和软件系统。所谓硬件，是指构成计算机的物理设备，即由机械、电子器件构成的具有输入、存储、计算、控制和输出功能的实体部件。软件也称“软设备”，广义地说，软件是指系统中的程序以及开发、使用和维护程序所需的所有文档的集合。硬件和软件是相辅相成的。没有任何软件支持的计算机称为裸机。裸机本身几乎不具备任何功能，只有配备一定的软件，才能发挥其功能。计算机系统的构成如图1.1所示。

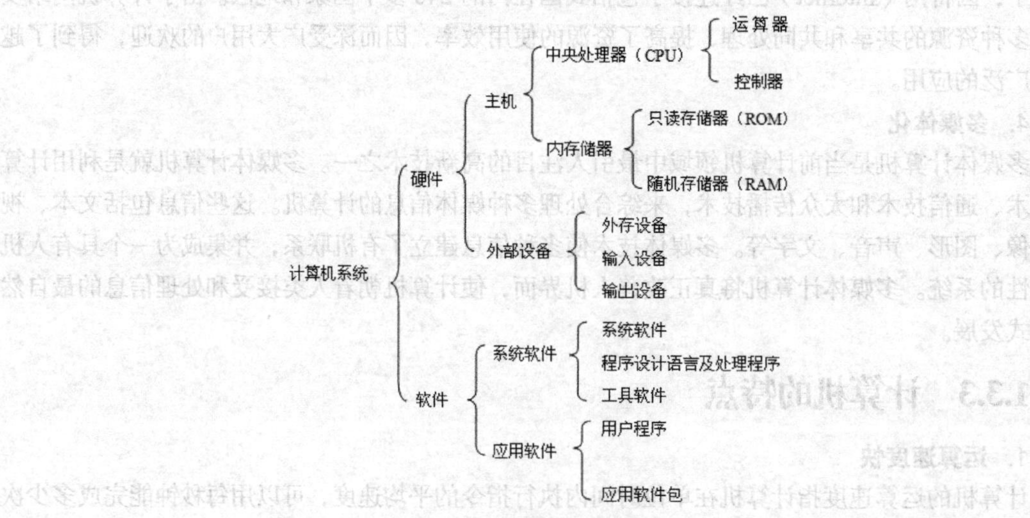

图1.1 计算机系统的构成

1.4.2 基于冯·诺依曼模型的计算机

早期的计算机都是在存储器中储存数据，利用配线或开关进行外部编程。每次使用计算机时，都需要重新布线或调节成百上千的开关，效率很低。针对 ENIAC 在存储程序方面存在的致命弱点，美籍匈牙利科学家冯·诺依曼于 1946 年 6 月提出了一个“存储程序”的计算机方案。

- 采用二进制数的形式表示数据和指令。
- 将指令和数据按执行顺序都存放在存储器中。
- 由控制器、运算器、存储器、输入设备和输出设备五大部分组成计算机。

其工作原理的核心是“存储程序”和“程序控制”，就是通常所说的“顺序存储程序”的概念。人们把按照这一原理设计的计算机称为“冯·诺依曼型计算机”。

冯·诺依曼提出的体系结构奠定了现代计算机结构理论，这一理论被誉为计算机发展史上的里程碑。直到现在，各类计算机仍没有完全突破冯·诺依曼结构的框架。冯·诺依曼模型如图 1.2 所示。

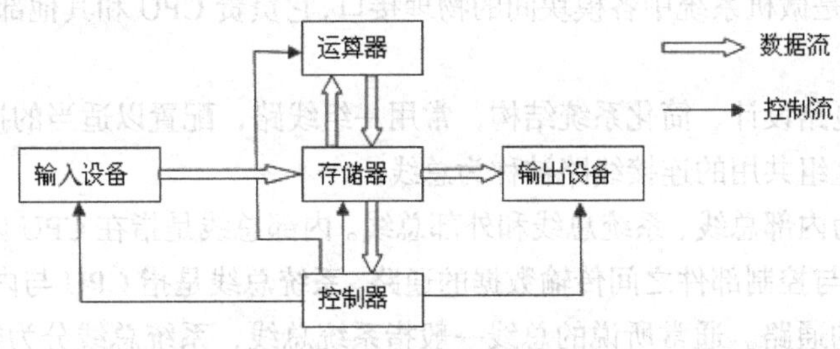

图 1.2 冯·诺依曼模型结构图

1.5 微型计算机的硬件系统

从外观上看，微型计算机主要由主机、显示器、键盘和鼠标等组成，有时根据需要还可以增加打印机、扫描仪和音箱等外部设备。

1.5.1 中央处理器

中央处理器（Central Processing Unit，CPU）是微型计算机硬件系统的核心，一般由高速电子线路组成，主要包括运算器和控制器及寄存器组，有的还包含了高速缓冲存储器（Cache）。CPU 从存储器或高速缓冲存储器中取出指令，放入指令寄存器，并对指令译码，它把指令分解成一系列的微操作，然后发出各种控制命令，执行微操作系列，从而完成一条指令的执行。

由于 CPU 在微机中的关键作用，人们往往将 CPU 的型号作为衡量和购买机器的标准。决定 CPU 性能的指标很多，其中主要是时钟频率、前端总线频率和 Cache。

时钟频率是指 CPU 内数字脉冲信号振荡的速度，也称为主频。相同类型的 CPU 主频越高，运算速度越快，性能就越好。CPU 主频的单位是 GHz，目前主流 CPU 的主频都在 3.0GHz 以上。

前端总线是 CPU 与内部存储器之间的通道，前端总线频率是指 CPU 与内部存储器交换数据的速度。前端总线频率越大，CPU 与内存交换数据的能力越强，CPU 性能越好。目前主流的 CPU

前端总线频率一般为 1.6GHz。

随着微机 CPU 工作频率的不断提高，内存的读写速度相对较慢，为解决内存速度与 CPU 速度不匹配，从而影响系统运行速度的问题，在 CPU 与内存之间设计了一个容量较小（相对主存）但速度较快的高速缓冲存储器（Cache），简称快存。CPU 访问指令和数据时，先访问 Cache，如果目标内容已在 Cache 中（这种情况称为命中），CPU 则直接从 Cache 中读取，否则为非命中，CPU 就从主存中读取，同时将读取的内容存于 Cache 中。Cache 可看成是主存中面向 CPU 的一组高速暂存存储器。这种技术早期在大型计算机中使用，现在应用在微机中，使微机的性能大幅度提高。随着 CPU 的速度越来越快，系统主存越来越大，Cache 的存储容量也由 128KB、256KB 扩大到现在的 512KB 或 2MB。Cache 的容量并不是越大越好，过大的 Cache 会降低 CPU 在 Cache 中查找的效率。

1.5.2 总线与主板

主板不但是整个电脑系统平台的载体，还负担着系统中各种信息的交流。总线是系统中传递各种信息的通道，也是微机系统中各模块间的物理接口，它负责 CPU 和其他部件之间信息的传递。

1. 总线

为了简化硬件电路设计、简化系统结构，常用一组线路，配置以适当的接口电路，与各部件和外围设备连接，这组共用的连接线路被称为总线。

微机的总线分为内部总线、系统总线和外部总线。内部总线是指在 CPU 内部的寄存器之间和算术逻辑部件 ALU 与控制部件之间传输数据的通路。系统总线是指 CPU 与内存和输入/输出设备接口之间进行通信的通路。通常所说的总线一般指系统总线，系统总线分为数据总线 DB（Data Bus）、地址总线 AB（Address Bus）和控制总线 CB（Control Bus）。外部总线则是微机和外部设备之间的总线，微机作为一种设备，通过该总线和其他设备进行信息与数据交换，它用于设备之间的互连。

数据总线用来传输数据。数据总线是双向的，既可以从 CPU 送到其他部件，也可以从其他部件传输到 CPU。数据总线的位数也称宽度，与 CPU 的位数相对应。

地址总线用来传递由 CPU 送出的地址信息，和数据总线不同，地址总线是单向的。地址总线的位数决定了 CPU 可以直接寻址的内存范围。

控制总线用来传输控制信号，其中包括 CPU 送往存储器或输入/输出接口电路的控制信号，如读信号、写信号和中断响应信号等；还包括系统其他部件送到 CPU 的信号，如时钟信号、中断请求信号和准备就绪信号等。

2. 主板

主板是一块多层印刷信号电路板，外表两层印刷信号电路，内层印刷电源和地线。主板插有微处理器（CPU），它是微机的核心部分；还有 6~8 个长条形插槽，用于插显卡、声卡、网卡（或内置 Modem）等各种选件卡；还有用于插内存条的插槽及其他接口等，其结构如图 1.3 所示。主板性能的好坏对微机的总体指标将产生举足轻重的影响。

图 1.3 主板示意图

（1）北桥芯片（North Bridge）。北桥芯片是主板芯片组中起主导作用的、最重要的组成部分，也称为主桥（Host Bridge）。一般来说，芯片组的名称就是以北桥芯片的名称来命名的，例如 Intel 965P 芯片组的北桥芯片是 82965P，975P 芯片组的北桥芯片是 82975P。北桥芯片负责与 CPU 联系并控制内存、AGP，PCI-E 数据在北桥内部传输，提供对 CPU 的类型和主频、系统的前端总线频率、内存的类型（SDRAM、DDR、DDR2、DDR3 等）和最大容量、AGP 插槽、PCI-E 插槽、ECC 纠错的支持。北桥芯片通常在主板上靠近 CPU 插槽的位置，这主要是考虑到其与处理器之间的通信最密切，为了提高通信性能而缩短传输距离。因为北桥芯片的数据处理量非常大，发热量也越来越大，所以现在的北桥芯片都覆盖着散热片用来加强散热。

（2）南桥芯片（South Bridge）。南桥芯片是主板芯片组的重要组成部分，一般位于主板上离 CPU 插槽较远的下方，在 PCI 插槽的附近，这种布局是考虑到它所连接的 I/O 总线较多，离处理器远一点有利于布线。南桥芯片负责 I/O 总线之间的通信，如 PCI 总线、USB、LAN、ATA、SATA、音频控制器、键盘控制器、实时时钟控制器、高级电源管理等。南桥芯片的发展方向主要是集成更多的功能，如网卡、RAID、IEEE 1394，甚至 Wi-Fi 无线网络等。

（3）CPU 插槽。CPU 需要通过某个接口与主板连接才能进行工作。CPU 经过这么多年的发展，采用的接口方式有引脚式、卡式、触点式、针脚式。目前 CPU 的接口都是针脚式接口，对应到主板上就有相应的插槽类型。不同类型的 CPU 具有不同的 CPU 插槽，因此选择 CPU，就必须选择带有与之对应插槽类型的主板。CPU 插槽类型不同，插孔数、体积、形状都有变化，所以不能互相接插。

（4）内存插槽。内存插槽是指主板上所采用的内存插槽类型和数量。主板所支持的内存种类和容量都由内存插槽来决定的。目前常见的内存插槽为 SDRAM 内存、DDR 内存插槽。不同的内存插槽它们的引脚、电压、性能和功能是不尽相同的，不同的内存在不同的内存插槽上不能互换使用。

（5）PCI（Peripheral Component Interconnection）插槽。PCI 是一种由英特尔（Intel）公司 1991 年推出的用于定义局部总线的标准。此标准允许在计算机内安装多达 10 个遵从 PCI 标准的扩展卡，它为显卡、声卡、网卡、电视卡、Modem 等设备提供了连接接口。

1.5.3 存储器

外存储器可用来长期存放程序和数据。外存不能被 CPU 直接访问，其中保存的信息必须调入内存后才能被 CPU 使用。微机的外存相对于内存来讲大得多，一般指软盘、硬盘、光盘和 USB 闪存等。

1. 软盘存储器

软盘存储器由软盘、软盘驱动器（简称软驱）和软盘控制适配器（或软盘驱动卡）3 部分组成，软盘是存储介质，只有插入软驱中且在软盘驱动卡的控制下才能完成工作。

2. 硬盘存储器

硬盘由硬质合金材料构成的多张盘片组成，硬盘与硬盘驱动器作为一个整体被密封在一个金属盒内，合称为硬盘存储器，硬盘存储器通常固定在主机箱内。

3. 光盘存储器

光盘存储器由光盘和光盘驱动器组成，光盘驱动器使用激光技术实现对光盘信息的读出和写入。

4. 移动式存储器

为适应移动办公存储大容量数据发展的需要，新型的、可移动的外部存储器已广泛使用，如移动硬盘、U 盘等。

1.5.4 声音、显示、网络适配器

适配器就是一个接口转换器，它可以是一个独立的硬件接口设备，允许硬件或电子接口与其他硬件或电子接口相连，也可以是信息接口。在计算机中，适配器通常内置于可插入主板上插槽的卡中（也有外置的），卡中的适配信息与处理器和适配器支持的设备间进行交换。

1. 音频适配器

音频适配器又称声卡，是多媒体技术中最基本的组成部分，是实现声波/数字信号相互转换的一种硬件。声卡的基本功能是把来自话筒、磁带、光盘的原始声音信号加以转换，输出到耳机、扬声器、扩音机、录音机等声响设备中，或通过音乐设备数字接口（MIDI）使乐器发出美妙的声音。

2. 显示适配器

显示适配器又称显卡，将计算机系统所需要的显示信息进行转换驱动，并向显示器提供扫描信号，控制显示器的正确显示。显卡是连接显示器和个人电脑主板的重要元件，是“人机对话”的重要设备之一，承担着输出显示图形的任务。

3. 视频采集卡

视频采集卡也称视频卡，是将模拟摄像机、录像机、LD 视盘机、电视机输出的视频信号等输出的视频数据或者视频音频的混合数据输入电脑，并转换成电脑可辨别的数字数据存储在电脑中，成为可编辑处理的视频数据文件。

4. 网络适配器

网络适配器又称网卡，是使计算机联网的设备。

1.5.5 输入和输出设备

输入、输出设备是人或外部与计算机进行交互的一种装置，用于把原始数据和处理这些数据的程序输入到计算机中或将计算机处理的结果进行展示。

1. 输入设备

微机常用的输入设备有键盘、鼠标、扫描仪、数码相机、数码摄像机、光笔、手写板、游戏杆、语音输入装置等。

（1）键盘。键盘是向计算机发布命令和输入数据的重要输入设备，是必备的标准输入设备。键盘结构通常由三部分组成：主键盘、小键盘和功能键。主键盘即通常的英文打字机用键组（键盘中部）；小键盘即数字键组（键盘右侧，与计算器类似）；功能键组（键盘上部，标 F1 ~ F12）。

（2）鼠标。鼠标是一种指点式输入设备，其作用可代替光标移动键进行光标定位操作和替代回车键操作。

（3）扫描仪。扫描仪是一种计算机外部仪器设备，通过捕获图像并将之转换成计算机可以显示、编辑、存储和输出的数字化输入设备。

（4）数码相机。数码相机是一种利用电子传感器把光学影像转换成电子数据的照相机。它集成了影像信息的转换、存储和传输等部件，具有数字化存取模式、与电脑交互处理和实时拍摄等特点。

2. 输出设备

输出设备的主要作用是把计算机处理的数据、计算结果等内部信息转换成人们习惯接受的信

息形式（如字符、图像、表格、声音等）输出。常见的输出设备有显示器、打印机、绘图仪等。

（1）显示器。显示器通过显卡接到系统总线上，两者一起构成显示系统。显示器是微机最重要的输出设备，是“人机对话”不可缺少的工具。

（2）打印机。打印机也是计算机系统最常用的输出设备。在显示器上输出的内容只能当时查看，便于用户查看与修改，但不能保存。为了将计算机输出的内容留下书面记录以便保存，就需要用打印机打印输出。

（3）绘图仪。绘图仪是一种常用的图形输出设备。通过专用的绘图软件，可以将用户的绘图要求变为对绘图仪的操作指令。

1.5.6　移动计算机

1. 笔记本电脑

与台式机相比，它们的基本构成是相同的（显示器、键盘/鼠标、CPU、内存和硬盘），但是笔记本电脑的优势是非常明显的。其主要优点是体积小、重量轻、携带方便，超轻超薄是其主要发展方向，它的性能会越来越高，功能会更加丰富。其便携性和备用电源使移动办公成为可能，因此越来越受用户推崇，市场容量迅速扩展。

2. 平板电脑

平板电脑的外观和笔记本电脑相似，但不是单纯的笔记本电脑，它可以被称为笔记本电脑的浓缩版。其外形介于笔记本电脑和掌上电脑之间，但其处理能力大于掌上电脑，与笔记本电脑相比，它除了拥有其所有功能外，还支持手写输入或者语音输入，移动性和便携性都更胜一筹。

3. 掌上电脑

掌上电脑即 PDA（Personal Digital Assistant），就是个人数字助理的意思。顾名思义就是辅助个人工作的数字工具，功能丰富，应用简便，可以满足日常的大多数需求，主要提供记事、通信录、名片交换及行程安排等功能，看书、游戏、字典、学习、记事和看电影等一应俱全。

4. 智能手机

智能手机具有独立的操作系统，像个人电脑一样支持用户自行安装软件、游戏等第三方服务商提供的程序，并通过此类程序不断对手机的功能进行扩充，同时可通过移动通信网络实现无线网络接入。

1.6　计算机的软件系统

软件系统一般指为计算机运行工作服务的全部技术和各种程序。计算机系统的软件分为系统软件和应用软件。

1.6.1　系统软件

系统软件是指控制和协调计算机及外部设备，支持应用软件开发和运行的系统，是无需用户干预的各种程序的集合。其主要功能是调度、监控和维护计算机系统；负责管理计算机系统中各种独立的硬件，使得它们可以协调工作。系统软件包括操作系统、语言编译程序、数据库管理系统和联网及通信软件。

1. 操作系统（Operating System，OS）

操作系统是最基本、最重要的系统软件，负责管理计算机系统的全部软件资源和硬件资源，合理地组织计算机各部分协调工作，为用户提供操作和编程界面。目前，常见的操作系统有 Windows、Linux、Mac OS、iOS、Android 等。

2. 语言编译程序

人和计算机交流信息使用的语言称为计算机语言或程序设计语言。计算机语言通常分为机器语言、汇编语言和高级语言 3 类。

（1）机器语言（Machine Language）

机器语言是一种用二进制代码“0”和“1”形式表示的，能被计算机直接识别和执行的语言。用机器语言编写的程序，称为计算机机器语言程序。它是一种低级语言，用机器语言编写的程序不便于记忆、阅读和书写。

（2）汇编语言（Assemble Language）

汇编语言是一种用助记符表示的面向机器的程序设计语言。汇编语言的每条指令对应一条机器语言代码，不同类型的计算机系统一般有不同的汇编语言。用汇编语言编制的程序称为汇编语言程序，机器不能直接识别和执行，必须由“汇编程序”（或汇编系统）翻译成机器语言程序才能运行。

（3）高级语言（High Level Language）

高级语言是一种比较接近自然语言和数学表达式的计算机程序设计语言。一般用高级语言编写的程序称为“源程序”，计算机不能识别和执行，要把用高级语言编写的源程序翻译成机器指令，通常有编译和解释两种方式。编译是将源程序整个编译成目标程序，然后通过链接程序将目标程序链接成可执行程序。解释是将源程序逐句翻译，翻译一句执行一句，边翻译边执行，不产生目标程序，由计算机执行解释程序自动完成。

3. 数据库管理系统（Database Management System，DBMS）

数据库管理系统的作用是管理数据库，是有效地进行数据存储、共享和处理的工具。数据库管理系统软件的种类有很多，针对不同人群的不同需求，目前常用的有 Oracle、Access、MySQL、SQL Server、Sybase、DB2 等。

4. 联网及通信软件

网络上的信息和资料管理比单机上要复杂得多，因此，出现了许多专门用于联网和网络管理的系统软件。例如，局域网操作系统有 Windows Server 2003、Windows Server 2012、Windows NT 等；通信软件有 Internet 浏览器软件，如腾讯的 QQ 浏览器、微软的 IE 浏览器、奇虎的 360 浏览器等。

1.6.2 应用软件

应用软件是用户可以使用的各种程序设计语言，以及用各种程序设计语言编制的应用程序的集合，分为应用软件包和用户程序。应用软件包是利用计算机解决某类问题而设计的程序的集合，供多用户使用。

1. 办公软件

办公软件指可以进行文字的处理、表格的制作、幻灯片制作、简单数据库的处理等应用于日常工作方面的软件，包括文字处理软件、表格处理软件、幻灯片制作软件、公式编辑器、绘图软件等，如微软 Office 系列、金山 WPS 系列等。

2. 互联网软件

互联网软件是指在互联网上完成语音交流、信息传递、信息浏览等事务的软件，包括即时通信软件、电子邮件客户端、网页浏览器、FTP 客户端和下载工具等软件，如 QQ、Foxmail、Internet Explorer、迅雷等。

3. 多媒体软件

多媒体软件是指媒体播放器、图像编辑软件、音频编辑软件、视频编辑软件、计算机辅助设计、计算机游戏、桌面排版等，如 Photoshop、Flash 等。

4. 分析软件

分析软件指计算机代数系统、统计软件、数字计算、计算机辅助工程设计等，如 SPSS、AutoCAD 等。

5. 商务软件

商务软件是指为企业经营提供支持的各类软件，如会计软件、企业工作流程分析、客户关系管理、企业资源规划、供应链管理、产品生命周期管理等。

1.7 计算机基本操作

操作系统是计算机软件的核心，本节介绍操作系统中最基本、最常用的一些技巧。

1.7.1 操作系统的桌面设置

1. 桌面的组成

打开电脑，进入操作系统后看到的界面就是操作系统的桌面。操作系统的桌面由桌面图标、桌面空白区域以及任务栏所组成。

（1）桌面图标

默认情况下，桌面上有以下几个图标：计算机、网络、回收站、Internet Explorer 等，如图 1.4 所示。其中，“计算机”主要管理计算机磁盘信息、操作文件、设置计算机属性等；“网络”主要管理网络信息，包括网络属性的显示和网络属性的设置；“回收站”主要负责对删除的文件的保存与管理；“Internet Explorer”主要用于浏览网络资源信息。双击某个图标即可启动该应用程序，用户还可以把一些常用的应用程序或文件夹的图标添加到桌面上。

图 1.4 桌面图标

- 系统图标：安装完 Windows 自动生成的图标，如计算机、网络、回收站等图标。
- 快捷图标：应用程序的快捷启动方式，左下角有箭头标志。
- 普通图标：保存在桌面上的文件或文件夹。

（2）任务栏

任务栏的主要作用是方便用户对应用程序的切换、启动相关应用程序或完成一些属性的设置。任务栏一般由“开始”按钮、文件夹快速切换区、应用程序快速启动区、应用程序切换区、应用程序通知区这 5 个功能部分组成，如图 1.5 所示。

图 1.5　任务栏的组成

- “开始”按钮：包括应用程序的启用与卸载、文件的搜索、计算机属性的设置、计算机的管理、计算机的关闭与重新启动等操作。
- 文件夹快速切换区：如果用户同时打开了多个文件夹，可以根据需要在不同的文件夹之间进行切换，将鼠标光标置于最小化在任务栏里的文件或文件夹上，会列出文件或文件夹的列表（见图 1.6），鼠标光标放在其中一个文件或文件夹上面，则显示预览窗口（见图 1.7）。

图 1.6　文件列表

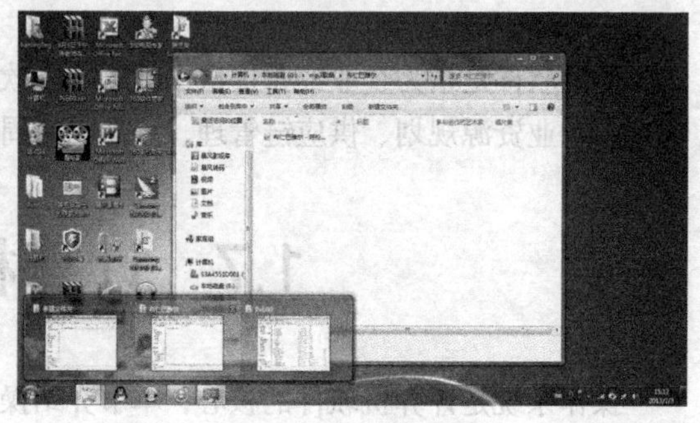

图 1.7　文件预览窗口

- 应用程序快速切换区：用于快速方便地启动应用程序，鼠标单击其中的图标，即可启动相应的程序。
- 应用程序切换区：用于快速将应用程序切换到最前台。
- 应用程序通知区：位于任务栏的右侧，用于显示时间、一些程序的运行状态和系统图标，单击图标通常会打开与该程序相关的设置，也称系统托盘区域。

2. 桌面的设置

（1）桌面图标的排列

- 按名称排序：一般情况是按照文件名的第一个字符的英文顺序排序；如果文件名是汉字，则按照汉字的拼音顺序排序。
- 按大小排序：按文件的存储大小排序。
- 按项目类型排序：按文件的类型进行分类排序，将同一类型的文件排列在一起。
- 按修改日期排序：按文件所创建时间顺序进行排序。

桌面图标排序的操作过程：在空白处，单击鼠标右键，在弹出的菜单中，将鼠标移到“排序方式”菜单上，在展开的下一级菜单中将会看到排序方式，如图 1.8 所示。

（2）屏幕分辨率的设置

计算机的屏幕分辨率是由计算机的显卡、显卡的驱动程序以及显示器的特性所决定的。不同的显示器或不同的应用程序，对屏幕分辨率有不同的要求。为了更好地发挥应用程序的性能，对屏幕分辨率要进行适当地设置。一般情况下，屏幕分辨率越高所显示的图像越精细，屏幕所显示的文字信息越清晰（但文字字体显示相对越小）。屏幕分辨率是由两组数字所组成的，其中第一组数字表示屏幕横向显示的像素点，第二组数字表示屏幕纵向显示的像素点。如屏幕分辨率为 1024×768，则表示屏幕横向显示为 1024 个像素点，屏幕纵向显示为 768 个像素点。但值得注意的是，并不是所有的显示器都能支持高分辨率，如果把分辨率设置过高，使显示器超负荷工作，这样容易烧坏显示器。

屏幕分辨率设置的方法：在桌面上的空白处单击鼠标右键，在弹出的菜单中，用鼠标单击“屏幕分辨率”菜单，此时，屏幕上显示一个“屏幕分辨率”的窗口，用鼠标单击“分辨率”一栏右边的下拉三角按钮，往下拖动屏幕分辨率设置的滑块，如图 1.9 所示。设置完后，单击窗口下方的“确定”按钮，即可完成对屏幕分辨率的调整。

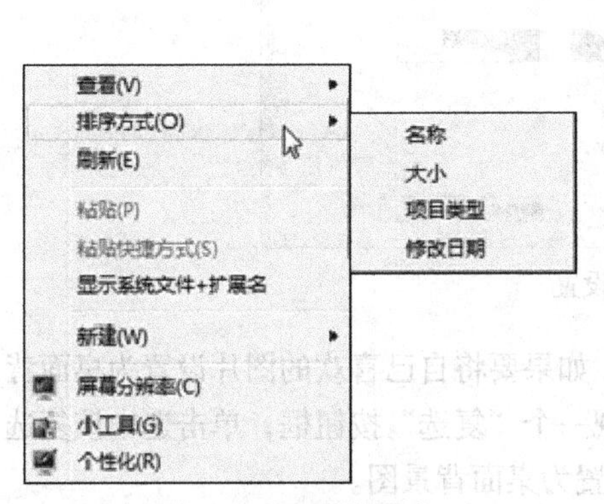

图 1.8　桌面图标排序

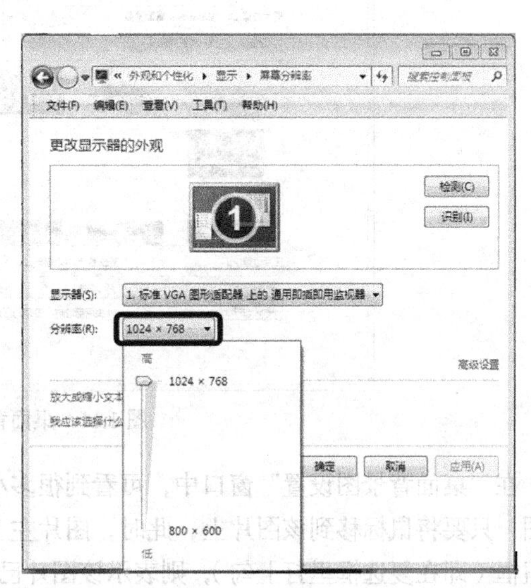

图 1.9　屏幕分辨率的设置

（3）个性化桌面背景的设置

个性化设置主要包括桌面背景、窗口颜色、屏幕保护程序、桌面图标、鼠标指针、任务栏和「开始」菜单等设置。

设置桌面背景的具体操作：在桌面空白处，单击鼠标右键，在弹出的菜单中，选择“个性化”菜单，弹出“个性化设置”窗口，如图 1.10 所示。

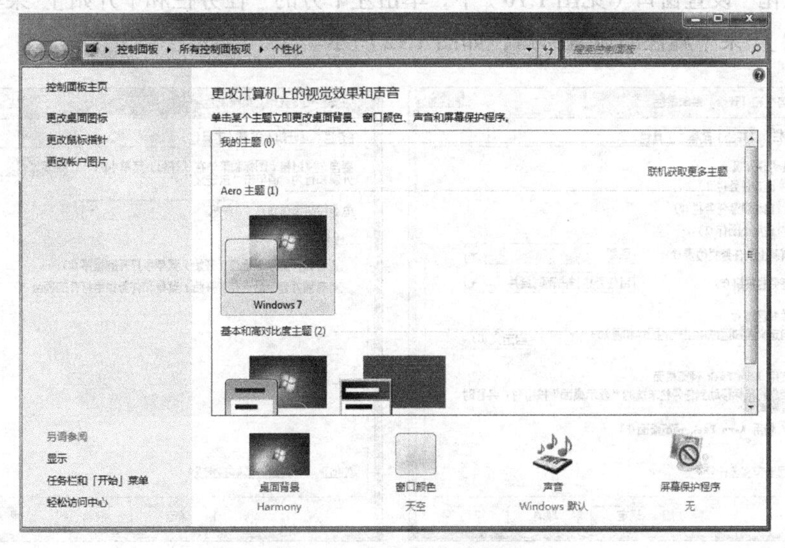

图 1.10　个性化桌面设置

在“个性化设置”窗口中，用鼠标单击“桌面背景”图标，弹出“桌面背景图片设置”窗口，如图1.11所示。

图1.11　桌面背景图片设置

在“桌面背景图设置”窗口中，可看到很多小图片。如果要将自己喜欢的图片设置为桌面背景图，只要将鼠标移到该图片上，此时，图片左上角出现一个“复选”按钮框，单击选中该复选按钮框（即在复选框里打上勾），则表示该图片已经被设置为桌面背景图。

如果希望桌面背景图可以动态地在多张图片之间切换，可以在“桌面背景图设置”窗口中同时选中多张图片，即先按住键盘上的Ctrl键，再用鼠标单击并选中多张图片。还可以对“图片位置”及“更改图片时间间隔”进行设置。设置好后，单击“保存修改”按钮。

图片出现的位置有居中、平铺、拉伸、适应和填充等几种格式。

更改图片出现的时间间隔：用户可以根据情况选择具体的时间间隔，如10秒、30秒、1分钟。

（4）任务栏和「开始」菜单的设置

在“个性化”设置窗口（见图1.10）中，单击左下方的“任务栏和「开始」菜单，弹出“任务栏和「开始」菜单属性的设置窗口，如图1.12所示。

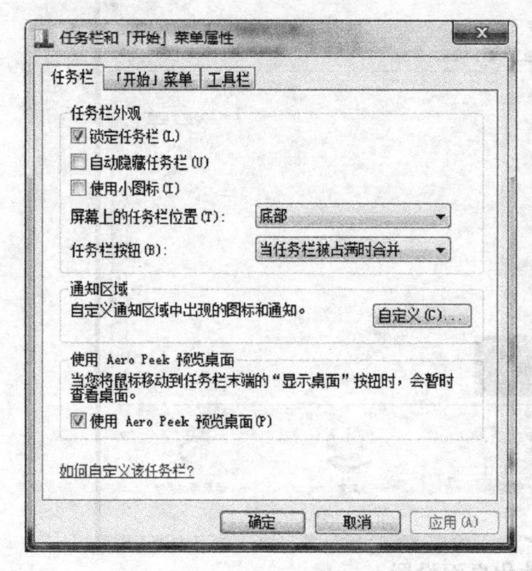

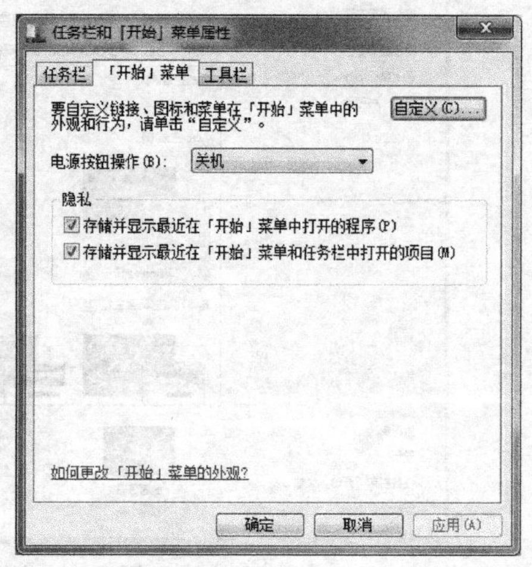

图1.12　任务栏和「开始」菜单的设置

- 对任务栏的设置：主要包括任务栏的外观、任务栏的位置、任务栏上的按钮、通知区域的图标等。
- 「开始」菜单的设置：主要包括「开始」菜单上应用程序项的显示、电源按钮操作等。

1.7.2　文件的管理

一个磁盘上通常存有大量的文件，文件是一系列信息的集合，在其中可以存放文本、图像、声音以及数值数据等各种信息。文件名的命名规则如图 1.13 所示。

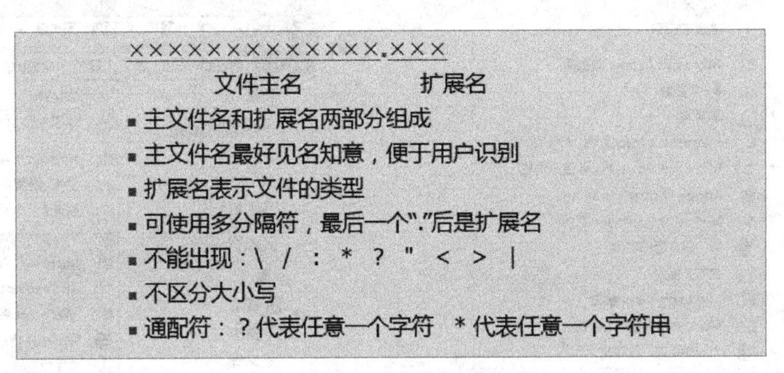

图 1.13　命名规则

1. 文件或文件夹的显示方式

文件或文件夹的显示有8种不同的方式，即超大图标、大图标、中等图标、小图标、列表、详细信息、平铺、内容。查看文件或文件夹的显示有3种方式，如图1.14所示。

第一种方式：在文件或文件夹所在的文件夹的空白处单击鼠标右键，在弹出的菜单中，将鼠标移到“查看”菜单上，在展开的下一级菜单中将会看到显示方式为“详细信息”。

第二种方式:在文件或文件夹所在的文件夹窗口中,工具栏的右侧有一个“视图按钮”,即 ，用鼠标单击视图按钮旁边的下拉三角，将会看到显示方式为“详细信息”。

第三种方式：在文件或文件夹所在的文件夹窗口中，在菜单栏中单击“查看”按钮，将会看到显示方式为“详细信息”。

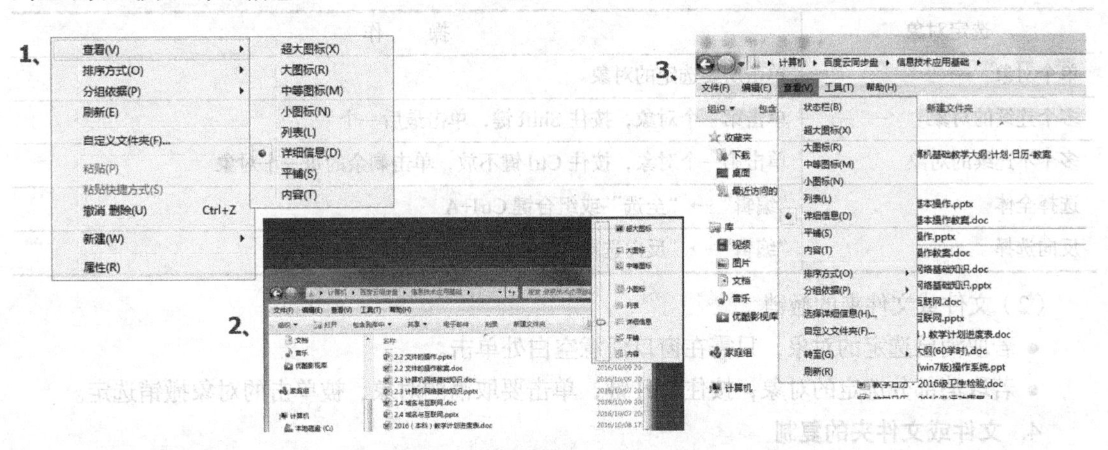

图 1.14　文件或文件夹的显示方式

2. 文件或文件夹的创建

第一种方式：利用鼠标右键创建文件或文件夹。在窗口工作区或桌面的空白处，单击鼠标右键，在弹出的菜单中，将鼠标移动到“新建”上，在展开的下一级菜单中，选择“文件夹”或相应的文件类型，再根据需要修改文件或文件夹的名称即可完成文件或文件夹的创建。

第二种方式：利用工具栏按钮创建文件夹。单击窗口工具栏中的“新建文件夹”按钮，在该窗口的工作区中创建了一个名为“新建文件夹”的文件夹，再根据需要修改文件夹的名称。

第三种方式：利用菜单命令创建文件或文件夹。在窗口上方菜单栏中，单击“文件”按钮，鼠标移动到“新建”命令上，在展开的下一级菜单中选择“文件夹”或相应的文件类型，再根据需要修改文件或文件夹的名称即可完成文件或文件夹的创建，如图1.15所示。

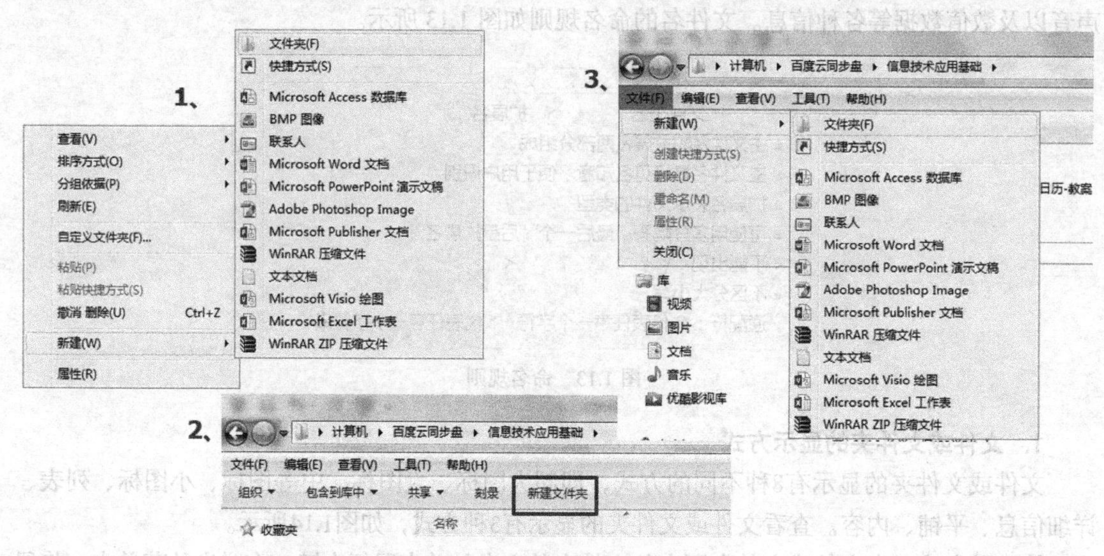

图1.15　文件或文件夹的创建

3. 文件或文件夹的选定与撤销

（1）文件或文件夹的选定

文件或文件夹的选定操作如表1.3所示。

表1.3　文件或文件夹的选定

选定对象	操　作
单个对象	单击所要选定的对象
多个连续的对象	单击第一个对象，按住Shift键，单击最后一个
多个不连续的对象	单击第一个对象，按住Ctrl键不放，单击剩余的每一个对象
选择全体	“编辑”→“全选”或组合键Ctrl+A
反向选择	“编辑”→“反向选择”

（2）文件或文件夹的撤销

- 若取消已选定的对象，只需在窗口任意空白处单击。
- 若取消部分选定的对象，按住Ctrl键，单击要取消的对象，被单击的对象撤销选定。

4. 文件或文件夹的复制

复制文件或文件夹的方法有很多种，常用的方法有如下几种。

（1）通过鼠标左键拖动进行复制

这种方法通常先打开两个窗口，在源窗口中用鼠标左键按住目标文件或文件夹（即需要复制的文件或文件夹），直接将其拖动到目标窗口中，完成文件或文件夹的复制操作。

用这种方法复制文件或文件夹，源窗口和目标窗口所指的盘符必须不为同一盘符。换句话来说，不能将C盘下名称为“1”的文件夹下的一个文件直接拖到C盘下名称为“2”的文件夹里去。在同一盘符下用左键拖动文件，这种操作被认定为文件的移动操作。

（2）通过菜单中的“复制”先复制后粘贴

例如，要将C盘下的文件“123.txt”复制到D盘根目录下，其操作是：在桌面上双击“计算机”图标，在打开的“计算机窗口”中双击“C盘”，在“C盘”窗口中，单击“123.txt”文件将该文件选中，单击窗口上的“编辑”菜单，在展开的菜单中单击“复制”；将窗口的位置切换到D盘或重新打开“D盘”窗口，在该窗口的菜单栏中选择“编辑”菜单下的“粘贴”，完成文件的复制操作。

（3）通过菜单中的“复制到文件夹…”进行复制

例如，要将C盘下的文件“123.txt”复制到D盘根目录下，其操作是：在桌面上双击“计算机”图标，在打开的“计算机窗口”中双击“C盘”，在“C盘”窗口中，单击“123.txt”文件将该文件选中，单击窗口上的“编辑”菜单，在展开的菜单中单击“复制到文件夹…”；在弹出的窗口中选择“D盘”，单击“确定”即可。

（4）通过鼠标右键先复制后粘贴

打开要复制文件或文件夹的源窗口，选中文件或文件夹，单击鼠标右键选择该文件或文件夹，在弹出的菜单中，选择“复制”；然后，打开目标窗口，在窗口工作区的空白处单击鼠标右键，在弹出的菜单上，选择“粘贴”，即可完成文件或文件夹的复制操作。

（5）通过快捷键进行复制

打开要复制文件或文件夹的源窗口，在该窗口下，选中文件或文件夹，同时按下键盘上的Ctrl+C键；然后，打开目标窗口，同时按下键盘上的Ctrl+V键，即可完成文件或文件夹的复制操作。

（6）通过鼠标右键发送进行复制

把电脑中的文件或文件夹复制到U盘等移动磁盘，有另一种更有效的方法。打开要复制的文件或文件夹的源窗口，在该窗口中，单击鼠标右键选择需要复制的目标文件或文件夹，在弹出的菜单，将鼠标移到“发送”命令上，在展开的菜单中，将看到U盘的盘符或移动磁盘的提示信息，将鼠标移到该盘符上并单击鼠标，即可完成文件或文件夹的复制。

5. 文件或文件夹的删除

因学习或工作的需要，经常在电脑中创建或复制各种文件。而文件需要占用一定的磁盘空间，随着时间的推移，电脑中的文件数越来越多，文件所占据的空间就越来越大，有时候为了节省磁盘的空间，我们经常会删除一些不用的文件或过时的文件来腾出可用的磁盘空间。

文件被删除了，一般是不容易被恢复的。建议在删除文件之前一定要慎重考虑，更不能误删或错删有用的文件，否则，对工作或学习会带来不必要的麻烦。

（1）通过菜单删除

选择要删除的文件或文件夹，在窗口的菜单栏中，单击“文件”菜单，在展开的菜单中，单击“删除”命令，此时，弹出“删除文件”对话框，选择“是”按钮，则将该文件或文件夹删除；选择“否”按钮，则取消删除。

（2）通过右键删除

选择要删除的文件或文件夹，在文件或文件夹上单击鼠标右键，在弹出的菜单中，选择“删除”命令，弹出“删除文件”对话框，选择“是”按钮，则删除该文件或文件夹；选择“否”按钮，则取消删除。

（3）通过键盘删除

选择要删除的文件或文件夹，直接按下键盘上的删除键，即Delete键，即可删除文件或文件夹，在弹出的“删除文件”对话框中，选择“是”按钮，则删除该文件或文件夹；选择“否”按钮，则取消删除。

以上3种方法删除的文件或文件夹都是放在回收站里，没有真正地从磁盘上删除该文件或文件夹。如果是误删或下次还想要这个文件或文件夹，还可以通过回收站找回。

如果直接使用组合键Shift+Delete来删除文件，则被删除的文件不经过回收站。这种方法删除文件更有效、更快捷，但在实际工作中，不建议使用这种操作方法，一旦文件被删除，就不容易恢复。

6. 文件或文件夹的移动

文件或文件夹的移动是指把一个或多个文件或文件夹从一个位置移动到另一个位置，其特点就是原来的位置上没有这个文件或文件夹了，新的位置有这个文件或文件夹。

（1）通过鼠标左键拖动

在同一盘符里，将一个文件夹中的文件或文件夹移动到该盘符下另一个文件夹中去，使用鼠标左键拖动的方法非常简单。

首先，打开该盘符，打开源文件夹窗口，同时打开目标文件夹窗口，在源文件夹窗口中用鼠标左键按住要移动的文件或文件夹，按住鼠标左键不放，拖动鼠标到目标文件夹窗口上，然后松开鼠标，则完成文件或文件夹的移动。

（2）通过菜单先剪切后粘贴

打开源文件夹窗口，在该窗口下，选中要移动的文件或文件夹，单击该窗口上的“编辑”菜单，在展开的菜单中，单击“剪切”命令；打开目标文件夹窗口，在目标文件夹窗口中，单击“编辑”菜单，在展开的菜单中，单击“粘贴”命令，完成文件或文件夹的移动。

（3）通过菜单中“移动到文件夹…”

打开源文件夹窗口，在该窗口下，选中要移动的文件或文件夹，单击窗口上的“编辑”菜单，在展开的菜单中单击“移动到文件夹…”命令；在弹出的窗口中选择目标文件夹，单击“确定”即可。

（4）通过鼠标右键先剪切后粘贴

打开要移动文件或文件夹的源文件夹窗口，在该窗口下，在该文件或文件夹上单击鼠标右键，在弹出的菜单中选择“剪切”命令；然后，打开目标文件夹，在该窗口工作区的空白处，单击鼠标右键，在弹出的菜单中选择“粘贴”命令，即可完成文件或文件夹的移动。

（5）通过快捷键移动

打开要移动文件或文件夹的源文件夹窗口，在该窗口下，选中该文件或文件夹，同时按下键盘上的Ctrl+X键；然后，打开目标文件夹窗口，同时按下键盘上的Ctrl+V键，即可完成文件或文件夹的移动。

7. 文件或文件夹的重命名

（1）通过鼠标右键

在窗口中单击鼠标右键选择要重命名的文件或文件夹，在弹出的菜单中，选择“重命名”命令，文件名处于被选中状态，通过键盘输入要更改的新文件名，在空白处单击鼠标或直接按回车键，完成文件或文件夹的重命名。

（2）通过鼠标左键

在窗口中单击要重命名的文件或文件夹，隔 2 秒左右再单击该文件或文件夹（注意两次单击间隔时间不能太短也不能太长），文件名处于被选中状态，通过键盘输入要更改的新文件名，在空白处单击鼠标或直接按回车键，完成文件或文件夹的重命名。

（3）通过菜单

选中文件或文件夹后，在窗口的“文件”菜单中单击“重命名”命令，也可完成文件或文件夹的重命名。

8. 文件或文件夹的搜索

文件或文件夹的搜索有以下两种方法。

（1）单击“开始”菜单，在“搜索程序和文件”框中输入文件全名或部分名称。

（2）双击桌面上的“计算机”图标，在“搜索框”输入要搜索的文件全名或部分名称，在“地址栏”中输入搜索的范围。

1.8　思考与练习

一、思考题

1. 台式电脑与笔记本电脑有什么区别？
2. 平板电脑有什么功能？
3. 手机与台式电脑有什么区别？
4. 购买电脑，需要考虑哪些问题？
5. 购买手机，需要关心哪些问题？

二、练习题

1. 王阿姨家欲购买一台台式电脑，请结合你所学过的电脑知识，帮助王阿姨列出电脑相关的配件。要求：有参考价格、电脑硬件配置的各种型号。

2. 张阿姨准备为即将上大学的儿子购买一台笔记本电脑，请你帮忙做参考。要求你根据自己的知识，结合张阿姨家的情况，帮助张阿姨列出几份笔记本电脑的清单。要求：有参考价格、品牌型号、硬件配置清单、性价对比表。

第2章 Word 2010 的应用

Word 2010 是一款处理文字的软件，其功能非常全面，可以进行文字处理、表格制作、图表生成、图形绘制、图片处理和版式设置等操作，使用 Word 2010 可以更加简单快捷地完成文字编辑。用户可以通过 Word 2010 制作出精美的办公文档与专业的信函文件，还可以对文档进行不同的版式设置以满足需求。

2.1 Word 2010 文字编辑与排版

2.1.1 “通知”文档的制作与排版

1. 案例知识点及效果图

本案例主要运用了以下知识点：建立新文档、文字的输入及分段、文本的选择、数字序号的输入、字体格式设置、段落对齐、段落缩进、文档的保存等。案例效果如图 2.1 所示。

2. 操作步骤

（1）新建空白文档：单击“开始”→“所有程序”→“Microsoft Office”→“Microsoft Word 2010”命令，即可启动 Word 2010，打开 Word 2010 文档编辑软件窗口，并新建了一个空白的 Word 文档。文档默认的名称为“文档 1.docx”。

（2）输入文本：选择中文输入法，输入文本。除标题外共有 14 段文本，如图 2.2 所示。

关于举办校运动会的通知

为进一步推进我校素质教育进程，丰富全校师生校园文化生活，全面提高学生的个性与特长，倡导全民健身运动，展示我校师生的良好风貌，经研究决定，举办我校 2014 年春季运动会。现将有关事项通知如下：

1、比赛时间：2014 年 4 月 13-14 两天

2、比赛项目：100 米；200 米；800 米(女)；1500 米(男)；跳高；跳远。

3、报名方法：每班限报男女各 8 人，每人 2 项，每项最多 5 人。

4、名次及计分方法：

⑴ 每组取团体前六名。单项取前六名。

⑵ 计分：按 7、5、4、3、2、1 方式计分。

⑶ 破校记录加 3 分，破年级记录加 2 分。

5、注意事项

⑴ 参加比赛的运动员必须把号码布挂在胸前，在比赛中不得将号码布拿下，无号码布不能参加比赛。

⑵ 参加比赛的运动员提前十分钟到达赛地，二次点名未到判弃权。

⑶ 严禁非比赛人员进入场地。

东华大学校办公室

2014.3.19

图 2.1　通知样式

关于举办校运动会的通知

为进一步推进我校素质教育进程，丰富全校师生校园文化生活，全面提高学生的个性与特长，倡导全民健身运动，展示我校师生的良好风貌，经研究决定，举办我校 2014 年春季运动会。现将有关事项通知如下：

1、比赛时间：2014 年 4 月 13-14 两天

2、比赛项目：100 米；200 米；800 米(女)；1500 米(男)；跳高；跳远。

3、报名方法：每班限报男女各 8 人，每人 2 项，每项最多 5 人。

4、名次及计分方法：

⑴ 每组取团体前六名。单项取前六名。

⑵ 计分：按 7、5、4、3、2、1 方式计分。

⑶ 破校记录加 3 分，破年级记录加 2 分。

5、注意事项

⑴ 参加比赛的运动员必须把号码布挂在胸前，在比赛中不得将号码布拿下，无号码布不能参加比赛。

⑵ 参加比赛的运动员提前十分钟到达赛地，二次点名未到判弃权。

⑶ 严禁非比赛人员进入场地。

东华大学校办公室

2014.3.19

图 2.2　通知文字输入

在每段文字输入完后，按键盘上的 Enter 回车换行键，可将光标切换到下一行的起始点，来进行下一段文字的输入。

数字字符（1）（2）（3）…的输入：按 Ctrl+Shift 键，选择任意一种中文汉字输入法，在文档编辑窗口中显示输入法状态栏，如“搜狗拼音输入法”，如图 2.3 所示。单击鼠标右键选择状态栏上的小键盘图标，在出现的选项中选择“数字序号”选项，显示如图 2.4 所示数字输入“软键盘”。按需要输入数字字符（1）（2）（3）…即可。

图 2.3　输入法状态栏

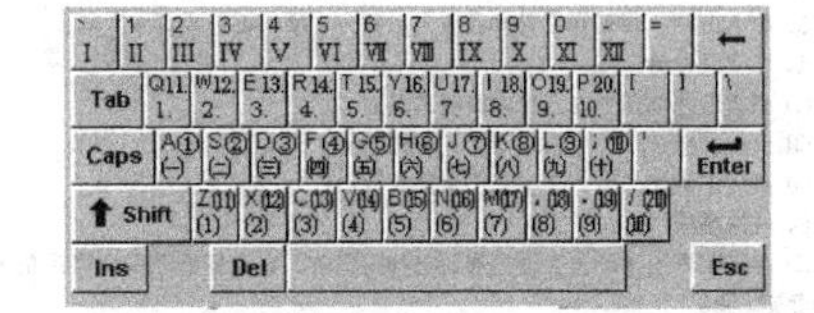

图 2.4　数字输入软键盘

（3）设置标题文字“关于…”的字体格式及段落格式。标题文字字体及段落格式为黑体、二号字、加粗、居中对齐。设置方法如下。

① 拖动鼠标选择标题文字“关于…”，被选文字呈高亮度状态，如图 2.5 所示。

② 在菜单栏中选择“开始”选项卡，显示如图 2.6 所示的字体组、段落组等选项栏。

③ 在“字体”组中选择“黑体”“二号”字；选中加粗按钮“B”。

关于举办校运动会的通知
为进一步推进我校素质教育进程，丰富全校
倡导全民健身运动，展示我校师生的良好风

图 2.5　文字选择状态

图 2.6　“开始”选项卡

④ 在“段落”组中选择的“居中对齐”按钮，标题文字居中对齐，如图 2.7 所示。

关于举办校运动会的通知
为进一步推进我校素质教育进程，丰富全校师生校园文化生活，全面提高学生的个性与特长，倡导全民健身运动，展示我校师生的良好风貌，经研究决定，举办我校 2014 年春季运动会。

图 2.7　标题文字居中对齐

（4）设置其他段落文字的字体格式及段落格式。

① 拖动鼠标选择除标题文字外的其他所有文字，在“字体”组中设置文字的字体为“宋体”、字号为“五号”。

② 设置各段文字的首行文字段落缩进效果。

将光标放在第一段文字“为进一步…”前，按键盘上的空格键，将该段文字首行向右缩进两个汉字字符大小位置。

用上述方法，设置其他所有段落文字首行缩进效果，设置后的文字效果如图 2.8 所示。

（5）设置落款文字“东华大学校办公室”及日期的段落格式。

通知的落款和日期文字实际上也是段落缩进格式，其缩进的程度更大而已。在上面段落缩进操作中，我们使用的是“空格”键来实现段落缩进的效果，下面我们使用更常用、更规范的段落缩进方法，来设置落款及日期段落文字的缩进效果。

① 将光标放置在“东华大学…”文字的前面，按回车键，和前段落间产生空行。

② 再同时选中“落款文字及日期”两行文字，并在标尺上拖动“首行缩进”按钮往右端方向移动形成缩进，如图 2.9 所示，将“落款文字及日期”两段文字移动到文档页面右方偏后的位置处。

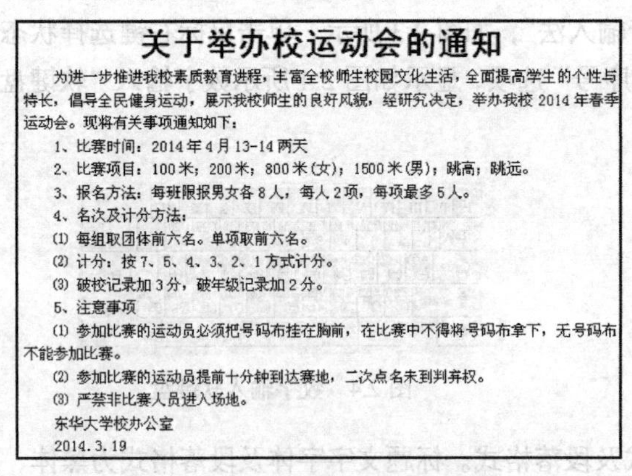

关于举办校运动会的通知

为进一步推进我校素质教育进程，丰富全校师生校园文化生活，全面提高学生的个性与特长，倡导全民健身运动，展示我校师生的良好风貌，经研究决定，举办我校 2014 年春季运动会。现将有关事项通知如下：

1、比赛时间：2014 年 4 月 13-14 两天

2、比赛项目：100 米；200 米；800 米(女)；1500 米(男)；跳高；跳远。

3、报名方法：每班限报男女各 8 人，每人 2 项，每项最多 5 人。

4、名次及计分方法：

(1) 每组取团体前六名。单项取前六名。

(2) 计分：按 7、5、4、3、2、1 方式计分。

(3) 破校记录加 3 分，破年级记录加 2 分。

5、注意事项

(1) 参加比赛的运动员必须把号码布挂在胸前，在比赛中不得将号码布拿下，无号码布不能参加比赛。

(2) 参加比赛的运动员提前十分钟到达赛地，二次点名未到判弃权。

(3) 严禁非比赛人员进入场地。

东华大学校办公室

2014.3.19

图 2.8　设置段落文字缩进效果

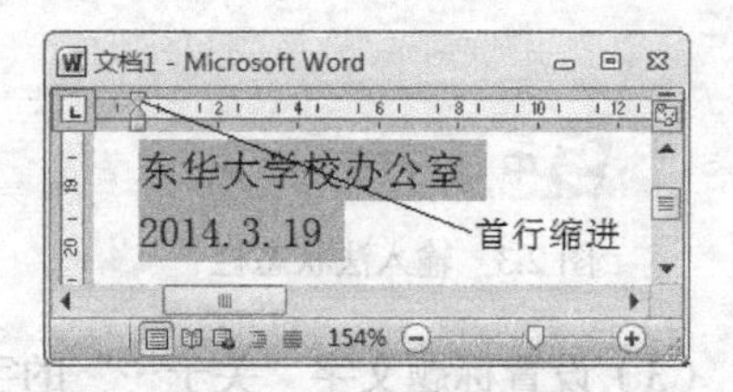

图 2.9　首行缩进按钮

在“标尺”工具的左端，有 3 个按钮，其中最上面的一个按钮呈倒三角形的是“首行缩进”按钮。如果标尺未显示，可在“视图”选项卡的“显示”组中，将“标尺”复选框选中。

③ 将光标移至“日期”文字前面，再调整首行缩进按钮向右，使日期文字处于适当位置处。至此，整个文档的格式设置完成。

（6）保存文档。

Word 文档的编辑和排版完成后，必须保存文档，以便今后的修改和重复使用。保存文档的基本操作方法如下。

单击窗口左上快速访问工具栏上保存按钮，显示“另存为”对话框，如图 2.10 所示。在对话框中“保存位置”处，为文档查找并选择一个保存的位置，也可以在计算机中建立一个新的文件夹，来保存编辑完成的文档。在此选择“我的文档”文件夹中保存文档。在“文件名”框处，为文档输入一个文件名称。在此输入“通知”为文档的名称。在“保存类型”框处默认的选择是“Word 文档”，默认选择这个类型。单击“保存”按钮，文档即保存成功。

（7）退出 Word 2010 编辑软件。文档编辑任务完成并保存后，即可退出 Word 2010 编辑软件，方法如下。

单击编辑软件窗口最右上端关闭按钮，即可关闭 Word 编辑窗口，退出编辑状态。

如果在退出之前没有保存编辑修改过的文档，在退出文档时将会弹出一个保存文档的信息提示对话框，如图 2.11 所示。

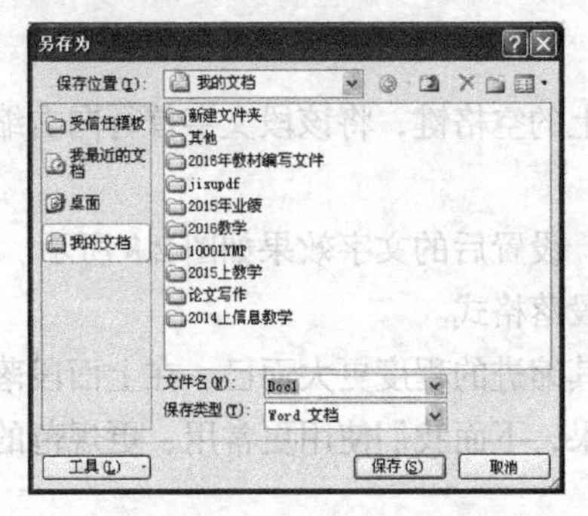

图 2.10　“另存为”对话框

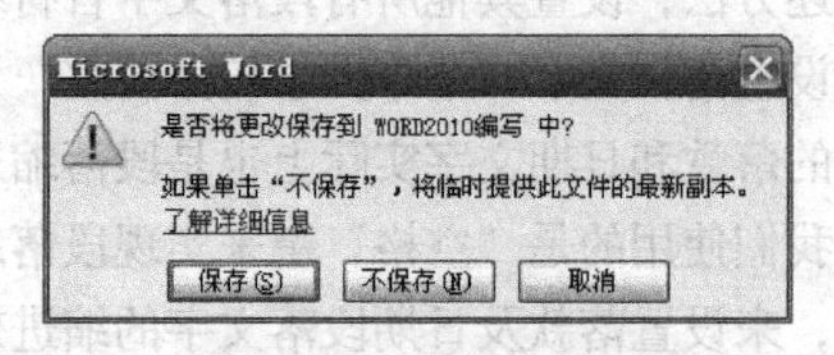

图 2.11　提示对话框

单击“保存”按钮，Word 2010 将会保存文档且关闭程序；单击“不保存”按钮，Word 2010 将不保存文档而直接关闭程序；单击“取消”按钮，Word 2010 将取消此次操作。

2.1.2　“中药保护品种的范围和等级划分”文档的编辑排版

1. 案例知识点及效果图

本案例主要运用了以下知识点：文字的查找与替换、分栏排版、文字及段落的格式化、段落拆分和段落合并、设置分隔符等。案例效果如图 2.12 所示。

2. 操作步骤

（1）启动 Word 2010，建立一个新的文档。选择一种中文输入法，输入文本内容，如图 2.13 所示。除标题文字外，共有 3 个自然段落。

中药保护品种的范围和等级划分

中药保护《条例》对受保护的中药品种划分为一級和二級进行管理。

一. 对中药一級保护品种应具备的条件符合下列条件之一的品种，可以申请一級保护。对特定疾病有特殊疗效的；相当于国家一級保护野生药材物种的人工制成品；用于预防和治疗特殊疾病的。

二. 申请中药二級保护品种应具备的条件符合下列条件之一的品种，可以申请二級保护。符合一級保护的品种或者已经解除一級保护的品种；对特定疾病有显著疗效的；从天然药物中提取的有效物质及特殊制剂。

图 2.12　“中药保护品种的范围和等级划分”样张

中药保护品种的范围和等级划分
中药保护《条例》对受保护的中药品种划分为 1 级和 2 级进行管理。
一. 对中药 1 级保护品种应具备的条件符合下列条件之一的品种，可以申请 1 级保护。对特定疾病有特殊疗效的；相当于国家 1 级保护野生药材物种的人工制成品；用于预防和治疗特殊疾病的。
二.申请中药 2 级保护品种应具备的条件符合下列条件之一的品种，可以申请 2 级保护。符合 1 级保护的品种或者已经解除 1 级保护的品种；对特定疾病有显著疗效的；从天然药物中提取的有效物质及特殊制剂。

图 2.13　输入文本内容

（2）段落拆分与合并。将第二段落文字“一. 对中药 1 级…”拆分为 4 个自然段，然后再恢复合并为 1 个自然段。

段落拆分的方法如下：将光标插入点放置在要设置新自然段、进行段落拆分的文字字符前，按下回车键，即可完成段落拆分的操作。完成段落拆分后的文档样式如图 2.14 所示。

中药保护《条例》对受保护的中药品种划分为 1 级和 2 级进行管理。
一. 对中药 1 级保护品种应具备的条件符合下列条件之一的品种，可以申请 1 级保护。
对特定疾病有特殊疗效的；
相当于国家 1 级保护野生药材物种的人工制成品；
用于预防和治疗特殊疾病的。

图 2.14　段落拆分

如想将两个相邻的自然段合并为一个自然段，可将光标插入点放置在要合并的第 1 个自然段的最后，按 Delete 键，删除段末的“段落标记”，两个段即可合并为一个自然段。或者将光标插入点放置在要合并的第 2 个自然段的最前面，按空格键，删除段前的“段落标记”。

按上述方法将以上拆分的 4 段落重新合并成 1 个自然段。

（3）查找文本：在文中查找所有“1 级”字符样式文字。选择“开始”选项卡，在“编辑”组中选择“查找”菜单项，在文档窗口左边打开图 2.15 所示的“导航”窗口。

在查找文本框中输入待查找字符“1 级”后，可以看到在“导航”窗格中显示文字“6 个匹配项”；在文档窗口中，则以黄色底纹显示所有 6 处“1 级”字符文字，如图 2.16 所示。

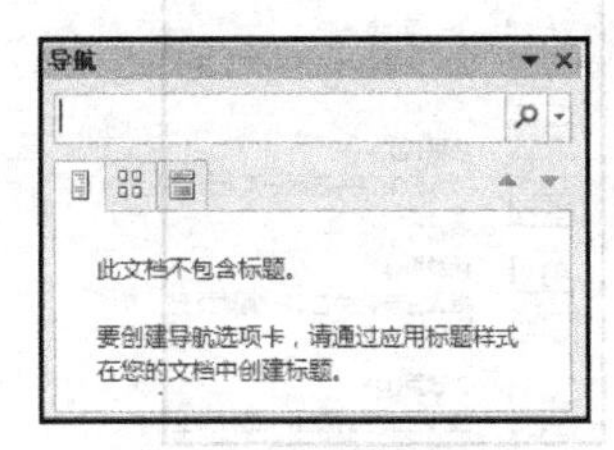

图 2.15　导航窗口

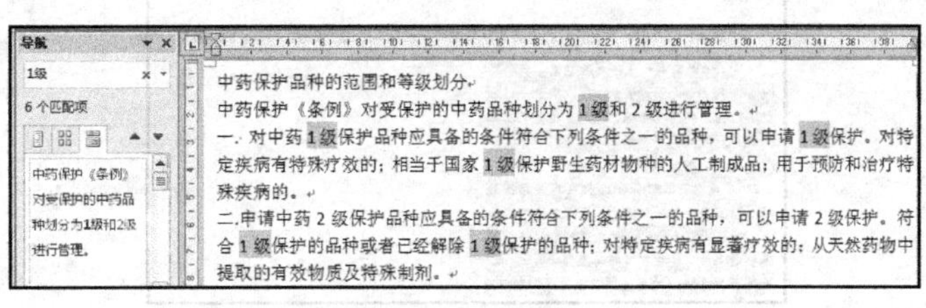

图 2.16　文档窗口

一般情况中，由于文档较长，符合查找要求的文字字符是不可能同时显示在一个窗口中的。这时要看到所有要查找字符，可以拖动文档窗口中的垂直滚动条来查看。

（4）替换文本：将文档中的所有“1 级、2 级”替换为“一级、二级”文字字符。关闭查找导航窗格，在“开始”→“编辑”组中，选择“替换”选项，打开“查找和替换”对话框，如图 2.17 所示。在“查找内容”框内输入“1 级”，在“替换为”框中输入“一级”，如图 2.18 所示。再单击“全部替换”按钮，文档中的所有“1 级”字符全部被“一级”字符替换。

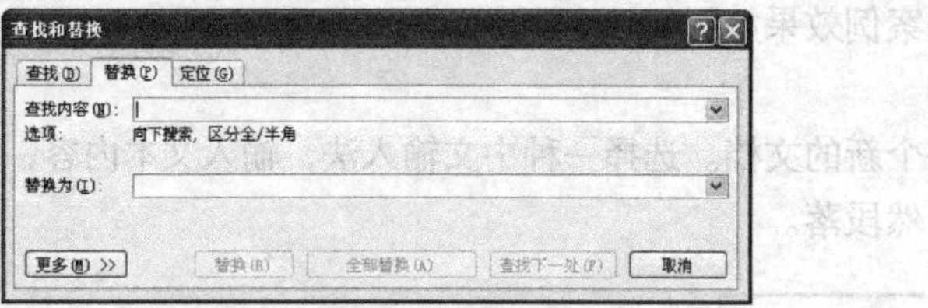

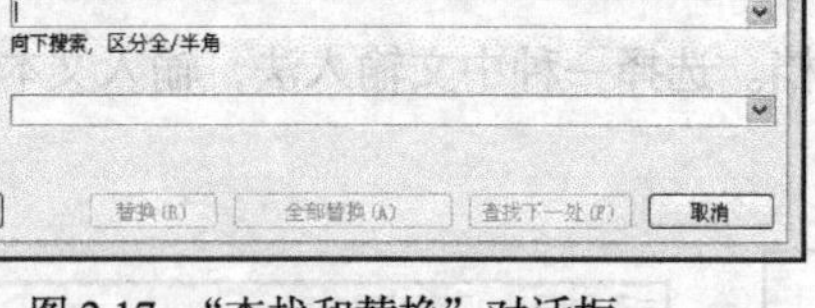

图 2.17 “查找和替换”对话框

图 2.18 替换字符

如果是有选择地替换“1 级”字符，而不是所有的“1 级”字符，可以在“查找与替换”对话框中，交替使用“替换”和“查找下一处”按钮来区别对待实现替换。

同样，按此方法将文档中 3 处“2 级”字符替换为“二级”字符。

（5）设置标题文字的格式。将光标放置在标题文字“中药保护品种的范围和等级划分”中任意位置，在“开始”菜单的“字体及段落”中，设置标题文字为“黑体”“四号字”“加粗”“居中对齐”。

（6）设置其他段落文字格式为“五号”“华文行楷”“两端对齐”。

（7）设置第 2 段文字“中药保护《条例》…”段前段后为 0.5 倍行距。

（8）设置所有段落文字首行缩进文字效果。选择除标题外的所有文字段落，拖动标尺中的首行缩进按钮向右缩进两个字符位置，如图 2.19 所示。

（9）设置最后两段文字的分栏排版效果。选择最后两段文字，单击“页面布局”菜单，在“页面设置”组中选择“分栏”，打开分栏下拉菜单，如图 2.20 所示。选择分“两栏”设置，完成分栏效果设置。如果选择分“两栏”设置后，不能实现分两栏效果，出现图 2.21 所示半边分栏效果，此时可以做如下修正操作。

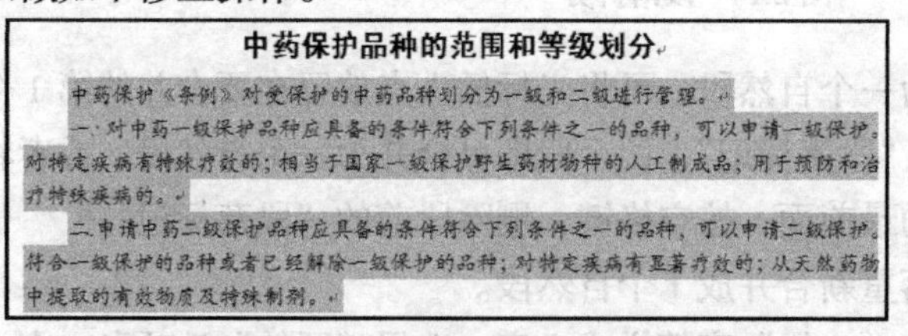
中药保护品种的范围和等级划分

中药保护《条例》对受保护的中药品种划分为一级和二级进行管理。

一、对中药一级保护品种应具备的条件符合下列条件之一的品种，可以申请一级保护，对特定疾病有特殊疗效的；相当于国家一级保护野生药材物种的人工制成品；用于预防和治疗特殊疾病的。

二、申请中药二级保护品种应具备的条件符合下列条件之一的品种，可以申请二级保护，符合一级保护的品种或者已经解除一级保护的品种；对特定疾病有显著疗效的；从天然药物中提取的有效物质及特殊制剂。

图 2.19 设置首行缩进

图 2.20 分栏菜单

将光标放置在分栏文字的最后面，在“页面设置”中选择“分隔符”，打开分页符、分节符菜单，如图 2.22 所示。单击“分节符”中的“连续”分节符选项，文本的分栏效果就能顺利完成。

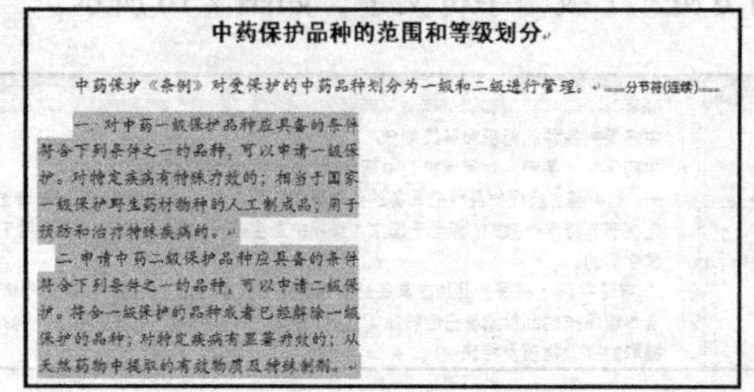
中药保护品种的范围和等级划分

中药保护《条例》对受保护的中药品种划分为一级和二级进行管理。……分节符(连续)……

一、对中药一级保护品种应具备的条件符合下列条件之一的品种，可以申请一级保护，对特定疾病有特殊疗效的；相当于国家一级保护野生药材物种的人工制成品；用于预防和治疗特殊疾病的。

二、申请中药二级保护品种应具备的条件符合下列条件之一的品种，可以申请二级保护，符合一级保护的品种或者已经解除一级保护的品种；对特定疾病有显著疗效的；从天然药物中提取的有效物质及特殊制剂。

图 2.21 文字半分栏

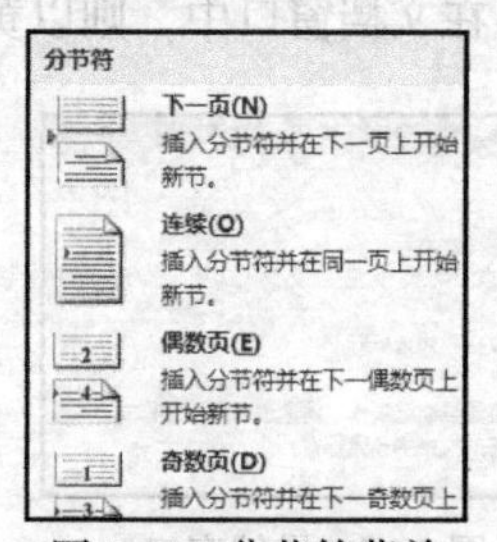

图 2.22 分节符菜单

（10）保存文档。在快速访问工具栏上选择保存按钮，在弹出的对话框中，选择在“我的文档”文件夹中保存文档。为文档输入一个文件名“中药保护”，“保存类型”为默认的“Word 文档”，单击“保存”按钮，文档保存成功。

2.1.3 “麻醉药品品种”文档的制作与排版

1. 案例知识点及效果图

本案例主要运用了以下知识点：文字的输入及分段、文本的选择、字体及段落格式设置、项目符号设置、分栏效果设置、文档页眉设置等。案例效果图如图 2.23 所示。

2. 操作步骤

（1）启动 Word 2010，建立一个新 Word 文档，输入文本内容，如图 2.24 所示。除文档标题外，共有 11 段文字。

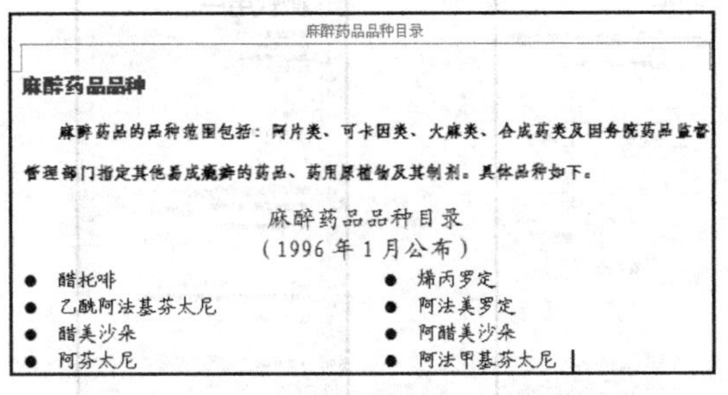
麻醉药品品种目录

麻醉药品品种

麻醉药品的品种范围包括：阿片类、可卡因类、大麻类、合成药类及国务院药品监督管理部门指定其他易成瘾癖的药品、药用原植物及其制剂。具体品种如下。

麻醉药品品种目录

（1996 年 1 月公布）

- 醋托啡
- 乙酰阿法基芬太尼
- 醋美沙朵
- 阿芬太尼
- 烯丙罗定
- 阿法美罗定
- 阿醋美沙朵
- 阿法甲基芬太尼

图 2.23 “麻醉药品品种”效果图

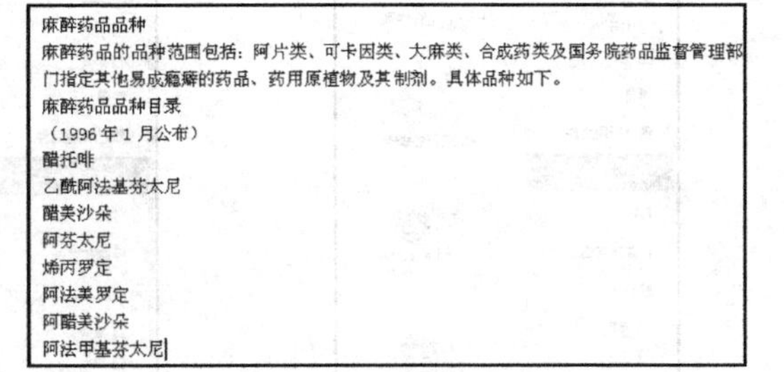
麻醉药品品种

麻醉药品的品种范围包括：阿片类、可卡因类、大麻类、合成药类及国务院药品监督管理部门指定其他易成瘾癖的药品、药用原植物及其制剂。具体品种如下。

麻醉药品品种目录

（1996 年 1 月公布）

醋托啡

乙酰阿法基芬太尼

醋美沙朵

阿芬太尼

烯丙罗定

阿法美罗定

阿醋美沙朵

阿法甲基芬太尼

图 2.24 输入文本内容图

（2）设置标题文字格式。选择“麻醉药品品种”标题文字，在“开始”选项卡的“字体”中，选择设置相应的字体、字号和颜色格式为“黑体”“小四”“加粗”“红色”。

（3）设置其他文字格式。设置第 1 段文字“麻醉药品的品种…”格式为“华文仿宋”“五号”“加粗”；首行缩进 2 个字符；段前 0.5 行、段后 0.5 行；行距为“2.5 倍行距”。

设置第 2、3 段文字（第 4、5 行）格式为“楷体_GB2312”“四号”“居中对齐”，段前段后 0 行行距为“最小值 0 磅”。

设置第 6～13 行文字（醋托啡……阿法甲基芬太尼）格式为“楷体_GB2312”“小四号”。

（4）添加项目符号。选择文档中的第 6～13 行文本，单击“开始”选项卡，单击选择“段落”组菜单中的“项目符号”命令按钮，为选中的文本添加黑色圆点项目符号。

（5）设置分栏效果。选择文档中的第 6～13 行文本，单击“页面布局”选项卡，单击选择“页面设置”组菜单中的“分栏”命令按钮，在出现的子菜单中选择“两栏”。

如果执行分栏命令后，分栏效果没有显示，即从文档页面上看到的仍是一栏的效果，则可将光标插入点放置在要分栏的文字末尾处，选择“页面布局”选项卡中“页面设置”菜单中的“分隔符”命令按钮，在其中单击选择“连续”分节符。

（6）给文档加上页眉页脚。选择“插入”功能区中的“页眉和页脚”组菜单，单击“页眉”命令按钮，打开“页眉样式选择”子菜单，如图 2.25 所示。选择“空白”选项，在文档中显示页眉输入状态。

居中输入页眉文字“麻醉药品品种目录”，单击文档上部“关闭”按钮，即可完成页眉的输入操作。

图 2.25 “空白页眉”选项

（7）保存文档。将文件保存为“麻醉药品.docx”，位置在我的文档中。

2.1.4 知识点详解

1. 新建基于模板的文档

Word 2010 软件中自带了多个预设的模板文档，用户可以根据需要编写的文章选择对应的模板文档。下面介绍新建基于模板的文档的操作方法。

单击“文件”选项卡，选择“新建”选项，然后选择准备使用的文档模板，如单击“样本模板”按钮，如图 2.26 所示。进入“样本模板”列表，在列表中双击准备使用的模板样式，如双击“基本简历”按钮，如图 2.27 所示。通过上述操作，即可以新建一个基于模板的文档，如图 2.28 所示。

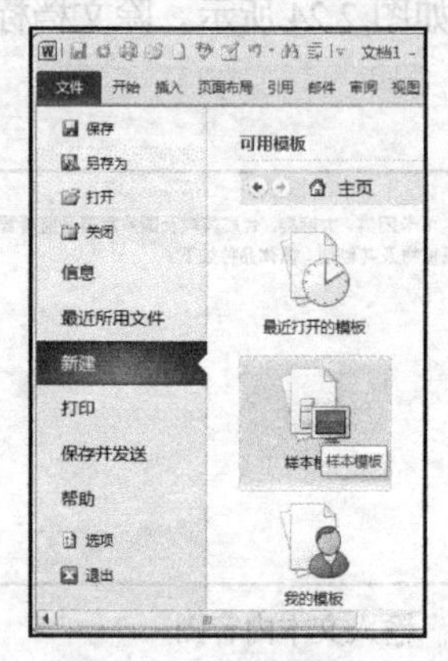

图 2.26 “样本模板”

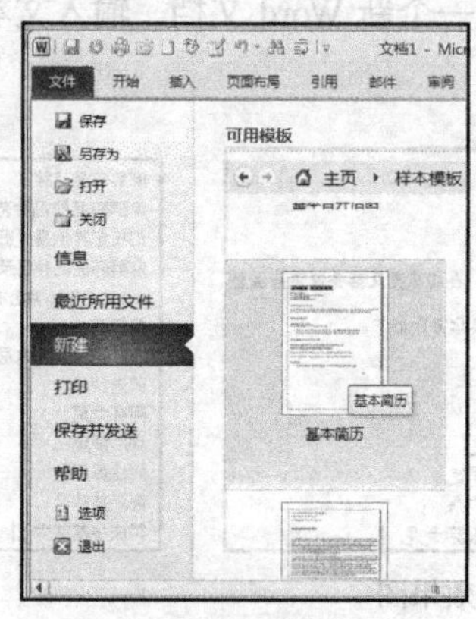

图 2.27 “基本简历”按钮

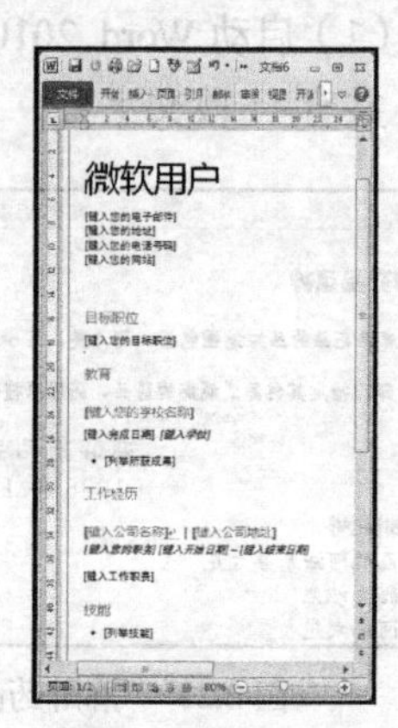

图 2.28 模板文档

在选择的模板文档中，文本的格式（如字体、字号、段落的间距，文本的对齐方式）和文本的样式等已经设置完成，用户只需要进行输入即可。

2. 快速打开最近使用过的 Word 文档

与 Windows 操作系统一样，Word 2010 也会保存用户最近使用过的文档（默认保存 20 个），用户可以通过快捷方式打开上次使用过的文档，而免去在计算机硬盘中逐一寻找的麻烦。

在启动 Word 2010 程序后，单击“文件”选项卡，在打开的“文件”面板中选择“最近所用文件”选项，弹出“最近使用的文档”列表，从中单击要打开的文档即可。

3. Word 2010 视图方式

视图方式是指查看或编辑 Word 文档的视觉效果。Word 2010 中提供了多种视图方式供用户选择，如页面视图、阅读版式视图、Web 版式视图、大纲视图、草稿视图等。

4. 设置文档中段落文字的自动编号格式效果

在文档中，有时需要给段落设置编号，可以直接输入编号，如 2.1.1 小节中设置编号的方法。也可以使用文档的自动编号功能，方法如下：选择文档中需要设置编号的段落文字，在选项卡的段落中，单击“编号”按钮右边的下拉箭头，打开“编号列表”框，如图 2.29 所示。选择需要的编号形式，有阿拉伯数字编号、中文数字编号等各种编号形式，此时文档中选择的段落文字已经完成自动编号。

图 2.29 “编号列表”框

2.2 Word 图文混排

2.2.1 “非典的中医病机特征”文档的制作

1. 案例知识点及效果图

本案例主要运用了以下知识点：页面设置、文字输入、字体格式、段落格式、插入剪贴画、页眉页脚设置、插入自绘图形对象、设置项目符号、页面边框等，案例效果图如图 2.30 所示。

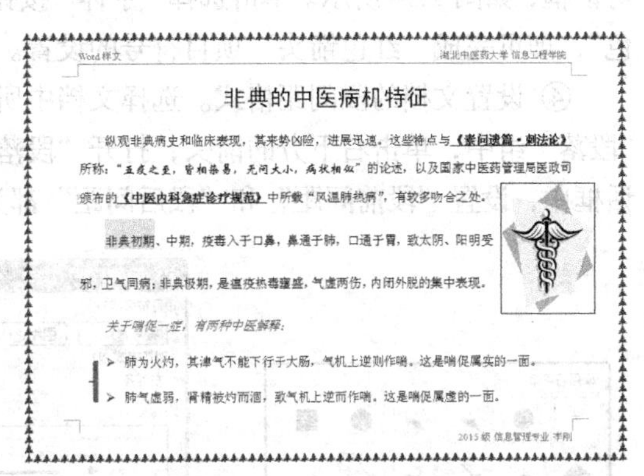

Word 样文　　湖北中医药大学 信息工程学院

非典的中医病机特征

纵观非典病史和临床表现，其来势凶险，进展迅速。这些特点与**《素问遗篇·刺法论》**所称：“五疫之至，皆相染易，无问大小，病状相似”的论述，以及国家中医药管理局医政司颁布的**《中医内科急症诊疗规范》**中所载“风温肺热病”，有较多吻合之处。

非典初期、中期，疫毒入于口鼻，鼻通于肺，口通于胃，致太阴、阳明受邪，卫气同病；非典极期，是瘟疫热毒壅盛，气虚两伤，内闭外脱的集中表现。

关于喘促一症，有两种中医解释：

- 肺为火灼，其津气不能下行于大肠，气机上逆则作喘。这是喘促属实的一面。
- 肺气虚弱，肾精被灼而涸，致气机上逆而作喘。这是喘促属虚的一面。

2015 级 信息管理专业 李刚

图 2.30　Word 文档样张图

2. 操作步骤

（1）建立新 Word 文档，选择“页面设置”。设置纸张大小为 16 开（18.4 厘米 × 26 厘米）；设置纸张方向为“横向”，设置页边距为上、下页边距为 2.5 厘米，左、右页边距为 3 厘米；设置页眉及页脚边距为 1.5 厘米；在文档网络中，“指定行和字符网格”栏中，设置文档“每行字符数”为 54，“每页字符行数”为 24；在绘图网格中，设置“网格的水平间距”为 0.01 个字符，“网格的垂直间距”为 0.01 行，按“确定”完成页面设置。

（2）输入文字内容，如图 2.31 所示，文字字符格式为“宋体、五号字”。

非典的中医病机特征

纵观非典病史和临床表现，其来势凶险，进展迅速。这些特点与《素问遗篇·刺法论》所称：“五疫之至，皆相染易，无问大小，病状相似”的论述，以及国家中医药管理局医政司颁布的《中医内科急症诊疗规范》中所载“风温肺热病”，有较多吻合之处。

非典初期、中期，疫毒入于口鼻，鼻通于肺，口通于胃，致太阴、阳明受邪，卫气同病；非典极期，是瘟疫热毒壅盛，气虚两伤，内闭外脱的集中表现。

关于喘促一症，有两种中医解释：

肺为火灼，其津气不能下行于大肠，气机上逆则作喘。这是喘促属实的一面。

肺气虚弱，肾精被灼而涸，致气机上逆而作喘。这是喘促属虚的一面。

图 2.31　输入文字内容

（3）设置文档文字的字体、字号及文字修饰。标题文字格式设置：选择标题文字“非典的中医病机特征”，在“开始”选项卡的“字体”组中，设置标题文字的字体为“黑体”、字号为“一号”。

其他段落文字格式如下。

选择并设置其他 5 段文字的字体、字号为“四号、宋体”。

选择文字“五疫之至，皆相染易，无问大小，病状相似”，在“开始”选项卡的“字体”组中，设置文字格式为“华文新魏”。

选择文字“《素问遗篇·刺法论》《中医内科急症诊疗规范》”，在“开始”选项卡的“字体”组中，单击“加粗和倾斜”按钮，设置文字修饰为“文字加粗、文字下画线”。

选择并设置第四段文字“关于喘促一症，有两种中医解释：”为“红色、斜体文字”；选择并设置最后两段文字（两行文字）为“蓝色”文字。

字符底纹设置：选择第三段文字中“非典初期”4 个字，在“开始”选项卡的“字体”组中，单击“以不同颜色突出显示文本”旁的箭头，出现颜色选项列表，如图 2.32 所示，再单击选择“黄色”，完成设置。

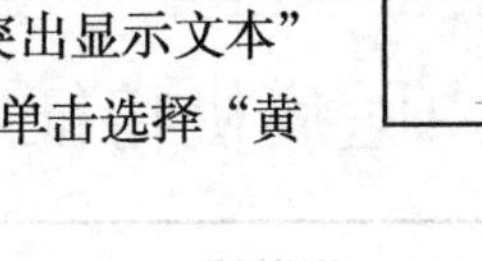

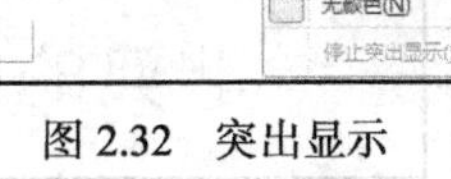

图 2.32　突出显示

（4）段落的排版及格式化。

① 设置标题文字“非典的中医病机特征”为“居中对齐”。

② 设置其他 5 段文字“首行缩进”格式。用鼠标选择所有要设置格式的段落，在“标尺栏”中向右拖动“首行缩进”按钮，约 2 个字符位置，一次完成对所有被选择的段落的设置。

③ 设置文档最后两段落的“项目符号”格式。选择文档最后两段落文字，在“开始”选项卡的“段落”组中，单击“项目符号”按钮旁的箭头，打开“项目符号”选择框，如图 2.33 所示。在其中可以单击选择所需的箭头项目符号，然后单击“定义新项目符号”，打开“定义新项目符号”对话框，如图 2.34 所示。单击选择“字体”按钮，打开“字体”设置对话框，选择字体颜色为“红色”，即可完成“红色箭头”项目符号的设置。

④ 设置文档的段间距格式。选择文档中所有段落（包括标题段落），在“开始”选项卡中的“段落”组中，单击右下方的箭头，打开“段落”对话框，如图 2.35 所示。在“缩进和间距”对话框中，设置“段前间距”和“段后间距”都为 0.5 行，按“确定”按钮。

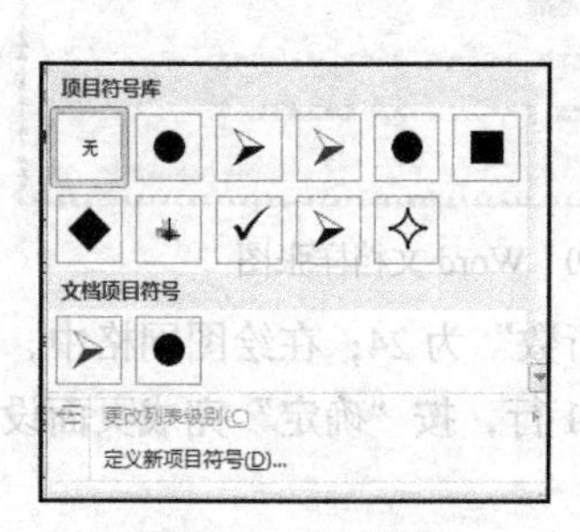

图 2.33　项目符号

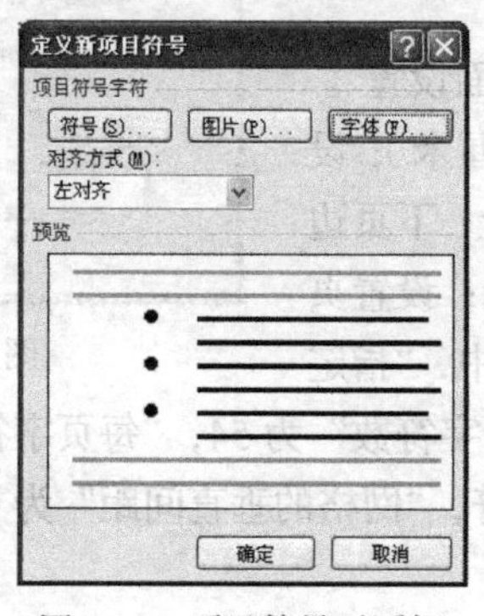

图 2.34　项目符号对话框

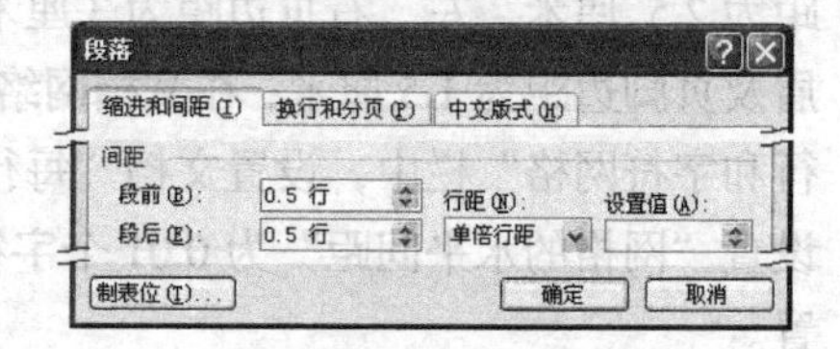

图 2.35　段落对话框

⑤ 设置文档各段文字的行间距格式。行间距格式设置仅对具有多行文字的段落有效，因此，在本文档中只需设置第一、二段落的行间距格式，设置行间距格式方法如下。

选择要设置的段落，在“缩进和间距”对话框中，如图 2.35 所示，在其中的“间距”栏目下设置“行距”格式。一般文档的默认行间距格式为“单倍行距”。本文档中要求设置第一段文字为“2.5 倍行距”，第二段文字为“3 倍行距”。

（5）设置文档的页眉和页脚。在“插入”选项卡的“页眉和页脚”组中，单击选择“页眉”按钮，在显示页眉选项列表中，选择“空白”页眉格式，进入页眉编辑设置状态。

在页眉设置虚线框左部输入文字“Word 样文”，在虚线框右部输入文字“湖北中医药大学 信息工程学院”，如图 2.36 所示。

单击“页眉和页脚工具→设计”组中“转至页脚”按钮，如图 2.37 所示，进入页脚设置状态。在页脚中输入学生所在的专业、年级、班级和姓名，选择靠右对齐。然后单击选项卡右方的“关闭页眉页脚”工具按钮，完成页眉页脚设置操作。

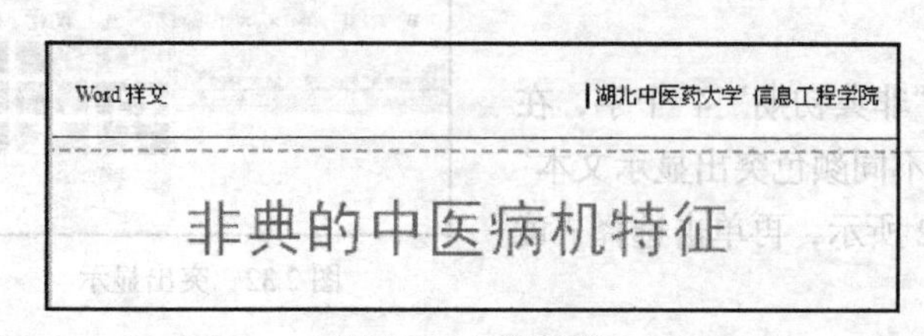

图 2.36　页眉设置

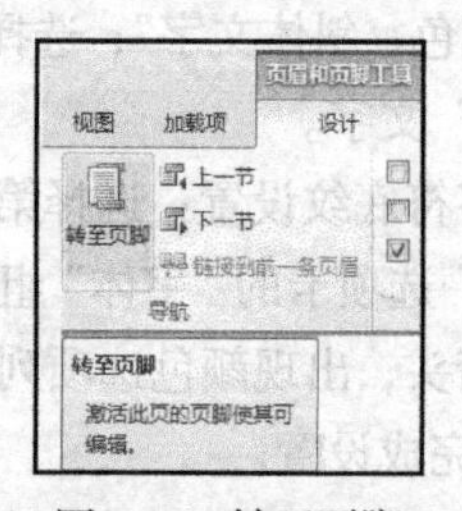

图 2.37　转至页脚

（6）在文档中插入“剪贴画”并设置“剪贴画”格式。

① 将光标放置在第二段文字后，在“插入”选项卡的“插图”组中，单击“剪贴画”按钮，出现剪贴画查找“任务窗格”，如图 2.38 所示。

② 在“搜索文字”框中输入待搜索的剪贴画类型文字，此处我们输入“康复”类，并单击右边的搜索按钮，在图片显示框中，得到如图 2.39 所示的剪贴画搜索结果。

③ 在框中选择“康复”剪贴画，即可将该剪贴画插入文档中光标所在位置处，关闭剪贴画查找“任务窗格”。

刚插入的“剪贴画”是“嵌入型”方式，会使已经排版好的文档格式遭到“破坏”。此时只需正确调整设置剪贴画的格式及大小位置，就会使已经编辑好的文档内容恢复正常。

④ 单击鼠标右键选择插入的剪贴画，在出现的快捷菜单中选择“大小和位置”子菜单，打开剪贴画“布局”对话框，如图 2.40 所示。

⑤ 在“大小”选项卡中，取消“锁定纵横比”前方复选框中的“√”；调整“高度”为 5 厘米，“宽度”为 3.8 厘米。

⑥ 在“文字环绕”选项卡中设置环绕方式为“四周型”环绕方式，如图 2.41 所示。

图 2.38　任务窗格

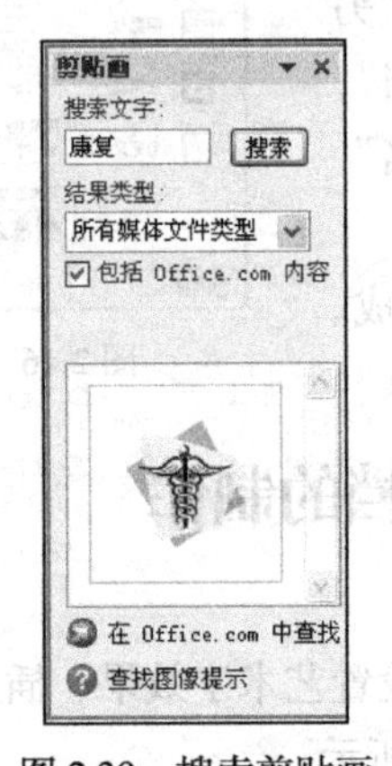

图 2.39　搜索剪贴画

图 2.40　调节大小

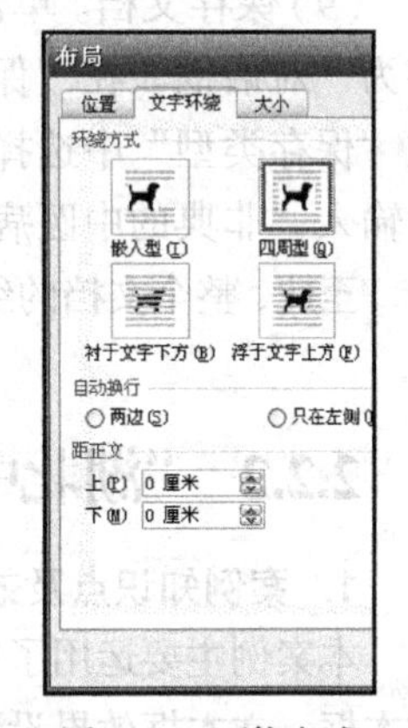

图 2.41　环绕方式

⑦ 在文档中，拖动该剪贴画到文档中第一、二自然段右部即可。注意不要使第一、第二自然段的文字行数发生改变。

（7）在文档中插入“自绘图形”并设置其格式。

① 在“插入”选项卡的“插入”组中，单击“形状”按钮，在出现的图形列表组中，如图 2.42 所示，单击选择“基本形状”中的“左大括号”形状。

② 拖动鼠标在最后两段文字前端画图形，调整适当大小和位置，如图 2.43 所示。

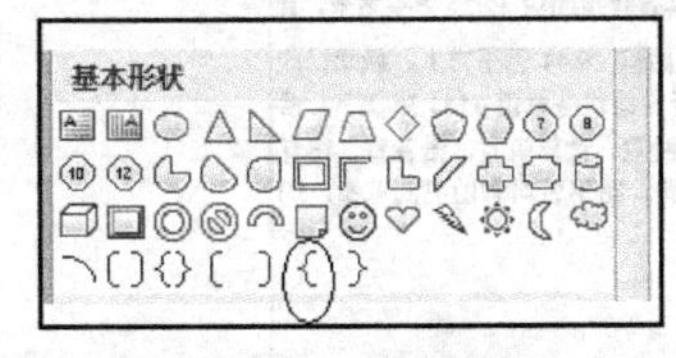

图 2.42　插入基本形状

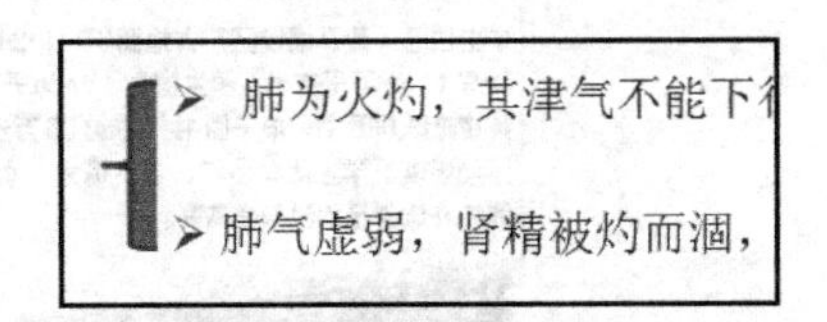

图 2.43　“左大括号”图形

③ 在“左大括号”形状被选中的状态下，单击“绘图工具”→格式”选项卡，在“形状样式”组中，如图 2.44 所示，选择“形状填充”和“形状轮廓”工具，分别设置“左大括号”图形的外观轮廓为红色；内部填充为绿色。

（8）设置页面边框。在“页面布局”选项卡的“页面设置”组中，单击右下方的箭头，打开“页面设置”对话框，如图 2.45 所示。在“版式”选项卡中，单击“边框”按钮，打开“边框和底纹”对话框，如图 2.46 所示。

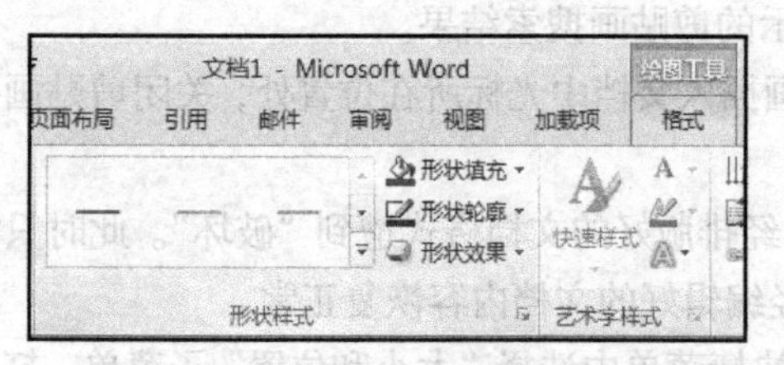

图 2.44 “形状填充、形状轮廓”工具

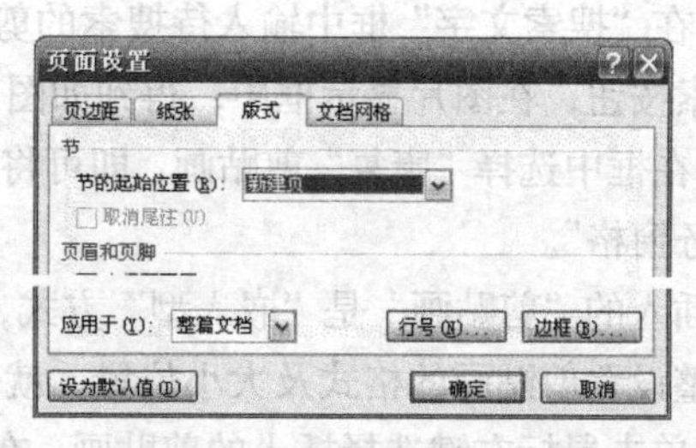

图 2.45 “页面设置”对话框

在“边框和底纹”对话框中，选择所示的“小树”艺术型边框，并设置“宽度”为 10 磅；单击“确定”按钮，完成页面边框的设置。

（9）保存文档。单击“文件”→“保存”，打开“另存为”对话框。在“保存位置”中选择“我的文档”；在“保存类型”中选择“Word 文档”；在“文件名”中输入“非典的中医病机特征”名称。

至此，整个文档的编辑、排版及修饰工作全部完成。

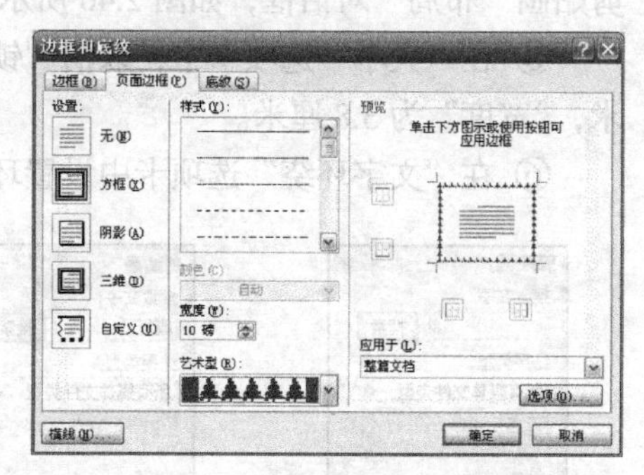

图 2.46 “边框和底纹”对话框

2.2.2 “湖北中医药大学之春”文档的制作

1. 案例知识点及效果图

本案例主要运用了以下知识点：插入艺术字、设置艺术字效果、插入图片、分栏设置、插入文本框、文本框效果设置等，案例效果图如图 2.47 所示。

湖北中医药大学之春

湖北中医药大学创建于 1958 年，是湖北省唯一一所高等中医药本科院校，国家教育部本科教学工作水平合格评估优秀学校。2003 年，原湖北中医学院与原湖北药检高等专科学校合并，成立新的湖北中医学院。2010 年 3 月 18 日，教育部批准湖北中医学院更名为湖北中医药大学。

湖北中医药大学占地面积 107.33 公顷（1610 亩），共有建筑面积 42.29 万平方米，其中主校区（黄家湖校区）占地面积 94 公顷（1410 亩），建筑面积 29.44 万平方米，教学行政用房 17.78 万平方米，学生宿舍 8.56 万平方米。学校教学科研仪器设备总值 6564.56 万元，各类馆藏纸质图书、电子图书 113.45 多万册。学校的教室、实验室、计算机室、语音室、体育运动场馆、学生活动用房、学生宿舍、食堂以及教学仪器设备、图书资料和图书阅览室，均能较好地满足本科教学需要。

图 2.47 “湖北中医药大学之春”文档效果图

学校在 1993 年被国家教育部确定为全国第一批有条件招收外国留学生的高等院校之一。经教育部、国家中医药管理局批准，学院享有对港、澳、台地区招收本科生、研究生资格，并成为湖北省唯一的对外中医药继续教育基地，至今已为韩国、日本、美国、英国、加拿大、法国、瑞典、意大利、比利时以及港澳台等 20 多个国家和地区培养了本科生、研究生、进修生 1000 余人。

1978 年，学校开办研究生教育，是全国首批招收中医专业研究生的高等院校之一；1993 年获得博士学位授予权，是湖北省最早获得博士学位授予权的省属院校。2007 年被批准为博士后科研流动站。现拥有中医学一级学科博士学位授予权，覆盖中医学 12 个二级学科博士点；拥有中医学、中药学、中西医结合、药学 4 个一级学科硕士学位授予权，共有 22 个硕士点，并成为全国首批临床医学硕士专业学位试点单位之一；取得了对在职人员以同等学力授予硕士学位的资格。1999 年被国务院学位委员会、国家教育部评为“全国研究生培养和学位管理先进单位”。

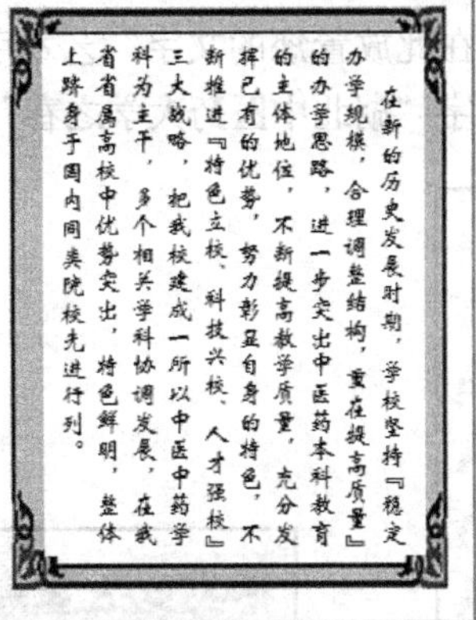

图 2.47 “湖北中医药大学之春”文档效果图（续）

2. 操作步骤

（1）启动文档，设置窗口及页面。启动 Word 2010，建立一个空 Word 文档。设置页面纸张为 A4，上、下页边距分别是 2.5 厘米,左、右页边距均为 3 厘米,页眉及页脚边距 1 厘米，绘图网格中的水平间距和垂直间距均设为最小值。

在“页面布局”选项卡的“页面设置”组中，单击右下角的箭头按钮，打开“页面设置”对话框，如图 2.48 所示。

设置纸张大小：选择“纸张”选项卡，在“纸张大小”栏中设置文档纸张为 16 开。设置页边距：选择“页边距”选项卡，如图 2.49 所示，在“页边距”栏中分别设置上、下页边距为 1.5 厘米，左、右页边距为 3 厘米。设置页眉及页脚边距：选择“版式”选项卡，如图 2.50 所示，在“距边界”栏中，设置页眉及页脚边距为 1 厘米。

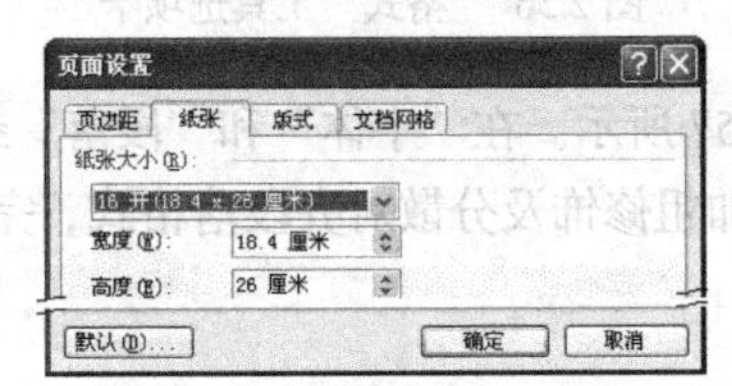

图 2.48 “页面设置”对话框

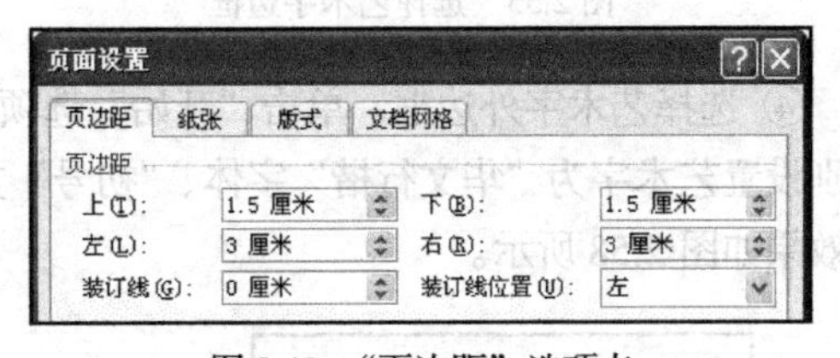

图 2.49 “页边距”选项卡

设置绘图网格：在“文档网格”对话框中单击“绘图网格”按钮，打开“绘图网格”对话框，如图 2.51 所示。在“网格设置”栏目中设置网格的水平间距为 0.01 字符，网格的垂直间距为 0.01 行，按“确定”完成页面设置。

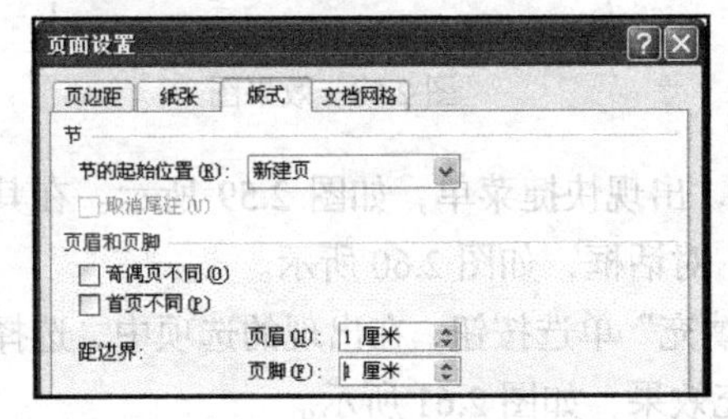

图 2.50 “版式”对话框

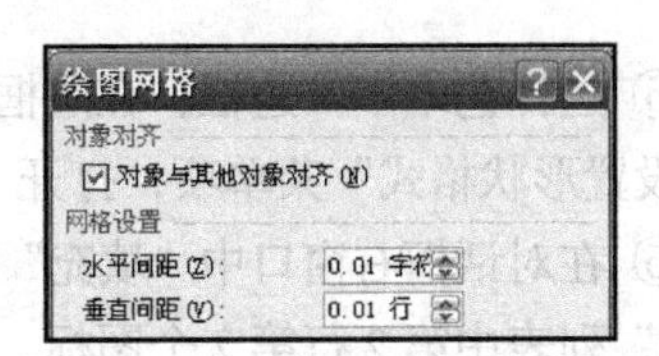

图 2.51 “绘图网格”对话框

（2）插入艺术字标题。

① 选择“插入”选项卡，单击“文本”组中的“艺术字”按钮，弹出艺术字列表选择项，如图2.52所示。选择第1行第2个样式选项，无填充、轮廓为强调文字颜色2，在文档中出现如图2.53所示的“请在此放置您的文字”艺术字输入框。

② 输入标题艺术字“湖北中医药大学之春”，得到如图2.54所示的艺术字效果。

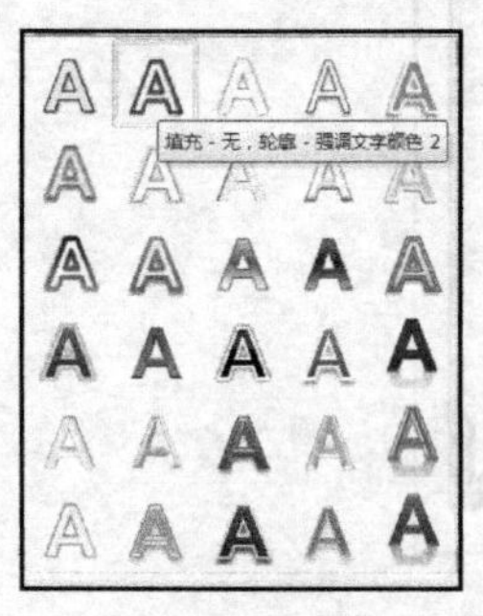

图2.52 艺术字

图2.53 艺术字输入框

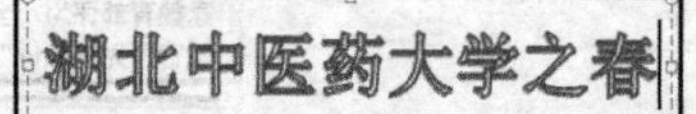

图2.54 输入标题艺术字

③ 选择艺术字外边框，如图2.55所示，绘图工具栏被激活。单击工具栏中的“格式”选项卡，打开艺术字“格式”工具选项卡，如图2.56所示。在“大小”组中，调整边框的高度和宽度为2.5厘米和15厘米。

图2.55 选择艺术字边框

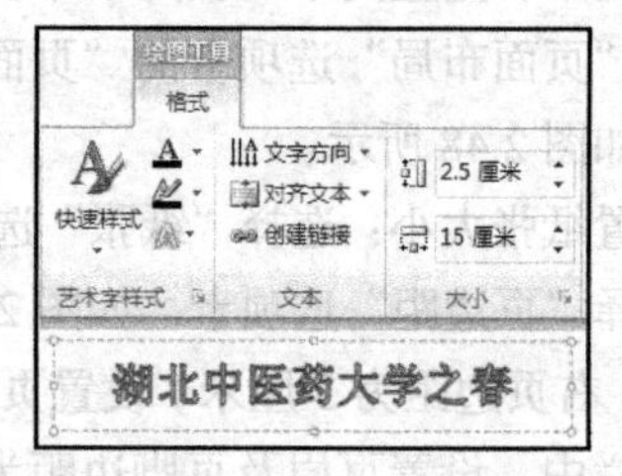

图2.56 “格式”工具选项卡

④ 选择艺术字外边框，单击“开始”选项卡，如图2.57所示。在“字体”和“段落”组中，分别设置艺术字为“华文行楷”字体、“初号”文字大小、加粗修饰及分散对齐段落格式，完成后的效果如图2.58所示。

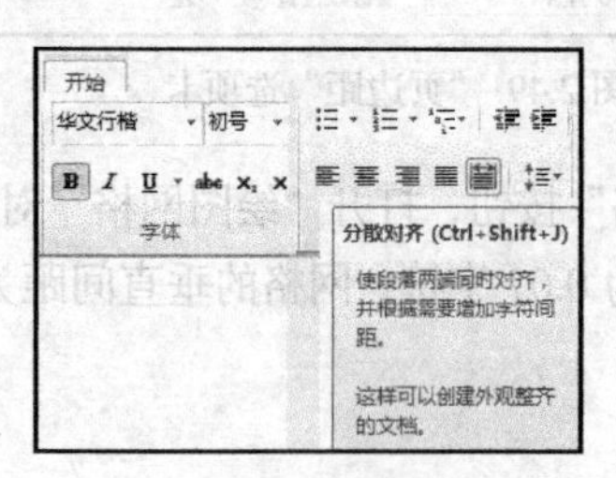

图2.57 分散对齐

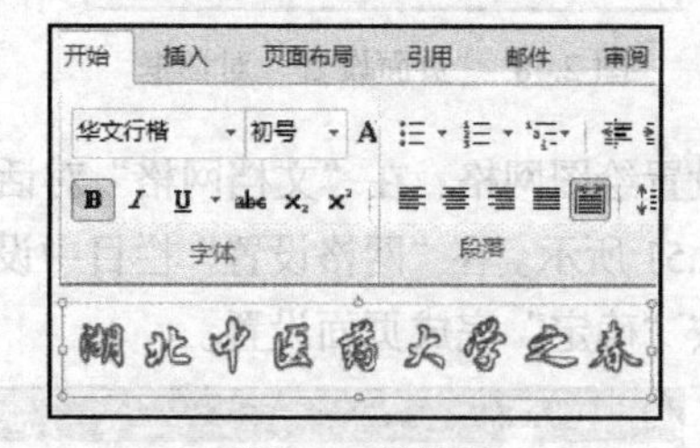

图2.58 效果图

⑤ 选择艺术字外边框，在边框上单击鼠标右键，出现快捷菜单，如图2.59所示。在其中选择“设置形状格式”菜单项，打开“设置形状格式”对话框，如图2.60所示。

⑥ 在对话框右窗口中“填充”下方选择“渐变填充”单选按钮，在出现的选项中，选择渐变“方向”列表中第2行第2个图标，“线性向上”填充效果，如图2.61所示。

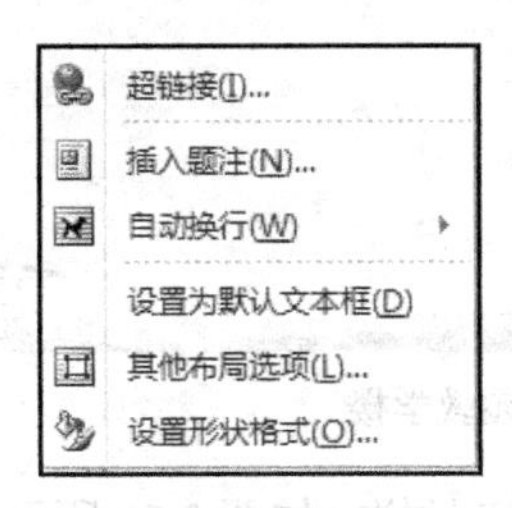

图 2.59 快捷菜单

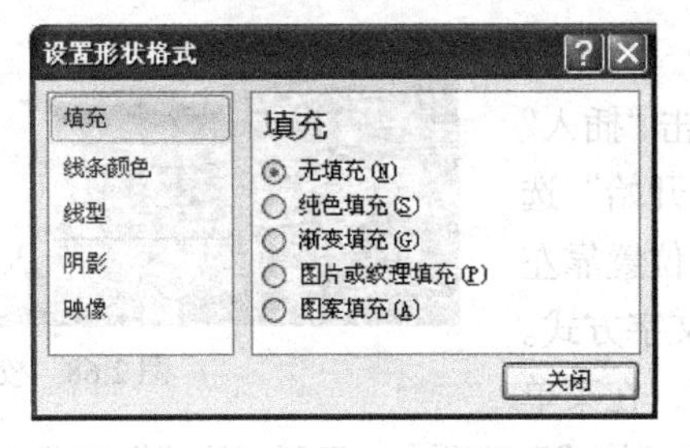

图 2.60 设置形状格式对话框

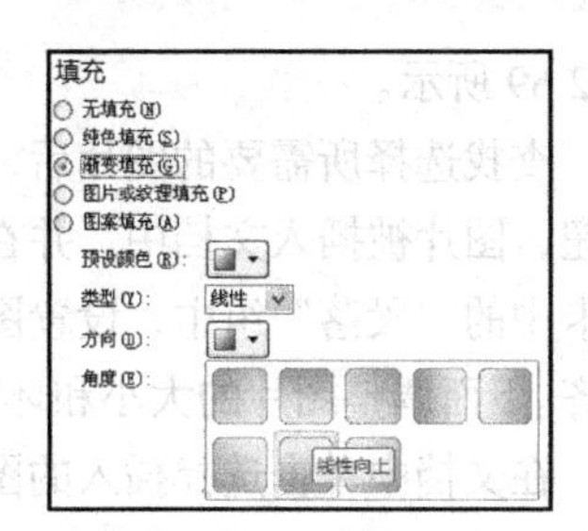

图 2.61 渐变方向

⑦ 在下方的“渐变光圈”中设置渐变起止点的光圈效果如下。

- 起始点：颜色为酸橙色、亮度为 0%，如图 2.62 所示。
- 终止点：颜色为浅绿色、亮度为 80%，如图 2.63 所示。

⑧ 完成后的艺术字效果如图 2.64 所示。

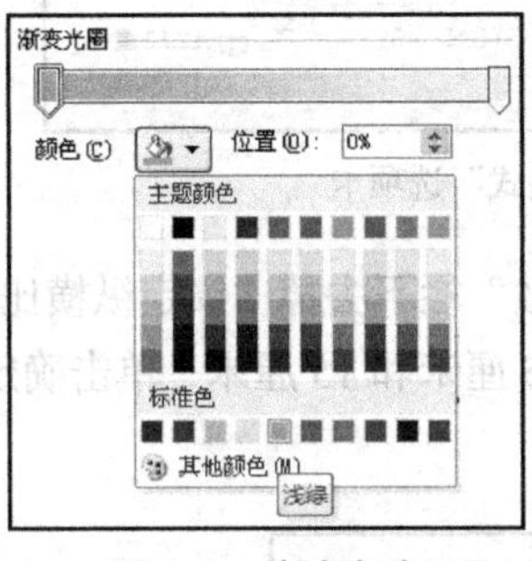

图 2.62 渐变起点

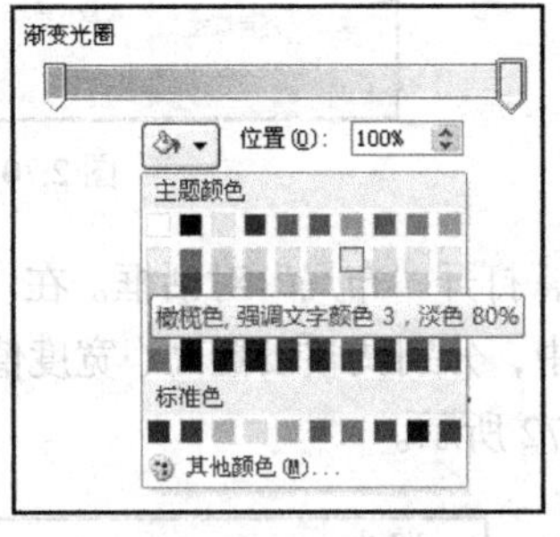

图 2.63 渐变终点

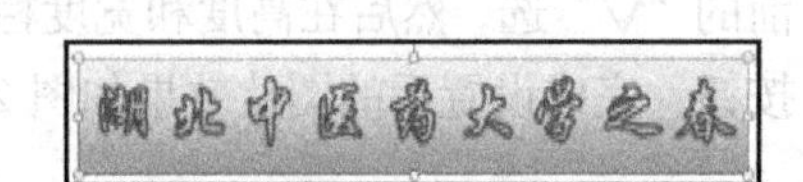

图 2.64 设置完成后的艺术字标题样式

（3）输入第一、二段文字，如图 2.65 所示，并设置两段文字格式。

湖北中医药大学创建于 1958 年，是湖北省唯一一所高等中医药本科院校，国家教育部本科教学工作水平合格评估优秀学校。2003 年，原湖北中医学院与原湖北药检高等专科学校合并，成立新的湖北中医学院。2010 年 3 月 18 日，教育部批准湖北中医学院更名为湖北中医药大学。
湖北中医药大学占地面积 107.33 公顷（1610 亩），共有建筑面积 42.29 万平方米，其中主校区（黄家湖校区）占地面积 94 公顷（1410 亩），建筑面积 29.44 万平方米，教学行政用房 17.78 万平方米，学生宿舍 8.56 万平方米。学校教学科研仪器设备总值 6564.56 万元，各类馆藏纸质图书、电子图书 113.45 多万册。学校的教室、实验室、计算机室、语音室、体育运动场馆、学生活动用房、学生宿舍、食堂以及教学仪器设备、图书资料和图书阅览室，均能较好地满足本科教学需要。

图 2.65 输入第一、二段文字

① 设置 2 段所有文字格式为五号、宋体，段前段后距为 0 行、行距为单倍行距。

② 设置前 2 个字“湖北”为二号、楷体、加粗，并设置灰色底纹，如图 2.66 所示。

③ 设置首行缩进 2 个字符效果，两段文字效果如图 2.67 所示。

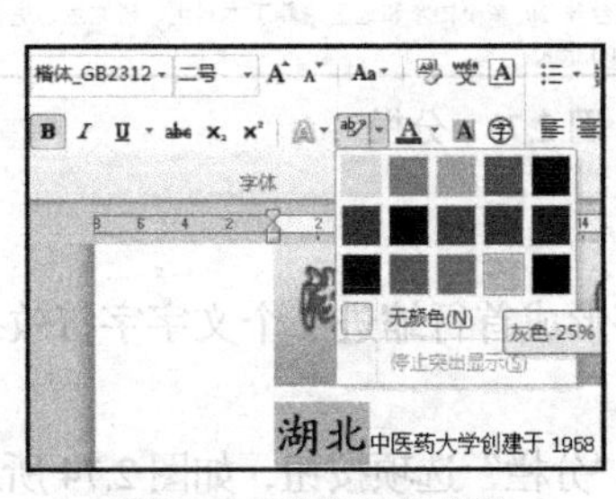

图 2.66 设置灰色底纹

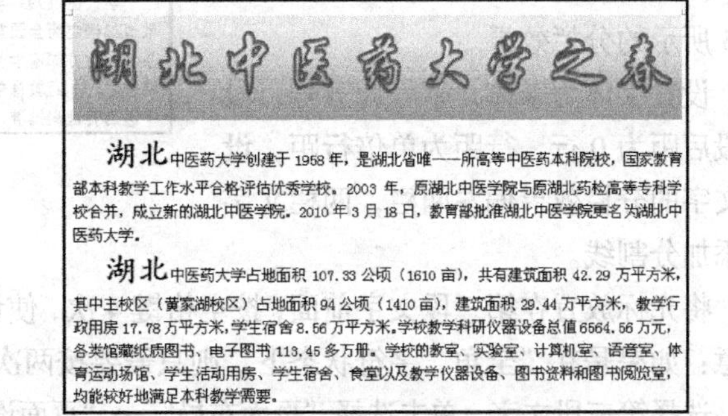
湖北中医药大学之春

湖北中医药大学创建于 1958 年，是湖北省唯一一所高等中医药本科院校，国家教育部本科教学工作水平合格评估优秀学校。2003 年，原湖北中医学院与原湖北药检高等专科学校合并，成立新的湖北中医学院。2010 年 3 月 18 日，教育部批准湖北中医学院更名为湖北中医药大学。

湖北中医药大学占地面积 107.33 公顷（1610 亩），共有建筑面积 42.29 万平方米，其中主校区（黄家湖校区）占地面积 94 公顷（1410 亩），建筑面积 29.44 万平方米，教学行政用房 17.78 万平方米，学生宿舍 8.56 万平方米，学校教学科研仪器设备总值 6564.56 万元，各类馆藏纸质图书、电子图书 113.45 多万册。学校的教室、实验室、计算机室、语音室、体育运动场馆、学生活动用房、学生宿舍、食堂以及教学仪器设备、图书资料和图书阅览室，均能较好地满足本科教学需要。

图 2.67 设置前两段文字效果

（4）插入“校园教学楼”图片，如图 2.68 所示（也可以插入其他校园图片），操作如下。

选择“插入”选项卡，在“插图”组中单击“图片”工具，打开“插入图片”对话框，如

图 2.69 所示。

图 2.68　校园教学楼

查找选择所需要的图片后，单击“插入”按钮，图片被插入文档中，并在“开始”选项卡中的“段落”组中，设置图片位置靠左对齐。下面调整图片的大小和环绕文字方式。

在文档中单击选择插入的图片，在菜单栏中显示“图片工具”选项卡，单击“格式”选项卡，显示“格式”选项卡工具栏，如图 2.70 所示。在“排列”组中，选择“自动换行”工具，如图 2.71 所示。设置图片格式为“嵌入型”环绕方式。

图 2.69　“插入图片”对话框

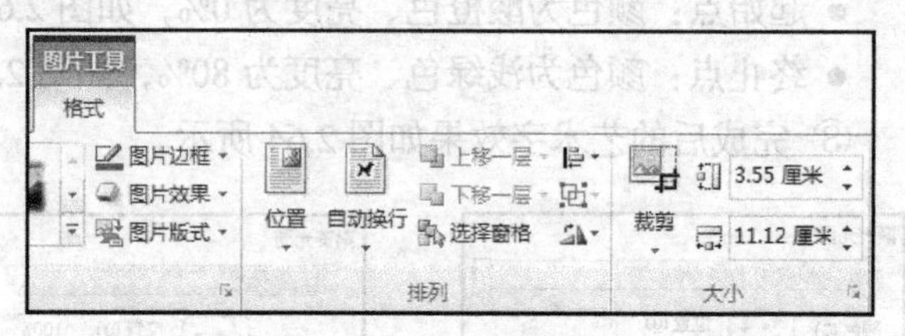

图 2.70　“格式”选项卡

单击“大小”组中右下的小箭头，打开“布局”对话框。在“缩放”栏下去掉“锁定纵横比”前的“√”选，然后在高度和宽度栏中，分别调整设置高、宽度值为 5 厘米和 15 厘米，单击确定按钮，完成设置后的图片效果如图 2.72 所示。

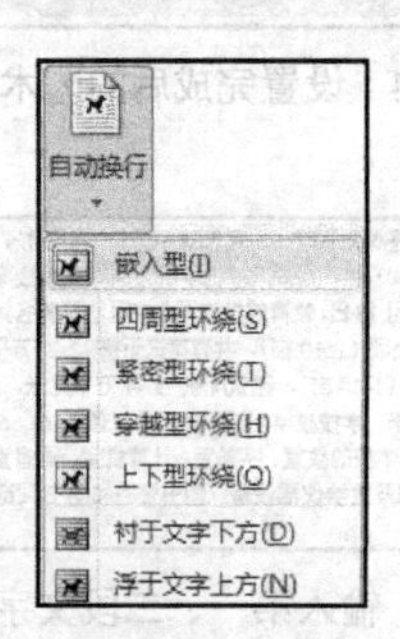

图 2.71　环绕

湖北中医药大学占地面积 107.33 公顷（1610 亩），共有建筑面积 42.29 万平方米，其中主校区（黄家湖校区）占地面积 94 公顷（1410 亩），建筑面积 29.44 万平方米，教学行政用房 17.78 万平方米，学生宿舍 8.56 万平方米。学校教学科研仪器设备总值 6564.56 万元，各类馆藏纸质图书、电子图书 113.45 多万册。学校的教室、实验室、计算机室、语音室、体育运动场馆、学生活动用房、学生宿舍、食堂以及教学仪器设备、图书资料和图书阅览室，均能较好地满足本科教学需要。

图 2.72　图片效果

（5）输入第三段文字，并设置为图 2.73 所示的分栏效果。

学校在 1993 年被国家教育部确定为全国第一批有条件招收外国留学生的高等院校之一。经教育部、国家中医药管理局批准，学院享有对港、澳、台地区招收本科生、研究生资格，并成为湖北省唯一的对外中医药继续教育基地，至今已为韩国、日本、美国、英国、加拿大、法国、瑞典、意大利、比利时以及港澳台等 20 多个国家和地区培养了本科生、研究生、进修生 1000 余人。

图 2.73　分栏

设置字体为宋体，字号为五号，段前段后距为 0 行、行距为单倍行距。设置文字的分栏效果偏左两栏，两栏文字间添加分割线。

将光标放置在第三段文字前面，按空格键 4 次，使该段文字形成首行缩进 2 个文字字符效果。注意：如果是在“全角”字符状态下，则只需要按两次空格键。

选择第三段文字，单击选择“页面布局”→“页面设置”→“分栏”选项按钮，如图 2.74 所示，打开分栏选择项，如图 2.75 所示。选择“更多分栏”选项，打开“分栏”对话框，如图 2.76 所示。

在“分栏”对话框中，在“预设”区中选择“左”，单击并选中“分割线”复选框，在“宽度和间距”栏下，设置第 1 栏的宽度和间距分别为 12 字符和 2.5 字符；设置第 2 栏的宽度为 26 字符，如图 2.77 所示，单击“确定”按钮完成分栏设置。设置完成的分栏文本效果如图 2.78 所示。

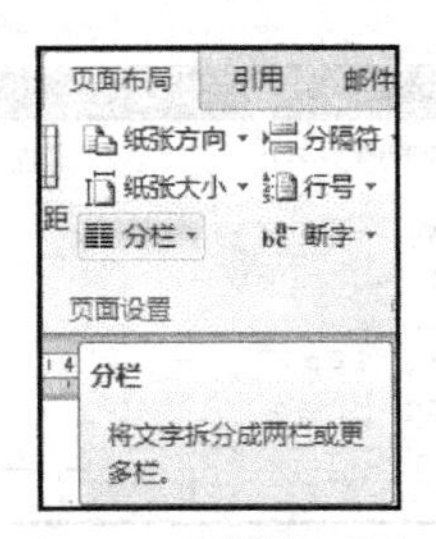

图 2.74　“分栏”按钮

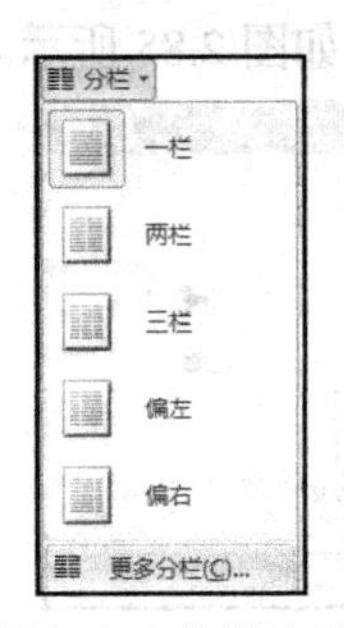

图 2.75　分栏选项

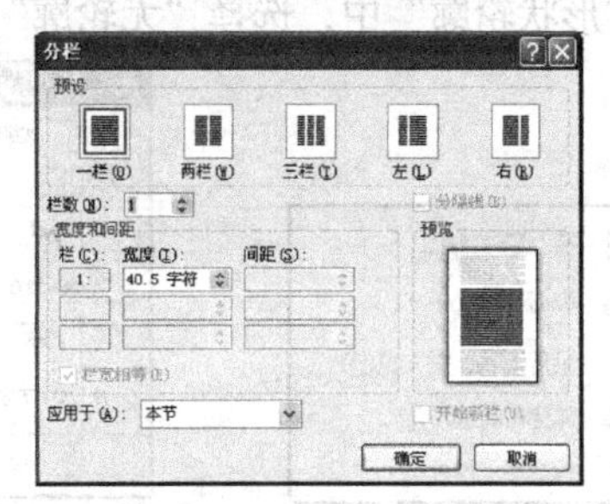

图 2.76　“分栏”对话框

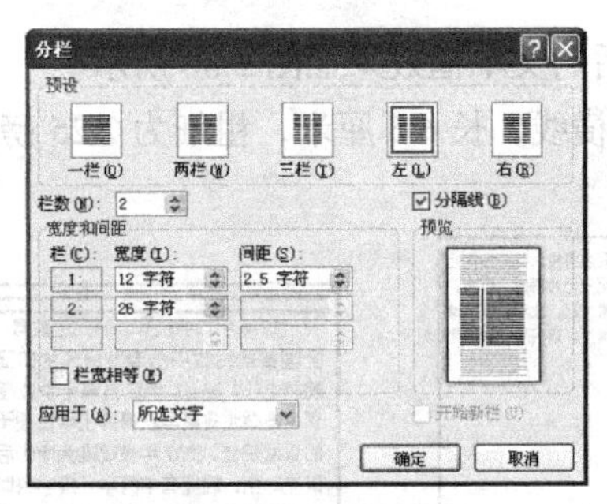

图 2.77　分栏设置

学校在 1993 年被国家教育部确定为全国第一批有条件招收外国留学生的高等院校之一，经教育部、国家中医药管理局批准，学院享有对港、澳、台地区招收本科生、研究生资格，并成为湖北省唯一的对外中医药继续教育基地。至今已为韩国、日本、美国、英国、加拿大、法国、瑞典、意大利、比利时以及港澳台等 20 多个国家和地区培养了本科生、研究生、进修生 1000 余人。

图 2.78　分栏设置完成效果

（6）在文档下部左边插入横排文本框，并输入第 4 段文字，如图 2.79 所示，文字为五号、宋体，段前段后距为 0 行、单倍行距。文本框高 9 厘米，宽 6.5 厘米，无边框线，浮于文字上方，位置靠左对齐。

1978 年，学校开办研究生教育，是全国首批招收中医专业研究生的高等院校之一；1993 年获得博士学位授予权，是湖北省最早获得博士学位授予权的省属院校。2007 年被批准为博士后科研流动站。现拥有中医学一级学科博士学位授予权，覆盖中医学 12 个二级学科博士点；拥有中医学、中药学、中西医结合、药学 4 个一级学科硕士学位授予权，共有 22 个硕士点，并成为全国首批临床医学硕士专业学位试点单位之一；取得了对在职人员以同等学力授予硕士学位的资格。1999 年被国务院学位委员会、国家教育部评为“全国研究生培养和学位管理先进单位”。

图 2.79　输入第 4 段文字

① 插入横排文本框。在“插入”选项卡中选“文本框”按钮，打开如图 2.80 所示的文本框选择项，单击选择内置中第 1 项“简单文本框”，即完成在文档中插入文本框的操作，如图 2.81 所示。

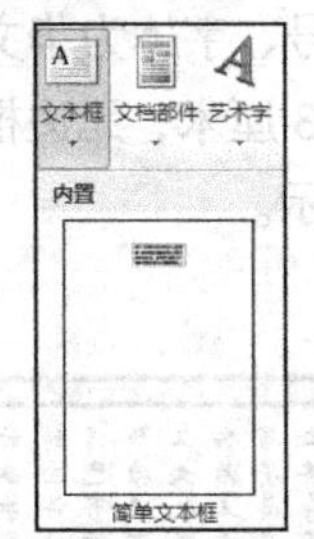

图 2.80　文本框选择项

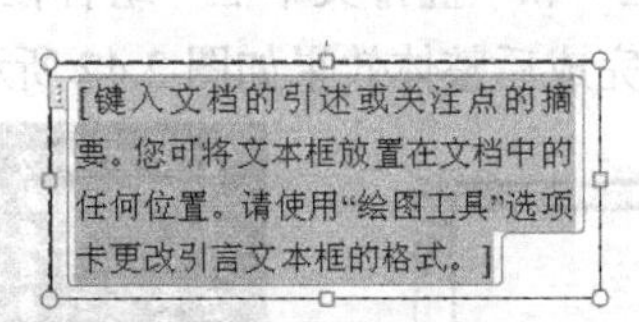

图 2.81　文档中插入文本框

② 在文本框中输入第 4 段文字。在插入文本框状态下，按“Delete”键，删除文本框中的说明文字，输入第 4 段文字。

③ 设置文字格式。选择文本框，设置字体、字号为宋体、五号字；默认段前段后距为 0 行，并设置首行缩进 2 个字符效果。

④ 设置文本框格式。选择文本框，在边缘处单击鼠标右键，打开如图 2.82 所示快捷菜单。在菜单中选择“其他布局选项”菜单，打开“布局”对话框，如图 2.83 所示。

在“文字环绕”选项卡中，选择“浮于文字上方”选项；在“大小”选项卡中，设置文本框高度和宽度分别为 9 厘米和 6.5 厘米，如图 2.84 所示。选择“绘图工具”栏的“格式”选项卡，在“形状轮廓”中，选择“无轮廓”选项，如图 2.85 所示。

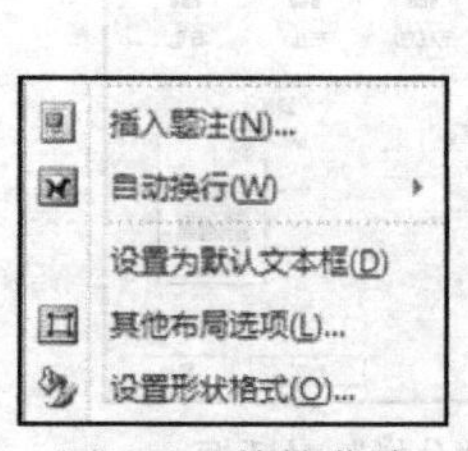

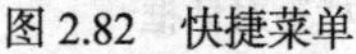
图 2.82 快捷菜单

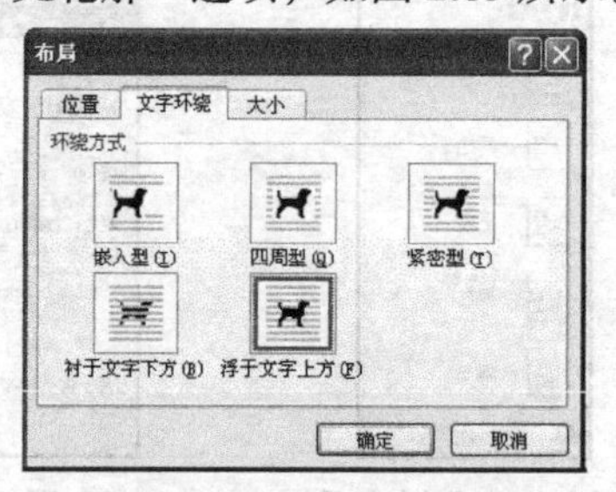

图 2.83 “布局”对话框

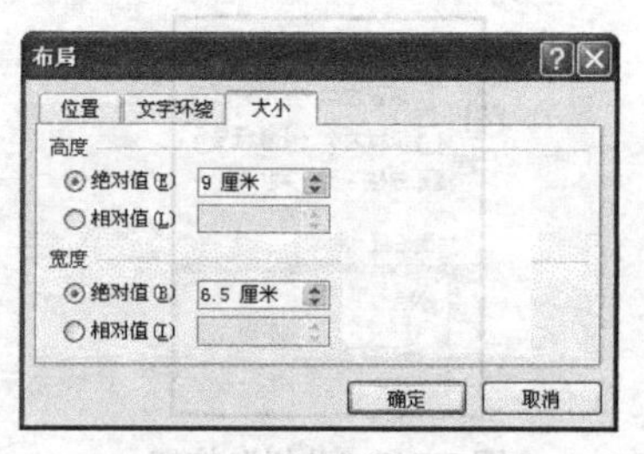

图 2.84 “大小”选项卡

⑤ 拖动文本框位置，在文档下部靠左边对齐。完成后的文本框效果如图 2.86 所示。

（7）设置横线线条。在文本框外上、下部各设置两条横线，长 6.5 厘米，粗细为 2.25 磅，效果如图 2.87 所示。

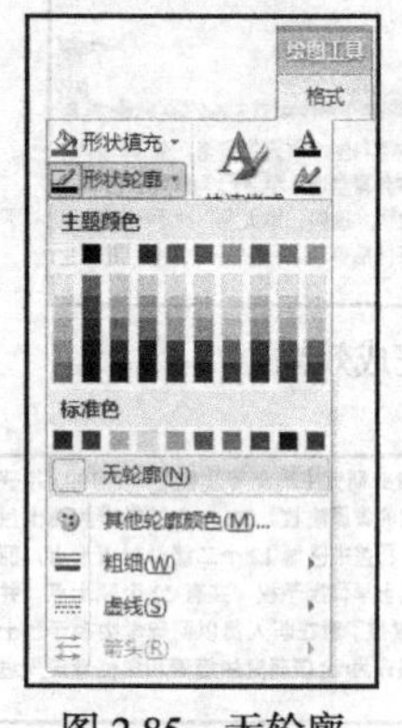

图 2.85 无轮廓

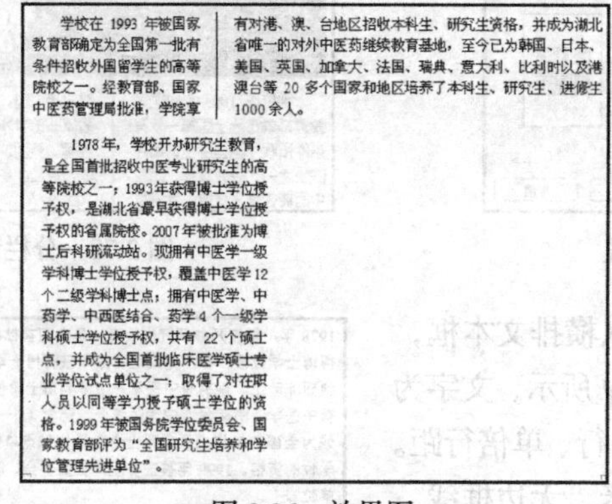

学校在 1993 年被国家教育部确定为全国第一批有条件招收外国留学生的高等院校之一。经教育部、国家中医药管理局批准，学校草有对港、澳、台地区招收本科生、研究生资格，并成为湖北省唯一的对外中医药继续教育基地，至今已为韩国、日本、美国、英国、加拿大、法国、瑞典、意大利、比利时以及港澳台等 20 多个国家和地区培养了本科生、研究生、进修生 1000 余人。

1978 年，学校开办研究生教育，是全国首批招收中医专业研究生的高等院校之一；1993 年获得博士学位授予权，是湖北省最早获得博士学位授予权的省属院校。2007 年被批准为博士后科研流动站。现拥有中医学一级学科博士学位授予权，覆盖中医学 12 个二级学科博士点；拥有中医学、中药学、中西医结合、药学 4 个一级学科硕士学位授予权，共有 22 个硕士点，并成为全国首批临床医学硕士专业学位试点单位之一；取得了对在职人员以同等学力授予硕士学位的资格。1999 年被国务院学位委员会、国家教育部评为“全国研究生培养和学位管理先进单位”。

图 2.86 效果图

1978 年，学校开办研究生教育，是全国首批招收中医专业研究生的高等院校之一；1993 年获得博士学位授予权，是湖北省最早获得博士学位授予权的省属院校。2007 年被批准为博士后科研流动站。现拥有中医学一级学科博士学位授予权，覆盖中医学 12 个二级学科博士点；拥有中医学、中药学、中西医结合、药学 4 个一级学科硕士学位授予权，共有 22 个硕士点，并成为全国首批临床医学硕士专业学位试点单位之一；取得了对在职人员以同等学力授予硕士学位的资格。1999 年被国务院学位委员会、国家教育部评为“全国研究生培养和学位管理先进单位”。

图 2.87 插入文本框及横线

（8）插入图片“边框”见图 2.88 所示，浮于文字上方，高度为 9.3 厘米，宽度为 7.2 厘米，位置靠文档下部右对齐。

（9）插入竖排文本框，并输入文字如图 2.89 所示。文字为小四号、字体为华文新魏、段前段后距 0 行、行距为最小值 0 磅，文本框高、宽为 8.2 厘米、宽度为 6.3 厘米，无边框线，浮于文字上方。将“边框”和“竖排文本框”组合在一起，效果如图 2.90 所示。

（10）文档完成后整体效果如图 2.47 所示。

图 2.88 边框

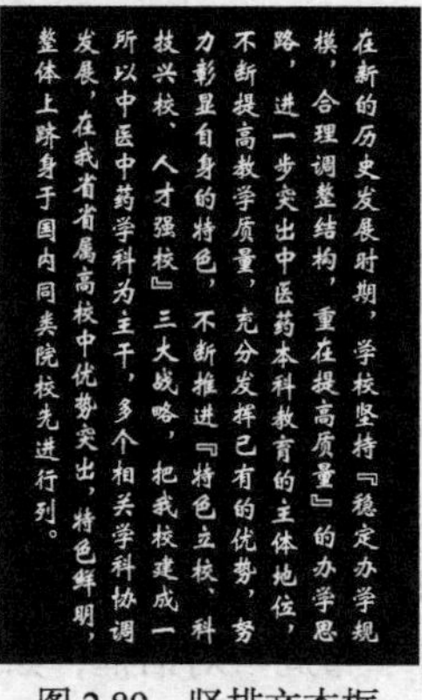

在新的历史发展时期，学校坚持『稳定办学规模，合理调整结构，重在提高质量』的办学思路，进一步突出中医药本科教育的主体地位，不断提高教学质量，充分发挥已有的优势，努力彰显自身的特色，不断推进『特色立校、科技兴校、人才强校』三大战略，把我校建成一所以中医中药学科为主干，多个相关学科协调发展，在我省省属高校中优势突出，特色鲜明，整体上跻身于国内同类院校先进行列。

图 2.89 竖排文本框

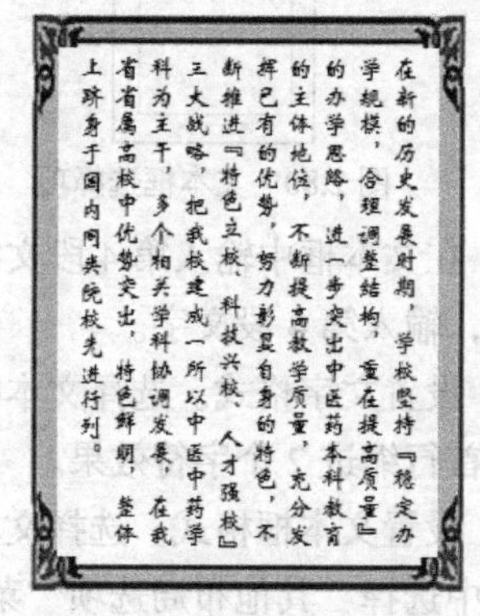

在新的历史发展时期，学校坚持『稳定办学规模，合理调整结构，重在提高质量』的办学思路，进一步突出中医药本科教育的主体地位，不断提高教学质量，充分发挥已有的优势，努力彰显自身的特色，不断推进『特色立校、科技兴校、人才强校』三大战略，把我校建成一所以中医中药学科为主干，多个相关学科协调发展，在我省省属高校中优势突出，特色鲜明，整体上跻身于国内同类院校先进行列。

图 2.90 边框文本框组合

2.2.3 “单味中药介绍”文档的制作

1. 案例知识点及效果图

本案例主要运用了以下知识点：页面设置、插入艺术字、插入图片、项目符号等，案例效果图如图 2.91 所示。

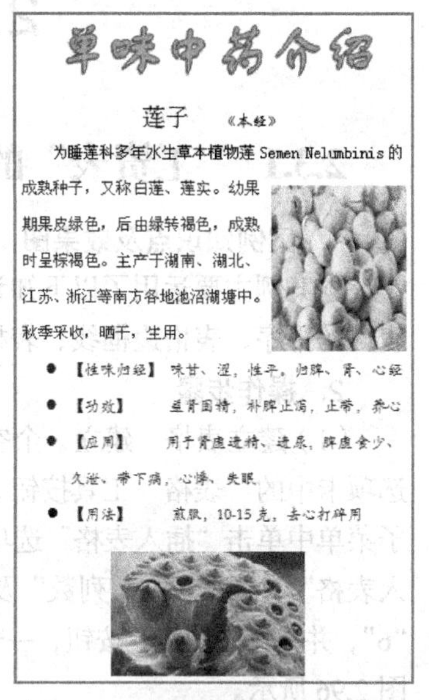

图 2.91　“单味中药介绍”效果图

2. 操作步骤

（1）文档使用 B5 或 16k 纸张。

（2）标题“单味中药介绍”为三维效果艺术字，红色边线、绿色填充。

（3）文字部分采用三种以上的字体、项目符号及黑色中括号修饰。

（4）文档右上部 Word 图片，格式为“四周型环绕”，设置边框及阴影效果。

（5）文档下部插入一幅图片，格式为“浮于文字上方”。

（6）文档完成后保存在我的文档中，命名为“中药莲子.docx”。

2.2.4 知识点详解

1. 剪贴板

剪贴板是 Word 2010 中存放复制或剪切后的文本内容的一个选项卡，可以存储多个复制或剪切的内容对象，用户可以根据需要粘贴剪贴板中的任意一个对象，只需将插入点移到要复制的位置，然后用鼠标单击剪贴板中的某个要粘贴的对象，该对象就会被复制粘贴到插入点所在的位置。

打开剪贴板的方法是，单击“开始“选项卡“剪贴板”组中右下角的箭头按钮，打开剪贴板对话框，如图 2.92 所示。

在文档中 4 次复制任意文本内容后，在剪贴板中呈现图 2.93 所示的状态，剪贴板中最多可以保存 24 次复制或剪贴的文本对象，用户可以根据需要选择其中的任意项进行复制粘贴的操作，从而使得 Word 文档的编辑功能得到极大的提高。

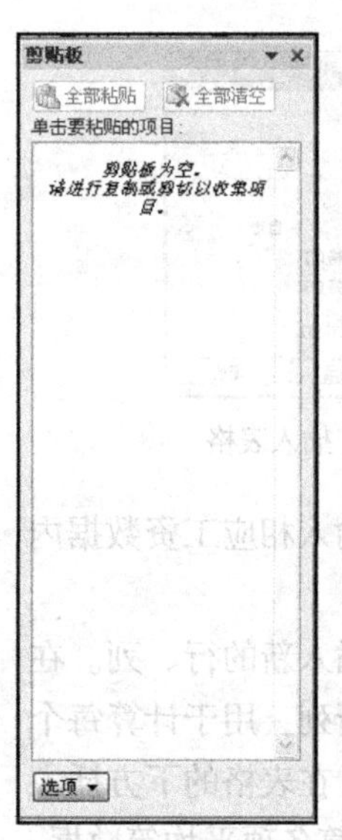

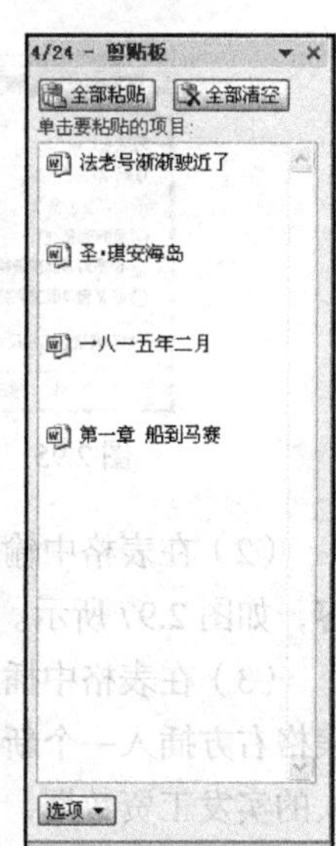

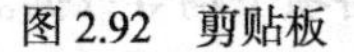

图 2.92　剪贴板　　　图 2.93　多项内容

2. 撤销和恢复

Word 提供了撤销和恢复功能，用于取消最近对文档进行的误操作。撤销最近的一次误操作可以直接单击快速访问工具栏上的“撤销”命令按钮，撤销多次误操作的方法步骤如下。

（1）单击“撤销”命令按钮旁边的小三角，查看最近进行的可撤销操作列表。

（2）单击要撤销的误操作步骤即可。如果该操作步骤不可见，可滚动列表查找。撤销某操作的同时，也撤销了列表中所有位于它之前的操作。

快速访问工具栏中的“重复”按钮功能可以恢复被撤销的操作，其操作方法与撤销操作基本类似。也可以使用组合键 Ctrl+Z 来快速地撤销刚进行过的操作步骤。

2.3 Word 表格应用

2.3.1 “工资表”的制作

1. 案例知识点及效果图

本案例主要运用了以下知识点：表格的建立、插入新的行列、公式的使用、表格中的对齐、表格的排序、表格边框线、表格的底纹等，案例效果图如图 2.94 所示。

工资表

姓　名	月收入	工龄工资	补贴	实发工资
宋常林	979	30	40	1049.0
王　红	746	14	30	790.0
马　伟	587	10	20	617.0
于　新	574	8	20	602.0
杨永贵	410	5	10	425.0
各项平均	659.2	13.4	24.0	696.6

2015-01-28

图 2.94　工资表样张

2. 操作步骤

（1）建立表格。建立一个空白的 Word 文档，单击“插入”选项卡中的“表格”工具按钮，显示“插入表格”子菜单。在子菜单中单击“插入表格”选项命令，显示图 2.95 所示的“插入表格”对话框。在“列数”及“行数”标签后分别输入“4”、“6”，并单击“确定”按钮，一个 6 行 4 列的表格即可生成，如图 2.96 所示。

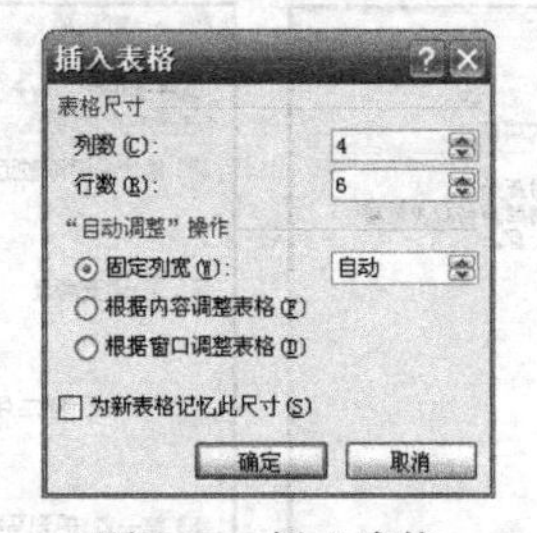

图 2.95　插入表格

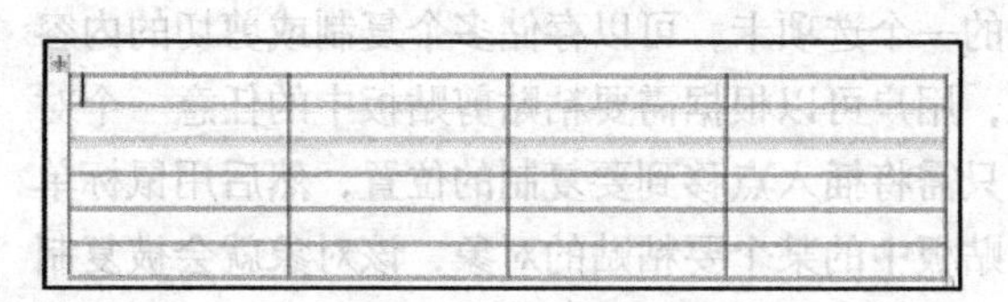

图 2.96　建立 6 行 4 列表格

（2）在表格中输入相应工资数据内容，如图 2.97 所示。

姓　名	月收入	工龄工资	补贴
宋常林	979	30	40
王　红	746	14	30
马　伟	587	10	20
于　新	574	8	20
杨永贵	410	5	10

图 2.97　输入工资数据

（3）在表格中插入新的行、列。在表格右方插入一个新列，用于计算每个人的实发工资数据，在表格的下方插入一个新的行，用于计算各项平均等数据。

将光标移到表格中“补贴”一列中，“表格工具”栏选区被激活。在“表格工具”选区中单击选择“布局”选项卡，显示图 2.98 所示的选项卡工具栏。在“行和列”组中，单击“在右侧插入”选项按钮，在表格“补贴”列右方插入一空列。

同样的方法，将光标放置在表格最下一行，在“行和列”组中，单击“在下方插入”按钮，在表格下方插入一空行。插入完后的表格如图 2.99 所示。

（4）计算实发工资。在新插入列的第一行中输入“实发工资”标题。在新插入行的第一列输入“各项平均”标题字样。选定“实发工资”下的第一个单元格，激活“表格工具”选区。

在“布局”选项卡的“数据”组中，如图 2.100 所示，单击“fx 公式”选项按钮，出现“公式”对话框，如图 2.101 所示。

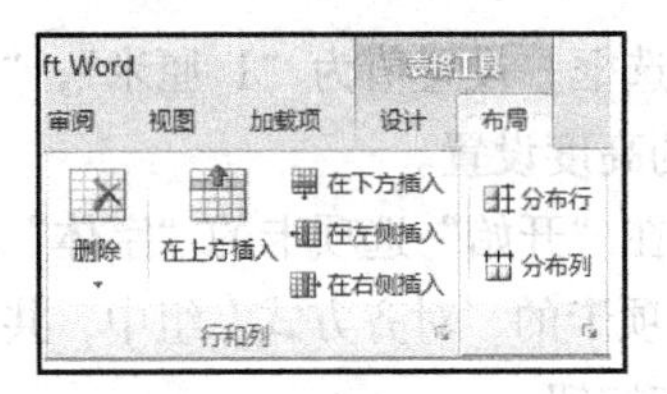

图 2.98 布局选项卡

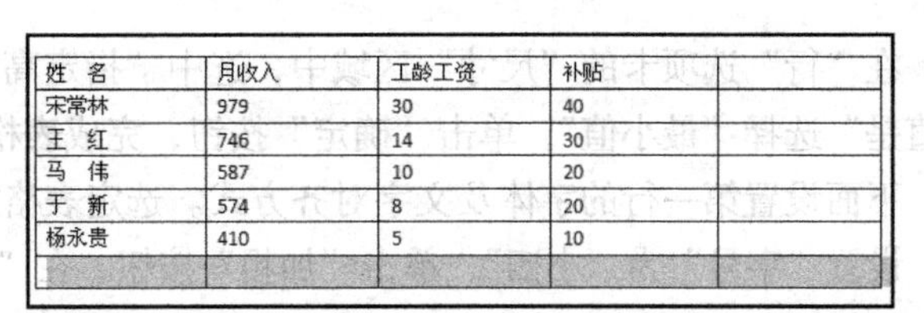

姓 名	月收入	工龄工资	补贴
宋常林	979	30	40
王 红	746	14	30
马 伟	587	10	20
于 新	574	8	20
杨永贵	410	5	10

图 2.99 插入行列的表格

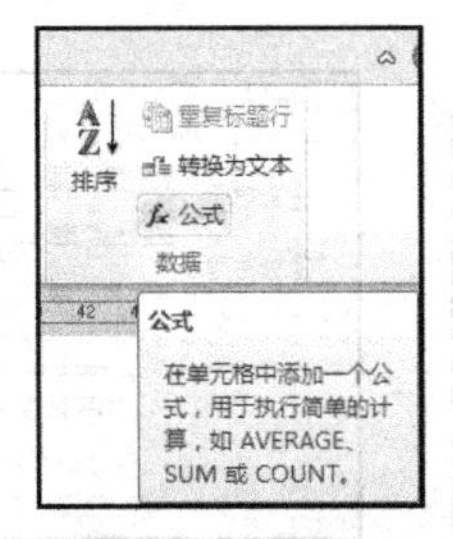

图 2.100 “数据”

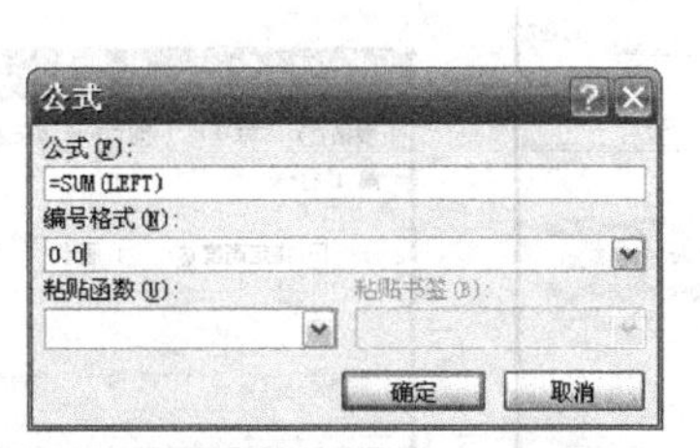

图 2.101 “公式”对话框

在“公式”对话框中的公式框内输入=SUM(LEFT)，在编号格式框中输入 0.0，单击“确定”按钮，计算出该行员工的实发工资为 1049.0，如图 2.102 所示。

将光标放置在由公式计算出的实发工资项 1049.0 中，可以看到该项数据有灰色底纹，与直接在该单元格中输入 1049.0 数值项是有区别的。

再依次选定该列第二个至最后一个单元格，重复上述计算步骤，计算出所有人员的实发工资。实发工资计算完成后的表格，如图 2.103 所示。

姓 名	月收入	工龄工资	补贴	实发工资
宋常林	979	30	40	1049.0
王 红	746	14	30	
马 伟	587	10	20	
于 新	574	8	20	
杨永贵	410	5	10	
各项平均				

图 2.102 计算第一项实发工资

姓 名	月收入	工龄工资	补贴	实发工资
宋常林	979	30	40	1049.0
王 红	746	14	30	790.0
马 伟	587	10	20	617.0
于 新	574	8	20	602.0
杨永贵	410	5	10	425.0

图 2.103 实发工资计算完成后的表格

（5）计算各项平均值。将光标移到表格中最后一行中第 2 列单元格，重复上述的计算步骤，计算月平均收入。将公式改为=AVERAGE（B2：B6），如图 2.104 所示。计算结果平均值为 659.2；或也可以输入公式=AVERAGE（Above），来计算该列的平均数据值。以后各列的计算依次将公式中的列号 B 改为 C，D，E…即可。完成计算平均值的表格见图 2.105 所示。

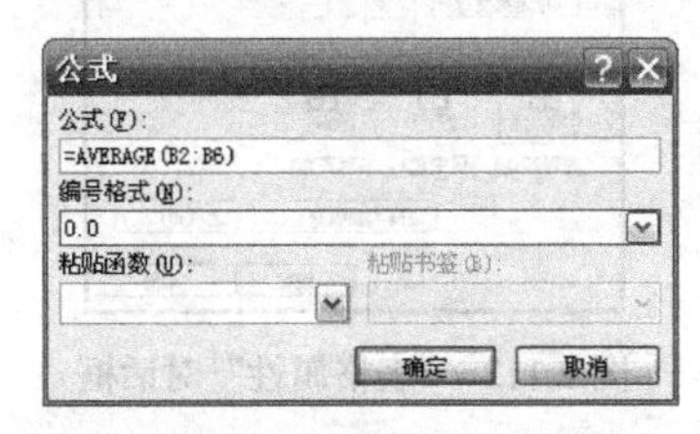

图 2.104 计算数据平均值

姓 名	月收入	工龄工资	补贴	实发工资
宋常林	979	30	40	1049.0
王 红	746	14	30	790.0
马 伟	587	10	20	617.0
于 新	574	8	20	602.0
杨永贵	410	5	10	425.0
各项平均	659.2	13.4	24.0	696.6

图 2.105 完成计算平均值的表格

（6）设置表格的行高及对齐方式。选定表格第一行，激活“表格工具”选区，选择“布局”选项卡，在“表”组菜单中，如图 2.106 所示，单击“属性”选项命令按钮，出现“表格属性”对话框，如图 2.107 所示。选择对话框中的“行”选项卡。

在“行”选项卡的“尺寸”区域中，选中“指定高度”前复选框，设置值为“1 厘米”，“行高值是”选择“最小值”，单击“确定”按钮，完成表格第一行的高度设置。

下面设置第一行的字体及文字对齐方式。选定表格第一行，在“开始”选项卡的“字体”组中，设置“字号”为“小四”，单击“加粗”按钮。在“布局”选项卡的“对齐方式”组中，共有 9 种对齐方式可以选择，如图 2.108 所示。选择“水平居中”对齐按钮。

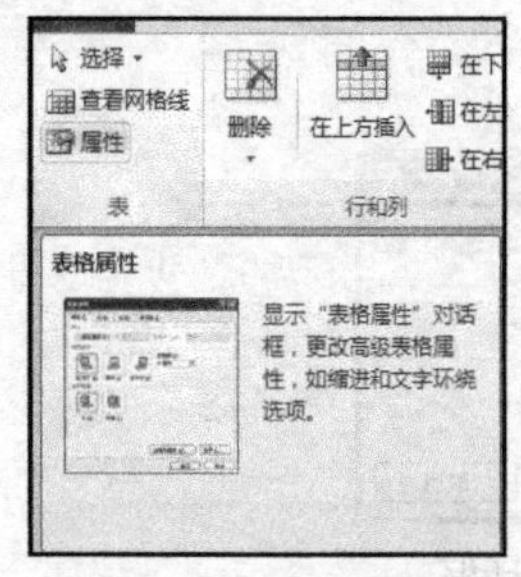

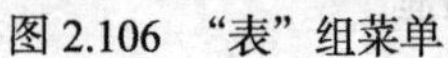

图 2.106 “表”组菜单

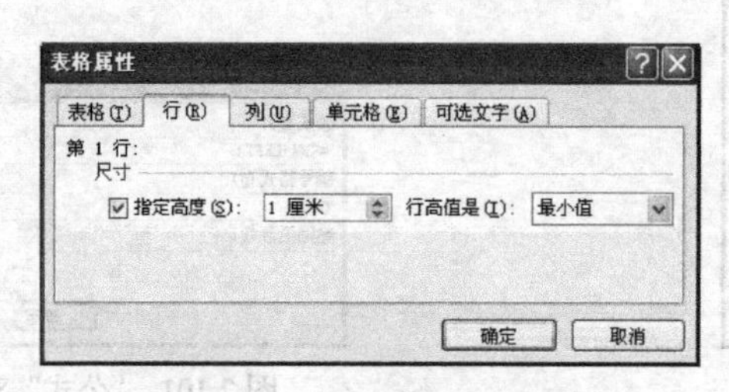

图 2.107 “表格属性”对话框

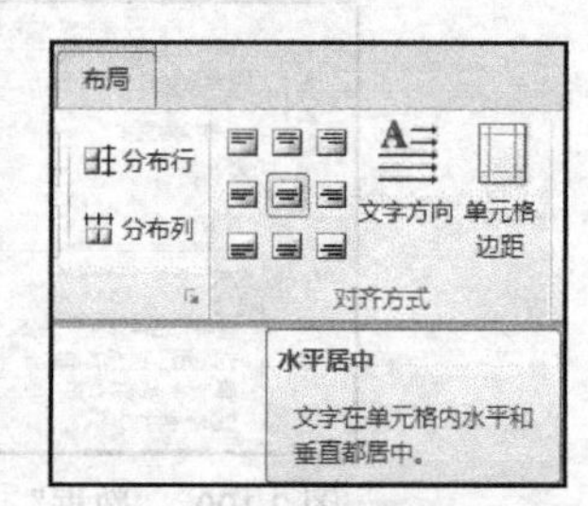

图 2.108 对齐方式

姓　名	月收入	工龄工资	补贴	实发工资
宋常林	979	30	40	1049.0
王　红	746	14	30	790.0
马　伟	587	10	20	617.0
于　新	574	8	20	602.0
杨永贵	410	5	10	425.0
各项平均	659.2	13.4	24.0	696.6

图 2.109 设置完成后的样式

选定表格第 2 ~ 7 行，重复上述步骤，设置行高为 0.8 厘米、最小值，对齐方式为“靠下右对齐”。选择表格第一列，在“开始”选项卡中“段落”组中，单击选择“居中”对齐按钮，将表格的第一列数据“居中”对齐。设置完成后的样式如图 2.109 所示。

（7）设置列宽及表格居中。自动列宽调整：将光标放入表格，激活“表格工具”选区，选择“布局”选项卡，在“单元格大小”组菜单中，选择“自动调整”选项命令按钮，出现图 2.110 所示的子菜单。在其中选择“根据内容自动调整表格”菜单项，得到图 2.111 所示的调整后的表格。

表格居中：将光标放置在表格中，激活“表格工具”选区，选择“布局”选项卡，在“表”组菜单中，单击“属性”选项命令按钮，打开“表格属性”对话框，如图 2.112 所示。

在“表格属性”对话框中，选择“表格”选项卡，在“对齐方式”栏中选择“居中”对齐，单击“确定”按钮。表格的居中对齐是指表格在整个页面的横向上处于中间的位置。

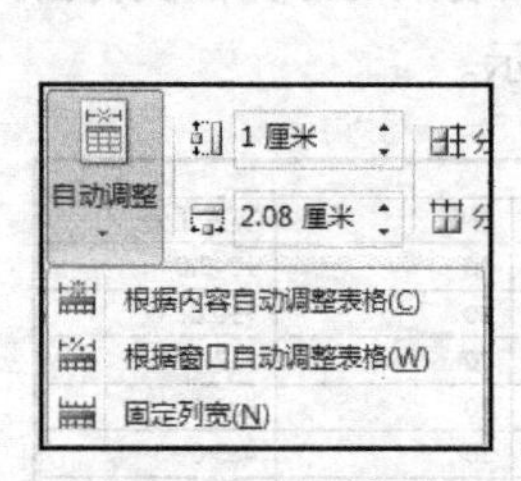

图 2.110 自动调整

姓　名	月收入	工龄工资	补贴	实发工资
宋常林	979	30	40	1049.0
王　红	746	14	30	790.0
马　伟	587	10	20	617.0
于　新	574	8	20	602.0
杨永贵	410	5	10	425.0
各项平均	659.2	13.4	24.0	696.6

图 2.111 调整后的表格

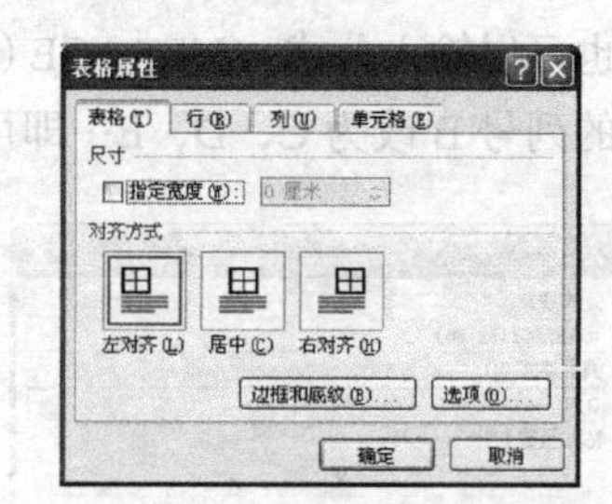

图 2.112 “表格属性”对话框

（8）数据排序。排序是为了将表格中的数据按一定的规律排列，使用户能更好地使用数据和分析数据。

选定表格前 6 行，在表格“布局”选项卡中的“数据”组中，如图 2.113 所示，选择“排序”命令选项，打开“排序”对话框，如图 2.114 所示。

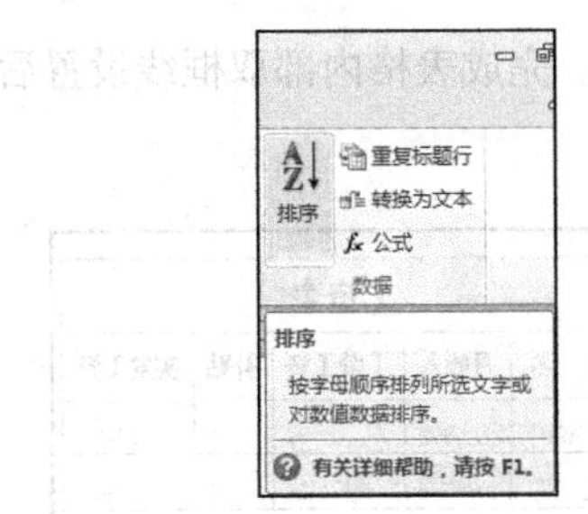

图 2.113　“数据”组

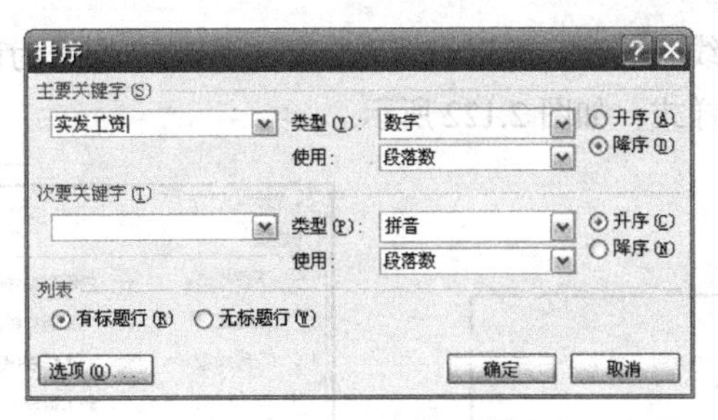

图 2.114　“排序”对话框

在“排序”对话框中，在“主要关键字”列表框中选择“实发工资”；在“类型”列表框中选择“数字”，并选择“降序”单选按钮；在列表选项中选择“有标题行”；单击“确定”按钮，完成表格按“实发工资”列的排序操作，结果如图 2.115 所示。

姓　名	月收入	工龄工资	补贴	实发工资
宋常林	979	30	40	1049.0
王　红	746	14	30	790.0
马　伟	587	10	20	617.0
于　新	574	8	20	602.0
杨永贵	410	5	10	425.0
各项平均	659.2	13.4	24.0	696.6

图 2.115　实发工资排序

（9）制作表格标题。光标放入表格第一行，在“布局”选项卡的“行和列”组中，如图 2.116 所示，选择“在上方插入”行命令按钮，在表格上面增加一行。

选择新增加的第一行，在“布局”选项卡的“合并”组中，如图 2.117 所示，选择“合并单元格”命令按钮，使表格第一行合并成为一个单元格，并输入文字“工资表”。选择文字“工资表”，在“开始”选项卡的“字体”组中，设置字体格式为黑体、三号、居中对齐。设置完成后的表格样式如图 2.118 所示。

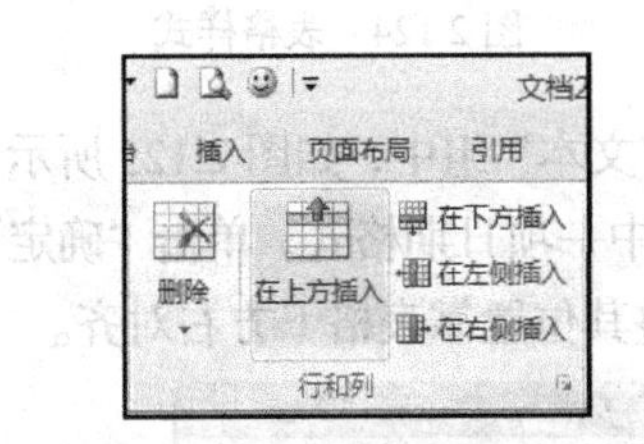

图 2.116　“在上方插入”行命令

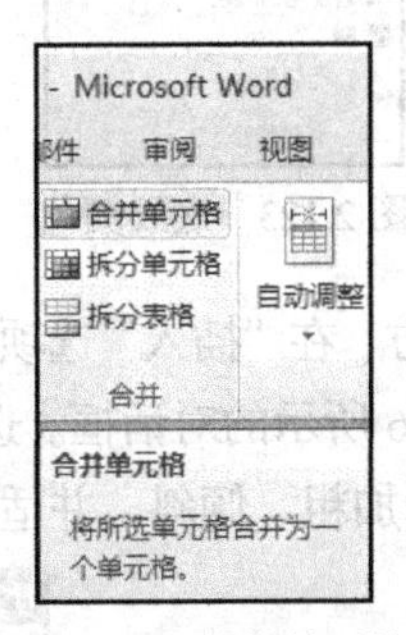

图 2.117　合并单元格

工资表				
姓　名	月收入	工龄工资	补贴	实发工资
宋常林	979	30	40	1049.0
王　红	746	14	30	790.0
马　伟	587	10	20	617.0
于　新	574	8	20	602.0
杨永贵	410	5	10	425.0
各项平均	659.2	13.4	24.0	696.6

图 2.118　设置表格标题

（10）设置表格框线。

① 设置表格的外侧框线。选定整个表格，在“表格工具”栏的“设计”选项卡中，选择“绘图边框”组，如图 2.119 所示。在组中选择设置笔样式、笔画粗细、笔颜色分别为单实线线型、2.5 磅粗细、红色线条。在“设计”选项卡的“表格样式”组中，选择设置边框线型为外侧框线，如图 2.120 所示，完成表格外侧框线的设置。

② 设置内部单线框线。选定整个表格。在“设计”选项卡的“绘图边框”组中，选择笔样式、笔画粗细、笔颜色分别为单实线线型、0.75 磅粗细、蓝色线条。在“设计”选项卡的“表格样式”组中，设置边框线型为内部框线。完成表格框线设置的表格如图 2.121 所示。

③ 设置内部双框线。设置表格第一行下框线、第一列的右框线为蓝色双线。选定表格的第一行（“姓名”行），在“设计”选项卡的“绘图边框”组中，选择笔样式、笔画粗细、笔颜色分别为双实线线型、0.75 磅粗细、蓝色线条。在“设计”选项卡的“表格样式”组中，选择边框线型

为下框线。同理，可以设置表格第一列的右框线为蓝色双实线样式。完成表格内部双框线设置后的表格样式，如图 2.122 所示。

图 2.119　绘图边框

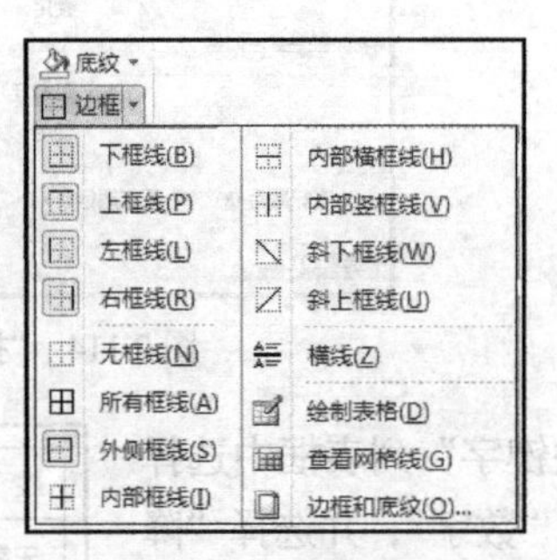

图 2.120　边框线型

工资表

姓　名	月收入	工龄工资	补贴	实发工资
宋常林	979	30	40	1049.0
王　红	746	14	30	790.0
马　伟	587	10	20	617.0
于　新	574	8	20	602.0
杨永贵	410	5	10	425.0
各项平均	659.2	13.4	24.0	696.6

图 2.121　内外部框线的设置

（11）设置表格底纹。选择表格第一行（“姓名”行），在“设计”选项卡的“绘图边框”组中，单击“底纹”样式右方箭头，打开“底纹”选择菜单，如图 2.123 所示。选择“白色，背景 1，深色 15%”选项，即可完成表格第一行的底纹设置。同理，也可以完成表格第一列的底纹设置。完成底纹设置后的表格样式如图 2.124 所示。

工资表

姓　名	月收入	工龄工资	补贴	实发工资
宋常林	979	30	40	1049.0
王　红	746	14	30	790.0
马　伟	587	10	20	617.0
于　新	574	8	20	602.0
杨永贵	410	5	10	425.0
各项平均	659.2	13.4	24.0	696.6

图 2.122　内部双框线设置

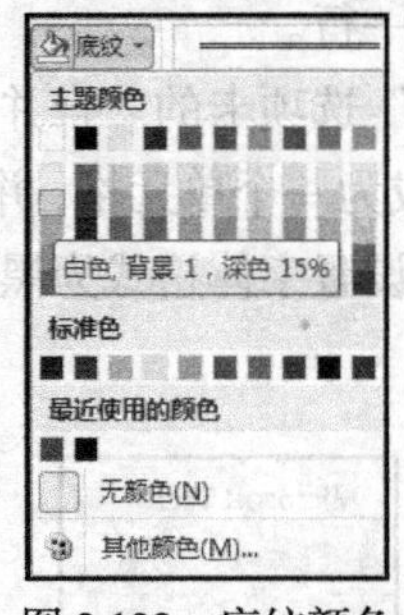

图 2.123　底纹颜色

工资表

姓　名	月收入	工龄工资	补贴	实发工资
宋常林	979	30	40	1049.0
王　红	746	14	30	790.0
马　伟	587	10	20	617.0
于　新	574	8	20	602.0
杨永贵	410	5	10	425.0
各项平均	659.2	13.4	24.0	696.6

图 2.124　表格样式

（12）插入日期。光标移至表格外右下方，在“插入”选项卡的“文本”组中，如图 2.125 所示，单击选择“日期和时间”命令，打开图 2.126 所示的对话框。选择其中一项日期格式，单击“确定”按钮，完成日期的插入操作。设置其格式为加粗、倾斜，并适当调整其位置靠表格下方右对齐。

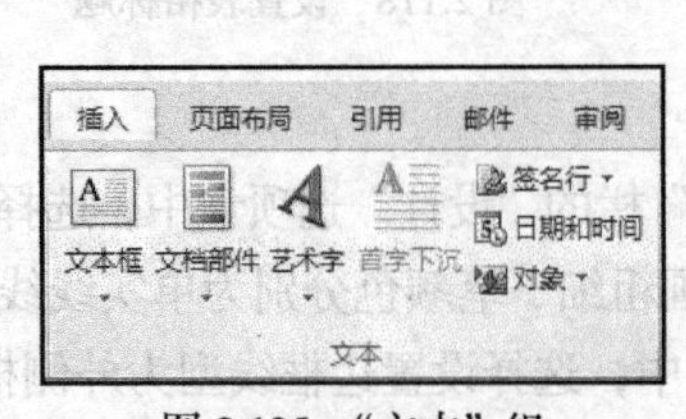

图 2.125　“文本”组

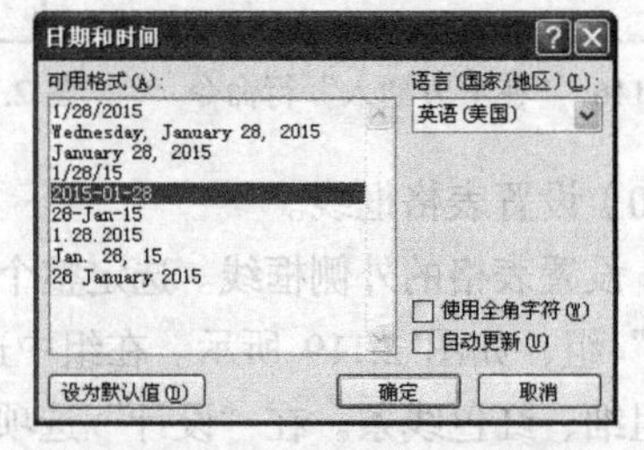

图 2.126　“日期和时间”对话框

（13）单击“快速访问工具栏”上的“保存”按钮，将其保存为“工资表.docx”。

至此，表格的制作及保存操作全部完成。

2.3.2　复杂表格的制作

1．案例知识点及效果图

本案例主要运用了以下知识点：复杂表格的建立、精确设置表格单元格的行高和列宽、拆分和合并单元格、插入文本框、设置文本框格式、插入艺术字、设置艺术字效果等。案例效果图如图 2.127 所示。

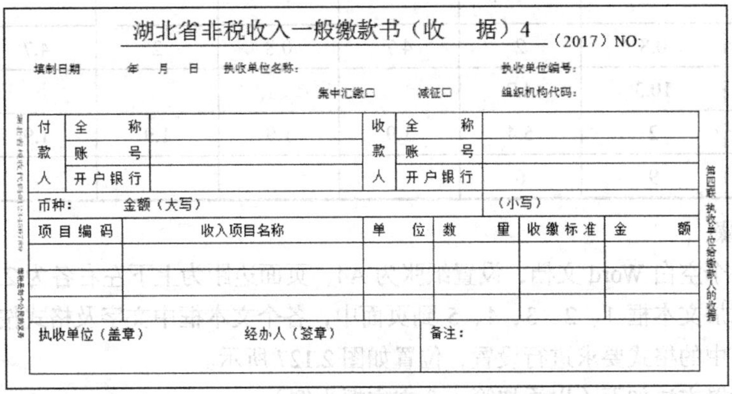

湖北省非税收入一般缴款书（收　据）4　（2017）NO:

填制日期　　年　月　日　执收单位名称：　　　　执收单位编号：

集中汇缴□　减征□　组织机构代码：

付款人	全称		收款人	全称	
	账号			账号	
	开户银行			开户银行	
币种：	金额（大写）			（小写）	

项目编码	收入项目名称	单位	数量	收缴标准	金额

执收单位（盖章）	经办人（签章）	备注：

第四联 执收单位给缴款人的收据

图 2.127　案例效果图

2. 案例格式要求说明

本案例主表格采用了非等行等列的复杂表格，在其上方、左右方采用了多个文本框及艺术字组合，来实现上述表格案例的效果。表格、文本框及艺术字的文字和格式如下所述。

（1）文本框 1：“湖北省非税收入一般缴款书（收 据）4”。

文字格式：宋体，四号。

（2）横线：黑色，长 9.5 厘米，0.75 磅粗。

（3）文本框 2：“(2017) NO:”。

文字格式：Times New Roman，五号。

（4）文本框 3：“填制日期年 月 日 执收单位名称 :”。

文字格式：宋体，六号。

（5）文本框 4：“集中汇缴□ 减征□”。

文字格式：宋体，六号。

（6）文本框 5：“执收单位编号 :”“组织机构代码 :”。

文字格式：宋体，六号。

（7）文本框 6：“第四联执收单位给缴款人的收据”。

文字格式：宋体，小六号，文字方向垂直。

（8）艺术字：“湖北省税收代码 0123456789　缴税是每个公民的义务”。

文字格式：宋体，4.5 号，文字缩放 150%，文字方向旋转 90 度。

（9）主表文字：

“付款人全称账号开户银行

收款人全称账号开户银行

币种：金额（大写）（小写）

项目编码收入项目名称单位数量收缴标准金额

执收单位（盖章）经办人（签章）备注 :”。

文字格式：宋体，五号字。

（10）表格的行高及列宽如表 2.1 所示。

表 2.1　　　　表格的行高及列宽（单位：厘米）

列号 行号	1	2	3	4	5	6	行高
1-3 行	0.8	2	4.7	0.8	2	4.7	0.6
4 行	10.3	4.7					0.6
5-8 行	2	5.4	1.9	1.9	1.9	1.9	0.6
9 行	9	6					1.1

3. 操作步骤

（1）建立一个空白 Word 文档，设置纸张为 A4，页面边距为上下左右各为 2.5 厘米。

（2）分别添加文本框 1、2、3、4、5 到页面中，各个文本框中文字及格式按照上面“2.案例格式要求说明”中的格式要求进行设置，位置如图 2.127 所示。

文本框的设置方法如下（以添加第 1 个文本框为例）。

① 单击选择“插入”功能区“文本”组中的“文本框”按钮，建立“简单文本框”。

② 输入文字“湖北省非税收入一般缴款书（收据）4”，设置字体为“宋体”，字号为“四号”。

③ 设置文本框的“形状填充”为“无填充颜色”。

④ 设置文本框的“形状轮廓”为“无轮廓”。

⑤ 按图 2.127 所示，将文本框 1 放置在页面中部适当的位置。

⑥ 其他文本框的设置方法同上所述。

（3）添加横线到页面中文本框 1 下部相应位置，线条尺寸按照上面“2.案例格式要求说明”中的格式要求进行设置，位置见图 2.127 所示。

（4）建立主表格，表格的行高及列宽如表 2.1 所示，表格建立的方法步骤如下。

① 建立第 1 行表格。插入 1×1 表格，调整设置行高 0.6 厘米，列宽 0.8 厘米；在其右侧插入单元格，设置列宽 2 厘米。按上述方法，在其后依次插入 4 个单元格，列宽分别是 4.7、0.8、2.0、4.7 厘米。

② 建立表格第 2～4 行。在第一行表格下方，连续插入 3 行表格；合并第 2～3 行第 1 列、第 4 列单元格；合并第 4 行前 5 个单元格。

③ 建立第 5～8 行单元格。在表格第 4 行下方插入 1 行单元格，合并第 5 行单元格，后拆分第 5 行单元格为 2 列。拆分第 5 行第 1 列单元格为 2 列，并适当调整第 1 列列线位置，使第 1 列列宽约为 2 厘米；将第 5 行最后一个单元格，拆分为 4 列单元格。在表格第 5 行单元格下依次插入 3 行单元格，建立 5～8 行表格单元格。

④ 建立第 9 行单元格。在第 8 行单元格下，插入一行单元格，合并插入的这一行单元格。调整设置行高为 1.1 厘米；拆分最后一行的单元格为 5 列，并分别合并前 3 列、后两列单元格。

⑤ 设置表格居中效果。表格居中设置方法在“2.3.1 工资表的制作”中已经介绍过。

至此，表格框架建立过程完成。

⑥ 按上面给出的主表文字及图 2.127 所示位置，输入完成表格的所有文字内容。

（5）建立文本框 6，方法按照建立前 5 个文本框一致，只是最后要调整文本框的文字方向为“垂直”。调整方法如下。

文本框 6 的字体字号及填充格式等设置完成后，选中该文本框，在出现的“绘图工具栏”的“格式”工具栏中，单击选择“文本”组中“文字方法”右侧的下拉箭头，打开“文字方法”选择框，如图 2.128 所示。在其中单击选择“垂直”选项，完成文本框 6 的设置。然后按图 2.127 中的位置，移动文本框 6 到主表格的右侧即可。

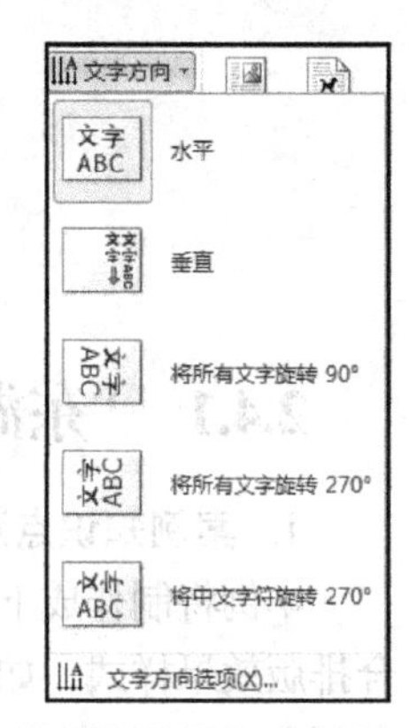

图 2.128　文字方向

（6）建立艺术字。选择“插入”功能选项卡，单击选择“艺术字”选项按钮，打开“艺术字”样式选择框，选择第 4 行第 2 个样式，输入插入的艺术字文字“湖北省税收代码 0123456789　缴税是每个公民的义务”。设置字体字号为“宋体、4.5 号”，颜色为黑色，并设置艺术字对象环绕方式为“浮于文字上方”，在“字体”对话框的高级选项卡中，设置字体缩放 150%。打开艺术字“文字方向”选择框，如图 2.128 所示；选择“将所有文字旋转 90 度”选项，即完成艺术字设置。然后按图 2.127 中的位置，移动艺术字到主表格的左侧位置即可。

2.3.3　“著名泌尿疾病专家大会诊”文档的制作

1. 案例知识点及效果图

本案例主要运用了以下知识点：表格的建立、表格中插入艺术字、表格中插入文本框、表格中插入图片等，案例效果图如图 2.129 所示。

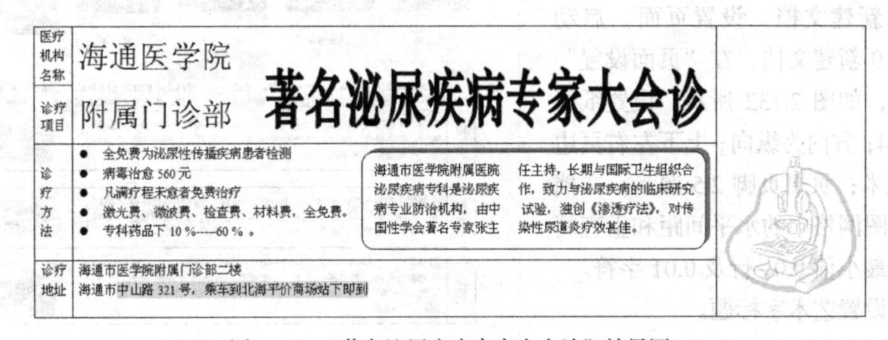

图 2.129　“著名泌尿疾病专家大会诊”效果图

2. 操作步骤

（1）整个文档用表格完成，表格的长高比为 2∶1。

（2）页面设置：A4 纸张、横向，页边距上下左右各 2 厘米。

（3）表格中的主要文字内容有：医疗机构名称、诊疗项目、诊疗方法、诊疗地址等。

（4）文档上部“著名泌尿疾病专家大会诊”为艺术字效果；“诊疗方法”栏中有一个插入的文本框对象，将其设置为圆角型阴影效果或三维立体效果；表格右部有一个插入的剪贴画，将其设置为水印效果。

2.3.4　知识点详解

表格自动套用格式：Word 2010 内置了很多表格样式，如图 2.130 所示，以便于用户方便地调用。为表格自动套用这些样式的操作方法如下。

将光标插入点放置在要套用格式的表格中任意位置，在表格工具“设计”选项卡中的“表格样式”组中单击选择所需要套用的表格样式即可。

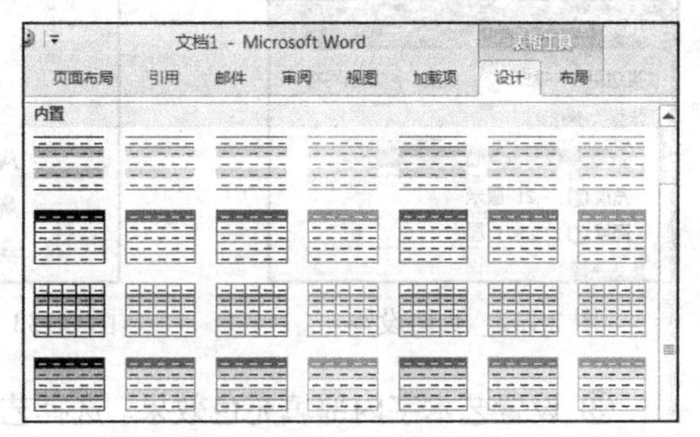

图 2.130　自动套用格式

2.4　Word 2010 综合应用

2.4.1　“东湖风景区旅游”文档的制作

1. 案例知识点及效果图

本例将制作成下面的图、文、表混合排版效果样式，如图 2.131 所示。本案例主要运用了以下知识点：字体及段落格式设置、插入艺术字、插入图片、设置图片的效果、插入表格、文字图片表格的整体效果排版等。

东湖风景区旅游

武汉东湖是我国目前最大的城中湖，其水域面积为 33 平方公里，12 个大小湖泊，120 多个岛渚星罗，112 公里湖岸线曲折，环湖 34 座山峰绵延起伏，10000 余亩山林林木葱郁，湖水镜映，山体如屏，山色如画。东湖一年四季，景色诱人：春季山青水绿、鸟语莺歌；夏季水上泛舟，清爽宜人；秋季红叶满山，丹桂飘香；冬季踏雪赏梅，沁雅寻幽。

东湖景区是湖泊类型的风景区，既有湖山之美，又有文物之萃。秀丽的山水、丰富的植物、浓郁的楚风情和别致的园中园是东湖风景区的四大特色。依次划分为听涛、白马、落雁、磨山、珞洪、吹笛六个各有特色的旅游区。

东湖是最大的楚文化游览中心，楚风浓郁，楚韵精妙，行吟阁名播遐迩，离骚碑誉为“三绝”，楚天台气势磅礴，楚才园名人荟萃，楚市、屈原塑像、屈原纪念馆，内涵丰富，美名远扬，文化底蕴厚重深远。依山傍湖的东湖梅园，是别致的园中之园，为江南四大梅园之一，是中国梅花研究中心所在地。

观鱼潭　沙滩浴场　楚王祭天　湖心亭

东湖磨山四季

东湖磨山风景区三面环水，六峰逶迤，尤如一座美丽的半岛。在这里登高峰而望清涟，踏白浪以览群山，能体味到各种山水之精妙。充足的雨量与光照，使这里各种观赏树种达 250 多种。

梅园	梅园位于磨山西南的湖岛山丘，三面临水，回环错落，古木参天，风景秀丽，有劲松修竹掩映，自然形成“岁寒三友”景观。梅园现有品种 309 个，盆栽梅花 5 千余盆。	
樱园	东湖樱花园位于磨山南麓，占地面积 210 亩，园内定植樱花树 10078 棵，品种 45 个。利用天然的水面、溪流、林荫以及常绿植物及主体树木樱花，巍峨壮观，别具一格。	
冷艳亭	冷艳亭位于梅花岗中部土丘上，为重檐攒尖五角亭。“冷艳亭”为马万和所题。“冷艳”二字恰当地体现了初春寒冷季节，梅花红白相间、暗香四溢的画意诗境。	
楚天台	“楚天台”匾额由赵朴初先生题写。台高 36 米，建筑面积 2260 平方米，外五层内六层，金壁辉煌，气势恢宏,共 345 级台阶，台前楚天仙境图由 600 块大理石按自然纹路拼合而成。	

图 2.131　“东湖风景旅游”文档效果图

2. 操作步骤

（1）新建文档，设置页面。启动 Word 2010 新建文档，在“页面设置”选项卡中，如图 2.132 所示，设置纸张大小为 A4；方向为纵向；上下左右页边距为 2 厘米；页眉页脚 2.5 厘米；文档网格的绘图网格中的水平间距和垂直间距均设为最小值 0.01 行及 0.01 字符。

（2）设置艺术字标题。

① 选择“插入”选项卡中“艺术字”按钮，弹出艺术字列表选择项，如图 2.133 所示。选择第 6 行第 3 个样式选项，并输入标题艺术字“东湖风景区旅游”，设置艺术字为“华文行楷、小初、红色、分散对齐”格式。

② 单击“绘图工具”→“格式”→“艺术字样式”→“文字效果”按钮，在出现的菜单中选择“转换”选项，打开艺术字效果选项框，选择“弯曲”中第 2 行第 1 个“倒 V 形”效果，如图 2.134 所示。

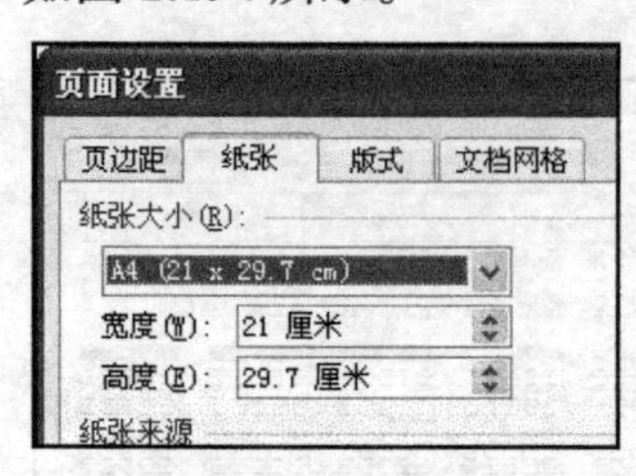

图 2.132　页面设置

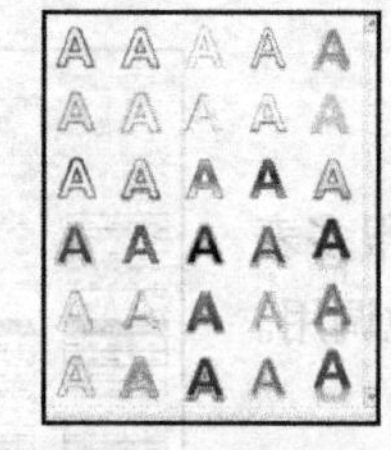

图 2.133　艺术字

图 2.134　倒 V 形

③ 设置艺术字内部填充色效果。选择艺术字边框对象并单击鼠标右键，在菜单中选择“设置形状格式”，打开“设置形状格式”对话框，如图 2.135 所示。在对话框中选择“渐变填充”选项，在方向中选“线性向上”，在渐变光圈中去掉中间点的渐变光圈，只保留首尾两个渐变光圈设置点。

设置渐变光圈的起点颜色为浅绿色，设置渐变光圈的终点颜色为黄色。设置完成后的艺术字效果如图 2.136 所示。

图 2.135　设置形状格式

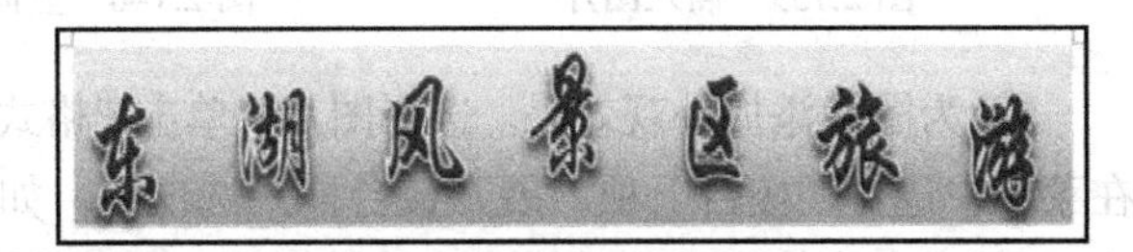

图 2.136　艺术字效果

（3）输入风景区 3 段介绍文字，如图 2.137 所示。

（4）设置字体为宋体、五号字；设置 3 段文字首行缩进 2 个字符。同时选择 3 段文字，单击“开始”选项卡段落组中右下的箭头按钮，打开“段落设置”对话框，在“特殊格式”中的“首行缩进”中，设置其值为两个字符。完成后的效果如图 2.138 所示。

武汉东湖是我国目前最大的城中湖，其水域面积为 33 平方公里，12 个大小湖泊，120 多个岛渚星罗，112 公里湖岸线曲折，环湖 34 座山峰绵延起伏，10000 余亩山林林木葱郁，湖水镜映，山体如屏，山色如画。东湖一年四季，景色诱人：春季山青水绿、鸟语莺歌；夏季水上泛舟，清爽宜人；秋季红叶满山，丹桂飘香，冬季踏雪赏梅，沁雅寻幽。
东湖景区是湖泊类型的风景区，既有湖山之美，又有文物之萃。秀丽的山水、丰富的植物、浓郁的楚风情和别致的园中园是东湖风景区的四大特色。依次划分为听涛、白马、落雁、磨山、珞洪、吹笛六个各有特色的旅游区。
东湖是最大的楚文化游览中心，楚风浓郁，楚韵精妙，行吟阁名播遐迩，离骚碑誉为“三绝”，楚天台气势磅礴，楚才园名人荟萃，楚市、屈原塑像、屈原纪念馆，内涵丰富，美名远扬，文化底蕴厚重深远。依山傍湖的东湖梅园，是别致的园中之园，为江南四大梅园之一，是中国梅花研究中心所在地。

图 2.137　输入 3 段文字

武汉东湖是我国目前最大的城中湖，其水域面积为 33 平方公里，12 个大小湖泊，120 多个岛渚星罗，112 公里湖岸线曲折，环湖 34 座山峰绵延起伏，10000 余亩山林林木葱郁，湖水镜映，山体如屏，山色如画。东湖一年四季，景色诱人：春季山青水绿、鸟语莺歌；夏季水上泛舟，清爽宜人；秋季红叶满山，丹桂飘香；冬季踏雪赏梅，沁雅寻幽。

东湖景区是湖泊类型的风景区，既有湖山之美，又有文物之萃。秀丽的山水、丰富的植物、浓郁的楚风情和别致的园中园是东湖风景区的四大特色。依次划分为听涛、白马、落雁、磨山、珞洪、吹笛六个各有特色的旅游区。

东湖是最大的楚文化游览中心，楚风浓郁，楚韵精妙，行吟阁名播遐迩，离骚碑誉为“三绝”，楚天台气势磅礴，楚才园名人荟萃，楚市、屈原塑像、屈原纪念馆，内涵丰富，美名远扬，文化底蕴厚重深远。依山傍湖的东湖梅园，是别致的园中之园，为江南四大梅园之一，是中国梅花研究中心所在地。

图 2.138　效果图

（5）插入东湖风景图片“落雁.jpg”，并设置图片效果及位置等。

① 单击“插入”选项卡中的“图片”，打开“插入图片”对话框，在计算机中查找东湖风景图片，如图 2.139 所示。然后单击插入按钮，将图片插入文档。

② 选择插入的图片“落雁.jpg”，单击“图片工具”的“格式”工具栏，显示“格式”工具栏。单击选择“大小”组中的“裁剪”工具按钮，图片四周出现 8 个裁剪控制点。保持图片高度不变，分别在左右边线中点裁剪控制点上拖动鼠标，将图片裁剪为宽度 2.4 厘米，如图 2.140 所示的竖向图片样式。

③ 选择图片，在“格式”工具栏中，单击“自动换行”工具按钮，打开图片环绕方式选项菜单，如图 2.141 所示。单击“四周型环绕”选项，设置图片与文字的相对位置为四周型环绕方式。

④ 选择图片后单击鼠标右键，在出现的快捷菜单中选择“大小和位置”菜单项，打开“布局”对话框，如图 2.142 所示。单击取消“锁定纵横比”选项前的勾选。在格式工具栏右方的“大小”

组中，调整设置图片的高、宽度分别为 9.2 厘米和 3.8 厘米。

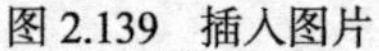

图 2.139　插入图片

图 2.140　竖向

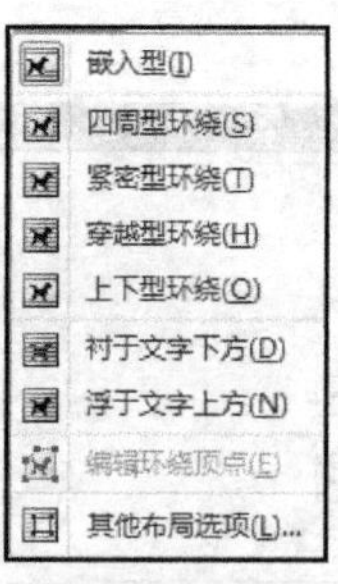

图 2.141　环绕

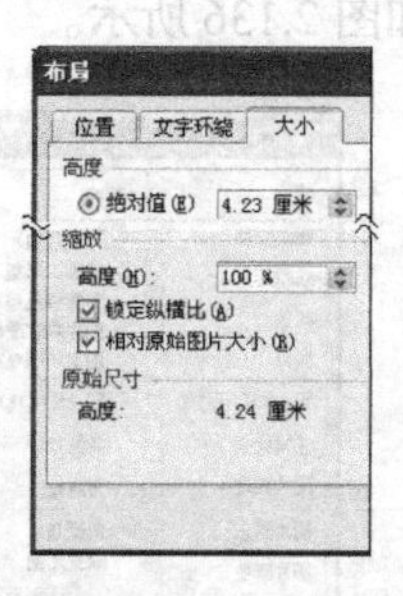

图 2.142　布局

⑤ 为图片添加外观效果。选择图片，单击“格式”工具栏中的“图片效果”选项，打开菜单；在菜单中选择“棱台”项，展开棱台样式选项框，如图 2.143 所示。选择棱台中第一行第一个样式“圆”。完成外观设置后的图片效果如图 2.144 所示。

⑥ 将图片拖到文档中 3 段文字的右方，调整其位置，完成图片的插入操作。图片插入操作后的文档效果如图 2.145 所示。

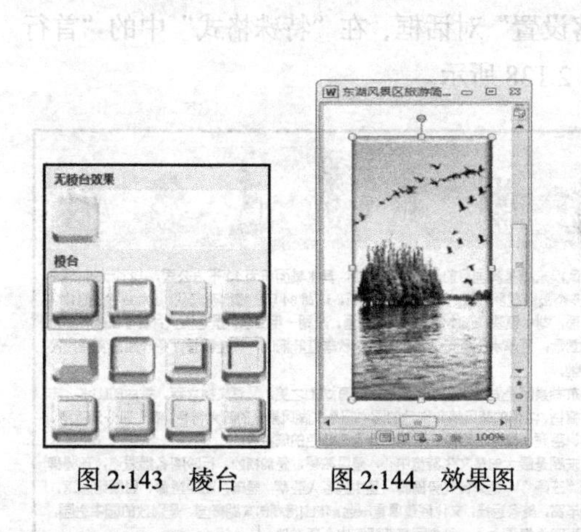

图 2.143　棱台　　图 2.144　效果图

东湖风景区旅游

武汉东湖是我国目前最大的城中湖，其水域面积为 33 平方公里，12 个大小湖泊，120 多个岛渚星罗，112 公里湖岸线曲折，环湖 34 座山峰绵延起伏，10000 余亩山林林木葱郁，湖水镜映，山体如屏，山色如画。东湖一年四季，景色诱人：春季山青水绿、鸟语莺歌；夏季水上泛舟，清爽宜人；秋季红叶满山，丹桂飘香；冬季踏雪赏梅，沁雅寻幽。

东湖景区是湖泊类型的风景区，既有湖山之美，又有文物之萃。秀丽的山水、丰富的植物、浓郁的楚风情和别致的园中园是东湖风景区的四大特色。依次划分为听涛、白马、落雁、磨山、珞洪、吹笛六个各有特色的旅游区。

东湖是最大的楚文化游览中心，楚风浓郁，楚韵精妙，行吟阁名播遐迩，离骚碑誉为“三绝”，楚天台气势磅礴，楚才园名人荟萃，楚市、屈原塑像、屈原纪念馆，内涵丰富，美名远扬，文化底蕴厚重深远。依山傍湖的东湖梅园，是别致的园中之园，为江南四大梅园之一，是中国梅花研究中心所在地。

图 2.145　文档效果图

（6）在文字下方、图片左边插入 4 幅带有文字说明的图片，如图 2.146 所示。为了使图片和文字能整齐的排列，使用表格来对其位置进行约束，下面就来实现这个操作。

① 将光标定位在风景区文字介绍的下一行，然后选择“插入”选项卡，继续单击“表格”图标，在弹出的下拉框中用鼠标拖出一个 2×4 的表格，然后单击即可在文档中插入一个 2×4 的表格，如图 2.147 所示。

图 2.146　带文字说明图片

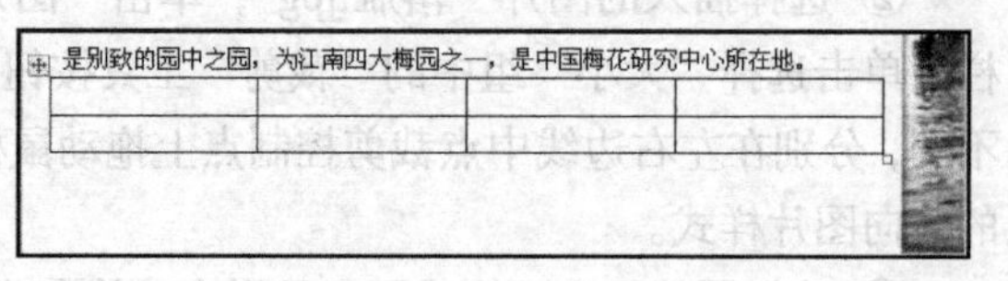

图 2.147　插入表格

② 单击表格左上角的“全选表格”图标，选中整个表格，然后在表格上单击鼠标右键，在弹出的快捷菜单中选择“单元格对齐方式”→“水平居中”选项，使表格中的内容水平居中对齐。

③ 将光标定位在表格第一行第一列处，然后选择“插入”选项卡，单击“图片”图标，打开“插入图片”对话框，如图2.148所示，选择图片“观鱼潭.jpg”，然后单击“插入”按钮，将图片插入文档。

④ 在插入的图片“观鱼潭.jpg”上单击鼠标右键，在弹出的快捷菜单中选择“大小和位置”命令，此时弹出“布局”选项卡。在“布局”选项卡中首先取消复选框“锁定纵横比”选项，然后在“高度”和“宽度”栏中，设置图片高度和宽度分别为2.8厘米和2.6厘米，最后单击“确定”按钮。

⑤ 选择图片“观鱼潭.jpg”，单击打开“格式”工具栏，如图2.149所示。在“图片样式”组中选择“映像圆角矩形”效果即可。

图2.148　插入图片

图2.149　选择效果

⑥ 采用同样的方法，在表格第一行第二列、第三列和第四列处分别插入图片“沙滩浴场jpg”“楚王祭天jpg”和“湖心亭jpg”，并分别设置图片的大小，即“高度”为2.8厘米，“宽度”为2.6厘米，如图2.150所示。

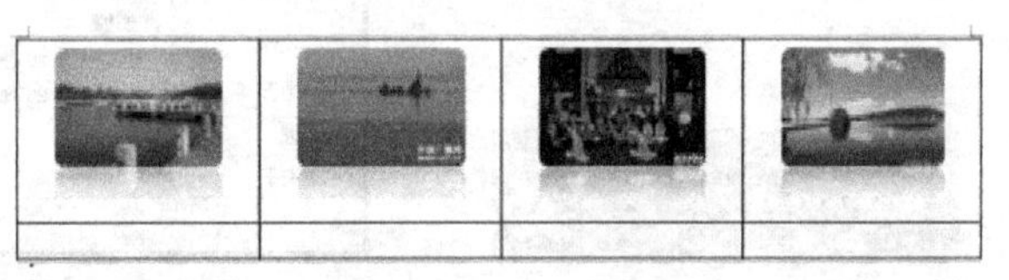

图2.150　插入4幅图片

对于重复设置多张图片一样的效果，可以使用“格式刷”工具来完成。方法是设置完第一张图片的效果后，选择这张设置好的图片，在“开始”选项卡中双击选择“格式刷”工具，然后再依次单击选择其他图片，即可完成复制图片格式效果的操作。

⑦ 在表格的第二行中，分别为图片添加文字说明，依次为：“观鱼潭、沙滩浴场、楚王祭天和湖心亭”，并设置文字的格式为华文楷体、五号字。设置完成的图片及说明文字的效果如图2.151所示。

⑧ 取消表格边框的显示。选中整个表格，在表格上单击鼠标右键从弹出的快捷菜单中选择“边框和底纹”命令。在弹出的“边框和底纹”对话框中，如图2.152所示，选择“边框”选项卡，设置边框为“无”，设置完成后单击“确定”按钮。

图2.151　输入文字

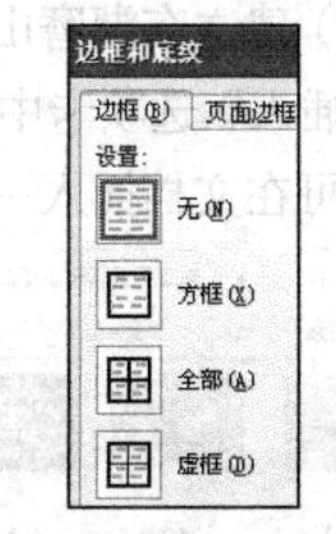

图2.152　边框和底纹

⑨ 设置完成后的页面效果如图2.153所示，从上面的操作可以看到，凡是要设置复杂对齐或者需要约束多个对象的排列位置时，可以考虑使用表格来实现，只要最后将表格边框取消即可。

（7）添加图形对象。

① 插入一个矩形图形。选择“插入”选项卡，单击“形状”图标，在弹出的下拉框中选择“矩形”列表中的第一个对象，然后在文档中绘制一个矩形框，矩形的宽高度分别为 3.7 厘米和 1 厘米，填充色为绿色，无边框颜色，如图 2.154 所示。

图 2.153　页面效果

② 在矩形框中添加文字。选择矩形对象，并单击鼠标右键，出现快捷菜单。在菜单中单击选择“添加文字”选项，在矩形内部即出现输入文字光标，此时即可按要求输入文字“东湖磨山四景”，并设置字体、字号分别为华文新魏、小四号字、紫色。

③ 选择矩形框单击鼠标右键，在出现的菜单中选择“设置形状格式”菜单，打开“设置形状格式”对话框，如图 2.155 所示。选择“文本框”选项，并设置上、下边距为 0 厘米，左、右边距为 0.25 厘米。设置完成后的矩形文字框如图 2.156 所示。

图 2.154　矩形框

设置形状格式
填充
线条颜色
三维旋转
图片更正
文本框
可选文字
文本框
文字版式
内部边距
左(L): 0.25 厘米　上(T): 0 厘米
右(R): 0.25 厘米　下(B): 0 厘米
关闭

图 2.155　设置形状格式

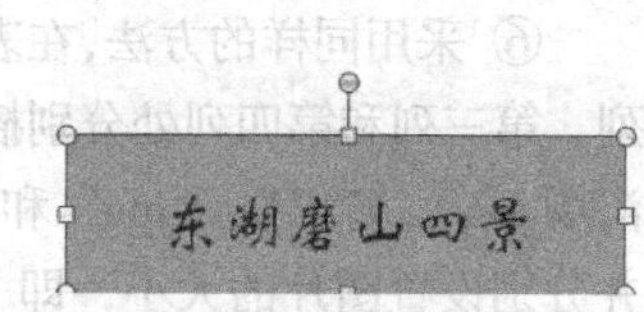

图 2.156　矩形文字框

④ 将矩形拖动到文档中图片表格的下方、文档中间位置，完成添加图形对象操作。

（8）设置文字分栏。在矩形框左下方双击，快速将光标定位到该处，然后输入一段文字内容如下。

东湖磨山风景区三面环水,六峰逶迤，尤如一座美丽的半岛。在这里登高峰而望清涟，踏白浪以览群山，能体味到各种山水之精妙。充足的雨量与光照，使这里各种观赏树种达 250 多种。

在文字的段落后面再增加一空行，然后选中刚输入的文字段落，在“页面布局”选项卡中单击“分栏”图标，在弹出的下拉列表中选择“更多分栏”选项。在弹出的“分栏”对话框中设置“预设”为“两栏”，再设置“间距”为 2.5 字符，设置完成后单击“确定”按钮，设置完成后的文字段落如图 2.157 所示。

（9）建立东湖磨山梅园景区介绍表格。将光标定位至分栏文字的下面，并且顶行左对齐，然后在“插入”选项卡中单击“表格”图标，在弹出的列表框中用鼠标拖选出一个 1×3 的表格，单击后即可在文档插入一个表格，如图 2.158 所示。

图 2.157　分栏设置

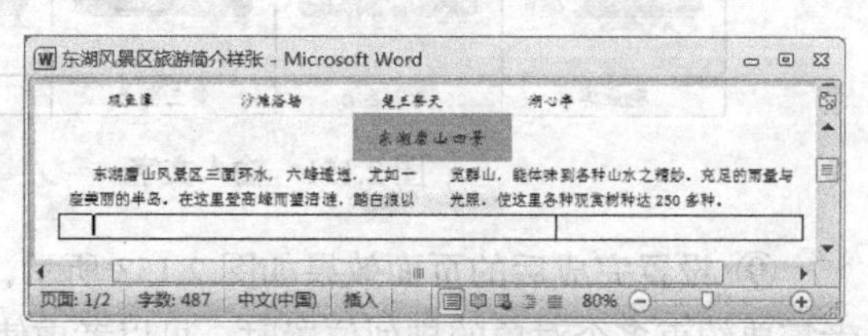

图 2.158　插入表格

在工具栏中调整表格的高度为 2.2 厘米，宽度第 1 列至第 3 列依次为 0.95 厘米、12.7 厘米、4.7 厘米。调整的方法是首先选择表格的第 1 格，单击“表格工具”的“布局”工具栏，如图 2. 159 所示。在“单元格大小”组中调整单元格的高度和宽度分别为 2.2 厘米和 0.95 厘米。同样的方法依次调整第 2 格和第 3 格大小，调整好的表格如图 2.160 所示。

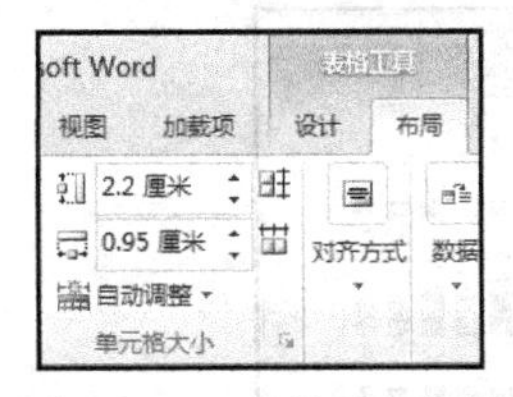

图 2.159 “布局”工具栏

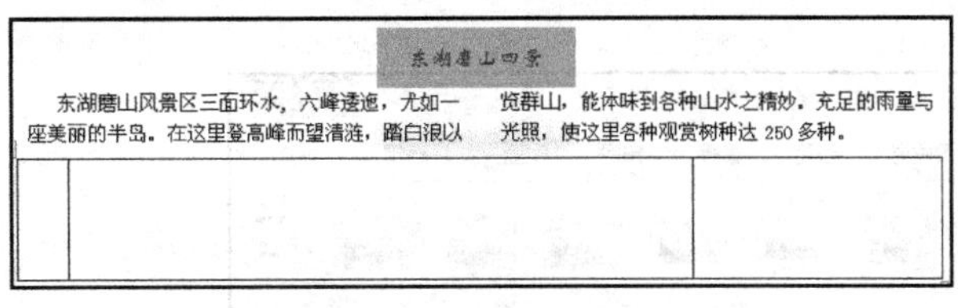

图 2.160 调整好的表格

在表格的第一列中插入标题文字“梅园”，在第二列中插入对应的介绍文字“梅园位于磨山西南的湖岛山丘，三面临水，回环错落，古木参天，风景秀丽，有劲松修竹掩映，自然形成“岁寒三友”景观。梅园现有品种 309 个，盆栽梅花 5 千余盆。”字体字号均为默认的宋体、五号字；在第三列插入一张图片“梅园.jpg”。图片的高度、宽度分别为 2 厘米和 3 厘米，如图 2.161 所示。

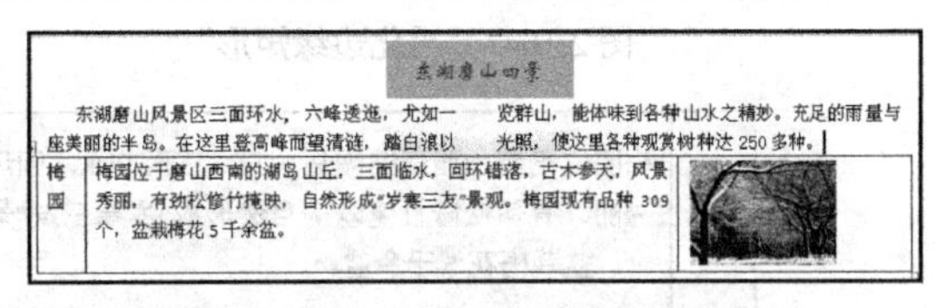

图 2.161 输入文字和图片

下面对插入的文字和图片进行修饰。

首先将鼠标移动到表格第一列上部，当鼠标变为向下的箭头时，单击即可选中该单元格。选择表格第一列后，单击鼠标右键出现快捷菜单，在菜单中选择“文字方向”选项后，打开“文字方向”对话框，如图 2.162 所示。

单击选择竖向文字方向中的中间一个选项，在对话框右侧的预览区可以看到设置后的效果，最后单击“确定”按钮，使输入的文字竖向显示。

继续在选中的第一列单元格上单击鼠标右键，在弹出的快捷菜单中，如图 2.163 所示，选择“单元格对齐方式”→“中部居中”命令，使输入的文字居中显示。

将光标放置在“梅园”两字中间，按空格键两次，在字中间插入两个空格。

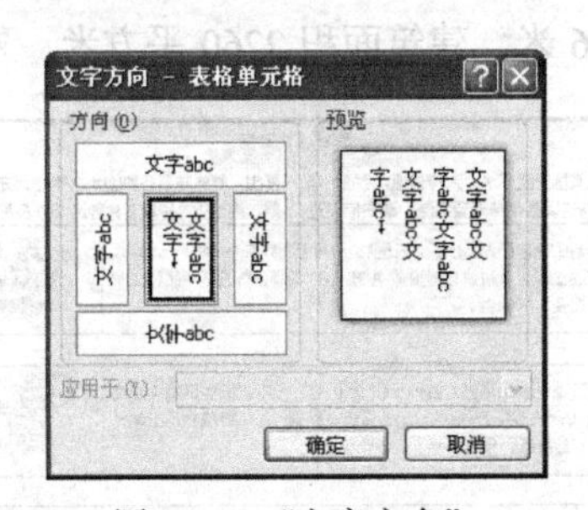

图 2.162 “文字方向”

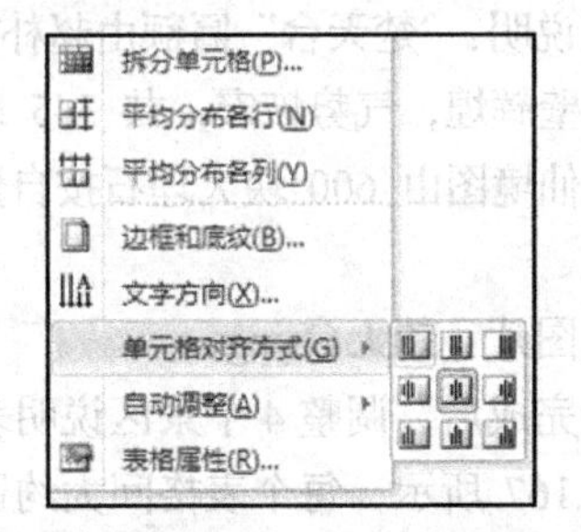

图 2.163 对齐方式

用同样的方法，设置第二列单元格文字和第三列单元格图片的对齐方式分别为“中部两端”和“中部居中”，注意文字方向不变。

设置第三列单元格中的图片“柔化边缘矩形”效果。选择图片，然后单击“图片工具”栏中的“格式”工具，在打开的工具栏中选择“图片样式”组中的“柔化边缘矩形”样式选择，如图 2.164 所示。

设置表格的底纹浅蓝色颜色。拖动鼠标选择表格的 3 个单元格，在“表格工具”中单击“设计”选项卡，单击“底纹”按钮，打开“底纹颜色选项列表”，如图 2.165 所示。在其中选择浅蓝色底纹颜色即可。设置完成后的表格效果如图 2.166 所示。

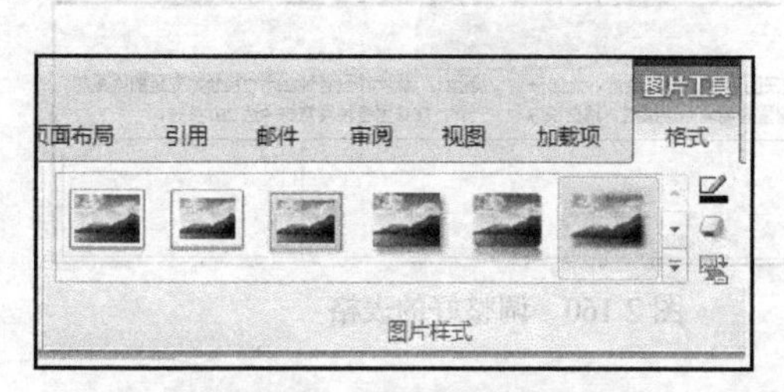

图 2.164 “柔化边缘矩形”

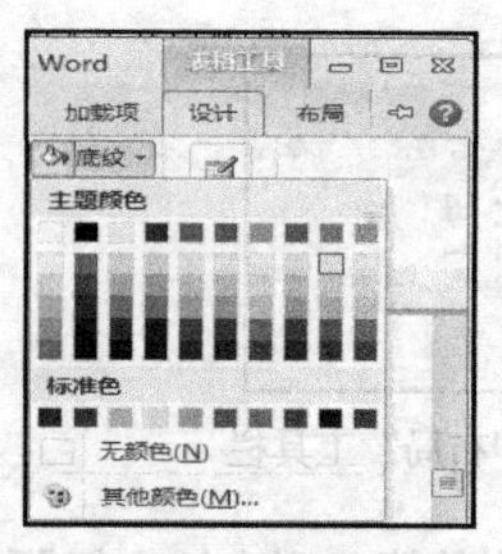

图 2.165 底纹颜色

梅园	梅园位于磨山西南的湖岛山丘，三面临水，回环错落，古木参天，风景秀丽，有劲松修竹掩映，自然形成“岁寒三友”景观。梅园现有品种 309 个，盆栽梅花 5 千余盆。	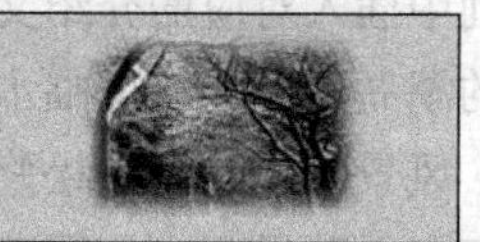

图 2.166 完成后的表格效果

（10）依照上述方法，建立东湖磨山其他 3 个景区说明的 3 个 1×3 的表格，并输入标题、说明及图片。完全按照景区 1 梅园表格中文字及图片的格式设置效果。

标题 2：樱园。

景区说明：东湖樱花园位于磨山南麓，占地面积 210 亩，园内定植樱花树 10078 棵，品种 45 个。利用天然的水面、溪流、林荫以及常绿植物及主体树木樱花，巍峨壮观，别具一格。

景区图片：樱园.jpg。

标题 3：冷艳亭。

景区说明：冷艳亭位于梅花岗中部土丘上，为重檐攒尖五角亭。“冷艳亭”为马万和所题。“冷艳”二字恰当地体现了初春寒冷季节，梅花红白相间、暗香四溢的画意诗境。

景区图片：冷艳亭.jpg。

标题 4：楚天台。

景区说明：“楚天台”匾额由赵朴初先生题写。台高 36 米，建筑面积 2260 平方米，外五层内六层，金壁辉煌，气势恢宏，共 345 级台阶，台前楚天仙境图由 600 块大理石按自然纹路拼合而成。

景区图片：楚天台.jpg。

设置完成后，调整 4 个景区说明表格的位置如图 2.167 所示，每个表格间大约留出一空行，整个内容正好充满一个自然页面。

（11）为“东湖磨山四景”内容部分添加 4 个虚线圆角矩形框。单击“插入”→“形状”，打开形状列表，如图 2.168 所示。选择“圆角矩形”，然后在文档空白处拖动鼠标画出一个圆角

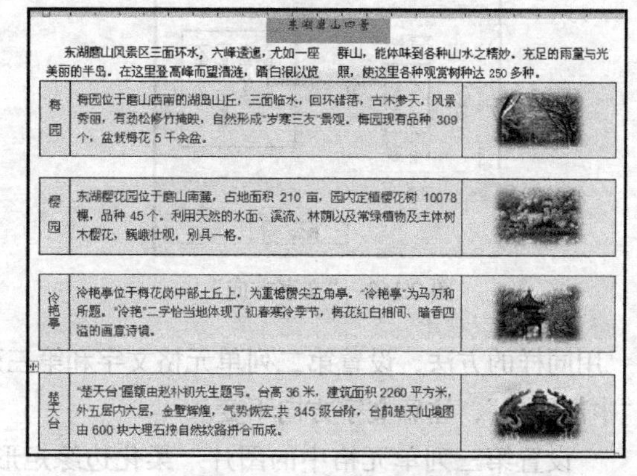

图 2.167 4 个景区的表格

矩形。选择矩形，单击“绘图工具”→“格式”选项卡，打开“格式”工具栏，如图 2.169 所示。

在“形状填充”中选择“无填充颜色”选项；在“形状轮廓”中选择“虚线”并选中“短划线”选项；设置矩形高宽度为 2.9 厘米和 19 厘米。设置完成后的矩形如图 2.170 所示。

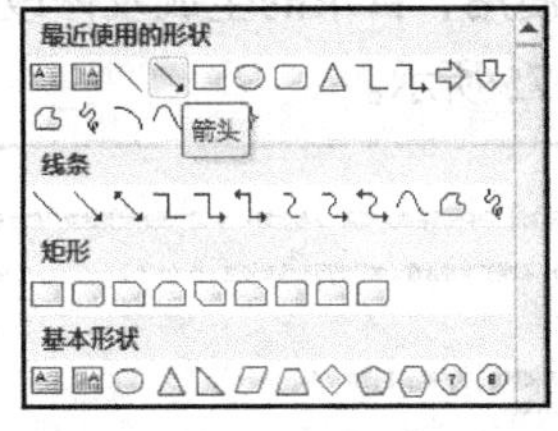

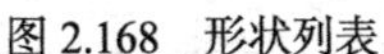

图 2.168　形状列表

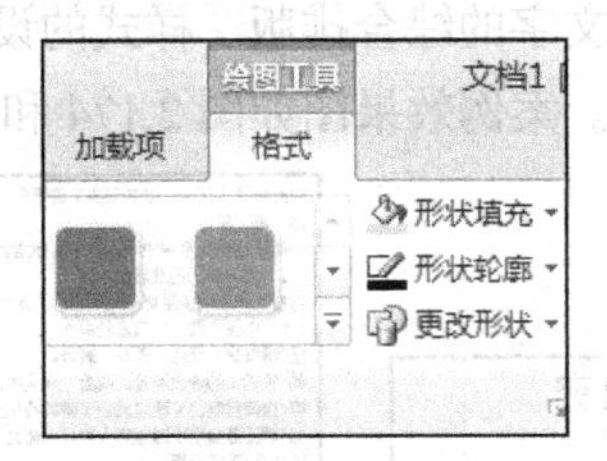

图 2.169　设置矩形

图 2.170　虚线矩形框

将虚线矩形框拖到图 2.171 所示位置处。可以看到矩形框处于文字和表格的上方，原因是矩形框是后制作成的对象，一般后制作的对象都处于上方。我们在此处要求矩形框是处于下方的，可以按如下方法处理。

选择“矩形框”，单击鼠标右键，出现快捷菜单，如图 2.172 所示。在菜单中选择“置于底层”选项，即可将矩形放在文字和表格的下方。

然后分别复制 3 个虚线矩形框，并将其分别拖到图 2.173 所示位置处。特别注意各个矩形框之间是相切并排放置的。按上述方法将各个矩形框放置到最底层去。

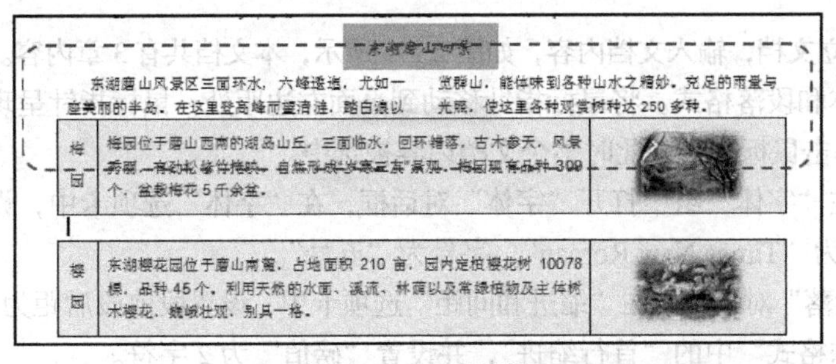

图 2.171　加虚线框

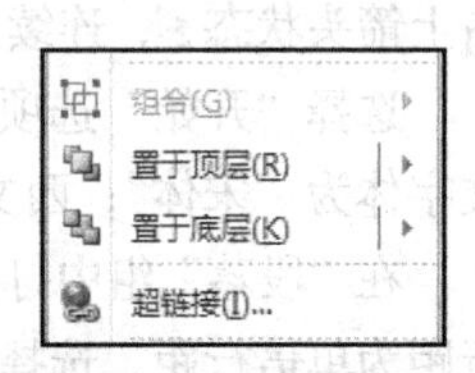

图 2.172　快捷菜单

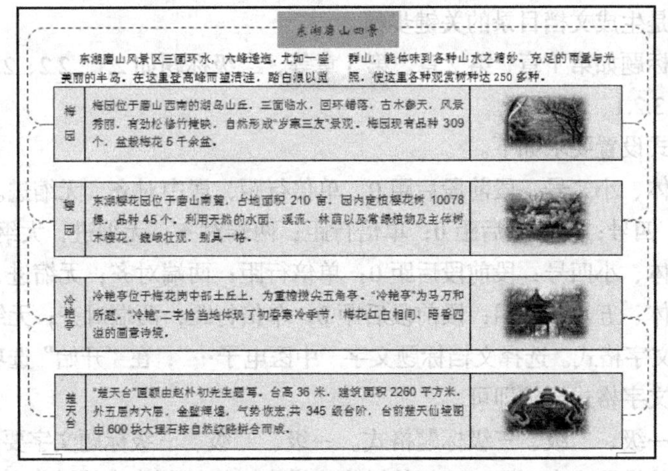

图 2.173　设置各个矩形框的位置图

（12）至此整个“东湖风景旅游”文档排版完成。

2.4.2　毕业论文格式文档的排版及目录生成

1. 案例知识点及效果图

本案例主要运用了以下知识点：文字的综合排版、样式的设置及使用、目录的生成及修改、导航窗口的应用、文档的分页设置等。案例效果图如图 2.174 和图 2.175 所示。

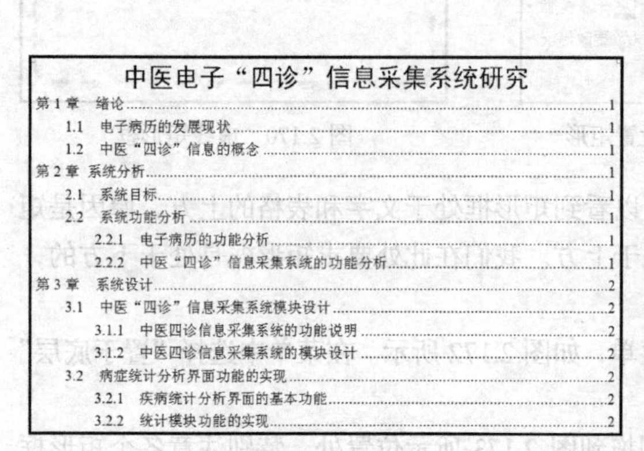

中医电子“四诊”信息采集系统研究

图 2.174　文档目录

中医电子“四诊”信息采集系统研究
第 1 章　绪论
将电子病历技术与中医四诊信息相结合，在快速诊断的基础上同样也是在收集信息、采集数据，为我国中医的世界性立足做准备。
1.1　电子病历的发展现状
当前我国医院使用电子病历主要用来储存、查询、统计、数据交换等管理，电子病历市场有待进一步的开发。
1.2　中医“四诊”信息的概念
望 观察病人面色、舌苔、表情。
闻 听病人的说话声音、喘息、病人的口臭、体臭等。
问 指询问症状，通过问诊了解既往病史与家族病史、起病原因、发病经过及治疗过程。
切 切诊是指用手触按病人身体，藉此了解病情的一种方法。
第 2 章 系统分析
2.1　系统目标
在现有的成熟电子病历的基础上添加中医“四诊”信息的采集系统，从而更加完善电子病历，使病人信息做到完整性和集成性。
2.2　系统功能分析
2.2.1　电子病历的功能分析
电子病历系统绝不仅是病历的电子存储，它实质上是医疗过程的全面信息化，是全面的面向医护人员的临床信息系统。
2.2.2　中医“四诊”信息采集系统的功能分析
中医“四诊”信息采集系统包含有：医生登陆、望诊录入、闻诊录入、问诊录入、切诊录入、信息收集病症统计分析界面。
第 3 章　系统设计
3.1　中医“四诊”信息采集系统模块设计
3.1.1　中医四诊信息采集系统的功能说明
通过“四诊”信息模块添加患者的信息，系统将其储存在数据库中。
3.1.2　中医四诊信息采集系统的模块设计
望诊模块如图 1，闻诊模块如图 2，问诊模块如图 3，切诊模块如图 4。
3.2　病症统计分析界面功能的实现
3.2.1　疾病统计分析界面的基本功能
主要是能够得出某种症状在某种疾病中所占的比例以及它在所有疾病中所占的比例。
3.2.2　统计模块功能的实现
主要解决的问题有两个：
一是如何统计出所有通过该系统已经确诊了的疾病。
二是如何得出所需的比例。

图 2.175　文档整体效果

2. 操作步骤

（1）启动 Word 2010，建立文档，输入文档内容，如图 2.175 所示，本文档共有 3 章内容。

（2）设置文档内容的字体和段落格式。将鼠标指针移动到页面左边距处，鼠标指针呈现指向右上箭头状态⬈，连续三次单击鼠标按钮，此时整个文档内容被选中。

选择“开始”选项卡，在“字体”组中打开“字体”对话框，在“字体”选项卡中，设置中文字体为“宋体”；西文字体为“Times New Roman”；字号为“五号”。

在“段落”组中打开“段落”对话框，在“缩进和间距”选项卡中，设置段前段后距为 0 行；行距为单倍行距，选择“特殊格式”中的“首行缩进”，并设置“磅值”为 2 字符。

（3）设置各级章节标题格式。在本文档中，除文档标题文字外，还有 3 级章节标题，正确设置各级标题的格式是生成文档目录的关键步骤。

文档中的一级标题如第 1 章、第 2 章、第 3 章等，二级标题如 2.1、2.2、2.1、2.2 等；三级标题如 2.2.1、2.2.2、3.2.1、3.2.2 等。

各级标题的格式设置要求如下。

文档标题：黑体、小二号，段前段后距 0，单倍行距，居中对齐，无缩进。

一级标题：黑体、四号；段前段后距 0；单倍行距；两端对齐；无缩进，大纲级别 1。

二级标题：黑体、小四号；段前段后距 0；单倍行距；两端对齐；无缩进，大纲级别 2。

三级标题：黑体、五号、加粗；段前段后距 0；单倍行距；两端对齐；无缩进，大纲级别 3。

（4）设置标题文字格式。选择文档标题文字“中医电子…”，在“开始”选项卡的“字体”“段落”组中设置相应文字格式要求即可。

（5）设置文档一级、二级、三级标题格式。一级、二级、三级标题文字要生成目录，设置方法和一般文字格式的设置略有不同。下面的操作为设定一级标题格式的操作方法步骤。

① 在“开始”选项卡的“样式”组中，单击右下角的箭头，打开“样式”设置框，如图 2.176 所示。

② 在框中选择“标题 1”，并单击右方的下拉箭头，显示“标题 1”样式“修改”快捷菜单项，如图 2.177 所示。

③ 单击“修改”菜单项，打开“修改样式”对话框，如图 2.178 所示。在对话框中，显示的是文档“标题 1”默认的格式设置。

一般来说，默认的格式和我们要求设置的格式是不同的，下面我们就要按照我们要求的文档一级标题的格式来设置新的“标题 1”格式。

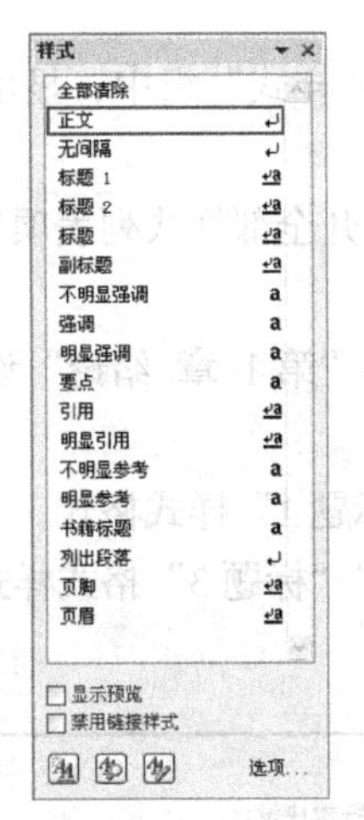

图 2.176　样式设置

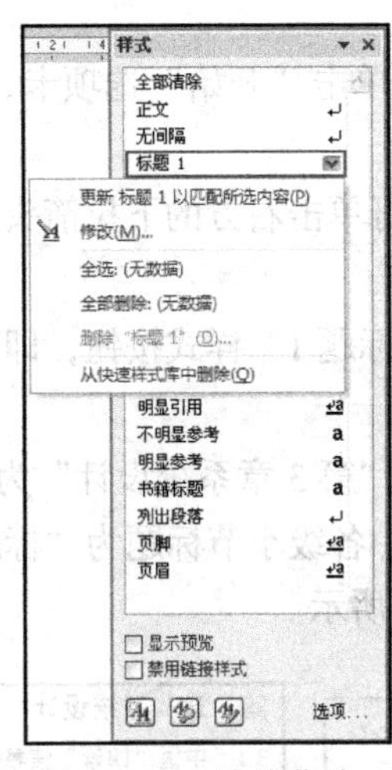

图 2.177　快捷菜单

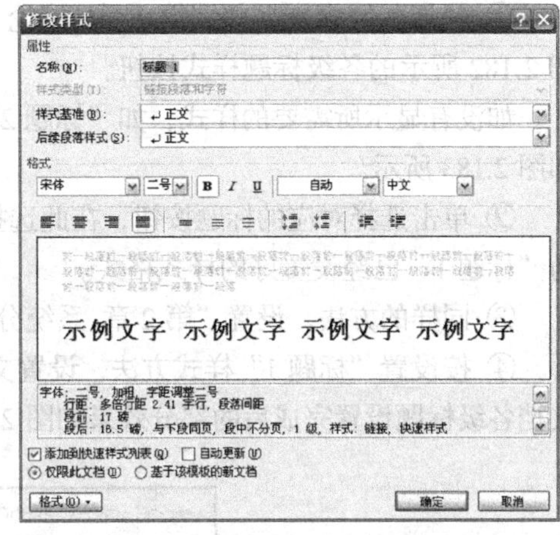

图 2.178　修改样式对话框

④ 设置字体格式。在对话框的格式栏中设置“标题 1”字体格式为黑体、四号，如图 2.179 所示。

⑤ 在“修改样式”对话框中，单击左下方的“格式”按钮，出现图 2.180 所示的格式菜单，在其中选择“段落”菜单项，打开“段落”对话框，如图 2.181 所示。选择“缩进和间距”选项卡。

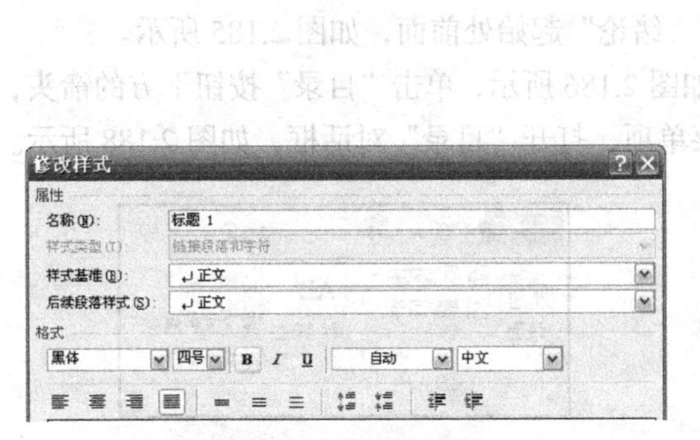

图 2.179　黑体、四号

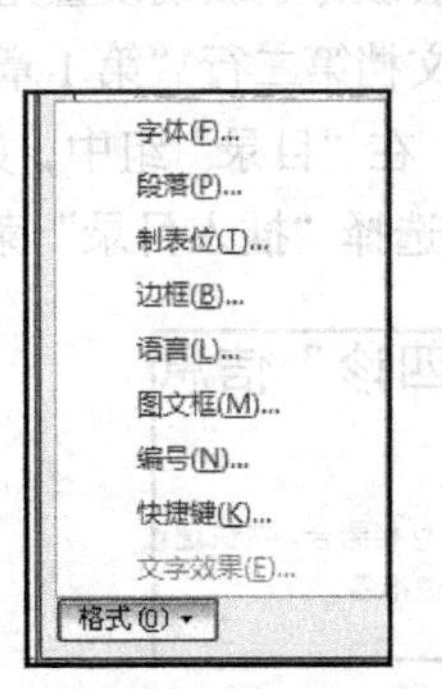

图 2.180　格式菜单

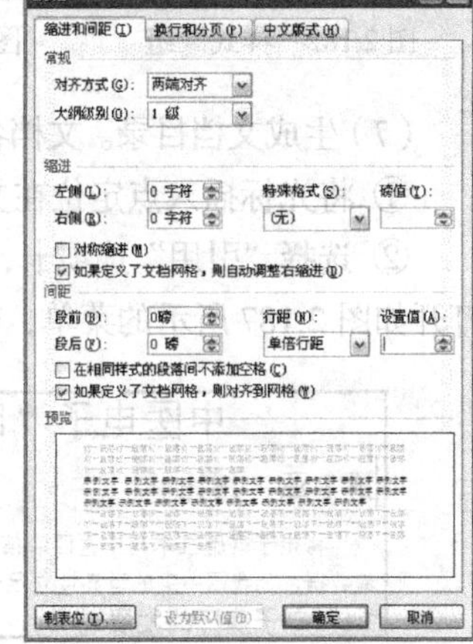

图 2.181　“段落”对话框

⑥ 按文档一级标题的段落格式设置。段前段后距为 0；单倍行距；两端对齐；无缩进，大纲级别 1 级。

⑦ 设置完成后，单击“确定”按钮，返回“修改样式”对话框；再次单击“确定”按钮，即完成文档一级标题的段落格式设置操作步骤。

⑧ 完成文档二级、三级标题的设置。设置方法参照一级标题设置方法步骤进行，注意选择大纲级别时，二级标题选择2级大纲级别、三级标题选择3级大纲级别。

样式框中初始时可能只有“标题1、标题2”项目，没有“标题3”项目。用户可以将设置好的“标题1、标题2”样式应用到文档中后，样式框中就会出现下级项目“标题3”。样式应用的方法如下所述。

（6）设置完各级标题的“字体、段落、大纲级别”格式后，即可对文档中各级标题应用相应的格式样式，方法如下。

① 选择各级标题，如“第1章 绪论 ”，单击“开始”选项卡，在“样式”组中，显示有图2.182所示的各级标题样式按钮。

如没有显示所需要的样式，如“标题2”，可单击右方的下拉箭头，打开全部样式列表项目，如图2.183所示。

② 单击选择对应的标题按钮，在此选择“标题1”样式按钮，即可将“第1章 绪论”设定为“标题1”已经设置好的样式格式。

③ 同样的方法，设置“第2章 系统分析”“第3章系统设计”为“标题1”样式格式。

④ 按设置“标题1”样式方法，设置文档中各级小节标题为“标题2”“标题3”格式样式。文档各级标题设置完成后的部分效果如图2.184所示。

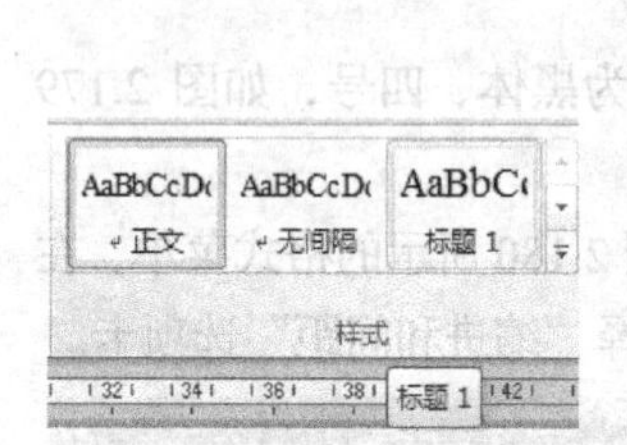

图2.182 样式”组

图2.183 更多的样式选项

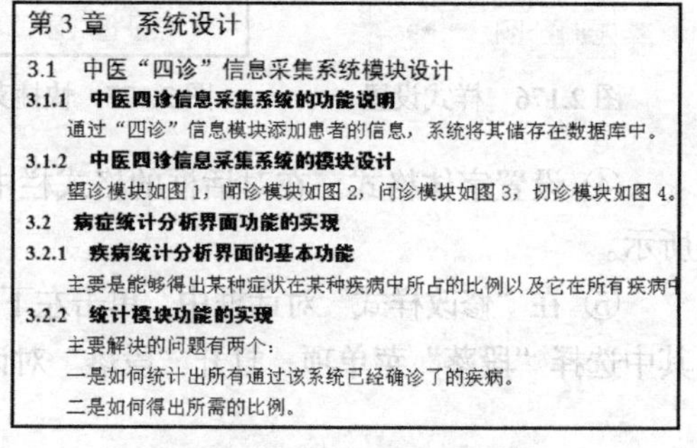

图2.184 标题设置完成后效果

（7）生成文档目录。文档各级标题级别设置完后，即可操作生成文档“目录”结构，方法如下。

① 将光标插入点定位在文档第二行“第1章　绪论”起始处前面，如图2.185所示。

② 选择“引用”选项卡，在“目录”组中，如图2.186所示，单击“目录”按钮下方的箭头，打开如图2.187所示的菜单，选择“插入目录”菜单项，打开“目录”对话框，如图2.188所示。

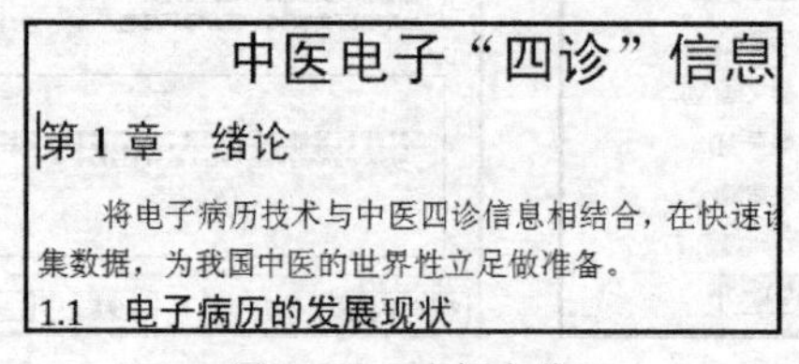

图2.185 光标定位

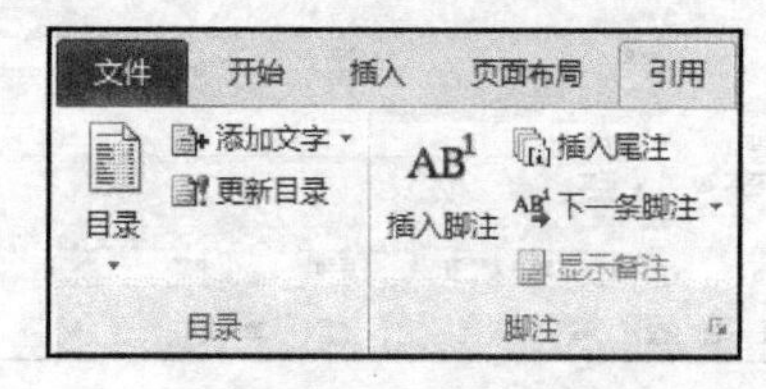

图2.186 “目录”组

③ 在“目录”选项卡中，显示了即将生成的目录外观样式。用户也可以通过其他“选项”或“修改”按钮，打开对话框进行其他效果设置。在此我们使用默认的选项，单击“确定”按钮即可。

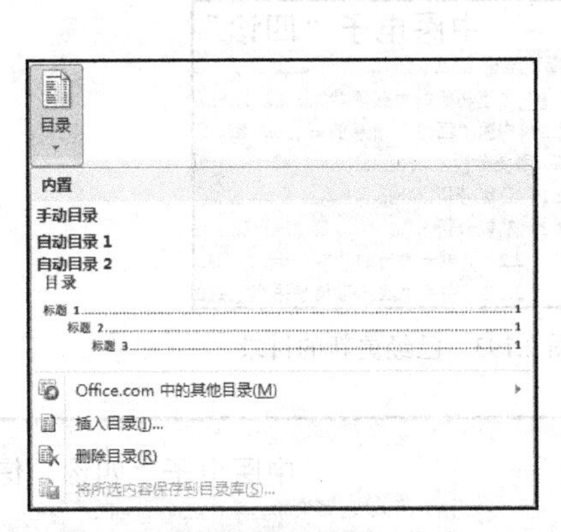

图 2.187 “插入目录”菜单

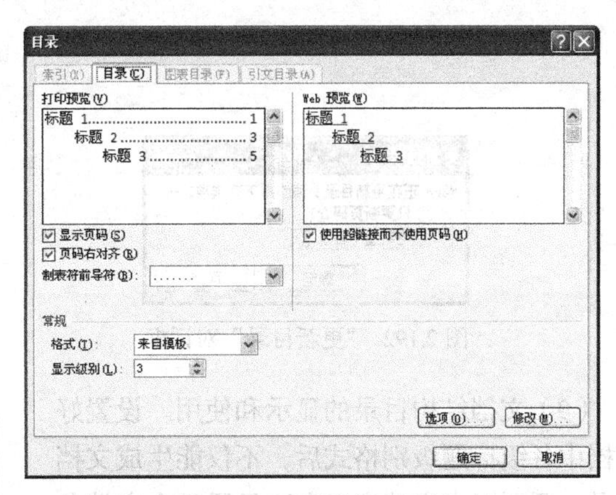

图 2.188 “目录”对话框

④ 至此在文档的最前面，可以看到文档的目录结构已经自动生成，如图 2.189 所示。

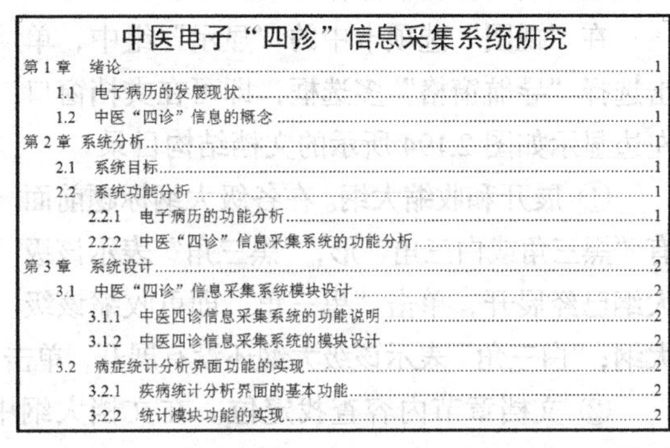

中医电子“四诊”信息采集系统研究

图 2.189 文档目录结构

（8）文档目录的修改。文档目录生成后，如用户又修改了文档中的各级标题文字内容，已经生成的目录不能自动同步实现目录内容的修改。此时不需要用户来对已经生成的目录文字进行修改，也不需要重新生成目录，用户只需要执行一个修改更新命令，就可以完成目录内容的更新同步修改，方法如下。

如用户需要将文档中的标题“2.1 系统目标”修改成“2.1 目标分析”，将目录中“2.2 系统功能分析”修改成“2.2 功能分析”，可以按如下方式操作。

首先在文档中将上述两个章节标题按要求修改好，然后用鼠标单击选择文档最前端已经生成的目录，如图 2.190 所示。此时整个目录呈现灰色被选择高亮度状态。

在被选择的目录上单击鼠标右键，打开快捷菜单，如图 2.191 所示。在快捷菜单中单击“更新域”选项，出现“更新目录”小对话框，如图 2.192 所示。

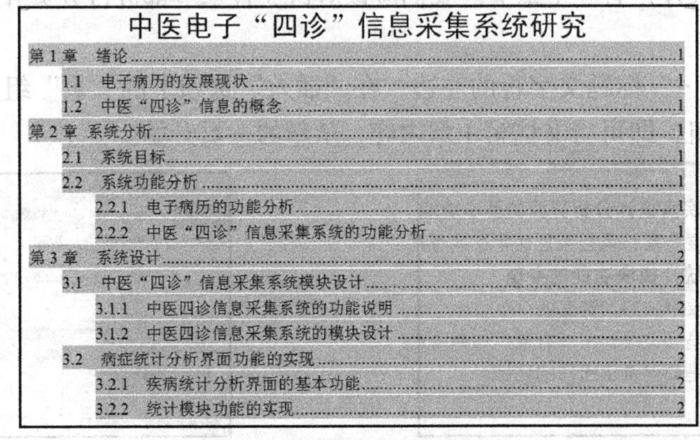

中医电子“四诊”信息采集系统研究

第 1 章 绪论......1
1.1 电子病历的发展现状......1
1.2 中医“四诊”信息的概念......1
第 2 章 系统分析......1
2.1 系统目标......1
2.2 系统功能分析......1
2.2.1 电子病历的功能分析......1
2.2.2 中医“四诊”信息采集系统的功能分析......1
第 3 章 系统设计......2
3.1 中医“四诊”信息采集系统模块设计......2
3.1.1 中医四诊信息采集系统的功能说明......2
3.1.2 中医四诊信息采集系统的模块设计......2
3.2 病症统计分析界面功能的实现......2
3.2.1 疾病统计分析界面的基本功能......2
3.2.2 统计模块功能的实现......2

图 2.190 目录被选择状态

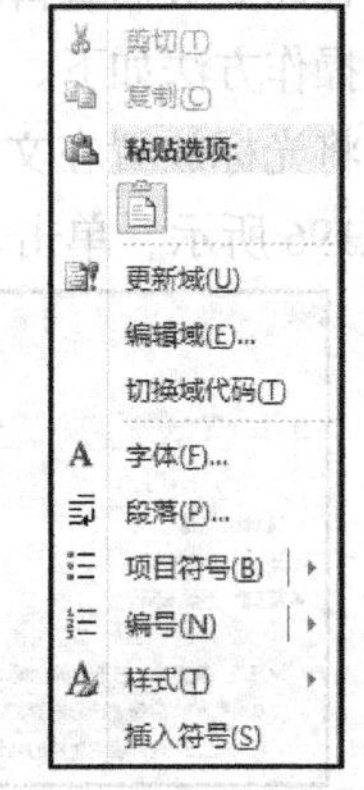

图 2.191 快捷菜单

选择“更新整个目录”单选按钮，单击“确定”按钮，此时可以看到，在更新的目录中，文档中两个二级标题的文字已经更新得和文档中一致了，如图 2.193 所示。

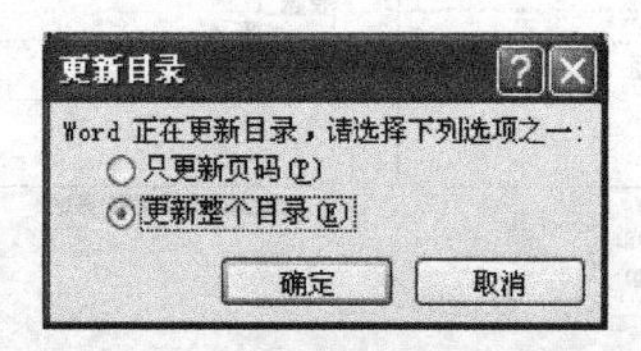

图 2.192 “更新目录”对话框

图 2.193 已经更新的目录

（9）文档结构目录的显示和使用。设置好文档中各级标题级别格式后，不仅能生成文档目录，还可以在文档窗口左边显示整个文档各级大纲级别的标题，操作方法如下。

在“视图”选项卡中的“显示”组中，单击选择“导航窗格”多选框，即可在文档窗口左边显示如图 2.194 所示的文档结构目录。

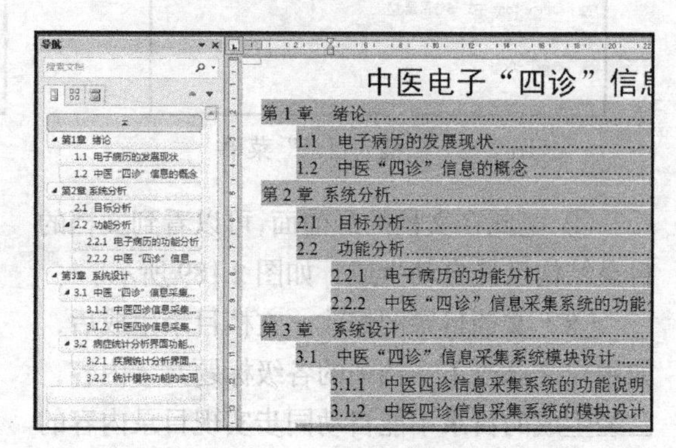

图 2.194 文档结构目录

① 展开和收缩大纲。在各级大纲标题前面有“黑三角或白三角”形，“黑三角”表示该级大纲已经展开，单击“黑三角”即可收缩该级大纲；“白三角”表示该级大纲还没有展开，单击“白三角”即可将该级大纲展开，如图 2.194 所示。

② 文档章节内容查找定位。在文档大纲中，可以很方便快捷地查找定位文档章节内容的位置。

如我们要查看或编辑文档第 3 章的第 3.2.1 小节的内容，我们只需在导航目录中单击标题“3.2.1 疾病统计…”行，在文档右窗口中，立刻显示对应的“3.2.1 ”章节段落位置，如图 2.195 所示。

由此可以看到，文档导航目录的使用，给长文档的编辑操作带来了极大的方便。

（10）章节及目录内容分页。文档内容编辑完成后，还应将各个章节部分分页开始，即各个章节另起一页开始。

在此处我们编辑的文档除目录外，有 3 个章节。我们应该对这 3 各章节都进行分页开始的处理，操作方法如下。

将光标放置在文档“第 1 章…”标题文字行的左边，在“插入”选项卡的“页”组中，如图 2.196 所示，单击“分页”按钮，即可将文档第 1 章内容，从新的一页开始。

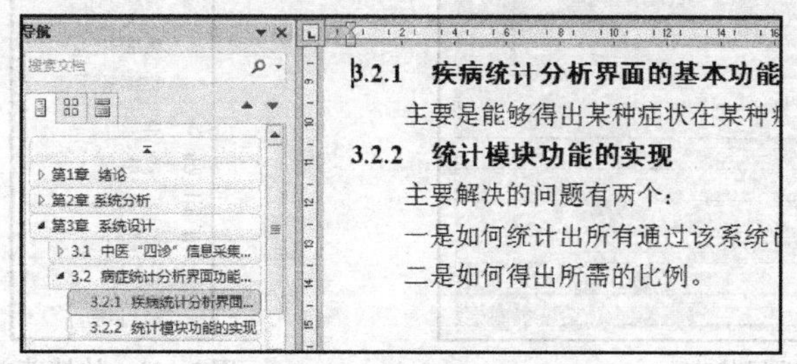

图 2.195 文档内容导航定位

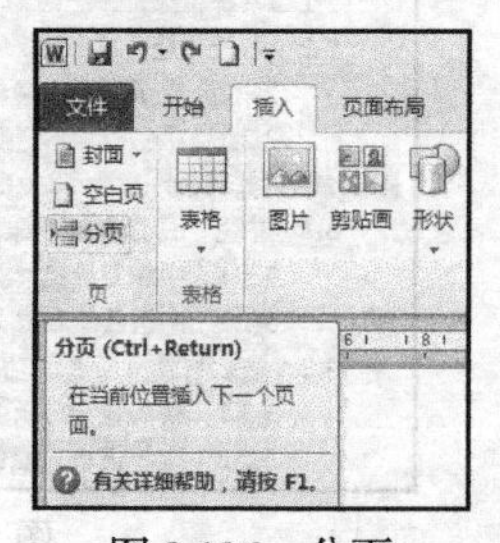

图 2.196 分页

同样的方法，将“第 2 章…”“第 3 章…”都做分页开始操作。分页完成后的文档内容整体效果如图 2.197 所示。

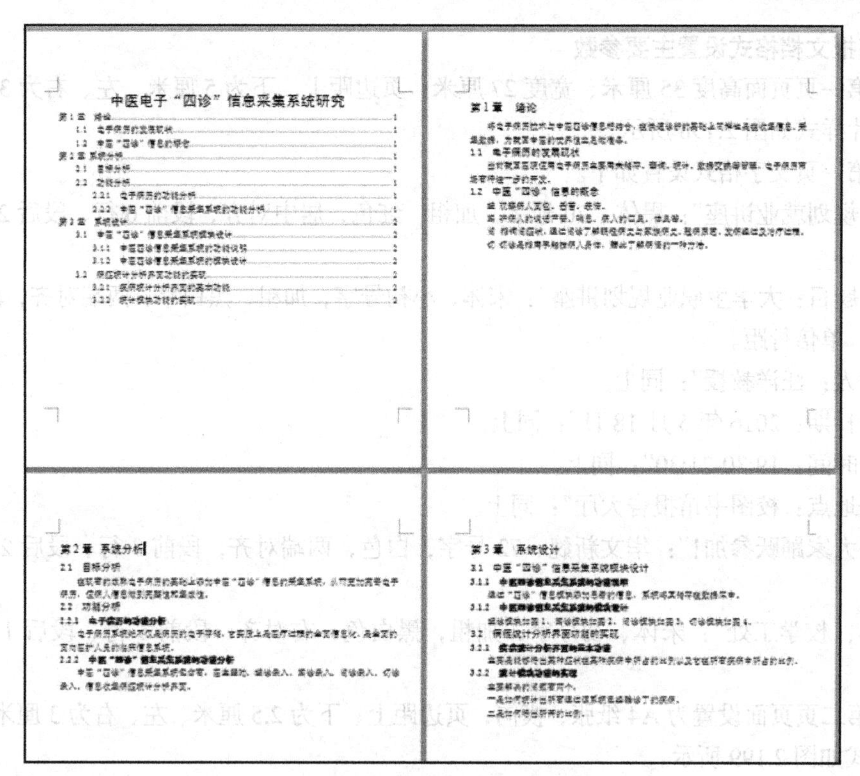

图 2.197　文档分页完成后效果

2.4.3 “大学生职业规划讲座海报”文档的编辑及排版

1. 案例知识点及效果图

本案例为 Word 2010 章节文档排版的综合应用案例，知识点除了前面章节已经学习的内容之外，还运用了以下知识点：文档背景图片效果设置、文档中不同页面效果设置、在文档中插入 SmartArt 图形样式、段落首字母下沉效果以及表格、图片、文字的混合排版效果等。案例效果图如图 2.198 和图 2.199 所示。

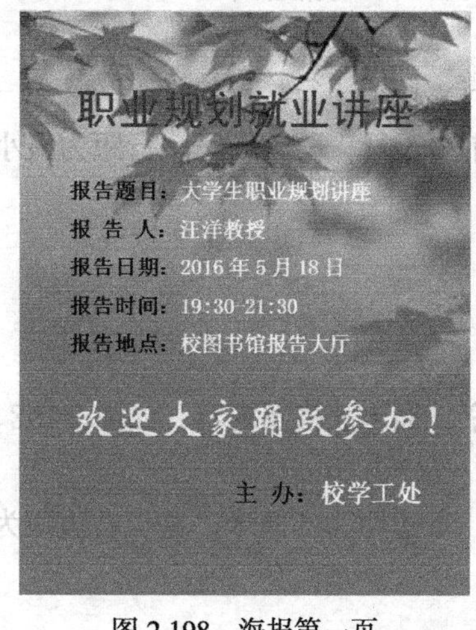

图 2.198　海报第一页

时间	主题	报告人
18:30 - 19:00	签到	
19:00 - 19:20	大学生职场定位和职业准备	王老师
19:20 - 21:10	大学生人生规划	特约专家
21:10 - 21:30	现场提问	王老师

图 2.199　海报第二页

2. 海报文档格式设置主要参数

（1）第一页页面高度 35 厘米、宽度 27 厘米；页边距上、下为 5 厘米、左、右为 3 厘米；页面背景图片样式如图 2.198 所示。

（2）第一页文字格式设置如下。

“职业规划就业讲座”：黑体、70 号字，加粗，红色，居中对齐，段前 0 行、段后 2 行、单倍行距。

“报告题目：大学生职业规划讲座”：宋体、小初号字，加粗，黑白字，两端对齐，段前 1 行、段后 1 行、单倍行距。

“报告人：汪洋教授”：同上。

“报告日期：2016 年 5 月 18 日”：同上。

“报告时间：19:30-21:30”：同上。

“报告地点：校图书馆报告大厅”：同上。

“欢迎大家踊跃参加！”：华文新魏、72 号字，白色，两端对齐，段前 3 行、段后 2 行、单倍行距。

“主办：校学工处”：宋体、初号字，加粗，黑白色，右对齐，段前 1 行、段后 1 行、单倍行距。

（3）第二页页面设置为 A4 纸张，横向；页边距上、下为 2.5 厘米、左、右为 3 厘米；页面背景图片样式如图 2.199 所示。

（4）第二页文字格式设置如下。

职业规划就业讲座之大学生人生规划活动细则：黑体、一号字，加粗，红色，居中对齐，段前 0 行、段后 0 行、单倍行距。

日程安排：宋体、二号字，加粗，两端对齐，段前 0 行、段后 0.5 行、单倍行距。

表格：样式及文字如图 2.200 所示，表格字体为宋体、小二号字，加粗，红字。

报名流程：宋体、二号字，加粗，两端对齐，段前 0 行、段后 0 行、单倍行距。

插入 SmartArt 图形：插入图形样式、颜色及文字如图 2.199 所示。

时间	主题	报告人
18:30 - 19:00	签到	
19:00 - 19:20	大学生职场定位和职业准备	王老师
19:20 - 21:10	大学生人生规划	特约专家
21:10 - 21:30	现场提问	王老师

图 2.200　表格样式

汪洋教授简介：宋体、二号字，加粗，两端对齐，段前 0 行、段后 1 行、单倍行距。

介绍文字：宋体、小三号字，红色，加粗，两端对齐，段前 0.5 行，段后 0 行，行距为最小值 0 磅，段落首字下沉 2 行。

插入图片：四周型环绕，不遮挡文字。

3. 操作步骤

文档设置的主要操作步骤如下。

（1）启动 Word 2010 建立空白文档，输入文档所有内容文字，插入表格及内容，如图 2.198、图 2.199 所示。插入 SmartArt 图形方法，在后续步骤中说明。

（2）设置文档页面效果：高为 35 厘米，宽为 27 厘米；上、下边距为 5 厘米，左、右边距为 3 厘米。

（3）设置文档页面背景效果如下。

在“页面布局”选项卡的“页面背景”组中，单击“页面颜色”选项右的下拉按钮，打开页面颜色设置选项面板，如图 2.201 所示。单击“填充效果”选项，打开填充效果对话框，如图 2.202 所示。选择“图片”选项卡，在打开的选择图片对话框中，选中需要设置为背景的图片即可，如图 2.203 所示。

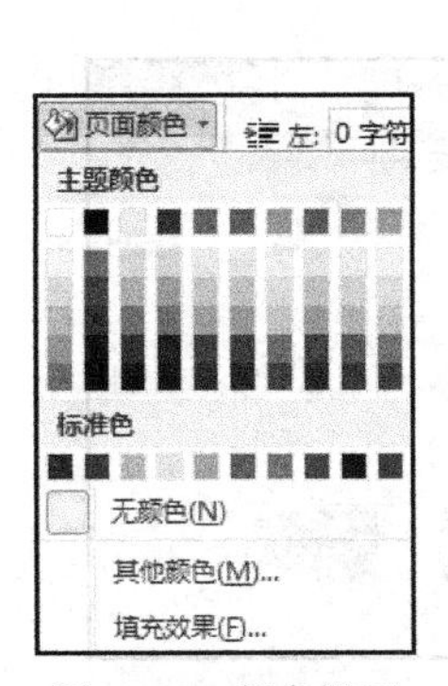

图 2.201　颜色设置

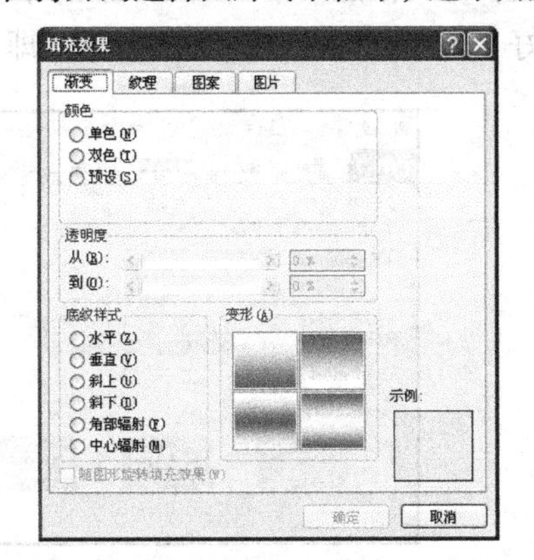

图 2.202　填充效果

图 2.203　选择图片

（4）设置海报文档第一页的所有文字格式。

按上述（2）海报文档参数中的要求设置即可。

（5）设置第二页面横向排版纸张效果。

要在同一文档中设置不同的页面效果，需要进行分节处理，方法如下。

将光标放置在第一页文档文字的最后面，在“页面布局”选项卡的“页面设置”组中，单击“分隔符”选项右的下拉按钮，打开分隔符设置选项面板，如图 2.204 所示。单击分节符中的下一页选项，即可完成在文档中插入分节符的操作。

将光标放置在文档第二页中，设置第二页页面为 A4 纸张，横向；页边距上、下为 2.5 厘米，左、右为 3 厘米；第二页背景在（3）中就已经设置完成。

（6）设置海报文档第二页的所有文字、表格格式。

按（2）海报文档参数中的要求设置即可。插入 SmartArt 图形及设置文字下沉效果在后续步骤中说明。

（7）插入 SmartArt 图形。

将光标放置在文档中要插入图形的位置上，单击“插入”选项，在“插图”组中单击“SmartArt”按钮，弹出“选择 SmartArt 图形”对话框，如图 2.205 所示。在窗口左侧选择“流程”选项，然后选择“基本流程”图形，单击“确定”按钮，即可在文档中插入图 2.206 所示 3 个文本框 SmartArt 图形。

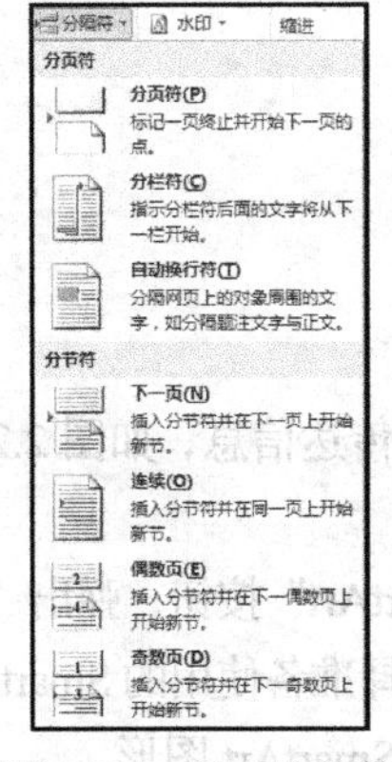

图 2.204　插入分节符

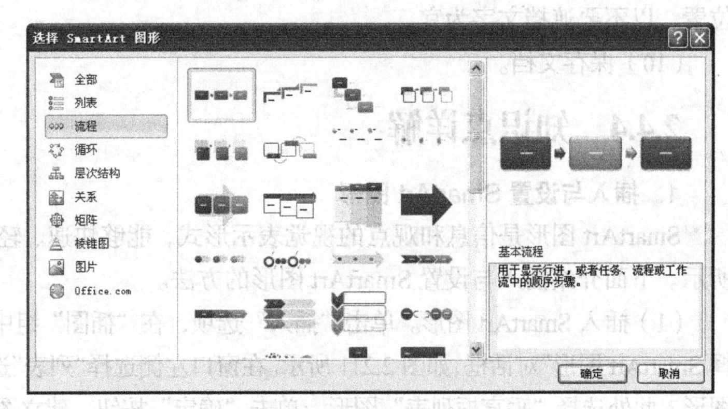

图 2.205　插入 SmartArt 图形

选中插入的 SmartArt 图形，在出现的“SmartArt 工具”选项菜单中，选择“设计”菜单，在“创建图形”组中，单击“添加形状”按钮，即可添加一个 SmartArt 图形，如图 2.207 所示。

按样例中文字格式及颜色的要求设置好 4 个 SmartArt 图形的内容形式即可。

图 2.206　基本流程 SmartArt 图

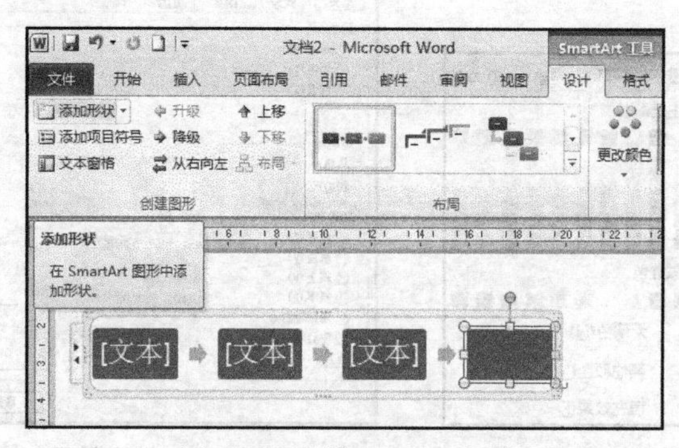

图 2.207　添加 SmartArt 图

（8）设置最后一段文字的首字下沉效果。

先将最后一段介绍文字，设置为宋体、小三号字，红色，加粗，两端对齐，段前 0.5 行，段后 0 行，行距为最小值 0 磅。

然后将光标放置在段落中，单击选择“插入”选项卡中“文本”组的选项“首字下沉”按钮，如图 2.208 所示，打开“首字下沉”对话框，如图 2.209 所示。

选择下沉选项按钮，设置下沉行数为 2，单击“确定”按钮，即可完成设置。

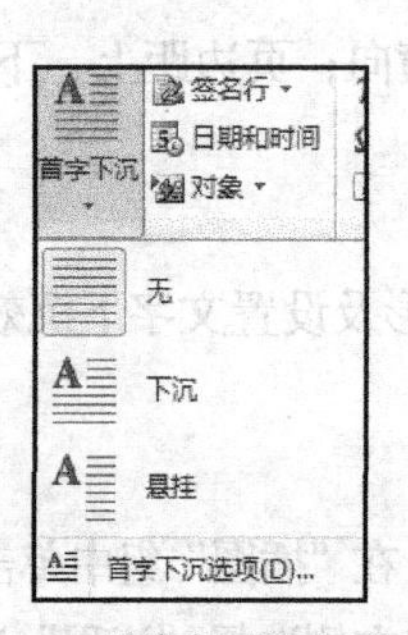

图 2.208　“首字下沉”选项卡

图 2.209　“首字下沉”对话框

（9）插入图片：在文档最后插入一张图片，设置环绕效果为四周型环绕，拖动图片到适当的位置，以不要遮挡文字为宜。

（10）保存文档。

2.4.4　知识点详解

1. 插入与设置 SmartArt 图形

SmartArt 图形是信息和观点的视觉表示形式，能够快速、轻松、有效地传达信息，如图 2.210 所示。下面介绍插入与设置 SmartArt 图形的方法。

（1）插入 SmartArt 图形。单击“插入”选项，在“插图”组中单击“SmartArt”按钮，弹出“选择 SmartArt 图形”对话框，如图 2.211 所示。在窗口左侧选择“列表”选项，然后选择准备使用的 SmartArt 图形，此处选择“垂直框列表”图形，单击“确定”按钮，建立图 2.212 所示 SmartArt 图形。

图 2.210 SmartArt 图形样式

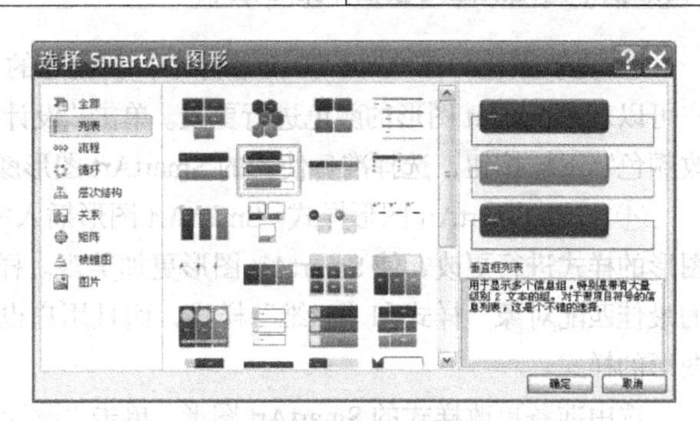

图 2.211 “选择 SmartArt 图形”对话框

在“选择 SmartArt 图形”对话框的右侧，显示所选 SmartArt 图形的样式、名称和功能介绍等，用户可以在“选择 SmartArt 图形”对话框中选择 SmartArt 图形后，通过右侧的信息，决定是否应用所选的 SmartArt 图形。

图 2.212 “垂直框列表”

（2）编辑和设置 Smartart 图形。在文档中插入 SmartArt 图形后，用户可以对 SmartArt 图形进行编辑和设置，如输入文本、更改布局、更改颜色、设置样式等。

① 在 SmartArt 图形中输入文本。在 SmartArt 图形中标注“文本”的位置上单击，通过键盘输入需要的文本内容。在此我们按图 2.210 所示，输入前 3 条文本内容。

比照图 2.210 可以得知，第 3 条内容“在 SmartArt 图形中输入文本”只是第 2 条内容的下属标题，且还有 3 条下属标题未完成输入。可按如下方式继续进行操作。

将光标放置在第 3 条文本中，激活“SmartArt 工具”菜单项；单击选择“设计”选项卡，在图 2.213 所示的“创建图形”组中单击“降级”按钮，将所选的文本“在 SmartArt 图形中输入文本”项降级，使之成为下级标题，如图 2.214 所示。

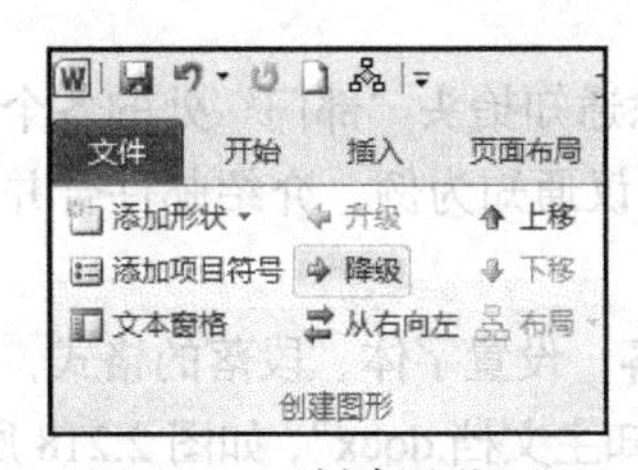

图 2.213 “创建图形”组

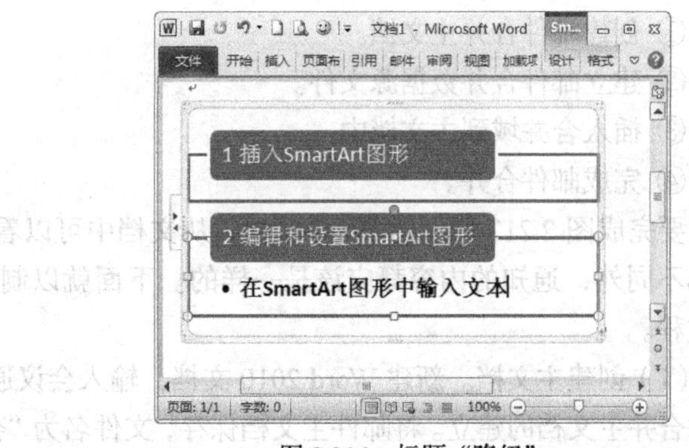

图 2.214 标题“降级”

依此方法可以继续输入建立“在 SmartArt 图形中更改布局”“在 SmartArt 图形中更改颜色”及“设置 SmartArt 图形样式”下级标题。输入完成后即可得到图 2.215 所示的 SmartArt 图形样式图。

② 更改布局。插入 SmartArt 图形后，用户可以更改 SmartArt 图形的布局。单击“设计”选项卡，在“布局”组中单击“更改布局”下拉按钮，在弹出的下拉菜单中选择准备应用的 SmartArt 图形，即可更改 SmartArt 图形的布局。

③ 更改颜色。在 Word 2010 软件中，新创建的 SmartArt 图形布局的颜色默认都是蓝色，用户可以对 SmartArt 图形的颜色进行更改。单击“设计”选项卡，在“SmartArt 样式”组中单击“更改颜色”下拉按钮，选择准备使用的 SmartArt 图形颜色选项，即可更改 SmartArt 图形的颜色。

④ 设置 SmartArt 图形样式。SmartArt 图形插入完成后，用户可以根据个人需要，对 SmartArt 图形的样式进行更改，使 SmartArt 图形更加美观。样式的效果包括 Word 2010 软件提供的“文档的最佳匹配对象”样式和“三维”样式，而且用户也可以通过“重设图形”按钮，删除 SmartArt 图形的样式。

选中准备更改样式的 SmartArt 图形，单击“设计”选项卡，在“SmartArt 样式”组中单击“快速样式”下拉按钮，在弹出的下拉菜单中选择一种 SmartArt 图形样式，即可更改 SmartArt 图形样式，效果如图 2.216 所示。

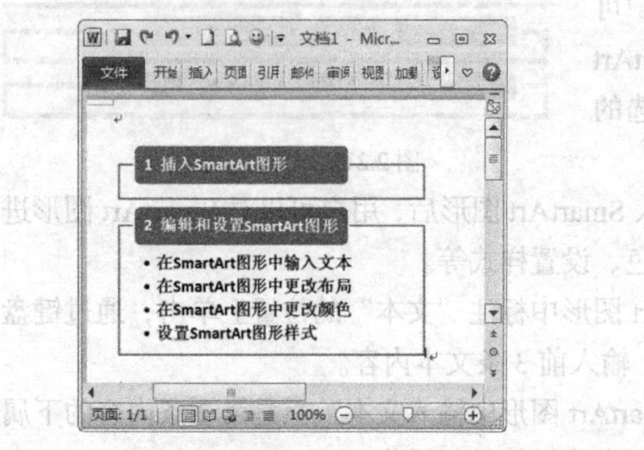

图 2.215　SmartArt 图形样式图

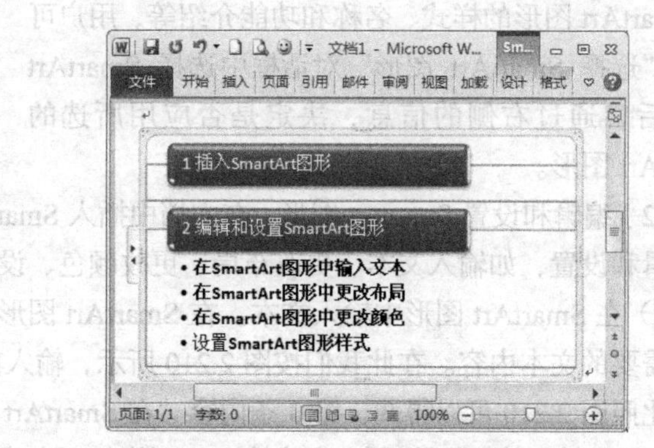

图 2.216　更改 SmartArt 图形样式

2. 邮件合并

在日常办公过程中，经常会用遇到批量制作通知、邀请函、请柬、信封等情况，可以借助 Word 2010 的邮件合并功能来完成。邮件合并功能的主要步骤如下。

① 创建邮件合并主文档。

② 建立邮件合并数据源文件。

③ 插入合并域到主文档中。

④ 完成邮件合并。

要完成图 2.217 所示的 Word 文档，从文档中可以看到，除通知抬头“部门”处的各个部门名称不同外，通知的内容都应该是一样的。下面就以制作该会议通知为例，介绍邮件合并的操作过程。

（1）创建主文档。新建 Word 2010 文档，输入会议通知内容，设置字体、段落的格式，完成邮件合并主文档的建立。将邮件主文档保存，文件名为“会议通知主文档.docx”，如图 2.218 所示。

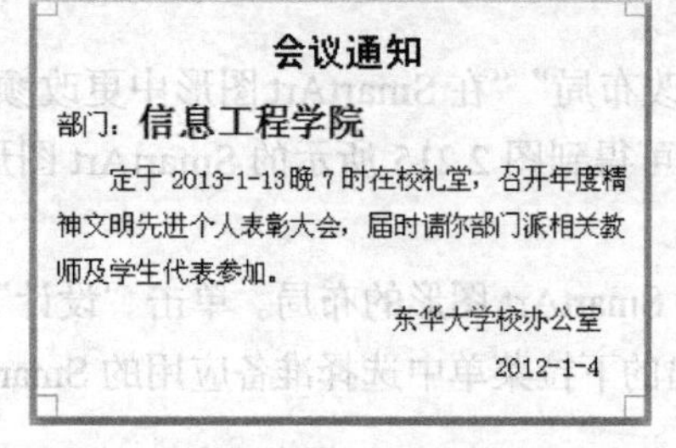
会议通知

部门：信息工程学院

定于 2013-1-13晚 7 时在校礼堂，召开年度精神文明先进个人表彰大会，届时请你部门派相关教师及学生代表参加。

东华大学校办公室

2012-1-4

图 2.217　会议通知

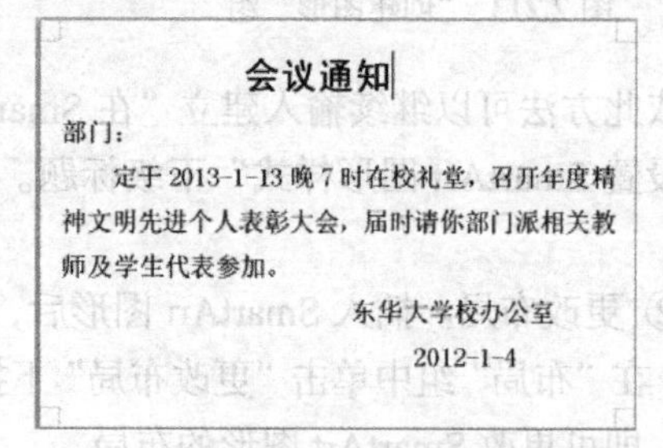
会议通知

部门：

定于 2013-1-13 晚 7 时在校礼堂，召开年度精神文明先进个人表彰大会，届时请你部门派相关教师及学生代表参加。

东华大学校办公室

2012-1-4

图 2.218　创建主文档

（2）创建数据源。建立数据源数据，就是会议通知中各个下属机构的名称。共设有 6 个部门：信息工程学院、基础医学院、药学院、管理学院、人文社科学院、外语学院，方法如下。

① 在 Word 窗口中单击“邮件”选项卡中的“选择收件人”按钮，展开“选择收件人”列表菜单。在菜单列表中单击“键入新列表”菜单项，打开“新建地址列表”对话框。

② 在“新建地址列表”对话框中，插入数据项“部门名称”。

③ 在“部门名称”字段下，输入 6 个部门单位名称，完成数据并保存。

（3）插入合并域到主文档中。将数据源域插入主文档中定位。单击“邮件”选项卡“编写和插入域”组中的“插入合并域”，选择“部门名称”字段域，单击“插入”按钮，“部门名称”域字段就被插入主文档光标所在位置处了。

（4）邮件合并：最后步骤是完成邮件主文档和数据源的合并操作，方法如下：单击“邮件”选项卡“完成”组中的“完成并合并”按钮，弹出列表；在列表中选“编辑单个文档”，得到“合并到新文档”对话框。在此我们选择“合并全部记录”选项，单击“确定”按钮，即完成邮件合并操作，如图 2.219 所示。

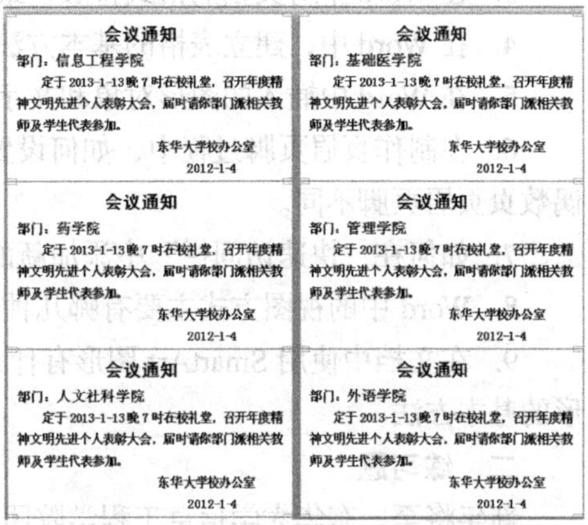

合并邮件工作完成后，可以将通知文档打印出来；或将文档命名保存，以备下次使用即可。至此，通知信函的邮件合并工作全部完成。

图 2.219　邮件合并完成后的效果图

3. 宏命令的应用

宏是由一系列的 Word 命令和指令组合在一起而形成的一个单独的命令，以实现任务执行的自动化。如果需要反复执行某项任务，就可以使用宏自动地执行该任务。

（1）录制新宏。下面以录制一个设置标题文字的宏操作命令为例，来介绍在 Word 2010 录制宏的操作过程。宏操作命令要求如下：设置字体格式为华文新魏、二号、红色、加粗、居中对齐。

① 在文档中选择要设置格式的标题文字，然后单击“视图”选项卡中的“宏”，在出现的菜单中选择“录制宏”操作。

② 弹出“录制宏”对话框，在“宏名”文本框中输入需要录制的宏的名称，例如输入“标题文字”。

③ 单击“确定”按钮即开始对宏进行录制。

④ 按标题文字设置要求设置被选择文本的格式：设置字体格式为华文新魏、二号、红色、加粗、居中对齐。

⑤ 设置完成后，单击“停止录制”宏按钮，宏命令录制过程完成。

（2）执行宏命令。宏录制完成后，就可以执行录制的宏命令。操作方法如下。

① 在文档中选择需要设置“华文新魏、二号、红色、加粗、居中对齐”的标题文字。

② 单击“视图”卡中的“宏”中的“宏”按钮，出现宏对话框。

③ 在“宏”对话框中的“宏名”栏中选择要执行的宏，如“标题文字”，然后单击“宏”对话框中的“运行”按钮。

④ 此时被选择的文字将被执行“标题文字”的宏命令，并被设置为相应字体格式。

2.5 思考与练习

一、思考题

1.. 邮件合并的基本步骤有哪些？简述各个步骤。

2. “宏”是什么概念？简述使用宏完成一个任务的基本过程及步骤。

3. 在 Word 中对文档的格式排版，最主要的有哪些格式设置？

4. 在 Word 中，建立表格的基本方法有哪几种？

5. 在 Word 中插入的图形对象和文字的环绕方式主要有哪几种？

6. 在制作页眉页脚过程中，如何设置首页文档没有页眉页脚；怎样设置操作使文档奇数页、偶数页页眉页脚不同。

7. 如何在“快速访问栏”中添加新的工具按钮或删除不需要的工具按钮。

8. Word 中的视图方式主要有哪几种？各自的用途和特点是什么？

9. 在文档中使用 SmartArt 图形有什么意义？请简述说明在文档中插入流程图类 SmartArt 图形的基本方法。

二、练习题

新年将至，东华大学信息工程学院团支部及学生会，定于 2015 年 12 月 31 日晚上 7:00，在学校大礼堂演播厅举办学院迎新春文艺联欢晚会。拟邀请学校有关领导、各有关部门及其他院系有关领导参加。请根据上述内容制作联欢会请柬，具体要求如下。

1. 制作请柬，以信息学院团支部及学生会名义发出邀请，请柬中需要包含标题，收件人的部门、职务及姓名，联欢会的时间、地点和邀请人。

2. 请柬制作在一个页面上，采用横向排版版面，具体要求：请柬使用 3 种以上的字体、字号，标题部分（“联欢会请柬”）与正文部分（以“尊敬的 XXX”开头）采用不相同的字体和字号，文档的标题、正文及落款等使用 3 种以上的段距、行距设置，对必要的段落改变对齐方式，适当设置左右及首行缩进，以美观且符合中国人阅读习惯为准。

3. 在请柬的左下角位置插入一幅新春喜庆图片（图片可在网上自选），应用四周型环绕方式，调整其大小及位置，不影响文字排列、不遮挡文字内容。

4. 进行页面设置，加大文档的上边距；为文档添加页眉，要求页眉内容包含信息学院团支部及学生会的联系电话，联系电话为 400－66668888。

5. 使用画图软件制作一幅浅色条纹背景图，作为请柬的背景图片。

6. 运用邮件合并功能制作内容相同、收件人不同（收件人不得少于 10 人）的多份请柬，要求先将主文档以“新春联欢会.docx”为文件名进行保存，再进行效果预览后生成可以单独编辑的单个文档“请柬.docx”。

第3章 Excel 2010 的应用

Excel 2010 是 Microsoft 公司推出的一款电子表格处理软件，是 Microsoft Office 2010 的核心组件之一，它是一款专业的电子表格处理软件，其功能非常全面。Excel 2010 从最基本的数据输入、表格制作、利用公式与函数对数据进行分析与计算，到图表的插入、数据的排序、筛选等管理功能，一应俱全。Excel 2010 可以通过比以往更多的方法分析、管理和共享信息，来帮助用户跟踪和突出显示重要的数据趋势，从而做出更好、更明智的决策。

3.1 Excel 2010 简介

3.1.1 Excel 2010 窗口简介

启动 Excel 2010 后，将出现图 3.1 所示的 Excel 2010 工作窗口。从图中可以看出，标题栏、快速访问工具栏、功能区选项卡、滚动条和状态栏与 Word 2010 窗口的组成部分基本相同，不同点如下。

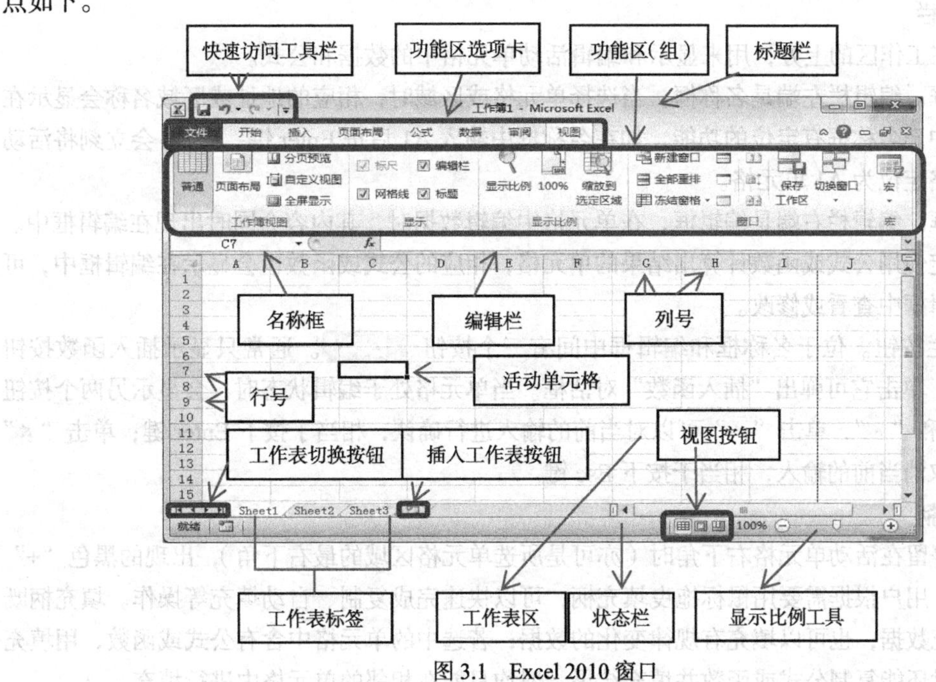

图 3.1 Excel 2010 窗口

1. 工作表与工作簿

工作簿是指在 Excel 中用来保存并处理工作数据的文件。一个 Excel 文件就是一个工作簿，其文件扩展名为 xlsx（默认保存类型为 Excel 工作簿，其扩展名为 xlsx；若保存为 Excel 97-2003 工作簿，其扩展名为 xls）。初次启动 Excel 就会创建一个名为“工作簿 1”的工作簿，再次启动 Excel 即会创建“工作簿 2”“工作簿 3”等。默认情况下，一个工作簿包含三张工作表，其名称分别为 Sheet1、Sheet2、Sheet3。每张工作表的名称显示在工作簿窗口底部的工作表标签中，工作表标签位于水平滚动条左侧。用户可以根据需要来增加或者删除工作簿中的工作表数目，如使用 Shift+F11 组合键可将工作表增加至几千张，其上限数量受系统内存大小限制，不再是 Excel 2003 中的最多只能包含 255 张工作表。

Excel 的工作区是一张大的表格，称为工作表，是用来记录数据的区域。工作表是 Excel 文件的基本组成单位。一张工作表由 1048576 行和 16384 列（即 17179869184 个单元格）组成，行号为 1~1048576，列号为 A、B、…、X、Y、Z、AA、AB、…、AZ、BA、BB、BC、…、BZ、…、ZZ、AAA、…、XFC、XFD。每个工作簿中的当前工作表只有一张，用户可以通过单击工作表的名称来选择工作表。白色底色的即为当前工作表，见图 3.1 中的 Sheet1。若要切换工作表，可以单击相应的工作表标签。当工作表的数量较多时，标签栏无法将全部工作表标签都显示出来，此时可以单击工作表标签左侧的工作表切换按钮，找到所需的工作表标签。

提示：Excel 2003 中的工作表由 65536 行和 256 列组成，Excel 2010 工作表的行列数量均有较大的增加。

2. 单元格

单元格是组成工作表的最小单位，用于存储和显示数据，单元格的地址由单元格所在列号和行号确定，如第一列第一行的单元格为 A1，第三列第七行的单元格为 C7。当前被选定的单元格称为活动单元格，由黑框包围，如图 3.1 所示。单元格的名称也有另外一种表示方法：行（ROW）**列（COLUMN）**。因此 A1 也可以表示为 R1C1，C7 也可以表示为 R7C3。

3. 编辑栏

编辑栏在工作区的上方，用来显示和编辑活动单元格中的数据和公式。

- 名称框。编辑栏左端是名称框，当选择单元格或区域时，相应的地址或区域名称会显示在该框中。名称框有定位的功能，如在名称框中输入 A1 后按 Enter 键，Excel 会立刻将活动单元格定位为 A1 单元格。
- 编辑框。编辑栏右端是编辑框，在单元格中编辑数据时，其内容会同时出现在编辑框中。若选定使用公式或函数计算出结果的单元格，相应的公式或函数也会显示在编辑框中，可在编辑框中查看或修改。
- 编辑栏按钮。位于名称框和编辑框中间有三个按钮“× ✓ fx”。通常只显示插入函数按钮“fx”，单击它可弹出“插入函数”对话框。当单元格处于编辑状态时，会显示另两个按钮“✓”和“×”，单击“✓”可以对当前的输入进行确认，相当于按下 Enter 键；单击“×”可以取消当前的输入，相当于按下 Esc 键。

4. 填充柄

当鼠标停留在活动单元格右下角时（亦可是所选单元格区域的最右下角），出现的黑色“+”称作填充柄。用户根据需要用鼠标拖曳填充柄，可以快速完成复制、自动填充等操作。填充柄既可以重复填充数据；也可以填充有规律变化的数据；若选中的单元格中含有公式或函数，用填充柄自动填充时还能复制公式或函数并填充结果，但均只能在相邻的单元格中进行填充。

5. 视图按钮

与 Word 的视图相比，Excel 的视图要简单一些。状态栏的右下角有三个视图按钮，依次为“普通”“页面布局”和“分页预览”按钮，这是以往 Excel 版本中没有的。功能区“视图”选项卡的“工作簿视图”组中，也提供了这三个按钮。

- 普通视图。Excel 2010 启动后默认的视图方式为“普通”视图，在该视图方式下，数据的录入、单元格的编辑、字体的设置等基本操作都非常方便。
- 页面布局视图。通过该视图可查看文档的打印外观，可看到页面的起始位置和结束位置，并可查看页面上的页眉和页脚。
- 分页预览视图。单击“分页预览”按钮可启动分页预览视图，该视图方式的优点就是可以随时方便地看到打印输出的效果，可以看到分页符出现的位置。因此它只有在工作表大到一张页面容不下时才有用。用户可以看到工作表的每一部分将打印在哪一页，也可以直接在该视图下编辑工作表。分页预览视图的另一个优点就是可以调整分页符实际出现的位置。分页符在屏幕上以深蓝色的线标识出来，将鼠标移动到这些分页符上，可单击并拖动分页符到新的位置上。

三种视图方式，皆可以使用“显示比例”按钮来调整各自的显示比例。

3.1.2 Excel 2010 案例——课程表的制作

1. 案例知识点及效果图

本案例主要运用了以下知识点：工作簿的创建与保存、单元格中内容的输入、利用填充柄快速填充数据、选定单元格及单元格区域、单元格底纹和边框的设置、字体格式的设置、文本对齐方式的设置、插入行与列、修改行高与列宽等。案例效果如图 3.2 所示。

课程表

星期 节次	星期一	星期二	星期三	星期四	星期五	星期六
1	高等数学	马克思主义原理		高等数学	解剖学	
2	高等数学	马克思主义原理		高等数学	解剖学	
3		大学英语	信息技术应用	有机化学		形势政策
4		大学英语	信息技术应用	有机化学		形势政策
午 休						
5	信息技术应用	解剖学			大学体育	
6	信息技术应用	解剖学			大学体育	
7	有机化学		大学英语	马克思主义原理		
8	有机化学		大学英语	马克思主义原理		

图 3.2 “课程表”样图

2. 操作步骤

（1）新建空白工作簿。单击“开始”→“所有程序”→“Microsoft Office”→“Microsoft Excel 2010”命令，即可启动 Excel 2010。打开 Excel 2010 窗口的同时，也创建了一个新的空白工作簿，其默认名称为“工作簿 1.xlsx”。

（2）单击选择 A1 单元格并拖曳至 G1 单元格，可选中 A1 到 G1 单元格区域，再单击功能区“开始”选项卡→“对齐方式”组→“合并后居中”按钮，可合并 A1 到 G1 的所有单元格并使其内容居中，在其内输入标题“课程表”并使用键盘的 Enter 键确认。

若周末没课，或者周六周日都有课，可根据实际情况自行调节大标题所占用的单元格。

（3）单击 A1 单元格，将鼠标置于编辑栏中，在“课程表”中加入空格，使其成为“课 程 表”并使用编辑栏中的“✓”按钮确认修改。设置其字体格式如图 3.3 所示。

（4）调整行高。将鼠标置于第一行行号 1 的下方，直至出现调整行高的图标⇕，按住鼠标左键拖曳，将第一行行高增大。同理增大第二行的行高。再单击行号 3 到 10，选中第 3 行至第 10 行，将鼠标移至其中任意一行的行号下边线，出现调整行高的图标后，可同时调整第 3 行到第 10 行的行高。

（5）在 A2 单元格中输入“星期”，再使用 Alt+Enter 组合键强制换行，输入“节次”后再按 Enter 确认，使“星期”与“节次”在同一单元格中分两行放置。单击 A2 单元格，将鼠标置于编辑栏中，在“星期”前加入空格，使其靠单元格右部，如图 3.4 所示。

（6）单击 B2 单元格，输入“星期一”后按 Enter 确认。再次单击 B2 单元格，将鼠标置于 B2 单元格右下角，出现粗加号“+”图标（即为填充柄）时按住鼠标左键并向后拖曳至 G2 单元格，使“星期二”到“星期六”自动填充，如图 3.4 所示。

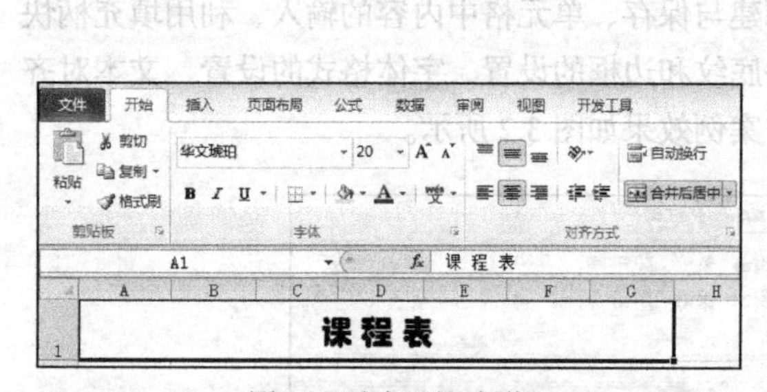

图 3.3　大标题的制作

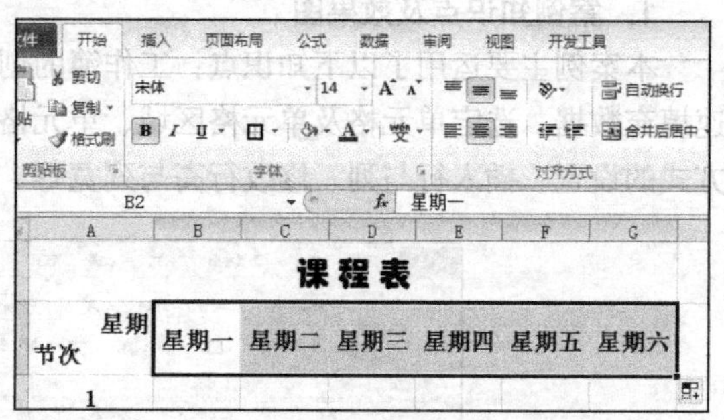

图 3.4　星期二到星期六的自动填充

（7）单击 A3 单元格，输入“1”；再单击 A4 单元格输入“2”。单击选择 A3 单元格并拖曳鼠标至 A4 单元格（拖到哪里即可选到哪里），将鼠标置于选中的单元格区域右下角，出现“+”图标时按住鼠标左键并向下拖曳至 A10 单元格，使 3、4、5、6、7、8 节次自动填充。

（8）单击选定 A2 到 G2 单元格后，按住 Ctrl 键再单击选定 A3 到 A10 单元格，将所有的星期与节次内容，都设置为宋体 14 号字，并加粗。除 A2 单元格外，利用“开始”选项卡“对齐方式”组中的两个“居中”按钮，设置星期与节次所在单元格的文字内容居中对齐，如图 3.4 所示。

（9）调整列宽。将鼠标置于列号 A 的右方，直至出现调整列宽的图标⇔，按住鼠标左键拖曳，将 A 列列宽增大。再单击列号 B 到 G 选中 B 列到 G 列，将鼠标移至其中任意一列的列号右边线上，出现调整列宽的图标后，可同时增大 B 列到 G 列的列宽。

（10）根据实际情况输入课程内容，并将不同的课程设置为不同颜色的底纹。

① 单击选定 B3 单元格，输入“高等数学”后按 Enter 键确认。再次单击 B3 单元格，将鼠标置于 B3 单元格右下角，出现粗加号“+”图标（即为填充柄）时按住鼠标左键并向下拖曳至 B4 单元格，使“高等数学“自动填充。

② 单击选定 B3 至 B4 单元格区域，按 Ctrl+C 组合键复制，再单击 E3 单元格，按 Ctrl+V 组合键粘贴。粘贴完毕后，按下键盘左上角的 Esc 键取消对 B3 至 B4 单元格区域的选定。若不取消，还可继续粘贴数次。

③ 单击选定 B3 至 B4 单元格区域后按住 Ctrl 键，再单击选定 E3 至 E4 单元格区域（利用 Ctrl 键选择不相邻的多个单元格），依次单击功能区“开始”选项卡→“字体”组→“填充颜色”旁倒三角小按钮→“红色，强调文字颜色 2，淡色 80%”按钮，设置“高等数学”所在单元格的底纹颜色如图 3.5 所示。

④ 单击选定 B7 至 B8 单元格区域后按住 Ctrl 键，再单击选择 D5 至 D6 单元格区域，直接输入“信息技术应用”后按 Ctrl+Enter 组合键，使所有选中的单元格一次性输入同样的内容，省去了复制与粘贴的步骤。

⑤ 参照步骤③将“信息技术应用”所在单元格的底纹颜色设置为黄色。再仿照上述步骤，输入其他各门课程，并将不同的课程设置为不同颜色的底纹。

（11）插入“午休”行。单击鼠标右键选择“行号 7”，在弹出的快捷菜单中单击“插入”命令，如图 3.6 所示，增加新行。单击选定 A7 至 G7 单元格，再单击功能区“开始”选项卡→“对齐方式”组→“合并后居中”按钮，可合并 A7 到 G7 的所有单元格并使其内容居中，在其内输入“午休”并使用键盘的 Enter 键确认输入。

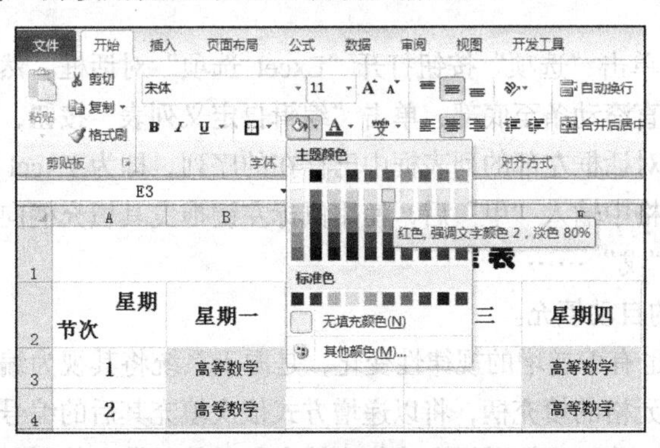

图 3.5　单元格底纹的设置

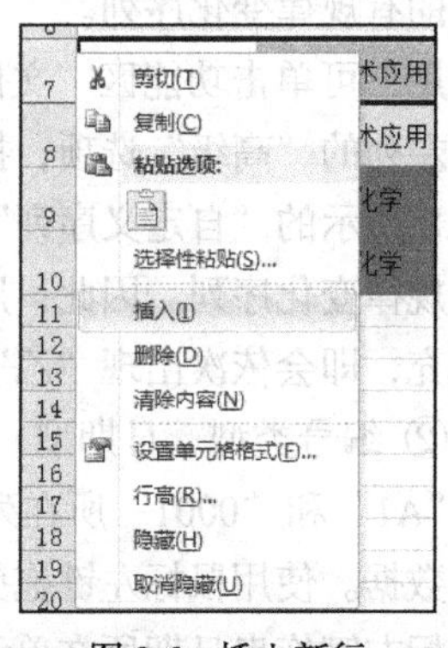

图 3.6　插入新行

（12）设置表格的简单边框。单击选择 A2 单元格并拖曳至 G11 单元格，可选中 A1 到 G11 单元格区域。依次单击功能区“开始”选项卡→“字体”组→“边框”旁倒三角小按钮→“所有框线”命令和“粗闸框线”命令，给所有选定单元格添加边框线，并将外框设置为粗线，如图 3.2 所示。

（13）单击选定 A2 单元格，依次单击功能区“开始”选项卡→“字体”组→“边框”旁倒三角小按钮→“绘图边框”命令，在 A2 单元格中沿对角线斜着拖曳鼠标，增加斜线框线，如图 3.2 所示。

至此，课程表制作完毕。行高或列宽不合适的，可再次进行调整。保存工作簿至 D 盘下，命名为“课程表学号姓名”。

3.1.3　知识点详解

1. 自动填充

当工作表中某行或列为有规律的数据时，可以使用 Excel 提供的“自动填充”功能。有规律的数据是指等差、等比、日期序列、系统预定义序列和用户自定义序列以及重复的数据。

选中的单元格或单元格区域右下角有一个黑色小方块，称为填充柄，鼠标指针指向填充柄时会变形为黑色十字型“**+**”，上、下、左、右拖动填充柄即可完成对四个方向的自动填充，填充的内容由初始值（即填充柄所在单元格的内容）决定。

（1）使用鼠标左键拖曳进行填充

选定单元格中的数据类型不同，使用鼠标左键拖曳来实现自动填充的结果也不一相同，如图 3.7 所示。分别选中 A1，B1，C1，…，I1，J1，K1，L1 单元格后，单击各自右下角的填充柄使用鼠标左键拖曳填充，将产生图 3.7 所示的填充结果。

	A	B	C	D	E	F	G	H	I	J	K	L
1	星期一	一月	A1	0001	ABC	金银花	春天	第一季	3	58	2013/5/9	15:26
2	星期二	二月	A2	0002	ABC	金银花	春天	第二季	3	58	2013/5/10	16:26
3	星期三	三月	A3	0003	ABC	金银花	春天	第三季	3	58	2013/5/11	17:26
4	星期四	四月	A4	0004	ABC	金银花	春天	第四季	3	58	2013/5/12	18:26
5	星期五	五月	A5	0005	ABC	金银花	春天	第一季	3	58	2013/5/13	19:26
6	星期六	六月	A6	0006	ABC	金银花	春天	第二季	3	58	2013/5/14	20:26
7	星期日	七月	A7	0007	ABC	金银花	春天	第三季	3	58	2013/5/15	21:26
8	星期一	八月	A8	0008	ABC	金银花	春天	第四季	3	58	2013/5/16	22:26
9	星期二	九月	A9	0009	ABC	金银花	春天	第一季	3	58	2013/5/17	23:26
10	星期三	十月	A10	0010	ABC	金银花	春天	第二季	3	58	2013/5/18	0:26

图 3.7　鼠标左键拖曳实现自动填充

① 系统预定义序列（默认序列）的自动填充。

“星期一”“一月”和“第一季”所在列的填充结果产生了规律性变化，是源于这些序列是 Excel 默认的有规律变化序列。

用户可单击功能区“文件”选项卡，单击“选项”按钮打开“Excel 选项”对话框。然后再单击左列的“高级”选项，拖动右侧的垂直滚动条至底部，单击“编辑自定义列表”按钮，打开图 3.8 所示的“自定义序列”对话框。该对话框左部的列表框中已存在的序列，即为 Excel 默认的有规律变化序列。因此，用户在某单元格中输入“甲”后，使用鼠标左键拖曳其填充柄向下进行填充，即会依次出现“乙”“丙”“丁”“戊”……

② 编号类型、日期型、时间型数据的自动填充。

“A1”和“0001”所在列的填充结果也有着递增的规律性变化，是源于系统将其视为编号类型的数据。使用鼠标左键拖曳编号所在单元格的填充柄，将以递增方式依次填充其后的编号；使用鼠标左键拖曳日期所在单元格的填充柄，将以日期递增方式依次填充其后的日期；使用鼠标左键拖曳时间所在单元格的填充柄，将以小时递增方式依次填充其后的时间。

③ 其他类型数据的自动填充。

Excel 默认序列以外的文本型数据、数值型数据，在用鼠标左键拖曳其所在单元格的填充柄时，均会以重复方式进行填充。因此，“ABC”“金银花”“春天”“3”和“58”所在列均是重复填充。值得一提的是，若数值型数据想按照依次递增的方式填充，必须先输入序列的前两个单元格的数据，然后选定这两个单元格，再用鼠标左键拖动填充柄，系统将默认按等差序列填充。

（2）使用鼠标右键拖曳进行填充

选定单元格或单元格区域后，也可使用鼠标右键拖曳其右下角的填充柄来进行自动填充。当用鼠标右键拖曳到填充结束的单元格时，会弹出图 3.9 所示的快捷菜单。用户可根据需要选择“复制单元格”来进行重复填充，或选择“序列”来进行有规律变化数据的填充。

提示

只有当单元格中的数据为数值型和日期型时，在快捷菜单（见图 3.9）中才能选择“序列”填充方式。然后在弹出的“序列”对话框中（见图 3.10）选择相应的序列类型、步长值等，确定后完成自动填充。

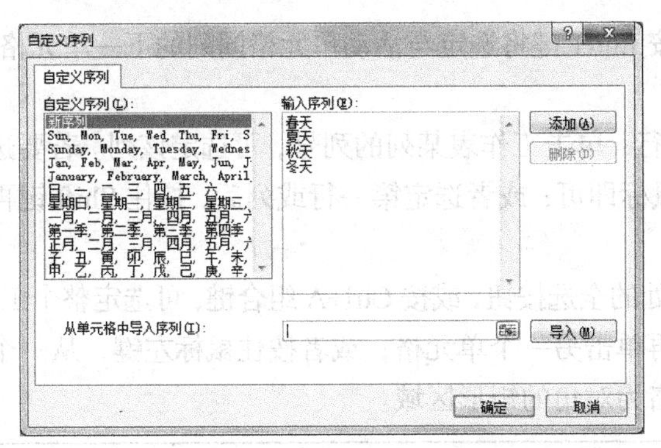

图 3.8 “自定义序列”对话框

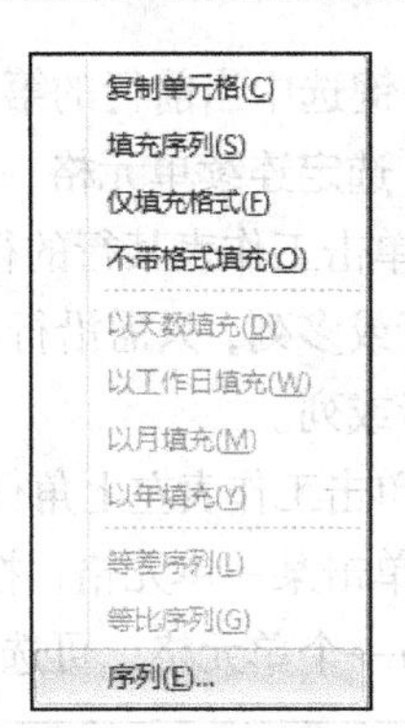

图 3.9 右键拖曳填充柄的快捷菜单

（3）使用“填充”按钮进行填充

输入第一个单元格的数据后，选定包含此单元格在内的填充区域，再单击“开始”选项卡中“编辑”组中的“填充”下拉按钮，如图 3.11 所示。选择“系列”命令，即可打开图 3.10 所示的“序列”对话框进行自动填充。如在类型中选择“等比序列”，在步长值中输入“2”，则会产生图 3.12 所示的填充结果。

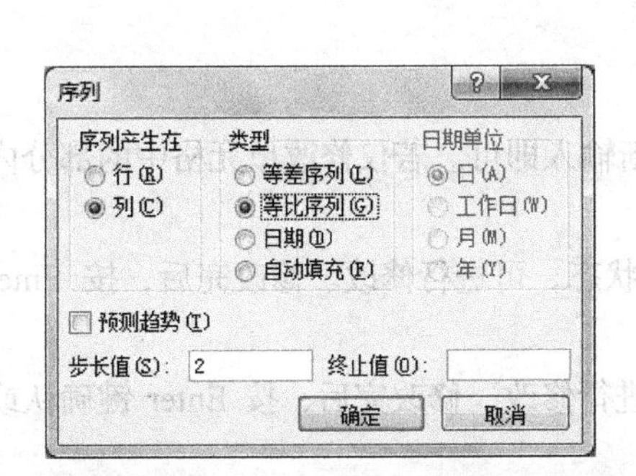

图 3.10 “序列”对话框

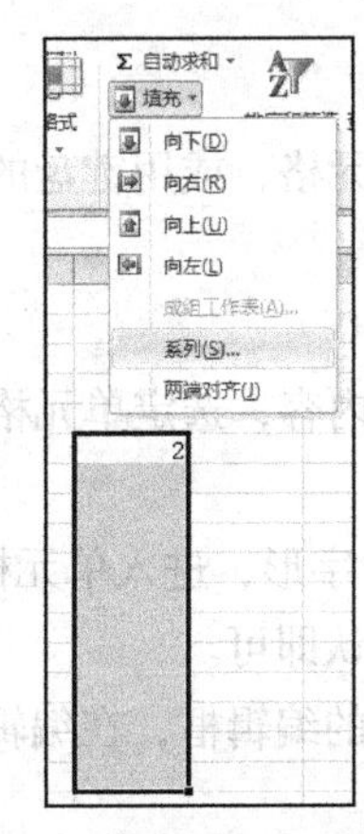

图 3.11 “填充”下拉按钮

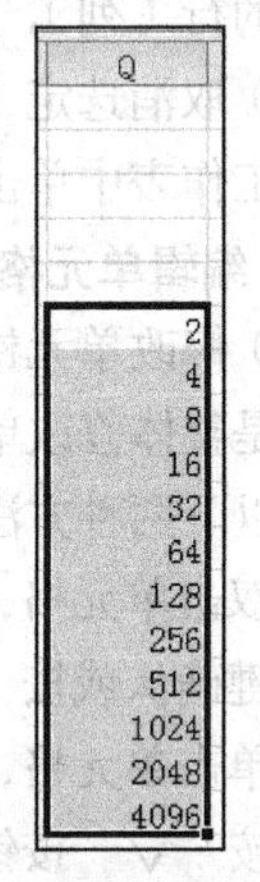

图 3.12 填充结果

（4）用户自定义序列填充

用户可在图 3.8 所示的“自定义序列”对话框中添加新序列，来实现用户自定义序列的填充。如在对话框左部单击选择“新序列”后，可在“输入序列”框中直接输入“春天”“夏天”“秋天”“冬天”，每输入一项内容后按一次 Enter 键，如图 3.8 所示，输入完毕后单击“添加”按钮，即可将自定义的新序列添加到左部的“自定义序列”框中。单击“确定”按钮回到工作表中后，再次用鼠标左键拖曳“春天”所在单元格的填充柄，则会依次填充“夏天”“秋天”“冬天”，而不再是重复填充。

2. 选定单元格

在输入和编辑单元格的内容之前，必须先选定单元格或单元格区域。被选定的单元格称为活动单元格，其内部呈白色，活动单元格名称会出现在编辑栏的名称框中。

（1）选定单个单元格

鼠标为粗十字形“✚”时，单击要选定的单元格，该单元格即被选定，成为活动单元格，边框变为黑色粗轮廓线。

用键盘的上下左右键可改变活动单元格的位置。按 Tab 键向右移动，Shift + Tab 键向左移动，按 Home 键选中当前行的第一个单元格，按 Enter 键将选定与活动单元格同列的下一单元格。

（2）选定连续单元格

① 单击工作表某行的行号，可选定该行；单击工作表某列的列号，可选定该列。若要选定相邻的多行或多列，只需沿行号或列号拖曳鼠标即可；或者选定第一行或列后，按住 Shift 键再选定其他的行或列。

② 单击工作表左上角行号和列号交叉处的全选按钮，或按 Ctrl+A 组合键，可选定整个工作表。

③ 单击某一单元格，按住 Shift 键后再单击另一个单元格；或者按住鼠标左键，从一个单元格拖到另一个单元格，可选定以两个单元格为对角的矩形区域。

提示

拖动鼠标的过程中，名称框中会以行数乘以列数的方式显示出所选单元格区域的大小，例如 5R×3C，表示 5 行 3 列。释放鼠标后，名称框中显示的是鼠标单击的第一个单元格的名称，该单元格为白色，是当前活动单元格。

（3）选定不连续区域的单元格

选定一个单元格或单元格区域后，按住 Ctrl 键，再依次选择其他的单元格或区域，即可选定不连续的单元格区域。例如选定某一行（列）后，再按住 Ctrl 键选定其他的行（列），即可选择不相邻的行（列）。

（4）取消选定

在工作表中单击任意一个单元格，或用键盘的方向键任意移动光标，即可取消选定。

3. 编辑单元格内容

（1）修改单元格内容

若是整体修改单元格的全部内容，选定单元格后重新输入即可。若仅修改单元格中的部分内容，有以下两种方法。

- 双击单元格，鼠标变为 I 字形，进入单元格编辑状态，可进行修改。修改完后，按 Enter 键确认或按“√”按钮确认即可。
- 单击单元格，选择编辑栏的编辑框，在编辑框中进行修改，修改完后，按 Enter 键确认或按“√”按钮确认即可。

提示

通常修改单元格内容完成后，也可单击其他单元格表示确定；但若单元格的内容是公式或函数时，不可以单击其他单元格来确认所进行的修改。

（2）删除单元格内容

删除单元格中的内容有以下 3 种方法。

- 选定要删除内容的单元格，按 Delete 键。
- 单击功能区“开始”选项卡“编辑”组中的“清除”下拉按钮，再单击“清除内容”命令。
- 单击鼠标右键选择要删除内容的单元格，在弹出的快捷菜单中单击“清除内容”命令。

提示

以上方法只能清除单元格中的内容，格式仍保留在单元格中，若重新输入内容，仍会使用该单元格上次定义的格式。若要删除格式，可依次单击功能区“开始”选项卡→“编辑”组中“清除”下拉按钮→“清除格式”命令；或单击功能区“开始”选项卡→“编辑”组中“清除”下拉按钮→“全部清除”命令，将格式、内容包括批注全都删除。

（3）移动/复制单元格内容

① 利用鼠标拖动。选定要移动内容的单元格或区域，当鼠标指针指向其边框变形为“✥”时，

拖动鼠标至目标位置即可移动单元格或单元格区域。拖动鼠标的同时按住 Ctrl 键，则是进行复制。

② 利用组合键或粘贴命令。选定单元格或单元格区域后，单击“开始”选项卡“剪贴板”组中的“剪切”和“粘贴”按钮，或使用键盘组合键 Ctrl+X（剪切）和 Ctrl+V（粘贴）来实现移动操作；单击“开始”选项卡“剪贴板”组中的“复制”和“粘贴”按钮，或使用键盘组合键 Ctrl+C（复制）和 Ctrl+V（粘贴）来实现复制操作。

③ 选择性粘贴。利用 Ctrl+C 和 Ctrl+V 复制粘贴单元格时，包含了单元格的全部信息。Excel 2010 提供了只粘贴单元格部分信息（如格式、公式、数值等）的功能。

执行完复制操作后，到达目标单元格位置并按鼠标右键，将弹出图 3.13 所示的快捷菜单。其中的“粘贴选项”命令和“选择性粘贴”命令中均提供了只粘贴单元格格式或数值等部分信息的按钮。用户可根据需要单击相应的按钮进行选择性粘贴。或者在执行完复制操作后，单击“开始”选项卡“剪贴板”组中的“粘贴”下拉按钮，在其下拉菜单中单击相应的按钮进行选择性粘贴，如图 3.14 所示；也可以选择下拉菜单中的“选择性粘贴”命令打开“选择性粘贴”对话框，进行更细致的设置来实现选择性粘贴。

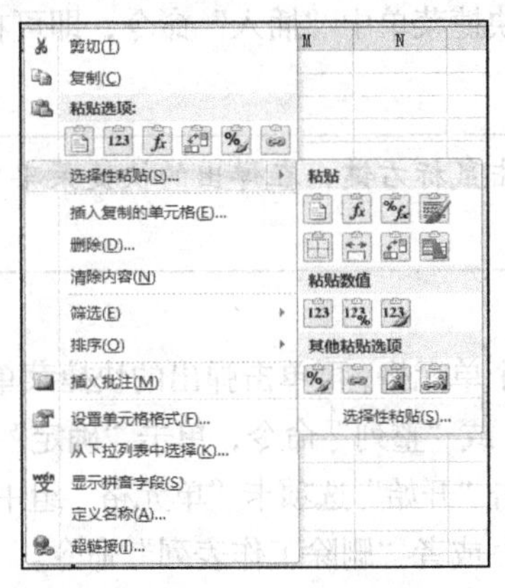

图 3.13 单击鼠标右键弹出快捷菜单

图 3.14 “粘贴”下拉按钮

提示

选定单元格或区域后执行“复制”操作，单元格或区域会出现闪动的粗虚线边框，按 Esc 键可取消该虚线边框。

4. 插入与删除单元格

（1）插入单元格

单击鼠标右键选择目标位置的单元格，单击弹出的快捷菜单中“插入”命令；或者单击目标插入位置的单元格，再单击“开始”选项卡“单元格”组中的“插入”下拉按钮，在下拉列表中选择“插入单元格”命令，都会弹出“插入”对话框。在其中选择“活动单元格下移”或“活动单元格右移”命令即可。

（2）删除单元格或单元格区域

删除单元格和清除单元格不同，删除单元格是将单元格从工作表中取消，包括单元格中的全部信息。删除后，由周围的单元格来填充其位置。

选定要删除的单元格或单元格区域，单击“开始”选项卡“单元格”组中的“删除”下拉按钮，在下拉列表中选择“删除单元格”命令；或者单击鼠标右键选择要删除的单元格或单元格区域后再单击弹出的快捷菜单中“删除”命令，均会弹出“删除”对话框，在其中选择确定被删除区域的“右侧单元格左移”还是“下方单元格上移”，最后单击“确定”按钮执行操作或者单击“取消”按钮放弃本次操作。

提示

对于已制作好的结构规整的表格，插入和删除单元格操作均会破坏表格的整体结构，因此要慎用。

（3）插入行或列

插入行和插入列的操作方法基本相同，常用的有以下3种。

- 单击鼠标右键选择单元格，单击弹出的快捷菜单中“插入”命令，在弹出的“插入”对话框中选择“整行”或“整列”命令，即可在该单元格上方（或左边）插入整行（或整列）。
- 选定单元格，单击“开始”选项卡“单元格”组中的“插入”下拉按钮，在下拉列表中选择“插入工作表行”命令，即在选中的单元格上方插入整行；选定单元格，单击“开始”选项卡“单元格”组中的“插入”下拉按钮，在下拉列表中选择“插入工作表列”命令，即在选中的单元格左边插入整列。
- 单击鼠标右键选择行号或列号，再单击弹出的快捷菜单中“插入”命令，即可在选中行上方插入整行或者选中列左边插入整列。

提示

选定多行的行号或者多列的列号后再单击鼠标右键，在弹出的快捷菜单中选择“插入”命令，则插入等数量的多行或多列。

（4）删除行或列

- 单击鼠标右键选择要删除的行或列中的任意一个单元格，再单击弹出的快捷菜单中“删除”命令，在弹出的“删除”对话框中选择“整行”或“整列”命令，单击“确定”按钮即可。
- 选定要删除的行或列中的任意一个单元格，单击“开始”选项卡“单元格”组中的“删除”下拉按钮，在下拉列表中选择“删除工作表行”或者“删除工作表列”命令。
- 单击鼠标右键选择行号或列号，再单击弹出的快捷菜单中“删除”命令，即可删除选中的行或列。

如果要删除多行（多列）可选中多个行号（列号）后再执行如上操作。

3.2 工作簿和工作表的操作

3.2.1 药品库存表的制作

1. 案例知识点及效果图

本案例主要运用了以下知识点：新建工作簿、保存工作簿、工作表的切换与选定、修改工作表名和标签颜色等。案例效果如图3.15～图3.17所示。

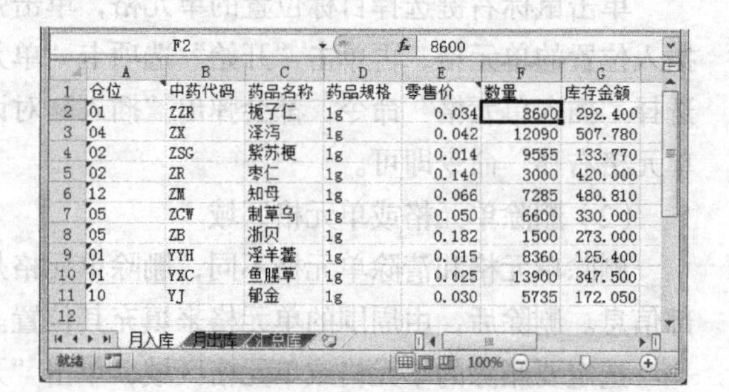

仓位	中药代码	药品名称	药品规格	零售价	数量	库存金额
01	ZZR	栀子仁	1g	0.034	8600	292.400
04	ZX	泽泻	1g	0.042	12090	507.780
02	ZSG	紫苏梗	1g	0.014	9555	133.770
02	ZR	枣仁	1g	0.140	3000	420.000
12	ZM	知母	1g	0.066	7285	480.810
05	ZCW	制草乌	1g	0.050	6600	330.000
05	ZB	浙贝	1g	0.182	1500	273.000
01	YYH	淫羊藿	1g	0.015	8360	125.400
01	YXC	鱼腥草	1g	0.025	13900	347.500
10	YJ	郁金	1g	0.030	5735	172.050

图3.15 “月入库”工作表

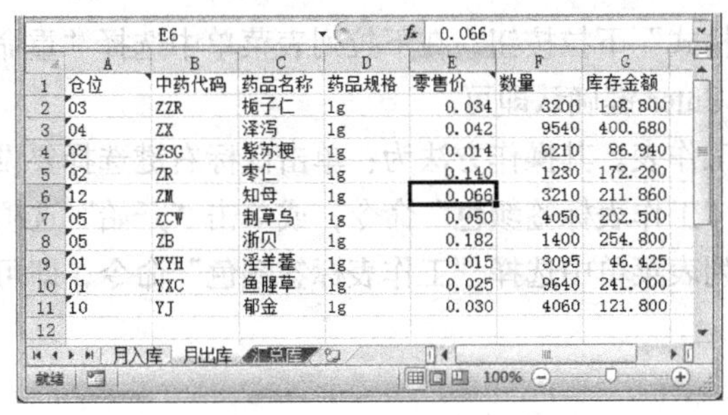

	A	B	C	D	E	F	G
1	仓位	中药代码	药品名称	药品规格	零售价	数量	库存金额
2	03	ZZR	柏子仁	1g	0.034	3200	108.800
3	04	ZX	泽泻	1g	0.042	9540	400.680
4	02	ZSG	紫苏梗	1g	0.014	6210	86.940
5	02	ZR	枣仁	1g	0.140	1230	172.200
6	12	ZM	知母	1g	0.066	3210	211.860
7	05	ZCW	制草乌	1g	0.050	4050	202.500
8	05	ZB	浙贝	1g	0.182	1400	254.800
9	01	YYH	淫羊藿	1g	0.015	3095	46.425
10	01	YXC	鱼腥草	1g	0.025	9640	241.000
11	10	YJ	郁金	1g	0.030	4060	121.800
12							

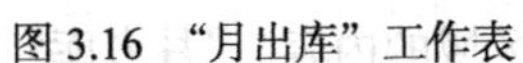

图3.16 “月出库”工作表

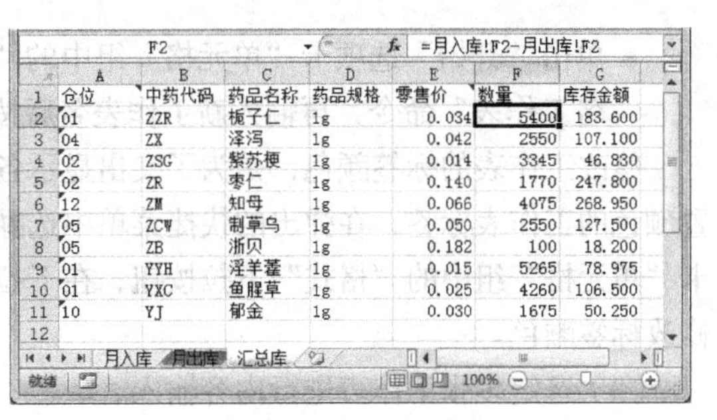

	A	B	C	D	E	F	G
1	仓位	中药代码	药品名称	药品规格	零售价	数量	库存金额
2	01	ZZR	柏子仁	1g	0.034	5400	183.600
3	04	ZX	泽泻	1g	0.042	2550	107.100
4	02	ZSG	紫苏梗	1g	0.014	3345	46.830
5	02	ZR	枣仁	1g	0.140	1770	247.800
6	12	ZM	知母	1g	0.066	4075	268.950
7	05	ZCW	制草乌	1g	0.050	2550	127.500
8	05	ZB	浙贝	1g	0.182	100	18.200
9	01	YYH	淫羊藿	1g	0.015	5265	78.975
10	01	YXC	鱼腥草	1g	0.025	4260	106.500
11	10	YJ	郁金	1g	0.030	1675	50.250
12							

图3.17 “汇总库”工作表

2. 操作步骤

（1）新建空白工作簿

方法1：初次启动Excel就会创建一个名为“工作簿1”的空白工作簿，再次启动Excel即会创建“工作簿2”“工作簿3”……

方法2：单击“文件”选项卡，选择“新建”选项，单击选择“空白工作簿”，再单击窗口右部的“创建”按钮，如图3.18所示，通过以上操作，即可新建一个空白工作簿。亦可直接双击“空白工作簿”按钮新建一个空白工作簿。

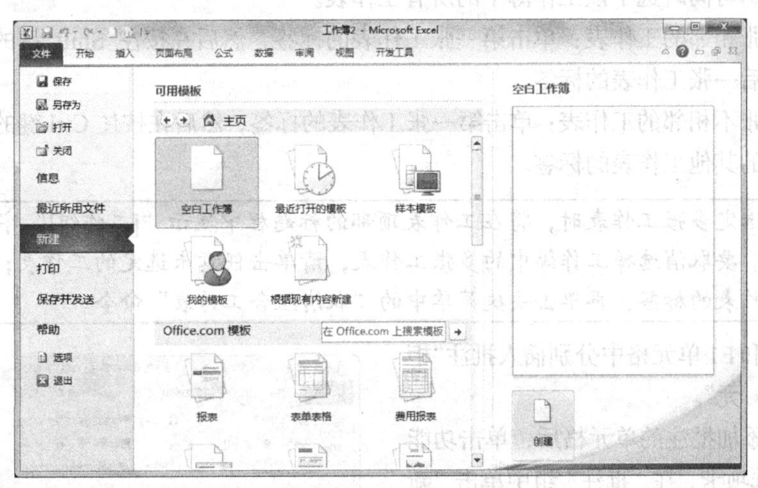

图3.18 新建空白工作簿

方法3：在Excel 2010的快速访问工具栏中，单击“新建”按钮，即可新建一个空白工作簿。若在快速访问工具栏中没有找到“新建”按钮，可单击“快速访问工具栏”右侧的“自定义快速访问工具栏”按钮，弹出“自定义快速访问工具栏”菜单，用鼠标单击其中的选项“新建”，即可将其添加到“快速访问工具栏”的按钮中。

方法4：通过按组合键Ctrl+N，同样可以新建一个空白工作簿。

（2）修改工作表名和标签颜色

单击工作表标签即可进行不同工作表之间的切换。将3个工作表依次改名为“月入库”“月出库”“汇总库”，工作表的标签色依次为黄色、绿色、红色。给工作表改名有以下3种方法。

- 单击鼠标右键选择工作表标签，再单击弹出的快捷菜单中的“重命名”命令，在当前的工作表标签中输入新工作表名后按Enter键确定即可；按Esc键则取消操作。
- 双击工作表标签，工作表名即被选中，如Sheet1，这时输入新工作表名即可替换原表名。

- 单击“开始”选项卡“单元格”组中的“格式”下拉按钮，在下拉列表菜单中选择“重命名工作表”命令，再输入新工作表名后按Enter键确认即可。

修改工作表的标签颜色，是为了突出显示各工作表。其操作方法为：单击鼠标右键选择要设置颜色的工作表标签，在弹出的快捷菜单中选择“工作表标签颜色”命令，或单击“开始”选项卡“单元格”组中的“格式”下拉按钮，在下拉列表菜单中选择“工作表标签颜色”命令，即可修改标签颜色。

（3）选定多张工作表进行内容输入

选定全部工作表后，参照图3.15输入A1至E11单元格区域的内容。“月入库”“月出库”和“汇总库”工作表中的数量及库存金额，可分别在各工作表中进行输入。库存金额需利用公式另外进行计算。注意本例中“仓位”列中内容的输入，需首先输入英文标点“'”再输入阿拉伯数字“01”“04”等，使用文本型数据录入。

选定多张工作表的目的主要是为了让所有被选定的工作表进行同样的操作，节省时间。如本例工作簿中的3个工作表都有相同的行标题及列，选定全部工作表后输入一次即可，无需再复制粘贴。

- 选定全部工作表：右键单击任一工作表标签，再单击弹出的快捷菜单中“选定全部工作表”命令，即可同时选中该工作簿中的所有工作表。
- 选定多张相邻的工作表：单击第一张工作表的标签，然后在按住Shift键的同时单击要选择的最后一张工作表的标签。
- 选定多张不相邻的工作表：单击第一张工作表的标签，然后在按住Ctrl键的同时依次单击要选择的其他工作表的标签。

提示

选定多张工作表时，将在工作表顶部的标题栏中显示“[工作组]”字样，如图3.19所示。要取消选择工作簿中的多张工作表，请单击任意未选定的工作表；或右键单击选定工作表的标签，再单击快捷菜单中的“取消组合工作表”命令。

（4）在A1和E1单元格中分别插入批注“柜号”和“单位：元”。

选定需要添加批注的单元格后，单击功能区的“审阅”选项卡，在“批注”组中单击“新建批注”按钮，如图3.20所示；也可右键单击要添加批注的单元格，再单击弹出的快捷菜单中“插入批注”命令，如图3.21所示；将弹出一个黄色的输入框（批注编辑框）。默认情况下批注编辑框的第一行将显示当前系统用户的姓名。用户可以根据实际需要保留或删除姓名，然后输入批注内容即可。当批注输入完毕，单击任一单元格即确认输入。在该单元格的右上角出现一红色小三角“◥”，表示该单元格含有批注。

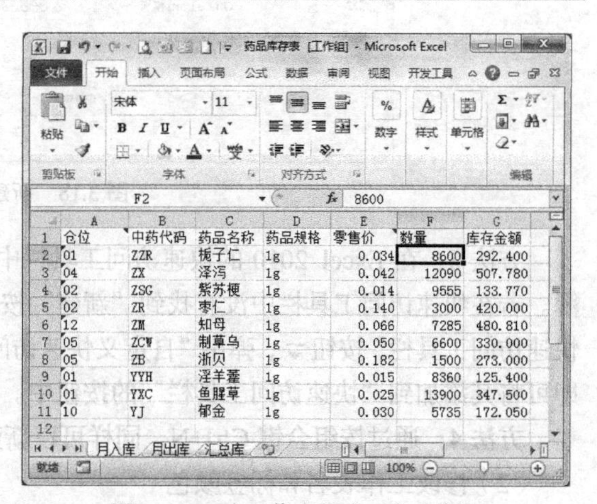

	A	B	C	D	E	F	G
1	仓位	中药代码	药品名称	药品规格	零售价	数量	库存金额
2	01	ZZR	栀子仁	1g	0.034	8600	292.400
3	04	ZX	泽泻	1g	0.042	12090	507.780
4	02	ZSG	紫苏梗	1g	0.014	9555	133.770
5	02	ZR	枣仁	1g	0.140	3000	420.000
6	12	ZM	知母	1g	0.066	7285	480.810
7	05	ZCW	制草乌	1g	0.050	6600	330.000
8	05	ZB	浙贝	1g	0.182	1500	273.000
9	01	YYH	淫羊藿	1g	0.015	8360	125.400
10	01	YXC	鱼腥草	1g	0.025	13900	347.500
11	10	YJ	郁金	1g	0.030	5735	172.050
12							

图3.19　3个工作表组成一个工作组

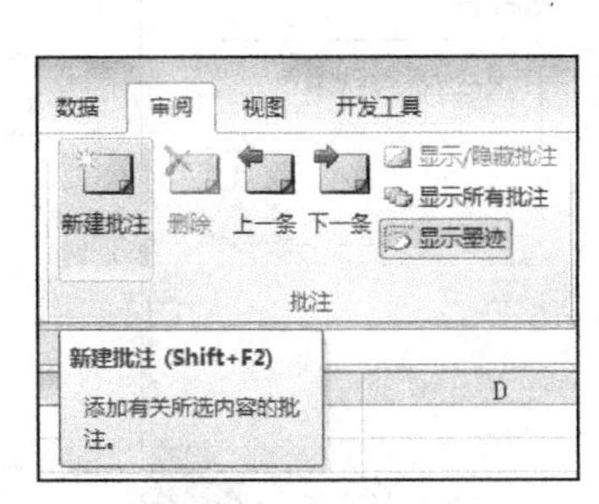

图 3.20　“新建批注”按钮

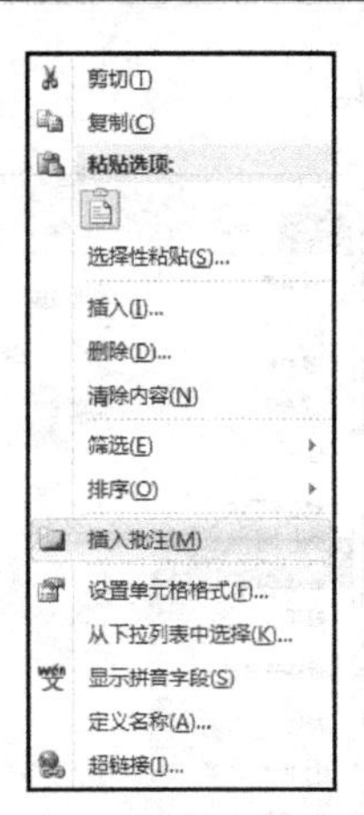

图 3.21　单击鼠标右键弹出单元格的快捷菜单

（5）保存工作簿

将此工作簿保存在 D 盘下，文件名为“药品库存表”。用户也可以对工作簿设置打开密码，通过密码帮助阻止未经授权的访问，从而保护工作簿。它们的操作方法均与 Word 2010 中保存文档和保护文档的方法一致。

（6）关闭工作簿并退出 Excel 2010

关闭工作簿，与退出 Excel 2010 是两个不同的概念，不少用户经常将二者混淆。工作簿窗口作为典型的文档窗口，是嵌套在 Excel 2010 应用程序窗口中的。因此，退出 Excel 2010 后必然也关闭了工作簿，但关闭工作簿不意味着退出 Excel 2010。单击图 3.22 所示的工作簿窗口“关闭”按钮，即可关闭工作簿。

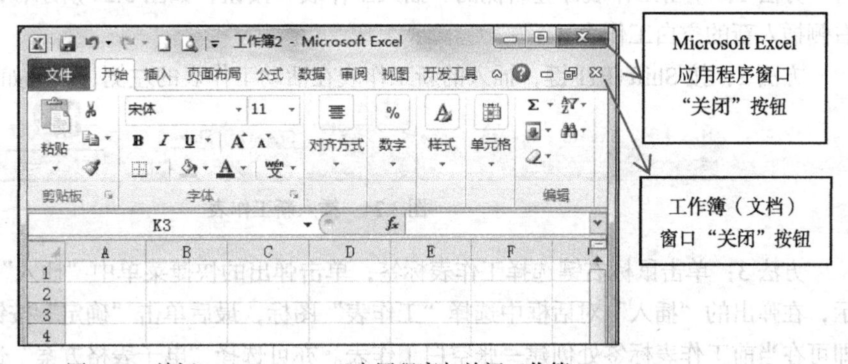

图 3.22　关闭 Microsoft Excel 应用程序与关闭工作簿

3.2.2　知识点详解

1. 新建基于模板的工作簿

Excel 2010 软件中自带了多个预设的模板工作簿，用户可以根据需要制作的表格内容选择对应的模板工作簿。下面介绍新建基于模板的工作簿的操作方法。

单击“文件”选项卡，选择“新建”选项，然后选择准备使用的工作簿模板，如单击图 3.18 所示的“样本模板”按钮进入“样本模板”列表，在列表中选择准备使用的模板样式如“贷款分期付款”，再单击右部的“创建”按钮，即可新建一个基于该模板的工作簿，如图 3.23 所示。也可在“样本模板”列表中双击准备使用的模板样式，如双击“贷款分期付款”按钮直接创建基于该模板的工作簿。

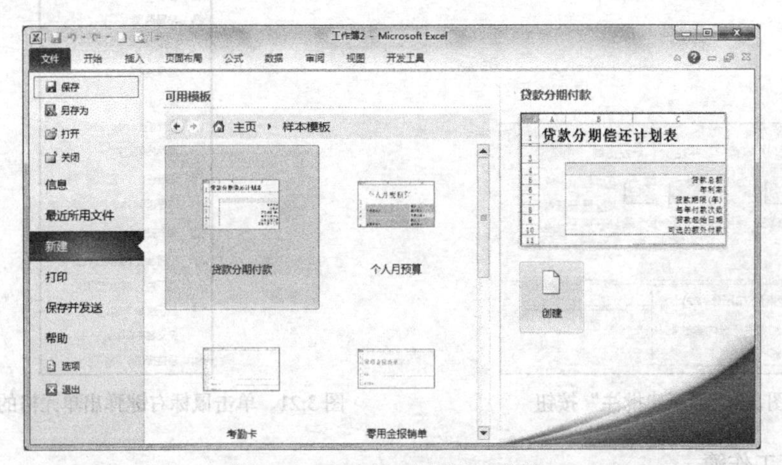

图 3.23　新建基于模板的工作簿

提示　当计算机接入因特网时，单击“文件”选项卡中的“新建”选项后，也可以选择“Office.com 模板”列表下的各类工作簿模板来创建工作簿。选择好某个模板后单击界面右下角的“下载”按钮，模板下载完成后即创建了一个基于该模板的工作簿。

2. 插入工作表

Excel 中一个工作簿默认的工作表数为 3 张，默认名称为“sheet1”“sheet2”“sheet3”。当需要增加新的工作表时，可使用以下 4 种方法。

方法 1：单击工作表标签右侧的“插入工作表”按钮，如图 3.24 所示，即可在工作表标签的右侧插入新的空白工作表。

方法 2：按 Shift+F11 键，插入的新工作表在活动工作表的左侧，效果如图 3.24 所示。

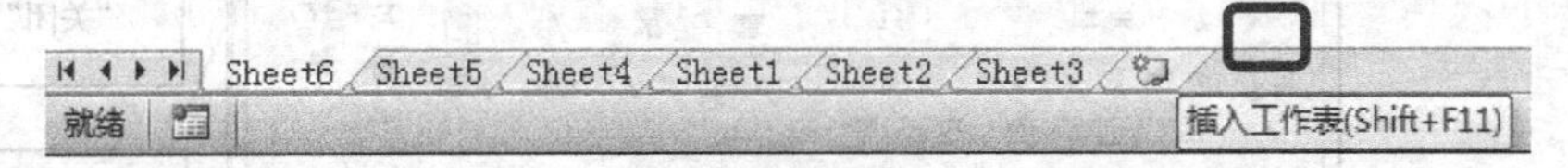

图 3.24　插入新工作表

方法 3：单击鼠标右键选择工作表标签，单击弹出的快捷菜单中“插入”命令，如图 3.25 所示，在弹出的“插入”对话框中选择“工作表”图标，最后单击“确定”按钮，如图 3.26 所示，即可在当前工作表标签处创建一张空白工作表。亦可选择“电子表格方案”选项卡中的各模板图标，来创建基于该模板的工作表。

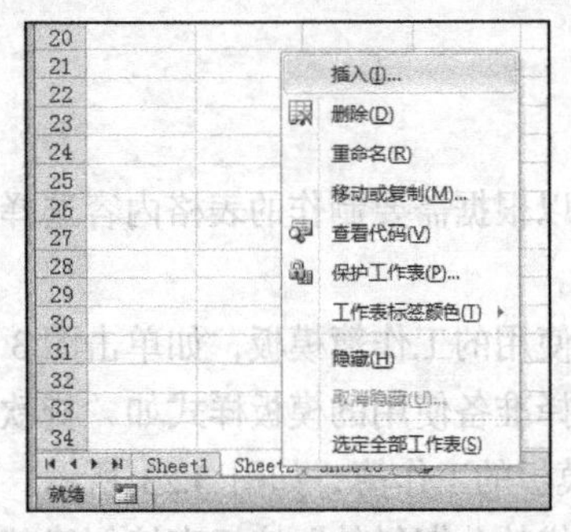

图 3.25　单击右键弹出的快捷菜单

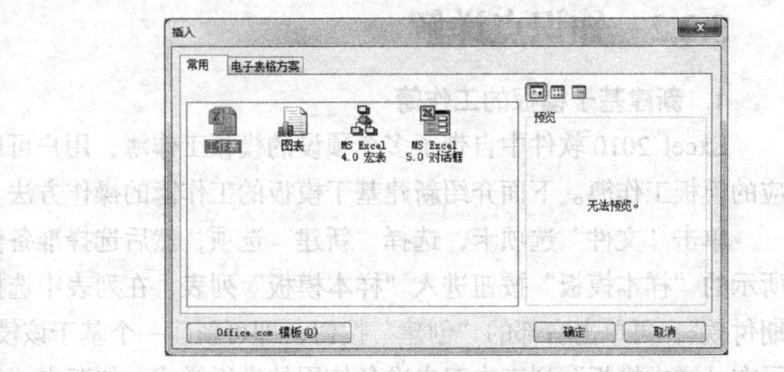

图 3.26　“插入”对话框

方法 4：单击“开始”选项卡“单元格”组中的“插入”下拉按钮，在下拉列表中选择“插入工作表”命令即可，如图 3.27 所示。

3. 删除工作表

删除工作表的步骤如下：①选定要删除的工作表。②单击鼠标右键选择工作表标签，再单击弹出的快捷菜单（见图 3.25）中“删除”命令；或者单击“开始”选项卡“单元格”组中的“删除”下拉按钮，在下拉列表中选择“删除工作表”命令（见图 3.28）。③以上操作中，若删除的是有数据的工作表，会弹出警告对话框，如图 3.29 所示。④单击“删除”按钮确定删除，单击“取消”按钮则取消该删除操作。

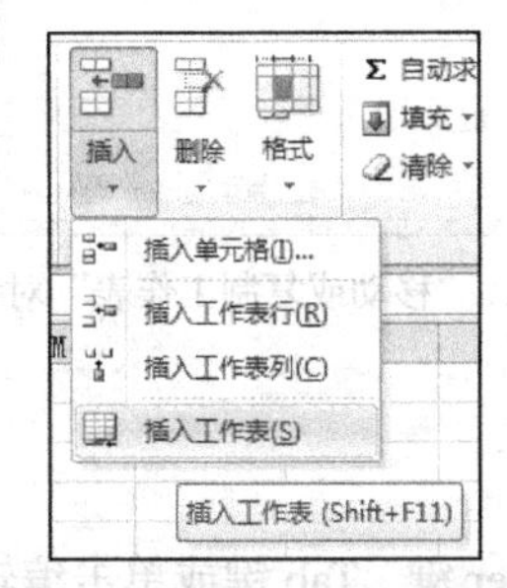

图 3.27 “插入”下拉按钮

图 3.28 “删除”下拉按钮

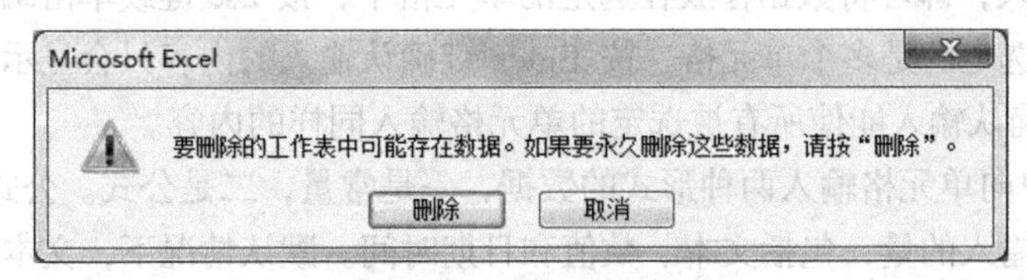

图 3.29 删除工作表的警告提示框

随工作表删除的数据是无法依靠单击快速访问工具栏中的撤销按钮来恢复的。

4. 移动或复制工作表

工作表的移动和复制，既可以在同一个工作簿窗口中进行，也可以在不同的工作簿窗口之间进行。常用的方法有以下 3 种。

方法 1：单击“开始”选项卡“单元格”组中的“格式”下拉按钮，在下拉列表菜单中单击“移动或复制工作表”命令，如图 3.30 所示，即会弹出图 3.31 所示的“移动或复制工作表”对话框。在该对话框中选择目标工作簿和工作表的位置，单击“确定”按钮即可；若选中“建立副本”复选框即为复制工作表，若没选中该复选框则为移动工作表。目标工作簿可以是已打开的任意一个工作簿，也可以是即将新建的空白工作簿。

方法 2：单击鼠标右键选择工作表标签，再单击弹出的快捷菜单（见图 3.25）中“移动或复制”命令，同样弹出“移动或复制工作表”对话框（见图 3.31），操作同上。

方法 3：选定要移动或复制的工作表标签，可按住 Ctrl 键选定多个工作表，也可按住 Shift 键选定多个连续工作表，拖动鼠标至目标位置放开，即为移动工作表。拖动的同时按住 Ctrl 键则为复制工作表（代表鼠标的箭头顶部会出现黑色小加号）。此方法只适用于在同一个工作簿窗口中对工作表进行移动或复制。

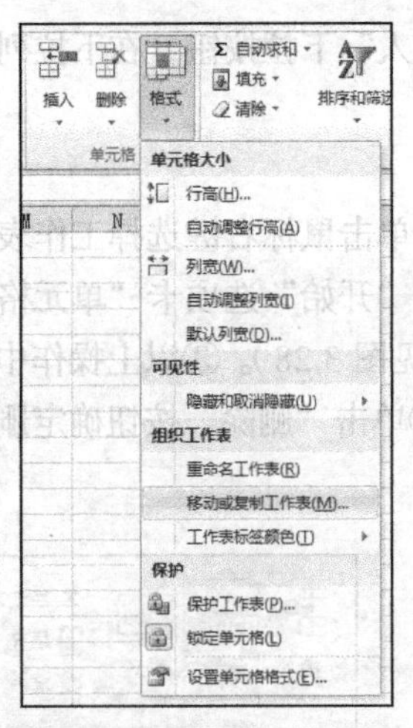

图 3.30 “格式”下拉按钮

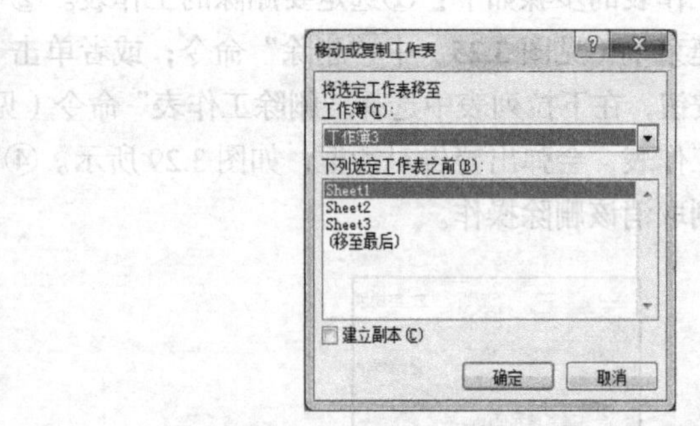

图 3.31 “移动或复制工作表”对话框

5. 单元格的输入操作

（1）输入单元格数据

选定单元格后即可输入数据。在单元格输入结束时按 Enter 键、Tab 键或单击编辑栏中的“输入”按钮✓确定输入，即可将数据存放在选定的单元格中；按 Esc 键或单击编辑栏的“取消”按钮则放弃输入。若选定的是多个单元格，按 Enter 键确认输入的内容只会显示在活动单元格中；使用 Ctrl+Enter 键确认输入能使所有被选定的单元格输入同样的内容。

Excel 允许用户向单元格输入两种形式的数据，一是常量，二是公式。公式必须以“=”号开头，而常量是直接输入的量，包括文本、数值和日期时间。默认情况下，文本型数据左对齐，数值、日期和时间型数据右对齐。

① 输入文本型数据。

任何可用键盘输入的符号都可作为文本型数据。对于数字形式的文本型数据如编号、电话、身份证号等应在数字前添加英文单引号“'”。特别如身份证号，由于 Excel 中数字输入超过 11 位时按科学计数法表示，一个身份证号如 420033198202054233 直接输入会变为“4.20033E+17”的形式，且后三位会省略变为 420033198202054000，故输入时应为“'420033198202054233”。又如编号为 0001，在单元格中输入 0001 后按 Enter 键确认会发现，Excel 自动将开头的三个 0 取消了，只显示数字 1 且靠右对齐，将之视为数值型数据，认为开头的零皆无意义，故输入时应为“'0001”。

在一个单元格内，按 Alt + Enter 键可将输入的内容换行分段显示。

② 输入数值型数据。

数值型数据由数字 0 ~ 9 组成，还包括“+、－、/、E、e、$，%”以及小数点“.”和千分位符号“,”等特殊字符。输入时要注意以下 4 点。

a. 正负数按正常方式输入，例如 123、－1.23。

b. 输入分数时，系统往往将其作为日期型数据。如输入“4/5”却显示“4 月 5 日”。为避免这种情况，应先输入“0”和空格。例如输入“0　4/5”，单元格里显示的是分数 4/5。

c. 输入小数时，小数末尾的 0 若未能显示，主要是因为数据格式的设置问题。单击“开始”选项卡“数字”组中的“增加小数位数”按钮即可保留末尾的 0。

d. 输入数值型数据（包括日期型数据）时，有时单元格中会出现符号“# # #”，这是因为单元格列宽不够，不足以显示全部数值的缘故，此时加大单元格列宽即可。

③ 输入日期型数据。

Excel 内置了一些日期、时间格式，当输入数据与这些格式相匹配时，Excel 会自动识别。Excel 日期格式用“/”或“-”分隔，如“2013/4/8”。Excel 时间格式用冒号“:”分隔，“hh:mm”是以 24 小时计的。若要以 12 小时计，可在时间后加 AM（am）或 PM（pm），AM（am）或 PM（pm）与时间之间要空一格，如 8:20 AM，否则会被当作字符处理。按 Ctrl +；组合键可输入当前系统日期，按 Ctrl + Shift +；组合键可输入当前系统时间。

（2）关于批注

编制的工作表往往不仅供自己使用，还要提供给他人。这就需要在单元格中添加一些注解。这种注解性内容在 Excel 中称为“批注”。它隐藏在单元格中，指向单元格即可显示。

① 编辑批注。

单击右键选择含有批注的单元格，再单击弹出的快捷菜单中“编辑批注”命令；或者选定含有批注的单元格后，单击功能区“审阅”选项卡“批注”组中的“编辑批注”按钮，即进入批注的编辑状态。

② 删除批注。

单击右键选择含有批注的单元格，再单击弹出的快捷菜单中“删除批注”命令；或者选定含有批注的单元格后，单击功能区“审阅”选项卡“批注”组中的“删除”按钮，即可删除批注。

③ 显示/隐藏批注。

单击右键选择含有批注的单元格，再单击弹出的快捷菜单中“显示/隐藏批注”命令；或者选定含有批注的单元格后，单击功能区“审阅”选项卡“批注”组中的“显示/隐藏批注”按钮，则本来隐藏的批注将显示出来，而本来显示的批注将隐藏起来。单击功能区“审阅”选项卡“批注”组中的“显示所有批注”按钮，可使所有的批注一同显示或隐藏。

3.3 单元格的编辑操作与公式、函数

3.3.1 九九乘法表的制作

1. 案例知识点及效果图

本案例主要运用了以下知识点：单元格的编辑与格式设置、单元格的自动填充、单元格内容的自动换行、利用公式进行计算、单元格的混合引用、设置条件格式等，案例效果如图 3.32 所示。

	A	B	C	D	E	F	G	H	I	J
1	九九乘法表									
2	行号 列号	1	2	3	4	5	6	7	8	9
3	1	1	2	3	4	5	6	7	8	9
4	2	2	4	6	8	10	12	14	16	18
5	3	3	6	9	12	15	18	21	24	27
6	4	4	8	12	16	20	24	28	32	36
7	5	5	10	15	20	25	30	35	40	45
8	6	6	12	18	24	30	36	42	48	54
9	7	7	14	21	28	35	42	49	56	63
10	8	8	16	24	32	40	48	56	64	72
11	9	9	18	27	36	45	54	63	72	81

图 3.32 “九九乘法表”样图

2. 操作步骤

（1）标题的制作

合并 A1~J1 单元格，输入标题“九九乘法表”，如图 3.33 所示。

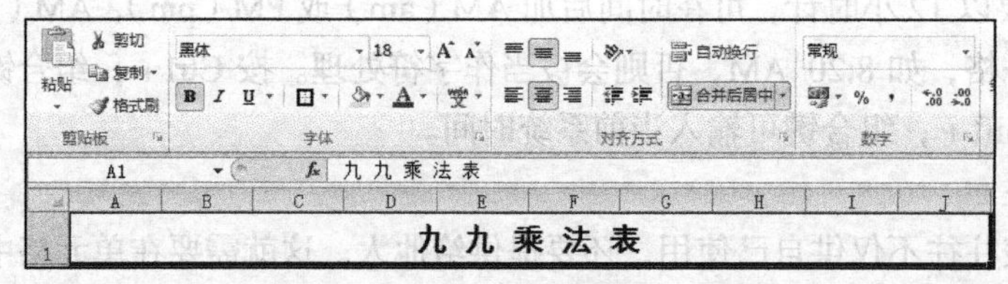

图 3.33 标题“九九乘法表”制作

也可选定 A1 至 J1 单元格后，依次单击功能区“开始”选项卡→“单元格”组“格式”下拉按钮→“设置单元格格式”命令，在弹出的“设置单元格格式”对话框中，单击“对齐”选项卡，将水平对齐和垂直对齐都设置为居中，并勾选“合并单元格”，如图 3.34 所示。

（2）斜线表头的制作

① 单击选中 A2 单元格，直接在其中输入表头内容“行号列号”（行号前留有空格），按 Enter 键确认输入。

② 单击鼠标右键选择 A2 单元格，在弹出的快捷菜单中选择“设置单元格格式”命令打开“设置单元格格式”对话框。单击“对齐”选项卡，设置水平对齐为“常规”，垂直对齐为“居中”，并单击勾选“自动换行”复选框。

③ 切换到“设置单元格格式”对话框的“边框”选项卡，单击斜线边框按钮，如图 3.35 所示，然后单击“确定”按钮。

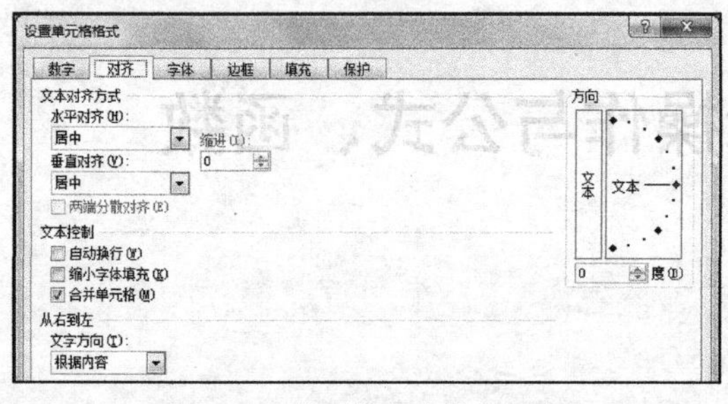

图 3.34 单元格的合并及居中

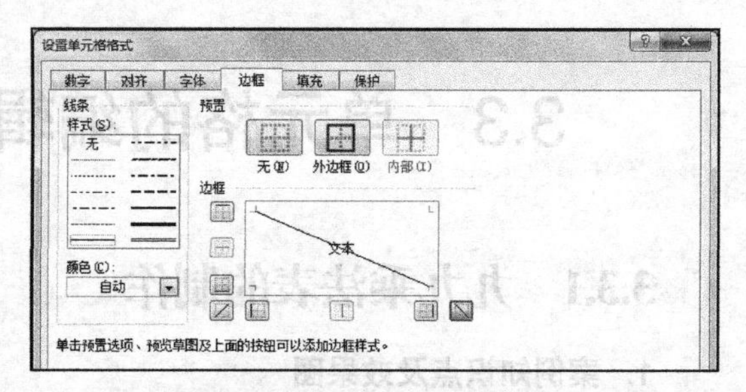

图 3.35 设置单元格的斜线边框

④ 在 A2 单元格的“行号列号”前输入空格，调整“列号”两字至超出单元格右边界，按 Enter 键确认，“列号”会自动转移到下面一行。

（3）输入并填充行号和列号

在 B2、C2 单元格中输入“1、2”后，选定 B2 和 C2 单元格区域。用鼠标左键拖曳其右下角的填充柄（见图 3.36）至 J2 单元格，即可快速填充乘法表的 D2~J2 单元格，填充结果如图 3.37 所示。同理也可以快速实现 A3 到 A11 单元格的内容输入。

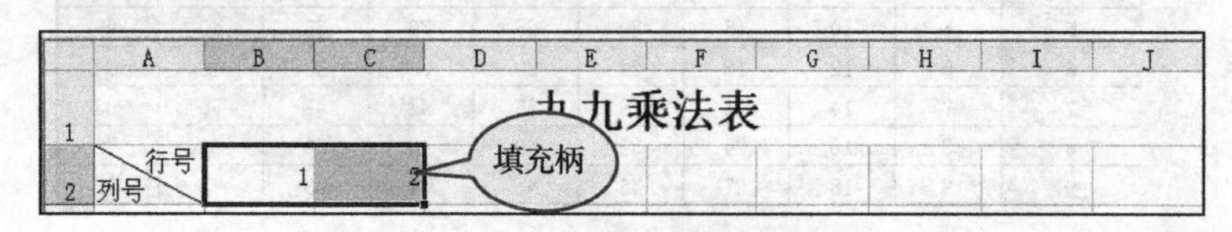

图 3.36 输入等差数列的前两项

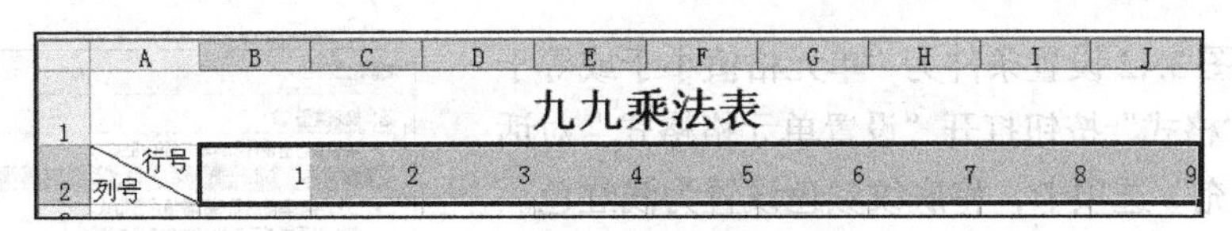

图 3.37　利用填充控制柄填充等差数列

（4）应用公式

① 在 B3 单元格中输入公式“=B2*A3”，可以计算出 B3 单元格的值，即 1×1=1；同理也可以计算出其他各单元格的值，共计 81 项，工作量非常大。该公示若采用单元格的混合引用，即能快速完成 81 项的输入。

② Excel 中提供了相对引用、绝对引用和混合引用 3 种单元格的引用方式。B3 单元格中的公式应采用混合引用，具体操作步骤如下。

- 首先在 B3 单元格中输入公式“ = B$2*$A3”，按 Enter 键确认，如图 3.38 所示。
- 选定 B3 单元格，用鼠标左键拖曳其右下角的填充柄至 J3 单元格，将出现图 3.39 所示的填充效果。

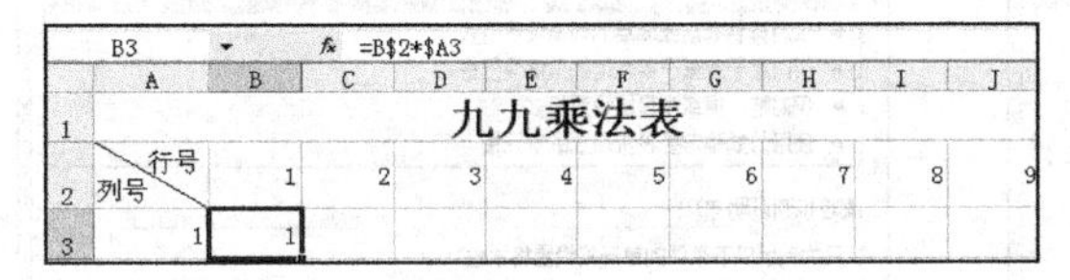

图 3.38　单行复制公式所需的第一项

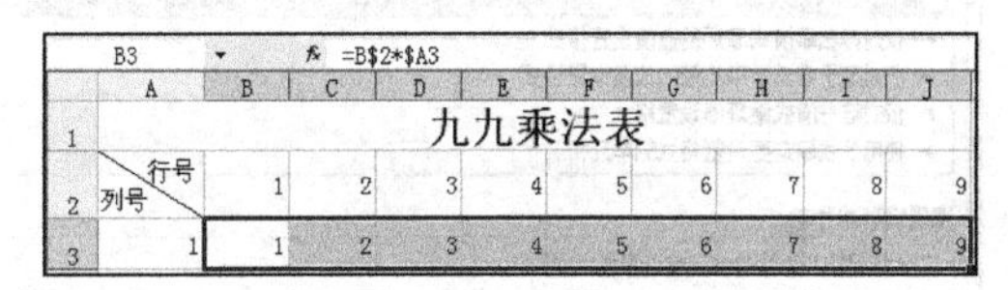

图 3.39　整个区域复制公式所需的第一行

- 选定 B3~J3 单元格区域（见图 3.39），再次利用其区域右下角的填充柄，用鼠标左键拖曳填充柄至 J11 单元格，就可以将数据区域填充完毕生成“九九乘法表”，如图 3.40 所示。

（5）单元格颜色的填充

① 单击选定 A2 至 J2 单元格区域后，按住键盘的 Ctrl 键再单击选定 A3 到 A11 单元格区域。依次单击功能区“开始”选项卡→“单元格”组中的“格式”下拉按钮→“设置单元格格式”命令，打开“设置单元格格式”对话框，如图 3.41 所示。

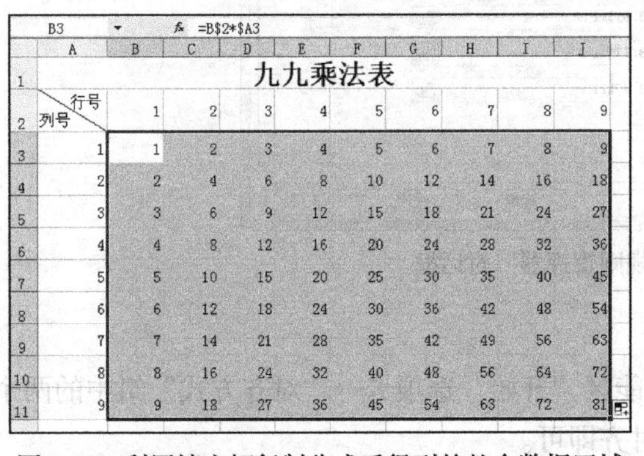

图 3.40　利用填充柄复制公式后得到的整个数据区域

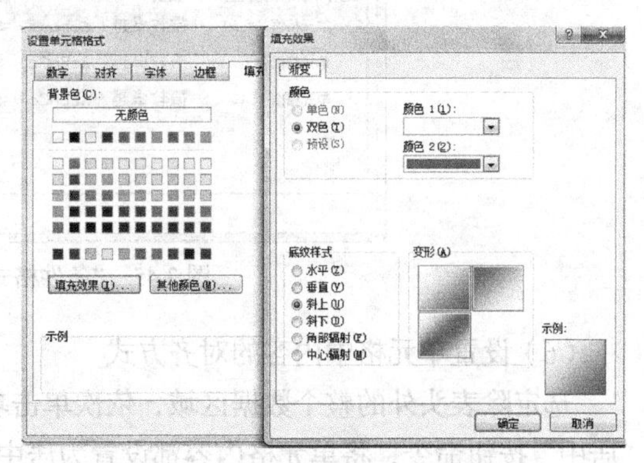

图 3.41　设置单元格的双色底纹填充

② 单击“设置单元格格式”对话框的“填充”选项卡，再单击“填充效果”按钮打开“填充效果”对话框，使用双色填充底纹，如图 3.41 所示。最后单击右下角的“确定”按钮。

③ 单击选定表格内部的 81 个单元格，再依次单击功能区“开始”选项卡→“样式”组中的“条件格式”下拉按钮→“突出显示单元格规则”命令→“其他规则”命令，打开“编辑格式规则”

对话框。参照图 3.42 设置条件为“单元格值小于或等于 10”，再单击“格式”按钮打开“设置单元格格式”对话框，单击“填充”选项卡，将底纹颜色设置为浅红色。

④ 重复上个步骤，将“单元格值介于 11 到 40”的设置为黄色底纹，如图 3.43 所示。将“单元格值大于或等于 40”的设置为绿色底纹，如图 3.44 所示。

⑤ 单击选定表格内部的 81 个单元格，再依次单击功能区“开始”选项卡→“样式”组中的“条件格式”下拉按钮→“管理规则”命令，打开“条件格式规则管理器”并检查所有的条件格式是否正确，具体设置条件如图 3.45 所示。

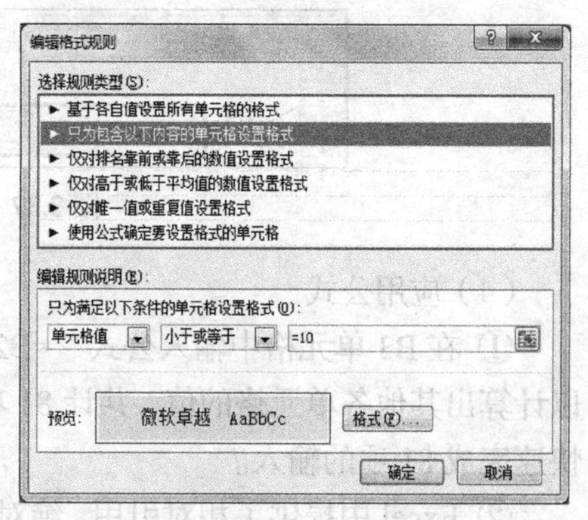

图 3.42 小于或等于 10 的条件格式设置

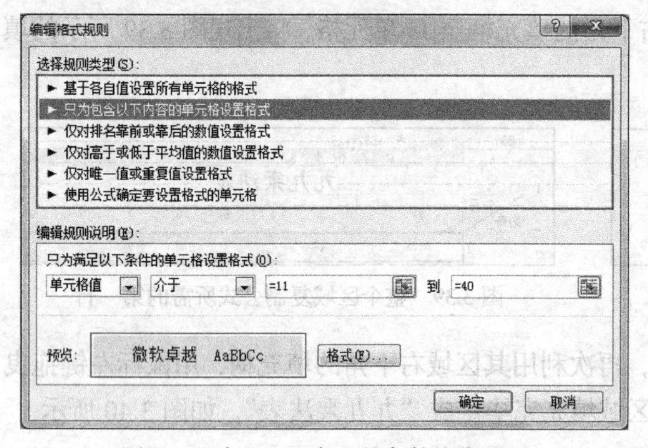

图 3.43 介于 11 到 40 的条件格式设置

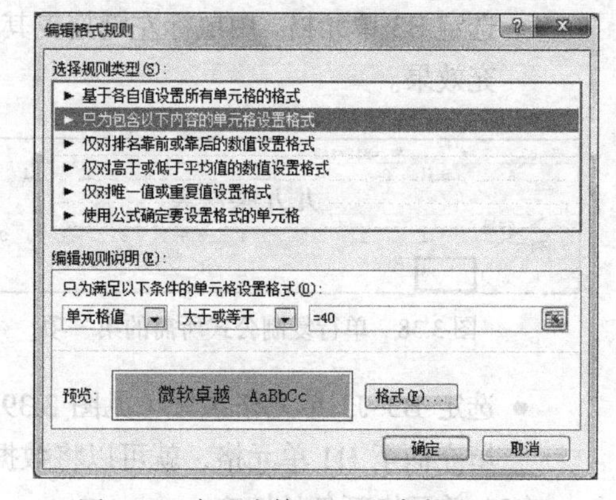

图 3.44 大于或等于 40 的条件格式设置

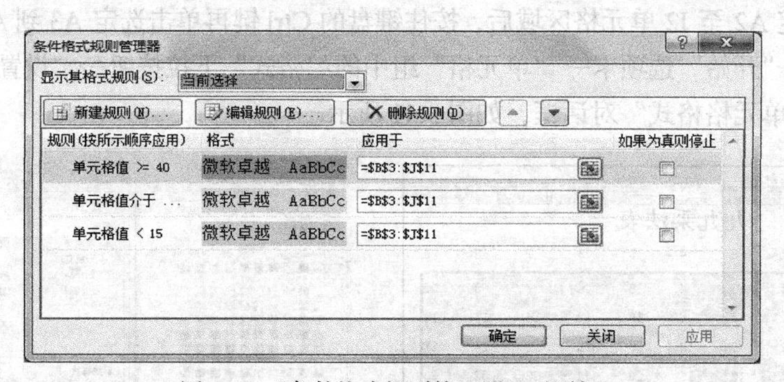

图 3.45 “条件格式规则管理器”对话框

（6）设置单元格中内容的对齐方式

选定除表头外的整个数据区域，依次单击功能区“开始”选项卡→“对齐方式”组中的两个“居中”按钮命令，将单元格内容都设置为居中对齐即可。

（7）设置单元格的边框

单击选择 A1 至 J11 单元格区域，依次单击功能区“开始”选项卡→“字体”组“边框”旁倒三角小按钮→“所有框线”命令和“粗闸框线”命令，给所有选定单元格添加边框线，并将外框设置为粗线，如图 3.32 所示。

（8）调整行高与列宽。将鼠标置于第二行行号 2 的下方，直至出现调整行高的图标后，按住鼠标左键拖曳，将第二行行高增大。将鼠标置于列号 A 的右边线上，直至出现调整列宽的图标后，按住鼠标左键拖曳，将 A 列列宽加大。其他各行各列若有需要，也可自行调整。

至此，九九乘法表制作完毕。保存工作簿至 D 盘下，命名为“九九乘法表”。

3.3.2 考试成绩表的制作

1. 案例知识点

本案例主要运用了以下知识点：单元格的编辑与格式设置、单元格内容的强制换行、利用函数进行计算、单元格的相对引用、设置条件格式等，案例效果如图 3.46 所示。

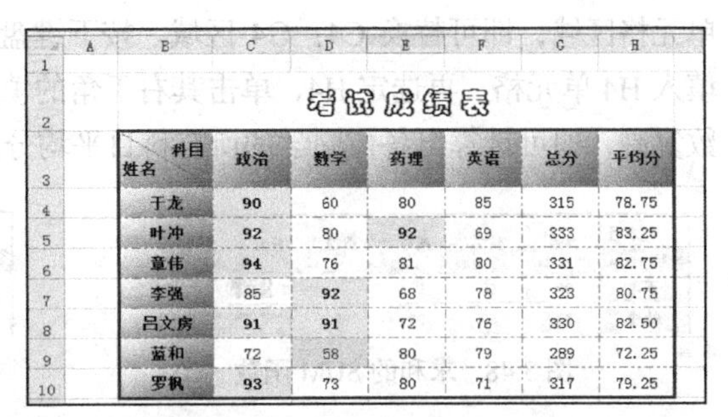

科目 姓名	政治	数学	药理	英语	总分	平均分
干龙	90	60	80	85	315	78.75
叶冲	92	80	92	69	333	83.25
章伟	94	76	81	80	331	82.75
李强	85	92	68	78	323	80.75
吕文房	91	91	72	76	330	82.50
蓝和	72	58	80	79	289	72.25
罗枫	93	73	80	71	317	79.25

图 3.46 “考试成绩表”样图

2. 操作步骤

（1）输入除总分和平均分以外的所有数据内容。在 B3 单元格中，输入“科目”后，按 Alt+Enter 组合键强制换行，再输入“姓名”。注意在“科目”前保留适当的空格，使其尽量靠近单元格右部。单击选定 B2 至 H2 单元格，再依次单击功能区“开始”选项卡→“对齐方式”组→“合并后居中”按钮，在其内输入标题“考试成绩表”并使用键盘的 Enter 键确认输入。

（2）调整行高与列宽。将鼠标置于第三行行号 3 的下方，直至出现调整行高的图标后，按住鼠标左键拖曳，将第三行行高增大。将鼠标置于列号 B 的右边线上，直至出现调整列宽的图标后，按住鼠标左键拖曳，将 B 列列宽加大。其他各行各列若有需要，也可自行调整。

（3）单元格的边框与底纹设置。

① 单击选定 B3 至 H10 单元格区域，依次单击功能区“开始选项卡”→“字体”组“边框”旁倒三角小按钮→“其他边框”命令，打开设置单元格格式对话框，并切换至其“边框”选项卡，如图 3.47 所示。

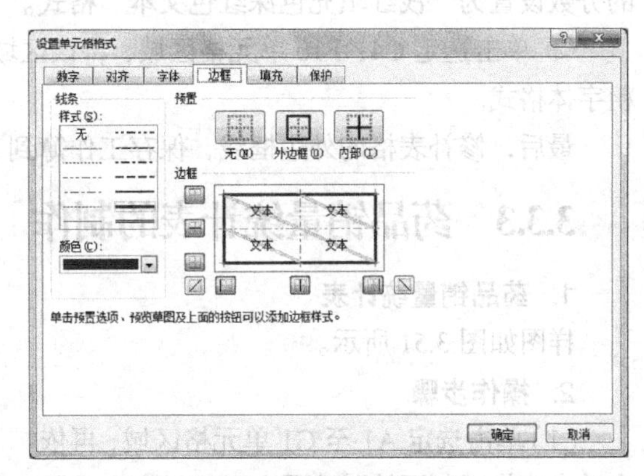

图 3.47 设置表格的边框

② 单击选定该对话框样式列表中的最粗线，再单击颜色下拉列表框选定深红色，最后单击“外边框”按钮，给选定的单元格区域添加加粗的深红色外边框；单击选定该对话框样式列表中的虚线，再单击颜色下拉列表框选定浅蓝色，最后单击“内部”按钮，给选定的单元格区域添加浅蓝色虚线内框，如图 3.47 所示。单击右下角的“确定”按钮确认更改。

③ 鼠标右键单击 B3 单元格，在弹出的快捷菜单中选择“设置单元格格式”命令打开“设置单元格格式”对话框。切换到其“边框”选项卡，选定样式列表中的虚线，再单击颜色下拉列表框选定浅蓝色，然后单击斜线边框按钮，最后单击“确定”按钮应用浅蓝色虚线斜内框。

④ 设置 B3 至 H3 以及 B4 至 B10 单元格区域的底纹颜色为双色填充，如图 3.46 所示。具体操作方法可参照“九九乘法表”中的相应操作自行设置。

（4）用 SUM 函数计算各位同学的总分

单击选定 G4 单元格，再单击功能区“开始”选项卡“编辑”组中的“Σ 自动求和”按钮，出现图 3.48 所示的函数。按下键盘的 Enter 键确认求和范围为 C4：F4，即可自动将于龙的分数求和并将计算结果填入 G4 单元格。再选定 G4，单击其右下角的填充柄并用鼠标左键拖曳的方式，向下拖动进行函数复制，即可计算出各位同学的总分。

（5）用 AVERAGE 函数计算各位同学所有科目的平均分

单击选定 H4 单元格，再单击功能区“开始”选项卡“编辑”组中的“Σ 自动求和”旁倒三角小按钮，在出现的快捷菜单中单击选择“平均值”，出现图 3.49 所示的函数。单击选择 C4：F4 单元格区域，即可替换 C4：G4 区域。按下键盘的 Enter 键确认，即可将于龙的所有科目平均分填入 H4 单元格。再选定 H4，单击其右下角的填充柄并用鼠标左键拖曳的方式，向下拖动进行函数复制，即可计算出各位同学的所有科目平均分。

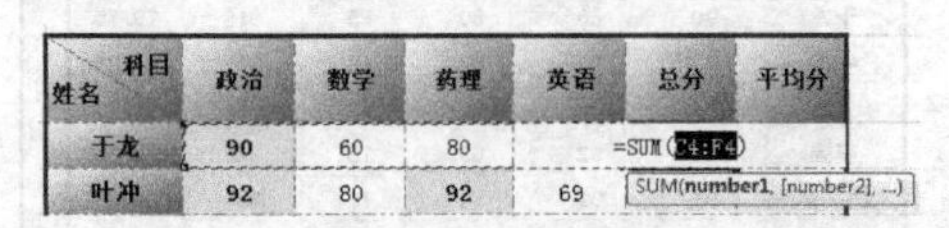

图 3.48　求和的 SUM 函数

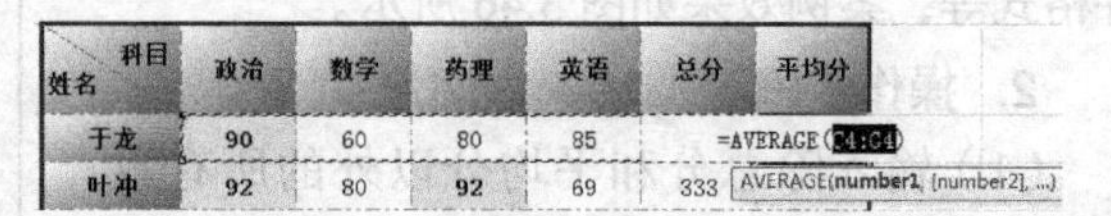

图 3.49　求平均的 AVERAGE 函数

提示　若默认求和或求平均的单元格范围不能满足所需，直接拖曳鼠标重新选定单元格区域即可。

（6）条件格式的设置

① 单击选定 C4：F10 单元格区域，再依次单击功能区“开始”选项卡→“样式”组中的“条件格式”下拉按钮→“突出显示单元格规则”命令→“小于”命令，打开图 3.50 所示的“小于”对话框，将不及格的分数设置为“浅红填充色深红色文本”格式。

图 3.50　小于 60 分的格式设置

② 单击选定 C4：F10 单元格区域，将该区域中大于等于 90 分的单元格，设置为黄色底纹加粗字体格式。

最后，修补表格的外边框线，保存工作簿到 D 盘下。

3.3.3　药品销量统计表的制作

1. 药品销量统计表

样图如图 3.51 所示。

	A	B	C	D	E	F	G
1	各药品销售量统计表						
2	编号	季节 药品	春季	夏季	秋季	冬季	合计
3	0101	人参	1400	800	1000	1200	4400
4	0203	鹿茸	1900	1000	1100	1500	5500
5	0205	冬虫夏草	1200	1400	900	800	4300
6	0307	当归	1500	1200	1400	1600	5700

图 3.51　药品销售数据表

2. 操作步骤

（1）单击选定 A1 至 G1 单元格区域，再依次单击功能区“开始”选项卡→“对齐方式”组→“合并后居中”按钮，在其内输入标题“各药品销售量统计表”并使用键盘的 Enter 键确认输入。将标题字体加粗、字号增大。

（2）绘制表头。

① 单击选定 A2 至 B2 单元格区域，依次单击功能区“开始”选项卡→“对齐方式”组→“合并后居中”旁倒三角小按钮→“合并单元格”命令，将两个单元格合并，无需将单元格文字设置为居中。

② 将鼠标置于第二行行号2的下方，直至出现调整行高的图标后，按住鼠标左键拖曳，将第二行行高增大。其他各行各列若有需要，也可自行调整行高与列宽。

③ 在单元格中输入“季节”后，按Alt+Enter组合键强制换行，再输入编号，药品。注意在“季节”前保留适当的空格，使其尽量靠近单元格右部。单击编辑栏中内容，选定“季节”，将其设置为宋体，14号字。

④ 表头斜线用功能区“插入”选项卡“插图”组中的“形状”下拉按钮绘制，选择其下拉菜单中的“直线”命令进行绘制。插入两根斜线后，选定斜线，依次单击“绘图工具-格式”选项卡→“形状样式”组→“形状轮廓”按钮→“黑色”，将两根斜线设置为黑色。

（3）输入以0开头的数据。

输入时，在零前面可以先输入英文单引号标点；或单击选定A3至A6单元格区域后，依次单击功能区“开始”选项卡→“数字”组的“数字格式”下拉框按钮→“ABC 文本”命令，将单元格的数字格式设置为“文本”格式后直接输入。

（4）输入各类药品名称，以及各类药品春夏秋冬的销售量。用函数计算“合计”字段的值：选定G3，单击功能区“开始”选项卡“编辑”组中的“Σ自动求和”按钮，按Enter键确认求和范围为C3：F3，即可自动将人参的销量求和并将计算结果填入G3单元格。再选定G3，单击其右下角的填充柄并用鼠标左键拖曳的方式，向下拖动进行公式复制。

3.3.4 知识点详解

一、工作表的格式化

工作表的格式化设置既包括对单元格的整体样式进行设置，也包括对单元格中的数据内容进行格式设置。选定要设置格式的单元格或单元格区域后，可以通过功能区“开始”选项卡“字体”组、“对齐方式”组、“数字”组、“样式”组和“单元格”组中的按钮直接对单元格格式进行设置，其操作方法与使用Word 2010功能区按钮的方法基本相同；也可以右键单击单元格或单元格区域，在弹出的快捷菜单中选择“设置单元格格式”命令，打开“设置单元格格式”对话框进行设置。

提示

打开“设置单元格格式”对话框，常用的方法有两种。一是右键单击选定的单元格或单元格区域，在弹出的快捷菜单中选择“设置单元格格式”命令；二是选定单元格或单元格区域后，单击功能区“开始”选项卡“单元格”组中的“格式”下拉按钮，在下拉列表菜单中选择“设置单元格格式”命令。

1. 单元格中数据的格式设置

（1）数字格式

若要应用数字格式，可先选定要设置数字格式的单元格，再单击“开始”选项卡“数字”组中的“常规”下拉列表框，然后单击选择要使用的数字格式；也可以右键单击单元格打开“设置单元格格式”对话框，利用“数字”选项卡设置单元格内数字格式。根据单元格内的数据类型，可有常规、数值、货币、日期、时间、百分比、分数等多种数据类型的表示。每种数据类型有不同的格式设置。

① 数值型数据可设置小数点位数、是否使用千分位符以及负数的表示方式。

② 货币型数据可设置小数点位数、货币符号（如￥）以及负数的表示方式，货币型数据一定有千分位符。

③ 日期型数据可设置中式日期、英式日期、美式日期，是否显示年份、星期等，如“二○○九年四月三日”“2009 年 4 月 3 日”“2009-04-03”“03-Apr-09”等。

④ 时间型数据也可按区域设置“中文（中国）”“英语（美国）”等，可设置 24 小时制或 12 小时制，如“下午 5 时 20 分 00 秒”，“17:20:00”等。

⑤ 百分比型数据，可使数据按百分比显示，可设置小数位数。

⑥ 分数型数据，可根据分母为一位数或两位数、三位数等将数据按不同的分数形式显示。在 Excel 2010 中，用户可将被选中单元格中的小数设置为与该值最接近的分数表示。在分数类别中，用户可选择分母分别为 2、4、8、16、10 和 100 的分数，并且可以设置分母的位数(包括一位分母、两位分母和三位分母)。例如将小数 0.56789 设置为分数，选择“分母为一位数”时值为 4/7；选择“分母为两位数”时值为 46/81；选择“分母为三位数”时值同样为 46/81，这跟计算结果有关；选择“以 2 为分母”时值为 1/2；选择“以 4 为分母”时值为 2/4；选择“以 8 为分母”时值为 5/8；选择“以 10 为分母”时值为 6/10；选择“以 100 为分母”时值为 57/100。用户可根据实际需要选择合适的分数类型，并单击“确定”按钮。

（2）对齐方式

在“设置单元格格式”对话框的“对齐”选项卡中，可以设置单元格中内容的“水平对齐”和“垂直对齐”方式，同时可以设置“文字方向”。

需要注意的是“文本控制”选项组，当单元格中的内容超出单元格可容纳的范围时，超出的部分会占去右边单元格的位置（但不影响右边单元格的输入，一旦右边单元格中输入数据，超出的部分会自动被右边单元格挡住），选择“自动换行”复选框，会自动扩大行高，使超出的部分换行显示；选择“缩小字体填充”复选框，会自动缩小字体以适应单元格的大小。这两种功能都是为了在一个单元格中放置超出其容纳范围的内容，没有同时使用的意义。

如果选定多个单元格后，再执行“文本控制”选项组中的“合并单元格”命令，Excel 只把选定区域左上角的数据放入合并后的单元格，其他单元格数据丢失；功能区“开始”选项卡“对齐方式”组中有一个“合并后居中”按钮，也可以使选定的多个单元格合并成一个单元格，并使该单元格内文字居中显示。

提示

自动换行功能应用的前提条件是，单元格中输入的内容超出其可容纳的范围；若未超过，使用此功能将无任何意义。前面小节中提到过，在一个单元格内按 Alt + Enter 组合键可将输入的内容换行分段显示，与自动换行功能的操作效果类似。

（3）字体格式

“设置单元格格式”对话框中的“字体”选项卡与 Word 的“字体”对话框类似，可用于设置单元格内文字的“字体”“字号”“字形”等。

提示

若在单元格编辑状态下（鼠标变为 I 字形）右键单击单元格，从弹出的快捷菜单中选择“设置单元格格式”命令，打开的“设置单元格格式”对话框只会出现“字体”选项卡，这时只能修改“字体”格式。

2. 单元格的格式设置

（1）设置行高和列宽

- 鼠标指针指向需改变行高（或列宽）的行号（或列号）分隔线上，当指针变形为上下双向箭头（或左右双向箭头）时拖动鼠标，可调整该行的高度（或列的宽度）。若要同时调整多行（或多列），则先选定多行（或多列）后，再拖动其中任意一行（或列）的分隔线即可。若要整体调整工作表中所有的行高和列宽，可先选定整个工作表，然后拖动任意行（或列）的分隔线即可。

- 选定单元格后，单击功能区“开始”选项卡“单元格”组中的“格式”下拉按钮，再单击下拉列表菜单中的“行高”或“列宽”命令，弹出“行高”或“列宽”对话框，在其中输入行高或列宽的数值，可指定单元格所在行的高度或列的宽度。若要调整多行或多列，则先选定多个单元格后，再执行如上操作进行设置。
- 若要将行高或列宽设置为根据单元格中的内容自动调整，选定单元格后，单击功能区“开始”选项卡“单元格”组中的“格式”下拉按钮，在下拉列表菜单中选择“自动调整行高”或“自动调整列宽”命令，可根据所选单元格中内容恰好完全显示所需的行高或列宽来调整单元格所在行的高度或列的宽度。

（2）行/列的隐藏和取消

若工作表中有些行或列暂时不需要被看见，可将它们隐藏起来，需要时再取消隐藏将其显示出来。常用的操作方法如下。

① 隐藏行（或列）。

- 选定要隐藏的行或列中任一单元格，依次单击功能区“开始”选项卡→“单元格”组中“格式”下拉按钮→“隐藏和取消隐藏”命令→“隐藏行”或“隐藏列”命令即可。
- 选定要隐藏行（或列）的行号下分隔线（或列号右分隔线），当鼠标指针变形为上下双向箭头（或左右双向箭头）时，按下鼠标左键并向上（或向左）拖动，直到和上方（或左方）分隔线重叠为止。
- 选定单元格后，在其“行高”或“列宽”对话框中设置行高或列宽的值为0，即可隐藏单元格所在的行或列。
- 右键单击要隐藏行（或列）的行号（或列号），在弹出的快捷菜单中选择“隐藏”命令。若要同时隐藏多行（或多列），则先选定多行（或多列）后，再执行如上操作即可。

② 取消行/列的隐藏。

- 鼠标指针指向有隐藏行（或列）的行号分隔线（或列号分隔线）后，稍稍向下（或向右）移一点，当鼠标指针变形为双线分隔的双向箭头形状时，按下鼠标左键并向下（或向右）拖动，即可使隐藏的行（或列）显示出来。
- 选定隐藏行（或列）两边的单元格区域，依次单击功能区“开始”选项卡→“单元格”组中“格式”下拉按钮→“隐藏和取消隐藏”命令→“取消隐藏行”或“取消隐藏列”命令即可。

（3）设置边框

Excel默认情况下，网格线都是淡灰线，它并不等同于单元格的边框线，因此打印时不会打印出网格线。若要取消Excel工作区的网格线或对网格线的颜色进行修改，可单击功能区“文件”选项卡，单击“选项”按钮打开“Excel选项”对话框。然后单击左列的“高级”选项，拖动右侧的垂直滚动条直至显示出图3.52所示的窗口界面，再单击取消对“显示网格线”复选框的选定；也可以单击“网格线颜色”栏的下拉按钮，重新选择网格线的颜色。

为了美观也为了便于操作，可以对Excel表格设置边框。常用的操作方法如下。

- 通过“设置单元格格式”对话框设置边框。

右键单击需要添加边框的单元格区域，再单击快捷菜单中“设置单元格格式”命令，在弹出的“设置单元格格式”对话框中选择“边框”选项卡，如图3.53所示。在“线条”区域中可选择各种线形和边框颜色，在“边框”区域中可分别单击上边框、下边框、左边框、右边框和中间边框按钮设置或取消边框线，还可以单击斜线边框按钮选择使用斜线。另外，在“预置”区中提供了“无”“外边框”和“内边框”三种快速设置边框的按钮。用户选择线条样式和颜色后，再单击“预置”区或“边框”区中的边框线按钮，即可设置相应的边框线。

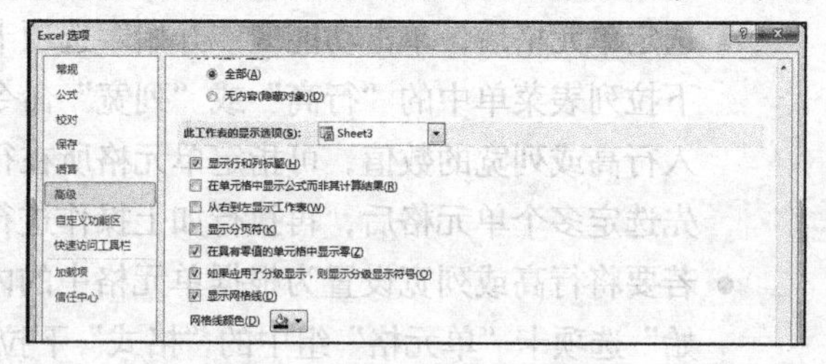

图 3.52 “Excel 选项”对话框

● 通过功能区的“边框”按钮设置边框。

选定需要添加边框的单元格区域，单击功能区“开始”选项卡“字体”组中的“边框”下拉按钮，弹出图 3.54 所示的边框下拉列表菜单。列表中为用户提供了 13 种最常用的边框类型，用户可根据实际需要单击选择任一合适的框线类型，即可将选定单元格区域的边框设置成相应格式。

提示 设置边框时应先设置边框线条的样式和颜色，再设置边框线的应用范围，在预览区内看到应用效果后再单击“确定”按钮；否则边框线会按原先默认的样式和颜色出现。

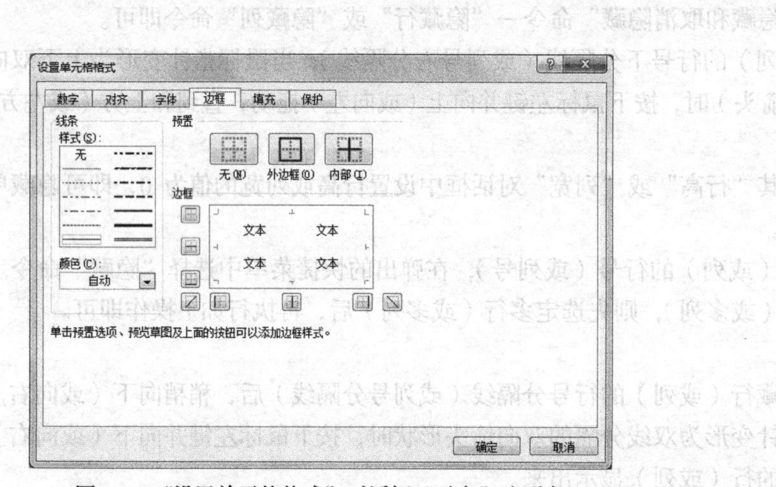

图 3.53 “设置单元格格式”对话框“对齐”选项卡

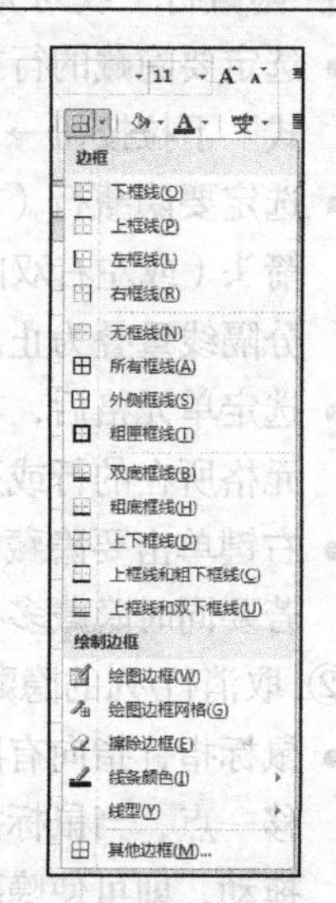

图 3.54 “边框”下拉列表

（4）设置图案

可以在单元格中设置适当的背景色或图案，以突出表格中的某些部分，使表格更清晰。

● 通过“设置单元格格式”对话框设置图案。

右键单击需要设置图案的单元格区域，再单击快捷菜单中“设置单元格格式”命令，在弹出的“设置单元格格式”对话框中单击“填充”选项卡，在其中可设置单元格的背景色、底纹图案样式和颜色、填充效果等。

● 通过功能区的“填充颜色”按钮设置底色。

选定需要填充底色的单元格区域，单击功能区“开始”选项卡“字体”组中的“填充颜色”下拉按钮，弹出图 3.55 所示的颜色列表。在列表中单击其中一种颜色按钮，可使当前单元格或选定的单元格区域的底色变为该颜色。

● 添加工作表背景。

单击功能区“页面布局”选项卡，再单击其“页面设置”组中的“背景”按钮，弹出“工作表背景”对话框，在其中选择要作为背景的图片，如图 3.56 所示，单击“插入”按钮，即可将选定的图片作为工作表背景。添加工作表背景后，“背景”按钮相应的位置变为“删除背景”，单击它即可删除工作表的背景图案。

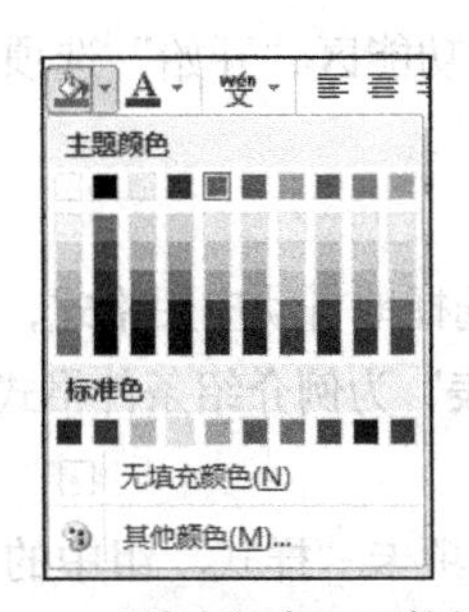

图 3.55 “填充颜色”下拉按钮

图 3.56 “工作表背景”对话框

3. 其他格式设置

（1）格式刷

使用“格式刷”按钮，可以将工作表中选定区域的格式快速复制到其他区域，使它们具有相同的格式，而不必重复设置。用户既可以将被选中区域的格式复制到连续的目标区域，也可以复制到不连续的多个目标区域。

选定要复制格式的单元格或单元格区域，单击功能区“开始”选项卡“剪贴板”组中的“格式刷”按钮“🖌”，鼠标指针变形为带刷子的图标“✚🖌”；单击需套用该格式的单元格，或拖过需套用该格式的单元格区域即可将格式复制到连续的目标区域。

如需将格式复制到多个不连续的目标区域，可双击“格式刷”按钮，使其保持使用状态（即被按下的状态）；完成格式复制后，再单击“格式刷”按钮或按 Esc 键，使其还原。

格式刷的功能与“选择性粘贴”命令中“格式”选项的效果相同，均只复制单元格格式。

（2）自动套用格式

利用自动套用格式功能可快速设置表格的格式。其操作步骤如下。

① 选定需要使用自动套用格式的单元格区域。

② 单击功能区“开始”选项卡“样式”组中的“套用表格格式”下拉按钮，如图 3.57 所示，在列表中选择所需的表格样式。

③ 弹出“套用表格式”对话框，在其中确定表数据的来源以及表是否包含标题，如图 3.58 所示。

图 3.57 “套用表格格式”下拉按钮

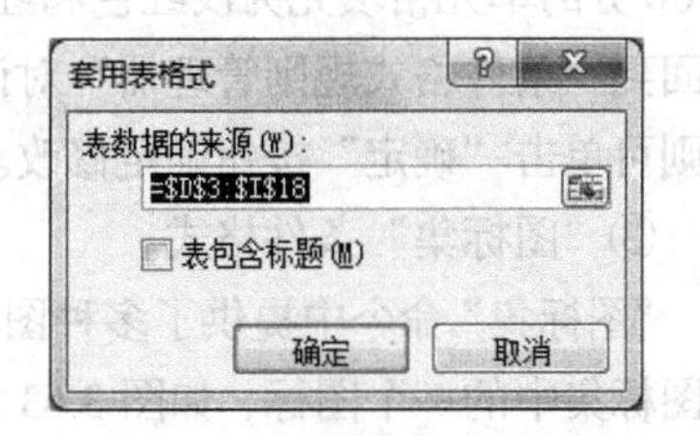

图 3.58 “套用表格式”对话框

④ 单击“确定”按钮后，功能区将增加“表格工具-设计”选项卡（只要将鼠标停留在已设置套用格式的单元格区域即会出现该选项卡），用户可根据需要选择是否将该表格样式的“标题行”格式、“第一列”格式、“镶边行”格式等应用到所选的单元格区域。

⑤ 单击“表格工具-设计”选项卡“工具”组中的“转换为区域”按钮，在弹出的提示对话框中单击“是”按钮完成设置，确定将表转换为普通区域。

若要删除某区域的自动套用格式，可选定该区域后，依次单击功能区“开始”选项卡→“编辑”组中“清除”下拉按钮→“清除格式”命令即可。

4. 条件格式

Excel 2010 提供的“条件格式”功能可以根据单元格的内容有选择地自动应用格式，在为表格增色不少的同时，还能为用户带来很多便利。本小节以“考试成绩表”为例介绍条件格式的使用。

（1）套用默认的条件格式

选定要设置条件格式的单元格区域后，单击功能区“开始”选项卡“样式”组中的“条件格式”下拉按钮，可选择“数据条”命令、“色阶”命令或“图标集”命令来套用默认的条件格式。

①“数据条”条件格式。

“数据条”命令（见图 3.59）中提供了 12 种背景色填充类型供用户选择，渐变色填充和实心色填充各 6 种，当鼠标指向这 12 种填充类型时即可在单元格区域中预览到设置效果。用户可先选定要应用条件格式的考试分数区域，再利用紫色数据条改变该区域的单元格背景色，如图 3.59 所示。数据条的长度表示单元格中值的大小，数据条越长，则所表示的数值越大。本例中 100 分为默认最大值，紫色数据条将占满 100 分所在的单元格；0 分为默认最小值，0 分所在的单元格背景将为空白色。

②“色阶”条件格式。

“色阶”命令中也提供了 12 种背景色填充类型供用户选择，前 6 种为三色色阶，即在一个单元格区域中显示三色渐变；后 6 种为两色色阶，即在一个单元格区域中显示双色渐变。单元格背景色表示单元格中的值。用户可先选定要应用条件格式的考试分数区域，再利用图 3.60 所示的“红-白-蓝色阶”选项改变该区域的单元格背景色。本例中，默认将所选考试分数中最低值所在的单元格填充为蓝色，最高值所在的单元格填充为红色，中间值所在的单元格填充为白色。在这三个值之间的分数，系统会根据其具体数值将其填充为不同程度的浅蓝色、浅红色。

Excel 2010 中也可修改默认的条件格式和显示效果，如可以自定义红白蓝三色对应的数值，也可将本例修改为红-白-黄色阶。其操作方法为：选定已应用条件格式的考试分数区域，依次单击功能区“开始”选项卡→“样式”组中“条件格式”下拉按钮→“管理规则”命令，弹出“条件格式规则管理器”对话框，如图 3.61 所示。单击其中的“编辑规则”按钮打开“编辑格式规则”对话框，单击对话框中最小值选项组中的“颜色”下拉列表按钮，选择黄色即可修改为红-白-黄色阶，如图 3.62 所示；也可以单击中间值选项组中的“类型”下拉列表按钮，选择“数字”，在值中输入 60，区分及格和不及格分数，如图 3.62 所示。60 分所在的单元格将被填充为白色，高于 60 分的单元格填充为浅红色和红色，不及格分数所在的单元格填充为黄色。单击“确定”按钮返回到“条件格式规则管理器”对话框，单击其中的“应用”按钮可在工作表中预览效果，如满意则可单击“确定”按钮确定修改。

③“图标集”条件格式。

“图标集”命令中提供了多种图标方案供用户选择，应用该条件格式的每个单元格将显示其所选图标集中的一个图标，如图 3.63 所示。每个图标表示单元格中的一类型值。若所选图标集包含三个图标，则将所选单元格区域的数值根据从大到小的规则划分为三类，默认为前 1/3（较大数值）、中间的 1/3 和后 1/3（较小数值）；若所选图标集包含四个图标，则将所选单元格区域的数值根据从大到小的规则划分为四类，默认为较大的 25%、25%~50%、50%~75%和较小的 25%；其他的类推。最大的数值范围用图标集中的第一个图标表示，最小的数值范围用图标集的最后一个图标表示。

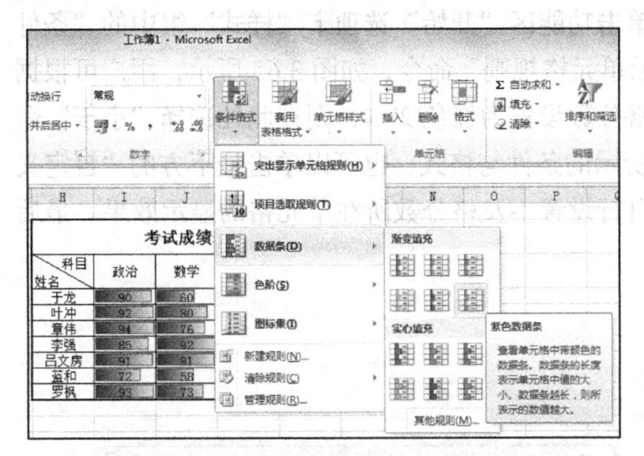

图 3.59 “条件格式”下拉按钮——“数据条”命令

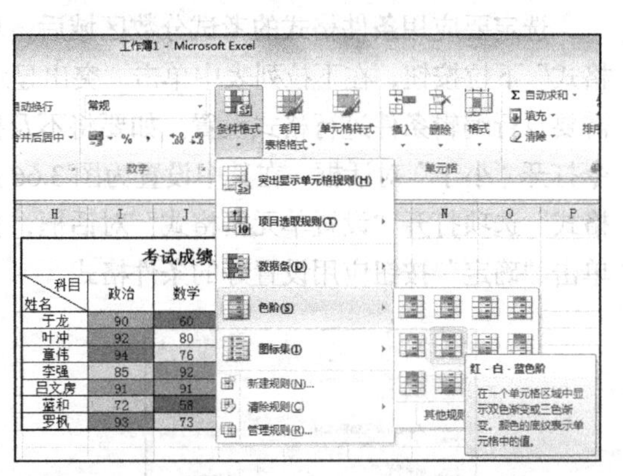

图 3.60 “条件格式”下拉按钮——“色阶”命令

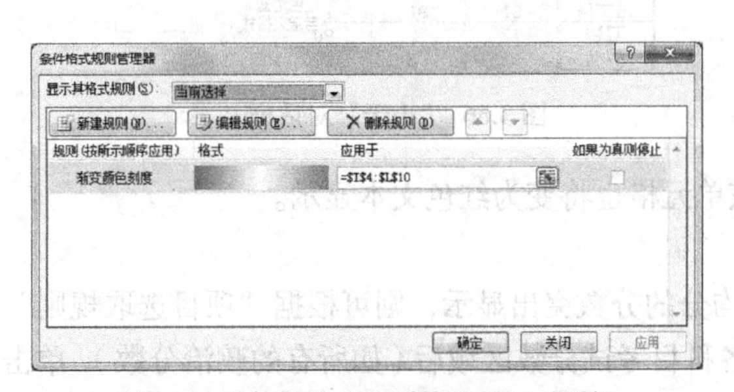

图 3.61 “条件格式规则管理器”对话框

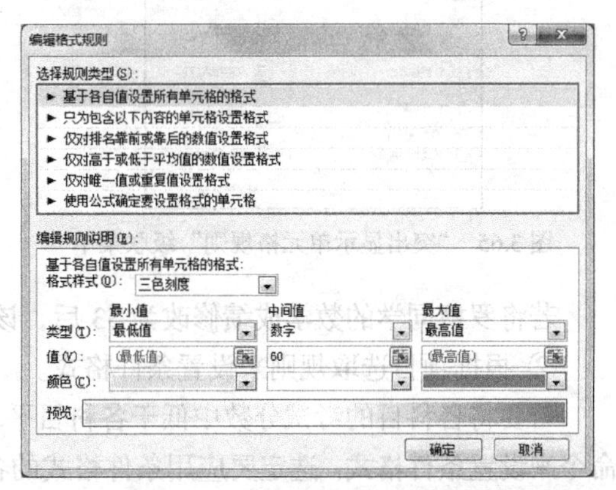

图 3.62 “编辑格式规则”对话框

本例中选择的是“三向箭头（彩色）”图标集。用户也可以根据需要修改图标和图标所对应的数值范围。使用与前例相同的操作方法打开“编辑格式规则”对话框，在“图标”选项组中将默认的绿色向上箭头修改为绿色旗帜，如图 3.64 所示，也可以在“类型”组和“值”组中修改每种图标对应的数值范围。

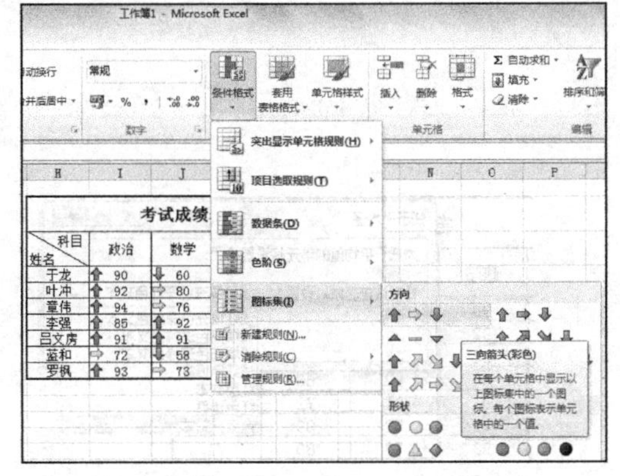

图 3.63 “条件格式”下拉按钮——“图标集”命令

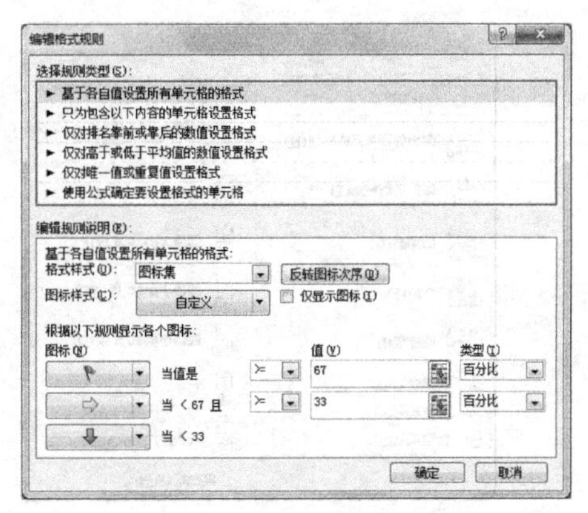

图 3.64 “编辑格式规则”对话框

（2）自行编辑条件进行格式设置

用户若要根据实际需要突出显示某些单元格内的值，如标记出成绩表里不及格的分数，或当仓库内货物库存量低于某个值时突出显示，可自行编辑条件格式突出显示该单元格。

① 根据具体值来设置条件格式。

选定要应用条件格式的考试分数区域后，单击功能区“开始”选项卡“样式”组中的“条件格式”下拉按钮，在下拉列表中单击“突出显示单元格规则”命令，如图 3.65 所示，用户可根据需要自行编辑条件进行格式设置。如要将不及格分数设置为红色文本，则在此处选择“小于”命令打开“小于”对话框，在其中设置为图 3.66 所示的条件与格式；也可以单击最下方的“自定义格式”选项打开“设置单元格格式”对话框，自行设置不及格分数所在单元格的显示效果。最后单击“确定”按钮应用设置好的条件格式。

图 3.65 “突出显示单元格规则”级联菜单

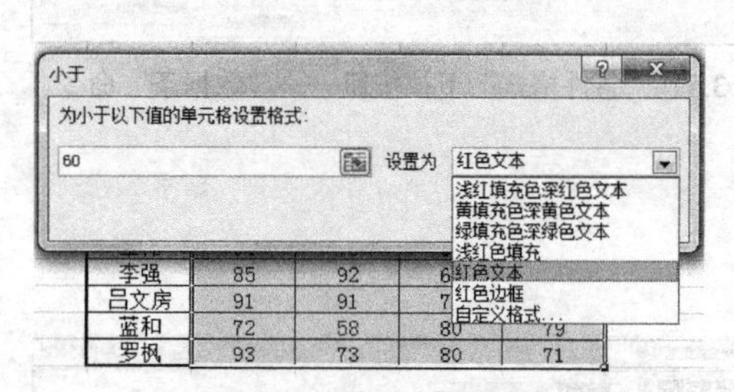

图 3.66 “小于”对话框

若将罗枫同学的数学成绩修改为 53 后，该单元格也将变为红色文本显示。

② 根据项目选取规则来设置条件格式。

若要将各科目的考试分数中低于各科目平均分的分数突出显示，则可根据“项目选取规则”命令来设置条件格式。选定要应用条件格式的各科目考试分数区域后（如所有的政治分数），单击功能区“开始”选项卡“样式”组中的“条件格式”下拉按钮，在下拉列表中单击“项目选择规则”命令，如图 3.67 所示，从弹出的级联菜单中选择“低于平均值”命令打开“低于平均值”对话框。单击其中的下拉列表框按钮选择“浅红填充色深红色文本”，再单击“确定”按钮，即可将政治分数中低于政治平均分的单元格设置为该格式，如图 3.68 所示。当然也可以单击最下方的“自定义格式”选项打开“设置单元格格式”对话框，自行设置低于平均值的单元格的显示效果。

图 3.67 “项目选择规则”级联菜单

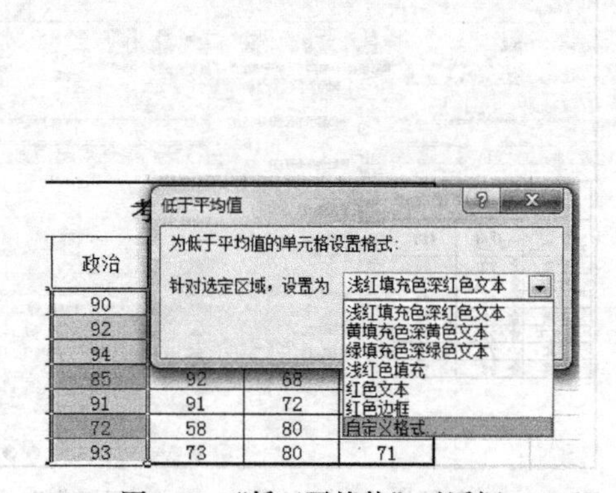

图 3.68 “低于平均值”对话框

用户也可以在图 3.67 所示的级联菜单中选择“值最大的 10 项”“值最大的 10%项”等命令来设置条件格式，“10 项”和“10%”皆可以根据用户的需要在相应对话框中进行修改。

③ 新建规则设置条件格式。

若以上的条件格式设置方法皆不能满足用户需求，可选定要设置条件格式的单元格区域后，依次单击功能区“开始”选项卡→“样式”组中“条件格式”下拉按钮→“新建规则”命令，打开图 3.69 所示的“新建格式规则”对话框，在其中选择规则类型后再自行编辑规则，并单击“格式”按钮打开“设置单元格格式”对话框设置格式，最后单击“确定”按钮完成自行编辑条件格式的设置。

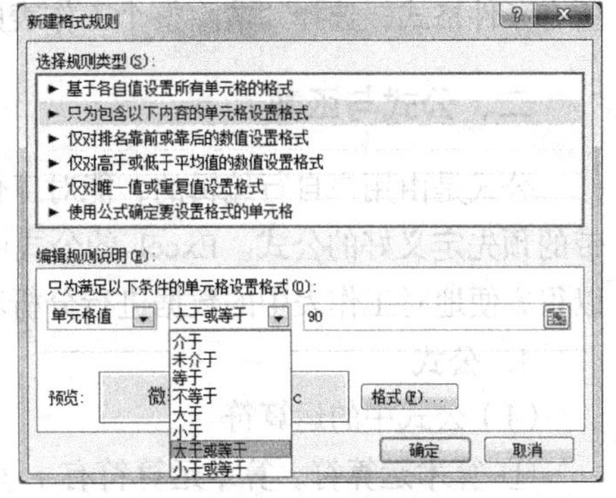

图 3.69 “新建格式规则”对话框

单击“条件格式”下拉菜单中的“突出显示单元格规则”命令、“项目选取规则”命令、“数据条”命令、“色阶”命令、“图标集”命令，打开的级联菜单的最后一项命令皆为“其他规则”，单击“其他规则”命令也可打开图 3.69 所示的“新建格式规则”对话框。

提示　在应用条件格式的单元格区域中，若修改单元格的内容，系统会自动判断修改后的内容所符合的条件，再根据已设置的条件格式决定是否修改其格式。整个过程无需用户再进行设置，系统将自动完成。这也是应用条件格式的最大优点。

（3）添加条件格式

若设置完一个条件格式后还需添加其他条件格式，既可以选定已应用条件格式的单元格区域后，按照前面所介绍的方法再重复设置第二个、第三个…第 N 个条件格式；也可以利用“条件格式规则管理器”对话框中的“新建规则”按钮来增加条件格式。

例如将不及格分数设置为红色文本后，还要将 90 分及以上分数所在的单元格设置为黄色背景色，可按照以下步骤进行设置（本例选用的是第二种方法）。

① 选定已应用条件格式的单元格区域（所有考试分数区域）。

② 依次单击功能区“开始”选项卡→“样式”组中“条件格式”下拉按钮→“管理规则”命令，弹出“条件格式规则管理器”对话框。

③ 单击其中的“新建规则”按钮打开“新建格式规则”对话框，在该对话框中编辑第二个条件格式：在“选择规则类型”列表框中选择“只为包含以下内容的单元格设置格式”，将“编辑规则说明”栏目设置为如图 3.69 所示的状态，单击“格式”按钮打开“设置单元格格式”对话框，切换到其中的“填充”选项卡并选择黄色为背景色，最后单击“确定”按钮回到“新建格式规则”对话框。

④ 单击“确定”按钮返回到“条件格式规则管理器”对话框，即会出现两条规则，如图 3.70 所示。单击其中的“应用”按钮可在工作表中预览效果，如满意则可单击“确定”按钮确定修改；不满意可单击“删除规则”按钮删除所选规则，再进行重新设置。

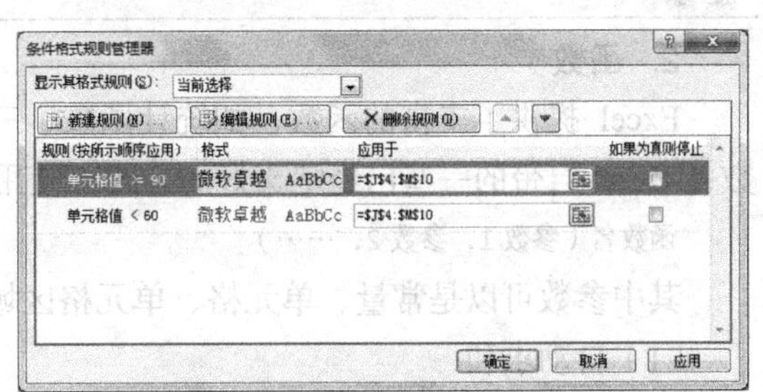

图 3.70 “条件格式规则管理器”对话框

（4）删除条件格式

若要删除条件格式，应先选定设置了条件

格式的单元格区域，依次单击功能区“开始”选项卡→“样式”组中“条件格式”下拉按钮→“清除规则”命令，在弹出的级联菜单中选择“清除所选单元格的规则”即可删除所选单元格区域的所有条件格式，选择“清除整个工作表的规则”则会将该工作表中的所有条件格式删除。

二、公式与函数

公式是由用户自行编辑的，能对工作表中的数据进行分析和计算的等式；函数则是 Office 自带的预先定义好的公式。Excel 的公式由数字、运算符、单元格引用以及函数组成。利用公式可以很方便地对工作表中的数据进行分析和计算。

1. 公式

（1）公式中的运算符

① 算术运算符。算术运算符有 +（加）、-（减）、*（乘）、/（除）、^（乘方）等，运算的结果为数值型数据。

② 关系运算符。关系运算符有 =（等于）、>（大于）、<（小于）、>=（大于等于）、<=（小于等于）、<>（不等于），运算的结果为逻辑型数据 True 或 False。

③ 文本运算符。文本只能进行连接，连接运算符为&，用于连接文本或数值，运算结果为文本类型数据。例如：针灸&推拿，运算结果为“针灸推拿”；12&45，运算结果为“1245”。

④ 引用运算符。引用运算符见表 3.1。

表 3.1　引用运算符及其含义、示例

引用运算符	含　义	示　例
：（区域运算符）	包括两个引用在内的所有单元格的引用	SUM(A1:C3)
，（联合运算符）	对多个引用合并为一个引用	SUM(A1,C3)
空格（交叉运算符）	产生两个引用单元区域重叠区域的引用	SUM(A1:C4 B2:D3)

运算优先级为：( ) 括号→函数→文本运算符→算术运算→关系运算。

（2）公式的输入

公式必须由“=”开头。首先，选定要输入公式的单元格，再在单元格中输入“=”和公式内容；或者在编辑栏中输入“=”和公式内容。输入完成后按 Enter 键或单击编辑栏中的“确定”按钮✓确认，确定输入后 Excel 会自动计算出结果显示在单元格内，而编辑栏中显示出实际输入的公式内容。

值得注意的是，输入公式内容时，可使用单元格名称引用单元格的内容，单元格的名称既可以用键盘输入，也可以用鼠标单击或拖动输入。

若单元格中含有公式/函数，用鼠标左键拖曳该单元格的填充柄，能复制公式并填充新的计算结果。

2. 函数

Excel 提供了丰富的函数，如统计函数、三角函数、财务函数、日期与时间函数等。这些函数是 Excel 自带的一些已经定义好的公式，使用格式如下。

函数名（参数 1，参数 2，……）

其中参数可以是常量、单元格、单元格区域、公式或其他函数。

（1）自动求和

Excel 功能区“公式”选项卡的“函数库”组中，提供了自动求和按钮“Σ”，如图 3.71 所示；“开始”选项卡的“编辑”组中，也提供了该按钮，如图 3.72 所示。利用该按钮可以快捷地调用求和函数以及求平均值、最大值、最小值函数等。

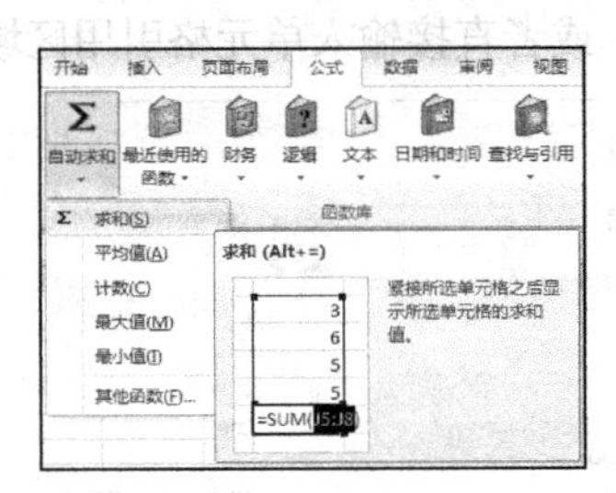

图 3.71 “Σ 自动求和”按钮之一

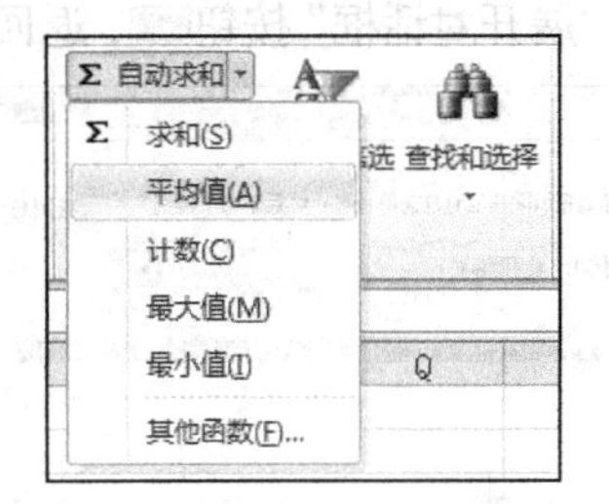

图 3.72 “Σ 自动求和”按钮之二

“Σ 自动求和”按钮主要有以下两种使用方法。

方法 1：选定要存放求和结果的单元格，单击“自动求和”按钮，Excel 会自动选定存放结果的单元格附近的可计算数据，若选定范围正确，按 Enter 键确认即可；若选定范围不正确，直接用鼠标单击或拖动选择要计算区域，选定的单元格会呈现闪动的虚线框，按 Enter 键确认选定并计算。

方法 2：选定要计算的区域，单击“自动求和”按钮，Excel 会自动找到选定区域旁边（右边或下方）的空白单元格存放并显示运算结果。

单击“Σ”按钮而不是其下拉按钮，默认利用 SUM 求和函数进行计算，如图 3.71 所示；若单击“Σ”按钮下的“自动求和”下拉按钮，如图 3.72 所示，则会弹出下拉菜单，可在菜单中选择其他函数进行运算。

（2）自动计算

Excel 提供了自动计算功能，利用它可以自动计算选定单元格区域的和、平均值、最小值、最大值、计数和数值计数。计数是计算所选单元格区域中非空单元格的个数，而数值计数则是计算所选单元格区域中存放数值型数据的单元格个数。

选定要进行计算的单元格区域后，底部的状态栏即显示出该区域的平均值、计数和求和结果，如图 3.73 所示。在状态栏中任意处按鼠标右键，可弹出“自定义状态栏”快捷菜单，菜单中默认勾选了“平均值”“计数”和“求和”三项自动计算功能。用户可根据需要单击勾选其他自动计算功能，状态栏中的显示内容将会随之而改变。

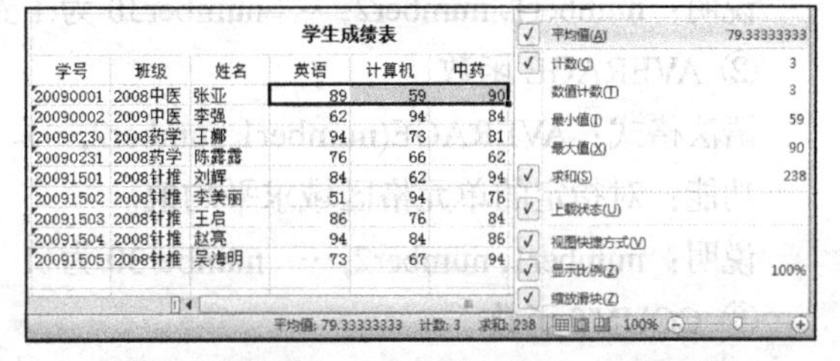

学生成绩表

学号	班级	姓名	英语	计算机	中药
20090001	2008中医	张亚	89	59	90
20090002	2009中医	李强	62	94	84
20090230	2008药学	王娜	94	73	81
20090231	2008药学	陈露露	76	66	62
20091501	2008针推	刘晖	84	62	94
20091502	2008针推	李美丽	51	94	76
20091503	2008针推	王启	86	76	84
20091504	2008针推	赵亮	94	84	86
20091505	2008针推	吴海明	73	67	94

图 3.73 状态栏-“自定义状态栏”快捷菜单

（3）函数的输入

Excel 提供了非常丰富的函数来进行复杂的运算，使用函数的方法有两种：一种是通过“插入函数”对话框；当用户对函数较熟悉时可以使用另一种方法，即直接输入函数。

使用“插入函数”对话框的方法步骤如下。

① 选定存放运算结果的单元格。

② 单击编辑栏中的“插入函数”按钮 f_x，或者单击功能区“公式”选项卡中的“fx 插入函数”按钮，即弹出“插入函数”对话框。

③ 在“选择函数”列表中选择需要的函数名如 SUM，对话框中会出现有关该函数的功能说明，如图 3.74 所示。

④ 单击“确定”按钮，弹出“函数参数”对话框，如图 3.75 所示。单击参数框 Number1 右

边的“折叠对话框”按钮，使对话框最小化，再用鼠标选定运算单元格区域，然后单击参数框右边的“展开对话框”按钮，返回“函数参数”对话框；或者直接输入单元格引用区域如 D4:F4。

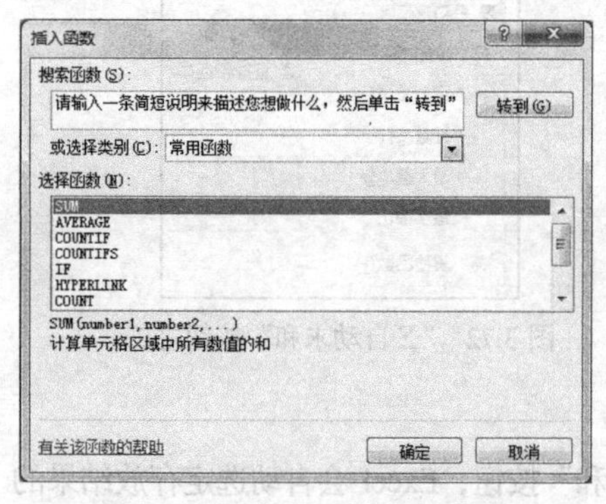

图 3.74 “插入函数”对话框

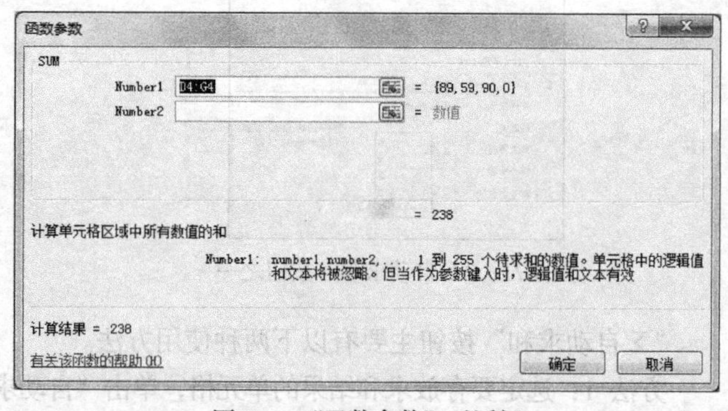

图 3.75 “函数参数”对话框

⑤ 可重复上一步，设置多个参数 Number2，Number3 等。设置完所有参数后，单击“确定”按钮，确定函数的运算。在单元格中即会显示出计算结果，而编辑栏中显示出具体函数及数据范围。

使用直接输入函数的方法比上述步骤简单得多，只需在存放结果的单元格中输入=函数名（参数，[参数]，……），如“=SUM(E3:G3)”，按 Enter 键确定输入即可。

（4）常用函数

① SUM 函数

语法格式：SUM(number1,number2,…)。

功能：对指定的单元格区域求和。

说明：number1, number2, … number30 为 1 到 30 个需要求和的参数。

② AVERAGE 函数

语法格式：AVERAGE(number1,number2,…)。

功能：对指定的单元格区域求平均值。

说明：number1, number2, … number30 为 1 到 30 个需要求和的参数。

③ COUNT 函数

语法格式：COUNT(value1,value2,…)。

功能：返回包含数字以及包含参数列表中的数字的单元格的个数。利用函数 COUNT 可以计算单元格区域或数字数组中数字字段的输入项个数。

说明：value1, value2, … value30 为包含或引用各种类型数据的参数（1 到 30 个），但只有数字类型的数据才被计算。

④ MAX 函数

语法格式：MAX(number1,number2,…)。

功能：返回一组值中的最大值。

说明：number1, number2, … number30 是要从中找出最大值的 1 到 30 个数字参数。

⑤ MIN 函数

语法格式：MIN(number1,number2,…)。

功能：返回一组值中的最小值。

说明：number1, number2, … number30 是要从中找出最小值的 1 到 30 个数字参数。

⑥ IF 函数

语法格式：IF(logical_test,value_if_true,value_if_false)。

功能：执行真假值判断，根据逻辑计算的真假值，返回不同结果。

说明：

- Logical_test 表示计算结果为 TRUE 或 FALSE 的任意值或表达式。例如，A10=100 就是一个逻辑表达式，如果单元格 A10 中的值等于 100，表达式即为 TRUE；否则为 FALSE。本参数可使用任何比较运算符。
- Value_if_true logical_test 为 TRUE 时返回的值。例如，如果本参数为文本字符串"预算内"而且 logical_test 参数值为 TRUE，则 IF 函数将显示文本"预算内"。如果 logical_test 为 TRUE 而 Value_if_true 为空，则本参数返回 0（零）。如果要显示 TRUE，则请为本参数使用逻辑值 TRUE。Value_if_true 也可以是其他公式。
- Value_if_false logical_test 为 FALSE 时返回的值。例如，如果本参数为文本字符串"超出预算"而且 logical_test 参数值为 FALSE，则 IF 函数将显示文本"超出预算"。如果 logical_test 为 FALSE 且忽略了 Value_if_false（即 Value_if_true 后没有逗号），则会返回逻辑值 FALSE。如果 logical_test 为 FALSE 且 Value_if_false 为空（即 Value_if_true 后有逗号，并紧跟着右括号），则本参数返回 0（零）。Value_if_false 也可以是其他公式。

⑦ NOW 函数

语法格式：NOW()。

功能：返回系统的当前日期和时间，会随着计算机的时间进行自动更改。

说明：选定单元格，输入“=NOW()”，再按 Enter 键即可。运算结果如“2013/7/214:35”。

⑧ TODAY 函数

语法格式：TODAY()。

功能：返回系统的当前日期。

说明：选定单元格，输入“=TODAY()”，再按 Enter 键即可。运算结果如“2013/7/2”。

3. 引用

（1）单元格引用

Excel 提供了三种单元格的引用方式：相对引用、绝对引用和混合引用。

① 相对引用：对单元格的引用会随着公式所在单元格位置的变化而变化，其格式形式为“行号列号”如 C2。通常都是这种引用方式，所以在复制公式或使用自动填充公式时，运算的数据区域会随着存放结果的单元格的不同而不同。

② 绝对引用：对单元格的引用不会随着公式所在单元格位置的变化而变化。在多工作簿间运算时，数据采用的是这种引用方式，格式是在单元格的行标和列标前加“$”，如“$E$3:$E$12”。使用这种引用方式，无论存放结果的单元格位置如何变化，所引用的计算区域是不会变化的。

③ 混合引用：一个数据区域中既使用了相对引用又使用了绝对引用，则为混合引用。

例如公式“D2=B2*C2”，是将 B2 单元格与 C2 单元格中的内容相乘，其结果存放到 D2 单元格；该公式中的 B2 和 C2 单元格均属于相对引用。这也是最常见的一种引用方式。当我们将 D2 单元格的内容复制并粘贴到目的地 D4 单元格时，公式将会变化为“D4=B4*C4”，因为相对引用的单元格区域会随着存放结果单元格的变化而变化。D4 相对于 D2 单元格，列号不变，行号加 2，那么原公式中引用的 B2 和 C2 单元格，其列号也保持不变而行号加 2，因此自动变为 B4 和 C4。同理，若复制 D2 单元格并粘贴到目的地 E8 单元格，公式将变化为“E8=C8*D8”。若希望粘贴后原公式中引用的单元格不发生任何改变，则应在 D2 单元格中输入“=$B$2*$C$2”，绝对引用 B2

和 C2 单元格。

在一个公式的编辑栏中选定数据区域，按键盘上的 F4 键，可以改变单元格的引用方式。如果开始时是相对引用，按一次 F4 键，变成绝对引用；第二次按 F4 键，变成混合引用（列相对、行绝对）；第三次按 F4 键，变成列绝对、行相对的混合引用；第四次按 F4 键，还原为相对引用。

移动含有公式或函数的单元格时，无论公式或函数中引用的单元格是哪一种引用方式，公式或函数以及运算结果都不会发生任何改变。

（2）引用其他工作表的数据

Excel 支持多工作表和多工作簿之间数据的运算。

● 多工作表之间的数据运算。

① 选定存放结果的单元格。

② 打开“插入函数”对话框，在“Number1”参数框中选定一个工作表中要计算的数据区域。

③ 再单击“Number2”参数框，然后单击另一个工作表标签，选中该工作表中需要的数据区域。

④ 重复上述步骤，直到所需计算区域都被选中，单击“确定”按钮，计算结果显示在单元格中，编辑栏中出现函数。如：=SUM(I3:I12,Sheet2!I3:I12,Sheet3!F11)。

函数中不同数据区域用逗号隔开，与存放结果单元格不是同一工作表的数据区域前会有工作表名，并用感叹号与数据区域隔开，格式为：

=函数名（[工作表名!]数据区域 1，[工作表名!]数据区域 2，…[工作表名!]数据区域 n）

● 多工作簿之间的数据运算。

① 打开所有需要计算的工作簿。

② 选定存放结果的单元格。

③ 打开“插入函数”对话框，在“Number1”参数框中选定一个工作表中要计算的数据区域。

④ 再单击“Number2”参数框，然后单击 Windows7 任务栏中另一个工作簿的按钮，切换该工作簿中的工作表标签，选定该工作簿的某工作表中需要的数据区域。

⑤ 重复上述步骤，直到所需计算区域都被选中，单击“确定”按钮，计算结果显示在单元格中，编辑栏中出现函数。如：=SUM(A1:A11,[工作簿 2]Sheet1!$E$3:$E$12)。

函数中不同数据区域用逗号隔开，与存放结果单元格不是同一工作表的数据区域前会有工作表名，不是同一工作簿的数据区域前会有完整工作簿名，并用方括号分隔，后接工作表名，用感叹号与数据区域隔开，且数据区域为绝对引用。格式如下。

=函数名（[[工作簿名]工作表名!]数据区域 1，[[工作簿名]工作表名!]数据区域 2，…[[工作簿名]工作表名!]数据区域 n）

3.4 数据管理

3.4.1 商场家电部库存情况表的制作

Excel 具有数据库管理的一些功能。请根据图 3.76 所示统计表创建数据清单，在数据清单中添加新的记录，查找符合条件（可自行设置）的记录；将记录排序；使用高级筛选，筛选出符合条件（可自行设置）的记录，然后取消筛选；最后根据商品类别（即品名）分别对各类家用电器的库存进行求和统计，建立分类汇总表，分级显示汇总数据。具体步骤如下。

1. 启用“记录单”

	A	B	C	D	E
1	商场家电部库存情况表				
2	品名	品牌	型号	单价	库存
3	VCD	厦新	X3-44	1400	48
4	彩电	长虹	C2956	4780	18
5	冰箱	海尔	HL-13	2160	14
6	冰箱	新飞	XF-97	3200	45
7	彩电	长虹	C2588	2890	53
8	彩电	康佳	K2918	4480	25
9	彩电	康佳	K3426	6480	31
10	VCD	厦新	X3-28	1180	49
11	冰箱	海尔	HL-65	3000	47
12	彩电	长虹	C3488	6560	19
13					
14					

家电
品名: VCD
品牌: 厦新
型号: X3-44
单价: 1400
库存: 48
1 / 10
新建(W)
删除(D)
还原(R)
上一条(P)
下一条(N)
条件(C)
关闭(L)

图3.76 商场家电部库存情况表——“记录单”对话框

Excel 2010提供了记录单功能，利用记录单可方便地在数据清单中添加、修改、查找、删除数据。不过，功能区没有提供“记录单”按钮，我们可将该按钮添加到快速访问工具栏中，步骤为：右键单击功能区旁的空白处，在弹出的快捷菜单中选择“自定义快速访问工具栏”命令，打开“Excel选项”对话框，如图3.77所示；在“从下列位置选择命令”下拉列表框中选择“不在功能区中的命令”；再在其下找到“记录单”命令并单击选择，然后单击“添加”按钮，最后单击右下角的“确定”按钮，即可将“记录单”按钮添加到快速访问工具栏中。

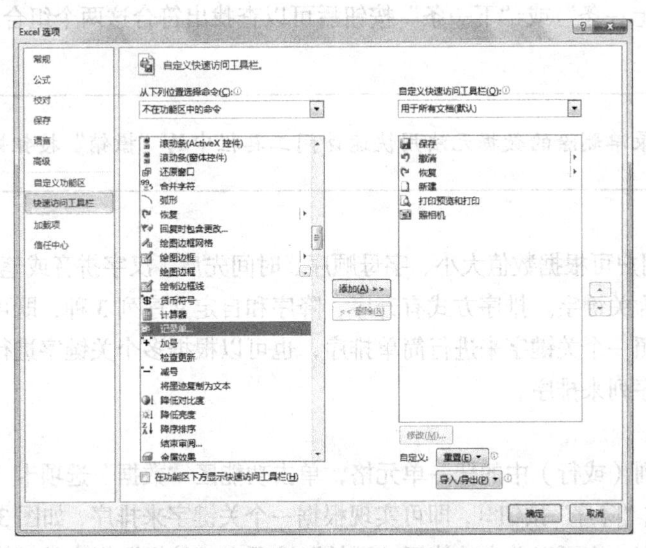

图3.77 “Excel选项”对话框

2. 创建数据清单

建立一个数据清单之前，首先要将需要处理的数据信息变成一条记录，设计好它是由哪几个字段组成，并分别为其命名。字段名必须放在清单的第一行，且必须安排在连续的列中。用户只要在工作表中的某一行键入每列的标题，在标题下面逐行输入每条记录，一个数据清单就建好了。请参照图3.76所示的情况表进行数据清单的创建。

3. 添加记录

选定数据清单中的任意一个单元格，单击“记录单”按钮，可弹出“记录单”对话框，即图3.76右部的“家电”对话框。单击“新建”按钮，出现一个空白记录，在其中键入新记录所包含的信息。数据输入完毕后，按Enter键即可在数据清单的最后添加一条新记录。单击“关闭”按钮，完成新记录的添加并关闭“记录单”对话框。

含有公式的字段将公式的结果显示为标志，这种标志不能在记录单中修改。如添加了含有公式的记录，直接按 Enter 键或单击“关闭”按钮添加记录之后，才计算公式。

在“记录单”对话框中输入新记录时，既可以使用鼠标单击选择不同的字段，还可以使用键盘的 Tab 键移动到下一个字段，按 Shift+Tab 组合键移动到上一个字段。

4. 删除、修改、查找记录

在“记录单”对话框中，单击“删除”按钮，将从数据清单中删除当前显示的记录。若要修改某一记录的内容，可使用“上一条”或“下一条”按钮，找到该记录，直接在相应的显示框中修改即可。若要查找符合某些条件的记录，则在对话框中单击“条件”按钮，“记录单”对话框的界面将变为设置条件的界面，如图 3.78 所示。在需要设置条件的字段后面写出数值、字符或关系运算符组成的表达式，如要查找单价大于 4000 且库存小于 30 的家电商品记录，可在单价字段后输入“>4000”，在库存字段后输入“<30”。单击“清除”按钮，清除条件的设置；单击“还原”按钮，可还原刚清除的条件；单击“上一条”或“下一条”按钮即可显示出满足条件的记录。本例中单击“上一条”或“下一条”按钮后可以查找出符合这两个组合条件的第 2、6、10 条记录。

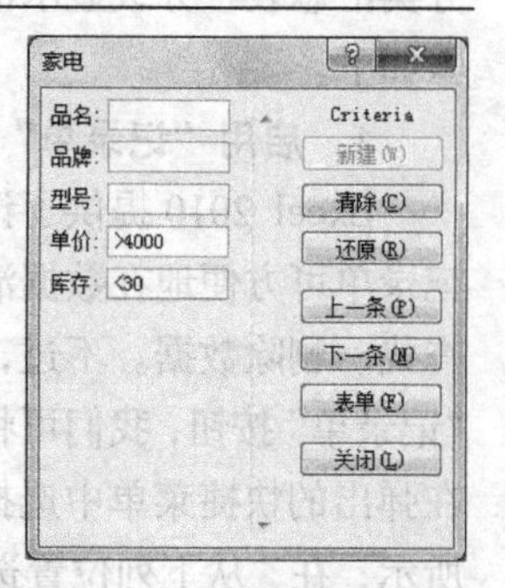

图 3.78 设置条件界面

用记录单删除的数据无法用快速访问工具栏中的“撤销”按钮恢复。

5. 数据排序

在 Excel 中，用户可根据数值大小、字母顺序、时间先后、汉字拼音或笔画对数据进行排序。指定排序的字段称为关键字。排序方式有升序、降序和自定义序列 3 种，既可按行排序也可按列排序。用户可以按照一个关键字来进行简单排序，也可以根据多个关键字进行复杂排序，甚至还可以根据自定义的序列来排序。

（1）简单排序

选定要排序的列（或行）中的任一单元格，单击功能区“数据”选项卡“排序和筛选”组中的“升序”按钮或“降序”按钮，即可实现根据一个关键字来排序，如图 3.79 所示将根据“库存”字段的降序排列；也可以单击功能区“开始”选项卡“编辑”组中的“排序和筛选”下拉按钮，在其下拉菜单中选择“升序”或“降序”命令来实现排序，如图 3.80 所示。

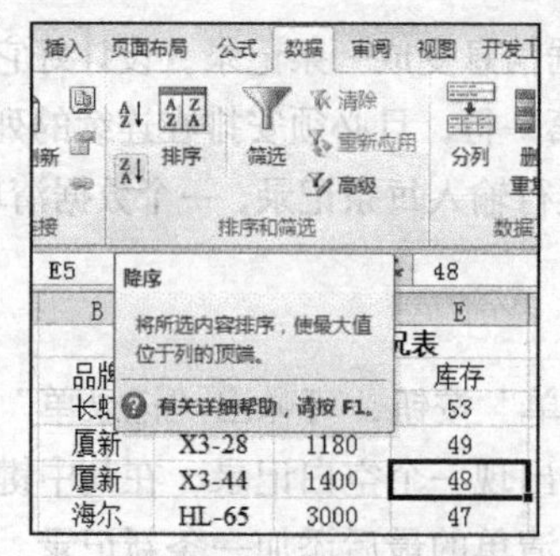

图 3.79 “排序和筛选”组中的“降序”按钮

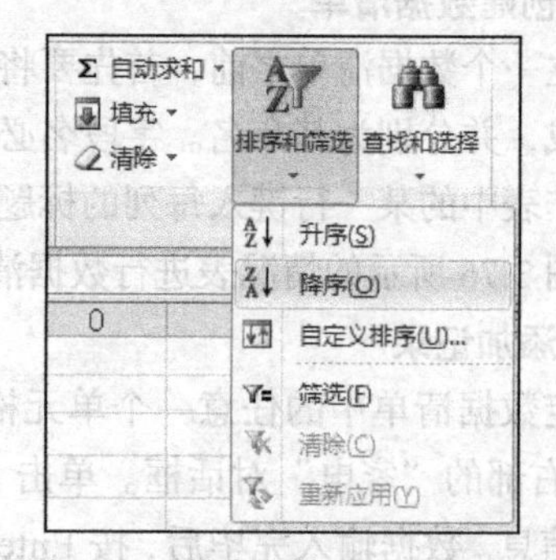

图 3.80 “排序和筛选”下拉按钮

（2）复杂排序

有时需要根据多个关键字进行排序，例如要在“商场家电部库存情况表”中先按“品名”排序，“品名”相同时再按“品牌”排序，“品牌”相同时再按商品的“单价”进行排序，这类情况的排序方法如下。

① 单击数据清单中的任意单元格，或者选定整个数据清单。

② 单击功能区“数据”选项卡“排序和筛选”组中的“排序”按钮，出现图3.81所示的“排序”对话框。

③ 根据排序需要依据的先后次序分别确认“主要关键字”“次要关键字”等。本例中先单击“主要关键字”栏的第一个下拉列表框，在其中选择“品名”，在第三个下拉列表框中选择“升序”（也可选择“降序”），设置完第一个排序依据；再单击“添加条件”按钮添加“次要关键字”栏，在它的第一个下拉列表框中选择“品牌”，在第三个下拉列表框中选择“升序”（也可选择“降序”），设置第二个排序依据；最后再单击“添加条件”按钮，添加“次要关键字”栏，在它的第一个下拉列表框中选择“单价”，在第三个下拉列表框中选择“升序”（也可选择“降序”），设置最后一个排序依据。

这里的“品名”排序依据默认为“数值”，是指按第一个字的拼音字母升序或降序排列。用户也可以在“排序”对话框中单击“选项”按钮，打开图3.82所示的“排序选项”对话框，设置排序时是否区分大小写，排序的方向是按行或列的数据进行，文本排序的方法是按字母还是按笔画。值得注意的是，Excel 2010的排序依据下拉列表框中除了“数值”选项外，还有“单元格颜色”“字体颜色”和“单元格图标”选项，若单元格中的字体有多种颜色；或者使用了“条件格式”下拉列表中的“图标集”命令添加了各种图标；又或者单元格设置了背景色，则可以使用这些选项来进行颜色和图标排序。

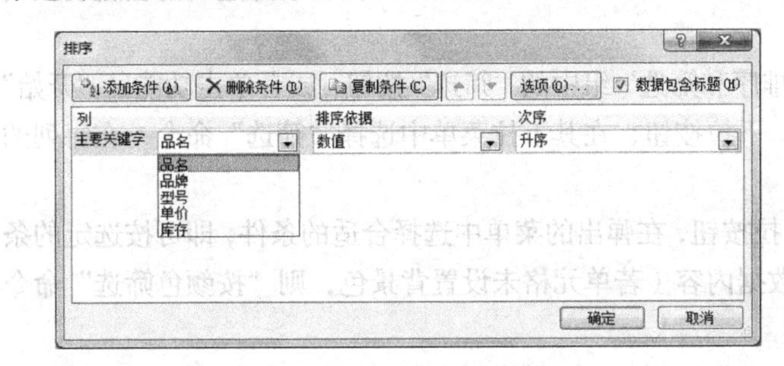

图3.81 “排序”对话框

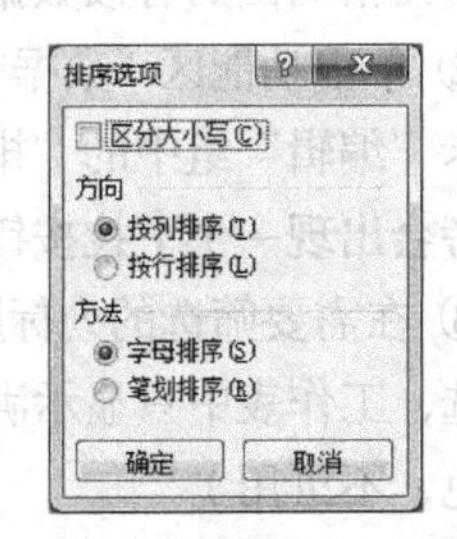

图3.82 “排序选项”对话框

④ 单击“确定”按钮，就完成了复杂排序。

提示

“排序”对话框中的“数据包含标题”复选框，可根据用户是否需要将选定数据区域的第一行参加排序来进行设置。若不需要让第一行参加排序，将它视为标题行，则勾选此复选框。

（3）自定义序列排序

前面两种排序主要是按照字母的先后顺序或数字的大小顺序来排列的，若在实际应用中需要按照用户自己定义的排序方法来进行排序，如本例中的品牌需按“新飞”“长虹”“康佳”“海尔”“厦新”这样的先后顺序来排列，则需要使用自定义序列排序。操作步骤如下。

① 单击数据清单中的任意单元格或者选定整个数据清单。

② 单击功能区“数据”选项卡“排序和筛选”组中的“排序”按钮，出现图 3.81 所示的“排序”对话框。

③ 单击“主要关键字”栏的第一个下拉列表框，在其中选择“品牌”，在第三个下拉列表框中选择“自定义序列”，弹出“自定义序列”对话框。参照前面小节介绍过的添加自定义序列的方法，添加图 3.83 所示的新序列“新飞”“长虹”“康佳”“海尔”“厦新”。

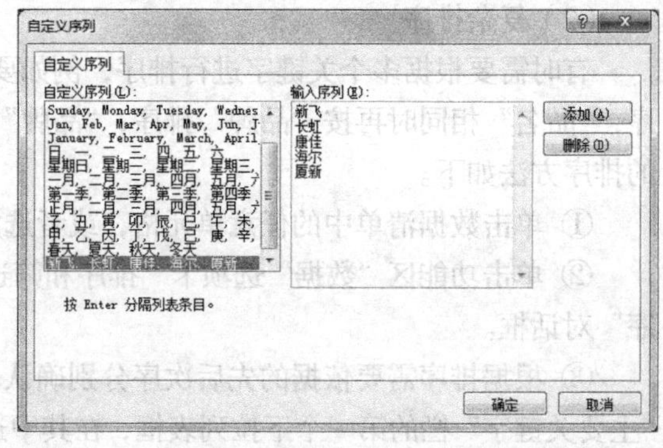

图 3.83 “自定义序列”对话框

④ 单击“确定”按钮，关闭“自定义序列”对话框，回到“排序”对话框中，第三个下拉列表框中就出现了“新飞,长虹,康佳,海尔,厦新”的选项，单击“确定”按钮即可以实现按照该自定义序列来排序。

6. 数据筛选

数据筛选是指从数据清单中显示符合条件的记录，而将不符合条件的记录暂时隐藏起来。它是一种查找数据的快速方法。Excel 2010 改善了数据筛选功能，利用其全新的搜索筛选器，用户就可以用少量时间从大型数据集中快速搜索出目标数据。

对记录进行筛选有两种方式：一是“自动筛选”，二是“高级筛选”。

（1）自动筛选

使用自动筛选功能，每一次只能对数据清单中的一列数据进行筛选；若需要按多个字段进行筛选，必须分多次进行。对同一列数据最多可以应用两个筛选条件，操作步骤如下。

① 先将鼠标定位在要筛选的数据区域中，不必选中所有数据区域，自动筛选功能会自动找到选定单元格周围的有效数据区域。

② 单击功能区“数据”选项卡“排序和筛选”组中的“筛选”按钮；或者单击功能区“开始”选项卡“编辑”组中的“排序和筛选”下拉按钮，在其下拉菜单中选择“筛选”命令，在每列的标题旁会出现一个下拉按钮▾。

③ 在需要筛选的列标题上单击下拉按钮，在弹出的菜单中选择合适的条件，即可按选定的条件筛选，工作表中只显示满足条件的数据内容（若单元格未设置背景色，则“按颜色筛选”命令为灰色，不可用）。

如单击“型号”字段旁的下拉按钮，会出现图 3.84 所示的下拉菜单。一般情况下可通过选择该菜单中的命令来达到筛选数据的目的。与早期版本不同的是，在 Excel 2010 中，该下拉菜单含有一个搜索文本框，这就是 Excel 2010 中新增的搜索筛选器，利用它可以快速地搜索筛选数据。在此文本框中输入关键词即可智能地搜索出目标数据，如要查找型号中带有 X 的商品记录，只需在文本框中输入“X”，再单击“确定”按钮即可完成筛选。

又如单击“单价”字段旁的下拉按钮，会出现图 3.85 所示的下拉菜单。当鼠标指向其中的“数字筛选”命令时，将打开其级联菜单，用户可根据实际需要设置筛选条件。不过，“数字筛选”级联菜单中的命令，只能为用户提供一个筛选条件；若条件比较复杂，可在该菜单中单击“自定义筛选”命令，弹出“自定义自动筛选方式”对话框，其中可设置两个筛选条件，最后单击“确定”按钮即可。如果用户需要同时浏览单价较贵（大于等于 6000）和较便宜的（小于 2000）商品，可将“自定义自动筛选方式”对话框设置为图 3.86 所示的筛选方式。其中的“与”单选框表示设定的两个条件都要满足，“或”单选框表示设定的两个条件满足其中之一即可。

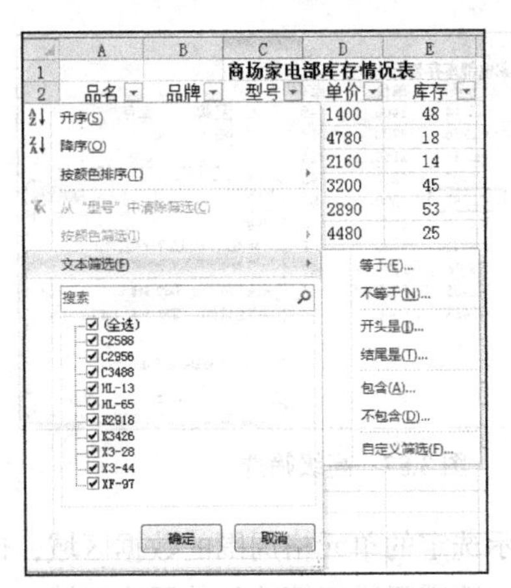

图 3.84 “单价”字段的筛选下拉菜单

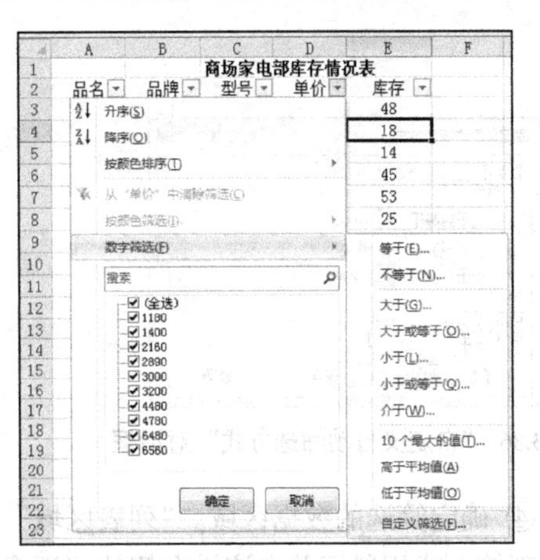

图 3.85 “库存”字段的筛选下拉菜单

④ 若要恢复数据的显示，可单击设置了筛选条件的列标题旁边的下拉按钮，在下拉菜单中选择清除筛选，即可取消当前列的筛选条件并显示数据。若要恢复所有的数据显示，则可单击功能区“数据”选项卡“排序和筛选”组中的“清除”按钮，清除当前数据范围的筛选和排序状态。

若要取消自动筛选功能，可再次单击功能区“数据”选项卡“排序和筛选”组中的“筛选”按钮。这时，列标题旁的所有下拉按钮都会消失。

提示 进行自动筛选前，一定要确定鼠标选中了数据清单区域的某个单元格。如果选中的是空白区域的单元格，Excel 会弹出提示对话框“使用指定的区域无法完成该命令。请在区域内选择某个单元格，然后再次尝试该命令”。

（2）高级筛选

当筛选条件很复杂时可以使用高级筛选。如用户需要在“商场家电部库存情况表”中查找库存量低于 20 的彩电商品信息，若使用自动筛选，必须分两次进行，即先使用“品名”字段的下拉按钮筛选出所有的彩电信息，再使用“库存”字段的下拉按钮筛选出小于 20 的记录。而使用高级筛选，则可以一步到位。

使用高级筛选，不会出现自动筛选的下拉箭头，但会要求设置条件区域。条件区域应建立在数据清单区域之外，与清单区域间有空行或空列分隔。输入筛选条件时，首先要输入条件的列标题，在其下再输入筛选条件。多个条件输入在同一行时，为“逻辑与”关系；多个条件输入在不同行时，为“逻辑或”关系。设置好条件后，执行高级筛选，在弹出的对话框中进行列表区域和条件区域的设置，并设置筛选结果存放的位置。

例如，要筛选出“商场家电部库存情况表”中品牌为“海尔”或者库存低于 20 的商品信息，可按照以下操作步骤进行。

① 在数据清单外的区域输入筛选条件，该条件区域必须包含设置条件的字段名和条件的内容，如图 3.87 所示。本例中的两个筛选条件设置在不同的行中，为“逻辑或”关系。

② 选定数据清单内的任一单元格，依次单击功能区“数据”选项卡“排序和筛选”组中的“高级”按钮，弹出“高级筛选”对话框。

③ 在“方式”选项组中选择结果输出的位置，默认方式是“在原有区域显示筛选结果”。若要保留原始的数据清单，将符合条件的记录复制到其他位置，应在该处选择“将筛选结果复制到其他位置”，并在其下的“复制到”框中输入欲复制到的位置。

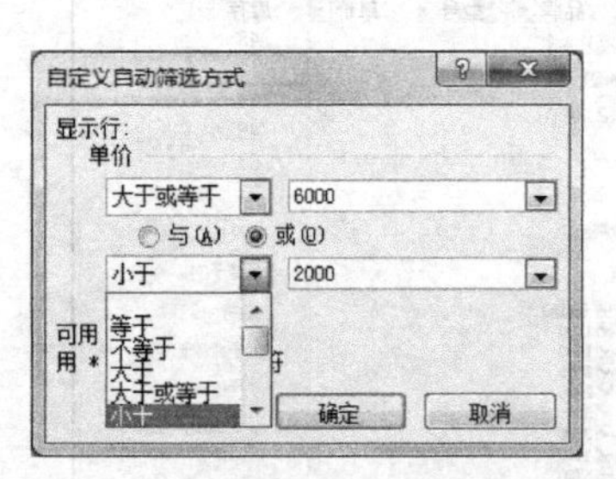

图 3.86 “自定义自动筛选方式”对话框

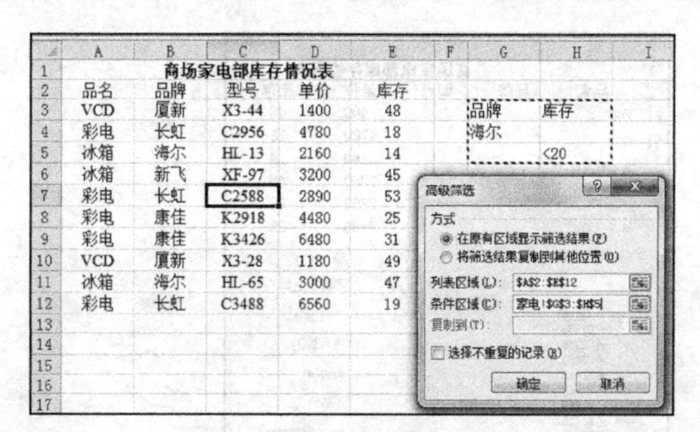

图 3.87 高级筛选

④ 确定筛选的数据区域。“列表区域”栏中会自动显示选定的单元格周围的数据区域，也可以重新输入或用鼠标单击该栏右侧的“折叠对话框”按钮，选定要进行筛选的单元格区域。本例的筛选区域为$A$2:$E$12。

⑤ 在“条件区域”栏中输入“家电!$G$3:$H$5”，或用鼠标单击该栏右侧的“折叠对话框”按钮，选定筛选条件所在区域，如图 3.87 所示。

⑥ 如果要求不显示重复记录，可单击勾选“选择不重复的记录”复选框，则同时满足多个条件的记录只会显示一次。最后单击“确定”按钮完成高级筛选，将显示出四条记录。

若要恢复所有的数据显示，可单击功能区“数据”选项卡“排序和筛选”组中的“清除”按钮，清除当前数据范围的筛选和排序状态。

7. 数据分类汇总

分类汇总就是对工作表中的数据按某个字段分类并进行数据统计，如求和、求平均值等。需要注意的是，在分类汇总前，必须对分类字段排序，使同类数据排列在一起，否则得不到正确的分类汇总结果。

（1）简单分类汇总

简单分类汇总用于对数据清单中的某一列先进行排序，然后再进行分类汇总。例如要在“商场家电部库存情况表”中，按商品类别（即品名）分别对各类家用电器的库存进行求和统计，具体操作步骤如下。

① 本例是按商品类别来分类的，因此应根据“品名”字段来排序。单击“品名”列中的任一单元格，再单击功能区“数据”选项卡“排序和筛选”组中的“升序”按钮，就会出现图 3.88 所示的按“品名”的升序进行排列的数据清单。

其实单击“升序”按钮和“降序”按钮皆可，因为排序仅仅是一种手段，只要使同类数据排列在一起即可。

② 选中数据清单中的任一单元格，单击功能区“数据”选项卡“分级显示”组中的“分类汇总”按钮，弹出“分类汇总”对话框。在“分类字段”下拉列表框中选择用于分类的字段即“品名”，在“汇总方式”下拉列表框中选择“求和”，在“选定汇总项”列表框中勾选需要进行汇总的字段即“库存”，其余保持系统默认设置，如图 3.88 所示。

图 3.88 排序后的数据清单和“分类汇总”对话框

③ 单击“确定”按钮关闭该对话框。VCD、冰箱和彩电 3 类商品各自的库存量就会自动汇

总在每个类别的下面，分类汇总后的工作表如图 3.89 所示。

分类汇总后，行号的左侧会出现分级显示区，默认情况下数据会分三级显示。在分级显示区上方有 3 个按钮，可以用来控制显示的数据内容。单击“1”按钮，只显示数据清单的列标题和总计结果；单击“2”按钮，显示列标题、各个分类汇总结果及总计结果；单击“3”按钮，显示所有详细数据。

若要取消分类汇总的结果，只要选中数据清单区域中任一单元格，再次单击功能区“数据”选项卡“分级显示”组中的“分类汇总”按钮，打开“分类汇总”对话框，在其中单击“全部删除”按钮即可。

（2）嵌套分类汇总

嵌套分类汇总就是在简单分类汇总的基础上，重复进行分类汇总，但每次的分类字段必须相同。如在上例中，用户按商品类别分别对各类家用电器的库存进行求和统计后，还希望统计各类家用电器的平均单价，其操作方法为：选中数据清单中的任一单元格，再次单击功能区“数据”选项卡“分级显示”组中的“分类汇总”按钮，弹出“分类汇总”对话框。其中的“分类字段”保持不变，在“汇总方式”下拉列表框中选择“平均值”，在“选定汇总项”列表框中勾选需要进行汇总的字段即“单价”，取消勾选“替换当前分类汇总”复选框，如图 3.90 所示。单击“确定”按钮返回工作表中，则数据清单添加了单价的平均价格汇总。

	A	B	C	D	E
1		商场家电部库存情况表			
2	品名	品牌	型号	单价	库存
3	VCD	厦新	X3-28	1180	49
4	VCD	厦新	X3-44	1400	48
5	VCD 汇总				97
6	冰箱	海尔	HL-65	3000	47
7	冰箱	新飞	XF-97	3200	45
8	冰箱	海尔	HL-13	2160	14
9	冰箱 汇总				106
10	彩电	长虹	C2588	2890	53
11	彩电	康佳	K3426	6480	31
12	彩电	康佳	K2918	4480	25
13	彩电	长虹	C3488	6560	19
14	彩电	长虹	C2956	4780	18
15	彩电 汇总				146
16	总计				349

图 3.89 分类汇总后的数据清单

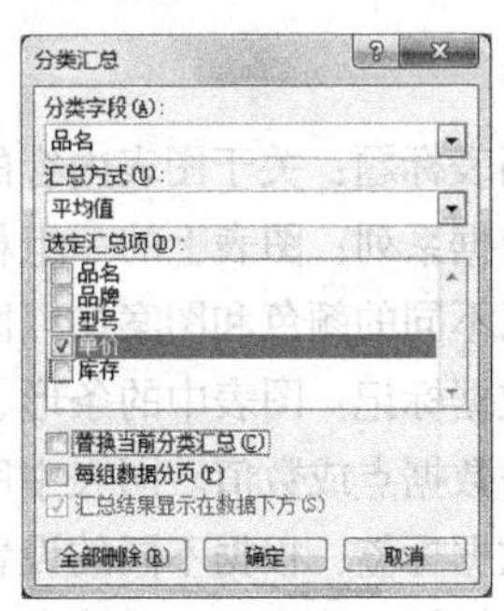

图 3.90 “分类汇总”对话框

3.4.2 知识点详解

排序、筛选和分类汇总功能都是在数据清单中进行的。数据清单指工作表中一个连续存放了数据的单元格区域，它将一条记录的数据信息分成几项，分别存储在同一行的几个单元格中，而同一列则存储所有记录的相似信息。

在数据清单中，行表示记录，列表示字段，在一列中必须存放相同类型的数据，列标题为字段名，因此清单的第一行为标题行。数据清单中不能存在空白行或空白列。图 3.76 中“商场家电部库存情况表”即为一个典型的数据清单，每个家电商品的信息是一条记录，存放在一行中，而各列则可以分别存放商品的品名、品牌、型号、单价等。

3.5 图表制作

3.5.1 考试成绩表的图表制作

1. 考试成绩表的图表样图

本案例样图如图 3.91 所示。通常的图表一般都包括图表区、绘图区、图表标题、数据系列、数据标记、数据标签、坐标轴、坐标轴标题、刻度线、网格线、图例、图例标志、背景墙及基底等基本组成要素。

- 图表区：整个图表及其包含的元素。
- 绘图区：在二维图表中，以坐标轴为界并包含全部数据系列的区域。在三维图表中，绘图区以坐标轴为界并包含数据系列、分类名称、刻度线和坐标轴标题。

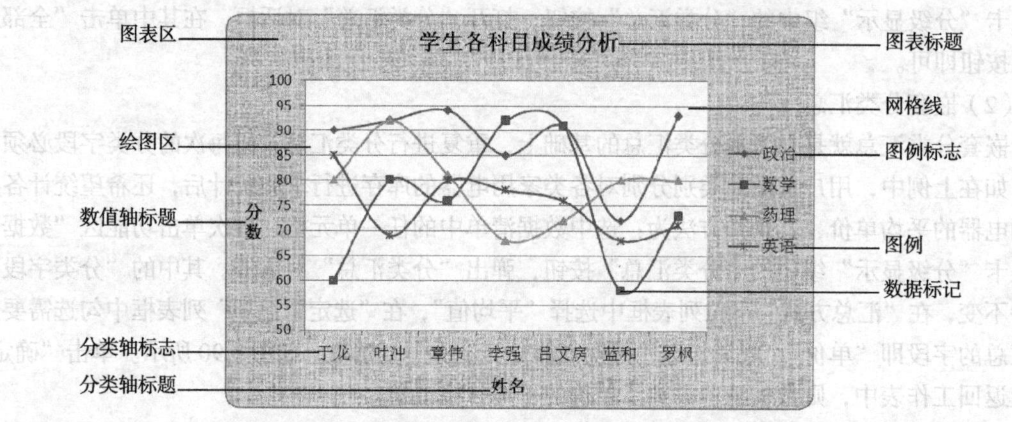

图 3.91　考试成绩表的图表样图

- 图表标题：关于图表内容的说明文本，与坐标轴对齐或在图表顶端居中。
- 数据系列：图表上的一组相关数据点，取自工作表的一行或一列，图表中的每个数据系列以不同的颜色和图案加以区别。
- 数据标记：图表中的条形、面积、圆点、扇形或其他类似符号，来自于工作表单元格的单一数据点或数值。图表中所有相关的数据标记构成了数据系列。
- 数据标签：根据不同的设置，数据标签可以表示数值、数据系列名称、类别名称。
- 坐标轴：计量和比较的参考线，一般包括水平分类轴和垂直数值轴。在坐标轴附近可以添加坐标轴标题。
- 刻度线：坐标轴的短度量线。
- 网格线：图表中从坐标轴刻度线延伸开来并贯穿整个绘图区的可选线条系列。
- 图例：图例项和图例标志的方框，用于标示图表中的数据系列。
- 图例标志：图例中用于标示图表上相应数据系列的图案和颜色的方框。
- 背景墙及基底：三维图表中包含在三维图形周围的区域，用于显示维度和边角尺寸。仅限在立体图表中使用。
- 模拟运算表：在图表下面的网格中显示每个数据系列的值，一般的图表若不需要突出说明数据系列，无需在图表下添加模拟运算表。

2. 操作步骤

① 选定生成图表的数据源。本例为 C4：F10 单元格区域，如图 3.92 所示。

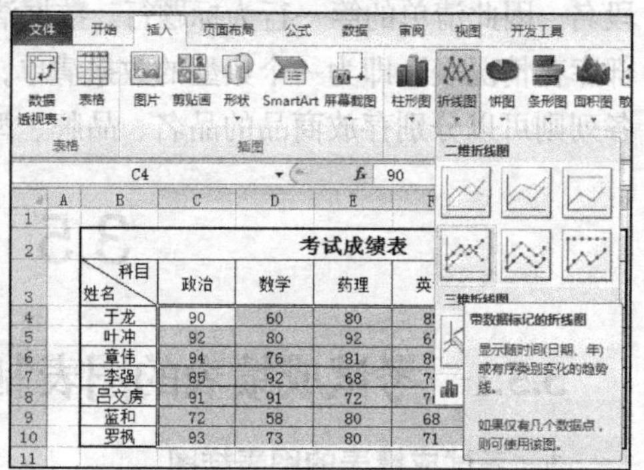

图 3.92 “折线图”下拉按钮

② 选择图表类型。本例需要对学生各科目的总体成绩进行分析，需要从图表中得知哪门功课考

得好、哪门功课考得相对较差，适合用折线图。单击功能区“插入”选项卡“图表”组中的“折线图”下拉按钮，在下拉列表中选择“带数据标记的折线图”，如图 3.92 所示。这时工作表中就出现了图 3.93 所示的图表，它为嵌入式图表。此图表与我们要完成的“学生各科目成绩分析”图表（见图 3.91）相差甚远，需要后续进行大量修改。

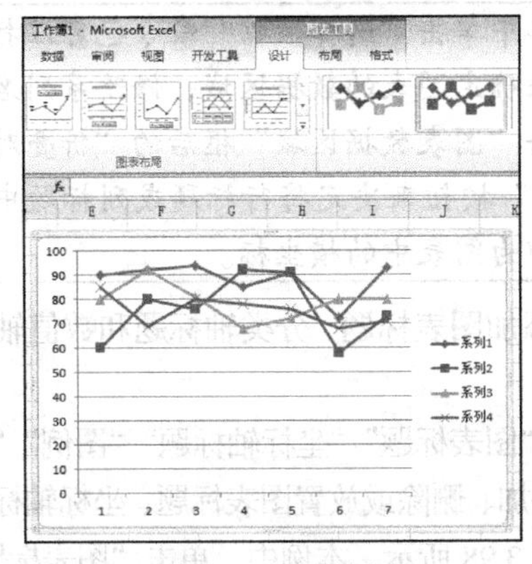

图 3.93　生成的图表

柱形图 折线图 饼图 条形图 面积图 散点图 其他图表 折线图 柱形图 盈亏 切片器 超链接
图表 迷你图 筛选器 链接
创建图表
显示“图表”对话框，选择要插入的图表类型。

图 3.94　“创建图表”按钮

用户还可以单击“图表”组中的其他下拉按钮，生成各种类型的图表，或者单击图 3.94 所示的“图表”组右下角“创建图表”按钮打开“插入图表”对话框，如图 3.95 所示，在其中选择图表类型后再单击“确定”按钮插入图表。

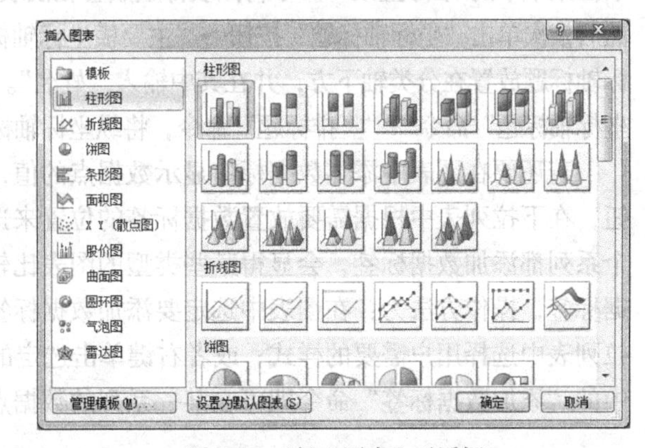

图 3.95　“插入图表”对话框

③ 选择数据源修改名称。生成的图表中，系列名称为默认值，分类轴标志也为“1、2、3…”的默认值，需要进行修改。

单击生成的图表时，功能区会增加“图表工具”大选项卡，其中包含了“设计”“布局”和“格式”3 个子选项卡，如图 3.93 所示。单击“设计”选项卡“数据”组中的“选择数据”按钮打开“选择数据源”对话框，如图 3.96 所示。选定“系列 1”再单击“编辑”按钮，将弹如图 3.97 所示的“编辑数据系列”对话框。根据该框中“系列值”下的内容，可知该系列为政治分数，因此在“系列名称”下直接输入“政治”；或者单击“系列名称”框右侧的“折叠对话框”按钮将对话框最小化，用鼠标选定系列名称所在的单元格即 C3。至此，“系列 1”名称修改完毕，采用同样方法将“系列 2”“系列 3”“系列 4”分别修改为“数学”“药理”“英语”。

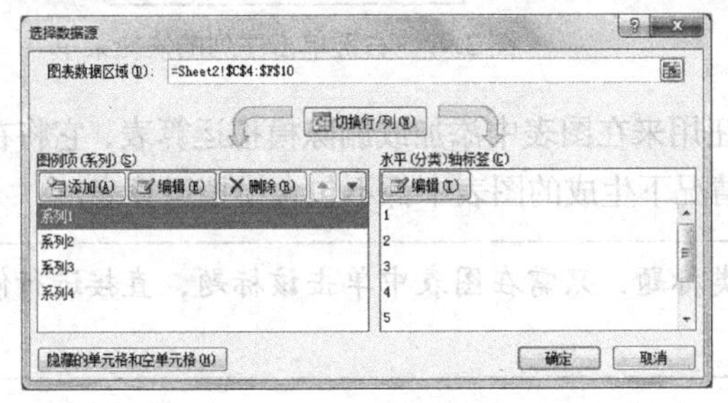

图 3.96　“选择数据源”对话框

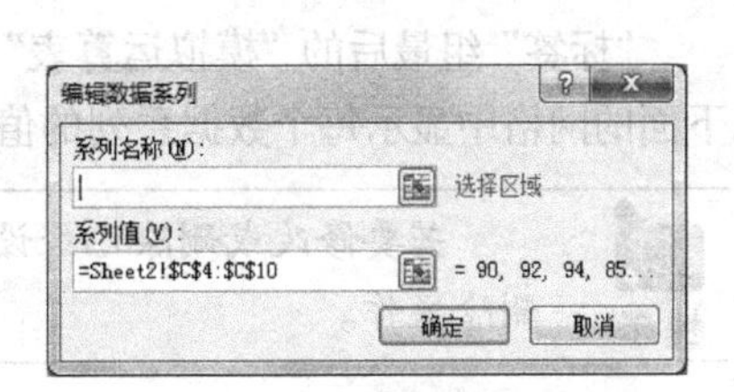

图 3.97　“编辑数据系列”对话框

单击“选择数据源”对话框中的“编辑”按钮将弹出“轴标签”对话框，它用来设置分类轴标志。单击该框中的“折叠对话框”按钮选定分类轴标志来源的单元格区域，本例中为B4：B10。单击确定按钮返回到“选择数据源”对话框。此时，生成的图表中系列名称和分类轴标志都已经发生改变，不再是默认值。最后单击“确定”按钮返回图表。

右键单击图表区的空白处，从弹出的快捷菜单中单击“选择数据”命令也可以打开“选择数据源”对话框。“选择数据源”对话框用来确定图表的数据区域，修改系列名称和分类轴标志。若想改变图表的数据源，可以单击“图表数据区域”框后的“折叠对话框”按钮重新选择，还可以通过单击“切换行/列”按钮来决定将行标题或列标题中的哪一个作为主要分析对象，这个分析对象对应的即为图表中的横坐标。

④ 设置标题。生成的图表中没有包含任何标题，需要添加图表标题、分类轴标题和数值轴标题才能更接近图3.91中的显示效果。

单击“图表工具-布局”选项卡，其“标签”组中包含了“图表标题”“坐标轴标题”“图例”“数据标签”“模拟运算表”5个下拉按钮。前3个按钮分别用来添加、删除或放置图表标题、坐标轴标题和图例，它们的下拉菜单中提供了多种样式供用户选择，如图3.98所示。本例中，单击“图表标题”下拉菜单中的“图表上方”命令将图表标题放置在图表的顶部，并在其中输入“学生各科目成绩分析”。然后依次单击“坐标轴标题”按钮→“主要横坐标轴标题”命令→“坐标轴下方标题”命令，将横坐标轴标题放置在分类轴下方，并在其中输入“姓名”。最后依次单击“坐标轴标题”按钮→“主要纵坐标轴标题”命令→“竖排标题”命令，将纵坐标轴标题放置在数值轴左侧，并在其中输入“分数”。

若还要在图表中添加数据标签显示数据点的值，可以先选定图表，单击“数据标签”下拉按钮，在下拉列表中根据需要放置数据标签的位置来选择各个命令即可。这种方式会给图表中的每个系列都添加数据标签，会显得某些类型的图表比较杂乱。因此，可以只为部分数据系列添加数据标签，操作方法为：在图表中选定要添加数据标签的系列，单击“数据标签”下拉按钮，在下拉列表中选择用户需要的样式；或者右键单击选定的系列，弹出图3.99所示的快捷菜单，单击其中的“添加数据标签”命令即可在某一系列的数据点中显示具体数值。

图3.98 “标签”组中的五个下拉按钮

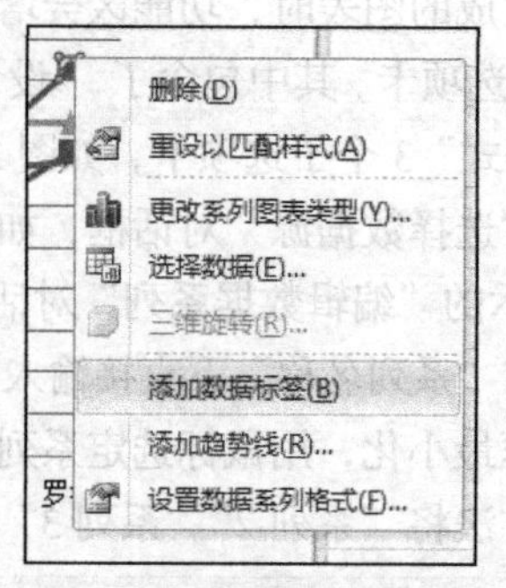

图3.99 右键单击序列的快捷菜单

“标签”组最后的“模拟运算表”下拉按钮用来在图表中添加或删除模拟运算表，它将在图表下面的网格中显示每个数据系列的值。一般情况下生成的图表中都不包含模拟运算表。

若要修改或删除已经设置的各类标题，只需在图表中单击该标题，直接进行修改或删除操作。

⑤ 设置网格线和坐标轴样式。

单击“图表工具-布局”选项卡“坐标轴”组中的“网格线”下拉按钮，可调整横网格线和纵网格线的显示效果。一般情况下，图表不包含纵网格线，只包含主要横网格线。

单击“图表工具-布局”选项卡“坐标轴”组中的“坐标轴”下拉按钮，可调整横坐标轴和纵坐标轴的样式。本例中生成的图表，网格线和坐标轴样式都无需修改。至此，已将“学生各科目成绩分析”图表初步完成。但该图表的格式还未设置，与图 3.91 中的效果有一定差异。下面再介绍一些操作步骤让初步生成的图表更加美观。

⑥ 设置坐标轴格式。

将垂直坐标轴即数值轴的刻度设置为“50、55、60、65…90、95、100”。双击数值轴打开“设置坐标轴格式”对话框，在“坐标轴选项”中修改最小值、主要刻度单位，如图 3.100 所示。设置完毕后单击该对话框的“关闭”按钮即可。

⑦ 设置数据系列格式。

初步生成的“学生各科目成绩分析”图表中，“英语”系列的数据标记比较小，不够明显，要修改为“Ж”。双击“英语”系列打开“设置数据系列格式”对话框，在“数据标记选项”中将数据标记类型设置为“内置”，并修改其类型，如图 3.101 所示。在“线型”中将线型宽度修改为 1.5 磅，并单击勾选“平滑线”复选框，使数据点之间的连接线没有棱角，变得比较平滑。设置完毕后单击该对话框的“关闭”按钮即可。可将其他系列的线型都进行同样的修改，将数据系列格式统一。

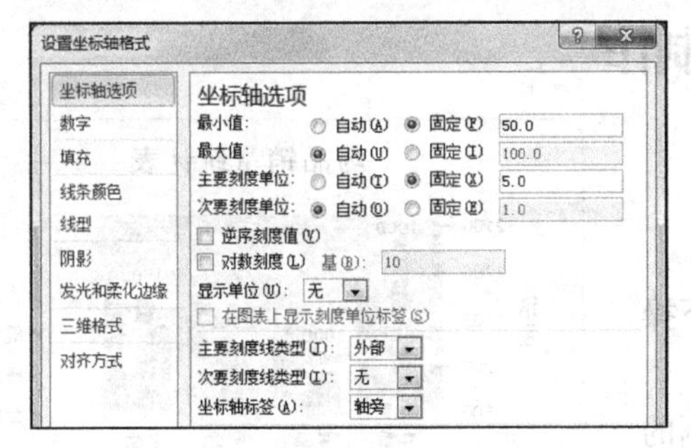

图 3.100　“设置坐标轴格式”对话框

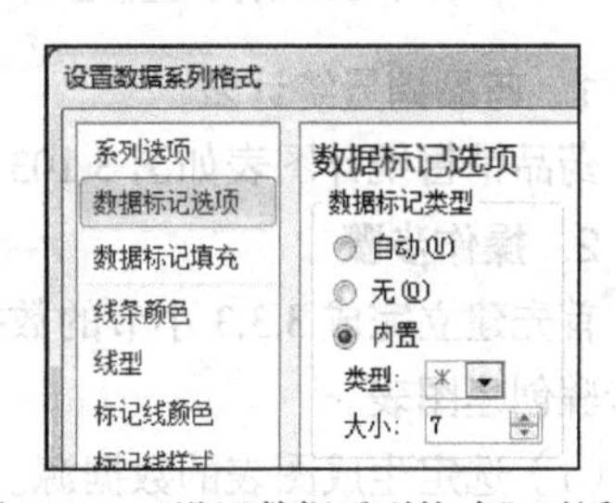

图 3.101　“设置数据系列格式”对话框

⑧ 设置数据标签格式。

若要在“数学”系列旁添加数据点表示的具体值进行突出显示，可按照前面小节介绍的方法添加数据标签：右键单击“数学”系列，单击弹出的快捷菜单中“添加数据标签”命令。此时的“学生各科目成绩分析”图表会变成图 3.102 所示的效果，数学分数已添加致图表中。双击这些分数（即数据标签）打开“设置数据标签格式”对话框，用户可以设置标签中显示的内容、标签的位置、数字类型等，如图 3.102 所示。“标签选项”中的“标签包括”区域，可以分别或同时勾选“系列名称”“类别名称”和“值”复选框，默认的数据标签为“值”。若只勾选“类别名称”复选框，图表中的数据标签将变为这 7 位同学的姓名。

⑨ 设置图表区背景。

双击图表区的空白处，打开“设置图表区格式”对话框，在“填充”选项中将背景设置为“图片或纹理填充”，在“纹理”下拉列表框中选择“画布”式样。在“边框样式”选项中单击勾选“圆角”复选框，将图表区的边框设置为带圆角的矩形。设置完毕后单击该对话框的“关闭”按钮。

至此，已将“学生各科目成绩分析”图表修改成图 3.91 所示的显示效果。从图表中可直观地得到结论，各科目中政治考得最好，数学考得相对较差。

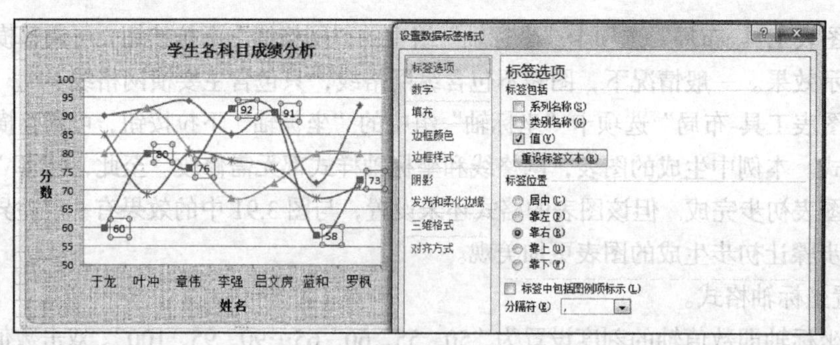

图3.102 “设置数据标签格式”对话框及修改格式后的“学生各科目成绩分析”图表

⑩ 设置三维视图格式。

若创建出来的图表是立体图表，选定该图表后，单击“图表工具-布局”选项卡“背景”组中的“三维旋转”按钮，可改变图表的三维视点，即三维视图的透视深度、俯视角度和图表旋转角度。

从以上的修改过程中我们可以看到，每类图表对象的设置格式对话框中都提供了若干选项供用户修改其格式，图表的格式种类非常繁多。这里只介绍以上几点作为示范，修改图表中其他对象格式的方法和步骤都与之类似，大家可以在实际使用的过程中逐渐体验。

3.5.2 药品销量统计表的图表制作

1. 药品销量统计表

药品销售统计图表如图3.103所示。

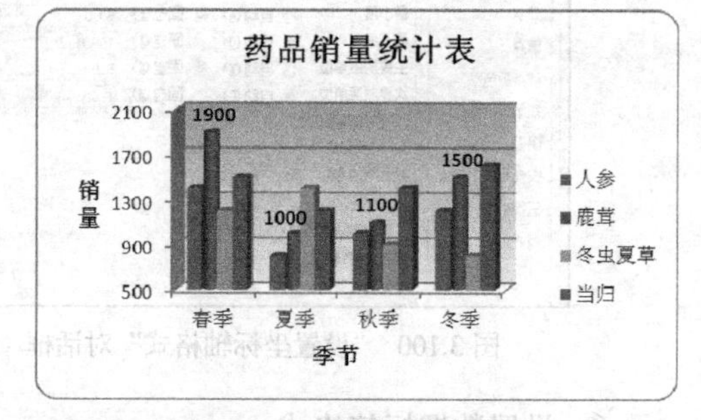

图3.103 药品销量统计图表

2. 操作步骤

首先建立完成3.3.3小节的数据表，再按以下操作步骤创建图表。

（1）选定生成图表的数据源。如果希望数据的行列标题也显示在图表中，则选定区域还应包括含有标题的单元格。本例中选定的区域为C3：F6。

（2）选择图表类型。单击功能区“插入”选项卡“图表”组中的“柱形图”下拉按钮，在下拉列表中选择“三维簇状柱形图”，如图3.104所示。这时工作表中就出现了图3.105所示的图表，它为嵌入式图表。

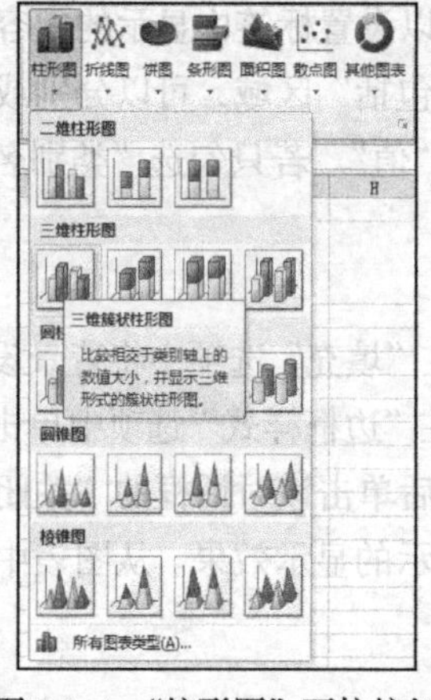

图3.104 “柱形图”下拉按钮

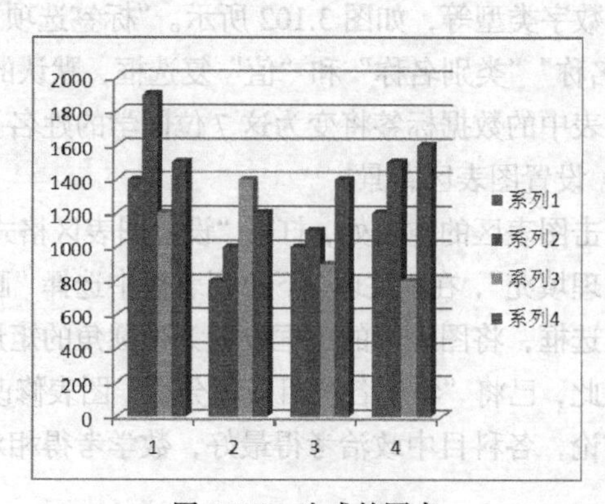

图3.105 生成的图表

（3）选择数据源修改名称。

单击生成的图表时，功能区会增加“图表工具”大选项卡，单击其中的“设计”选项卡“数据”组中的“选择数据”按钮打开“选择数据源”对话框，如图 3.106 所示。选择“系列 1”后再单击对话框左半部的“编辑”按钮，将弹出图 3.107 所示的“编辑数据系列”对话框。根据该框中“系列值”下的内容，可知该系列为人参的销售量，因此在“系列名称”下直接输入“人参”；或者单击“系列名称”框右侧的“折叠对话框”按钮将对话框最小化，用鼠标选定系列名称所在的单元格即 B3（人参）。到此“系列 1”名称修改完毕，采用同样方法将“系列 2”“系列 3”“系列 4”分别修改为“鹿茸”“冬虫夏草”“当归”。

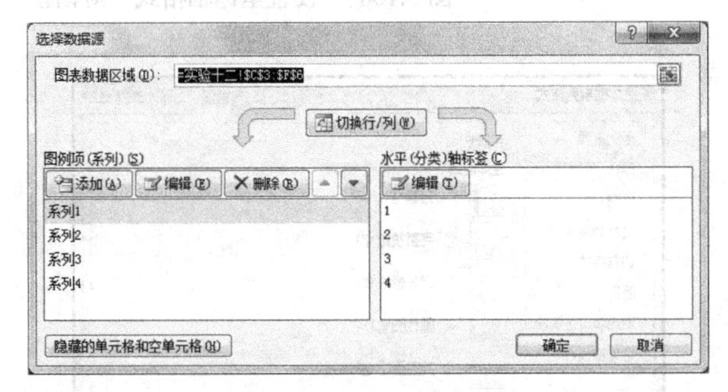

图 3.106 “选择数据源”对话框

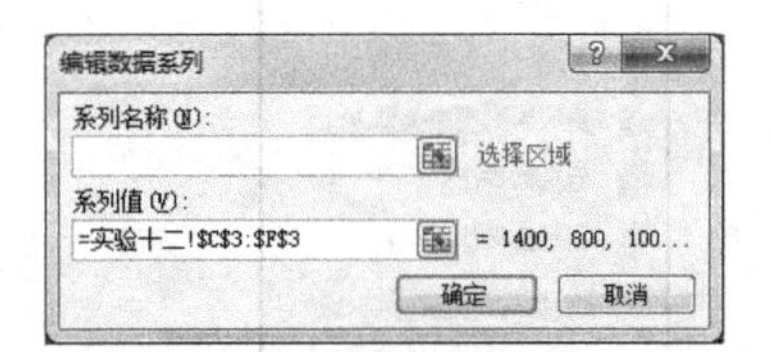

图 3.107 “编辑数据系列”对话框

单击“选择数据源”对话框右半部的“编辑”按钮将弹出“轴标签”对话框，它用来设置分类轴标志。单击该框中的“折叠对话框”按钮，再选择分类轴标志的来源单元格区域，本例为 C2：F2，再单击确定按钮返回到“选择数据源”对话框。此时，生成的图表中系列名称和分类轴标志都已经发生改变，不再是默认值。最后单击“确定”按钮返回到图表。

（4）设置标题。生成的图表中没有包含任何标题，需要添加图表标题、分类轴标题和数值轴标题才能更接近图 3.103 所示的显示效果。

单击“图表工具-布局”选项卡“标签”组中的“图表标题”下拉按钮，选择其下拉菜单中的“图表上方”命令将图表标题放置在图表的顶部，并在其中输入“药品销量统计表”。然后依次单击“坐标轴标题”按钮→“主要横坐标轴标题”命令→“坐标轴下方标题”命令，将横坐标轴标题放置在分类轴下方，并在其中输入“季节”。最后依次单击“坐标轴标题”按钮→“主要纵坐标轴标题”命令→“竖排标题”命令，将纵坐标轴标题放置在数值轴左侧，并在其中输入“销量”。

（5）调整嵌入图表的大小和位置。将鼠标移到图表区空白位置，单击左键即可选定图表，再按住鼠标左键拖动到适当位置即可。将鼠标移动到选定图表的四个角落上，鼠标指针变为双向箭头，再按住鼠标左键拖动可调整图表大小。

（6）添加和删除数据。选定要删除的数据区域，如选择 C6：F6，再按 Delete 键，则该行数据被清除，对应图表中的该项也被清除。

如果添加数据，可右键单击图表区的空白处，从弹出的快捷菜单中单击“选择数据”命令打开“选择数据源”对话框。再单击其中的“添加”按钮打开“编辑数据系列”对话框，分别单击其中的“系列值”框和“系列名称”框右侧的“折叠对话框”按钮，用鼠标拖曳选定要添加的数据系列区域和系列名称。最后单击“确定”按钮回到“选择数据源”对话框中，即可看到系列添加成功。

（7）坐标轴数值的设定。双击数值轴的任意数字处，打开“设置坐标轴格式”对话框。在“坐标轴选项”中设置坐标轴的最小值、最大值、主要刻度单位等，如图 3.108 所示。

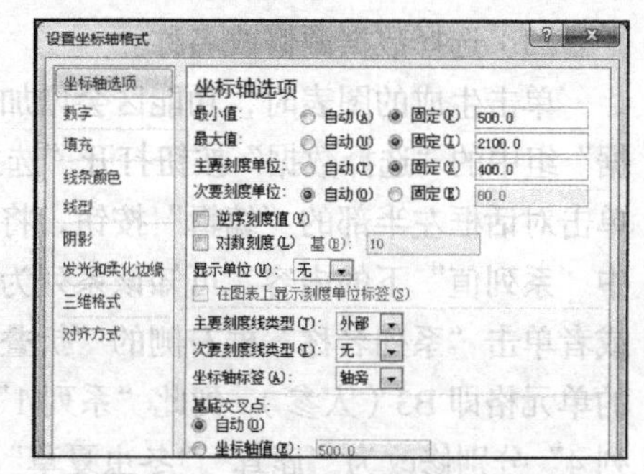

图 3.108 “设置坐标轴格式”对话框

（8）在图表中显示数据系列的值并修改系列形状。在“鹿茸”的深红色柱形系列上右键单击鼠标，弹出图 3.109 所示的快捷菜单，单击其中的“添加数据标签”命令即可在“鹿茸”系列上显示其具体数值。双击“鹿茸”的深红色柱形系列打开“设置数据系列格式”对话框，在“形状”选项中选择“圆柱图”单选框，如图 3.110 所示。

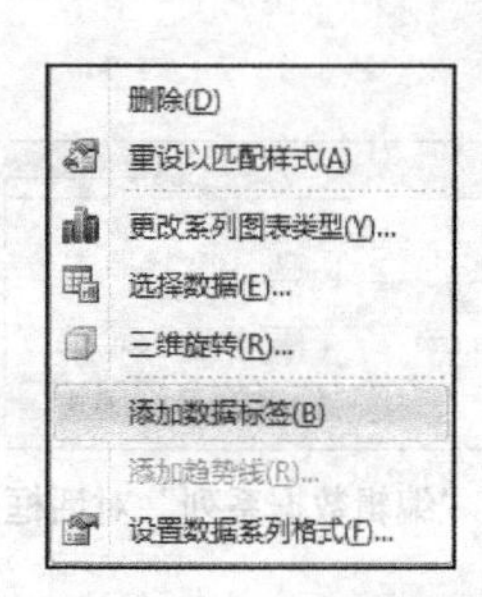

图 3.109 显示“数据标签”

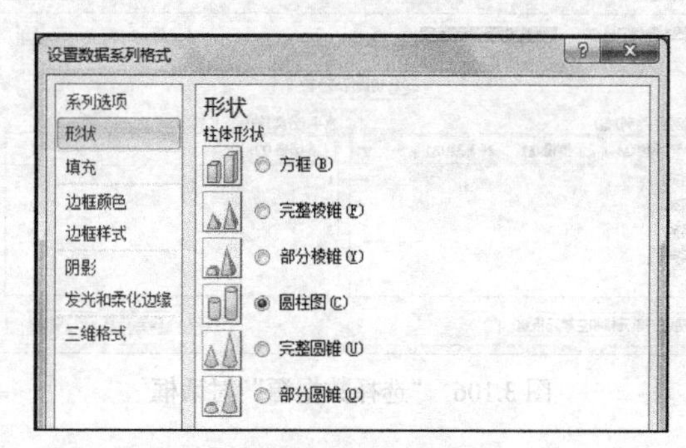

图 3.110 “设置数据系列格式”对话框

（9）美化图表的格式。双击绘图区的空白处打开“设置背景墙格式”对话框，在“填充”选项中将背景设置为“渐变填充”，再根据喜好在“预设颜色”下拉列表框中选择渐变的颜色。双击图表区的空白处打开“设置图表区格式”对话框，在“边框样式”选项中单击勾选“圆角”复选框，将图表区的边框设置为带圆角的矩形。设置完毕后单击该对话框的“关闭”按钮。

至此，图表制作完毕，保存工作簿。

3.5.3 基金净值增长率情况表的制作

1. 基金净值增长率情况表

基金净值增长率情况表的样图如图 3.111 所示（含 Excel 数据表和图表）。

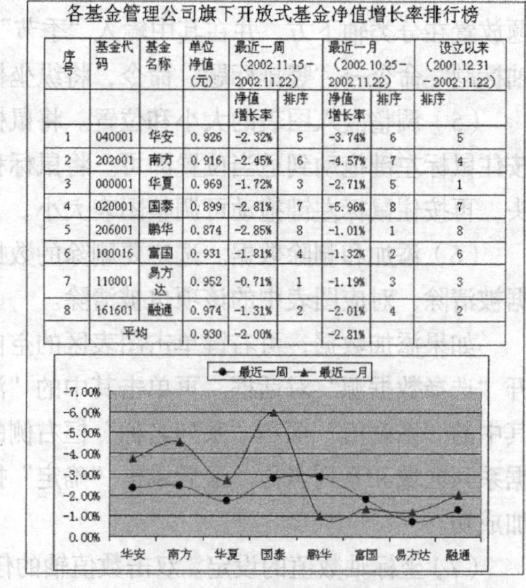

各基金管理公司旗下开放式基金净值增长率排行榜

序号	基金代码	基金名称	单位净值（元）	最近一周（2002.11.15－2002.11.22）		最近一月（2002.10.25－2002.11.22）		设立以来（2001.12.31－2002.11.22）
				净值增长率	排序	净值增长率	排序	排序
1	040001	华安	0.926	-2.32%	5	-3.74%	6	5
2	202001	南方	0.916	-2.45%	6	-4.57%	7	4
3	000001	华夏	0.969	-1.72%	3	-2.71%	5	1
4	020001	国泰	0.899	-2.81%	7	-5.96%	8	7
5	206001	鹏华	0.874	-2.85%	8	-1.01%	1	8
6	100016	富国	0.931	-1.81%	4	-1.32%	2	6
7	110001	易方达	0.952	-0.71%	1	-1.19%	3	3
8	161601	融通	0.974	-1.31%	2	-2.01%	4	2
	平均		0.930	-2.00%		-2.81%		

图 3.111 基金净值增长率情况表

2. 操作步骤

（1）建立 Excel 文档

启动 Excel 2010，建立一个空白 Excel 工作簿。

（2）合并单元格

将 A1 到 I1 单元格合并，将 E2 和 F2 单元格合并，将 G2 和 H2 单元格合并，将 B12 和 C12 单元格合并，并使合并后的单元格中的文字内容居中显示。操作方法同前小节中的案例。

（3）设置单元格格式

① 设置 A2 至 I2 单元格区域格式。选定 A2 至 I2 单元格区域，在选定区域上右键单击鼠标，弹出

图 3.112 所示的快捷菜单。在菜单中选择“设置单元格格式”命令打开“设置单元格格式”对话框，如图 3.113 所示。在对话框中选择“对齐”选项卡，设置水平对齐为“常规”；垂直对齐为“居中”；在“自动换行”前的方框中单击打上“√”标记，单击“确定”按钮完成设置。

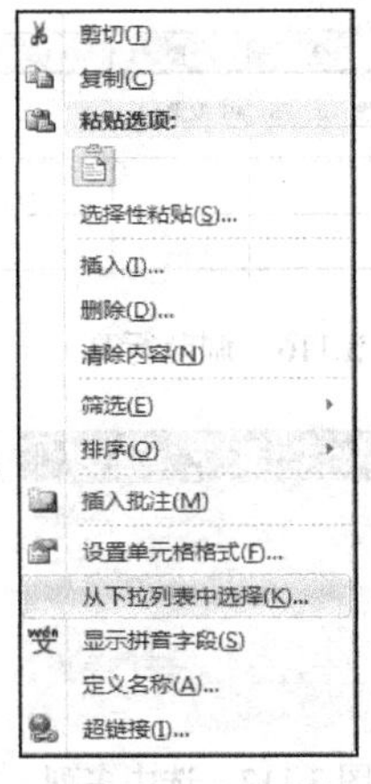

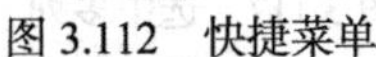
图 3.112　快捷菜单

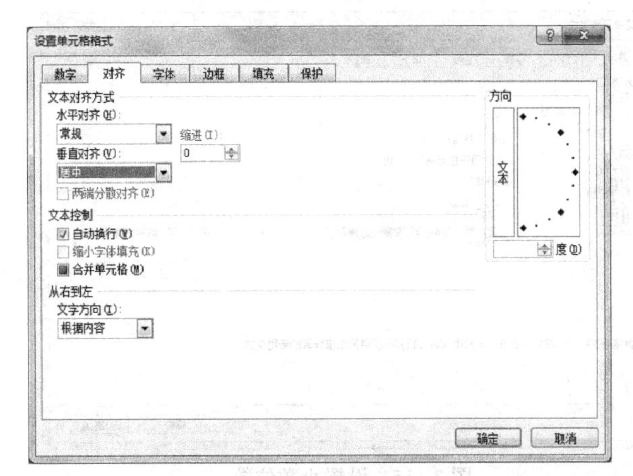

图 3.113　“设置单元格格式”对话框

② 设置 A3 至 I12 单元格区域格式。选择 A3 至 I12 单元格区域，在“对齐”选项卡中设置水平对齐为“居中”；垂直对齐为“居中”；在“自动换行”前的方框中单击打上“√”标记。

（4）输入数据表数据内容

① 按图 3.111 所示的数据表内容输入数据标题，并设置为“宋体、18 号”字；其他为“宋体、12 号”字。

② 输入“基金代码”。因部分基金代码以“0”开头，在输入该类基金代码前要先输入一个英文单引号标点（'），否则代码开头的“0”不能显示，如图 3.114 所示。

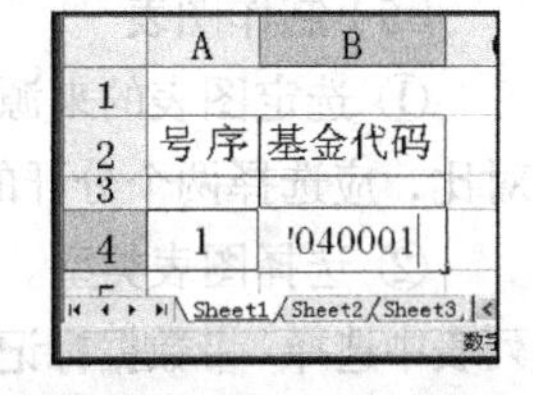

图 3.114　输入文本型数字

③ 输入“单位净值”列的小数数据时，应设置小数位数为 3 位。选择 D4 至 D12 单元格区域后单击鼠标右键，打开图 3.115 所示的“设置单元格格式”对话框。单击“数字”选项卡，在“分类”列表框中选择“数值”选项，在“小数位数”组合框中输入“3”，如图 3.115 所示，单击“确定”按钮完成设置。

④ 输入“净值增长率”列的百分比数据，例如输入-2.32%。选定 E4 单元格，在其中输入数据-2.32，再输入百分号“%”。

注意，如果输入数据后，显示为小数形式-0.0232 或其他形式，可以按③中的方法对单元格格式进行设置，如图 3.115 所示，在“分类”列表框中选择“百分比”，在“小数位数”框中输入“2”。

⑤ 调整表格行高与列宽。各行的行高与各列的列宽见表 3.2 中数据。

表 3.2　　行高与列宽数据

	第 1 行	第 2 行	第 3 行	第 4 至 12 行	第 A 至 H 列	第 I 列
像素	45	62	45	28	60	120

表格单行或单列高、宽度的调整方法（如调整第 1 行）：鼠标单击第 1 行行号，移动鼠标至第 1 行与第 2 行间的分割线上，鼠标指针变为图 3.116 所示形状。按下鼠标左键，右上角显示第 1 行的高度指示。拖动鼠标上下移动，使得高度为 33.75（45 像素），即可松开鼠标左键，完成调整。

表格多行行高或多列列宽的调整方法（如调整第 A 至 H 列）：用鼠标拖动选择第 A 至 H 列号，

被选中的多列呈高亮度蓝色，如图 3.117 所示。移动鼠标至任意被选中的两列列号之间分割线上，鼠标指针变为左右箭头形状。拖动鼠标左右移动，使得列宽为 6.88（60 像素），即可松开鼠标左键，完成调整。

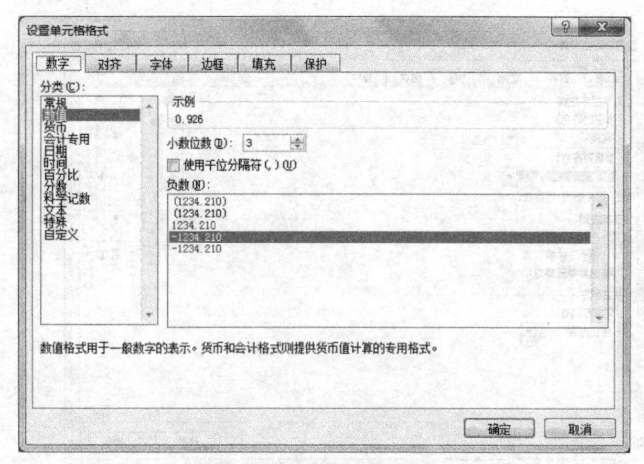

图 3.115　设置小数位数

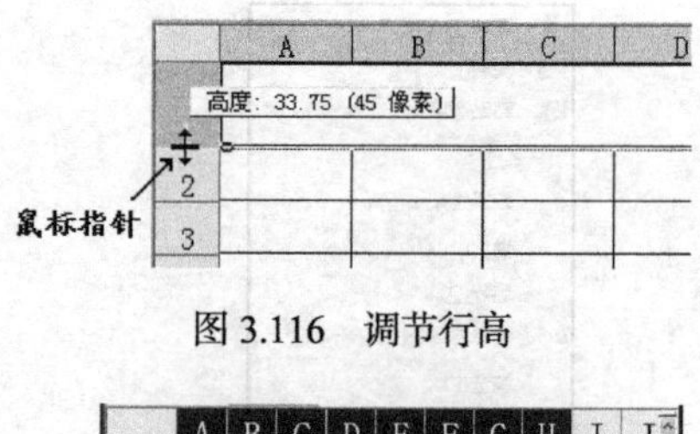

图 3.116　调节行高

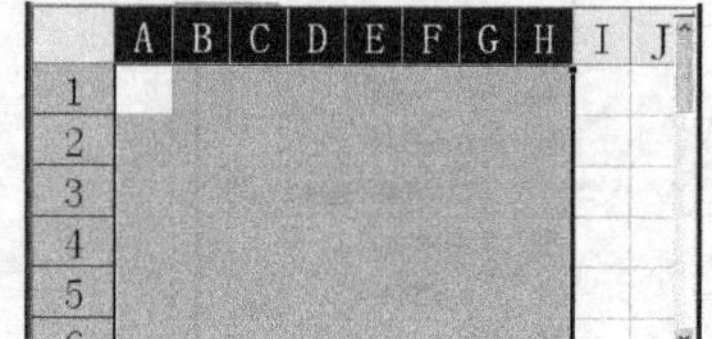

图 3.117　选中多列

⑥ 利用求平均函数求出平均值。在 D12 单元格中输入=AVERAGE(D4:D11)，在 E12 单元格中输入=AVERAGE(E4:E11)，在 G12 单元格中输入=AVERAGE(G4:G11)。

⑦ 为数据表添加框线。选择数据表整个区域（A1 至 I12），单击鼠标右键，从弹出的快捷菜单中选择“设置单元格格式”命令打开“设置单元格格式”对话框。在对话框中选择“边框”选项卡，设置外边框为“红色双线”；内部框线为“蓝色细线”类型，单击“确定”完成设置。

（5）制作图表

① 选定图表的来源数据区域。本例是将最近一周的净值增长率同最近一月的净值增长率进行对比，应选择两个分开的单元格区域，即 E4：E11 和 G4：G11。

② 选择图表类型。单击功能区“插入”选项卡“图表”组中的“折线图”下拉按钮，在下拉列表中选择“带数据标记的折线图”。这时工作表中就出现了图 3.118 所示的图表，它为嵌入式图表。

③ 选择数据源修改名称。生成的图表中，系列名称为默认值，分类轴标志也为“1、2、3…”的默认值，需要进行修改。

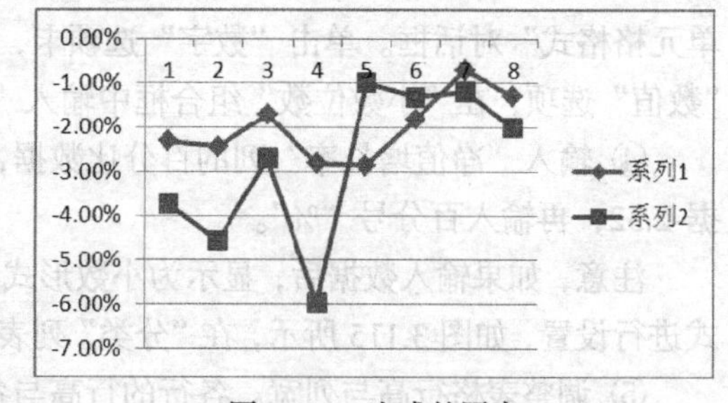

图 3.118　生成的图表

单击生成的图表时，功能区会增加“图表工具”大选项卡，其中包含了 “设计”“布局”和“格式”3 个子选项卡。单击“设计”选项卡“数据”组中的“选择数据”按钮打开“选择数据源”对话框，如图 3.119 所示。选择“系列 1”再单击对话框左半部的“编辑”按钮，将弹出图 3.120 所示的“编辑数据系列”对话框。根据该框中“系列值”下的内容，可知该系列为最近一周的净值增长率，因此在“系列名称”下直接输入“最近一周”。采用同样方法将“系列 2”修改为“最近一月”。

单击“选择数据源”对话框右半部的“编辑”按钮将弹出“轴标签”对话框，它用来设置分类轴标志。单击该框中的“折叠对话框”按钮选定分类轴标志的来源单元格区域，本实验中为 C4：C11。单击确定按钮返回到“选择数据源”对话框。此时，生成的图表中系列名称和分类轴标志都已经发生改变，不再是默认值。最后单击“确定”按钮返回到图表。

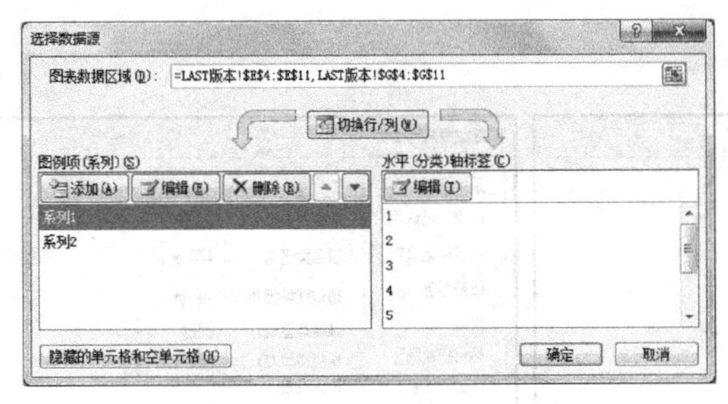

图 3.119 “选择数据源”对话框

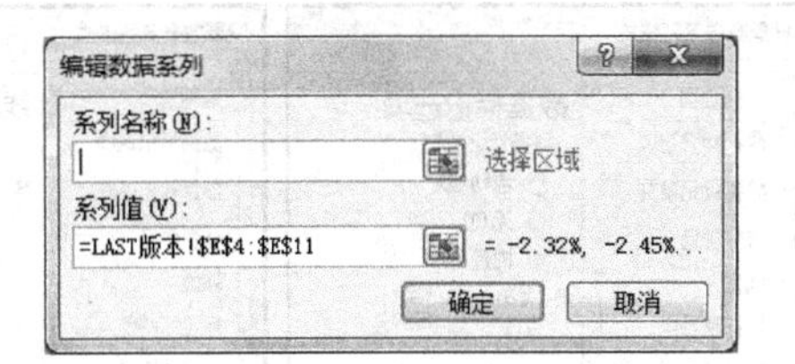

图 3.120 “编辑数据系列”对话框

④ 此图表中没有任何标题，将图例放在顶部。双击图例打开“设置图例格式”对话框，在“图例选项”中单击“靠上”单选框，再单击“关闭”按钮即可，如图 3.121 所示。单击“边框颜色”选项，选择“实线”单选框，并将颜色设置为黑色。

⑤ 修改数值轴格式。双击数值轴中任意百分数，打开“设置坐标轴格式”对话框，在“坐标轴选项”中单击勾选“逆序刻度值”复选框，将数值轴反转过来。

⑥ 修改水平分类轴格式。在数值轴反转后，分类轴的标签位置不太合适。双击分类轴标签，即基金名称所在处，打开“设置坐标轴格式”对话框。在“坐标轴选项”中，单击“坐标轴标签”的下拉按钮，在下拉列表框中选择“高”，即可将基金名称放置在水平分类轴以下的位置，如图 3.122 所示。

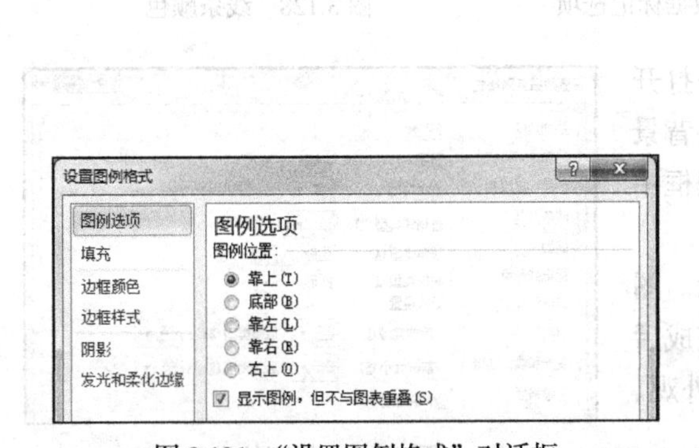

图 3.121 “设置图例格式”对话框

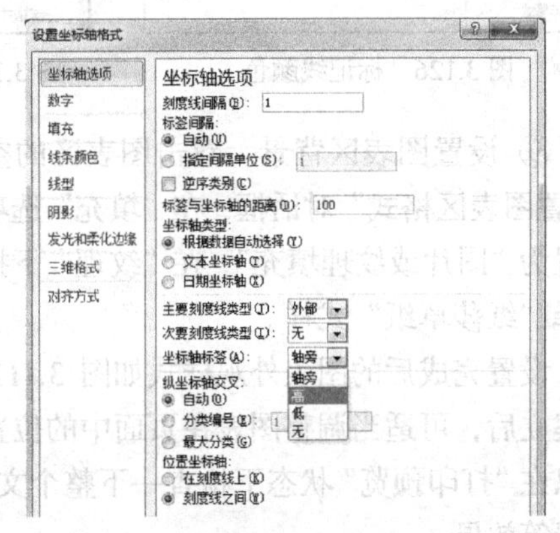

图 3.122 “设置坐标轴格式”对话框

⑦ 设置图表中所有数字及文字的格式为宋体、12 号字，设置方法如下。

单击图表中包含文字的图表对象，单击功能区“开始”选项卡“字体”组中的“字号”下拉按钮，选择宋体、12 号字即可。

⑧ 设置图表中两根数据线的属性如表 3.3 所示。

表 3.3 数据线的属性

	颜色	平滑线	数据标记样式	标记颜色	标记大小
数据线 1	蓝	√	▲	红	7
数据线 2	红	√	●	蓝	7

双击图表中深红色的数据系列，弹出“设置数据系列格式”对话框。将“数据标记选项”“线条颜色”“线型”选项和“标记线颜色”选项分别设置为图 3.123、图 3.124、图 3.125 和图 3.126 所示。同理，双击图表中蓝色的数据系列打开“设置数据系列格式”对话框，将其设置为图 3.127、

图 3.128 和图 3.129 所示的效果。

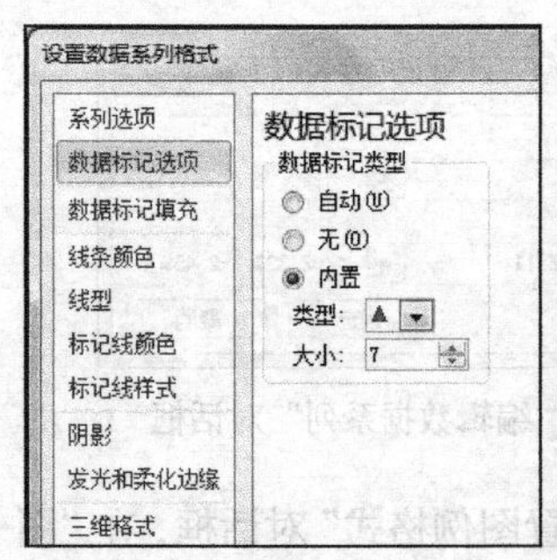

图 3.123　数据标记选项

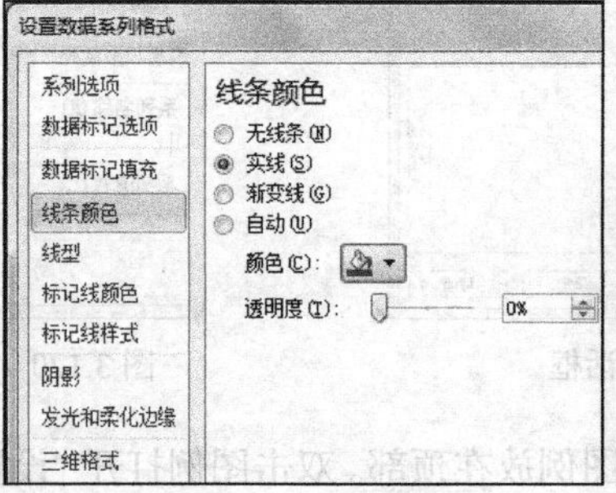

图 3.124　线条颜色

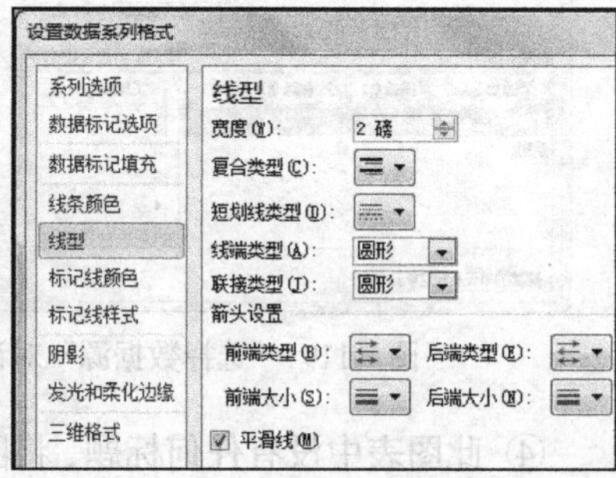

图 3.125　线型的设置

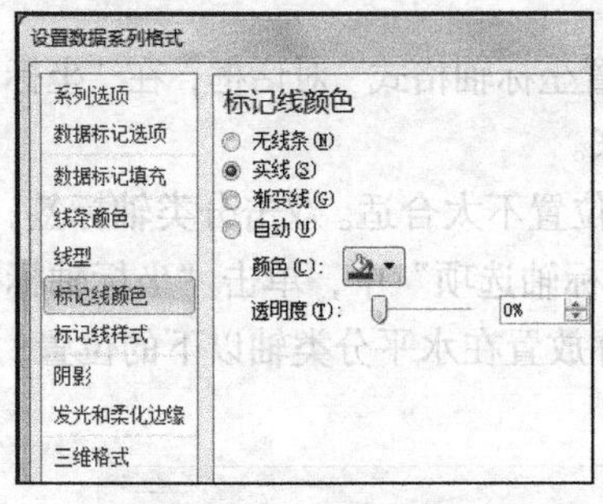

图 3.126　标记线颜色

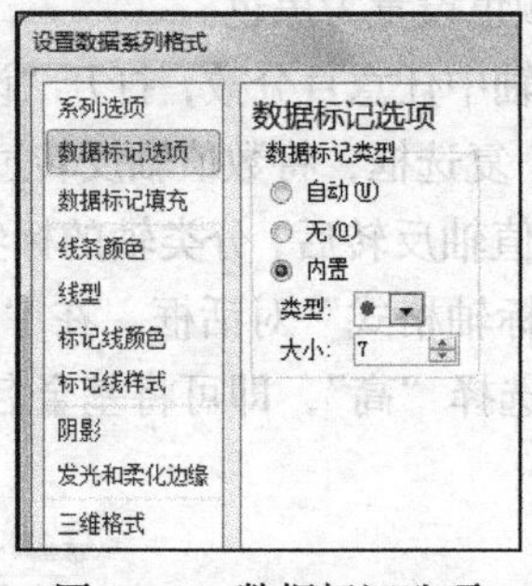

图 3.127　数据标记选项

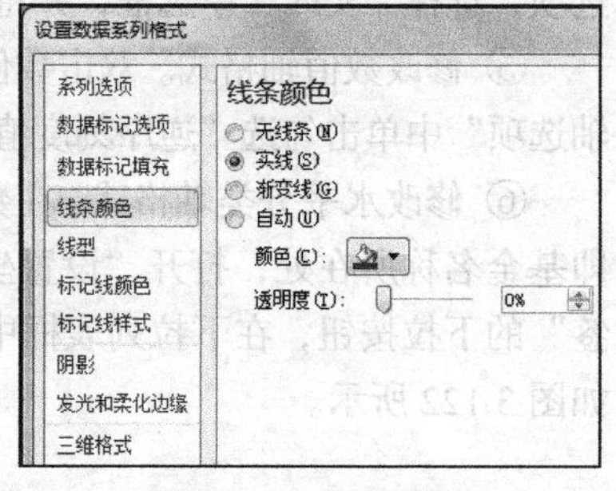

图 3.128　线条颜色

⑨ 设置图表区背景。双击图表区的空白处打开“设置图表区格式”对话框，在“填充”选项中将背景设置为“图片或纹理填充”，在“纹理”下拉列表框中选择“纸莎草纸”式样。

设置完成后的图表外观样式如图 3.111 所示。图表建立后，可适当调整图表在页面中的位置，完成后可以在“打印预览”状态下检查一下整个文档的外观、位置等效果。

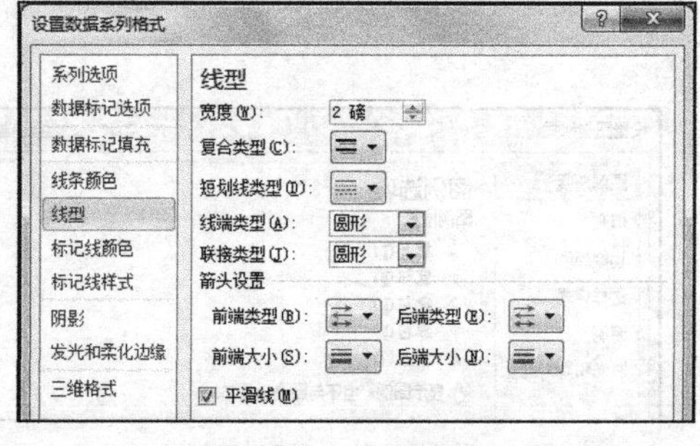

图 3.129　线型的设置

（6）保存文档

单击快速访问工具栏的“保存”按钮，打开“另存为”对话框；在“保存位置”中选择“D 盘”；在“保存类型”中选择“Excel 工作簿”；在“文件名”中输入本文档的名称，如“基金净值增长率”；单击“保存”按钮，文档被保存。

3.5.4　知识点详解

3.5.4.1　Excel 2010 的图表类型

在 Excel 中，根据工作表中的数据生成的图形就称为图表。通过图表能更直观地揭示出数据间的关系，使用户一目了然。当工作表中的数据发生变化时，图表也会相应的改变。

Excel 2010 提供了丰富的图表功能，可以方便地绘制不同类型的图表。主要的图表类型及特点如下。

- 柱形图：用于描述数据随时间变化的趋势或各项数据之间的差异。
- 条形图：与柱形图相似，它强调数据的变化。

- 折线图：显示在相等时间间隔内数据的变化趋势，它强调时间的变化率。
- 面积图：强调各部分与整体间的相对大小关系。
- XY 散点图：一般用于科学计算，显示间隔不等的数据的变化情况。
- 气泡图：是一种特殊的散点图，气泡的大小可以显示数据组中的第三变量的数值。
- 饼图：显示数据系列中每项占该系列数值总和的比例关系，只能显示一个数据系列。
- 圆环图：类似于饼图，也可以显示部分与整体的关系，但表示多个数据系列。
- 雷达图：用来总体比较几组数据系列，每个分类都有自己的数据坐标轴，这些坐标轴从中向外辐射，同一系列的数据用折线相连。
- 股价图：用来分析说明股市的行情变化。
- 曲面图：用来寻找两组数据间的最佳组合。

利用数据生成图表时，要依照具体情况选用不同的图表类型。正确选用图表类型，可以使数据变得更加简单、清晰。

3.5.4.2 图表的相关操作

制作图表时，首先需要考虑打算使用哪些单元格中的数据来进行分析，从而说明问题；接着要考虑怎样的图表类型比较适合说明这个问题。比如要强调各项数据之间的差异，使用柱形图或条形图比较合适；要强调各部分与整体间的相对大小关系，则面积图比较合适；要表明数据的变化趋势，则应使用折线图较好。接下来，就可以根据数据区域来创建图表了。创建好之后，要检查图表是否正确，图表类型是否合适，有没有漏掉数据区域等。为了使图表能更清晰地反映数据之间的关系和特点，创建好后还应选定图表中的各个部分进行格式设置和调整。

1. 创建图表

Excel 的图表有嵌入式图表和工作表图表两种类型。嵌入式图表与创建图表的数据源在同一张工作表中，打印时也同时打印。工作表图表单独存放在一张工作表中，是只包含图表的工作表，打印时与数据表分开打印。无论哪种图表都与创建它们的工作表数据相连接，当修改工作表数据时，图表会随之更新。

创建图表有两种方式：一种是利用 F11 键快速创建图表，它将默认建立图表类型为“柱形图”的独立图表；另一种是利用功能区“插入”选项卡“图表”组中的各类按钮来创建图表。无论使用哪一种方式生成图表，必须首先确定数据源并选定数据源。数据源即生成图表所使用的数据，应该以列或行的方式存放在工作表的一个区域中，数据区域可以是连续的，也可以是不连续的。若选定区域有文字，文字应该在区域的最左列或最上行。当数据区域格式比较复杂时，建议用户一般只选择纯数据区域作为数据源。

2. 选择图表对象

图表往往都是由许多图表项组成的，必须首先选中图表中的对象，才能对图表做进一步的操作。在 Excel 2010 中选择图表对象有以下两种方法。

- 选定图表后，单击“图表工具-布局”选项卡或“图表工具-格式”选项卡，都可以看到“当前所选内容”组，如图 3.130 所示。单击其中的“图表元素”下拉按钮，会显示出该图表中所包含的所有图表对象，如图 3.131 所示，选中某一对象名时，也就选中了图表中相应的对象。
- 直接单击图表中的对象，如直接单击横坐标或纵坐标就分别选中了“分类轴”或“数值轴”，在“图表元素”框中也会显示出相应的图表对象名。

选定整个图表或图表中的对象后，可进行移动、复制、缩放和删除操作，它们的操作方法与图形处理的操作方法完全相同。值得注意的是，不能用键盘的方向键来移动对象。

3. 更改图表

利用上述方法创建出的图表只是最基本的样式，往往只能满足分析、对比数据的基本需求。如果需要将它设置得更加美观、合理，可以做进一步的编辑和修改。图表编辑是指对图表所包含的各个对象、图表类型、图表中的数据与文字、图表布局和外观进行的编辑和设置。图表编辑大多是针对图表的某项或某些项进行的，在编辑之前必须首先选定操作对象。

（1）改变图表类型

对于已经建立的图表，可以根据需要改变其图表类型，有以下 3 种方法。

① 选定图表，单击“图表工具-设计”选项卡“类型”组中的“更改图表类型”按钮，弹出“更改图表类型”对话框，在其中选择所需的图表类型后单击“确定”按钮即可。

② 右键单击图表区的空白处，在弹出的快捷菜单中单击“更改图表类型”命令，如图 3.132 所示，打开“更改图表类型”对话框。在该框中选择所需的图表类型后单击“确定”按钮。

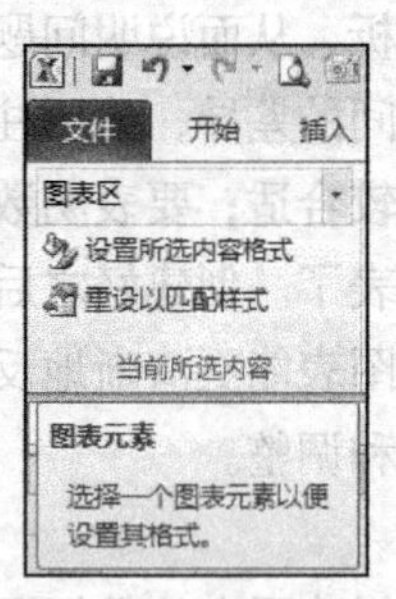

图 3.130 “当前所选内容”组

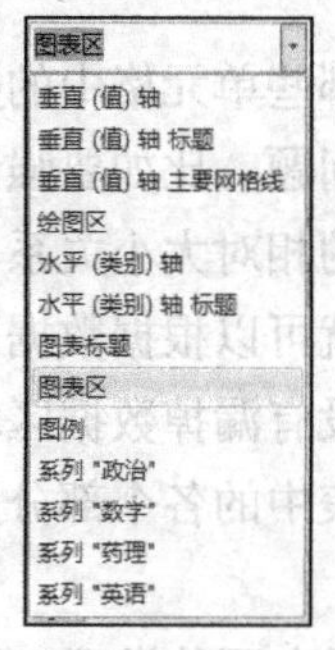

图 3.131 图表对象下拉列表

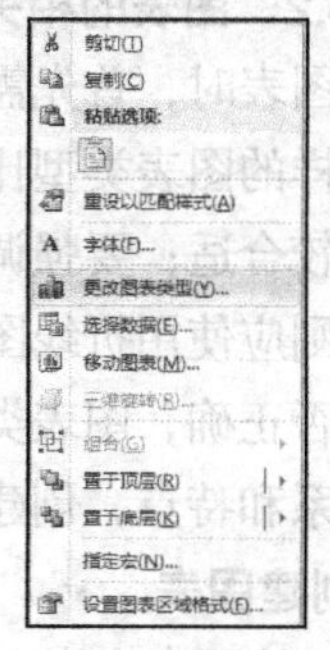

图 3.132 右键单击图表区的快捷菜单

③ 选定图表后，单击功能区“插入”选项卡“图表”组中的各下拉按钮，根据实际需要在它的下拉列表中选择合适的图表类型即可完成修改。

提示

“更改图表类型”对话框和“插入图表”对话框除了标题栏的名称不同以外，其他部分皆相同。

（2）改变图表中的数据

对于已经建立好的图表，有时需要增加或删除其中的数据系列或者添加趋势线等。

① 删除数据系列。

要删除数据系列，只要在图表中选定该数据系列，按 Delete 键就可以将其从图表中删除，这一操作不会影响工作表的源数据；或者还可以利用“选择数据源”对话框中的“删除”按钮来删除数据系列。如果在工作表中删除了源数据，图表中对应的数据点会自动删除。

② 添加数据系列。

若建立图表后需要增加新数据系列到图表中，可右键单击图表区的空白处，从弹出的快捷菜单中单击“选择数据”命令打开“选择数据源”对话框。再单击其中的“添加”按钮打开“编辑数据系列”对话框，分别单击其中的“系列值”框和“系列名称”框右侧的“折叠对话框”按钮，用鼠标拖曳选定要添加的数据系列区域和系列名称。最后单击“确定”按钮回到“选择数据源”对话框中，可看到系列添加成功。

③ 图表中数据系列次序的调整。

同理打开“选择数据源”对话框，在“删除”按钮右侧有一个含“▲”的方型小按钮，即为“上移”按钮，“上移”按钮的右侧为“下移”按钮。在“选择数据源”对话框中单击要改变次序的系列名称，再单击“上移”或“下移”按钮即可调整该数据系列在图标中的显示次序。

④ 添加趋势线。

在图表中选定某系列后，单击“图表工具-布局”选项卡“分析”组中的“趋势线”下拉按钮，可在图表中添加基于该系列的各类趋势线，如线性趋势线、指数趋势线、线性预测趋势线等。趋势线根据实际数据向前或向后模拟数据的走势。

（3）改变图表布局

选定图表后，单击“图表工具-设计”选项卡，即可看到“图表布局”组，如图 3.133 所示。单击其中的各布局按钮，可以修改图表的布局。如单击“图表布局”组中的第 5 个布局按钮（粗线标记的），则原图表下面将显示模拟运算表。

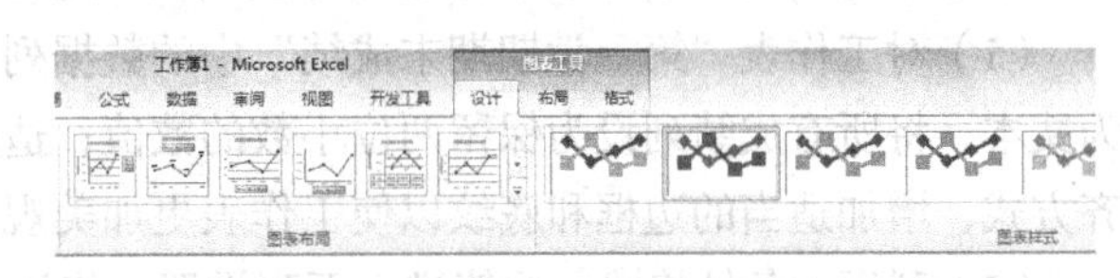

图 3.133 “图标布局”组合“图表样式”组

（4）改变图表样式

选定图表后，单击“图表工具-设计”选项卡，即可看到“图表样式”组，如图 3.133 所示。单击其中的各样式按钮，可以修改图表的样式。一般情况下生成的图表，其样式多默认为样式 2。

（5）改变图表位置

要将嵌入式图表转换为独立的工作表图表，或将工作表图表转换为嵌入式图表，只要选定图表，单击“图表工具-设计”选项卡“位置”组中的“移动图表”按钮；或右键单击图表区的空白处，单击弹出的快捷菜单中“移动图表”命令，就可以打开“移动图表”对话框，改变图表的位置。

（6）修改图表格式

选定图表中的各类对象后，可通过该对象的设置格式对话框来修改图表格式。打开设置格式对话框有以下 3 种方法。

① 最常用的方法就是“双击哪里改哪里”，即双击要进行格式设置的图表对象，可打开该对象的设置格式对话框。

② 右键单击要修改格式的图表对象，从弹出的快捷菜单中选择设置该对象格式的命令，也可以打开该对象的设置格式对话框。

③ 选定要进行格式设置的图表对象，单击“图表工具-布局”选项卡或“图表工具-格式”选项卡，皆可以看到“当前所选内容”组，单击其中的“设置所选内容格式”按钮打开该对象的设置格式对话框。

3.6 思考与练习

一、思考题

1. 在本章中我们多次接触到“Excel 选项”对话框，请列举出使用它完成的几项具体功能。
2. “自定义序列”在 Excel 2010 中的主要应用体现在哪两个方面？
3. 什么是数据清单？利用数据清单可以对工作表中的数据进行哪些方面的管理？
4. 若单元格格式设置了自动换行，但用户输入单元格内容后却发现没有换行，应该怎么办？

5. 若在单元格中输入内容后，出现###符号，说明了什么问题？应如何调整格式？

二、练习题

1. 小蒋是一位中学教师，在教务处负责初一年级学生的成绩管理。由于学校地处偏远地区，缺乏必要的教学设施，只有一台配置不太高的台式电脑可以使用。他在这台电脑中安装了 Microsoft Office，决定通过 Excel 来管理学生成绩，以弥补学校缺少数据库管理系统的不足。现在，第一学期期末考试刚刚结束，小蒋将初一年级三个班的成绩均录入了文件名为“学生成绩单.xlsx”的 Excel 工作簿文档中。

请你根据下列要求帮助小蒋老师对该成绩单进行整理和分析。

（1）对工作表“第一学期期末成绩”中的数据列表进行格式化操作：将第一列“学号”列设为文本，将所有成绩列设为保留两位小数的数值；适当加大行高列宽，改变字体、字号，设置对齐方式，增加适当的边框和底纹以使工作表更加美观。

（2）利用“条件格式”功能进行下列设置：将语文、数学、英语三科中不低于 110 分的成绩所在的单元格以一种颜色填充，其他四科中高于 95 分的成绩以另一种字体颜色标出，所用颜色深浅以不遮挡数据为宜。

（3）利用 SUM 和 AVERAGE 函数计算每一个学生的总分及平均成绩。

（4）学号第 3、4 位代表学生所在的班级，例如：“120105”代表 12 级 1 班 5 号。请通过函数提取每个学生所在的班级并按下列对应关系填写在“班级”列中。

“学号”的 3、4 位对应班级如下。

01　　1 班
02　　2 班
03　　3 班

（5）复制工作表“第一学期期末成绩”，将副本放置到原表之后；改变该副本表标签的颜色，并重新命名，新表名需包含“分类汇总”字样（可以按住 Ctrl 键拖动工作表）。

（6）通过分类汇总功能求出每个班各科的平均成绩，并将每组结果分页显示。

（7）以分类汇总结果为基础，创建一个簇状柱形图，对每个班各科平均成绩进行比较，并将该图表放置在一个名为“柱状分析图”的新工作表中。

2. 小李是公司的出纳，单位没有购买财务软件，因此她只能用手工记账。为了节省时间并保证记账的准确性，小李使用 Excel 编制银行存款日记账。请根据该公司九月份的“银行流水账表格.docx”，并按照下述要求，在 Excel 中建立银行存款日记账。

（1）按照表中所示依次输入原始数据，其中：在“月”列中以填充的方式输入“九”，将表中的数值的格式设为数值、保留两位小数。

（2）输入并填充公式：在“余额”列输入计算公式，余额=上期余额+本期借方−本期贷方，以自动填充方式生成其他公式。

（3）“方向列中”只能有借、贷、平三种选择，首先用数据有效性控制该列的输入范围为借、贷、平三种中的一种，然后通过 IF 函数输入“方向”列内容，判断条件如下所列：

余额大于 0　　等于 0　　小于 0

方向借平贷

（4）设置格式：将第一行中的各标题居中显示，为数据列表自动套用格式后将其转换为区域。

（5）通过分类汇总，按日计算借方、贷方发生额总计并将汇总行放于明细数据下方。

（6）以文件名“银行存款日记账.xlsx”进行保存。

第 4 章 PowerPoint 2010 的应用

Microsoft Office PowerPoint 2010 是微软公司出品的一款软件，用于制作演示文稿。其文件默认扩展名为：pptx。其文件也可保存为 pdf、图片、视频等格式。演示文稿可以在投影仪或者计算机上进行演示放映，也可以将演示文稿打印出来，制成文稿或胶片。通过演示文稿可将作者的思想以图文并茂的动态的方式表现出来。

4.1 利用模板新建幻灯片

4.1.1 毕业论文 PPT 制作

1. 案例知识点及效果图

本案例主要知识点：创建演示文稿、添加文字、占位符、保存文件、文本格式设置。案例效果图如图 4.1 所示。

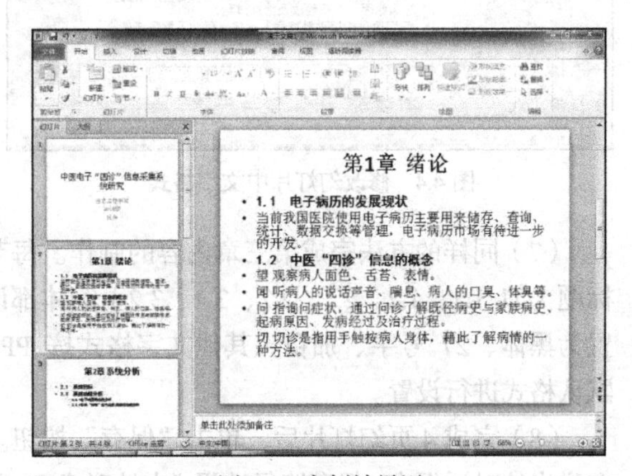

图 4.1 案例效果图

2. 操作步骤

（1）启动 PowerPoint 2010。

当启动 PowerPoint 之后，会默认地新建出一个空白的“演示文稿 1”。默认的第一页版式就是“标题幻灯片”，如图 4.2 所示。

（2）以 Word 中我们编辑过的毕业论文《中医电子“四诊”信息采集系统研究》为例，鼠标单击幻灯片中的“单击此处添加标题”占位符，输入论文标题“中医电子‘四诊’信息采集系统研究”。单击副标题占位符，输入个人专业、年级、姓名等信息，如图 4.3 所示。

（3）单击“新建幻灯片”按钮，新建出第二张幻灯片，默认版式为“标题和内容”。将论文第一章标题填入“单击此处添加标题”的位置，将论文第一章内容填入“单击此处添加文本”的位置。PowerPoint 会自动在每一个段落前加上一个项目符号。

（4）拖动鼠标，选中“1.1 电子病历的发展现状”文字，字体设置为黑体、27 号字、加粗，如图 4.4 所示。将 1.2 节标题文字做同样的格式设置。

（5）单击“新建幻灯片”按钮，新建出第三张幻灯片，默认版式为“标题和内容”。将第二章内容填入相应“占位符”。

（6）拖动 2.2.1 小节前的项目符号，使之级别降低一级。同样拖动 2.2.2 小节前的项目符号，使之与 2.2.1 小节同级别，如图 4.5 所示。

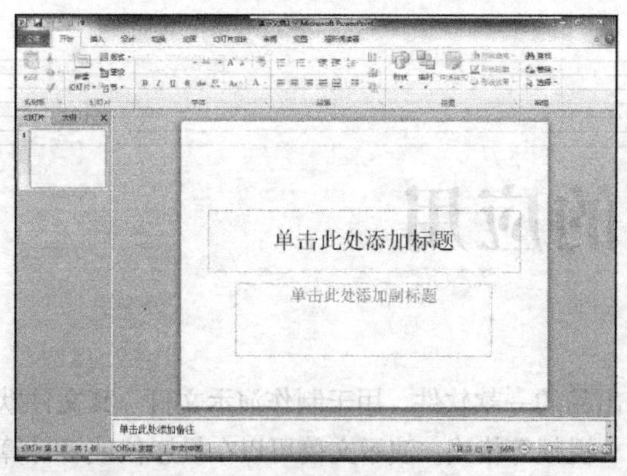

图 4.2　创建新演示文稿

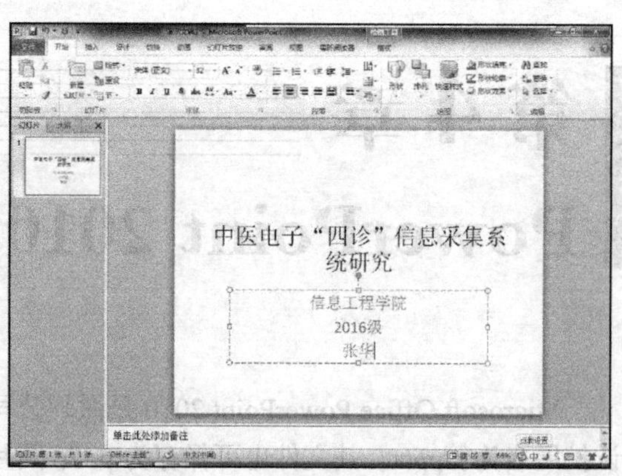

图 4.3　在占位符中输入文字

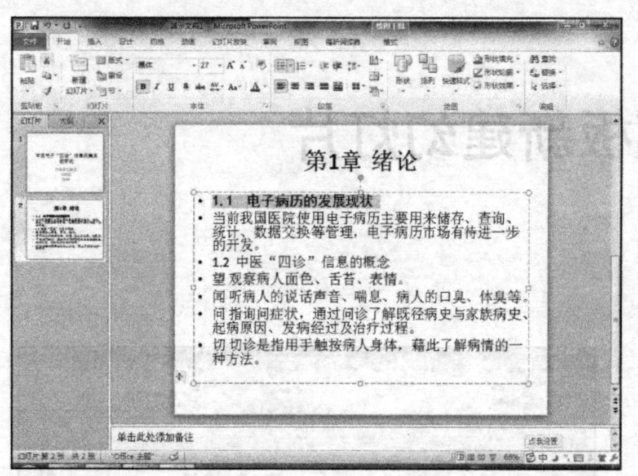

图 4.4　修改幻灯片中文字格式

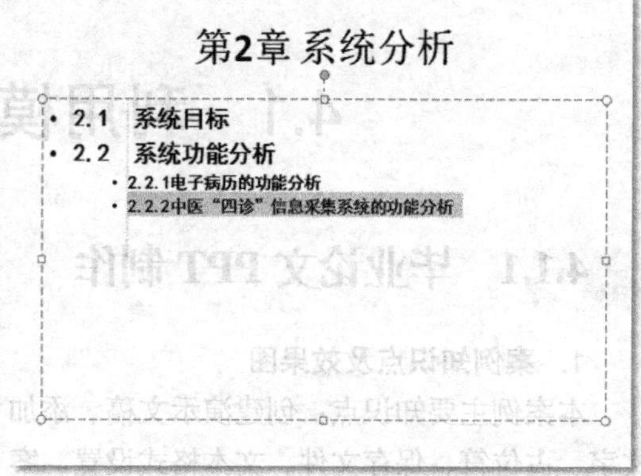

图 4.5　修改幻灯片中项目级别

（7）同样的方法完成第三章内容的制作。每节标题（如 1.1、1.2、2.1、2.2、3.1、3.2）字体都设置为黑体、27 号字、加粗。其他文字格式按 PPT 默认格式进行设置。

（8）完成 4 页幻灯片后，单击“保存”按钮。在弹出的对话框中，保存路径选择“本地磁盘 D:”、文件名为“毕业论文”、保存类型为默认的“PowerPoint 演示文稿”，如图 4.6 所示。至此，一个 PPT 演示文稿制作完毕。

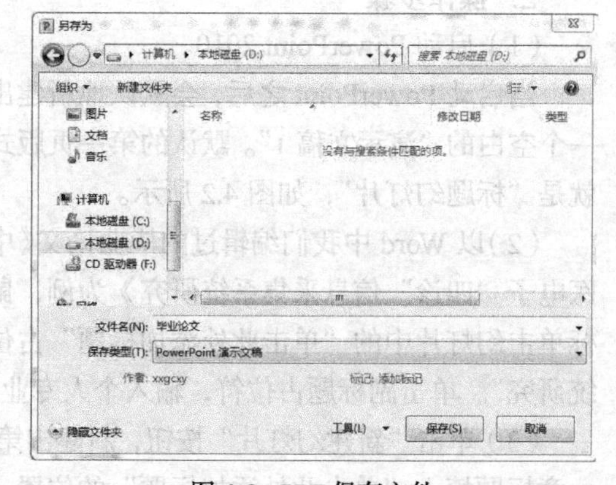

图 4.6　PPT 保存文件

4.1.2　利用 Word 文档建立 PPT 文件

1. 案例知识点及效果图

本案例主要知识点：利用已有 Word 文档建立 PPT 文件，并进行版式修改。案例效果图如图 4.7 所示。

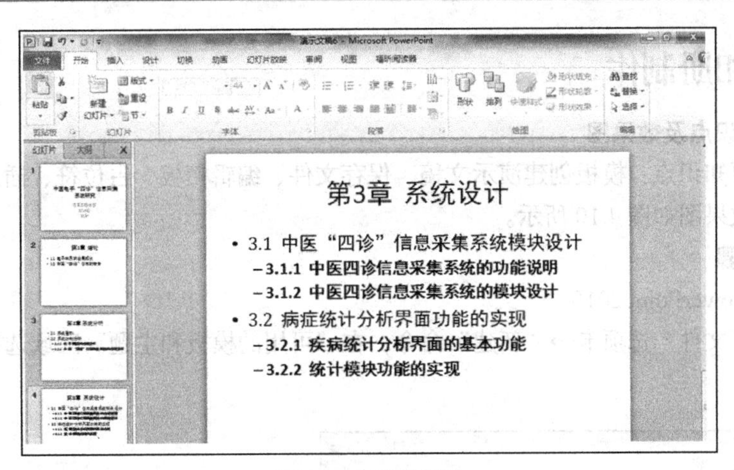

图 4.7　案例效果图

2. 操作步骤

（1）在 Word 中打开我们编辑过的毕业论文《中医电子“四诊”信息采集系统研究》。

（2）因为 Word 中该功能不常用，所以需要先将该功能设置到“快速访问工具栏”上。选择“文件”选项卡→“选项”命令中“快速访问工具栏”选项。

（3）在“自定义快速访问工具栏”的“从下列位置选择命令”选项中，选择“不在功能区中的命令”；在下拉列表中选择“发送到 Microsoft PowerPoint”选项；单击“添加”按钮。将该功能添加到“快速访问工具栏”。最后单击“确定”按钮，如图 4.8 所示。

（4）单击 Word 左上角的“快速访问工具栏”中的“发送到 Microsoft PowerPoint”按钮，自动生成一个新的演示文稿，如图 4.9 所示。

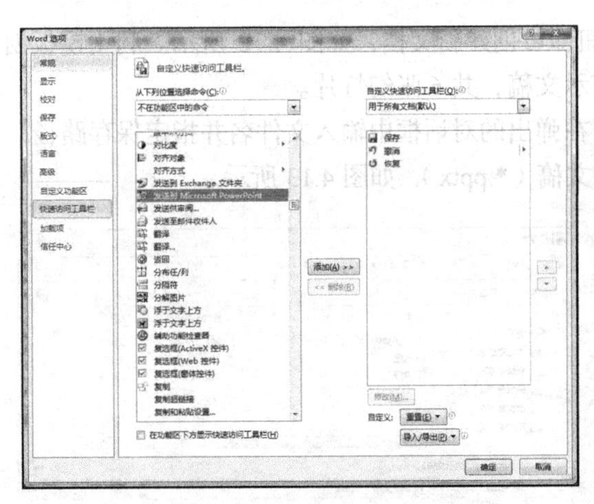

图 4.8　Word 中自定义快速访问工具栏

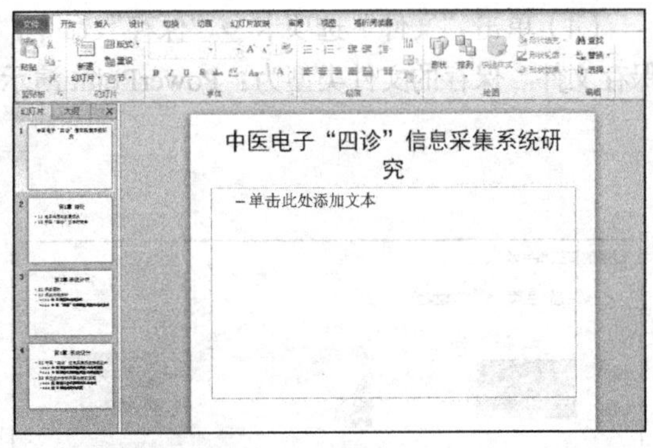

图 4.9　由 Word 文档创建出 PPT 演示文稿

（5）第一张幻灯片默认版式是“标题和内容”，选中第一张幻灯片，选择“开始”选项卡中的“版式”按钮，单击其旁边的小三角符号，展开版式选项。选择“标题幻灯片”版式，将第一张幻灯片版式修改为“标题幻灯片”版式。

（6）在副标题占位符中输入个人班级、专业、姓名等信息。至此，演示文稿制作完毕。

因为该 Word 文档已经做过各个级别的设置，所以由之形成的演示文稿能很好地创建出各个幻灯片的标题及内容。

4.1.3 相册制作

1. 案例知识点及效果图

本案例主要知识点：模板创建演示文稿、保存文件、编辑模板、占位符、插入图片、文本格式设置。案例效果图如图 4.10 所示。

2. 操作步骤

（1）启动 PowerPoint 2010。

（2）单击“文件”选项卡→“新建”命令，在“可用的模板和主题”区域选择“样本模板”，如图 4.11 所示。

图 4.10 案例效果图

图 4.11 “新建”样本模板

（3）选择“现代型相册”，单击“创建”按钮即可创建新文档，如图 4.12 所示。利用模板创建相册文档，此时会得到一个图文并茂的完整演示文稿，共 6 张幻灯片。

（4）单击“文件”选项卡→“保存”命令，在弹出的对话框中输入文件名并指定保存路径，保存文件。保存的文件类型为：PowerPoint 演示文稿（*.pptx），如图 4.13 所示。

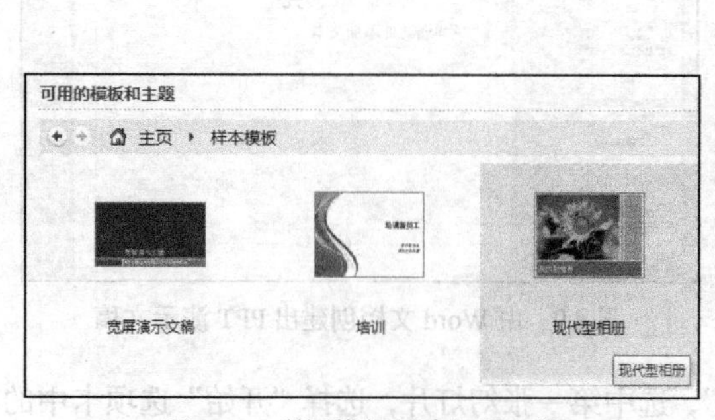

图 4.12 利用模板创建相册文档

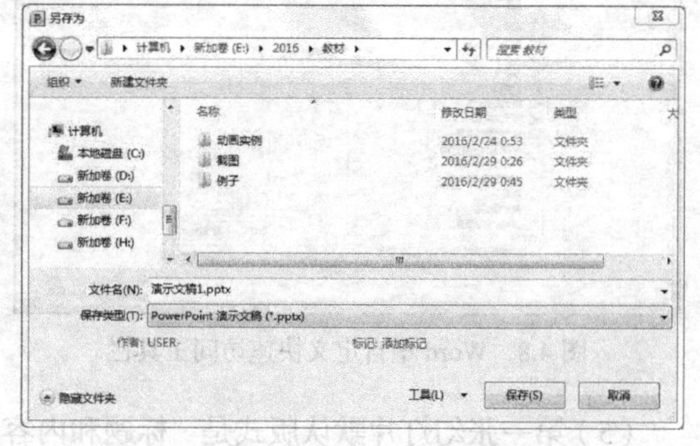

图 4.13 “另存为”对话框

（5）选中第一张幻灯片中的图片，单击 Delete 键，删除图片。

（6）在“单击图标添加图片”的文本框中单击“插入图片”按钮，如图 4.14 所示。

（7）在弹出的插入图片对话框中选择图片 1，如图 4.15 所示，插入相应占位符预留的位置。

（8）鼠标单击“现代型相册”文字所在文本框，并拖动选中这些文字，按回格键删除所选文字，输入“海滨美景”。

图 4.14　“插入图片”按钮

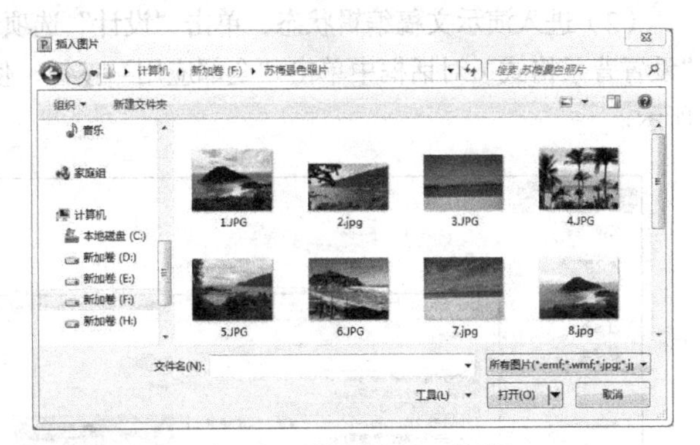

图 4.15　“插入图片”对话框

（9）单击“单击此处添加日期或详细信息”文本框，无需按删除键，输入“南园岛”。

（10）选中文字，单击“开始”选项卡中的“文字方向”，选择“竖排”，如图 4.16 所示。

（11）鼠标拖动“南园岛”文本框边框，使之变窄，让文字一个一个竖向排列。

（12）选中“南园岛”文本框，选择“开始”选项卡的“对齐文本”，选择“居中”命令项，如图 4.17 所示。

（13）重复使用上述步骤，依次替换幻灯片中其他图片和相应文字，完成海岛相册幻灯片文件的制作。单击“保存”按钮，保存好文件。

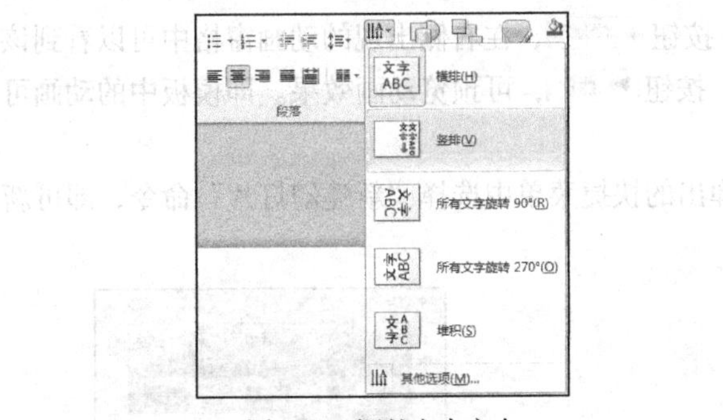

图 4.16　调整文字方向

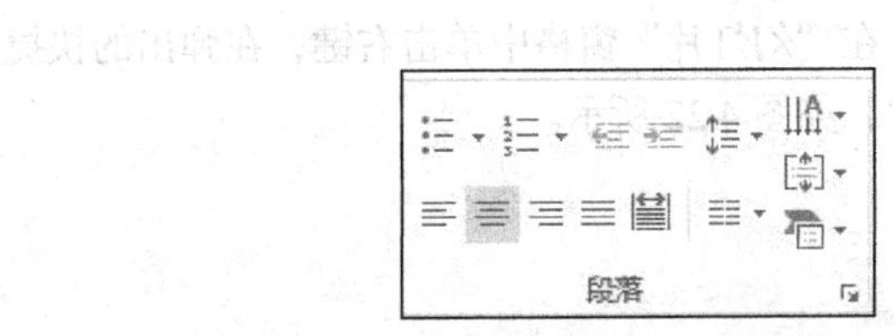

图 4.17　对齐文本

4.1.4　中药学讲义制作（一）

1. 案例知识点及效果图

本案例主要运用的知识点有：模板创建演示文稿、修改模板背景、新建幻灯片、移动幻灯片、修改幻灯片版式、在占位符中添加文本、创建模板。案例效果图如图 4.18 所示。

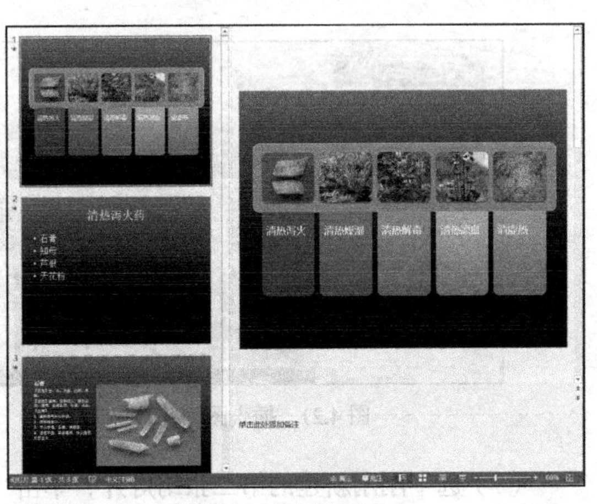

图 4.18　案例效果图

2. 操作步骤

（1）启动 PowerPoint 2010，选择“文件”选项卡→“新建”命令，单击“我的模板”，在弹出的“新建演示文稿”对话框中选择“具有彩色文本选项卡的图片列表动画”，单击“确定”按钮，如图 4.19 所示。

（2）进入演示文稿编辑状态，单击“设计”选项卡，在“背景”组中单击 按钮，在弹出的“设置背景格式”对话框中单击“全部应用”按钮，使得该演示文稿有统一的背景色，如图 4.20 所示。

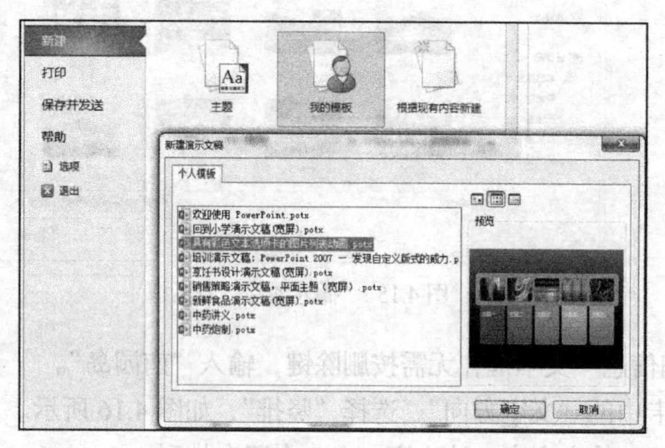

图 4.19　个人模板

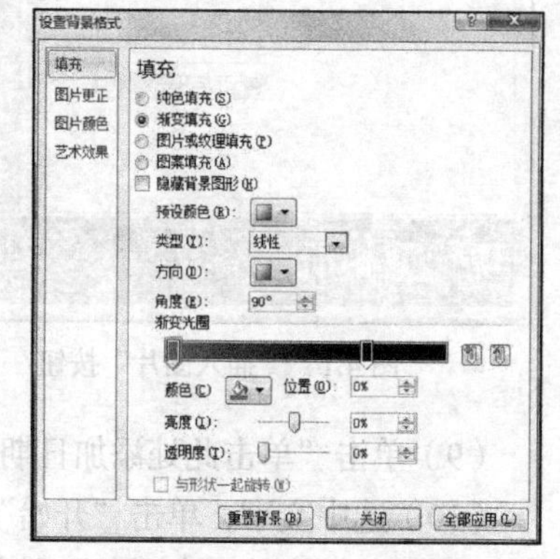

图 4.20　设置背景格式

（3）选中幻灯片中的图片，按 Delete 键删除幻灯片中的图，并单击图像占位符中的 按钮，插入适当图片。单击“主题一”文本框，删除文字，并输入“清热泻火”，如图 4.21 所示。

（4）依次修改第一页幻灯片中的文字，分别改为“清热泻火”“清热燥湿”“清热解毒”“清热凉血”“清虚热”。图片插入相应的药材图片。

（5）单击“动画”选项卡→“动画窗格”按钮 动画窗格，在右侧出现的动画窗格中可以看到该模板中已经设置好的动画状态，单击“播放”按钮 ▶ 播放，可预览动画效果。即模板中的动画可直接应用于相应占位符上的对象。

（6）在“幻灯片”窗格中单击右键，在弹出的快捷菜单中选择“新建幻灯片”命令，即可新建幻灯片，如图 4.22 所示。

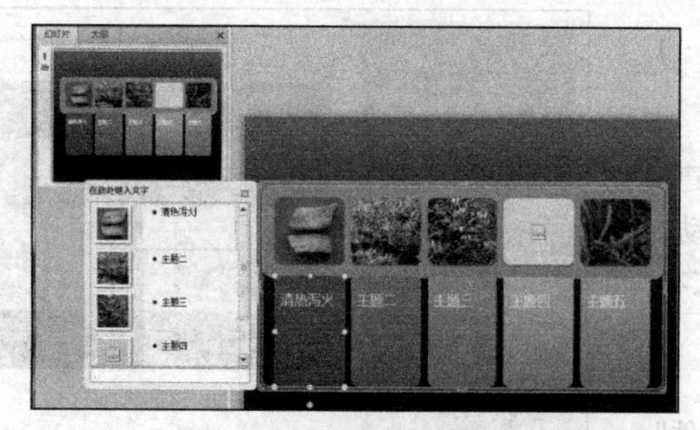

图 4.21　插入图片并替换文字

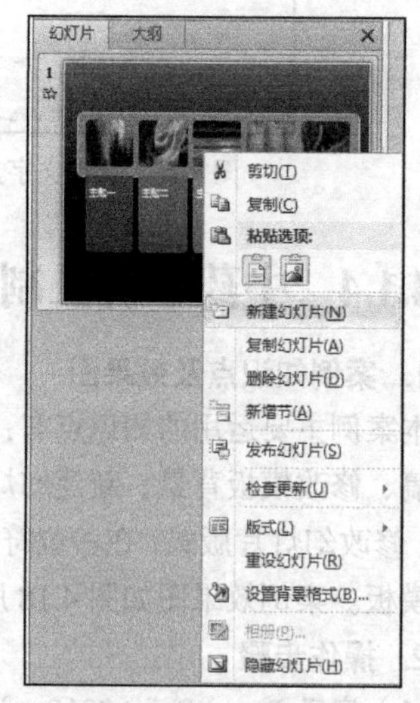

图 4.22　新建幻灯片

（7）选中刚刚新建的第二张幻灯片，单击“开始”选项卡→“版式”命令，在弹出的列表中选择“内容与标题”，如图 4.23 所示。

（8）单击“单击此处添加标题”占位符，输入“石膏”；单击右侧“单击此处添加文本”占位符中的插入图片按钮，插入石膏图片。

（9）单击左侧“单击此处添加文本”占位符，在该文本框中，输入文字“【药性】甘、辛，大寒。归肺、胃经。【功效】生用：清热泻火，除烦止渴；煅用：敛疮生肌，收湿，止血。【应用】A. 温热病气分实热证。B. 肺热喘咳证。C. 胃火牙痛、头痛、消渴证。D. 溃疡不敛、湿疹瘙痒、水火烫伤、外伤出血。”此时文字为黑色，在深色的背景中不明显。

（10）选中该文本框，单击“开始”选项卡“文字颜色”按钮，将文本框中字体颜色设置为白色。后面所有出现的幻灯片都用此法将字体设置为白色，如图 4.24 所示。

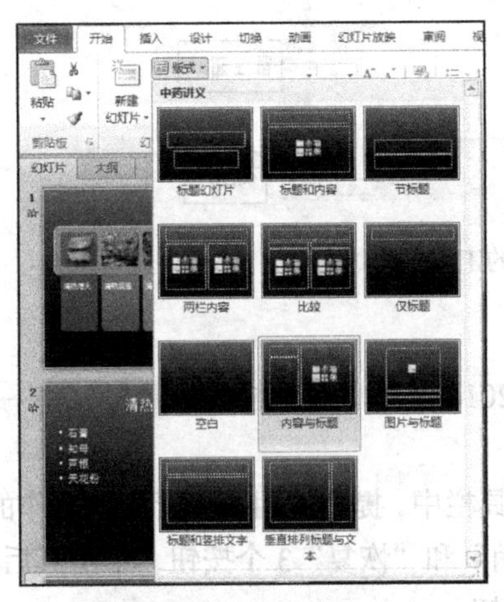

图 4.23　版式设置

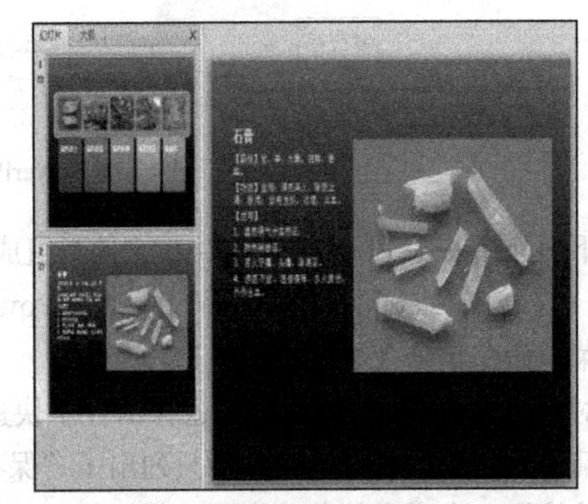

图 4.24　完成第二张幻灯片效果

（11）按 Ctrl+M 组合键，插入新的幻灯片。

（12）在幻灯片窗格选中新插入的幻灯片，将其向上拖动至第一张和第二张两张幻灯片中间，放开鼠标，将其移动至第二张幻灯片位置。

（13）单击“开始”选项卡→“版式”，选择“标题和内容”。

（14）单击“单击此处添加标题”，输入“清热泻火药”。单击“单击此处添加文本”输入“石膏”“知母”“芦根”“天花粉”，每输入一个词按 Enter 键一次。可得到效果图中第二张幻灯片的效果。

（15）单击“文件”选项卡中“另存为”命令，在另存为对话框中将文件类型改为 PowerPoint 模板，扩展名为 pptx，不修改默认路径，默认路径一般为“C:\Users\Administrator\AppData\Roaming\Microsoft\Templates”。将该文件另存为模板，以备后用。

补充：如果不保存为模板，重复插入幻灯片，并像上述（8）一样，输入药品性状并插入相应药品图片，完成中药讲义演示文稿。单击快速访问工具栏中的“保存”按钮，输入文件名为“中药讲义”，保存类型为 PowerPoint 演示文稿（*.pptx）并单击“保存”按钮，则完成的是一个演示文稿文件，而不是模板。

4.1.5　知识点详解

1. PowerPoint 2010 界面

启动 PowerPoint 2010 后打开 PowerPoint 2010 的工作界面，如图 4.25 所示。

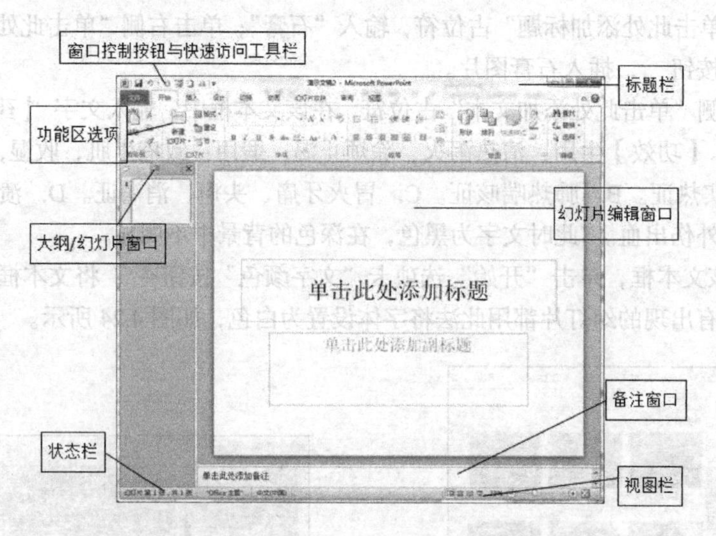

图 4.25　PowerPoint 2010 的工作界面

下面介绍一下 PowerPoint 2010 的各个组成部分。

（1）“文件”按钮与快速访问工具栏。PowerPoint 2010 简化了菜单栏和工具栏，将一些最常用的菜单命令集合在了“文件”选项卡中。

对于一些常用的快捷按钮，也保留在了快速访问工具栏中，提高了用户执行常规操作的效率。默认情况下，快速访问工具栏中只列出了“保存”“撤销”和“恢复”3 个按钮，单击其后的三角形下拉按钮，在弹出的菜单中可选择添加其他的常用按钮。

（2）标题栏。标题栏显示程序名称、当前处于活动状态的文件名及窗口控制按钮。

（3）功能区选项卡。PowerPoint 2010 与早期版本相比，最显著的不同之处在于其功能区，该部分是一个动态的带状区域，由多个选项卡组成。每个选项卡集成了多个功能组，每个组中又包含了多个相关的按钮或选项。

在用户编辑幻灯片的过程中，软件会自动判断当前需要进行的操作类别，并在功能区中切换到相应的选项卡下，以便用户选择。

（4）幻灯片编辑窗格。幻灯片编辑窗格位于工作界面的中间，主要用于显示和编辑幻灯片，是整个界面中最重要的区域，所有幻灯片都是在这里完成制作的。

（5）大纲/幻灯片窗格。大纲/幻灯片窗格位于幻灯片编辑窗格的左侧，用于显示当前演示文稿的内容结构，如幻灯片的数量及位置等。它包括“大纲”和“幻灯片”两个选项卡。

① 大纲窗格。该窗格主要显示幻灯片中各级文本的内容，通过它可以清晰地了解演示文稿的文本结构，也可以对各级文本进行修改与增删。

② 幻灯片窗格。该窗格主要以缩略图的形式显示演示文稿中的幻灯片，在这里可以进行幻灯片的切换、增删及位置的调换等。

（6）备注窗格。备注窗格位于幻灯片编辑窗格的下方，用户可在此处添加对当前幻灯片的说明或备注信息。

（7）状态栏。状态栏位于工作界面最底部左侧，用于显示当前演示文稿的页数、总页数、模板类型及语言状态等内容。

（8）视图栏。状态栏的右侧是视图栏，它显示了视图切换按钮、当前显示比例和调节页面显示比例按钮。PowerPoint 2010 中为用户提供了多种视图查看方式，界面中提供了常用的 3 种视图的按钮，即“普通视图”按钮、“幻灯片浏览视图”按钮和“幻灯片放映视图”按钮。

① 普通视图。普通视图是使用频率最高的一种视图方式，所有的幻灯片的编辑操作都可以在该视图下进行。

② 幻灯片浏览视图。幻灯片浏览视图使用户可以很方便地浏览整个演示文稿，以便对前后幻灯片中不协调的地方进行修改。

③ 幻灯片放映视图。幻灯片放映视图是把演示文稿中的幻灯片以全屏幕的方式显示出来，就像真实地放映幻灯片，如果设置了动画特效、画面切换等效果，在该视图下也可以浏览。

2. 根据模板创建演示文稿

单击“文件”选项卡→“新建”命令，在“可用的模板和主题”区域有许多模板可供选择，用户选择相应模板图标，单击“创建”按钮即可创建新文档；或者双击相应模板图标也可创建新文档。

模板分为“样本模板”“我的模板”和“office.com 模板”3 种，样本模板为本机所带模板，“我的模板”为用户自建模板，“office.com 模板”需连接 Internet 网络下载后才可应用。

模板是包含有完整格式以及示例内容的文件，用户只需对由模板创建的演示文稿做一定的修改即可快速创建一个图文并茂、有动态画面的演示文稿。

3. 保存文件的具体操作

（1）单击“文件”选项卡，在左侧选择“保存”命令或单击快速访问工具栏中的“保存”按钮，将弹出“另存为”对话框。

（2）如果是第一次保存文件，此时文件使用的是系统默认的“演示文稿 1”文件名，

用户要使用自定义的文件名，只需在“文件名”下拉列表框中输入一个新的文件名即可。

（3）单击“保存位置”下拉列表框的下拉按钮，在弹出的下拉列表中选择文件要保存的位置。

（4）使用默认的演示文稿保存类型“*.pptx”。PowerPoint 2010 有多种文件格式，最常用的是 ppt 和 pptx。pptx 是模板文件扩展名，文件保存成这种类型则成为模板，以后可以将此文件作为模板使用。

（5）单击“保存”按钮，即将新建的演示文稿保存在指定的位置。

（6）若文件已经保存过，这时单击“保存”命令将不会弹出“另存为”对话框，而是直接以原文件名保存在原位置。这时可在“文件”选项卡中单击“另存为”命令，弹出“另存为”对话框。

4. 新建幻灯片有许多种方式

方法 1：“开始”选项卡→“新建幻灯片”按钮。

方法 2：“插入”选项卡→“新建幻灯片”按钮。

方法 3：快捷键 Ctrl+M。

方法 4：“普通视图”下，用鼠标选中“幻灯片窗格”中的某一幻灯片，然后按下回车键。

方法 5：“普通视图”下，用鼠标选中“幻灯片窗格”中的某一幻灯片，单击鼠标右键，在弹出的快捷菜单中选择“新建幻灯片”。

在方法 1 与方法 2 中，单击在“新建幻灯片”旁的小三角形按钮可以为新插入的幻灯片选择不同的幻灯片版式。

5. 移动幻灯片

在“普通视图”的“幻灯片窗格”中选中幻灯片，拖动至目标位置（有“一”字型图标跟随鼠标移动表示插入点），放开鼠标左键，即可移动选中的幻灯片。若拖动过程同时按住 Ctrl 键，

则会复制选中的幻灯片。

6. 添加文本

在“单击此处添加标题”“单击此处添加文本”之类的提示处，单击即可在相应位置添加文本。对于文本格式的设置既可选中文字进行设置，也可选中相应文本框进行设置，其设置方式与 Word 中几乎一样，就不再复核。需注意的是在 PowerPoint 中文字必须出现在文本框中，若使用的是“空白”版式幻灯片，则需单击“插入”选项卡→“文本框”命令，在幻灯片中插入文本框才能在文本框中添加文字。在大纲视图中只能显示预设版式文本框中的文字内容，用户插入的文本框中的内容在大纲视图中将不显示。

7. 更改幻灯片版式

在“开始”选项卡的“幻灯片”组中，出现图 4.26 所示的几个按钮，分别是“版式”“重设”“节”。

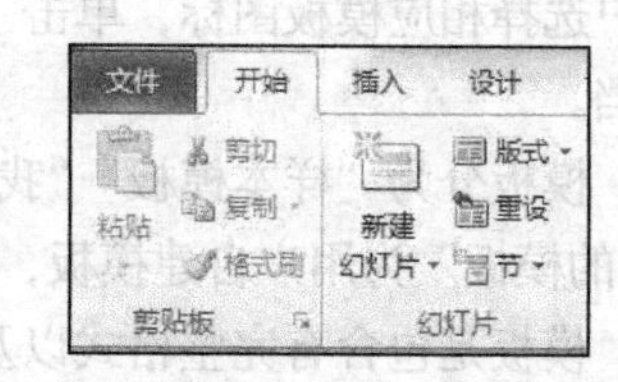

图 4.26 “开始”选项卡-“幻灯片”组

（1）选中幻灯片，单击“版式”旁的小三角按钮，在弹出的版式中选择相应版式，即可修改当前选中幻灯片的版式。

（2）通过拖动幻灯片页面上文本框的位置对版式进行调整，若调整的结果不满意可以单击“重设”按钮，将文本框位置还原。

4.2 利用主题新建幻灯片

4.2.1 个人简历的制作

1. 案例知识点及效果图

本案例主要运用的知识点有：利用主题创建演示文稿、修改主题、修改主题格式、复制幻灯片、删除幻灯片。案例完成效果图如图 4.27 所示。

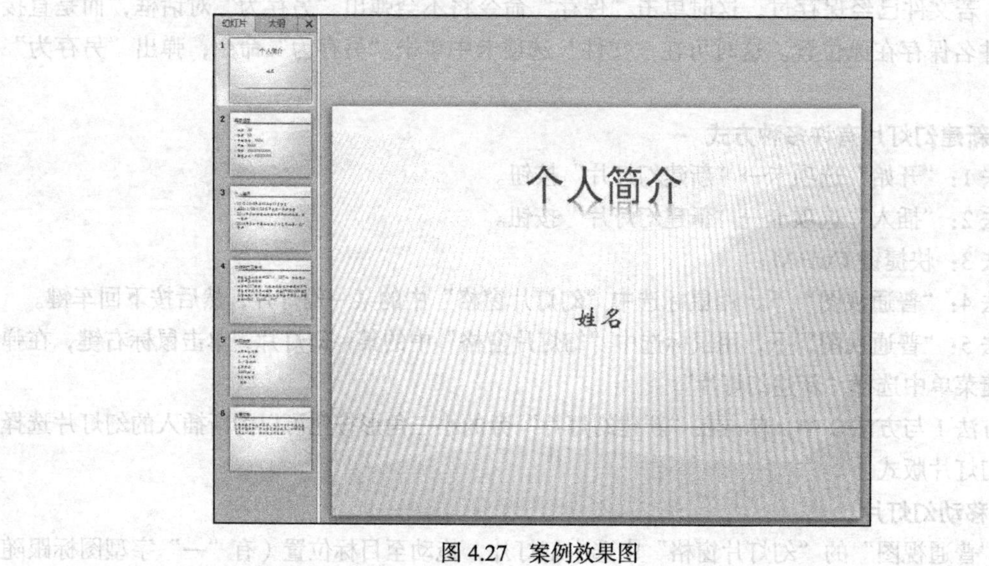

图 4.27 案例效果图

2. 操作步骤

（1）启动 PowerPoint 2010。单击“文件”选项卡→“新建”命令，选择“主题”。在“主题”中选择“跋涉”，双击“跋涉”，创建新演示文稿，如图 4.28 所示。

（2）拖动“单击此处添加标题”占位符边框至幻灯片上方。继续选中边框，单击“开始”选项卡→“字体”组，将字号改为“54”，“段落”组对齐方式设置为“居中对齐”。单击此占位符内部，输入“个人简介”。

（3）单击“单击此处添加副标题”输入“姓名”，选中“姓名”，将字号改为“36”，对齐方式为“居中对齐”。

（4）单击“设计”选项卡→“背景”组→“背景样式”，选择“样式 9”，改变该主题背景图，如图 4.29 所示。

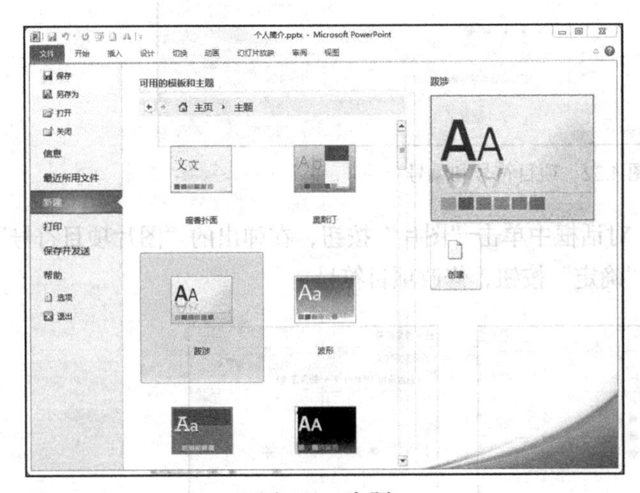

图 4.28 主题

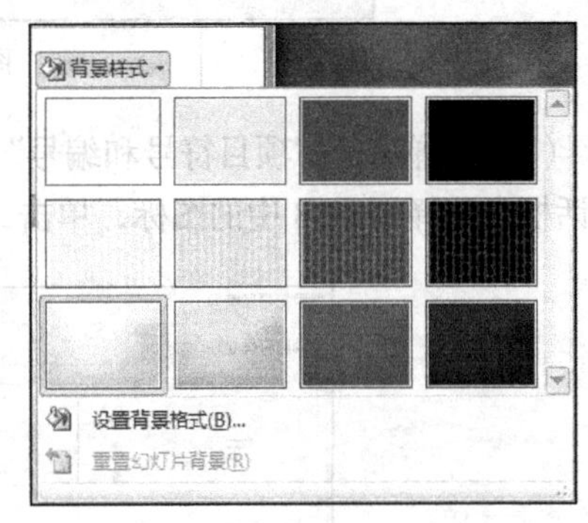

图 4.29 背景样式

（5）单击“设计”选项卡→“主题”组→“颜色”，选择“华丽”，如图 4.30 所示。

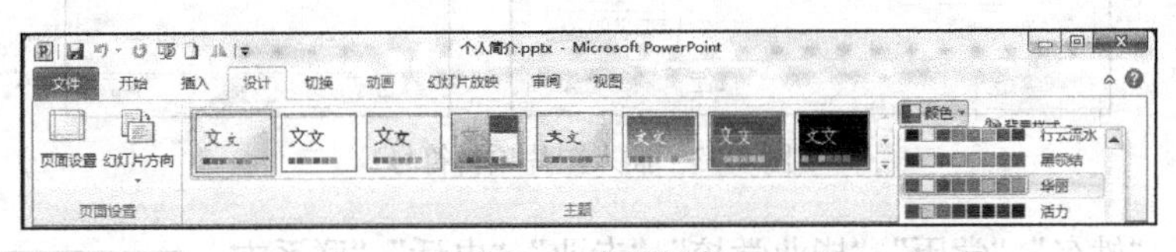

图 4.30 主题颜色

（6）单击“设计”选项卡→“主题”组→“字体”，选择“华丽”，单击右键，在弹出的快捷菜单中选择“应用于所有幻灯片”，如图 4.31 所示。

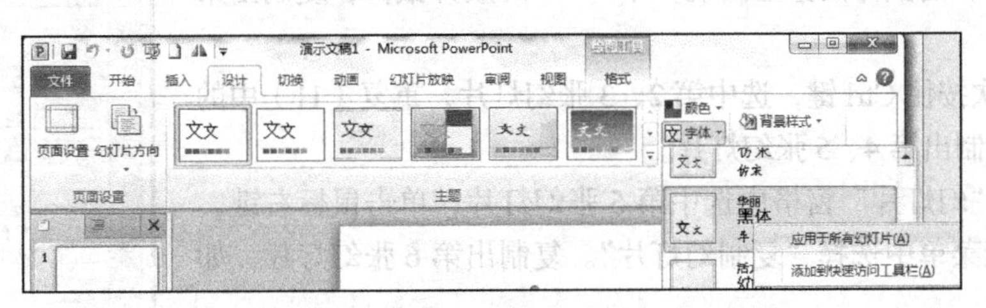

图 4.31 主题字体

（7）单击“开始”选项卡→“新建幻灯片”按钮。添加一张新幻灯片，系统自动使用“标题和内容”版式。

（8）在标题栏占位符上单击，输入“基本信息”。在内容占位符上单击，进入文本编辑状态。单击“开始”选项卡→“段落”组→“项目符号”按钮右边的三角符号，在弹出的下拉框中选择“项目符号和编号”，如图4.32所示。

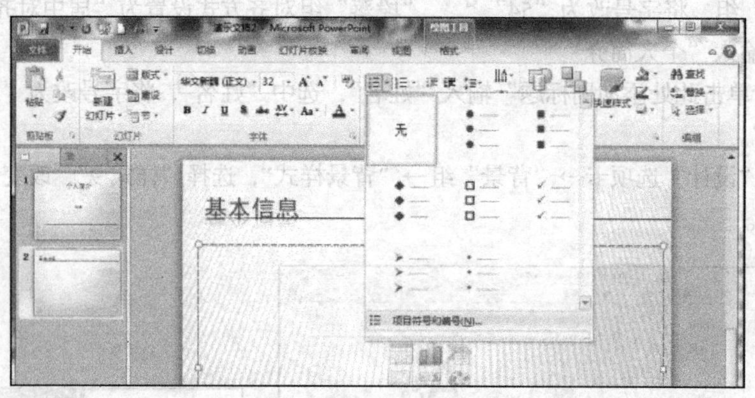

图4.32　项目符号和编号

（9）在弹出的“项目符号和编号”对话框中单击“图片”按钮，在弹出的“图片项目符号”对话框中选择图4.33中的图标，单击“确定”按钮，修改项目符号。

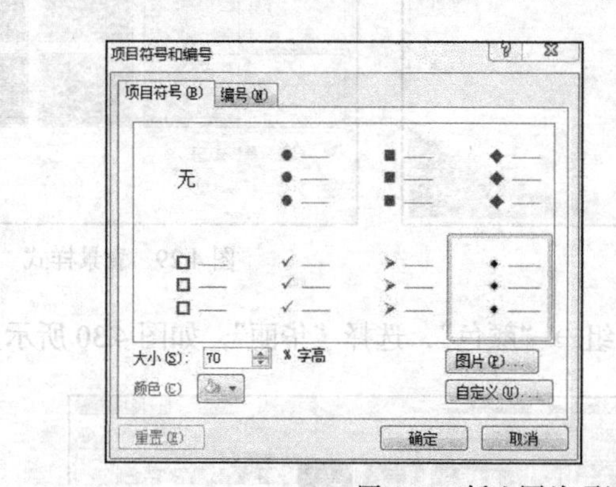

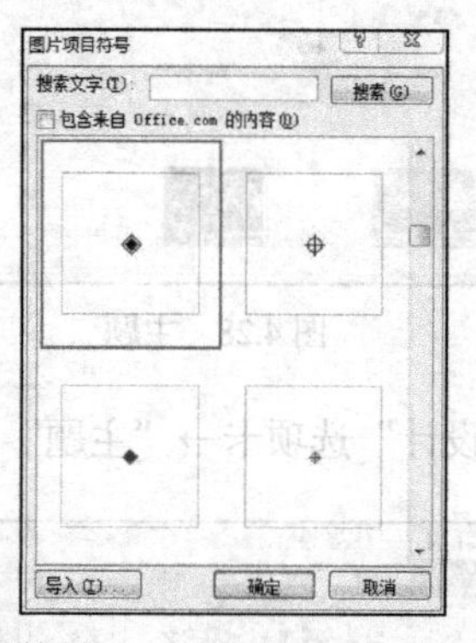

图4.33　插入图片项目符号

（10）输入“姓名”“学历”“毕业学校”“专业”“电话”“联系方式”等内容。

（11）在“幻灯片”窗格中选中第二张幻灯片，按住Ctrl键同时向下拖动鼠标，当鼠标图标上出现一个“+”时放开鼠标，复制出第三张幻灯片。

（12）再次按住Ctrl键，选中第2、3张幻灯片，重复（11）中的复制操作，复制出第4、5张幻灯片。

（13）在“幻灯片”窗格中选中第5张幻灯片，单击鼠标右键，在弹出的快捷菜单中选择“复制幻灯片”。复制出第6张幻灯片，如图4.34所示。

（14）修改第3、4、5、6张幻灯片中的内容，分别改为“个人经历”“求职意向”“工作能力及专长”“发展方向”。

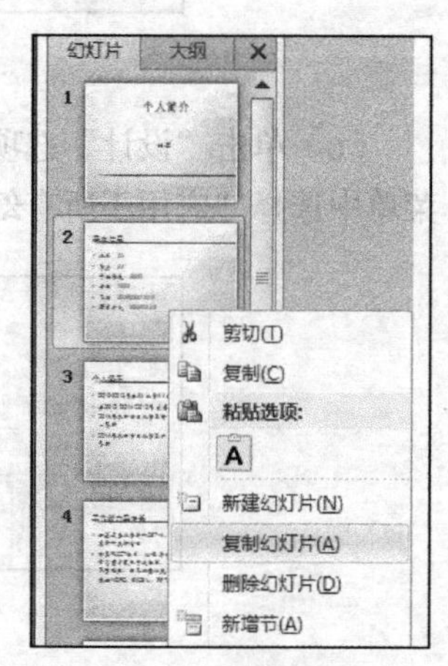

图4.34　复制幻灯片

（15）以“求职意向”为例：输入“应聘职位类型”“月薪要求”“可到职时间”。输完每项后按 Enter 键，后前面自动出现项目符号图片。在“应聘职位类型”后按 Enter 键，单击“编号”按钮，输入“公司文职”，鼠标拖动项目编号“1”，使之后退一个字符位置，再次按 Enter 键，出现编号“2”，输入“广告设计”。在“月薪要求”后面按 Enter 键，然后按回格键，删除出现的项目符号图片，输入“5000 元/月”。至此，完成案例。

（16）修改完上述内容后，单击“开始”选项卡中的“保存”命令，保存“个人简历”演示文稿即可。

4.2.2　知识点详解

1. 应用主题创建演示文稿

在“文件”选项卡单击“新建”命令，在“可用的模板和主题”窗口中选择“主题”，打开“主题”窗格，其中显示已安装的主题的缩略图和名称。单击“创建”按钮或者双击相应主题图标即可创建应用该主题的新文档。

主题决定了文稿的外观和风格，每个主题都有固定的文字格式和配色方案，用户可以在这些设计方案基础上制作演示文稿。选择该项后，用户先选择一种主题，然后建立文稿的内容。

与之前介绍的模板创建演示文稿的方法相比，主题仅确定了文稿的外观风格，每一张幻灯片还需要制作者添加、制作；而模板创建一般是创建了一个完整的文件，会包含多张幻灯片以及幻灯片的格式、内容、动画等。

除此之外，也可以在新建时选择“空白演示文稿”，创建仅有版式，没有其他任何格式的文档。事实上，启动 PowerPoint 时，就会自动创建一个空白演示文稿。

2. 修改主题

单击“设计”选项卡中“所有主题”组的下拉三角按钮，可展开主题列表，从中可选择主题应用于已经创建的演示文稿，如图 4.35 所示。

图 4.35　修改主题

（1）如果单击某主题项，则将该主题应用于此演示文稿的所有幻灯片中。

（2）如果右键单击某主题项，将弹出快捷菜单，可选择是将该主题“应用于所有幻灯片”还是“应用于选定幻灯片”。

（3）也可如图 4.35 列表最下方所示，单击“保存当前主题”，将当前的背景、字体、颜色等设置作为一个主题保存，以便以后使用。

3. 修改主题部分内容

（1）修改主题颜色。如上例中，可通过单击“设计”选项卡→“主题”组→“颜色”来改变现有主题使用的配色。也可以单击“颜色”列表中最下方的“新建主题颜色”来自定义该主题各种配色，如字体颜色、背景颜色、超链接颜色等。

（2）修改主题字体。如上例中，可通过单击“设计”选项卡→“主题”组→“字体”来改变现有主题使用的字体。也可通过单击“字体”列表中最下方的“新建主题字体”来自定义该主题的字体。

（3）修改背景样式。如上例中，可通过单击“设计”选项卡→“背景”组→“背景样式”来改变现有主题的背景图案。

单击“背景样式”列表中的“设置背景格式”命令，会弹出“设置背景格式”对话框，如图 4.36 所示。

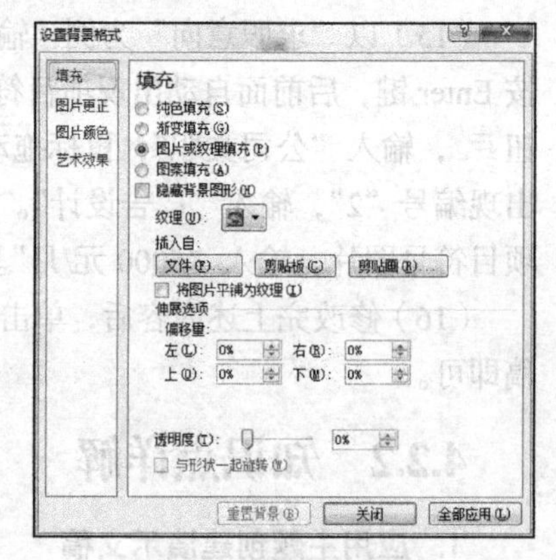

图 4.36 设置背景格式

在背景格式的“填充”项中有以下选择。

- 纯色填充：选择单一颜色作为背景。
- 渐变填充：选择两种以上颜色过渡作为背景。
- 图片或纹理填充：选择一种 Office 提供的纹理图案作为背景，或者插入图片文件或剪贴画作为背景。只有使用这种填充方式，背景格式中的“图片更正”“图片颜色”“艺术效果”这几个选项中的设置才能使用。
- 图案填充：利用 Office 提供的各种点、线组成的图案作为背景图案，可设置图案的前景色和背景色。

在有主题的情况下，上述几种填充方式都会在背景色/背景图案上显示该主题的“背景图形”。选择“关闭”按钮，则该背景格式仅应用于选中的幻灯片；选择“全部应用”，则该背景格式应用于该演示文稿中的所有幻灯片。

“重置背景”按钮则是取消刚才对背景的所有设置，恢复到该主题默认的背景格式。

（4）背景图形。背景图形是主题提供的一种图案，它覆盖在背景格式所提供的各类背景色或背景图案之上。可以通过选择“隐藏背景图形”复选框使其不显示。

4. 复制幻灯片

复制或移动幻灯片的方式有如下 4 种。

方法 1：选中幻灯片，单击鼠标右键，在弹出的快捷菜单中选择“复制幻灯片”，即可将选中的幻灯片复制在所选幻灯片的下面。

方法 2：选中幻灯片，单击鼠标右键，在弹出的快捷菜单中选择“复制”，鼠标单击至要复制的位置，单击鼠标右键，在弹出的快捷菜单中选择“粘贴”，即可将选中的幻灯片复制在所选幻灯片的下面。

若在这个过程中选择的是“剪切”“粘贴”命令则为移动选中的幻灯片。

方法 3：在“普通视图”的“幻灯片窗格”中选中幻灯片，拖动至目标位置（有“—”字型图标跟随鼠标移动表示插入点），放开鼠标左键，即可移动选中的幻灯片。若拖动过程同时按住 Ctrl 键，则会复制选中的幻灯片。

方法 4：在“幻灯片浏览”视图中做“方法 3”中的各项步骤也可复制或移动幻灯片。

5. 删除幻灯片

选中幻灯片按 Delete 键可删除所选幻灯片；或者选中幻灯片后单击右键，在弹出的菜单中选择“删除幻灯片”也可以删除选定幻灯片。

4.3 利用母版设计幻灯片

4.3.1 中药学讲义制作（二）

1. 案例知识点及效果图

本案例主要运用的知识点有：利用母版创建演示文稿、编辑并修改母版。案例完成效果图如图 4.37 所示。

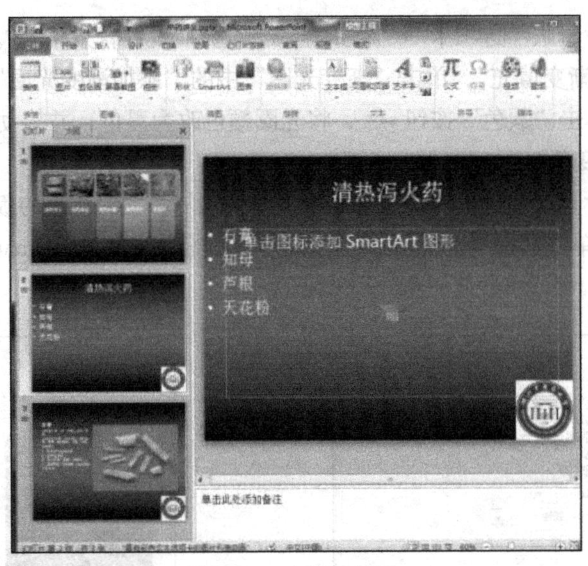

图 4.37　案例效果图

2. 操作步骤

（1）选择“开始”选项卡→“打开”命令，指定路径，打开 4.1.2 小节中制作的“中药学讲义”演示文稿。

（2）单击“视图”选项卡，在“母版视图”组中单击“幻灯片母版”按钮，进入幻灯片母版视图，如图 4.38 所示。

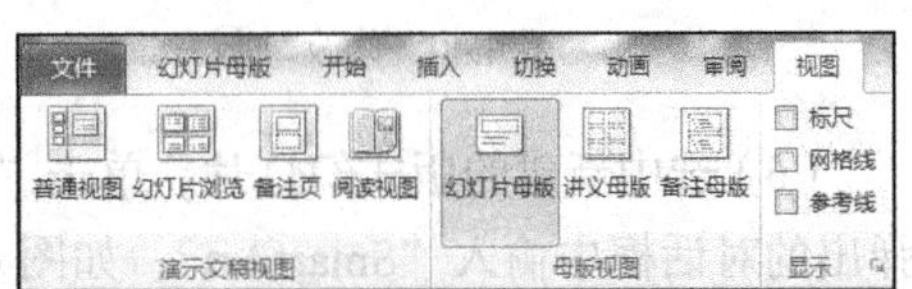

图 4.38　幻灯片母版按钮

（3）在幻灯片母版视图中，将左侧窗格滚动条拖至最上方，鼠标单击选中母版中最大的那张幻灯片(即最上方的幻灯片)。在幻灯片编辑区中，按住 Ctrl 键，单击标题占位符和文本占位符的边框，选中两个文本框，单击“开始”选项卡中“字体”组中的“文字颜色”按钮，选择白色，如图 4.39 所示。将幻灯片中的文字颜色全部改为白色。

图 4.39　修改母版字体颜色

（4）单击“幻灯片母版”选项卡→“背景样式”，选择“设置背景格式”。在弹出的“设置背景格式”对话框中选择“渐变填充”，单击“渐变光圈”中的“添加渐变光圈”按钮，单击选中新增加的“光圈”，单击“颜色”按钮，将光圈颜色改为黑色，并拖动两个黑色光圈至两头。按图 4.40 修改背景渐变色。

（5）单击“幻灯片母版”选项卡→“插入版式”按钮。选中新建的版式幻灯片，单击“插入占位符”，在弹出的菜单中选择“SmartArt”，在幻灯片上拖动出一个“SmartArt”图形占位符，如图 4.41 所示。

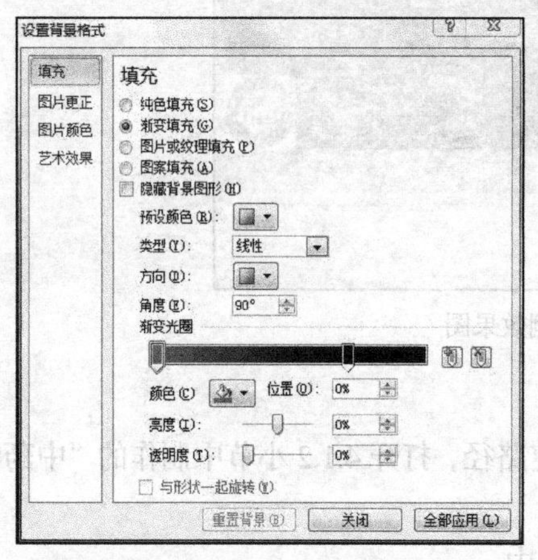

图 4.40 修改母版背景色

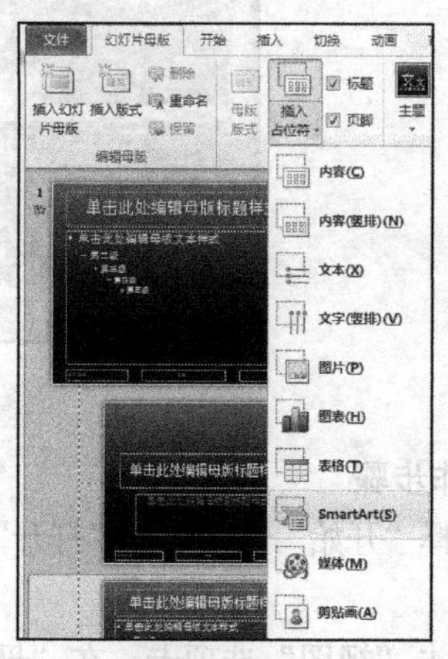

图 4.41 添加版式—插入占位符

（6）选中新建的版式幻灯片，单击“重命名”命令，在弹出的对话框中输入“SmartArt”，如图 4.42 所示。

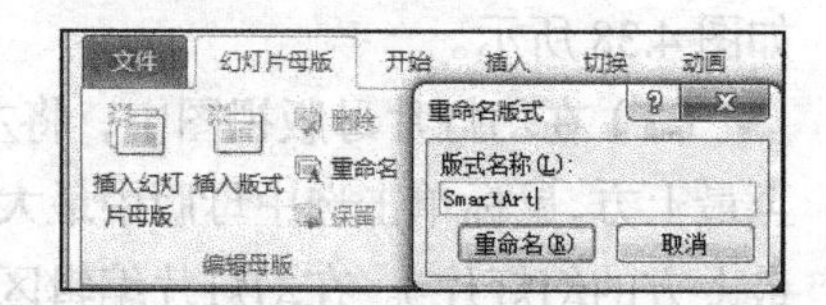

图 4.42 修改版式名称

（7）选中新建的“SmartArt”版式幻灯片，单击“插入”选项卡→“图片”按钮，插入一张湖北中医药大学的校徽图片。将校徽图片的宽和高都设置为 4 厘米，并调整位置至幻灯片右下角。

（8）选中竖排的“标题和内容”版式，同样将校徽插入，并调整为同样大小、同样位置，如图 4.43 所示。

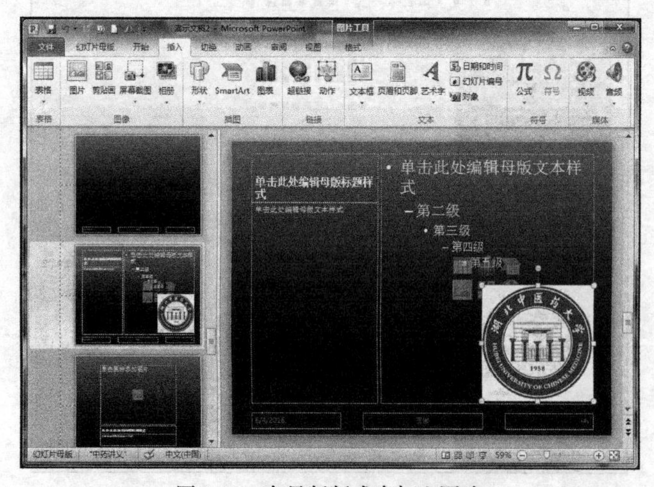

图 4.43 在母版版式中加入图片

（9）单击“视图”选项卡→“普通视图”按钮，返回幻灯片编辑状态，如图 4.44 所示。

（10）选中第 2 张幻灯片，单击“版式”，在下拉列表中单击“SmartArt”版式，将其版式改为“SmartArt”版式，如图 4.45 所示。

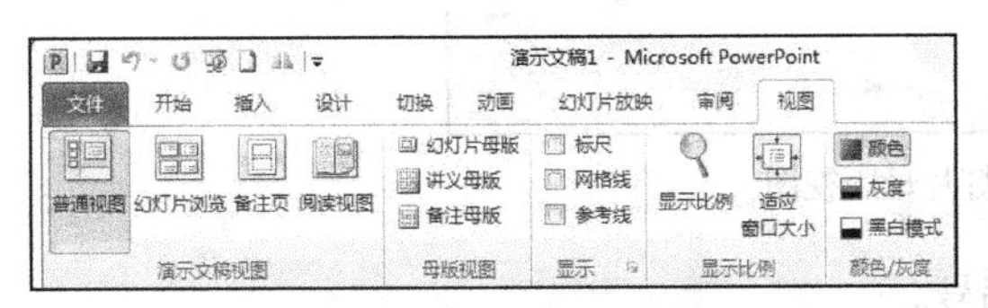

图 4.44　幻灯片编辑状态

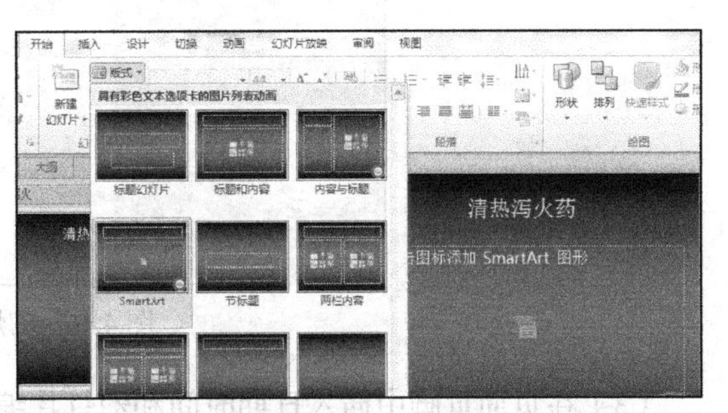

图 4.45　修改为“SmartArt”版式

（11）完成后，第 2、3 张幻灯片右下角会出现校徽，而且不可移动或修改，如图 4.37 所示。

4.3.2　知识点详解

在制作演示文稿时，通常各幻灯片应该形成一个统一和谐的外观，但如果完全通过在每张幻灯片中手动设置字体、字号、页眉页脚等共有的对象来达到统一风格，会产生大量重复性的工作，增加制作时间，这时我们可以用幻灯片的母版来进行控制。母版是指存储幻灯片中各种元素信息的设计模板，凡是在母版中的对象都将自动套用母版设定的格式。

PowerPoint 中提供了单独的母版视图，以便与普通编辑状态进行区别。

① 单击“视图”选项卡，在“母版视图”组中单击“幻灯片母版”按钮。

② 在母版视图中，窗口左侧是所有母版的缩略图。

③ PowerPoint 2010 中的幻灯片母版有两个种类，即主母版和版式母版。

- 主母版：主母版能影响所有版式母版，如要统一内容、图片、背景和格式，可直接在主母版中设置，其他版式母版会自动与其一致。
- 版式母版：默认情况下，PowerPoint 为用户提供了 11 种幻灯片版式，如标题版式、标题和内容版式等，这些版式都对应于一个版式母版，可修改某一版式母版，使应用了该版式的幻灯片具有不同的特性，在兼顾“共性”的情况下有“个性”的表现。

图 4.46 所示的在母版视图窗口左侧的第 1 张缩略图就是演示文稿的主母版，其下稍小的缩略图就是版式母版。选择主母版，在右侧编辑区可以看到，允许设置的对象包括标题区、正文区、对象区、日期区、页脚区、页码区和背景区，要修改某部分区域就直接选中进行相应的格式设置。

在母版中可以设置和添加每张幻灯片中具有共性的内容，以下以字体设置、插入图片和页眉页脚为例。

（1）更改标题字体。单击母版视图中的主母版缩略图，选中标题占位符，切换到“开始”选项卡，将标题文字设置为“幼圆”“粗体”。此时所有版式母版中的标题文字都设置为“幼圆”“粗体”格式。

（2）插入图片。单击母版视图中的主母版缩略图，单击“插入”选项卡“插图”组中的“图片”按钮，在弹出的“插入图片”对话框中选择相应图片，再单击“确定”按钮。将插入主母版的图片调整至合适大小及位置，则该图片将出现在所有内容幻灯片中。这种方式非常适合在幻灯片中设置 Logo。

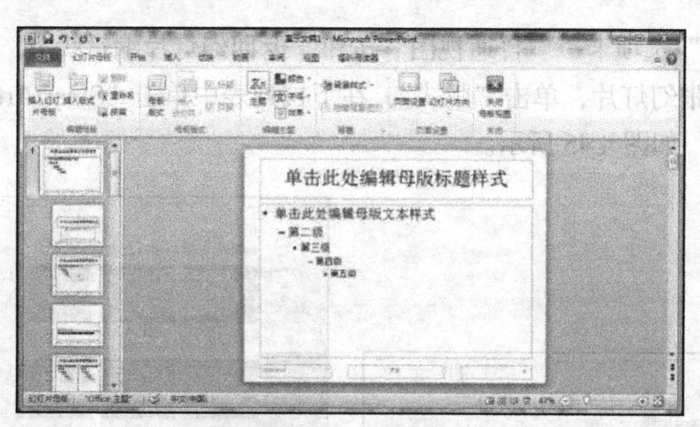

图 4.46　幻灯片母版视图

（3）在页面页脚中插入日期时间和幻灯片编号。

① 单击母版视图中的主母版缩略图，单击“插入”选项卡的“页眉和页脚”按钮，在弹出的“页眉和页脚”对话框中设置需要的内容。

② 选中“日期和时间”复选框，设置日期为“自动更新”，在下拉列表中选择要显示的日期和时间的样式，再选中“幻灯片编号”。设置完成后，单击“全部应用”按钮，将格式应用到所有版式母版中。这时所有幻灯片的相同位置都会出现日期时间和相应幻灯片编号。

（4）在母版视图中，选中相应版式缩略图，通过移动占位符的方式可修改版式中占位符的位置。单击“幻灯片母版”选项卡→“母版版式”组中的“插入占位符”按钮还可在选定版式中加入新的占位符，如图 4.47 所示。

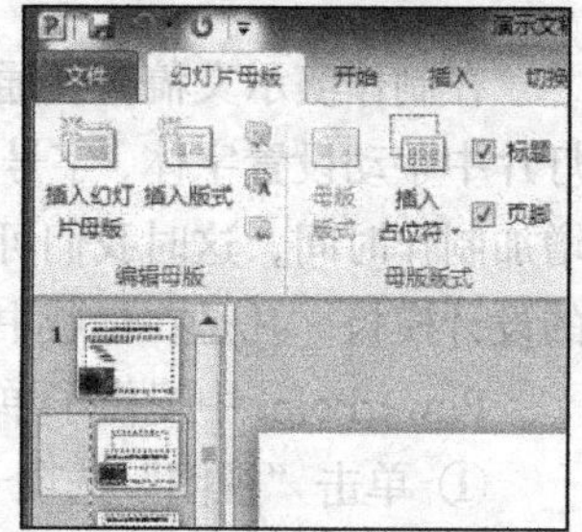

图 4.47　母版视图中的“插入占位符”按钮

（5）完成母版的设置后，可以单击“幻灯片母版”选项卡的“关闭母版视图”按钮，或选择“视图”选项卡的“普通视图”按钮即可退出母版编辑，回到普通视图，可以看到设置效果。

由此可知，在幻灯片母版中所做的任何设置都会应用到相应版式的所有幻灯片中。

4.4 PowerPoint 设计及对象插入

4.4.1 中药学讲义制作（三）

1. 案例知识点及效果图

本案例主要运用的知识点有：插入 SmartArt 图形、插入音频、插入超链接、图片格式、节、幻灯片视图等。案例完成效果图如图 4.48 所示。

2. 操作步骤

（1）选择“开始”选项卡→“打开”命令，指定路径，打开 4.3.1 小节中制作的“中药学讲义”演示文稿。

（2）选中原来的“石膏”等文本所在文本框边框，按 Delete 键删除。

（3）在图 4.37 所示的第 2 张幻灯片“清热泻火药”中，单击占位符中间的“SmartArt”插入按钮，弹出“选择 SmartArt 图形”对话框，如图 4.49 所示，选择“垂直框列表”。

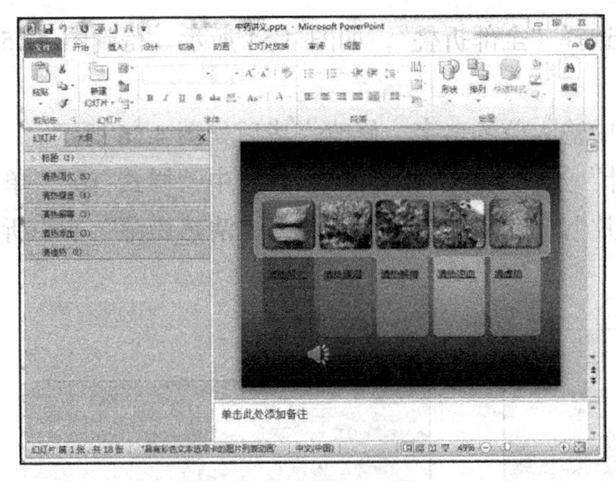

图 4.48　案例效果图

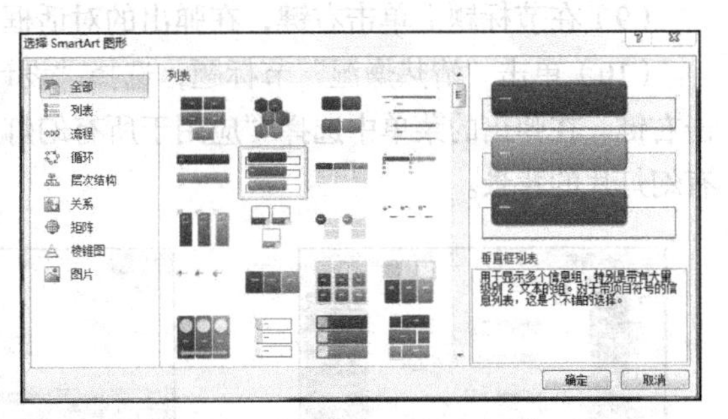

图 4.49　选择 SmartArt 图形

（4）在弹出的 SmartArt 图形编辑框中单击“文本”，输入“石膏”“知母”“芦根”“天花粉”，如图 4.50 和图 4.51 所示。在“垂直框列表”的文本窗格里每输入一个词就按 Enter 键一次，光标会自动下移，添加文本完毕后单击“在此处键入文字”文本窗格的“关闭”按钮 。

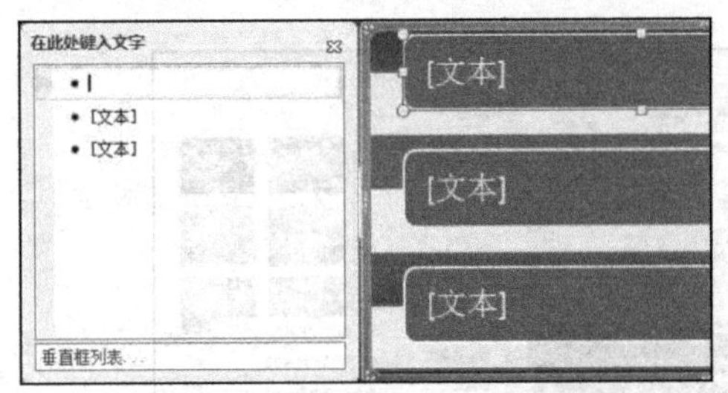

图 4.50　SmartArt 图形文本窗格

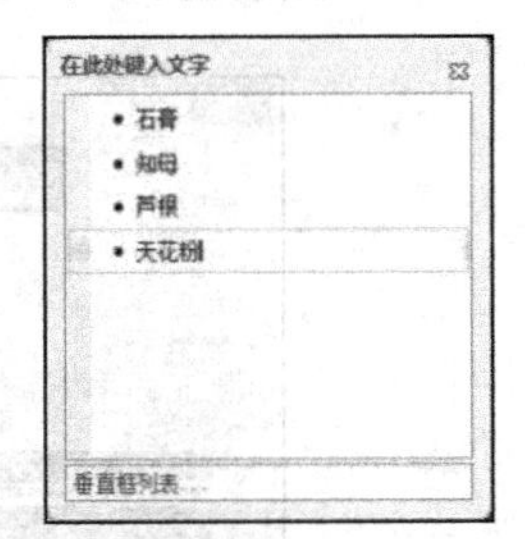

图 4.51　SmartArt 图形文本编辑

（5）添加幻灯片，完成其他幻灯片内容。单击“视图”选项卡→“幻灯片浏览”按钮，进入幻灯片浏览视图。演示文稿内容如图 4.52 所示。

（6）单击“普通视图”按钮，回到普通视图。

（7）选中第 2 张幻灯片，单击“开始”选项卡→“节”按钮，在弹出的列表中选择“新增节”命令。选中第 7 张“清热燥湿”幻灯片，单击“开始”选项卡→“节”按钮，在弹出的列表中选择“新增节”命令。同样方法，选中第 11、14、17 张幻灯片，新增节，如图 4.53 所示。

图 4.52　中药讲义内容

图 4.53　新增节

（8）右键单击节标题，在弹出的快捷菜单中选择“全部折叠”，如图 4.54 所示。得到图 4.55 所示的结果。

（9）在节标题上单击右键，在弹出的对话框中输入节的名字，修改完毕后如图 4.56 所示。

（10）单击“清热燥湿”节标题，选择“设计”选项卡→“背景样式”，选中“样式 10”，单击右键，在弹出的菜单中选择“应用于所有幻灯片”，如图 4.57 所示。更换“清热燥湿”节中所有幻灯片的背景。

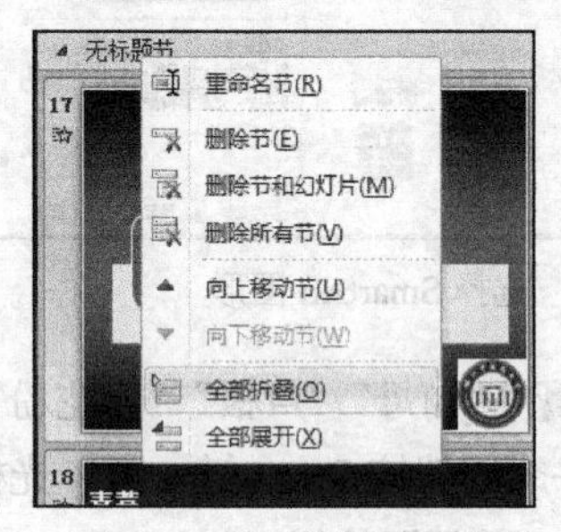

图 4.54 “全部折叠”节

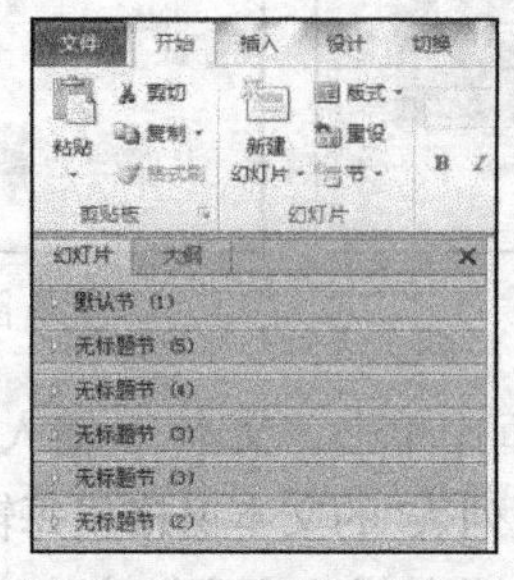

图 4.55 折叠节后的效果

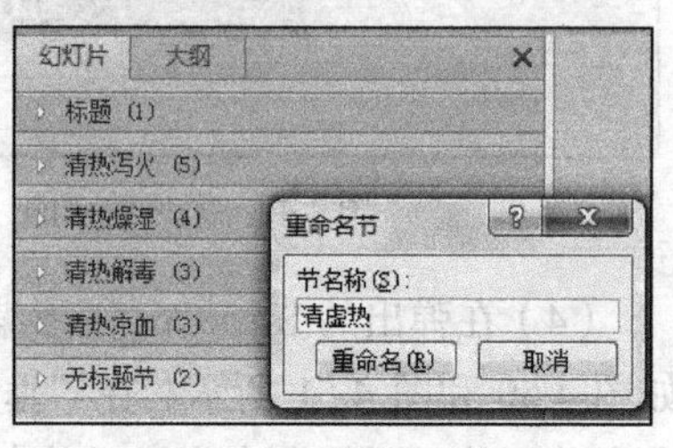

图 4.56 节的“重命名”

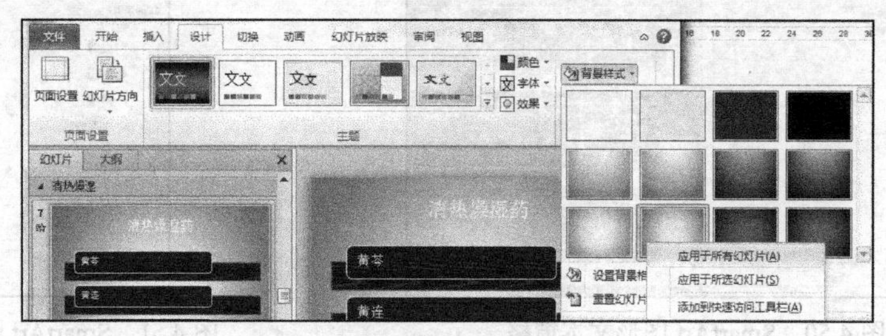

图 4.57 更换节中幻灯片背景

（11）单击“标题”节第一张幻灯片，单击“清热泻火”文字上方图片，在“图片工具”的“格式”选项卡中选择“图片效果”，在弹出的菜单中选择“棱台”→“圆”，如图 4.58 所示。相同方法设置该幻灯片中其他 4 幅图片。

（12）单击“清热泻火”节第一张幻灯片“石膏”，选中“石膏”图片，在“图片工具”的“格式”选项卡中单击“图片样式”下拉按钮，设置图片样式为“映像棱台”，如图 4.59 所示。相同方式设置其他幻灯片中的图片。

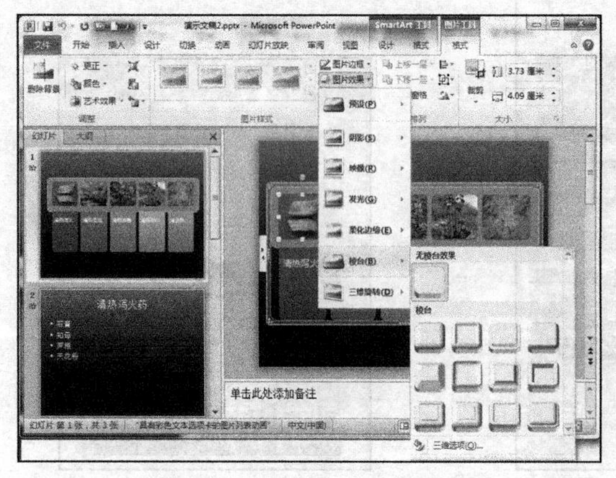

图 4.58 设置节中幻灯片图片效果

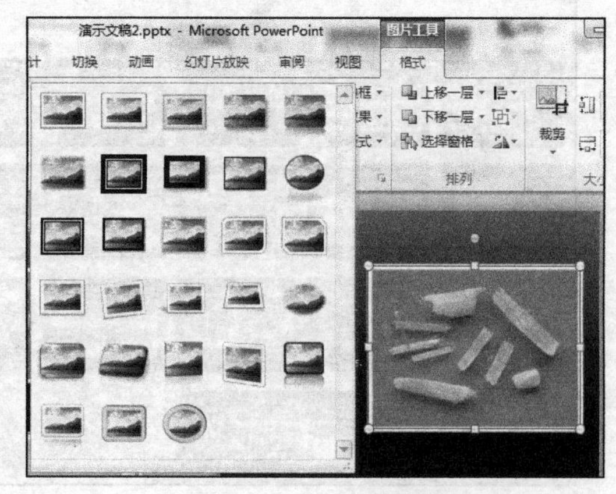

图 4.59 设置图片效果

（13）单击“视图”选项卡→“幻灯片母版”按钮，进入母版编辑状态。选中之前插入母版版式中的湖北中医药大学校徽图片，单击“图片工具”→“格式”→“裁剪”下拉按钮，在弹出的菜单中选择“裁剪为形状”→“椭圆”，如图 4.60 所示。

（14）单击“图片工具”→“格式”→“颜色”，设置为“灰度”，如图 4.61 所示。

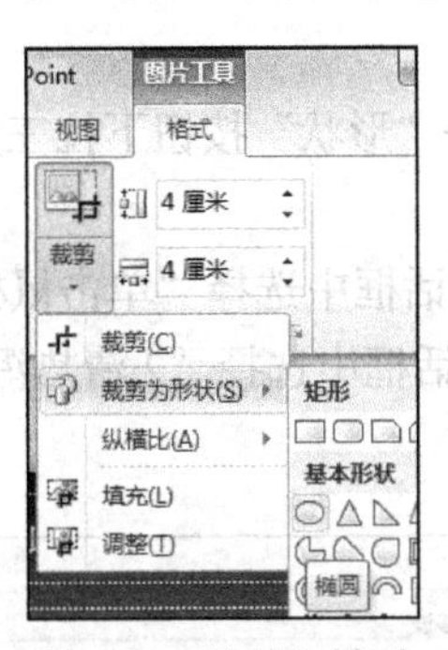

图 4.60　裁剪为椭圆

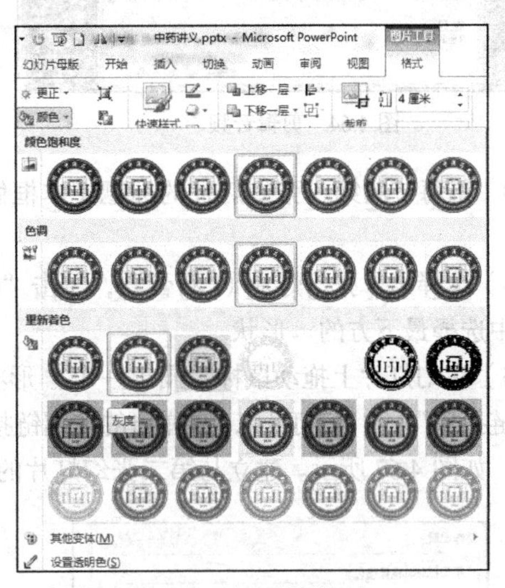

图 4.61　设置校徽颜色

（15）单击“视图”选项卡→“普通视图”按钮，进入幻灯片编辑状态。

（16）选择第一张幻灯片，单击“插入”选项卡→“音频”按钮，在弹出菜单中选择“文件中的音频”，如图 4.62 所示，在弹出的“插入音频”对话框中选择素材音乐“高山流水.wma”，单击“插入”命令。幻灯片中会出现小喇叭标记。

（17）单击“音频工具”→“播放”选项卡→“开始”文本框，选择“自动”，如图 4.63 所示。

图 4.62　插入音频

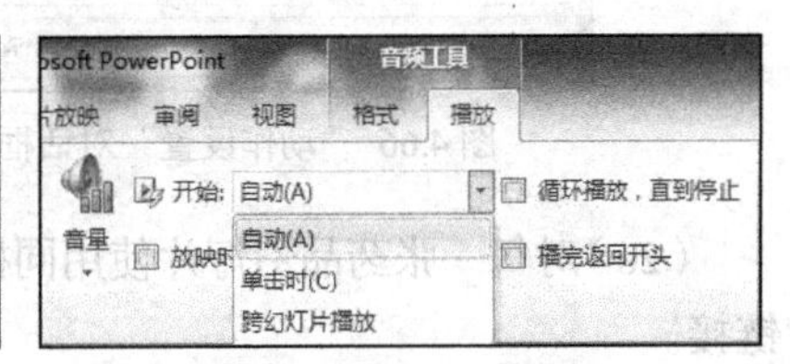

图 4.63　设置音频播放

（18）单击“剪裁音频”，将“开始时间”设置为第 10 秒开始，单击“确定”按钮，如图 4.64 所示。

（19）选中“放映时隐藏”复选框，然后拖动喇叭图标至幻灯片下方（仅仅为了编辑方便，对幻灯片放映效果没有影响）。

（20）选中“清热泻火”这几个字，单击“插入”选项卡→“超链接”按钮。在弹出的“插入超链接”对话框中选择“本文档中的位置”的“清热泻火药”幻灯片项，如图 4.65 所示。

（21）用同样的方法，将其他四项文件都与其对应的幻灯片建立超链接。

（22）选择第 2 张幻灯片，选中“清热泻火药”文本框边框，单击“插入”选项卡→“动作”按钮，在弹出的“动作设置”对话框中选择“单击鼠标”选项卡→“超链接到”→“第一张幻灯片”，如图 4.66 所示。

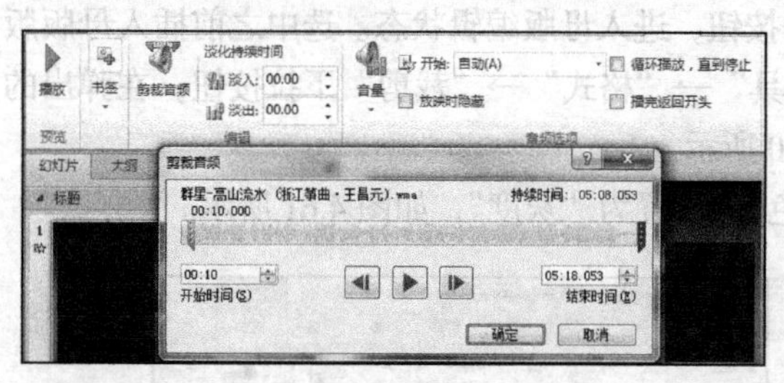

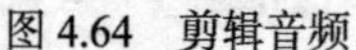
图 4.64　剪辑音频

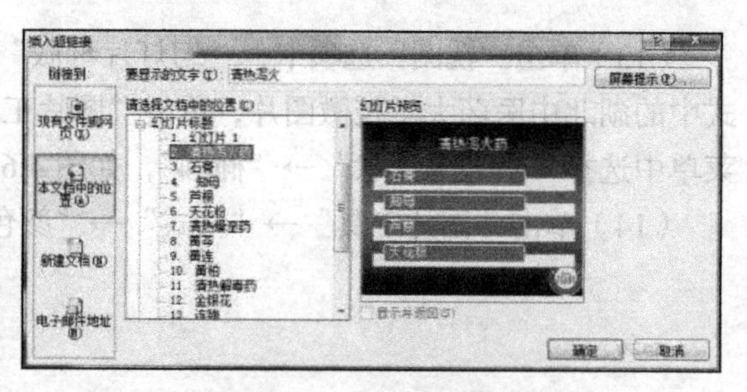

图 4.65　插入超链接

（23）将每节的第一张幻灯片的标题文本框做同样操作，建立与演示文稿第一张幻灯片的超链接。

（24）选择第3张幻灯片（“石膏”），单击“插入”选项卡→“形状”按钮下拉三角，在弹出的菜单中选择最下方的形状。

（25）在幻灯片上拖动鼠标，画出一个形状，在弹出的对话框中选择“单击鼠标”选项卡→“超链接到”→“幻灯片”，在弹出的“超链接到幻灯片”对话框中选择“2.清热泻火药”，单击确定，如图4.67所示。建立与第二张幻灯片的超链接。

图 4.66　“动作设置”对话框

图 4.67　链接到幻灯片

（26）对每一张药品幻灯片使用同样方法，建立该药物所在幻灯片返回该节第一张幻灯片的超链接。

（27）本阶段幻灯片制作完成。

4.4.2　知识点详解

1. 使用“节”来管理幻灯片

PowerPoint 2010 新增“节”这个定义，帮助用户管理和组织复杂的演示文稿的结构。分好节之后，可以命名和打印整个节，也可将效果单独应用于某个节。

（1）创建节

① 单击欲分节的第一张幻灯片，在“开始”选项卡中，单击“幻灯片”组中的“节”按钮，在下拉菜单中单击“新增节”命令，如图4.68所示。

② 这时，幻灯片窗格中会出现两个节，一个是该选中幻灯片之前的部分，为“默认节”；一个是现在创建的“无标题节”。

（2）重命名节

新建节的名称均默认为“无标题节”，可以为其重命名，以便识别。

① 在节名称上单击鼠标右键，在弹出的快捷菜单中单击“重命名节”命令，如图 4.69 所示；在弹出的“重命名节”对话框中，修改相应名称即可。

② 单击“节”按钮，在弹出的菜单中选择“重命名节”也可修改“节”的名称。

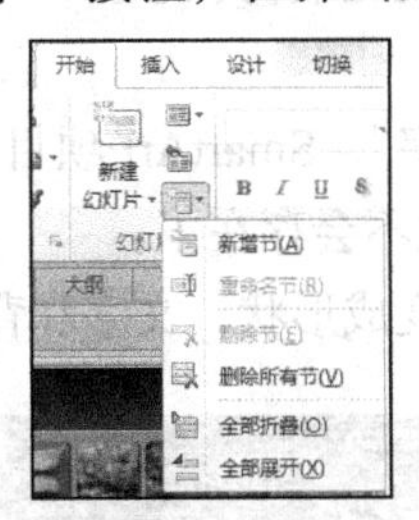

图 4.68　新增节

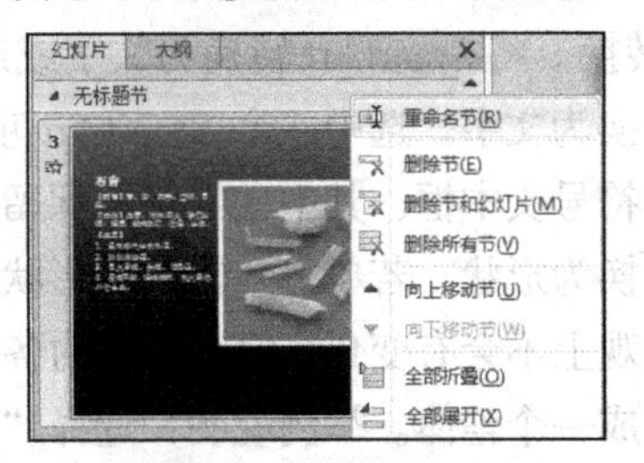

图 4.69　重命名节

（3）折叠和展开节

① 折叠或展开单个节：在“普通视图”或“浏览视图”中，双击要折叠或展开的节。折叠的节上会显示节的名称及本节幻灯片的数量。

② 折叠或展开全部节：在“开始”选项卡中，单击“幻灯片”组中的“节”按钮，在下拉菜单中单击“全部折叠”或“全部展开”命令；也可以在节的右键菜单中选择相应命令。

2. SmartArt 图形插入

SmartArt 图形有点类似于之前我们熟悉的组织结构图，利用 SmartArt 图形可以快速、轻松、有效地传达信息。创建 SmartArt 图形时，系统将提示您选择一种 SmartArt 图形类型，例如“流程”“层次结构”“循环”或“关系”。类型类似于 SmartArt 图形类别，而且每种类型包含几个不同的布局。

（1）插入 SmartArt 图形的方法有两种。

① 单击“插入”选项卡→“SmartArt”按钮，在弹出的“选择 SmartArt 图形”对话框中选择合适类型。

② 通过单击占位符中的“SmartArt”按钮，触发“选择 SmartArt 图形”对话框。

（2）选中 SmartArt 对象，会出现 SmartArt 工具选项卡项，如图 4.70 所示。其中“格式”菜单中的内容与 Word 中艺术字设置格式类似，就不再复核。

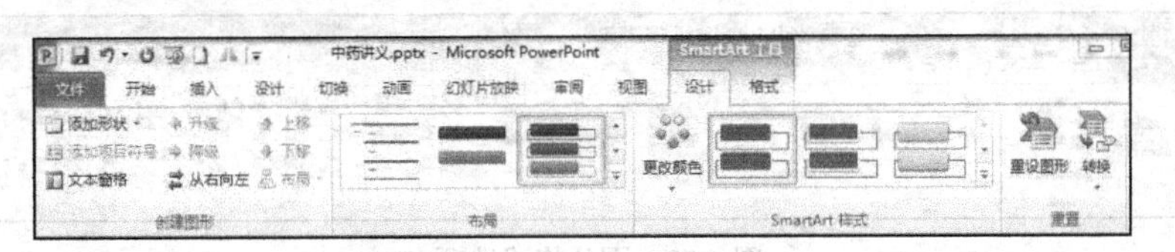

图 4.70　SmartArt 工具“设计”

下面介绍一下“设计”选项卡中的内容。

① 创建图形组。

- 添加形状：向当前类型中添加一个项目，比如当前应用的 SmartArt 类型是两项，单击“添加形状”后会在当前选中项目之后增加一个空白项。
- 添加项目符号：在项目后增加子项目。
- 文本窗格：打开 SmartArt 的文本窗格，方便用户编辑文本。

- 升级、降级：调整当前项目的级别。
- 上移、下移、从右向左：都是调整选中项目在同级别项目中的上下左右位置。

② 布局组。修改当前项目布局，选择新的布局类型。

③ SmartArt 样式组。修改当前布局类型外观样式，比如加阴影、加立体效果等。

④ 重设图形。取消之前对该类型的所有设置，恢复到该类型最初状态。

⑤ 转换。将 SmartArt 转换为文字或形状。

- 转换为文字。选中一个 SmartArt 项，单击“转换为文字”，SmartArt 项目会变成普通的项目符号文本框，其中文字仍旧保留，背景图片等内容就不会存在了。
- 转换为形状。若单击“转换为形状”，SmartArt 项目会变成形状，文字和背景图片都保留，外观上不会有变化，但其填充的各个小项目框会变成一个整体。举例说明：选择“插入”选项卡→“SmartArt”→在“选择 SmartArt 图形”对话框中选择“交替六边形”。

选中六边形 SmartArt 项目边框，选择“SmartArt 工具”选项卡→“重置”组→“转换”→“转换为形状”。在转换后的形状边框上单击鼠标右键，在弹出的快捷菜单中选择“设置形状格式”，然后在弹出的“设置形状格式”对话框中选择“图片或纹理填充”，单击“文件”按钮，选择相应的图片，即可做出图 4.71 所示的效果。

图 4.71　对象填充图示例

3. 图片插入及图片格式修改

一个好的演示文稿一定是图文并茂的，PPT 很大程度上是利用图片更清晰地表达制作者的意图，所以如何在 PPT 中设置好图片非常重要。

（1）在 PPT 中插入图片的方法有两种。

① 单击“插入”选项卡→“图片”按钮，在弹出的“插入图片”对话框中选择合适图片，这种方式插入的图片，保持了图片的原始大小。

② 通过单击占位符中的“图片”按钮，触发“插入图片”对话框，这种方式插入的图片自动适应占位符大小。

（2）图片格式。在幻灯片中选中插入的图片，会出现图 4.72 所示的图片格式选项卡。

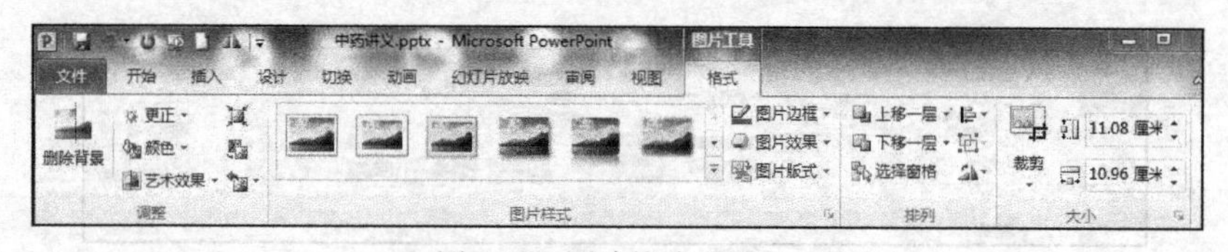

图 4.72　图片格式选项卡

① 调整组。

删除背景：可以将图片单一的背景色去除。选中图片后，单击删除背景，在弹出的“背景消除”菜单中优化并单击“保留更改”即可。

更正、颜色、艺术效果：都有已经做好的设置可供选择。

② 图片样式组。图片样式中有边框、虚化效果、投影效果等多种选项，也可利用“图片版式”做出类似 SmartArt 的效果。

③ 排列组。

有多张图片出现时，排列可改变其层叠次序，默认的是先插入的图片在底层，后插入的图片在上层，选中图片单击“上移一层”/“下移一层”或者“至于顶层”/“至于底层”。

选择窗格：在有多个对象出现在同一幻灯片上时，单击“选择窗格”可以帮助我们选中需要的对象。

其他几个按钮为设置图片位置按钮、组合图形按钮、或旋转图片按钮。

④ 大小组。

裁剪：将图片部分裁剪掉，不予显示。

通过高度、宽度设置改变图片大小，但通常图片都会“锁定纵横比”，即改变高度时，宽度会随之按比例一起变化；改变宽度时，高度会随之按比例一起变化，所以当图片必须符合一个固定大小时，需单击“大小组”右侧的小箭头按钮，打开“设置图片格式”对话框，将“锁定纵横比”复选框的“勾”去掉。

4. 音频的插入

PowerPoint 2010 自带的剪辑管理器中有一些音频文件，如鼓掌、开关门、电话铃等，用户可以直接将这些文件添加到演示文稿。不过剪辑管理器中的声音大多为一些简单的音效，可以利用计算机中保存的音频文件来为演示文稿加入背景音乐。

（1）选择需要开始播放音乐的幻灯片，在功能区切换到“插入”选项卡，单击“媒体”组中的“音频”按钮，或在“音频”按钮的下拉列表中选择“文件中的音频”命令。在弹出的“插入音频”对话框的“查找范围”栏选择需要插入的声音文件名，然后单击“确定”按钮，如图 4.73 所示。

（2）此时幻灯片中插入的声音文件以一个扬声器图标显示，同时出现一个播放工具栏，如图 4.74 所示。在播放工具栏中我们可以播放插入的音频文件内容，并调整音量。

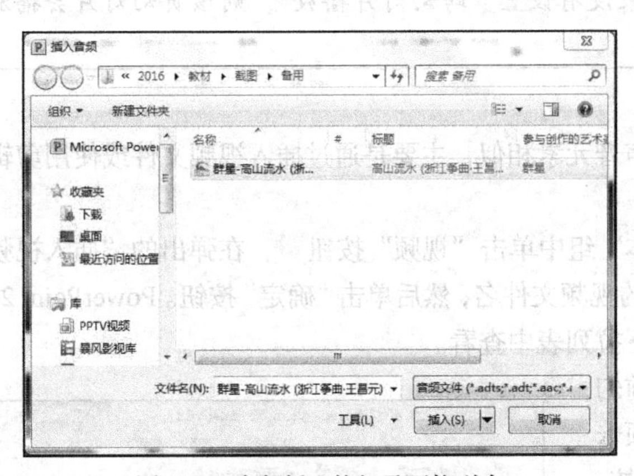

图 4.73　音频插入按钮及下拉列表

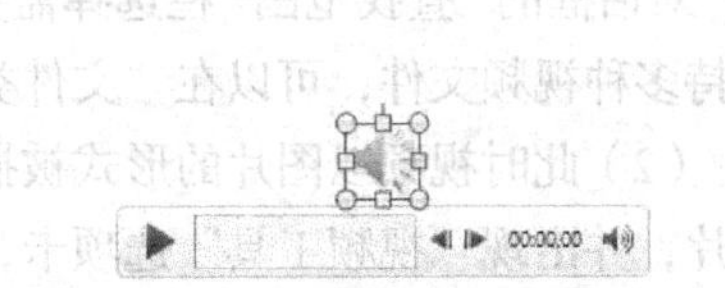

图 4.74　音频文件图标

（3）功能区自动切换到“音频工具”选项卡，其中有“格式”和“播放”两个选项卡，选择“播放”选项卡，如图 4.75 所示。在“编辑”组中单击“剪裁音频”按钮，可以在弹出的对话框中设置音频文件播放的开始时间和结束时间，截取其中的一段作为背景音乐，如图 4.76 所示。

“剪裁音频”只针对单页幻灯片播放的音频有效，跨页播放时会完整播放插入的音频。

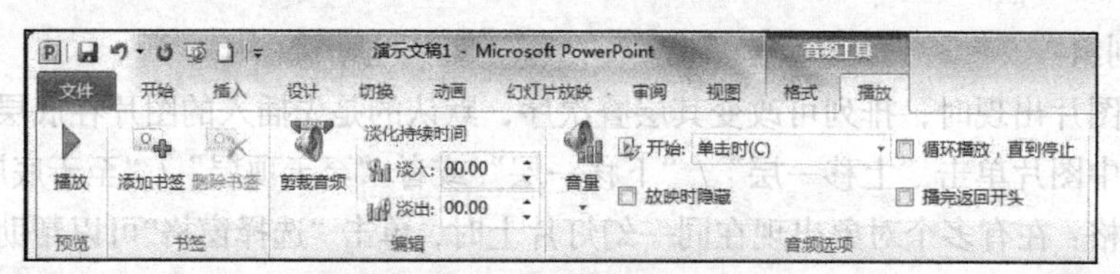

图 4.75 “音频工具”选项卡

（4）在“编辑”组中设置“淡入”和“淡出”，调整音乐的淡入和淡出持续时间。

（5）如果不希望在播放幻灯片时看到扬声器图标，则在“音频选项”组中，选中“放映时隐藏”复选框即可。

（6）选择“音频选项”组→“开始”列表中的选项，控制音频播放方式如下。

①“自动”方式是在放映该幻灯片时自动开始播放音频剪辑。

②“单击时”方式是在放映该幻灯片时单击音频文件图标来手动播放。

③“跨幻灯片播放”方式是放映该幻灯片切换到下一张幻灯片时仍旧继续播放该音频剪辑。

如果想让演示文稿的背景音乐贯穿始终，可以选中“循环播放，直到停止”及“播完返回开头”复选框，如图 4.77 所示，以保证音频文件连续播放直至停止播放幻灯片。

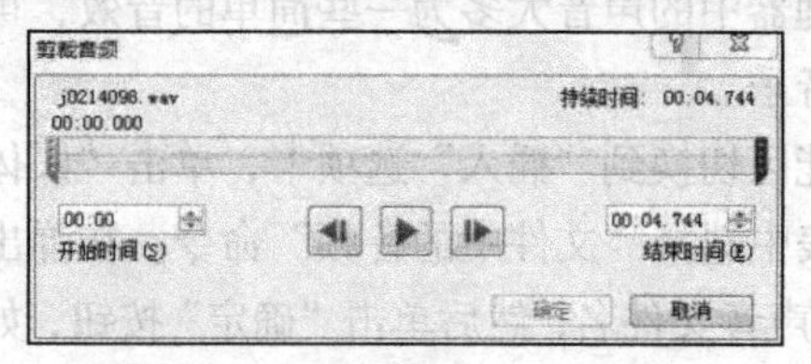

图 4.76 “剪裁音频”对话框

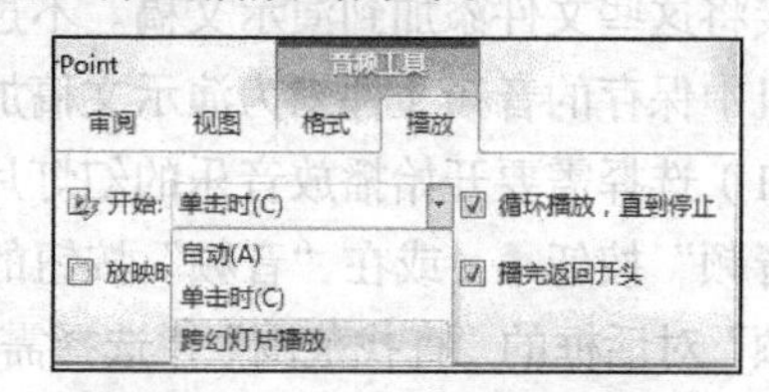

图 4.77 音频播放选项设置

PowerPoint 会把插入的音频也当作动画处理，如果一页幻灯片插入了音频，动画窗格中会显示出该音频动画项。如果没有设置“跨幻灯片播放”，则该页幻灯片会播放完该音乐后才能自动换页。

5. 插入视频

在幻灯片中插入与控制视频的方式与声音元素相似，主要是通过插入视频文件或使用剪辑管理器中的视频效果，插入视频的方法如下。

（1）在功能区“插入”选项卡的“媒体”组中单击“视频”按钮，在弹出的“插入视频文件”对话框的“查找范围”栏选择需要插入的视频文件名，然后单击“确定”按钮。PowerPoint 2010 支持多种视频文件，可以在“文件类型”下拉列表中查看。

（2）此时视频以图片的形式被插入当前幻灯片，并出现“视频工具”选项卡，该选项卡与“音频工具”选项卡非常类似，就不再复核。

（3）如果要设置视频播放方式，可以单击“播放”选项卡，设置方法与音频设置基本相同，如图 4.78 所示。

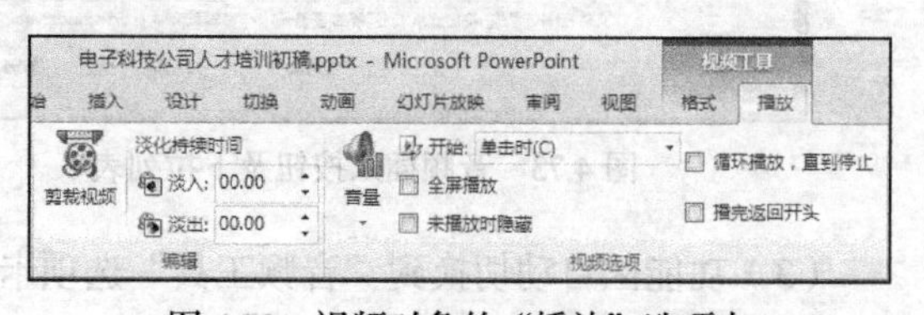

图 4.78 视频对象的“播放”选项卡

（4）因为视频是以图片的形式显示，为了达到较好的视觉效果，可以在“视频工具”的“格式”选项卡中进行格式设置。其中“调整”组中的“标牌框架”按钮可以将另外的图片文件作为显示的内容，使播放内容更直观。

① 在“视频工具”选项卡的“格式”选项卡中，单击“调整”组中的“标牌框架”按钮，在

出现的下拉列表中选择“文件中的图像”命令。

② 在弹出的“插入图片”对话框中选择需要的图片文件，单击“插入”按钮，可以看到原来视频文件图片被所选图片文件替换，再对图片进行格式设置，即可用选中图片代替视频位置显示在幻灯片中。

6. 超链接的插入

超链接可以在一个文件中链接其他的对象，可以是其他文件、网页等。在 PPT 中插入超链接更多的是为了播放幻灯片时页面间的跳转。

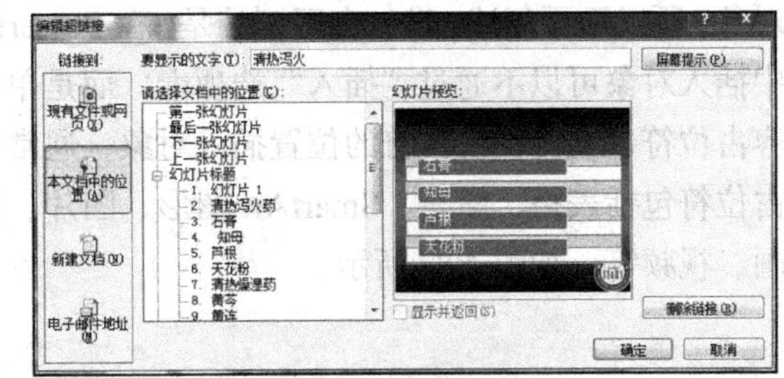

图 4.79　编辑超链接

（1）插入超链接的方法

选中一个对象，单击“插入”选项卡→“超链接”按钮，在弹出的“编辑超链接”对话框中进行设置，如图 4.79 所示。

① 现有文件或网页:可链接到已存在的某个文件、浏览过的网页等，特别是“书签”按钮，可链接到本文档中某一指定位置。

② 本文档中的位置：链接到当前演示文稿中的某页幻灯片。

③ 新建文档：链接并创建一个新文档。

④ 电子邮件地址：链接到一个邮箱地址。

对某一链接不再使用了，可单击“删除链接”按钮将链接删除。

（2）插入“动作”

选中一个对象，单击“插入”选项卡→“动作”按钮，在弹出的“动作”对话框中进行设置，如图 4.80 所示。

动作设置有两个选项卡，“单击鼠标”和“鼠标移过”。两个选项卡都可以设置超链接到其他文件、网页、本文档中的某页幻灯片等，也可以实现链接到某一应用程序或运行宏或触发对象动作，并且触发动作时还可以伴随声音的播放。两者的区别在于，“单击鼠标”是通过单击鼠标触发以上这些动作，而“鼠标移过”是只要鼠标从设置对象上移过就会触发这些动作。

（3）动作按钮

动作按钮是一种特殊的形状，通过动作按钮可以实现与“动作”设置相同的效果，区别在于，“动作”是针对文本框、文字、图形、图像等用户指定的对象进行；而“动作按钮”是通过“按钮”图形来实现。

单击“插入”选项卡→“形状”按钮，在弹出的列表中的最后一项就是“动作按钮”，如图 4.81 所示。

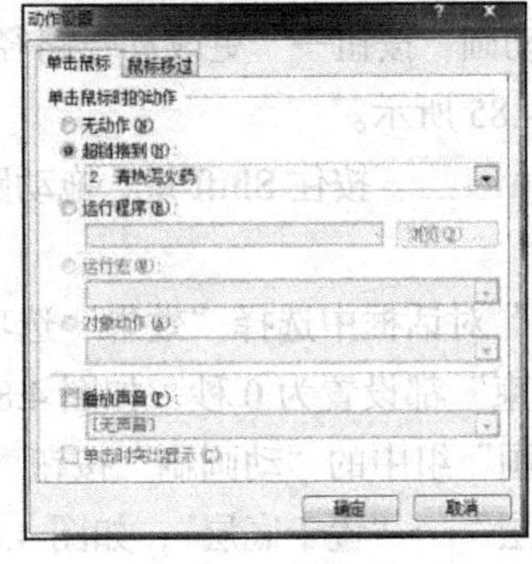

图 4.80　动作设置

图 4.81　动作按钮

选择一个按钮形状，单击后，在幻灯片上拖动鼠标，画出一个按钮，即会弹出图 4.80 所示的“动作设置”对话框，其设置与“动作”相同。

7. 其他对象的插入

在 PowerPoint 中插入其他对象与在 Word 中插入对象一样，单击“插入”选项卡中相应按钮即可插入对象，所以不再复述。唯一有区别的是，在 PowerPoint 中插入对象可以不通过“插入”选项卡，而是单击内容占位符，就可在占位符的位置插入对象，通常内容占位符包括表格、图表、SmartArt 图形、图片、剪贴画、视频等，如图 4.82 所示。

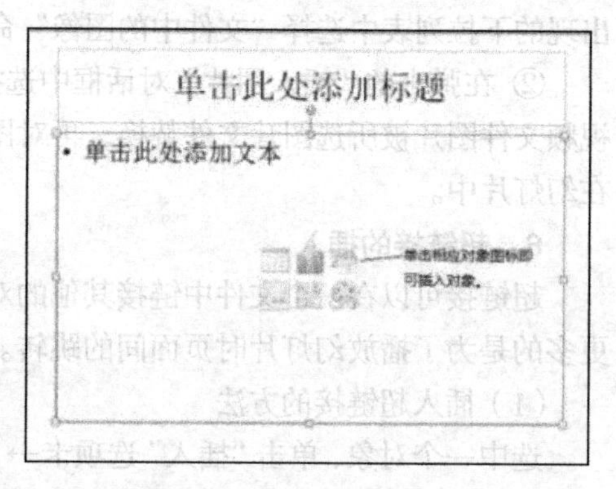

图 4.82 通过占位符插入对象

4.5 PowerPoint 动画制作

PowerPoint 中的动画制作既简单又复杂。因为 PowerPoint 中的动画是系统已经设置好的，所以只要在对象上添加动画，幻灯片放映时就会动起来。但是，如果将动画设置组合得好的话，幻灯片放映时会增色不少，甚至完全出现像看影片的效果。所以本章中的例子多是单张幻灯片而不是完整的演示文稿，重点在于介绍如何组合动画实现比较好看的效果。

4.5.1 图片连续滚动效果

1. 案例知识点及效果图

本案例主要运用的知识点有：利用“动作路径”动画设置滚动图片效果、动画刷。案例完成效果图如图 4.83 所示。

图 4.83 案例效果图

2. 操作步骤

（1）新建一个 PowerPoint 文档，将幻灯片版式设置为“空白”。

（2）单击“插入”选项卡→“图片”，在插入图片对话框中选中四张图片，同时插入四张图片。

（3）选择“图片工具”的“格式”选项卡，将图片设置为同样大小，本例中图片大小设高为 6 厘米、宽为 8 厘米。将图片置于幻灯片右侧外，重叠放置在同一位置，如图 4.84 所示。

（4）选中最上面的图片，选择“动画”选项卡→“添加动画”按钮→“更改动作路径”命令，在弹出的对话框中选择“向左”，单击“确定”按钮，如图 4.85 所示。

（5）调整幻灯片编辑窗口比例至 35% 。按住 Shift 键，拖动路径终点（红色三角）至终点在幻灯片左边界外，如图 4.86 所示。

（6）双击“动画窗格”中的动画项目，在弹出的“向左”对话框中选择“效果”选项卡，将“路径”设为“锁定”。将“平滑开始”“平滑结束”“弹跳结束”都设置为 0 秒，如图 4.87 所示。

（7）选中第一张图片，单击“动画”选项卡→“高级动画”组中的“动画刷”按钮 ，在第一张图片上单击鼠标右键，在弹出的菜单中选择“置于底层”→“置于底层”，如图 4.88 所示。

图 4.84　图片放置效果

图 4.85　更改动作路径效果

图 4.86　动作路径完成效果

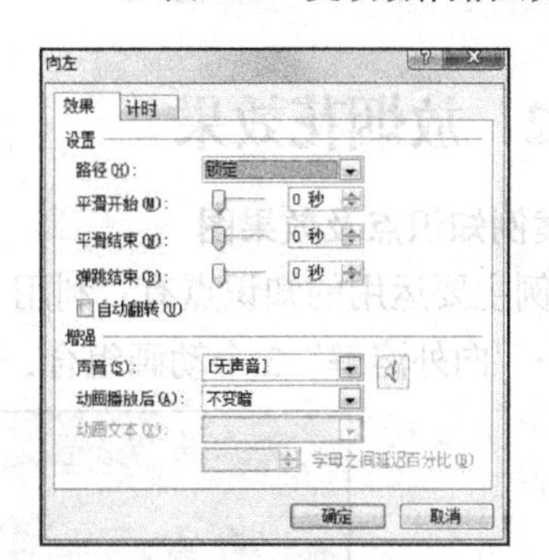

图 4.87　向左动作路径

（8）第二层的图片显露出来，这时鼠标为刷子形状，在第二张图片上单击鼠标，“动画窗格”中会增加一项，即第二张图片也同样设置了向左的动作路径（注：“动画刷”可将一个对象的动画复制并应用到另一指定对象上）。

（9）在第二、三、四张图片上重复第（4）（5）步，至此，四张图片都应用了同样的动作路径，如图 4.89 所示。

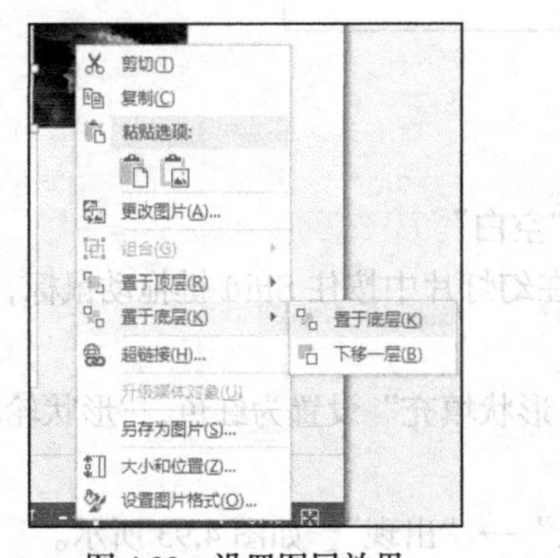

图 4.88　设置图层效果

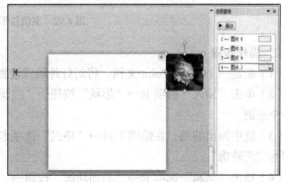

图 4.89　完成后的动画窗格效果

（10）双击动画窗格中的“向左”动画，在弹出的“向左”对话框中的“计时”选项卡中，“开始”设置为“与上一动画同时”，期间设为“中速（2 秒）”，“重复”设为“直到幻灯片末尾”。延迟时间依次增加，第一个动画延迟为 0 秒，第二个动画延迟为 0.5 秒，第三个动画延迟为 1 秒，第四个动画延迟为 1.5 秒，如图 4.90 所示。完成后动画窗格显示效果如图 4.91 所示。

（11）设置完毕，单击“播放”按钮测试动画效果，若不理想，则修改延迟时间和“期间时长”至满意为止。

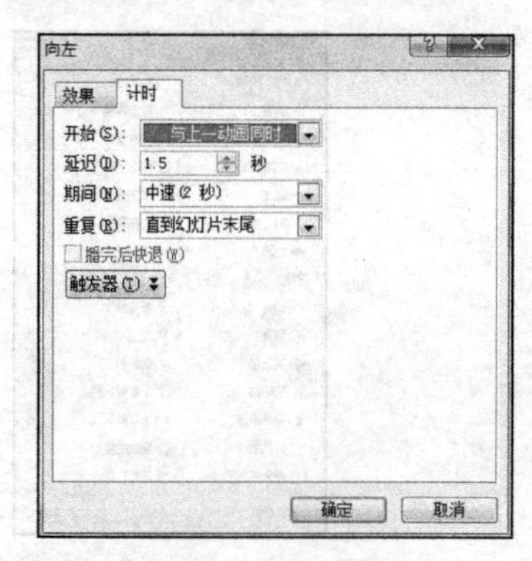

图 4.90　计时设置

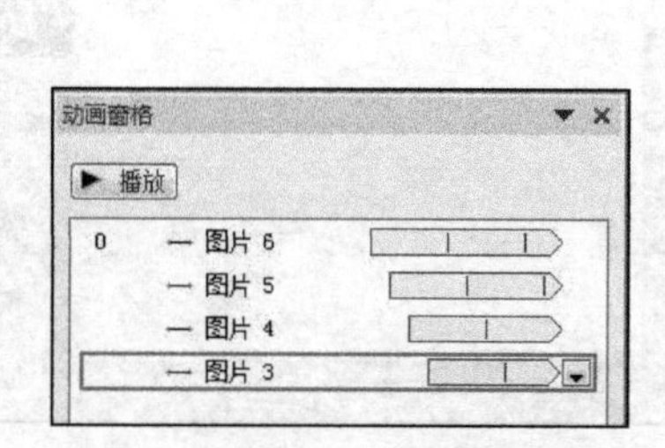

图 4.91　延时后动画窗格效果

4.5.2　放烟花效果

1. 案例知识点及效果图

本案例主要运用的知识点有：利用“进入”→“出现”动画、“强调”→“放大缩小”动画和“退出”→“向外溶解”3个动画组合，形成放烟花效果。案例完成效果图如图4.92所示。

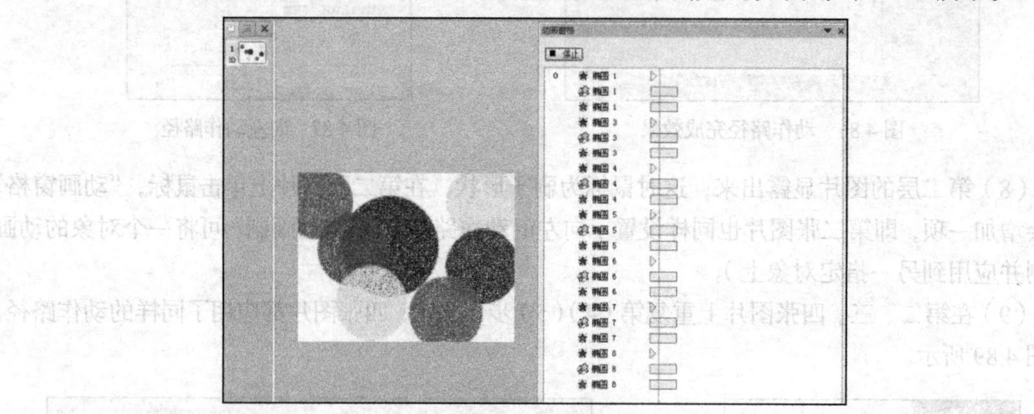

图 4.92　案例效果图

2. 操作步骤

（1）新建一个PowerPoint文档，将幻灯片版式设置为“空白”。

（2）单击“插入”选项卡→“形状”按钮→“椭圆”，在幻灯片中按住Shift键拖动鼠标，画出一个正圆。

（3）选中画出的圆，在绘图工具→“格式”选项卡→“形状填充”设置为红色，“形状轮廓”设置为“无轮廓”。

（4）单击“动画”选项卡→“添加动画”按钮→“进入”→“出现”，如图4.93所示。

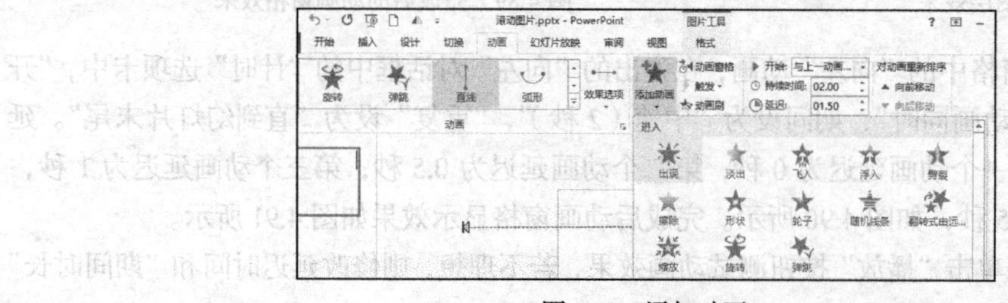

图 4.93　添加动画

（5）在“动画窗格”上单击“椭圆 1”，出现动画图标，在弹出的“出现”对话框中选择“计时”选项卡→“开始”选项设置为“上一动画之后”。

（6）再次单击“添加动画”按钮→“强调”→“放大/缩小”。

（7）在“动画窗格”上单击“椭圆 1”，强调动画图标，在弹出的“放大 / 缩小”对话框中选择“效果”选项卡→“尺寸”设置为“500%”；“计时”选项卡→“开始”选项设置为“与上一动画同时”，如图 4.94 所示。

（8）单击“添加动画”按钮→“退出”→“向外溶解”，单击“退出”对话框中“计时”选项卡→“开始”选项设置为“与上一动画同时”。

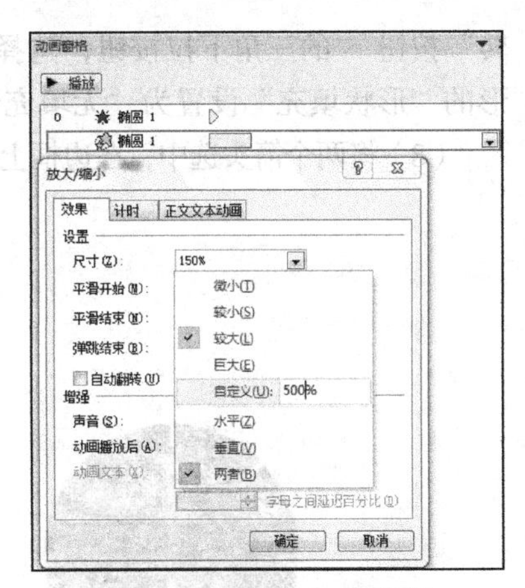

图 4.94　放大/缩小动画属性

（9）复制粘贴出多个圆形，设置为不同颜色、不同大小，随心摆放，做出烟花同时绽放的效果。

（10）通过鼠标拖动改变各个圆形动画的出现时间，可做出烟花相继绽放的效果。

4.5.3　时钟指针走动效果

1. 案例知识点及效果图

本案例主要运用的知识点有：形状组合并利用陀螺旋动画形成时钟指针走动效果。案例完成效果图如图 4.95 所示。

2. 操作步骤

（1）新建“空白演示文稿”，版式设置为“空白”。

（2）在空白的幻灯片上，选择“插入”选项卡→“形状”按钮→“椭圆”。按住 Shift 键，利用鼠标拖动，在幻灯片上画出一个正圆。

（3）设置圆形的格式，“形状填充”设置为白色，“形状轮廓”设置为“无轮廓”。

（4）单击“插入”选项卡→“形状”按钮→“直线”，将“形状轮廓”设置为白色，“粗细”为“4.5 磅”。在圆形上画出直线，圆形上会出现辅助红点，画线时连接两个对应红点，如图 4.96 所示。完成效果如图 4.97 所示。

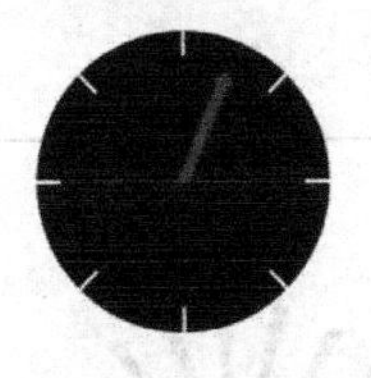

图 4.95　案例效果图

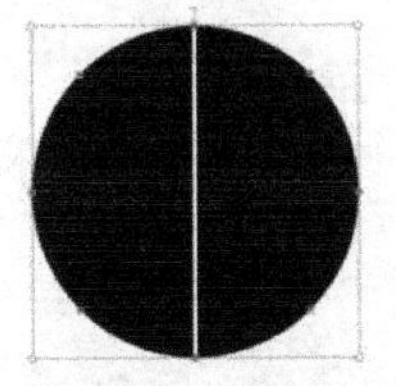

图 4.96　圆与直线

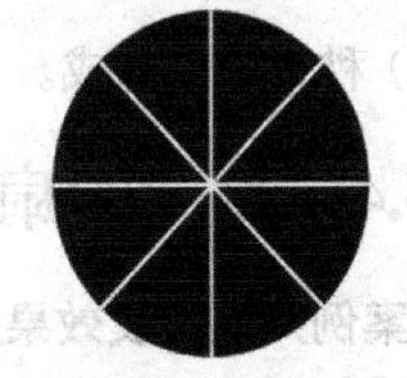

图 4.97　多条直线

（5）在圆中画出一个同心黑色圆形，覆盖在原来图形上方，全选所有形状，在图形边框上单击鼠标右键，在弹出的快捷菜单中选择“组合”，如图 4.98 所示。

（6）单击“插入”选项卡→“形状”按钮→“箭头”，“形状填充”为红色，“形状轮廓”为“无轮廓”，底端对齐圆形中心。

（7）复制粘贴“箭头”图形，选中新复制出的箭头，单击“旋

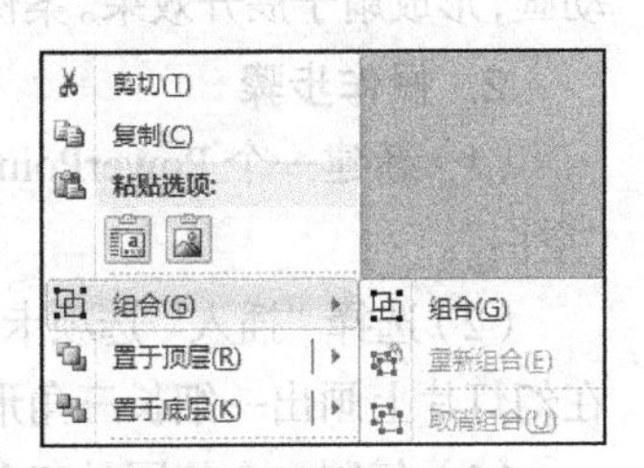

图 4.98　组合所有图形

转”按钮的三角下拉按钮，选择“垂直翻转”，调整位置，如图 4.99 所示。将向下的箭头图形的“形状填充”设置为“无填充色”，将“形状轮廓”设置为“无轮廓”。

（8）将两个箭头选中，在边框上单击右键，在弹出的快捷菜单中选择“组合”，如图 4.100 所示。

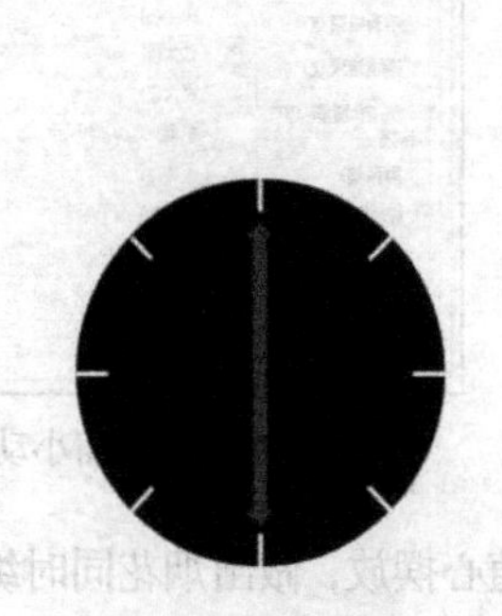

图 4.99　翻转后的两箭头

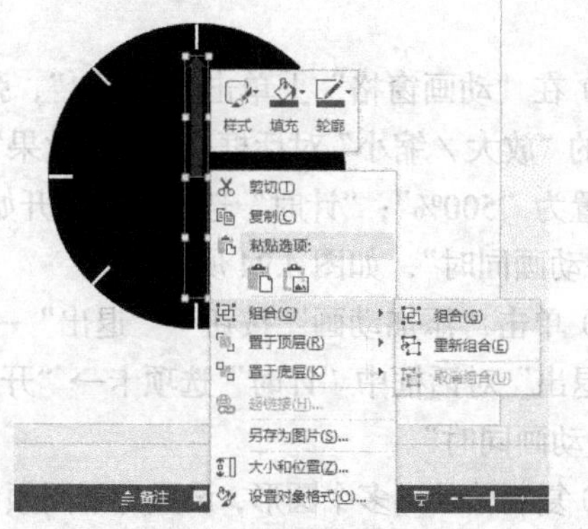

图 4.100　组合两箭头

（9）选中组合好的指针形状，单击“动画”选项卡→“添加动画”→“强调”→“陀螺旋”。

（10）单击“动画窗格”按钮，打开动画窗格，双击该动画项，弹出“陀螺旋”对话框，将“效果”选项卡的“数量”设置为“360° 顺时针”，“计时”选项卡的“开始”设置为“与上一动画同时”，将“期间”设置为“60”，如图 4.101 和图 4.102 所示。

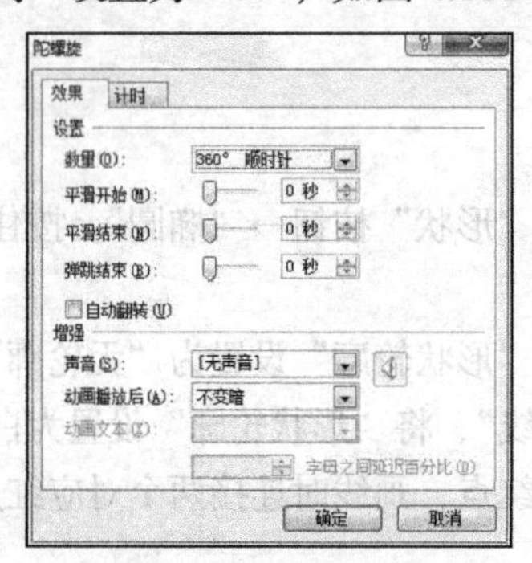

图 4.101　“效果”选项卡

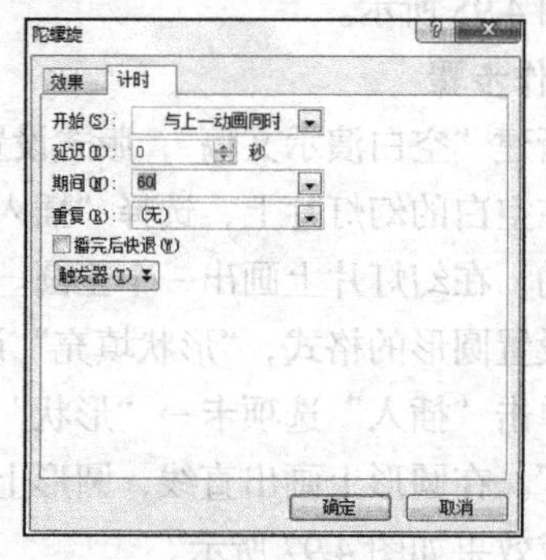

图 4.102　“计时”选项卡

（11）秒针动画完成。

4.5.4　舞动的扇子效果

1. 案例知识点及效果图

本案例主要运用的知识点有：形状组合、利用陀螺旋动画，形成扇子展开效果。案例完成效果图如图 4.103 所示。

图 4.103　案例效果图

2. 操作步骤

（1）新建一个 PowerPoint 文档，将幻灯片版式设置为“空白”。

（2）选择“插入”选项卡→“形状”按钮→“三角形”，在幻灯片上画出一细长三角形，其“形状填充”为木纹纹理，“形状轮廓”为“无轮廓”。

（3）复制一个相同的三角形，选择“垂直旋转”，并将其“形状填充”设置为“无填充”。镜像对齐两个三角形并组合。

（4）选中组合对象，单击“动画”选项卡→“添加动画”→“强调”→“陀螺旋”。

（5）单击“动画窗格”按钮，打开动画窗格，双击该动画项，弹出“陀螺旋”对话框，将“效果”选项卡的“数量”设置为“180° 顺时针”，“计时”选项卡的“开始”设置为“与上一动画同时”，将“期间”设置为“中速 2 秒”。

（6）选中组合对象，按 Ctrl+C 组合键复制，然后连续按 9 次 Ctrl+V 组合键，共复制出十个组合对象。每个组合对象复制时连同其动画一起复制了，顺次修改每个组合对象的动作属性，将“延迟”分别设置为 0.2 秒、0.4 秒、0.6 秒……依次类推至 1.8 秒。

（7）在幻灯片上按 Ctrl+A 组合键，选中所有对象，将其图片格式中的“位置”设置为相同数值，即让每个对象重叠在一起。动画设置完成。

4.5.5 萤火虫效果

1. 案例知识点及效果图

本案例主要运用的知识点有：形状组合，利用“淡出”和“动作路径”组合动画，形成荧光闪烁效果。案例完成效果图如图 4.104 所示。

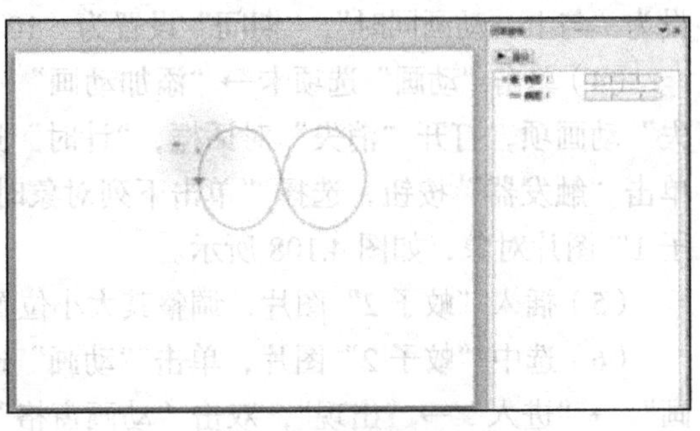

图 4.104 案例效果图

2. 操作步骤

（1）新建一个 PowerPoint 文档，将幻灯片版式设置为“空白”。

（2）绘制光源。单击“插入”选项卡→“形状”按钮→“椭圆”，设置形状格式（填充、发光和柔化边缘），如图 4.105 和图 4.106 所示，线条颜色为“无线条”。

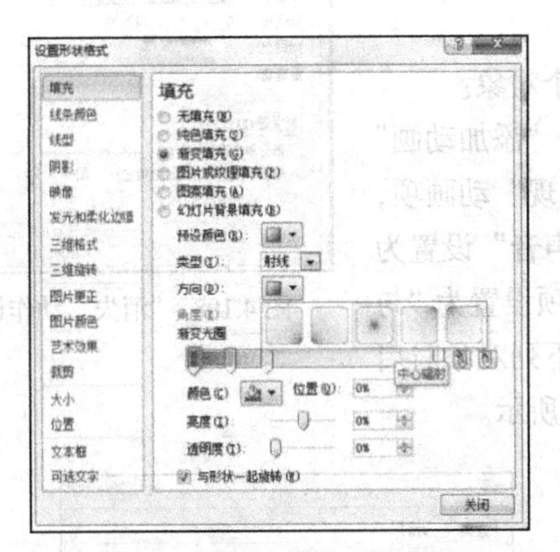

图 4.105 荧光“填充”格式设置

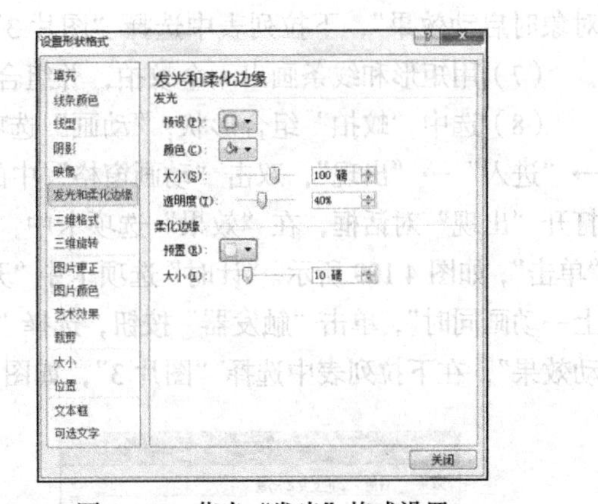

图 4.106 荧光“发光”格式设置

（3）设置动画。单击“添加动画”→“进入”→“淡出”；单击“添加动画”→“其他动作路径”，选择特殊组内的任意一种，比如水平数字 8。选中路径边框，拖动以改变其大小。两个动作都设置为“与上一动画同时”，重复“直到幻灯片末尾”。

（4）复制该对象多次，随意分布在幻灯片上，每个对象选择不同的动作路径，并且在动画窗格中拖动其放映时间轴，让各个对象有不同的动画，在不同的时间出现，使得效果更丰富。

4.5.6 拍蚊子效果

1. 案例知识点及效果图

本案例主要运用的知识点有："动作路径"动画、触发器。案例完成效果图如图 4.107 所示。

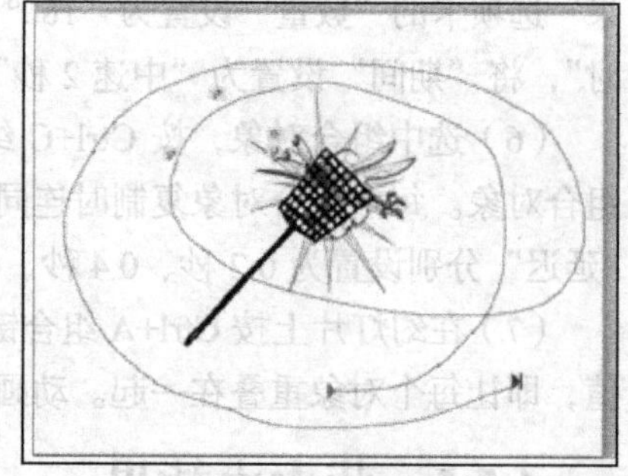

图 4.107 案例效果图

2. 操作步骤

（1）新建一个 PowerPoint 文档，将幻灯片版式设置为"空白"。

（2）将"蚊子 1"图片，插入幻灯片，单击边框调整其大小至合适。

（3）单击"动画"选项卡→"添加动画"→"自定义动作路径"，画出一条蚊子飞行的轨迹，将"自定义路径"动画属性设置为："路径"设为"锁定"，"平滑开始""平滑结束""弹跳结束"都为 0 秒，"开始"设为"与上一动画同时"，"期间"设置为"10 秒"。

（4）单击"动画"选项卡→"添加动画"→"退出"→"消失"，双击"动画窗格"中的"消失"动画项，打开"消失"对话框，"计时"选项卡中"开始"项设置为"与上一动画同时"，单击"触发器"按钮，选择"单击下列对象时启动效果"，下拉列表中选择"图片 3"，即"蚊子 1"图片对象，如图 4.108 所示。

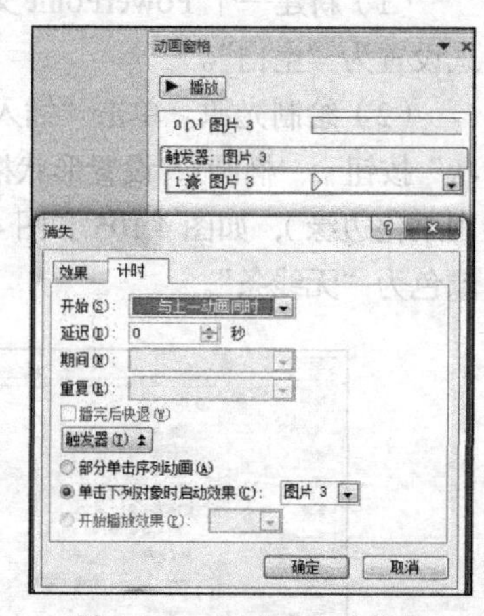

图 4.108 "消失"动作设置

（5）插入"蚊子 2"图片，调整其大小位置至合适。

（6）选中"蚊子 2"图片，单击"动画"选项卡→"添加动画"→"进入"→"出现"，双击"动画窗格"中的"出现"动画项，打开"出现"对话框，"计时"选项卡中"开始"项设置为"与上一动画同时"，单击"触发器"按钮，选择"单击下列对象时启动效果"，下拉列表中选择"图片 3"。

（7）用矩形和线条画出一个蚊拍，并组合成一个对象。

（8）选中"蚊拍"组合形状，"动画"选项卡→"添加动画"→"进入"→"出现"，双击"动画窗格"中的"出现"动画项，打开"出现"对话框，在"效果"选项卡中，将"声音"设置为"单击"，如图 4.109 所示。"计时"选项卡中"开始"项设置为"与上一动画同时"，单击"触发器"按钮，选择"单击下列对象时启动效果"，在下拉列表中选择"图片 3"，如图 4.110 所示。

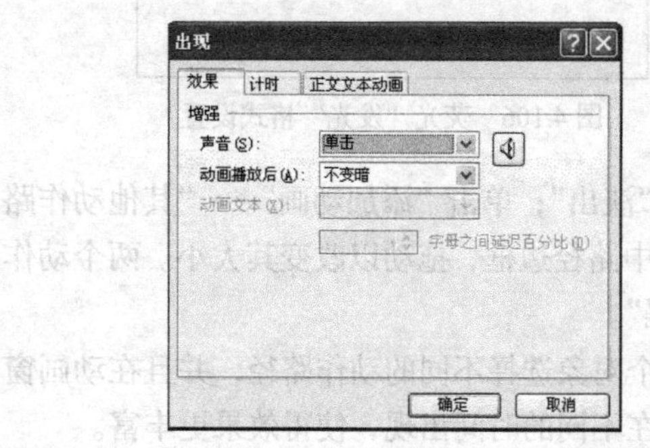

图 4.109 "出现"的"声音"设置

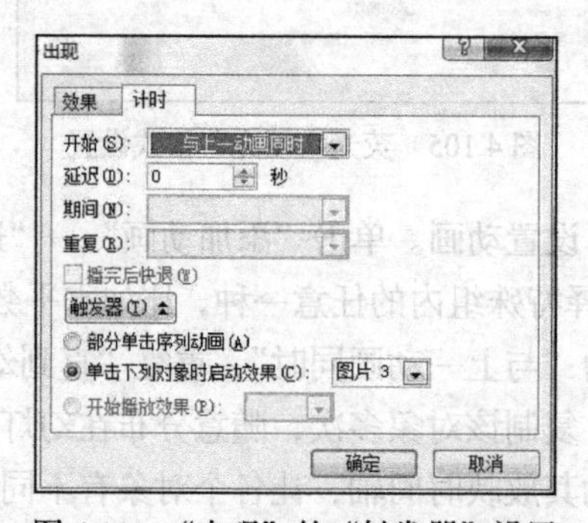

图 4.110 "出现"的"触发器"设置

（9）动画设置完成。放映时鼠标单击飞动的蚊子，拍子就会“啪”的一声把蚊子打死。

4.5.7 卷轴展开效果

1. 案例知识点及效果图

本案例主要运用的知识点有：形状组合，“动作路径”和“劈裂”动画组合出卷轴展开效果。案例完成效果图如图 4.111 所示。

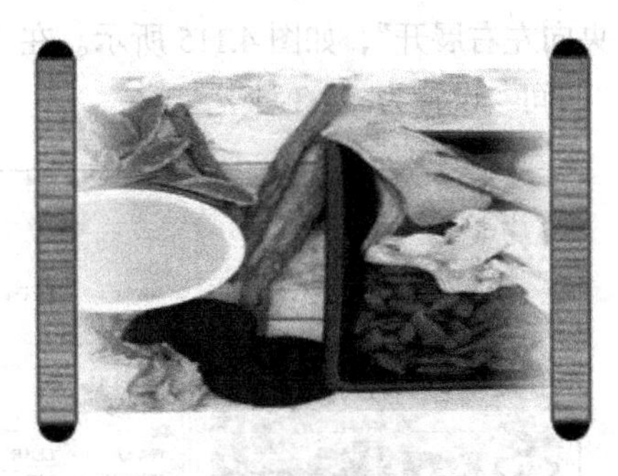

图 4.111 案例效果图

2. 操作步骤

（1）启动 PowerPoint，单击“视图”选项卡的“网格线”和“参考线”复选框，把前面的方框内都打上“√”，单击“显示”组的展开按钮，在打开的对话框中，把所有方框内都打上“√”，如图 4.112 所示，再单击“确定”按钮。这时幻灯片编辑界面上会出现很多的网格，中间有一条竖中心线和一条横中心线，利用这些网格便于为编辑对象定位。

（2）在幻灯片中插入自选图形：一个矩形和两个小圆形，矩形用木纹纹理填充，边框设为无填充色；圆形填充色为黑色，边框为无边框。层叠方式是矩形在上方，圆形在下方，圆形被矩形挡住一半。

（3）按住 Ctrl 键，用鼠标单击对象，选中这三个形状，在形状边框上单击右键，在弹出的快捷菜单中选择“组合”，将三个形状组合成一个“卷轴”对象。

（4）选中“卷轴”对象，按住 Ctrl 键拖动该对象，复制出一份一模一样的“卷轴”，与它并排放置，效果如图 4.113 所示。

（5）选中左侧的“卷轴”对象，选择“动画”选项卡→“添加动画”→“其他动作路径”，将“动作路径”设为“向左”，并单击幻灯片编辑区的路径，把鼠标移至路径终端（红色箭头处），光标变为双向箭头时，把红色箭头拖至中心线左侧六个格处。

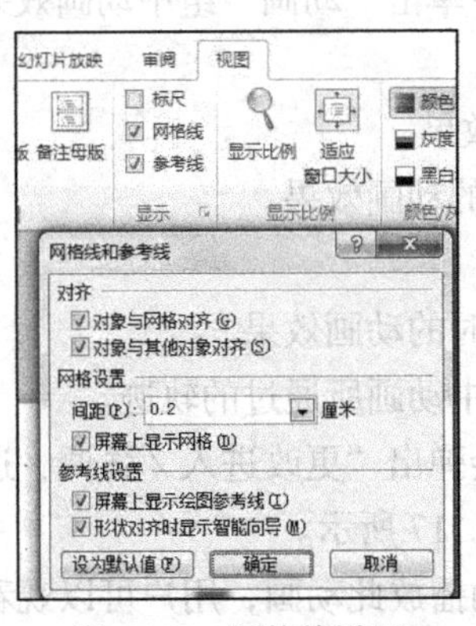

图 4.112 网格线设置

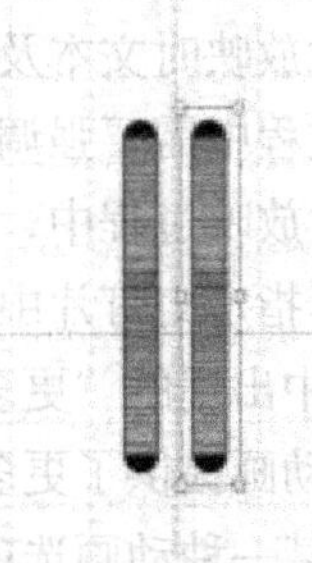

图 4.113 “卷轴”的轴部效果

（6）双击路径线条，在弹出的“向左”动作属性对话框中设置：“效果”选项卡中“路径”设为“解除锁定”。将“平滑开始”和“平稳结束”都设置为“0 秒”。将“计时”选项卡的“开始”设置为“与上一动画同时”。将“期间”设为“非常慢 5 秒”，并点“确定”。

（7）右侧的“卷轴”对象动作路径设置为“向右”，其他设置都与左侧“卷轴”对象相同，如图 4.114 所示。

（8）插入图片，通过拖片周围的控制点或剪切的方式把图片变为合适大小，使图片上下的高度不超过卷轴的高度，使图片的宽度与两条路径的终端（红色箭头）平齐。

（9）右键单击图片，依次单击“叠放次序”→“置于底层”，使新插入的图片在卷轴下方。

（10）选中图片，选择“动画”选项卡→“添加动画”→“进入”→“劈裂”，方向设置为“中央向左右展开”，如图 4.115 所示。在“计时”选项卡中，将“开始”设置为“与上一动画同时”，“期间”设置为“5.2 秒”。

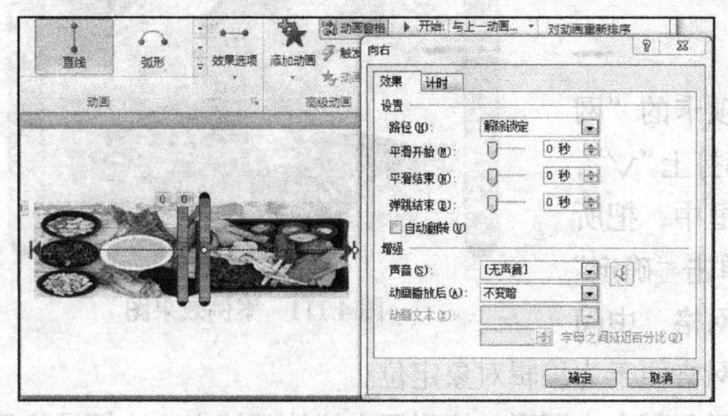

图 4.114 “卷轴”动作路径设置

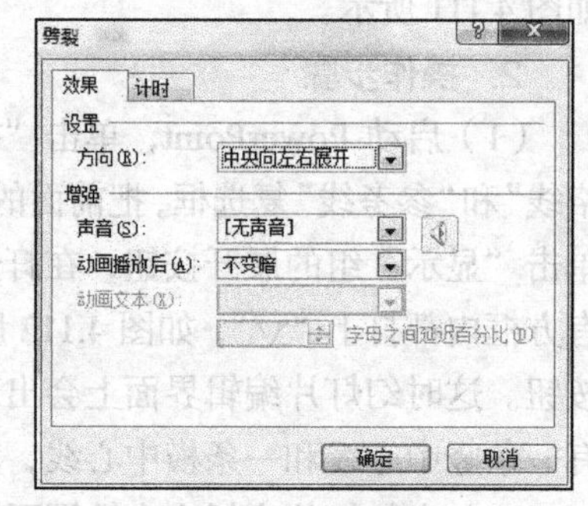

图 4.115 劈裂效果

（11）卷轴动画效果完成。如果要做出单向展开的效果，可以设置轴沿动作路径运动，而图片则改为“进入”的“擦除”效果。

4.5.8 知识点详解

采用带有动画效果的幻灯片对象可以让演示文稿更加生动直观，还可以控制信息演示流程并重点突出最关键的数据。对于演示文稿中的文本、图片、形状、表格、SmartArt 图形和其他对象的动画，可以利用动画自定义功能，得到满意的效果。

1. 为对象设置动画效果

（1）选中要设置动画效果的对象，在“动画”选项卡下单击“动画”组中动画效果列表右下角的按钮，打开“动画效果”下拉列表，如图 4.116 所示。

PowerPoint 2010 为幻灯片对象提供了 4 种类型的动画效果。

① 进入：在幻灯片放映时文本及对象进入放映界面时的动画效果。

② 强调：在演示过程中需要强调部分的动画效果。

③ 退出：在幻灯片放映过程中，文本及其他对象退出时的动画效果。

④ 动作路径：用于指定幻灯片中某个内容在放映过程中动画所通过的轨迹。

（2）单击图 4.116 中出现的“更多＊＊效果”命令，会弹出“更改进入 / 强调 / 退出效果”对话框，为每种类型的动画提供了更多的动画细分，如图 4.117 所示。

（3）将鼠标停留在某一种动画选项上时，幻灯片会自动播放此动画，用户可以观看多种动画效果，选择自己最满意的一个。

（4）同一个对象可以设置多个动画效果，为同一对象添加动画效果时，在选中对象后，需要单击“动画”选项卡“高级动画”组中的“添加动画”按钮，如图 4.118 所示。

（5）单击“动画窗格”窗口中的“重新排序”按钮可以调整动画播放顺序；拖动时间轴边界可以改变动画播放的起止时间，如图 4.119 所示。

图 4.116 “动画效果”下拉列表

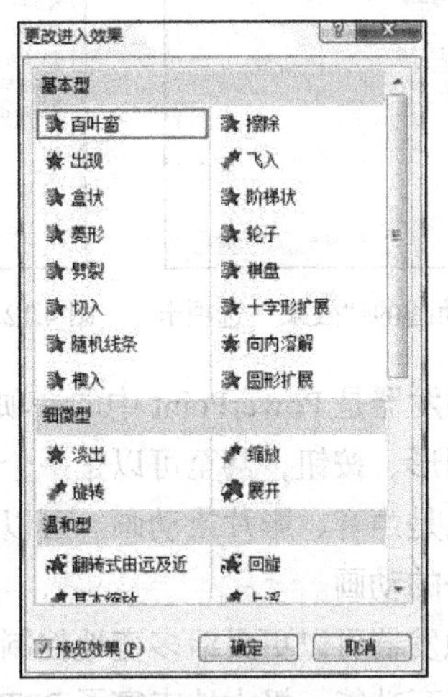

图 4.117 更多动画

图 4.118 “添加动画”按钮

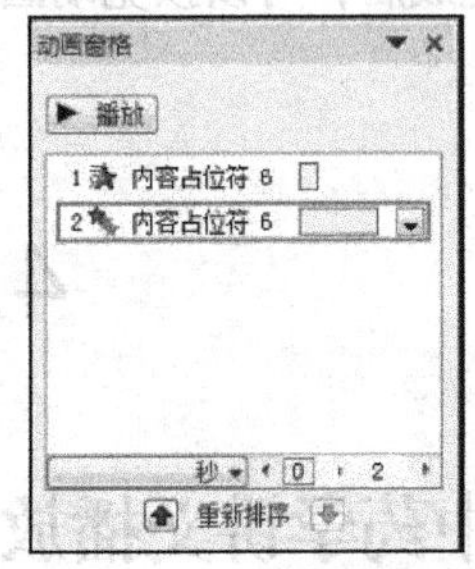

图 4.119 “动画窗格”

2. 设置自定义动画选项

为对象设置了动画效果后，还可对其进行详细的选项设置，包括动画的开始方式、速度及效果等。

（1）在“动画窗格”中双击要设置的动画项，会弹出动画效果对话框，根据动画的不同，该对话框中的项目也不一样。在动画项上，单击其右侧的下拉按钮，在出现的下拉列表中选择“效果选项”命令，也可弹出该对话框。在效果中可对动画方向、配合的声音、动画播放后是否变色等效果进行设置，如图 4.120 所示。

（2）可以通过动画效果对话框中的“计时”选项卡中的项目对动画进行时间上的控制，如图 4.121 所示。通过“动画”选项卡中的“计时”组也可对动画效果进行时间上的控制，但没有动画效果对话框设置得详细，如图 4.122 所示。

① 开始：设置播放的触发条件。“单击时”是在播放时通过鼠标单击来触发动画效果，“与上一动画同时”是跟上一个动画效果同时播放，“上一动画之后”是在上一动画效果之后播放。

② 持续时间：用于控制动画播放的速度，一般默认为 0.5 秒，可通过输入框后的上下箭头调整时间，也可自行输入秒数。持续时间越长动画越慢，越短则动画越快。

③ 延迟：以“开始”列表中设置的开始播放时间为基准设置的延迟时间，以秒为单位，类似

定时播放。

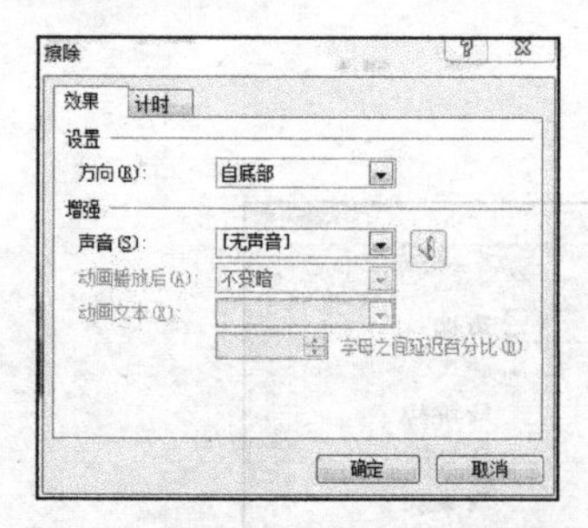

图 4.120　动画的“效果”选项卡

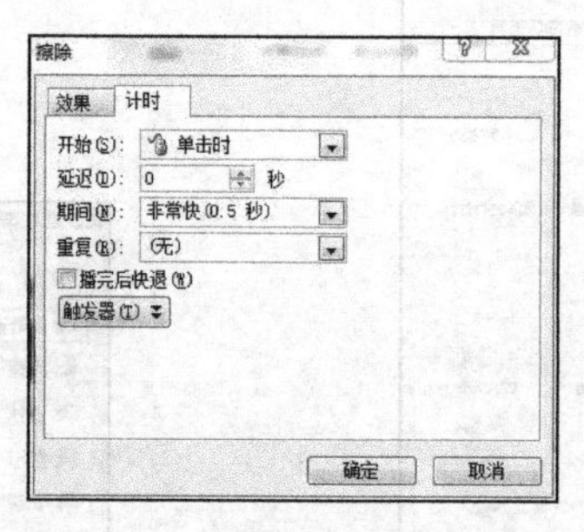

图 4.121　动画的“计时”选项卡

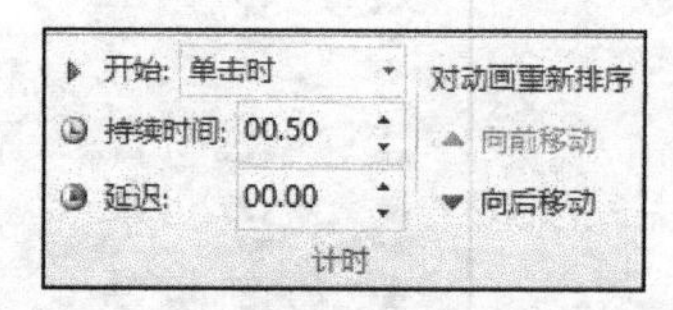

图 4.122　动画效果的“计时”组内容

（3）触发器是 PowerPoint 中的一项功能，它针对某一对象响应一个操作，这个对象可以是一个图片、图形、按钮，甚至可以是一个段落或文本框，单击该对象时，触发器会触发一个操作，该操作可以是声音、影片或动画。可以简单地将触发器想象为一个开关，通过它开启或者停止一个已设定好的动画。

利用触发器可以更灵活多变地控制动画或声音、视频等对象，实现许多特殊效果，让 PPT 具有一定的交互功能，极大地丰富了 PPT 的应用领域。

（4）设置完成后，可以预览动画的连续播放效果，有不满意的地方可以通过各类动画选项进行修改。

4.6　综合应用

4.6.1　中药学讲义播放设置

1．案例知识点及效果图

本案例主要运用的知识点有：幻灯片切换设置、自定义放映设置。放映前效果图如图 4.123 所示。

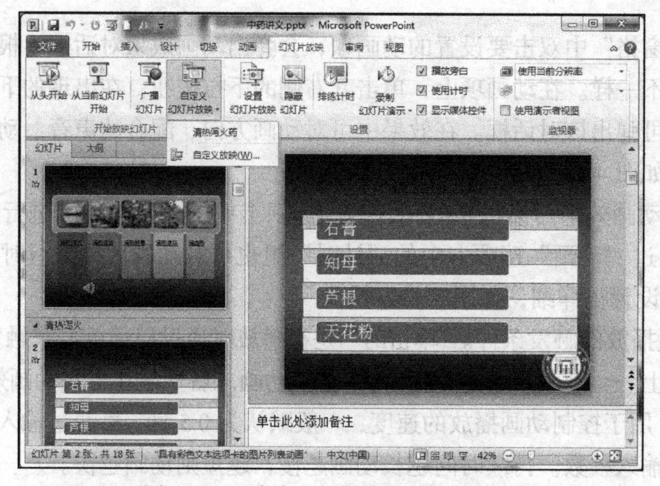

图 4.123　“自定义幻灯片放映”效果图

2. 操作步骤

（1）启动 PowerPoint，打开在 4.4.1 小节中已经完成的中药学讲义演示文稿。

（2）单击“切换”选项卡→“切换到此幻灯片”组中，选择“细微型”→“随机线条”。在“计时”组中“换片方式”中勾选“设置自动换片时间”，不需要设置时间，用默认时间 0。

（3）“幻灯片放映”选项卡→“开始放映幻灯片”组中选择“自定义幻灯片放映”。在弹出的“定义自定义放映”对话框中从左侧选中“清热泻火药”的各个幻灯片，单击“添加”按钮将这些幻灯片添加到右侧列表，“幻灯片放映名称”设置为“清热泻火药”，设置如图 4.124 所示。

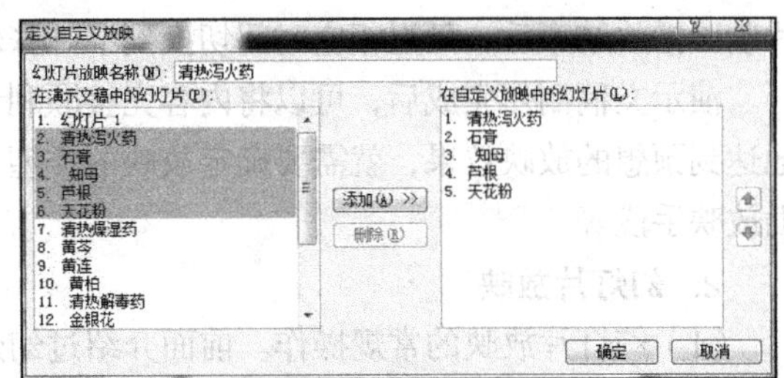

图 4.124　自定义放映设置

（4）“幻灯片放映”选项卡→“设置”组→“设置放映方式”按钮，在弹出的“设置放映方式”对话框中选中“自定义放映”单选框，选择“清热泻火药”。单击“确定”按钮。

（5）按 F5 键播放幻灯片，这时幻灯片能自动播放，并且只放映刚才选中的那几张幻灯片。这种自定义放映方式非常适合一个幻灯片针对不同人群、不同时间只播放其中部分内容的情况。

（6）单击“文件”→“保存并发送”选项，选择“将演示文稿打包成 CD”，将“CD 命名为”文本框中输入“中药讲义”，单击“复制到文件夹”，指定 D：\即可。这时，在 D 盘根目录下会出现一个“中药讲义”文件夹，包含了该演示文稿的所有文件及放映工具。

4.6.2　知识点详解

通过按 F5 键可以从头放映现有的幻灯片，在放映过程中，当幻灯片中的动画播放结束时，单击鼠标可实现幻灯片间的切换。但我们发现幻灯片切换得非常生硬，要改变这种状态，可以为幻灯片设置切换效果。幻灯片切换效果是指从一张幻灯片过渡到下一张幻灯片时的切换动画，切换的主体是整张幻灯片。

1. 幻灯片切换基本设置

（1）PowerPoint 2010 提供了多种幻灯片切换效果，在功能区切换到“切换”选项卡，其中的“切换到此幻灯片”组用于控制幻灯片的切换效果，展开其中的动画图库，即可看到程序提供的多种切换方案缩略图，指向缩略图选项，即可实时预览当前幻灯片的切换动画效果。

（2）当选择了某一种切换效果后，只是为当前幻灯片应用了切换动画，而其他幻灯片可以用以上方法逐一设置切换效果。如果希望所有的幻灯片都应用一样的切换效果，可以单击“切换到此幻灯片”组中的“全部应用”按钮。

（3）为幻灯片应用了切换效果后，可在“切换”选项卡中对其进行详细设置，如图 4.125 所示。

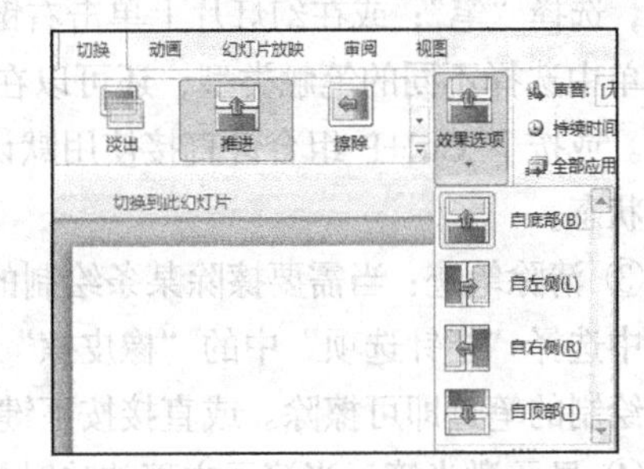

图 4.125　不同幻灯片切换效果的“效果选项”列表

① 选择“切换到此幻灯片”组中的“效果选项”按钮，在下拉列表中可以更改切换效果的细节。与对象动画的“效果选项”按钮类似，对不同切换效果，下拉列表中的内容也有所不同。

② “切换”选项卡“计时”组中的“声音”

“持续时间”和“全部应用”按钮与“动画”选项卡的相应按钮的功能一致，可参考上节内容进行设置。

③ “计时”组中的“换片方式”中，如果选中“单击鼠标时”复选框，则在幻灯片动画播放结束后，单击鼠标才会切换到下一张幻灯片；如果选中“设置自动换片时间”复选框，则在幻灯片动画播放结束后，延迟相应时间切换到下一张幻灯片。

演示文稿制作完成后，可以将内容完整顺利地呈现在观众面前，即幻灯片的放映。要想准确地达到预想的放映效果，就需要确定放映的类型，进行放映的各项控制，以及运用其他的一些辅助放映手段等。

2. 幻灯片放映

（1）幻灯片放映的常规操作。前面介绍过幻灯片最常用的放映方式，其实幻灯片的放映大致有 4 种情况，即“幻灯片放映”选项卡下的“开始放映幻灯片”组中的 4 个按钮（见图 4.126）。

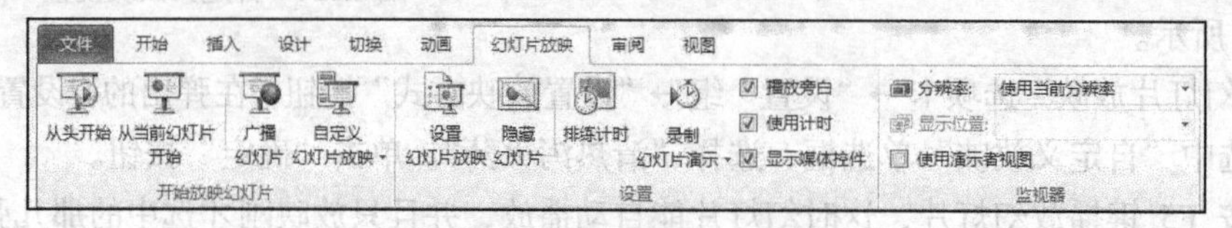

图 4.126 “幻灯片放映”选项卡

① 从头开始：从第 1 张幻灯片开始放映，也可以按 F5 键实现。

② 从当前幻灯片开始：从当前幻灯片放映到最后的幻灯片，也可以按 Shift+F5 组合键实现。

③ 广播幻灯片：通过 PowerPoint 的“广播幻灯片”功能，PowerPoint 2010 用户能够与任何人在任何位置轻松共享演示文稿。只需发送一个链接并单击一下，所邀请的每个人就能够在其 Web 浏览器中同步观看幻灯片放映，即使他们没有安装 PowerPoint 2010 也不受影响。

④ 自定义幻灯片放映：在相应对话框中可以在当前演示文稿中选取部分幻灯片，并调整顺序，命名自定义放映的方案，以便对不同观众选择适合的放映内容。

（2）辅助放映手段。

① 定位幻灯片：放映幻灯片时，幻灯片左下方有 4 个按钮，右键单击其中第 3 个按钮，在弹出的右键菜单中选择“下一张”或“上一张”命令，可在前后幻灯片间进行切换，而如果选择“定位至幻灯片”命令，在其子菜单中选择相应项目，可直接跳转到对应的幻灯片进行放映，如图 4.127 所示。

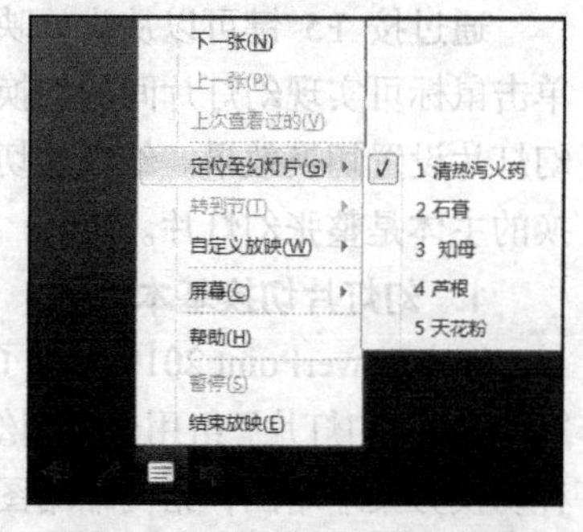

图 4.127 “定位幻灯片”选项

② 放映时添加注解：如果讲解时，需要通过圈点或画横线来突出一些重要信息，单击第二个按钮，选择“笔”；或在幻灯片上单击右键，在弹出的右键菜单中选择“指针选项”命令。在弹出的菜单中选择不同的笔触类型，还可以在“墨迹颜色”下拉列表中选择笔迹的颜色，如图 4.128 所示。或按下 Ctrl+P 组合键直接使用默认的笔型进行勾画，按下 Ctrl+U 组合键将“笔”切换回鼠标状态。

③ 清除笔迹：当需要擦除某条绘制的笔迹时，可以单击第二个按钮，或者单击右键，在右键菜单中选择“指针选项”中的“橡皮擦”命令，此时鼠标指针变为橡皮擦形状，在幻灯片中单击某条绘制的笔迹即可擦除。或直接按下键盘上的 E 键即擦除所有笔迹。

④ 显示激光笔：当演示文稿放映时，同时按下 Ctrl 键和鼠标左键，会在幻灯片上显示激光笔，移动激光笔并不会在幻灯片上留下笔迹，只是模拟激光笔投射的光点，以便引起观众注意。

⑤ 结束放映：当选择右键菜单中的“结束放映”时（或按下 Esc 键），将立即退出放映状态，回到编辑窗口。如果放映时在幻灯片上留有笔迹，则会弹出对话框询问是否保留墨迹，如图 4.129 所示。单击“保留”按钮，则所有笔迹将以图片的方式添加在幻灯片中；单击“放弃”按钮，则将清除所有笔迹。

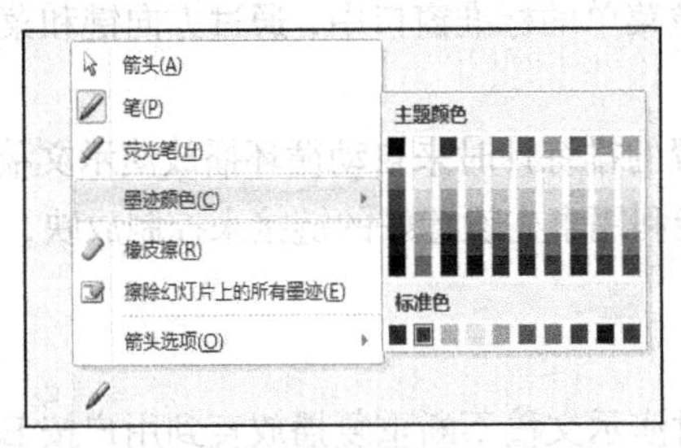

图 4.128 幻灯片放映时设置“笔”

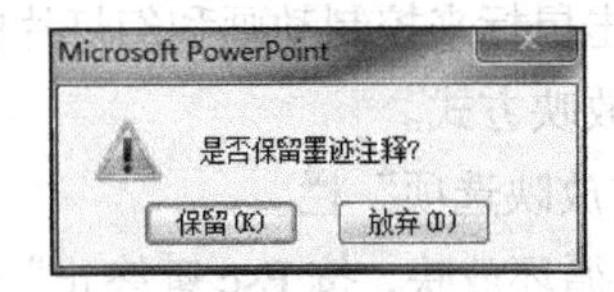

图 4.129 退出放映时的提示对话框

3. 排练计时

如果希望演示文稿能按照事先计划好的时间进行自动放映，则需要先通过排练计时，在真实放映演示文稿的过程中，记录每张幻灯片放映的时间。

（1）在“幻灯片放映”选项卡的“设置”组中单击“排练计时”按钮，幻灯片进入全屏放映状态，并显示“录制”工具栏，如图 4.130 所示。

（2）可以看到工具栏中当前放映时间和全部放映时间都开始计时，表示排练开始，这时操作者应根据模拟真实演示进行相关操作，计算需要花费的时间，单击幻灯片，或者单击“预演”工具栏中的 ➡ 按钮切换到下一张幻灯片。

（3）切换到下一张幻灯片后，可看到第一项当前幻灯片播放的时间重新开始计时，而第二项演示文稿总的放映时间将继续计时。

（4）同样，再进行余下幻灯片的模拟放映，当对演示文稿中的所有幻灯片都进行了排练计时后，会弹出一个提示对话框，显示排练计时的总时间，并询问是否保留幻灯片的排练时间，如图 4.131 所示。

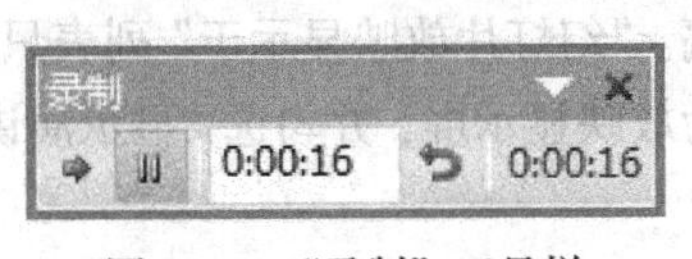

图 4.130 “录制”工具栏

图 4.131 排练计时的结束时的提示对话框

（5）如果单击“是”按钮，幻灯片将自动切换到“幻灯片浏览”视图下，在每张幻灯片的左下角可看到幻灯片播放时需要的时间。

4. 设置幻灯片放映

在“幻灯片放映”选项卡的“设置”组提供了多种控制幻灯片放映方式的按钮，单击“设置幻灯片放映”按钮，将弹出“设置放映方式”对话框，可根据放映的场合设置各种放映方式，如图 4.132 所示。

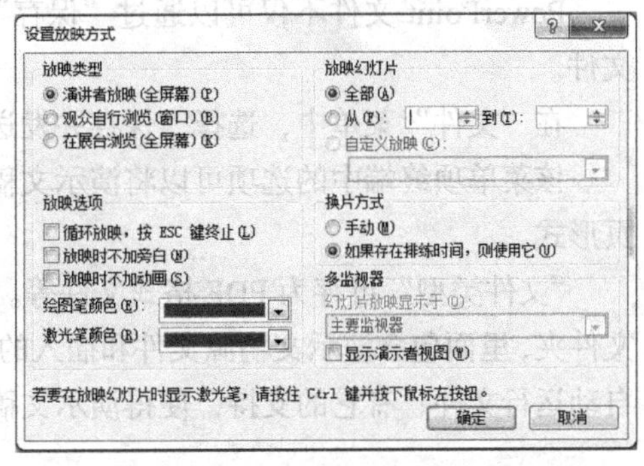

图 4.132 “设置放映方式”对话框

以下详细介绍一下各选项的功能。

（1）“放映类型”栏。

①“演讲者放映”选项：全屏演示幻灯片是最常用的放映方式，讲解者对演示过程可以完全控制。

②“观众自行浏览”选项：让观众在带有导航菜单的标准窗口中，通过方向键和菜单自行浏览演示文稿内容，该方式又称为交互式放映方式。

③“在展台浏览”选项：一般会通过事先设置的排练计时来自动循环播放演示文稿，观众无法通过单击鼠标来控制动画和幻灯片的切换，只能利用事先设置好的链接来控制放映，该方式也称为自动放映方式。

（2）“放映选项”栏。

①“循环放映，按 Esc 键终止”选项：放映时演示文稿不断重复播放直到用户按 Esc 键终止放映。

②“放映时不加旁白”选项：放映演示文稿时不播放录制的旁白。

③“放映时不加动画”选项：放映演示文稿时不播放幻灯片中各对象设置的动画效果，但还是播放幻灯片切换效果。

④“绘图笔颜色”和“激光笔颜色”选项：设置各笔型默认的颜色。

（3）“放映幻灯片”栏。

①“全部”选项：演示文稿中所有幻灯片都进行放映。

②“从……到”选项：在后面的数值框中可以设置参与放映的幻灯片范围。

③“自定义放映”选项：只有在创建了自定义放映方案时才会被激活，用于选择不同的自定义放映方案。

（4）“换片方式”栏。

①“手动”选项：忽略设置的排练计时和幻灯片切换时间，只用手动方式切换幻灯片。

②“如果存在排练时间，则使用它”选项：只有设置了排练计时和幻灯片切换时间，该选项才有效，当选择了“放映类型”栏的“在展台浏览”选项时，一般配合选择此选项。

（5）“多监视器”栏。“多监视器”栏可以实现在多监视器环境下，对观众显示演示文稿放映界面，而演讲者通过另一显示屏观看幻灯片备注或演讲稿。“幻灯片放映显示于”列表只在连接了外部显示设备时才被激活，此时可以选择外接监视器作为放映显示屏，并勾选“显示演讲者视图”选项，方便演讲者查看不同界面。

5. 演示文稿的保存与发送

PowerPoint 文件不仅可以通过“保存”来建立 PPT 文档或者模板，也可以保存成其他类型文件。

在“文件”菜单中，选择“保存并发送”选项，弹出的菜单选项如图 4.133 所示。

该菜单项终端中的选项可以将演示文稿保存后形成电子邮件用 Outlook 发送，或者保存为网页形式。

“文件类型”可存为 PDF 格式文件等。“将演示文稿打包成 CD”选项会在指定路径生成一个文件夹，里面包含演示文稿源文件和插入的音频、视频等源文件，另外还会有一个 AUTORUN.INF 自动运行文件；有它的支持，使得演示文稿可以在未安装 PowerPoint 的电脑上播放。

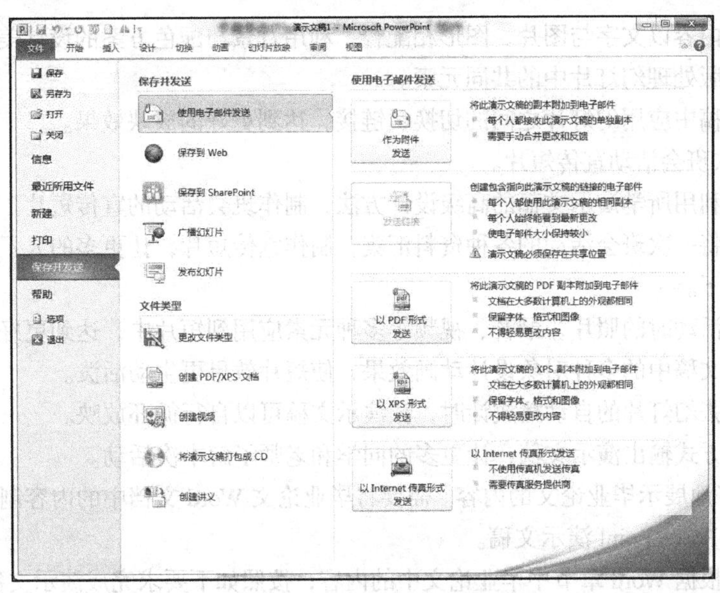

图 4.133　文件的保存并发送

4.7 思考与练习

一、思考题

1. 模板和母版有什么区别?

2. PowerPoint 中主题是什么?

3. 网络上可以找到很多 PowerPoint 文档的动画模板，如何可以快速地在我们的文稿中使用这些动画设置?

4. 一个插入有音频的演示文稿，设置了自动换片方式和自动播放的动画，在某一页却停住，不继续向下自动播放了，可能是什么原因?

5. PowerPoint 2010 版比起 PowerPoint 2003 版少了很多动画效果，请问 PowerPoint 2010 版中制作的演示文稿能使用 PowerPoint 2003 版中的动画效果吗？如果能，该用什么方式实现呢?

6. 超链接在幻灯片中有多种用途，可以制作出很多令人惊艳的效果，试举例说明几种超链接做出的特殊效果。

7. PowerPoint 动画效果中的“触发器”有什么作用?

8. SmartArt 是什么，使用它有什么好处?

二、练习题

1. 制作学校情况介绍演示文稿。

测评目的：利用所学的演示文稿的基本制作功能，完成自己学校的介绍演示文稿。

测评要求：收集与学校相关的图、文，以向别人介绍自己的学校为目的制作演示文稿。内容要简练直观，整体风格要大方得体。具体要求如下。

（1）新建一个演示文稿，以“本人姓名.pptx”命名并保存。

（2）演示文稿中至少包括 5 张幻灯片，内容以介绍自己学校的面貌为主。

（3）幻灯片内容以文字与图片、图形相配合，利用背景与配色方案的设计美化文稿。

（4）利用母版处理幻灯片中的共同元素。

（5）演示文稿中应用幻灯片之间的切换、链接，达到更好的放映效果。

2. 制作一次班会活动宣传短片。

测评目的：利用所学演示文稿的高级设计方法，制作班会活动的宣传短片。

测评要求：将一次班会活动的各种资料汇集，制作宣传短片，让更多的人了解本次活动的内容，具体要求如下。

（1）将班会活动时的照片、录音、视频等多种元素应用到短片中，达到更好的宣传作用。

（2）为演示文稿中的多种对象设计动画效果，使短片效果更生动活泼。

（3）排练每张幻灯片的自动播放计时，让演示文稿可以自行循环放映。

（4）用多种方式输出演示文稿，让更多的同学和老师了解本次活动。

3. 为了更好地展示毕业论文的内容。需要将毕业论文 Word 文档中的内容制作为可以向答辩老师进行展示的 PowerPoint 演示文稿。

现在，请你根据 Word 章节中毕业论文中的内容，按照如下要求完成演示文稿的制作。

（1）创建一个新演示文稿，内容需要包含毕业论文文件中所有讲解的要点，包括如下内容。

① 演示文稿中的内容编排，需要严格遵循 Word 文档中的内容顺序，并仅需要包含 Word 文档中应用了“标题 1”“标题 2”“标题 3”样式的文字内容。

② Word 文档中应用了“标题 1”样式的文字，需要成为演示文稿中每页幻灯片的标题文字。

③ Word 文档中应用了“标题 2”样式的文字，需要成为演示文稿中每页幻灯片的第一级文本内容。

④ Word 文档中应用了“标题 3”样式的文字，需要成为演示文稿中每页幻灯片的第二级文本内容。

（2）将演示文稿中的第一页幻灯片，调整为“标题幻灯片”版式。

（3）为演示文稿应用一个美观的主题样式。

（4）在幻灯片第二页中，插入个人简历表格，简要介绍自己的姓名、专业、指导老师等信息。

（5）将论文中的基本结构利用 SmartArt 图形展现。

（6）在该演示文稿中创建一个演示方案，该演示方案包含第 1、2、4、7 页幻灯片，并将该演示方案命名为“放映方案 1”。

（7）在该演示文稿中创建一个演示方案，该演示方案包含第 1、2、3、5、6 页幻灯片，并将该演示方案命名为“放映方案 2”。

（8）保存制作完成的演示文稿，并将其命名为“毕业论文.pptx”。

4. 小李是创新药业有限公司的人事专员，十一过后，公司招聘了一批新员工，需要对他们进行入职培训。请制作一份“新员工入职培训.pptx”，要求如下。

（1）将第二张幻灯片版式设为“标题和竖排文字”，将第四张幻灯片的版式设为“比较”；为整个演示文稿指定一个恰当的设计主题。

（2）通过幻灯片母版为每张幻灯片增加利用艺术字制作的水印效果，水印文字中应包含“新创新药业”字样，并旋转一定的角度。

（3）根据第五张幻灯片右侧的文字内容创建一个组织结构图，其中总经理助理为助理级别，并为该组织结构图添加任一动画效果。

（4）为第六张幻灯片左侧的文字“员工守则”加入超链接，链接到 Word 素材文件“员工守则.docx”，并为该张幻灯片添加适当的动画效果。

5. 为演示文稿设置不少于 3 种的幻灯片切换方式。根据提供的“PM2.5 简介.docx”文件，制作名为“PM2.5”的演示文稿，具体要求如下。

（1）幻灯片不少于 6 页，选择恰当的版式并且版式要有一定的变化，6 页中至少要有 3 种版式。

（2）有演示主题、有标题页，在第一页上要有艺术字形式的“爱护环境”字样。选择一个主题应用于所有幻灯片。

（3）对第二页使用 SmartArt 图形。

（4）要有两个以上的超链接进行幻灯片之间的跳转。

（5）采用在展台浏览的方式放映演示文稿，动画效果要贴切、丰富，幻灯片切换效果要恰当。

（6）在演示的时候要全程配有背景音乐并实现自动播放。

第5章 网页制作

本章通过案例介绍了标准 HTML 语言的基础知识，包括创建新文档、保存文档、打开已有文档、设置文档的页面属性、修改页面标题、修改页面背景色及文本颜色等内容，详细叙述了超链接的实现方法、表格的创建过程、多媒体在 HTML 中的应用，通过一些综合示例使读者对网页制作有更进一步的认识。

5.1 认识 HTML 与网页

5.1.1 一个简单的 HTML 文件

1. 案例知识点及效果图

本案例主要运用了以下知识点：使用记事本编写 HTML 网页；浏览网页及查看网页源代码；了解 HTML 基本标签的使用，如<body>、<P>、<font>标签等。案例效果如图 5.1 所示。

2. 操作步骤

（1）打开 Windows 的记事本。

（2）在其中输入下列代码，其显示效果如图 5.2 所示。

```
<html>
    <head>
        <title> HTML 网页制作 </title>
    </head>
        < body bgcolor="yellow">
            <P>你好！欢迎浏览本网页！</P>
        </body>
</html>
```

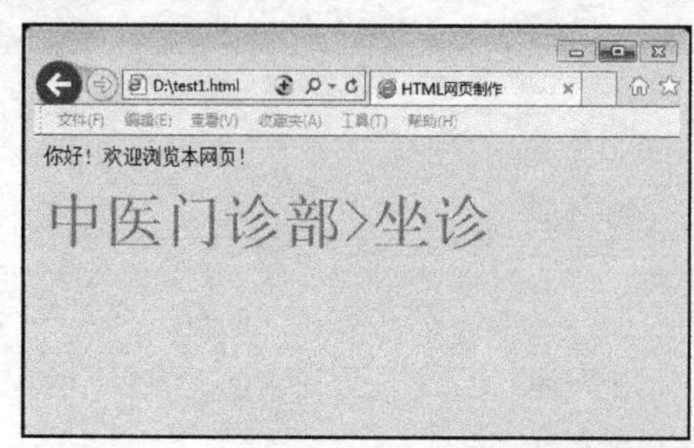

图 5.1 一个简单的 HTML 文件案例效果图

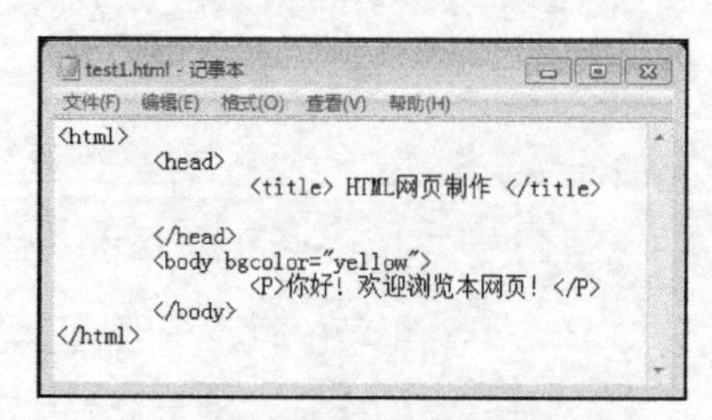

图 5.2 用记事本编写 HTML 代码

（3）将文件保存到 D 盘，文件夹名为“网页设计”，文件名为“test1.html”，文件类型为“所有文件”。

（4）使用浏览器打开 D 盘“网页设计”文件夹中的“test1.html”文件，在窗口标题栏上有“HTML 网页制作”的标题，其显示效果如图 5.3 所示。

（5）用 Windows 的记事本打开“test1.html”文件，在<body></body>中输入文字“中医门诊部>坐诊”。

（6）再次保存文件，然后在浏览器中按 F5 键刷新页面，其显示效果如图 5.4 所示。

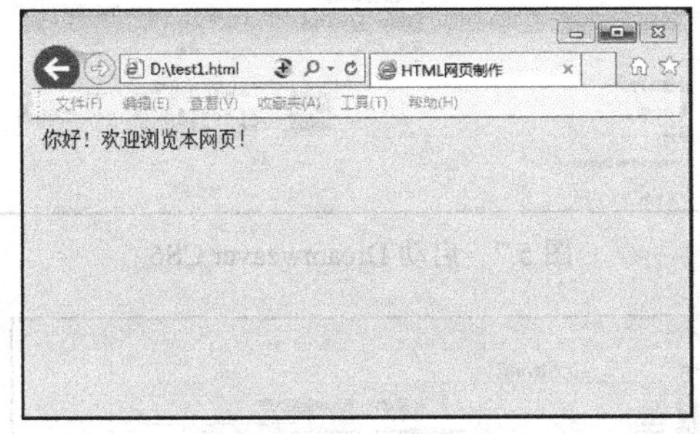

图 5.3　简单 HTML 文件的欢迎文字效果图

图 5.4　简单 HTML 文件的中医门诊部文字效果

（7）打开“查看”菜单的源代码，在文字“中医门诊部”前加上“<font size=14 color ="#ff6600"> <b>”，在文字后面加上“</b></font>”，设置文字为粗体，并设置字号为 14px，颜色为橙色，如图 5.5 所示。

（8）保存后在浏览器中按 F5 键刷新页面，效果如图 5.1 所示。

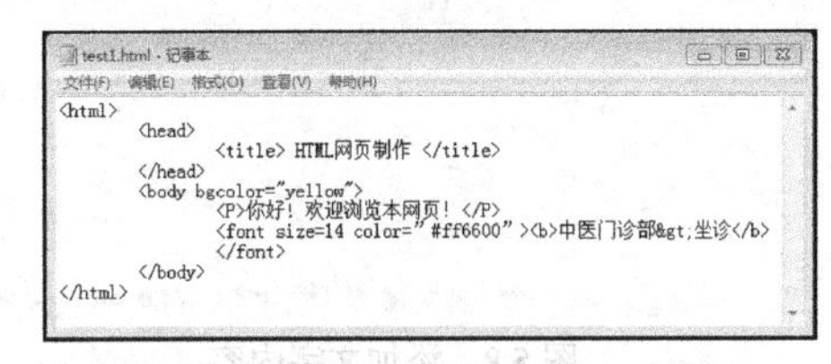

图 5.5　在记事本中修改 HTML 代码

5.1.2　利用 Dreamweaver CS6 制作网页

1. 案例知识点及效果图

本案例主要运用了以下知识点：了解 Dreamweaver 的工作环境和基本操作；创建网页文件的基本方法，保存、预览网页文件的方法；设置页面属性的方法，添加文本的方法；定义和应用文档标题格式。案例效果如图 5.6 所示。

2. 操作步骤

（1）启动 Dreamweaver CS6，系统会自动打开欢迎界面。使用该界面可以快速执行一些常用操作，包括打开最近的项目、新建文件或站点、主要功能的使用等。单击“新建”列表框中的“HTML”按钮，如图 5.7 所示。

（2）建立一个 HTML 文档，初次运行该软件时，会出现“工作区设置”对话框，可在文档工具栏中单击“设计”按钮将 Dreamweaver 切换为“设计”视图，在该视图下可快速进行网页的编辑。

（3）要添加文字内容可单击“文档”工具栏中的“设计”按钮，单击网页中要插入文本的空白区域，窗口中随即出现闪动的光标，选择输入法，输入文字“这是一 HTML 的测试文件”，也可以用复制的方法将其他文本内容粘贴过来，如图 5.8 所示。

（4）在“修改”菜单的“页面属性”对话框中设置“标题/编码”项，将“标题”文本框中的内容修改为“湖北中医药大学”，也可在“代码”视图中，将<title>标签中的内容修改为“湖北中医药大学"，如图 5.9 所示。

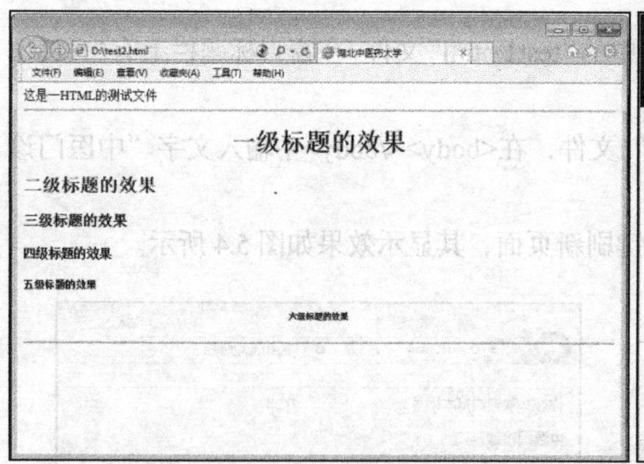

图 5.6 利用 Dreamweaver CS6 制作网页案例效果

图 5.7 启动 Dreamweaver CS6

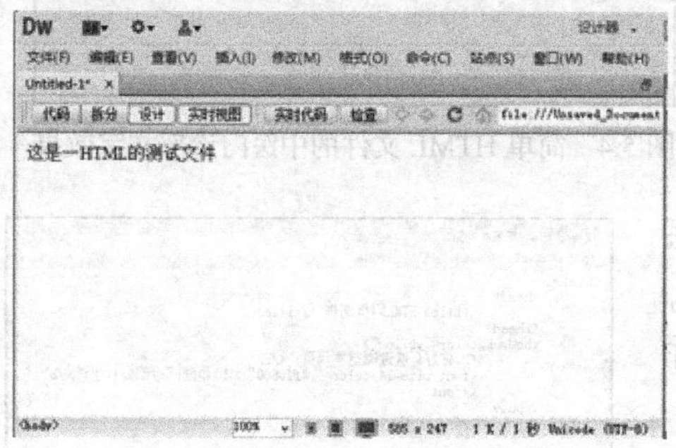

图 5.8 添加文字内容

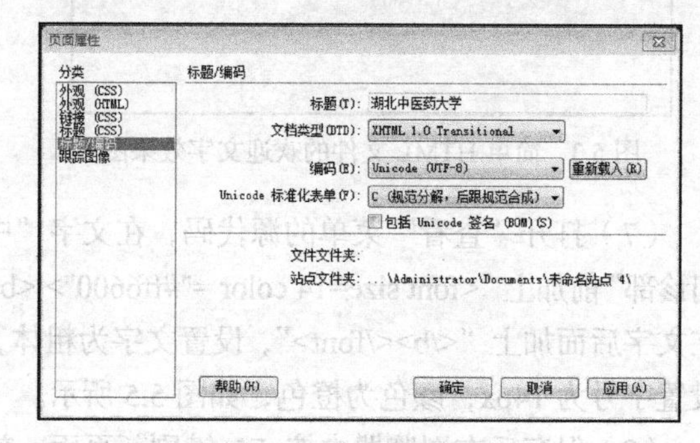

图 5.9 设置网页标题

（5）单击"文档"工具栏中的"代码"按钮切换到"代码"视图，如图 5.10 所示。

（6）修改<body>标签的属性和内容，在<body>标签内使用了<H1>～<H6>的标题。具体输入以下内容。输入后的效果如图 5.11 所示。

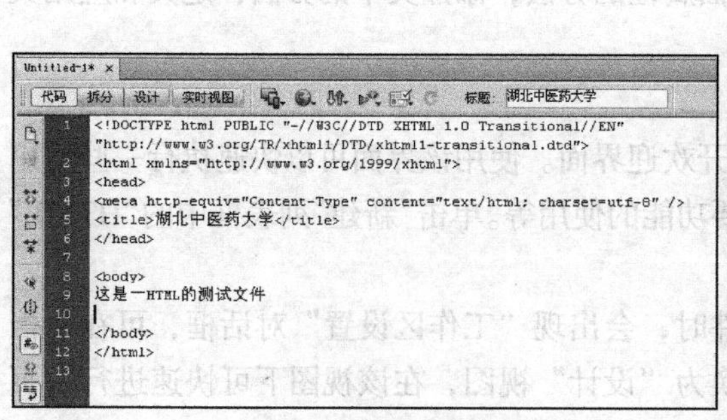

图 5.10 切换到代码视图

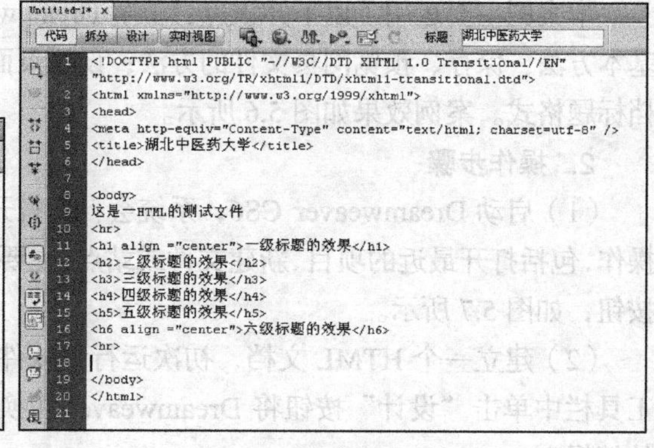

图 5.11 设置六级标题

```
<hr>
    <h1 align ="center">一级标题的效果</h1>
    <h2>二级标题的效果</h2>
    <h3>三级标题的效果</h3>
    <h4>四级标题的效果</h4>
```

```
<h5>五级标题的效果</h5>
<h6 align ="center">六级标题的效果</h6>
<hr>
```

（7）保存文档。使用菜单栏中的“文件”→“保存”命令或者按快捷键 Ctrl+S 进行文档的保存操作。弹出“另存为”对话框，在该对话框选择保存路径（如：D:\），将文件名设置为“test2.html”，单击“保存”按钮即可完成文件的保存，如图 5.12 所示。

图 5.12 保存网页

（8）预览网页。用浏览器查看其运行效果后可发现，其运行效果跟之前直接编写代码生成的 HTML 文件一样。单击“文档”工具栏中的“拆分”和“实时视图”按钮，可在左侧代码区中看到自动生成的 HTML 代码，并可在右侧看到网页文件的实时运行效果，如图 5.13 所示。

图 5.13 预览网页

除了上述方法，还可以使用菜单栏中的“文件”→“在浏览器中预览”→“Iexplorer”命令，也可使用“文档”工具栏中的“预览/调试”按钮或者 F12 键，来预览网页。在浏览器中打开刚才保存的“test2.html”文档，即可看到该网页的运行效果，如图 5.6 所示。

5.1.3 知识点详解

1. HTML 基本知识

网页又称为 HTML 文件，是一种由 HTML 语言编写出来的，可以在因特网上传输，并能被浏览器认识和翻译成具有可读性页面并显示出来的文件。HTML 是一种简单、通用的标记语言，可以用其制作包括图像、文字、声音等精彩内容的网页。通常我们看到的网页都是以“htm”或“html”后缀结尾的文件，俗称 HTML 文件。

从 5.1.1 小节的案例中我们可以看出，HTML 文件仅由一个 HTML 元素组成，即文件以<HTML>开始、以</HTML>结尾，文件的其余部分都是 HTML 的元素体。而 HTML 元素的元素体又由头元素<head>…</head>、体元素<body>…</body>和一些注释组成。头元素和体元素的元素体又由其他元素、文本及注释组成。BODY 部分是网页的主体，内容均会反映在页面上，用<body>…</body>标签来界定，其内容的定义和组织是通过各类 HTML 标记来实现的。HTML 标记是描述性的标记，是用一对尖括号中间包含若干字符的形式表示的，通常成对出现，前一个为起始标签，后一个为结束标签。HTML 标记的格式如下：

<起始链接签　属性名 = 属性值>　内容 <结束链接签>

其中，属性是为标签实现某种功能而提供的一些具体参数，用属性值来定义。HTML 语言规定，属性写在标签名的后面。

以下是一些常见的 HTML 标签。

（1）<head>头部标签。<head>…</head>表示 HTML 文件头部的起始和结束标记。<title>…</title>表示 HTML 文件的标题，是显示于浏览器标题栏的字符串。<title>标记用来给网页命名，网页的名称写在<title>与</title>标记之间，显示在浏览器的标题栏中。网页标题总是加在<head>部分，浏览该网页时它会出现在浏览器窗口的标题栏中。<head>标签中可以嵌套<meta>标签，该标签位于<head>与<title>标签之间，用于描述文档的属性。

（2）<body>体部标签。<body>…</body>标签在网页中显示文本信息，任何需要在网页中显示的文本串都可直接嵌入 BODY 中。

（3）<Hn>标签。<H1>…</H1> ~ <H6>…</H6>标题元素有 6 种，用于表示文章中的各种题目。字体大小按照<H1> ~ <H6>顺序减小。

（4）网页中的注释标签。<!--……-->生成注释。注释标签起注释作用，它在 HTML 文件中生成一个空格，容纳不在页面上出现的内容。

2. Dreamweaver CS6 桌面的基本结构

Dreamweaver CS6 是编制 HTML 文件非常实用的编辑集成环境，它为各种网页和网页文本的开发提供了灵活的环境。Dreamweaver 把可视化编辑器和代码编辑器集成在一起，极大地提高了用户的效率。利用 Dreamweaver 的网页创建功能，可以在网页中添加各种内容，如文本、图像、表格、表单、多媒体等。借助 Dreamweaver 软件，用户可以快速、轻松地完成设计、开发与维护网站和 Web 应用程序的全过程。启动 Dreamweaver CS6 之后，会出现如图 5.14 所示的窗口。Dreamweaver CS6 窗口由标题栏、菜单栏、"文档"工具栏、显示代码视图、"插入"面板、文档窗口、标签选择器、"属性"面板、状态栏、"文件"面板等部分组成。常用的工作区组件如下。

（1）"文档"工具栏。文档窗口用来显示和编辑当前的文档页面。文档窗口大体上像在浏览器中一样显示当前文档。文档窗口的标题栏显示的是页面标题，如果文件包含未保存的修改，则标题栏中还将在圆括号中显示文件名和星号。"文档"工具栏中包含视图切换按钮、浏览器调试按钮和文档标题，如图 5.15 所示。文档窗口有 3 种视图，单击"文档"工具栏中的按钮，可进行视图的切换，也可以单击"查看"→"代码"（或"设计""代码和设计"）命令。

"代码"按钮：用来切换到"代码"视图，以便在编辑窗口中直接输入 HTML 代码。以代码的形式显示页面，方便文档代码的编写。

"拆分"按钮：用来切换到"拆分"视图，可在单个窗口中同时看到同一个文档的"代码"视图和"设计"视图，以使在同一个窗口中同时进行代码和页面的设计。

"设计"按钮：用来切换到"设计"视图，以便在编辑窗口中进行页面的设计。以设计的形式显示视图，可看到所见即所得的网页效果，该视图类似于在浏览器中查看页面。

（2）"插入"面板。通过选择菜单命令"窗口"→"插入"，可以设置"插入"面板的显示与隐藏，该面板包含用于创建和插入对象（如表格、层和图像）的按钮，主要用于在网页中插入各种类型的网页元素，如链接、图像、表格和媒体等，如图 5.16 所示。

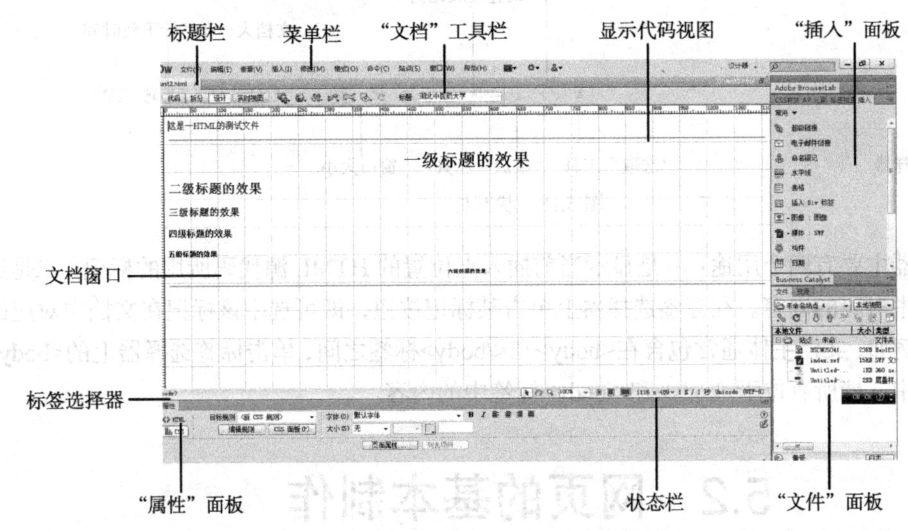

图 5.14　Dreamweaver CS6 桌面

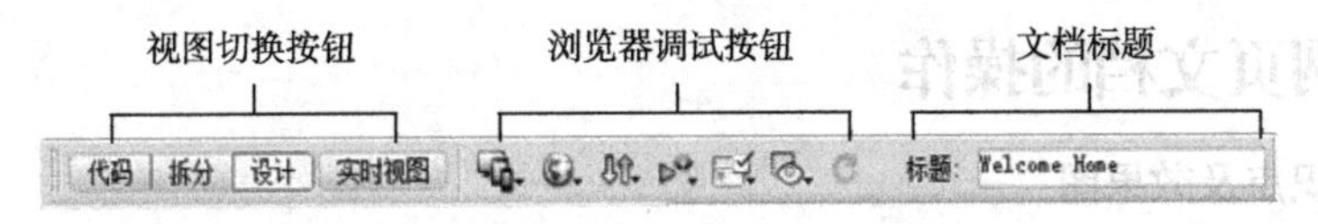

图 5.15　“文档”工具栏

“插入”面板中提供了创建各种类型对象的插入按钮，包括“常用”工具组、“布局”工具组、“表单”工具组、“数据”工具组、“Spry”工具组、“文本”工具组和“收藏夹”工具组等 9 个标签项，如图 5.17 所示。其中，“常用”工具组用来插入各种常见对象，如超链接、图像、表格、日期、水平线、Div 标签、日期、媒体等；“布局”工具组用来布局页面，可插入层、布局表格等；“表单”工具组用来插入各种表单对象，如单选按钮、复选框、文本域等；“文本”工具组用来设置文本的格式。

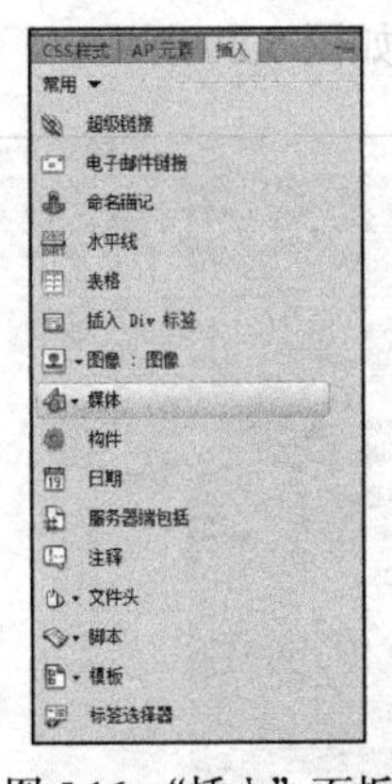

图 5.16　“插入”面板

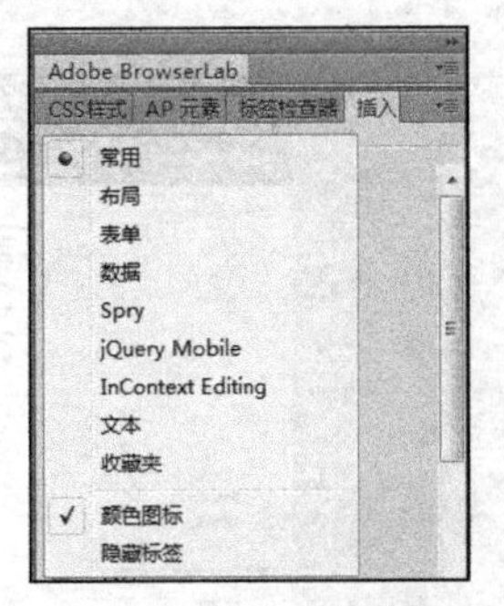

图 5.17　“插入”功能

（3）状态栏。状态栏位于文档窗口底部，用于显示当前文档的信息或一些编辑状态，如图 5.18 所示，包括标签选择器、“选取”工具、“手形”工具、“缩放”工具、设置缩放比例、窗口大小、文档大小和估计下载时间。

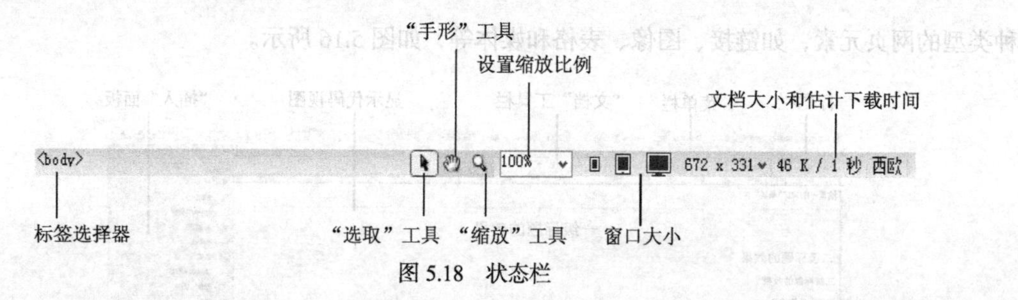

图 5.18　状态栏

标签选择器主要有两个用途：一是显示当前插入点位置的 HTML 源代码所用的标记，二是选中标签在文档中对应的内容。在标签选择器上单击某标记按钮，即可选中该标记在文档中对应的内容（对象）。例如，文档主体通常包含在<body>和</body>标签之间，单击标签选择器上的<body>按钮，即可选中文档所有位于<body>和</body>标签中的内容。

5.2　网页的基本制作

5.2.1　网页文档的操作

1．案例知识点及效果图

本案例主要运用了以下知识点：网页段落的设置，添加文本的基本方式，编排文本格式，设置文本样式，列表的应用，设置文本字体、大小和颜色的方法，设置换行和列表的方法，设置文本样式和对齐方式的方法，设置插入水平线和日期的方法，通过"属性"面板设置文本属性。案例效果如图 5.19 所示。

中医门诊部

中医门诊部是一所集医疗、教学、科研为一体的非营利性纯中医医疗机构，主任负责制，现有职工55名，有应诊专家80余名，有国家人事部、卫生部、国家中医管理局全国名老中医药专家师带徒导师6名，教授47名，博士生导师3名。中医门诊部设有中医内科、中医外科、中医妇科、中医儿科、中医皮肤科、中医肿瘤科、中医骨伤科、针灸科、推拿科、男科、针刀科等十余个中医特色科室。

图 5.19　网页文档操作案例效果

2．操作步骤

（1）新建 HTML 文档。启动 Dreamweaver CS6 后进入欢迎界面，单击"新建"列表框中的"HTML"按钮，新建文件并将其命名为"introduction.html"，如图 5.20 所示。

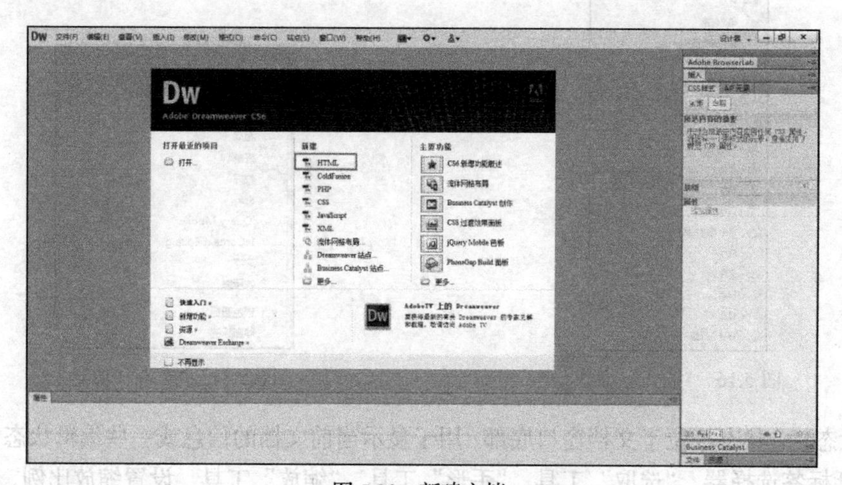

图 5.20　新建文档

（2）设置页面。在浏览器中预览某个页面，可以按键盘上的 F12 键，或者单击“文档”工具栏中的“预览/调试”按钮，在弹出的下拉菜单中选择“预览在 Iexplorer”。此时，会打开浏览器窗口，即可看到页面的外观效果。

选择“修改”→“页面属性”命令，打开“页面属性”对话框，如图 5.21 所示，在“标题”文本框中输入“中医门诊部简介”页面标题，单击“确定”按钮。在左边的分类中选择“外观（HTML）”，如图 5.22 所示，将背景颜色设置为“#CCCCCC”，在右边的文本和链接列表中选择需要的文本和链接颜色“#333333”，将左边距和上边距均设置为“100”，单击“应用”或“确定”按钮。

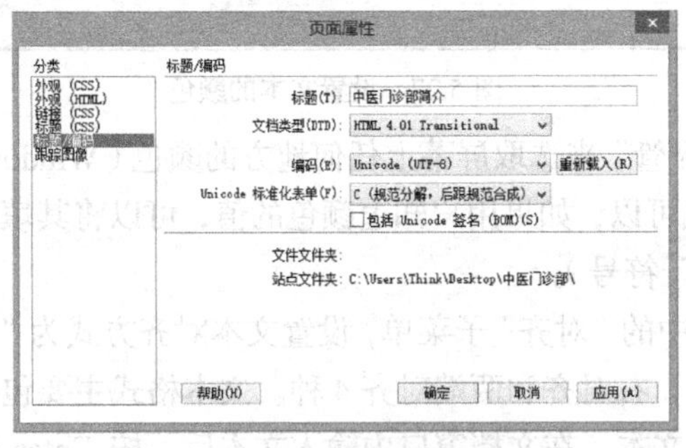

图 5.21　页面标题的设置

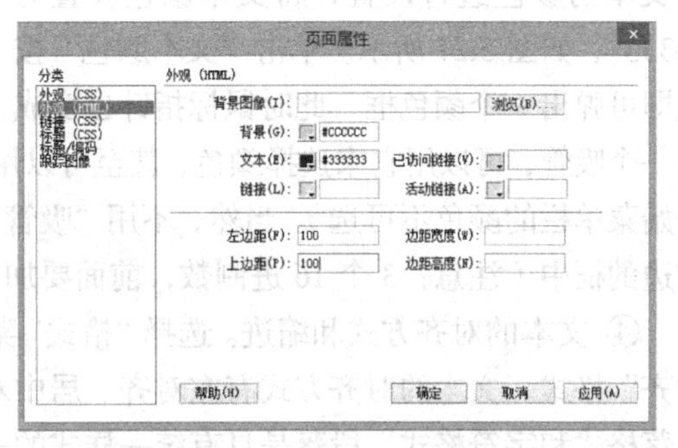

图 5.22　页面外观的设置

（3）在文档中添加文字。可以通过“插入”命令来插入“中医门诊部”文字对象；另外，也可以通过单击“插入”面板上的相应图标按钮，向网页中添加对象，如图 5.23 所示。

（4）设置文本格式。打开“属性”面板，通过“属性”面板设置文本格式后，会形成 HTML 样式，即标签样式，包括段落的格式、字体、字号、颜色、字体加粗／倾斜、对齐方式（左对齐／居中／右对齐）、文字所链接的路径或 URL 等，如图 5.24 所示，先设置字体加粗，对齐方式为居中对齐。

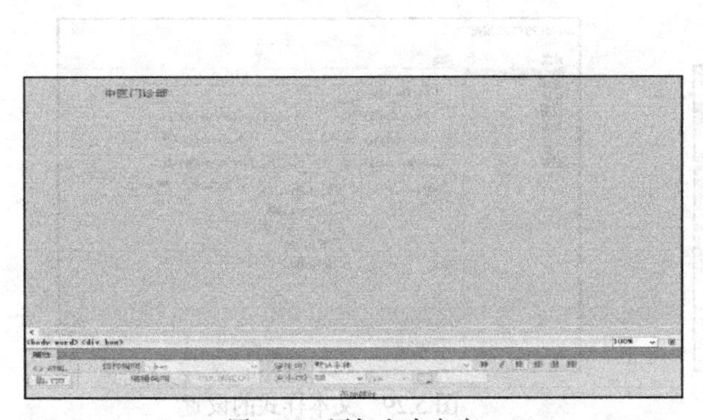

图 5.23　添加文本文字

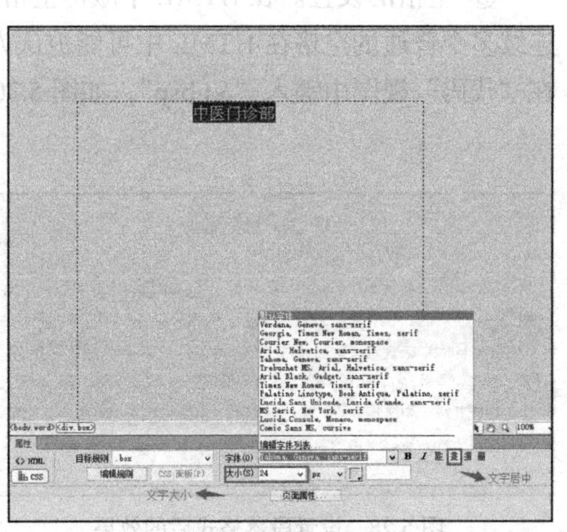

图 5.24　文本格式设置

（5）创建字体组合。

① 设置字体。通过“属性”面板或单击“文本”菜单，在“字体”子菜单中选择字体。单击“字体”文本框后的下拉箭头，弹出“字体”列表，选择“Tahoma”字体，文档字体就会变成“Tahoma”字体样式，如图 5.25 所示。

② 更改字体大小。在“属性”面板中的“大小”下拉列表框中选择字号为“18”或者任意输入字体大小（在后面的列表框中选择单位），如图 5.26 所示。

图 5.25　字体组合

图 5.26　字体大小的设置

③ 设置文本颜色。可以通过“属性”面板对文本的颜色进行设置，将文本颜色设置为“#333”，如图 5.27 所示。单击“文本颜色”按钮即可弹出一个颜色框，此时鼠标指针也变成了一个吸管，可以用它来选择颜色，甚至可以用“吸管”来选取屏幕上任何地方的颜色（Windows 开始菜单栏的颜色不可选）。当然，不用“吸管”也可以，如果用户知道颜色的值，可以将其填入右边的框中（注意：3 个 16 进制数，前面要加“#”符号）。

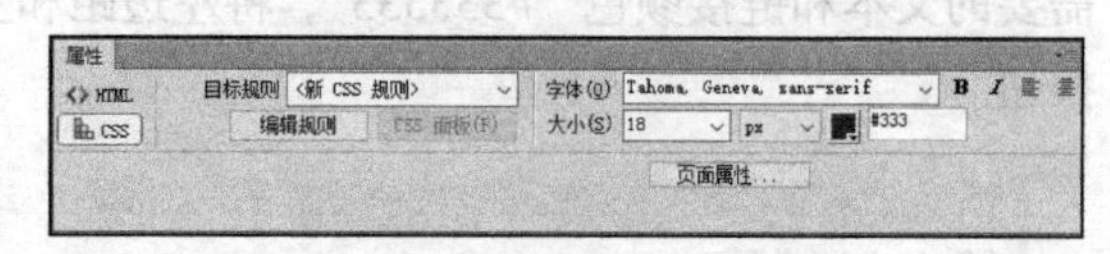

图 5.27　设置文本的颜色

④ 文本的对齐方式和缩进。选择“格式”菜单中的“对齐”子菜单，设置文本对齐方式为“左对齐”格式。文本的对齐方式有左对齐、居中对齐、右对齐和两端对齐 4 种。文本格式主要包括段落格式和字符格式。段落是具有统一样式的一段文本，在文档窗口中输入文本后，按 Enter 键就会产生一个段落（HTML 对应<p>标签）。图 5.28 为设置段落格式后的截图。

⑤ 设置文本的样式。首先选中文本，然后选择“格式”菜单“样式”子菜单中的样式即可，这些样式可以随意组合。例如，有粗体、斜体、下划线、删除线、大字型、强调等 15 种样式菜单可供选择。这里，为简介内容添加一个 CSS 样式，命名为“word1”，设置字体大小（Font-size）为“18”px，行高（Line-height）为“30”px，颜色（Color）为“#333”，对齐方式（text-align）为“left”，如图 5.29 所示。

⑥ 空格的设置。在 HTML 中敲击空格是不被识别的，“ ”在 HTML 中是空格占位符，连续多个普通的空格在 HTML 中可能被认为只有一个，而写几个“ ”，就能占几个空格位，在“代码”视图中键入“ ”，如图 5.30 所示。

中医门诊部

中医门诊部是一所集医疗、教学、科研为一体的非营利性纯中医医疗机构，主任负责制。现有职工55名，有应诊专家80余名，有国家人事部、卫生部、国家中医管理局全国名老中医药专家师带徒导师6名，教授47名，博士生导师3名。中医门诊部设有中医内科、中医外科、中医妇科、中医儿科、中医皮肤科、中医肿瘤科、中医骨伤科、针灸科、推拿科、男科、针刀科等十余个中医特色科室。

图 5.28　设置段落格式后的效果

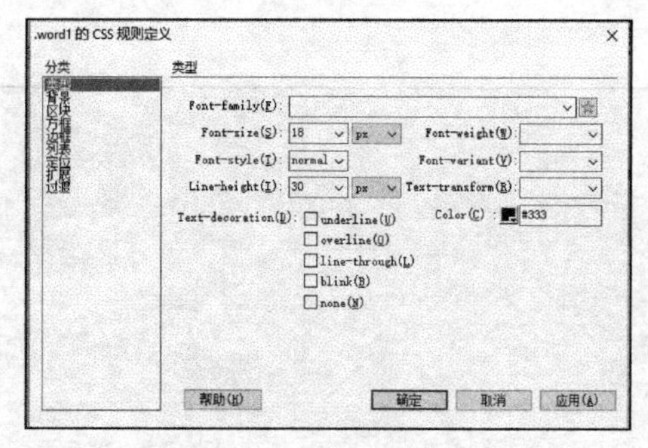

图 5.29　文本样式的设置

```
 <p class="word1"> <span class="word1">      中医大学中医门诊部是直属于中医大学的一所集医疗、教学、
斗研为一体的非营利性纯中医医疗机构，主任负责制。现有职工55名，有应诊专家80余名，有国家人事部、卫生部、国家中医管理局全国名老中医药
专家师带徒导师6名，教授47名，博士生导师3名。中医门诊部设有中医内科、中医外科、中医妇科、中医儿科、中医皮肤科、中医肿瘤科、中医骨伤
斗、针灸科、推拿科、男科、针刀科等十余个中医特色科室。</span></p>
 <p class="word"> </p>
/div>
/body>
/html>
```

图 5.30　空格的设置

⑦ 在标题和内容中间插入一条水平线，将光标置于“中医门诊部”后面，选择“插入”菜单下的子菜单“HTML”中的“水平线”命令，如图 5.31 所示。

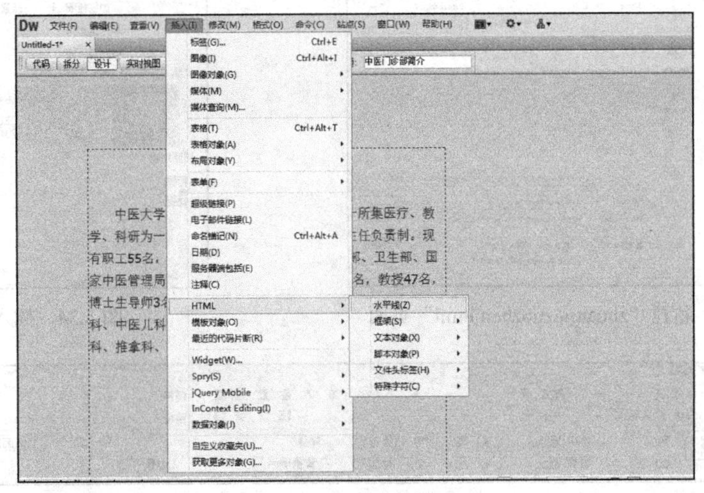

图 5.31　添加水平线

5.2.2　表格处理

1. 案例知识点及效果图

本案例主要运用了以下知识点：插入表格、表格的属性设置、表格的拆分与合并、设置单元格的宽度与高度、设置表格背景色等。坐诊时间表效果图如图 5.32 所示。

时间\科室	针灸科	内科	儿科	皮肤科
星期一	闫素梅	何艳萍	陆江龙	汤文丽
星期二	曹彬彬	李文英	袁华强	张文建
星期三	邱治国	闫玉环	李德勤	
星期四	谭文乐	何艳萍	袁华强	汤文丽
星期五	闫素梅	李文英	李德勤	张文建

图 5.32　坐诊时间表效果图

2. 操作步骤

（1）新建“zhuanjiazuozhen.html”页面文件。单击“文件”菜单下的“新建”命令，选择新建“HTML”文件。在“设计”视图下，输入“一周坐诊时间表”，并保持页面文件，将页面命名为“zhuanjiazuozhen.html”，如图 5.33 所示。

（2）在“一周坐诊时间表”下面的一个单元格内插入一个表格，设置为 6 行 5 列，如图 5.34 所示。表格宽度为“670”像素，边框粗细为“1”像素。

（3）调整各个单元格的宽高属性。第一列的宽为“120”px，高为“30”px；其余各列的宽为“100”px，高为“30”px，并在单元格内添加表格内容，如图 5.35 所示。

（4）修改文字样式。将字体大小设置为“16”px，如图 5.36 所示，文字对齐方式设置为“居中对齐”。

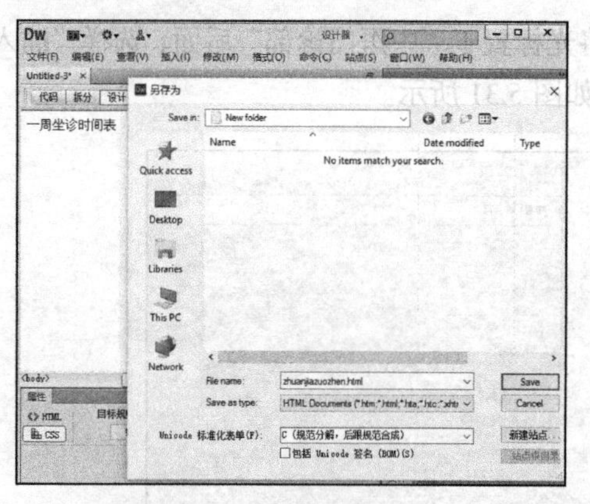

图 5.33　新建“zhuanjiazuozhen.html”页面

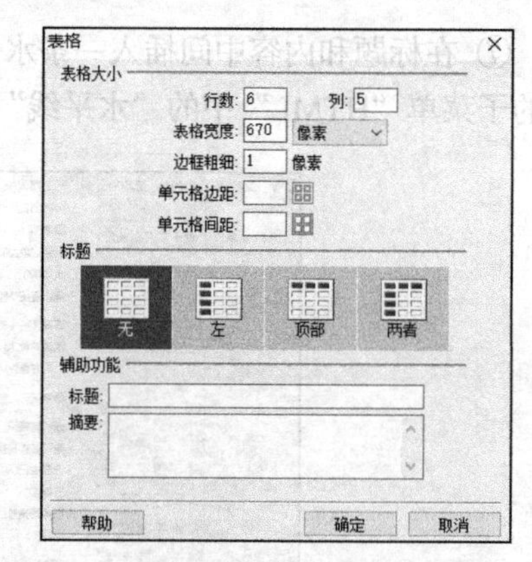

图 5.34　插入表格

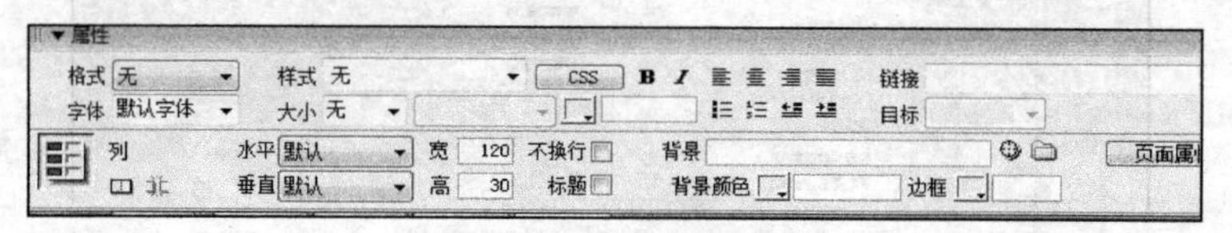

图 5.35　单元格的设置

设置字体为“粗体”，选择要设置的单元格，单击鼠标右键弹出快捷菜单，选择“样式”菜单中的“粗体”命令，如图 5.37 所示。

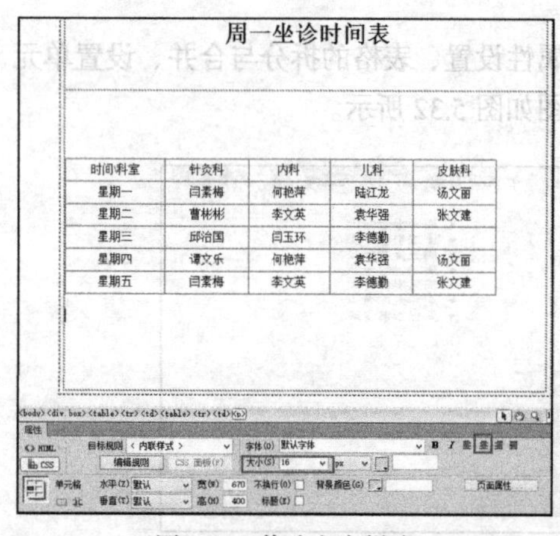

图 5.36　修改文字样式

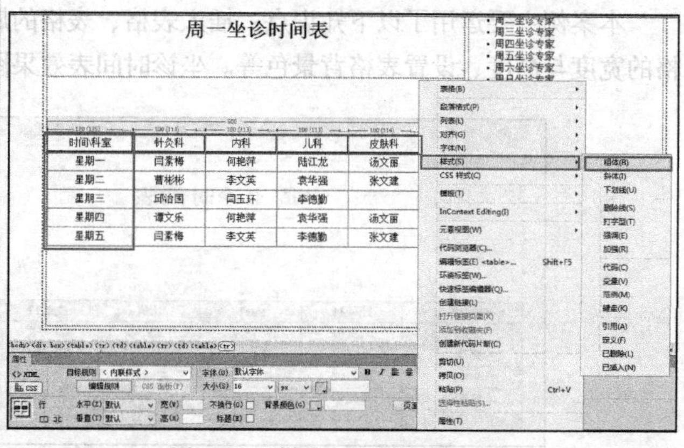

图 5.37　“样式”→“粗体”命令

（5）为表格添加 CSS 样式。新建 CSS 规则，选择表格，单击鼠标右键弹出快捷菜单，选择“CSS 样式”菜单中的“新建”命令，名称为“box”，如图 5.38 所示。

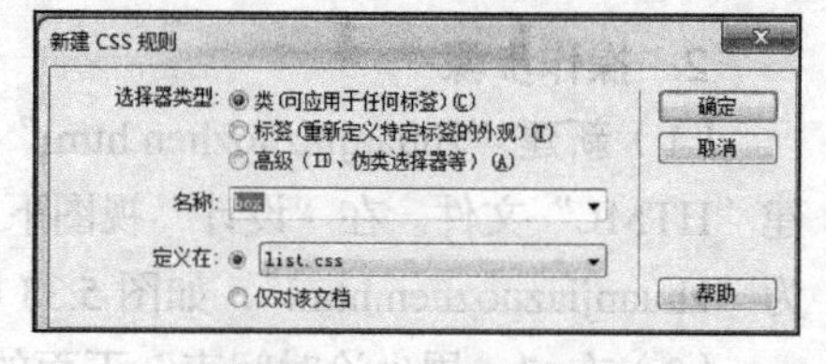

图 5.38　新建 CSS 规则

（6）设置 CSS 样式参数。表格边框设置如图 5.39 所示。选中“分类”中的“边框”，将样式（Style）、宽度（Width）和颜色（Color）设置为“全部相同”，再将“Style”设置为“solid”样式，宽度（Width）设置为“1”px，边框颜色（Color）参数设置为“#666”。

表格背景设置如图 5.40 所示。表格填充颜色参数为“#CCC”。

（7）保存文档，按 F12 键预览制作效果，最后效果如图 5.32 所示。

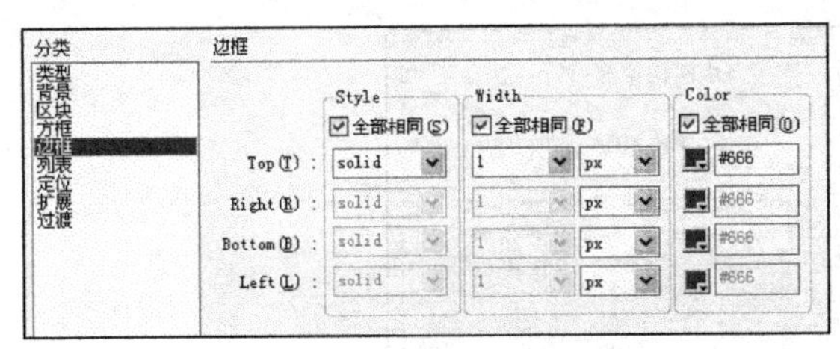

图 5.39 CSS 边框属性的设置

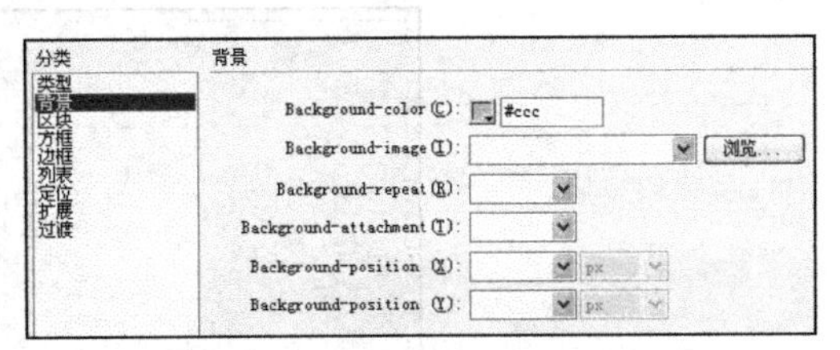

图 5.40 CSS 背景属性的设置

5.2.3 上网导航的制作

1. 案例知识点及效果图

本案例主要运用了以下知识点：在网页中创建文字和图像链接，运用内部链接、外部链接等技术设计网站，设置文本超链接的方法，设置空链接的方法，在 Root 网站的“中医门诊部简介”页面（“introduction.html”）中创建链接到“专家坐诊”网页，在原浏览器窗口中打开链接。案例效果如图 5.41 所示。

2. 操作步骤

（1）打开“专家坐诊”页面“zhuanjiazuozhen.html”。

（2）打开页面“introduction.html”，在中医门诊部简介前插入一个 Div 盒子，类标签名为“list”，在“插入”菜单中的“布局对象”下选中“Div 标签”，如图 5.42 所示。

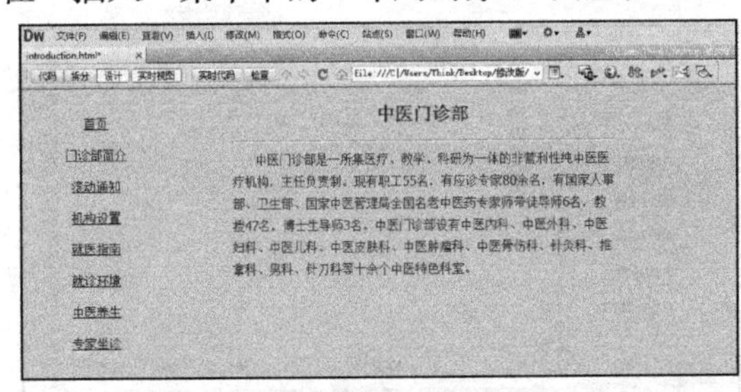

图 5.41 上网导航制作案例效果图

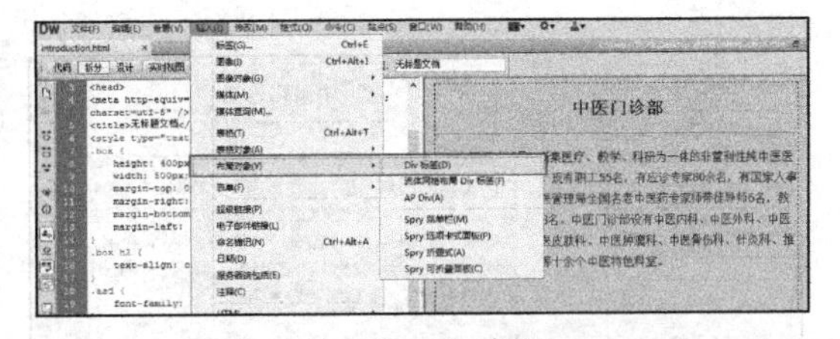

图 5.42 Div 标签

（3）在弹出的“插入 Div 标签”对话框中填入相关参数，在“类”下拉列表框中选择“list”，在“ID”下拉列表框中选择“list”标识名称，如图 5.43 所示。

（4）对盒子 list 的 CSS 进行设置。将宽度（Width）设置为“200”px；高度（Height）设置为“400”px；浮动属性（Float）设置为“left”，如图 5.44 所示。其中，“Width”表示方框的固定宽度，“Height”表示方框的固定高度，“Float”表示浮动方式。浮动方式有两种：Left（左浮动）表示在左侧不允许浮动元素，Right（右浮动）表示在右侧不允许浮动元素。图 5.45 是 list 的设置效果。

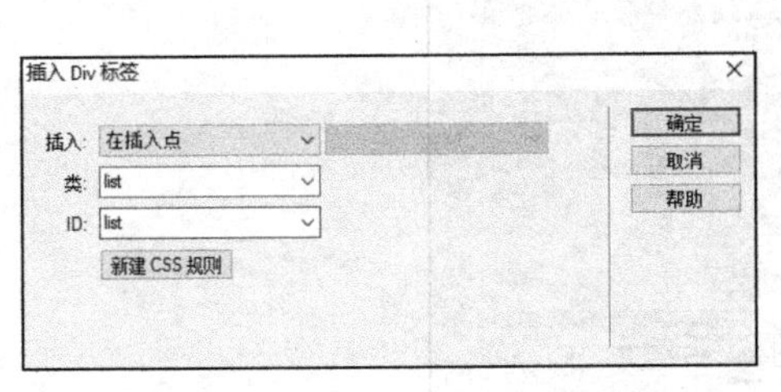

图 5.43 “插入 Div 标签”对话框

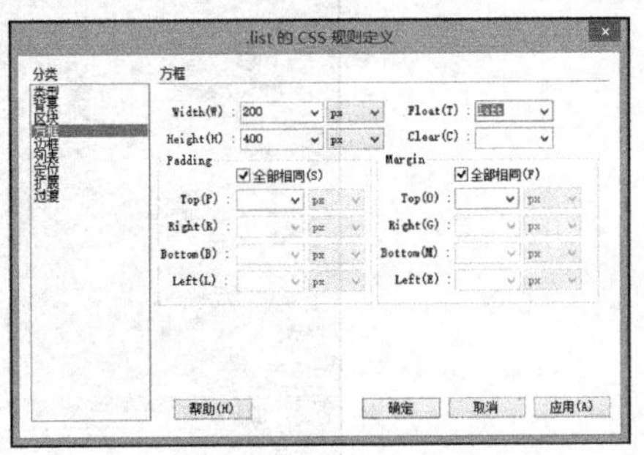

图 5.44 Div 标签 list 的设置

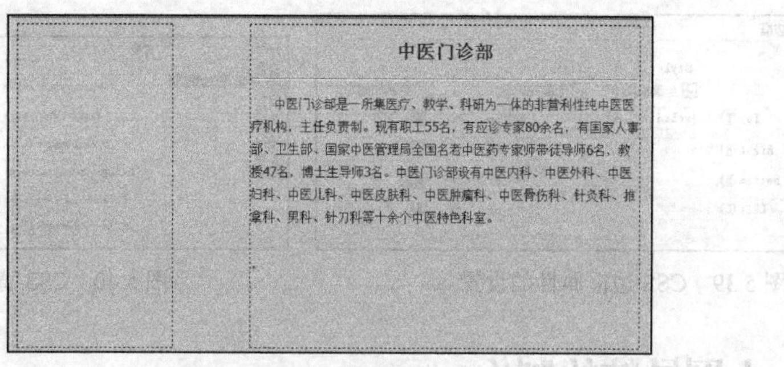

图 5.45　list 的设置效果

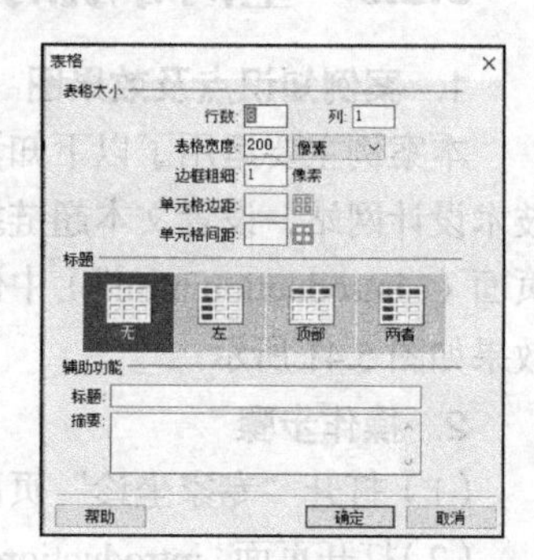

图 5.46　插入表格

（5）在网页左侧插入一个 1 列 8 行的表格，如图 5.46 所示。在“插入”菜单中选择“表格”命令，在“表格”对话框中设置行数为“8”、列数为“1”，将表格宽度设为“200”像素。表格插入成功后，如果要在表格中输入内容，可以直接从“设计”视图中输入。输入完成后，其效果如图 5.47 所示。

（6）对项目添加 CSS 样式的设置。样式名为“list”，列表样式（List-style-type）为“none”，宽（Width）为“200” px，高（Heigh）为“40” px，文本对齐方式为“居中对齐”，如图 5.48 所示。

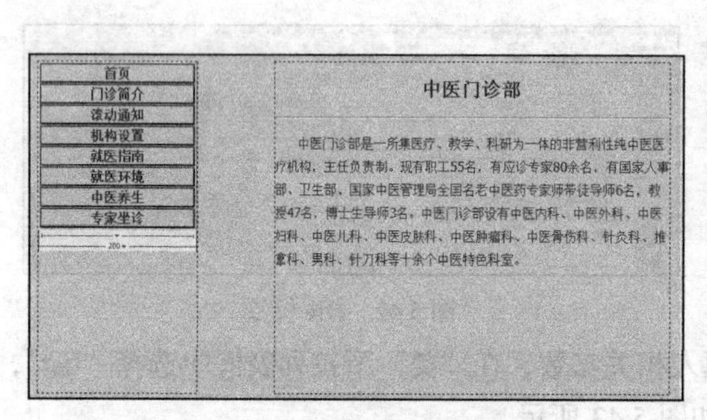

图 5.47　插入表格及内容后的效果

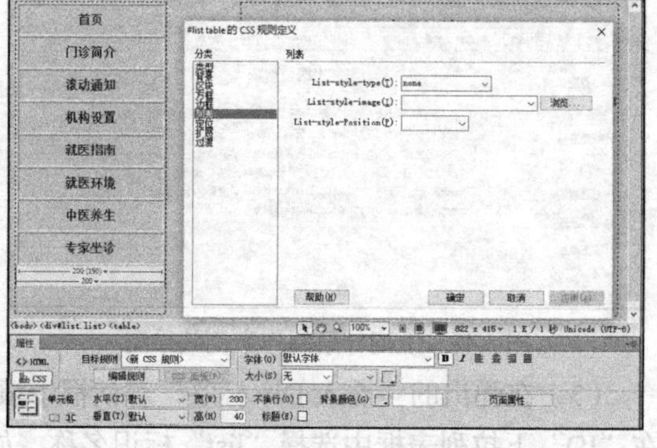

图 5.48　CSS 样式的设置

（7）在文本窗口中将文字“门诊部简介”作为目标文字选中，如图 5.49 所示。在“属性”面板的“链接”下拉列表框中设定被链接对象的 URL 地址（外部链接），直接输入“http://zymz.com.cn/”。

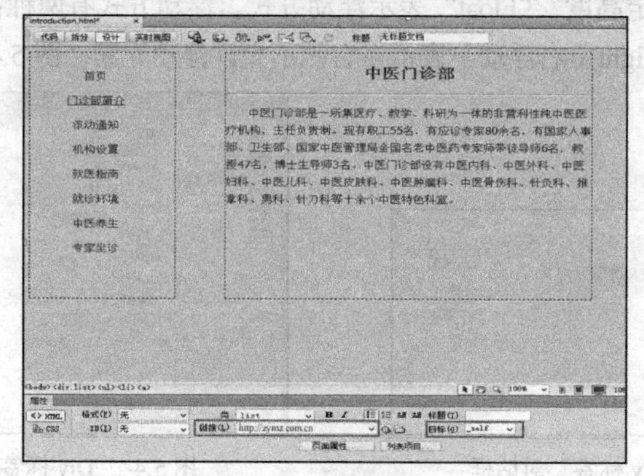

图 5.49　设置链接 URL

（8）单击“链接”右边的文件夹按钮，弹出“选择文件”对话框，如图 5.50 所示。选定需要链接的文件“zhuanjiazuozhen.html”，单击“确定”按钮，可创建所需要的链接（针对内部链接）。

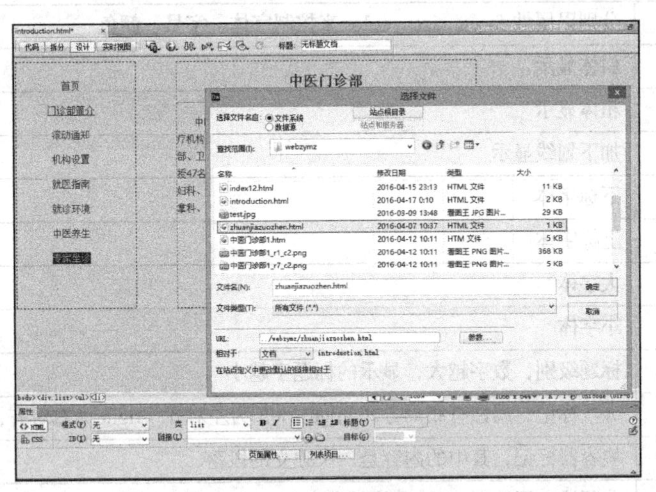

图 5.50　设置链接文件

（9）进行以下格式的设置。在“标题”文本框中输入超链接的标题“专家坐诊”，“链接”保持“http://zymz.com.cn/”，“目标”下拉列表框用来设置超链接的打开方式，这里设置为“_self”，如图 5.51 所示。

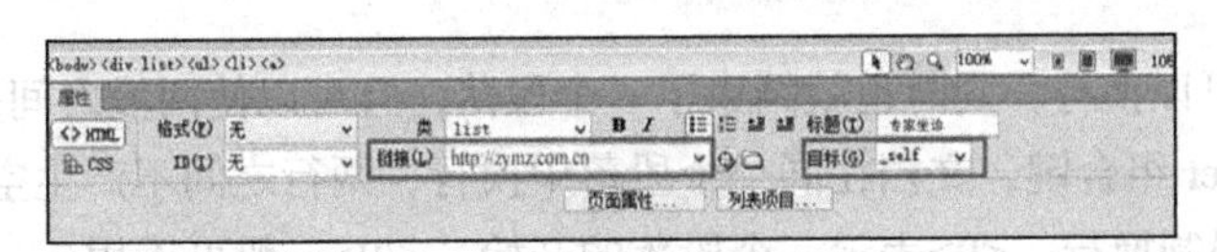

图 5.51　格式的设置

（10）设置好后，单击“确定”按钮，即向网页中插入了“专家坐诊”超链接，如图 5.52 所示。

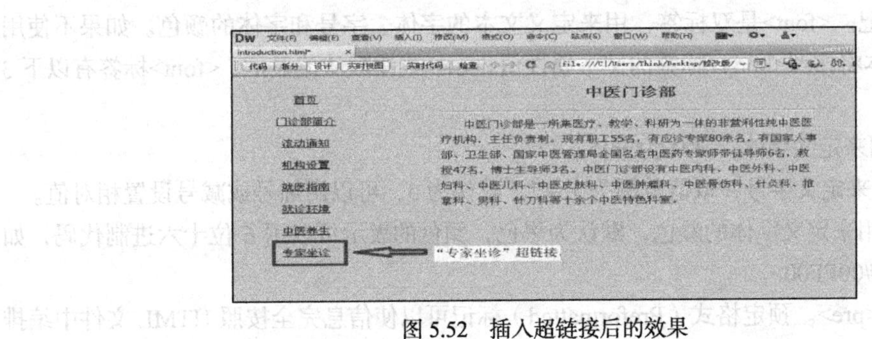

图 5.52　插入超链接后的效果

5.2.4　知识点详解

1. 案例用到的 HTML 标记

（1）文本属性设置。通过“页面属性”对话框设置文本属性、文本样式、列表的应用、文本的缩进和凸出、网页背景和页边距、插入水平线、插入日期、设置浏览器标题。

在 BODY 中，可用其他标签对文字显示样式和段落进行控制，如表 5.1 所示。

表 5.1 HTML 标记表

标　记	含　义
<font>, </font>	分别以属性 face、size、color 来控制字体、字号、颜色
<I>, </I>	斜体显示
<B>, </B>	粗体显示
<U>, </U>	加下划线显示
_,	下标字体
[,]	上标字体
<big>, </big>	大字体
<small>, </small>	小字体
<h1>…</h6>	标题级别，数字越大，显示的标题字越小
<p>, </p>	分段标记，属性有布局方式 align：left 为左对齐，right 为右对齐，center 为居中对齐
<div>, </div>	块容器标记，其中的内容是一个独立的段落
<hr>	分隔线，属性有 width（线的宽度）、color（线的颜色）
<center>, </center>	居中显示

在 HTML 标签中，&表示转义序列的开始。每个转义字符都以“&”开始，以“;”结束。例如，“<”表示“<”符号，“ ”表示空格。

（2）文本换行。

① 按 Enter 键可以换行，同时也就结束了一个段落，且可以使两段之间多出一空行。

② 按 Shift+Enter 组合键，文档在同一个段落中换行，两行之间不产生空行。

③
用于强制换行，<P>表示一个段落的开始，</P>一般可不用。

（3）<B>、<I>、<U>、<STRONG>、<S>标记。这几个标记都是用来修饰所包含文档的。<B>标记使文本加粗；<I>标记使文本倾斜；<U>标记给文本加下划线；<S>标记给文本加删除线；<STRONG>标记使文本字体加重。

（4）<font>标记。<font>是双标签，用来定义文本的字体、字号和字体的颜色。如果不使用<font>标签，则文本将按照<body>标签的文本属性值显示，或按默认值显示。<font>标签有以下 3 个属性。

① face 属性用来定义字体，默认为宋体。

② size 属性用来定义字号，取值范围为 1 ~ 7，默认为 3，可以用加号或减号设置相对值。

③ color 属性用来定义字体的颜色，默认为黑色，颜色的表示可以用 6 位十六进制代码，如<FONT　COLOR=#00FF00>。

（5）预定格式<pre>。预定格式（Preformatted）标记可以使信息完全按照 HTML 文件中编排的格式原样显示于浏览器中，该标记的格式如下：

```
<pre>预定格式的信息</pre>
```

（6）<Hn>标记。<H1>…</H1>到<H6>…</H6>标题元素有 6 级，用于表示文章中的各种题目。字体大小按<H1>到<H6>的顺序依次减小。标题 1 的字体最大，标题 6 的字体最小。

2. 超链接标记

超链接是指从一个网页（源文档）指向一个目标的连接关系，这个目标可以是另一个网页（目标文档），也可以是相同网页上的不同位置，还可以是一个图片、一个电子邮件地址、一个文件，甚至是一个应用程序，一般由文本、图像或其他网页元素来实现。只有各个网页链接在一起后，才能真正构成一个网站。浏览网页时单击定义了超链接的文字或图像，就会跳转到其他网页或网站。文字链接是以文字作为媒介的链接，是网页中最常被使用的链接方式，具有文件小、制作简单和便于维护的特点。定义了超链接的文本通常显示为带有下划线的蓝色文本。浏览网页时，当鼠标指向定义了超链接的文字或图像时，鼠标指针会变为手形，此时单击鼠标会跳转到该超链接的目标端点处。例如，<a href = "http://www.hbtcm.edu.cn/">湖北中医药大学</a>。单击“湖北中医药大学”，即可看到湖北中医药大学的主页内容。在这个例子中，充当指针的是“湖北中医药大学”。

（1）文档位置和路径。网页设计中，经常需要设置文件路径。文件的路径可分为绝对路径和相对路径。

① 绝对路径。文件的绝对路径提供文档完整的URL，包括所使用的协议。绝对路径是以Web站点的根目录为目录路径，在www中以“http”开头的链接都是绝对路径。例如，一个使用http协议的绝对路径可以写为“http://www.liran.com/index.htm”。

② 相对路径。相对路径又分为根相对路径和文档相对路径。根相对路径总是以站点根目录“/”为起始目录，写起来比较简单；文档相对路径是以当前文件所在路径为起始目录，进行相对的文件查找。相对路径是以引用文件的网页所在位置为参考基础而建立的目录路径。如果链接到同一目录下，直接输入要链接的文档的名称；链接到下一级目录中的文件，先输入目录名，然后加“/”，再输入文件名；链接到上一级目录中的文件，先输入“../”，再输入目录名、文件名。

当链接到本地机器上的文件时，建议使用相对路径。如果使用绝对路径，当把文件移动到另外盘符后，链接肯定失败。使用相对路径的站点结构和文档相对位置不变，整个本地站点上传到服务器时文档之间的链接关系不变。所以，提倡使用相对路径。

以图5.53为例，当前文档index.htm，链接b.htm，相对路径为aa/b.htm。当前文档b.htm，链接a.jpg，相对路径为a.jpg；当前文档b.htm，链接index.htm，相对路径为../ index.htm。其中，“..”表示父文件夹。把这几种路径的表示方法写入链接中，可以表示如下。

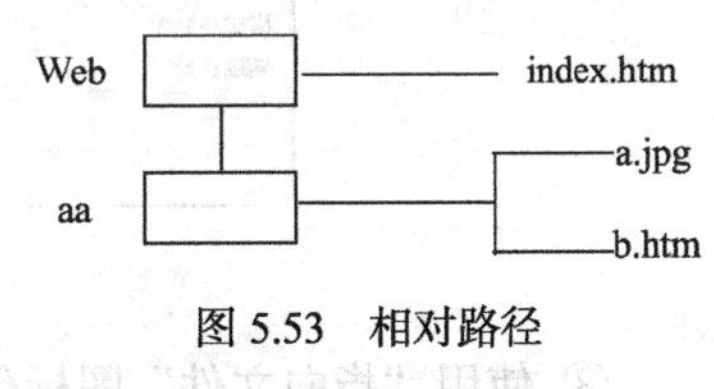

图5.53　相对路径

以绝对路径表示：<A HREF="/c:\study\HTML教程\link01.htm">文件的链接</A>。

以相对路径表示：<A HREF="link01.htm">文件的链接</A>。

链接上一目录中的文件：<A HREF="../../Internet/IP地址">IP地址</A>。

（2）链接的格式。链接有4种格式，分别是本地链接、URL链接、空链接、链接到其他站点。

① 本地链接。用链接标签链接本地网页，应设置href属性为所链接网页文件的相对路径或绝对路径，例如，<a href="root/index.html">我的主页</a>。

② URL链接。用链接标签链接外部网页，这时应设置href属性为所链接网页文件的相对路径或绝对路径，例如，<a href=" http://www.163.com/index.html" >网易163</a>。

③ 空链接。空链接也称假链接，是未指派的链接，用于向页面上的对象或文本附加行为。

④ 链接到其他站点。HTML文件中用链接指针指向一个目标。在网页中定义超链接可以采用如下锚点格式：

```
<a href="URL信息">超链接文本或图像</a>
<a href=URL target=blank> 热点文本 </a>
```

链接的目标文件被载入一个新的没有名字的浏览器窗口。“href”中的“h”表示超文本，而

“ref”表示“访问”或“引用”。href 属性指出链接目标端点的 URL。target 属性指明目标页面显示的窗口框架名。

（3）设置超链接的方法。

① 使用菜单命令创建超链接。使用菜单命令创建超链接的方法也很简单，选中要创建超链接的对象，使用“插入”菜单中“超级链接”命令，打开“超级链接”对话框，在该对话框中设置相应选项。

② 使用“属性”面板链接到文档。在“文档”窗口的“设计”视图中选择要进行链接的文本或图像，然后执行下列操作之一。

单击“属性”面板“链接”下拉列表框右侧的文件夹图标，出现“选择文件”对话框。通过浏览选择一个文件，此时在 URL 文本框中显示了目标文档的路径。使用“选择 HTML 文件”对话框中的“相对于”，弹出菜单，指示该路径是文档相对路径还是根目录相对路径，然后单击“选择”。如果要取消或者修改超链接，也应该首先选择相应的网页对象，然后将“属性”面板“链接”下拉列表框中的链接地址删除或者修改即可。

对“目标”进行设置。“目标”用来定义超链接被单击时链接到的页面的打开方式，如图 5.54 所示。可不选目标后的下拉选框，这时页面在原窗口中打开。“目标”用来选择所链接的网页的存放位置（只有建立链接后才是可选的），此时将出现空白框，如整个网页没有框架，则显示与图中一样，其中，_blank：弹出一个新窗口来放置链接的网页；_parent：用父窗口来放置链接的网页；_self：用自身来放置链接的网页；_top：跳出所有的框架结构显示链接的网页。在未选定任何网页元素的情况下，在属性栏中有一个“页面属性”按钮，单击此按钮，在弹出的对话框中通过“外观”“链接”“标题”“标题/编码”“跟踪图像”分类项目对当前网页进行相应的设计。

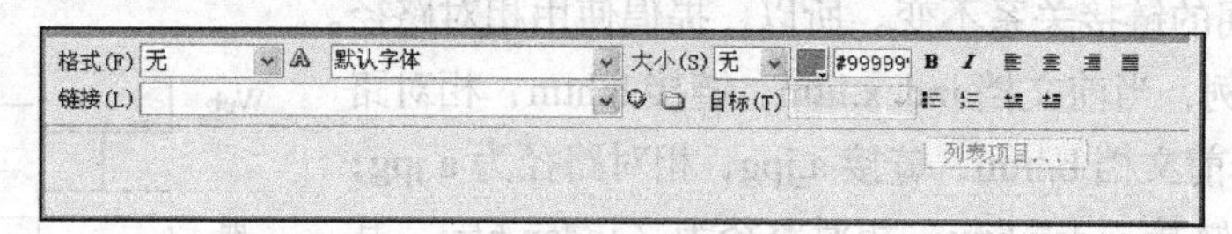

图 5.54 目标设置

③ 使用“指向文件”图标创建超链接。“指向文件”图标可用于创建从图像、对象或文本到其他文档或文件的链接。若要使用“属性”面板中的文件夹图标、链接文本框或“点到文件”图标链接文档，应执行以下操作。

在“文档”窗口的“设计”视图中选择文本或图像。拖动“属性”面板中“链接”下拉列表框右侧的“指向文件”图标，然后指向另一个打开的文档、已打开文档中的可见锚记或指向“文件”面板中的一个文档“链接”，释放鼠标左键。

3. 表格标记

表格可以用于在页面上显示表格式数据或对文本和图像进行布局。使用表格能使网页变得更加清楚，看起来更有条理、更加直观。在浏览器中浏览制作的网页时，用表格来控制可以使网页的内容在排版上易于控制，可以将一些文字或图片放到指定的位置。表格是最常见的文档形式，在 HTML 文档中，表格的使用不只是信息的一种表现形式，还常用在页面信息单元的定位和布局上，它以简洁明了和高效快捷的方式将图片、文本、数据和表单等元素有序地显示在页面上，使网页版面美观而有序。表格在网页中有着广泛的应用，既可以用表格的形式显示数据，也能保证表格排版的页面在不同平台、不同分辨率的浏览器里都能保持其原有的布局，而在不同的浏览器平台有较好的兼容性。

（1）表格的定义。从 5.2.4 小节的案例中可以看出，一个表格有一个标题（Caption），它表明表格的主要内容，一般位于表的上方；表格中由行和列分割成的单元称为“表元”（Cell），它又分为表头（用 TH 标记来表示）和表数据（用 TD 标记来表示）；表格中分割表示的行列线称为“框线”（Border）。表格的定义如下。

<Table>…</Table>：用来界定一张表。

<TR>：定义表的一行。

<TH>：定义表头。

<TD>：定义单元格。

在网页中插入表格需要合理使用上述标签。首先，加入<Table>标签，然后，用<TR>逐行定义表的行数，有一个<TR>就有一行；在每个<TR>之后要定义表的单元格，单元格可以是表头，也可以是表的数据，分别采用<TH>、<TD>。若干<TD>就定义了该行的若干单元格。表格的格式如下：

```
<table>
  [<caption>标题内容</caption>]
    <tr>
      <td>表格内容</td>
      {<td>表格内容</td>}
    </tr>
  </table>
```

（2）表格的修改。在 Dreamweaver CS6 中，修改表格的大小有以下两种方法。

① 通过鼠标拖拽法可以粗略地调整表格的大小。

② 通过“表格属性”对话框可以精确地调整表格的大小。

在创建表格时，可以通过“表格”对话框来设置表格的宽度，但无法设置表格的高度，如果要设置表格的高度，可以通过“表格属性”面板来确定。

在默认情况下，单元格的宽度随表格的宽度而定，表格中每一列的宽度基本上都相等，也就是说每一个单元格的宽度都是相同的。如果不指定表格的高度，则表格中同一行的高度也是相等的，即单元格的高度相同。在“属性”面板上可以改变单元格默认的宽度和高度。将光标置于需要设置宽度或高度的单元格中，此时“属性”面板显示单元格的属性。在“属性”面板上的“宽”或“高”文本框中输入适当的数值即可。但单元格宽度与高度的单位只可以使用像素，不能使用百分比。

（3）选择表格对象。对于表格、行、列、单元格属性的设置是以选择这些对象为前提的。

① 选择整个表格的方法是把鼠标放在表格边框的任意处，出现标志时单击即可选中整个表格，或在表格内任意处单击，然后在状态栏选中<table>标签即可；或在单元格任意处单击鼠标右键，在弹出的快捷菜单中选择“表格”→“选择表格”选项。

② 要选中某一单元格，按住 Ctrl 键的同时在需要选中的单元格内单击，或者选中状态栏中的<td>标签。

③ 要选中连续的单元格，按住鼠标左键从一个单元格的左上方开始向要连续选择的单元格方向拖动。要选中不连续的几个单元格，可以按住 Ctrl 键，再单击要选择的所有单元格。

④ 要选择某一行或某一列，将光标移动到行左侧或列上方，鼠标指针变为向右或向下的箭头图标时单击。

单击表格的任何一个边框，或者将光标放在表格内任何位置，选择网页编辑窗口左下角的<table>标签来选中整个表格。表格选中后，编辑区下方的“属性”面板会显示当前表格的属性。如果“属性”面板不可见，可以单击“查看”→“查看面板”命令或按 F4 键调出“属性”面板。

（4）表格的行和列的操作。

① 插入行或列。选中要插入行或列的单元格，单击鼠标右键，在弹出的快捷菜单中选择“插入行”“插入列”或“插入行或列”命令。也可以单击某单元格→“修改”菜单→“表格”→“插入行”（或“插入列”）。

② 删除行或列。选择要删除的行或列，单击鼠标右键，在弹出的快捷菜单中选择“删除行”或“删除列”命令。也可以选定完整的行或列→“编辑”菜单→“清除”（或按 Delete 键）。

③ 改变单元格所跨的行或列的数目。

选定单元格→“修改”菜单→“表格”→“增加行宽”（或“增加列宽”）。

选定单元格→“修改”菜单→“表格”→“减少行宽”（或“减少列宽”）。

④ 使用“剪切”“复制”“粘贴”命令对单个单元格或多个单元格进行操作，能保留单元格的格式设置。

（5）拆分与合并单元格。表格中行与列围成的区域称为单元格，在单元格中可以插入文本、图像等元素，也可以根据实际需要对单元格进行合并和拆分，具体操作步骤如下。

① 拆分单元格时，将光标放在待拆分的单元格内，单击“属性”面板中的“拆分”按钮，会弹出“拆分单元格”对话框，如图 5.55 所示；在对话框中将“把单元格拆分”后的“列”单选按钮选中，在“列数”文本框中输入 2，单击“确定”按钮，就可以把表格的第一行拆分成 2 列，变成 2 个单元格。

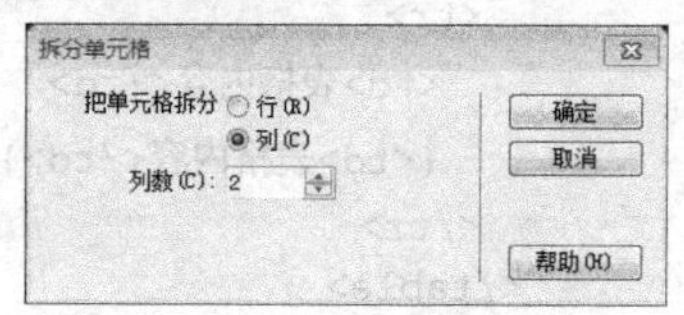

图 5.55 “拆分单元格”对话框

② 合并单元格时，选中刚才拆分的 2 个单元格，此时，在“属性”面板中单击“合并单元格”按钮，则 2 列单元格又会合并成 1 个，如图 5.56 所示。

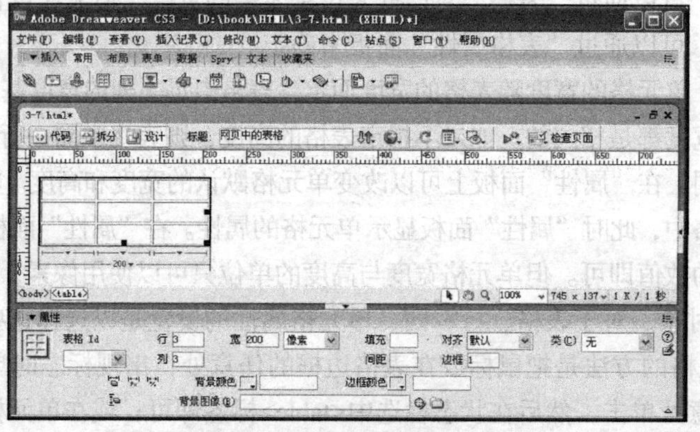
图 5.56 单元格的拆分与合并

（6）设置表格属性。选中一个表格后，可以通过“属性”面板更改表格属性。设置行、列和单元格的属性与设置表格属性的操作类似，对表格行、列和单元格的格式，也是通过首先选中相应的表格元素，然后通过在“属性”面板上设置数据来完成的。单元格作为表格重要的组成部分，其属性的设置影响到表格的外观，将鼠标指针置于某个单元格内，可以通过“属性”面板对这个单元格进行设置，如图 5.57 所示。在“属性”面板中，各参数的含义如下。

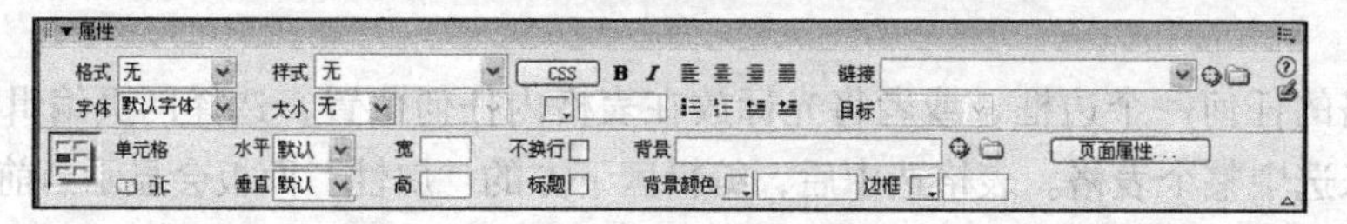

图 5.57 “属性”面板

① 水平对齐：有默认、左对齐、居中对齐、右对齐 4 种对齐方式。默认的对齐方式是左对齐。

② 垂直对齐：有默认、顶端、底部、基线 4 种方式，默认的对齐方式是居中。

③ 在“属性”面板中的“宽”和“高”文本框中输入数值，可以设置单元格的宽度和高度，此数值的单位可为像素（px）或者百分比（%）。

④ 在单元格中设置背景图片。单击“背景”后的按钮，在弹出的“选择图像源文件”对话框中选择背景图像，然后单击“确定”按钮，完成背景图像的设置。

⑤ 设置背景颜色。单击“背景颜色”后的按钮，可以对选中单元格的背景颜色进行设置。

⑥ 设置单元格的边框颜色。单击“边框”后的颜色按钮，可以对所选单元格的边框颜色进行设置。

4. div 标签

div 标签相当于网页中的一个盒子，里面是网页元素（如文本、图像等），通过定义 CSS 样式在网页中显示这些元素。<div>标记在 HTML 中表示一个块，可以把文档分割为独立的、不同的部分，因而该标记被称为区隔标记。<div>…</div>标签是为 HTML 文档内大块内容提供结构的容器。在 div 中可以包含各种网页元素，如文字、图片、动画、表格、表单等。

div 标记的一般格式如下：

```
<div 参数>中间部分</div>
```

<div>标记中的常用参数如下。

class：本 HTML 文件范围内的标识符 class 类。

lang：语言信息。

dir：文字方向。

onclick 和 ondblclick 等：鼠标和键盘键各种事件发生时处理方法的定义。

Div ID：可让用户更改用于标识 div 标签的名称。如果附加了样式表，则该样式表中定义的 ID 将出现在列表中。

类：显示了当前应用于标签的类样式。如果附加了样式表，则该样式表中定义的类将出现在列表中。可以使用此弹出菜单选择要应用于标签的样式。

编辑 CSS：打开“新建 CSS 规则”对话框。如果 div 标签没有样式，则此按钮无效。

5. CSS 样式表

CSS 是 Cascading Style Sheets（层叠样式表单）的简称，是由 W3C 组织制定的一种功能非常强大的网页元素定义规则。它可以规定文字样式、图片表格层的外观，甚至可以对网页进行精确布局。利用它可以对网页中的文本内容进行精确的格式化控制，包括对文字和段落的修饰，还可以控制网页的外观，使整个站点中的网页格式保持统一。用 CSS 样式可以快速实现网页格式化。CSS 的主要功能是通过对 HTML 选择器进行设定，来实现对网页中的字体、字号、颜色、背景、图像及其他元素的控制，使网页能够完全按照设计者的要求来显示。CSS 的主要作用就是对网页的结构进行排版，以及将所有内容安放在合适的位置等。

（1）定义 CSS 类样式，如图 5.58 所示。假设一个或多个网页中的某些元素使用特殊样式，应该选择定义一个类样式，并把该样式应用到相应的元素上。类样式是唯一可以应用于文档中任意元素的 CSS 样式类型。在类样式定义完成之后，与当前文档关联的所有类样式都会出现在“CSS 样式”面板或者元素“属性”面板的“样式”列表中。用户也可以先选择要添加样式的元素，进而在“CSS 样式”面板或“属性”面板中的“样式”列表中选择要添加的类样式。可以创建一个通用规则，只要 Web 浏览器遇到一个元素实例，或是一个分配给某个样式 CLASS 的元素，该规则就立刻应用属性，而不是将属性逐个分配给页中的每个元素。

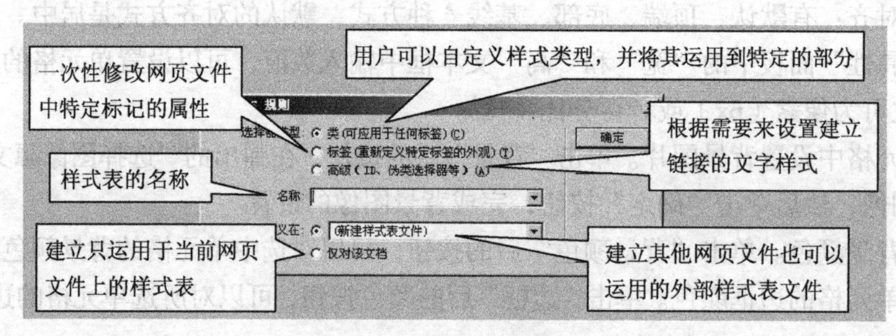

图5.58　定义CSS类样式

（2）更改CSS样式。为了使网页设计的风格统一、更加完美，有时需要更改设置好的CSS样式。在Dreamweaver CS6中可以通过“CSS样式”面板进行更改。

打开“CSS样式”面板，如图5.59所示，在“所有规则”中选中要更改的样式，单击右下角的“编辑CSS规则”按钮，即弹出该样式的“规则定义”对话框，并对其进行设置。或者在“属性”区域中进行更改设置，或者双击“所有规则”中所要更改的样式名称，即弹出该样式的“规则定义”对话框，并对其进行设置。如果想要删除已有的样式，同样可以通过“CSS样式”面板删除。在“所有规则”中选中要删除的样式，单击右下角的“删除CSS规则”按钮即可以删除已有的样式规则。如果想新建样式，可以在面板中单击“新建CSS规则”按钮。

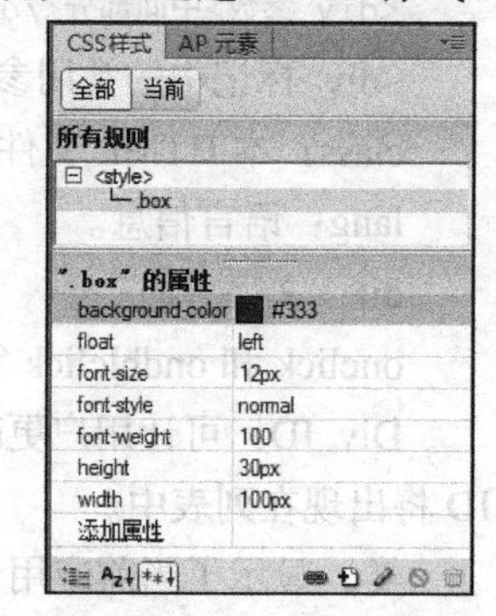

图5.59　修改CSS类样式

（3）应用CSS样式。定义了CSS样式后，可以将这些CSS样式应用于网页中的文本、图像、Flash等对象，具体方法如下。

① 利用“CSS样式”面板。首先，选中要应用CSS样式的对象，可以是文本、图像和Flash等对象。然后，用鼠标右键单击“CSS样式”面板中相应的样式名称，弹出快捷菜单，再单击该菜单中的“套用”命令。

② 利用“属性”栏，如图5.60所示。选中要应用CSS样式的文本对象，在其“属性”栏的“样式”下拉列表框中选择需要的CSS样式名称，即可将选中的CSS样式应用于选中的文本对象。

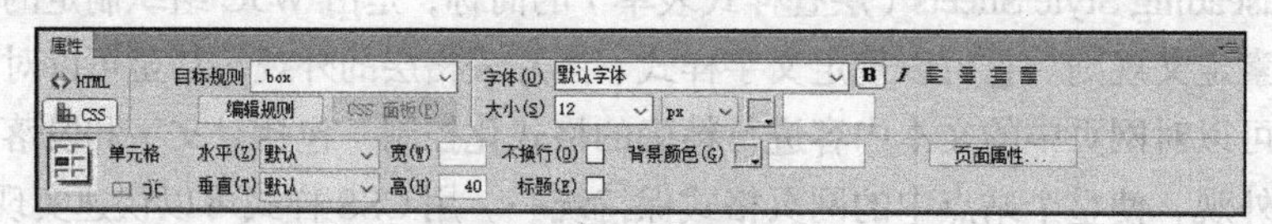

图5.60　CSS样式的应用

5.3　网页多媒体应用

网页中包含了一些基本元素，包括文本、图像、表格、超链接、表单、多媒体对象等，它们构成了丰富多彩的网页内容。图像是网页中不可缺少的组成元素。图文并茂是网页的一大特色，图像不仅能使网页生动、形象、美观，而且能使网页内容更加丰富多彩。因此，图像在网页中的作用是举足轻重的。

5.3.1 插入网页标题图像

1. 案例知识点及效果图

本案例主要运用了以下知识点：网页中插入和设置图像的方法，插入图像占位符，插入图像，设置图像属性，图像与文本混合编排的方法，为图形或图形中某一区域设置默认超链接。案例效果如图 5.61 所示。

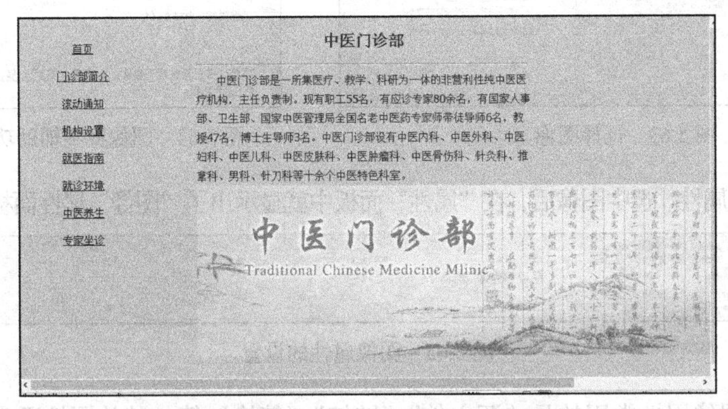

图 5.61 插入网页标题图像案例效果

2. 操作步骤

（1）用图像处理软件将图像处理成预定尺寸，能有效地减少文档尺寸，可把宽度设置为“1000”px，高度设置为“250”px，把“图片素材”文件夹下的内容复制到站点根文件夹“webzymb”下。

（2）打开“中医门诊部简介”（introduction.html）页面，在向网页中插入图像之前，先画表格为插入的图像预留空间。通常把图像放在表格里，使图像排列整齐。

（3）将光标定位到网页上需插入图像的表格单元格位置。单击“插入”菜单中的“图像”命令，在“图像”对话框中确定图像文件，单击“确定”按钮，如图 5.62 所示。

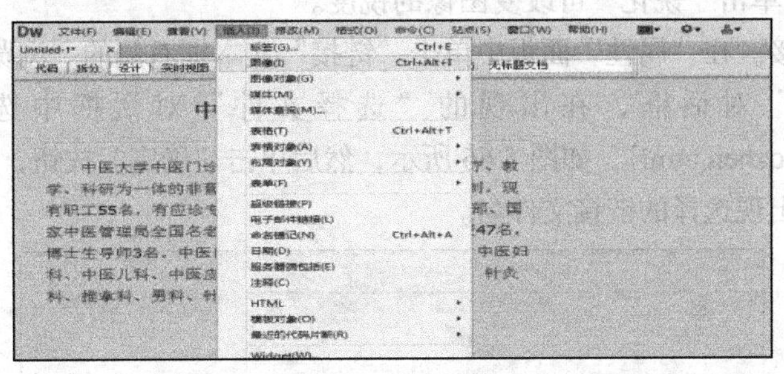

图 5.62 添加图像

（4）在对话框中选择需要的图像，单击“确定”按钮。如果所选的图像文件位于当前站点的文件夹内，则系统直接将图像插入；如果不在当前站点的文件夹内，系统将显示图 5.63 所示的对话框，询问用户是否希望将图像文件复制到当前站点。单击“是”按钮，系统将显示“复制文件为”对话框，用户可以通过该对话框命名所复制的文件，并在站点根目录文件夹中选择存放该文件的文件夹，在站点中找到需要的图片，单击“确定”按钮，将图像插入文档。

（5）插入图像后，将出现图 5.64 所示的“图像标签辅助功能属性”对话框，用来设置替换文本，即在浏览网页时，在图像还未完全载入或者无法显示的情况下，会在图像的位置显示文字。

当光标指向图像时，系统也会在图像上显示替换文本。

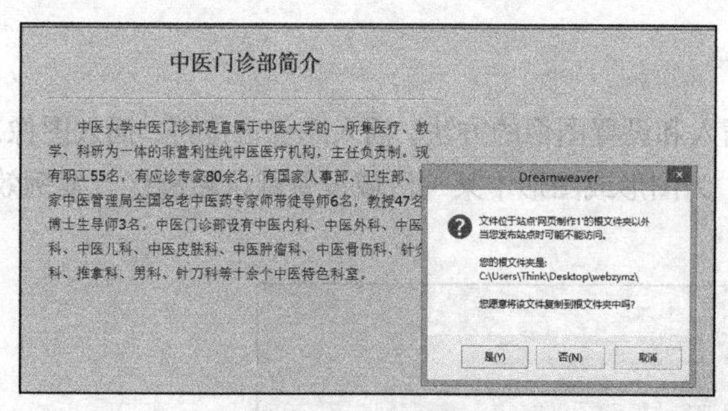

图 5.63　选择图像

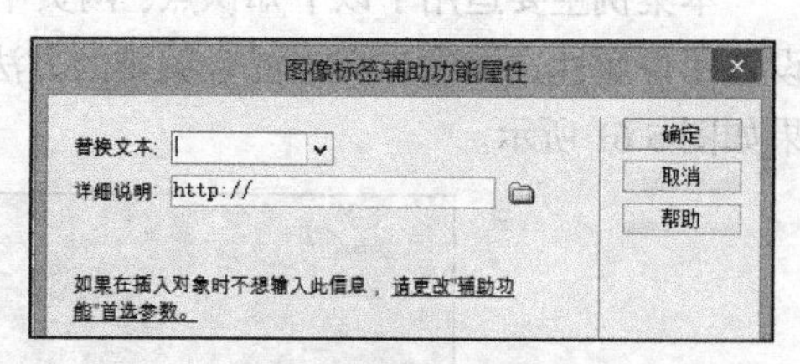

图 5.64　图像标签辅助功能属性的设置

（6）设置图像属性。选中图像后，在“属性”面板中就显示出了“图像”属性面板，如图 5.65 所示。

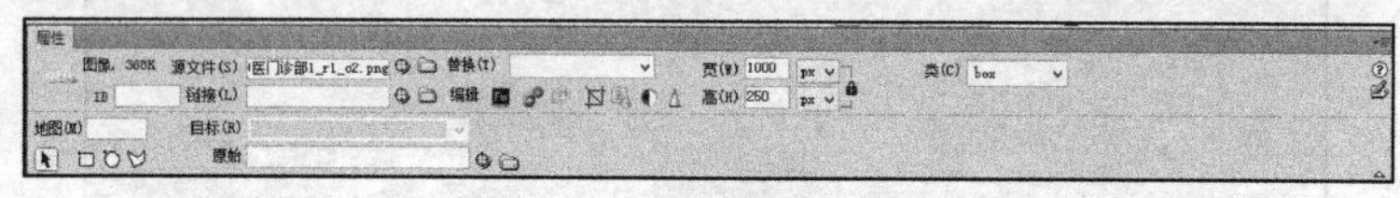

图 5.65　图像属性的设置

一般来说，图像属性常用的是“源文件”“链接”“替换”等，其他属性通常不需要修改。如果要修改图像的其他属性（如“对齐”“边框”或者“边距”属性等），可使用为图像添加 CSS 样式的方式进行修饰。

① 调整大小。单击页面中的“图像”按钮，将鼠标指针移至调节柄处拖动（按 Shift 键保持图像比例不变），也可通过“属性”面板输入高和宽的具体数值来调整图像的大小。

② 设置图像的对齐方式。选定图像后，单击“属性”面板中的对齐按钮，可使图像移至页面的左侧、右侧或居中。若既有文字又有图像，可用“属性”面板中的“对齐”下拉列表框来改变图像与文字的相互对齐方式。

③ 调整亮度/对比度或锐化图像。选定图像后，单击图像属性面板中的“亮度/对比度”按钮，拖动滑块进行调节。单击“锐化”可改变图像的锐度。

④ 设置图像链接。在“属性”面板中单击“链接”文本框右侧的“浏览文件”文件夹图标，弹出“选择文件”对话框，在出现的“选择文件”对话框中选择要链接的文件“webzymz/zhuanjiazuozhen.html”，如图 5.66 所示，然后单击“确定”按钮，在“属性”面板中的“链接”文本框中会出现选择的链接文件名。

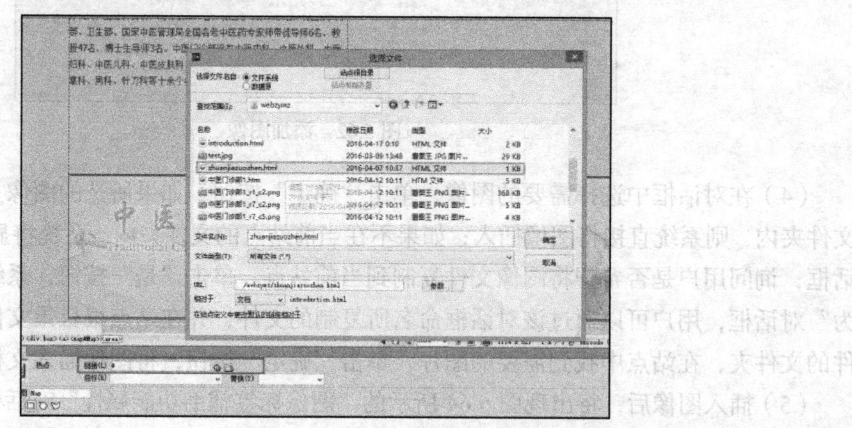

图 5.66　设置图像链接

（7）设置图像替换文本。图像有个特殊的链接方法，即使用“地图”下面的3个热点选择工具，选择不同的热点，分别链接不同的文件。在该“属性”面板的“替换”下拉列表框中输入要显示的替换文本，如图5.67所示。

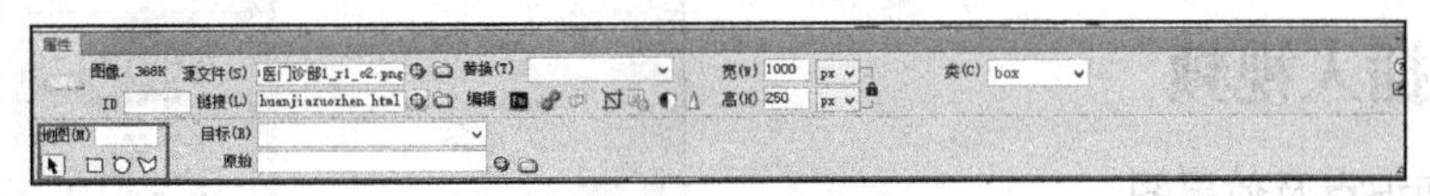

图5.67 设置图像替换文本

（8）保存文档，按F12键预览制作的效果。

5.3.2 插入背景音乐

1. 案例知识点及效果图

本案例主要运用了以下知识点：在网页中添加背景音乐的方法，在网页中嵌入音频文件“欢乐颂.mp3”。案例效果如图5.68所示。

2. 操作步骤

（1）打开introduction.htm页面，切换到“代码”视图。将光标定位于<body>标记的下一行代码处，如图5.69所示。

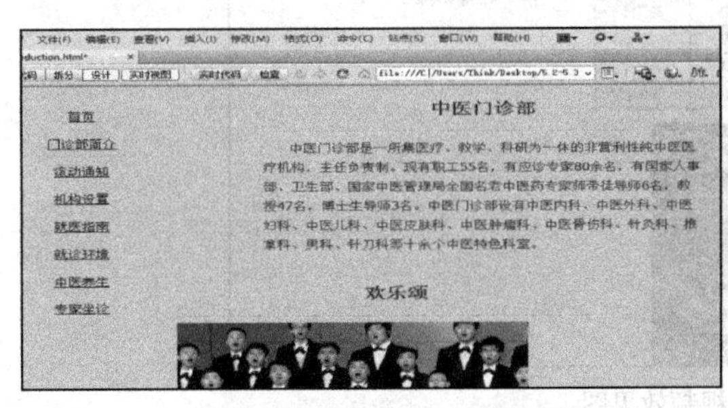

图5.68 插入背景音乐效果图

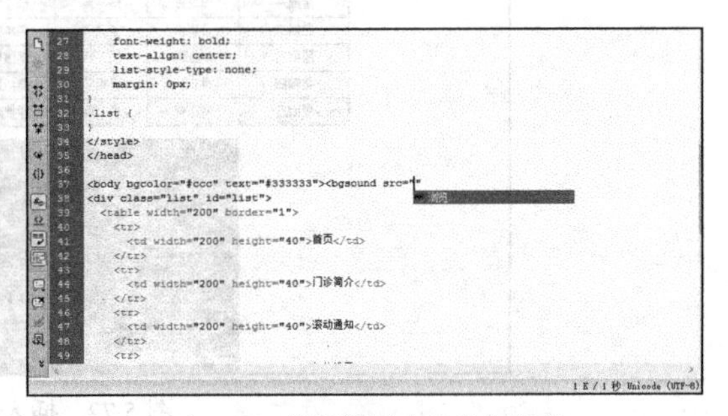

图5.69 代码视图中的光标定位

（2）在<head>和</head>之间输入“<”，在弹出的代码提示框中选择“bgsound”文本。

在<body>和</body>之间输入“<bgsound”后按空格键，代码提示框会自动将“bgsound”标签的属性列出来供用户选择使用。

```
<bgsound src="sound/古典音乐-欢乐颂.mp3" loop="1"/>
```

（3）选择“bgsound”文本单击鼠标右键，在弹出的快捷菜单中选择“标签”命令，将会弹出“标签编辑器-bgsound”对话框，如图5.70所示。

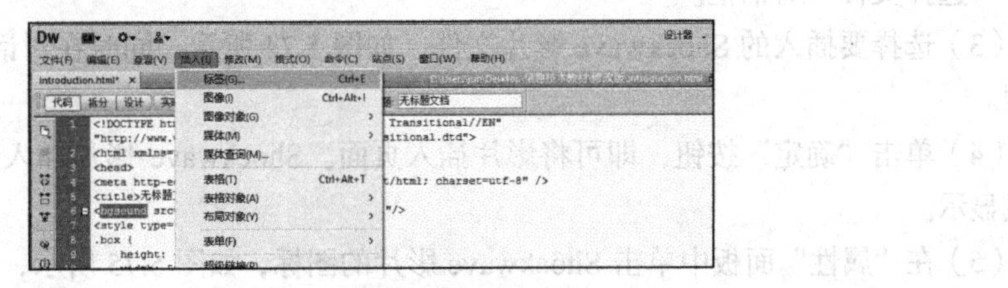

图5.70 编辑标签的选择

（4）单击“插入”菜单中的“标签”命令，在“标签选择器”对话框中选中“页面元素”下的“bgsound”，单击“插入”按钮，如图5.71所示。

（5）设置完成后，单击“确定”按钮。保存文档，按 F12 键预览制作的效果，打开音箱即可听到背景音乐。

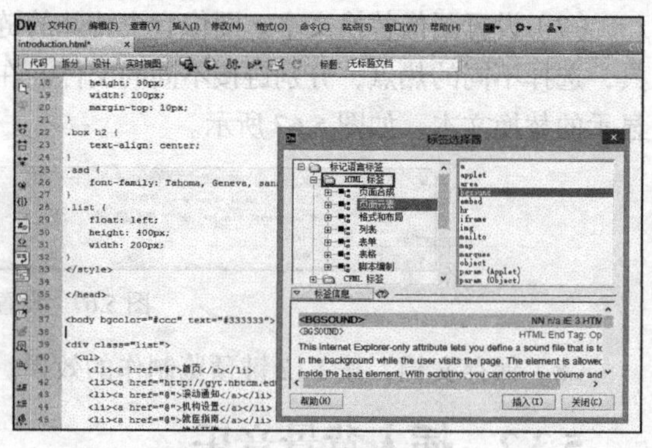

图 5.71　标签选择器

5.3.3　插入视频

1. 案例知识点及效果图

本案例的目的是让大家掌握在网页中插入 Shockwave 影片的方法，案例效果如图 5.72 所示。Shockwave 作为 Web 上用于交互式多媒体的 Macromedia 标准，是一种经压缩的格式，使得文件能够被快速下载，而且可以在大多数常用浏览器中进行播放。

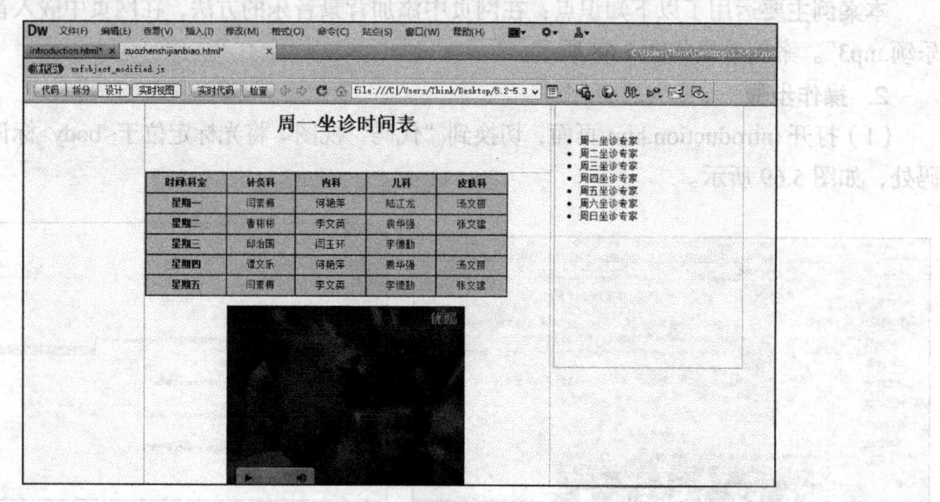

图 5.72　插入视频效果图

2. 操作步骤

在网页中插入 Shockwave 影片的具体操作步骤如下。

（1）打开“专家坐诊”zhuanjiazuozhen.html 页面，将光标置于页面中要插入 Shockwave 影片的位置上。

（2）选择“插入”→“媒体”→“Shockwave”命令，如图 5.73 所示；也可以在“插入”面板的“常用”子面板中单击“媒体”右侧的子菜单，在弹出的列表框中选择“Shockwave”选项，打开“选择文件”对话框。

（3）选择要插入的 Shockwave 影片文件，如图 5.74 所示，同时在对话框中可以设置 URL 的类型。

（4）单击“确定”按钮，即可将影片插入页面。Shockwave 影片插入页面中将以一个图标的形式显示。

（5）在“属性”面板中单击 Shockwave 影片的图标，如图 5.75 所示，设置其宽为“400”px，高为“200”px。

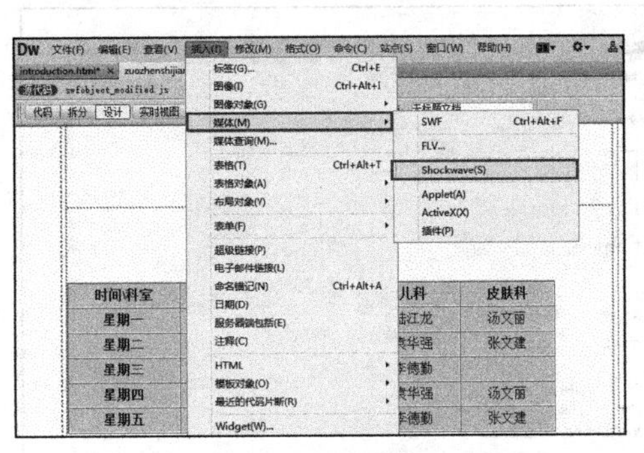
图 5.73　打开“选择文件”对话框

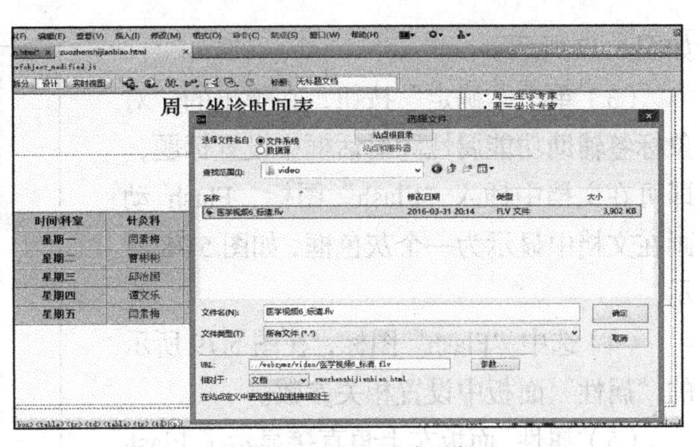
图 5.74　插入影片文件

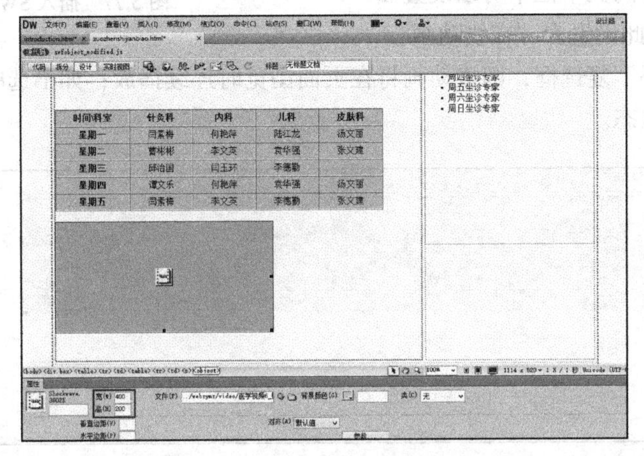
图 5.75　影片文件属性的设置

5.3.4　插入 Flash 动画

1. 案例知识点及效果图

本案例主要运用了以下知识点：在网页中插入 Flash 动画的方法；设置 Flash 动画属性。案例效果如图 5.76 所示。

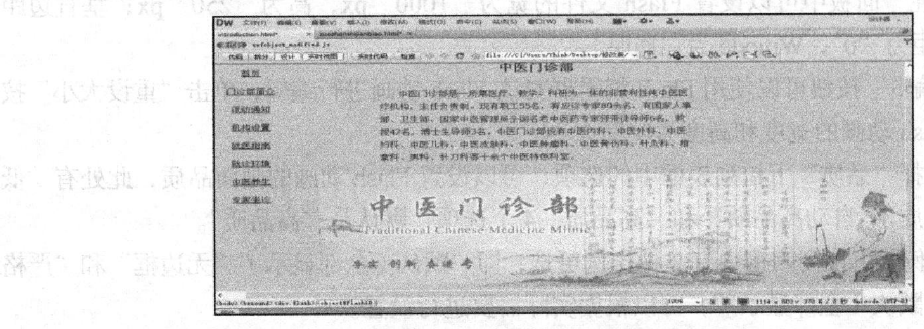
图 5.76　插入 Flash 动画案例效果图

2. 操作步骤

（1）打开 introduction.html 文档，把光标定位于网页图片上要插入 Flash 动画的地方。

（2）选择“插入”菜单中“媒体”下的“SWF”命令，或单击“插入”面板“常用”选项卡中的“媒体”按钮。在弹出的“选择 SWF”对话框中选择要插入的 Flash 动画文件（格式为*.swf），如图5.77所示。

（3）单击“确定”按钮，在弹出的“对象标签辅助功能属性”对话框中设置标题，即可在文档中插入“Flash”图标，Flash动画在文档中显示为一个灰色框，如图5.78所示。

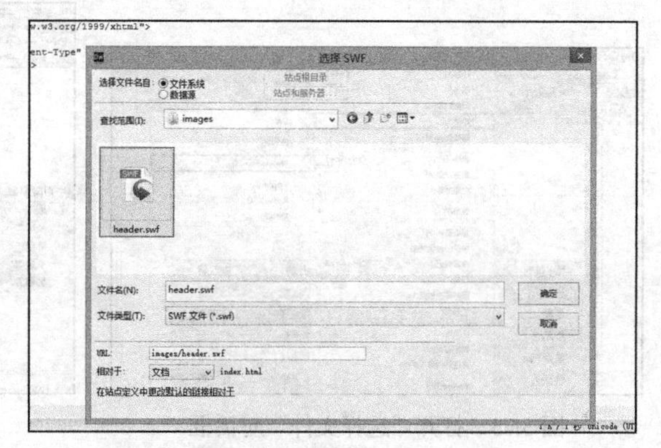
图5.77 插入SWF文件

（4）选中“Flash”图标，在图5.79所示的“属性”面板中设置相关参数。

（5）“属性”面板左上角直接显示了Flash文件的大小，在下部的文本框中可以设置插入Flash的名称，在此设置为“在线动画”。

（6）选中“循环”复选框，则该动画将在页面浏览时连续播放；如不选中，则该动画只播放一次，默认为选中状态。

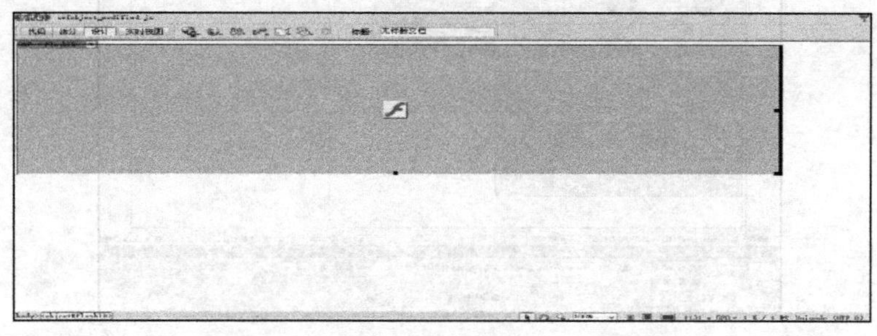
图5.78 “对象标签辅助功能属性”对话框

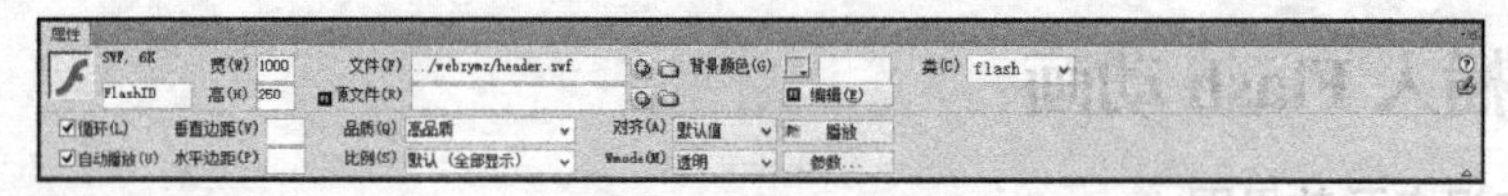
图5.79 “属性”面板

（7）选中“自动播放”复选框，可以设置在浏览网页时是否同时播放动画，默认为选中状态。

（8）在“属性”面板中可以设置Flash文件的宽为“1000”px，高为“250”px；垂直边距为“0”，水平边距为“0”，Wmode为“透明”。

（9）单击“编辑”按钮可以使用Flash编辑器对该Flash动画进行编辑，单击“重设大小”按钮，可以设置Flash动画的宽度和高度为实际大小。

（10）通过选择“品质”下拉列表框中的选项，可以设置Flash动画的画面品质，此处有“低品质”“自动低品质”“自动高品质”和“高品质”4个选项，默认是“高品质”。

（11）在“比例”下拉列表框中有3种比例可选，即“默认（全部显示）”“无边框”和“严格匹配”，默认为“默认（全部显示）”，可以根据实际需要进行设置。

（12）设置Flash动画的对齐方式，在此提供了“默认值”“基线”“顶端”“居中”“底部”“文本上方”“绝对居中”和“绝对底部”8种对齐方式。

（13）设置动画的背景颜色，当动画没有显示出来时在动画的位置显示背景颜色。

（14）单击“播放”按钮，可以在Dreamweaver CS6的文档视图中直接测试播放当前动画，此时按钮变为“停止”，单击此按钮则停止播放动画。

（15）单击“播放”按钮进行播放，当鼠标指针移到按钮上时就会看到按钮的动态效果。

5.3.5 知识点详解

1. Dreamweaver CS6 中插入图像及设置图像属性

Web 之所以拥有无限的可扩展性和诱人的魅力，完全是由于有超链接和图形图像的使用。一般来说，站点中的图像最好集中存放到某个文件夹中。习惯上将图像保存到站点根目录下的“images”文件夹中。实际上，虽然计算机支持多种图像格式，但由于受到网络带宽和浏览器的限制，在 Web 页面上常用的图像格式有 3 种：JPEG（JPG）、GIF 和 PNG，它们都是位图。

（1）插入图像的方法如下。

① 用鼠标拖拽图像在 Windows 的“我的电脑”或“资源管理器”中，单击选中一个图像文件，再用鼠标拖拽该图标到网页文档窗口内，即可将图像加入到页面内的指定位置。

双击页面内的图像，可以调出“选择图像源”对话框，供用户更换图像。

② 利用“插入图像”按钮插入图像。单击“插入”（常用）面板内的“插入图像”按钮，或用鼠标拖拽按钮到网页内，可以调出“选择图像源”对话框。如果“图像”按钮处显示的不是“插入图像”按钮，可以单击旁边的倒三角按钮，在弹出的“选择图像源”对话框选中图像文件后，单击“确定”按钮，即可将选定的图像加入到页面中的光标处。

（2）调整图像的属性。如果要调整图像的属性，选中图像，就可在“属性”面板上设置图像的相关属性。在选中图像后，图像“属性”面板如图 5.80 所示。其中，宽和高是图片的尺寸，默认单位是像素。

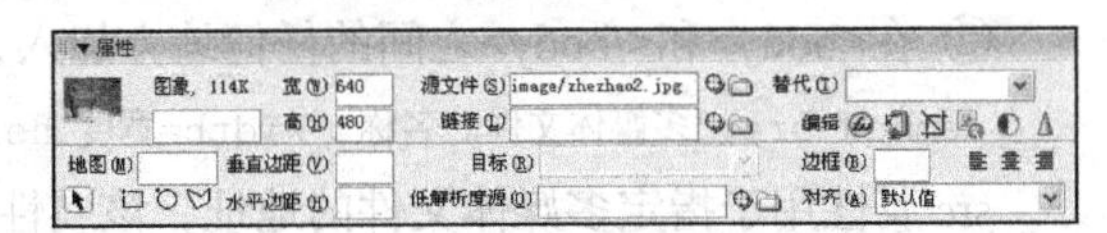

图 5.80 调整图像的属性

“源文件”：是图片的路径，单击后面的文件夹图标也能选择其他图片。值的形式可以是本地文件名，也可以是 URL 形式。

“链接”：是链接的目标页面或者定位点的 URL。

“目标”：链接时的目标窗口或框架。

“替代”：指的是在设置超链接后，当鼠标指针移动到图像上时显示的提示文本信息。

“垂直边距”和“水平边距”：图像在垂直或水平方向与网页中其他元素之间的距离。

“边框”：图像边框的宽度，选择空白或零时没有边框。

“对齐”：用于指定图片相对于文本的排列方式。

“地图”：表示建立映象，一幅图像上可以建立多个链接。

“编辑”：用来修改图像，可以设置一个外部图像编辑器。

2. 为网页添加背景音乐

为网页添加背景音乐可以突出页面的主题氛围，但是也会增加页面的容量和下载时间。带背景音乐的图片能增加吸引力，可以使用“行为”面板实现这种网页，也可以使用插件来实现。除了借助链接实现网上播放音乐的功能外，我们还可以让音乐自动载入，让它出现在控制面板上或将其当背景音乐来使用。在网页中添加的音频格式比较多，一般以 WMV、MP3、MID 格式为主。可以通过在源代码中手动添加代码或插入插件的方法来实现插入多媒体文件。

为网页添加背景音乐的方法一般有两种：一种是通过<bgsound>标签来添加，另一种是通过<embed>标签来添加。

（1）使用<bgsound>标签。使用<bgsound>标签为网页添加背景音乐的具体方法是：在

Dreamweaver 中新建或打开需要添加背景音乐的页面，单击“代码”打开“代码编辑”视图，在<body>与</body>之间输入“<bgsound”后按空格键，代码提示框会自动将<bgsound>标签的属性列出来供用户选择使用。

背景音乐的语法设置格式如下：

```
<bgsound src="声音文件" loop="播放次数">
```

<bgsound 用于给网页添加背景音乐，不需要结束标签，一般放在<head>与</head>之间。此标签只适用于 IE 浏览器，常用属性如下。

src：用来设定音乐文件的路径，可以是相对路径也可以是绝对路径。

autostart：用来设定背景音乐是否自动播放，属性值可以取 true 或 false。

loop：用来设定背景音乐重复播放的次数，属性值为-1 或 infinite（表示无限次）。

（2）使用<embed>标签。使用<embed>标签可以将多媒体文件插入网页。使用<embed>标签为网页添加背景音乐的具体方法是：在 Dreamweaver 中新建或打开需要添加背景音乐的页面，单击“代码”打开“代码编辑”视图，在<body>与</body>之间输入“<embed”后按空格键，代码提示框会自动将<embed>标签的属性列出来供用户选择使用。

（3）添加背景音乐代码。具体操作步骤如下。

① 将要插入背景音乐的网页从“设计”视图切换至“代码”视图或“拆分”视图。

② 在<body>和</body>之间的任何地方加入，语法格式如下：

```
<embed src="多媒体文件的名称" width=宽度 height=高度 loop=播放次数>
```

src 属性用于指定多媒体文件的地址，该属性是必需的。基本语法格式如下：

```
<embed src="URL" hidden=true loop=true>
```

例如，可以利用<embed>标签在网页中嵌入 mp3 音乐文件，嵌入 mp3 的语法格式如下：

```
<embed src="mp3 文件的名称" width=宽度 height=高度 loop=播放次数>
```

其中，src="音乐文件地址"用于设定音乐文件的路径；loop=循环次数为设定播放重复次数，loop=3 为重复 3 次，true 为无限次播放，false 为播放一次即停止；hidden=true 为隐藏控制面板；height 和 width 属性用于设置多媒体对象的高度和宽度，单位为像素。

3. 插入视频

Dreamweaver 不仅支持 Flash 动画，还支持 Shockwave 影片、Applet 等媒体。Shockwave 是 Macromedia 公司制定的一种网上媒体交互压缩格式的标准，其生成的压缩格式可以被快速下载，并且被目前的主流浏览器所支持。avi 是一种视频文件，目前被广泛用于动态效果演示、游戏过场动画等，是视频文件的主流。在网页中插入 avi 视频文件的语法格式如下：

```
<embed src="avi 视频文件的名称" width=宽度 height=高度 loop=播放次数>
```

4. 插入 Flash 动画

SWF 文件是用 Flash 软件制作出来的，具有丰富的视频动画效果。在 Dreamweaver CS6 中可以直接插入 Flash 影片。在网页中插入 Flash 动画文件的方法如下：将光标放在要插入 Flash 动画的位置；在“插入”面板中选择“常用”类别，在“媒体”右侧的小箭头下拉菜单中选择“SWF”按钮，在弹出的对话框中选择要插入的 Flash 文件（扩展名为 swf），单击“确定”按钮完成插入操作，如图 5.81 所示。

在图 5.81 下方的“属性”面板中设置 Flash 动画的属性，参数如下。

“SWF，446K”：表示此动画的大小为 446KB，在其下方的文本框中可以输入此动画的 ID 号，以便编写程序时调用。

“宽”和“高”：以像素为单位指定动画影片的宽度和高度。

“文件”：指定或显示SWF文件的路径。

“源文件”：指定源文件的路径（如果计算机上安装了Flash），若要编辑SWF文件，可更新影片的源文件，实现实时更新。

“背景颜色”：指定影片区域的背景颜色，在不播放动画时显示此颜色。

“编辑”：对SWF的源文件（一般为FLV格式）进行编辑，如果计算机上没有安装Flash软件，此功能不可用。

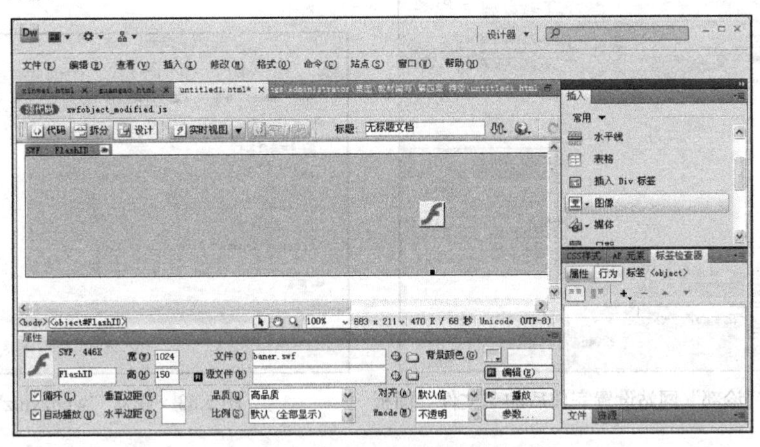

图5.81　Flash动画属性设置面板

“循环”：使影片连续播放。

“自动播放”：在加载页面时自动播放。

“垂直边距”和“水平边距”：指定影片上、下、左、右空白的像素数。

“品质”：设置播放动画对象的质量。

“比例”：确定影片播放时的缩放比例。

“对齐”：指定对齐方式。

“Wmode”：为SWF文件设置Wmode参数以避免与其他元素冲突。

“播放”：在文件窗口播放影片。

“参数”：设置影片的参数。

5.4　中医门诊部综合案例

本节以某中医门诊部网站开发为例，介绍一个网站的开发过程，具体使用了Dreamweave CS6创建一个本地站点，并在站点中创建新网页；还介绍了网站首页的开发过程，包括页眉导航栏、页面主体栏目、页脚的设计等。

5.4.1　创建一个“中医门诊部”网站站点

1. 案例知识点及效果图

本案例主要运用了以下知识点：使用Dreamweaver站点定义工具，创建一个本地站点，正确设置站点的各项参数，管理网站的文件和文件夹。案例效果如图5.82所示。

2. 操作步骤

（1）创建本地根目录，在构建 Web 站点之前，需要建立站点文件的本地存储位置。在 D 盘创建文件夹“webzymz”作为本地站点，用来放置所有站点资源，为“中医门诊部”网站建立一个存放图片的文件夹“images”，将页面所需图片复制到“images”文件夹中。通常，所选图像应放在站点文件夹下的图像文件夹内。本案例建立的网页都保存在“D: \webzymz”文件夹下，建立后的“webzymz”目录如图 5.83 所示。

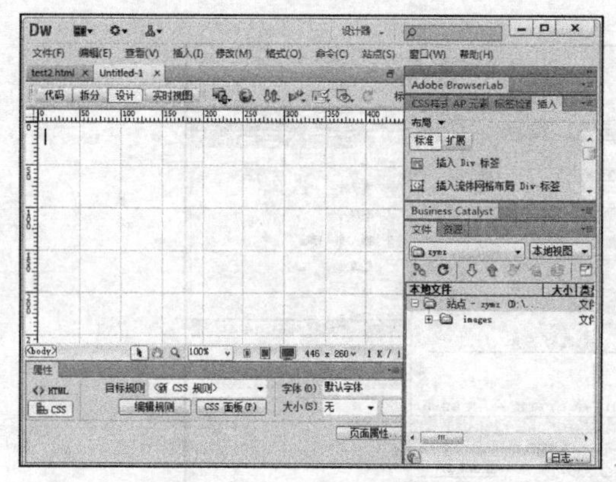

图 5.82 “中医门诊部”网站设置完成后的“文件”面板

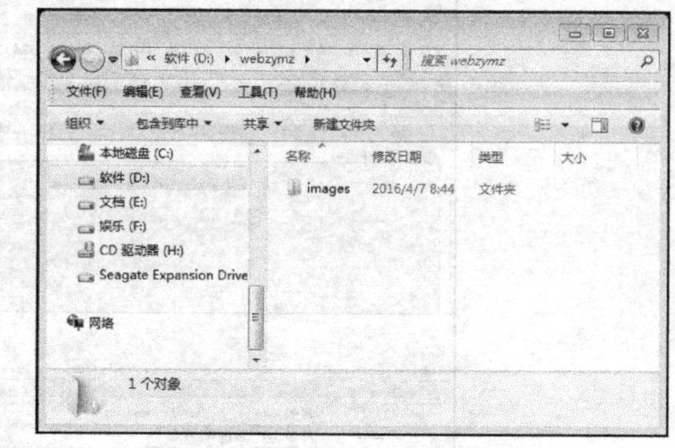

图 5.83 建立“webzymz”目录

（2）打开菜单栏“站点”，选择“新建站点”→“站点”选项卡，弹出图 5.84 所示的新建站点对话框，左边“分类”中是可选择的选项，右边则是与之对应的详细信息选项。

（3）在选中框中填入站点的名称，在“本地信息”窗口的“站点名称”框中将站点命名为“zymz”，这个名字是 Dreamweaver 中使用的站点名字，是站点的逻辑名。要注意的是，站点名称是区分大小写的，如图 5.84 所示。

（4）设置站点文件夹所在的位置。在“选择根文件夹”文本框中输入该本地站点根目录的位置。本例中输入“D:\webzymz”，如图 5.85 所示。

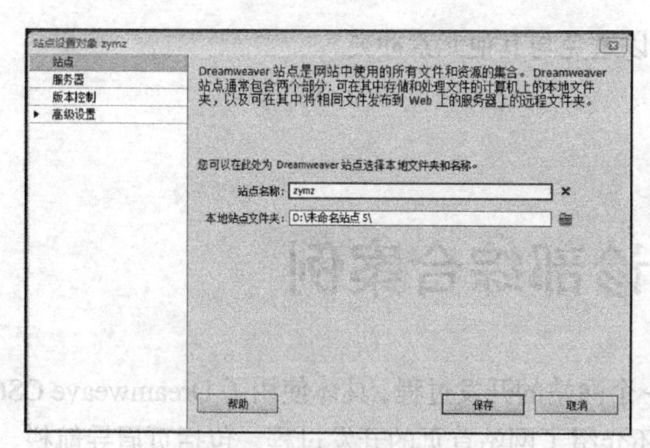

图 5.84 输入站点名称

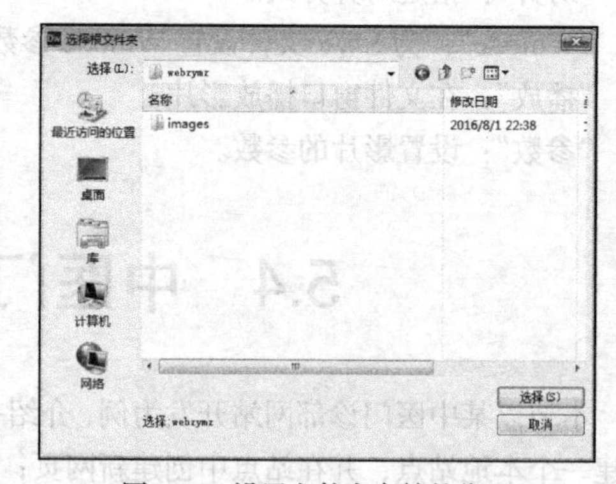

图 5.85 设置文件夹存储的位置

（5）在“默认图像文件夹”对话框中，可以输入本地站点中默认的保存图像的文件夹名，该文件夹必须位于站点根目录内。勾选“启用缓存”复选框，可以加快站点中链接更新的速度。在“链接相对于”中选中“文档”，让所有的链接使用相对地址，这样整体上传到服务器时链接关系不会出错，如图 5.86 所示。

（6）选择“服务器”选项，可创建 FTP 与 RDS 服务器的连接，这样就可以在远程服务器上直接工作。这里选择“站点”选项，弹出“站点定义为”对话框，在文本框中输入站点的名称，这里输入“zymz”。在“站点定义为”对话框中设置完本地站点信息和服务器信息后，在“web URL”对话框中输入该站点的域名，若没有域名也可空着。其他设置如图 5.87 所示。

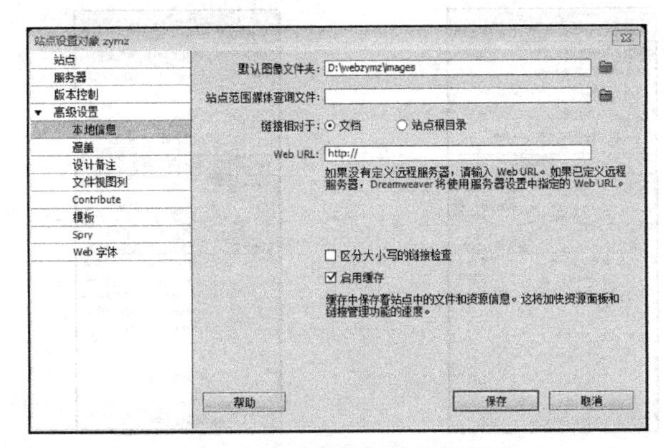

图 5.86　设置图像文件夹的位置

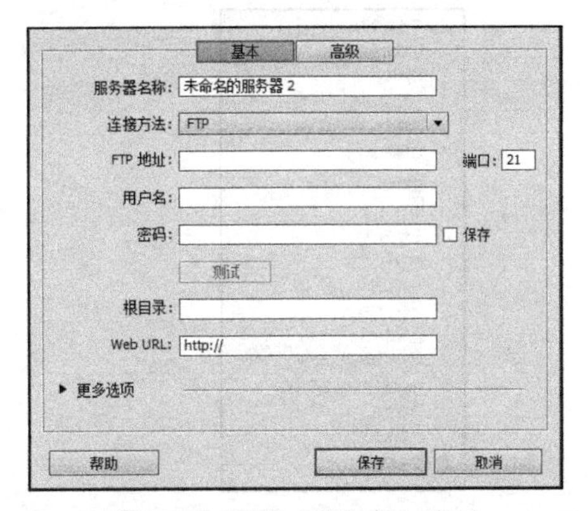

图 5.87　设置“服务器”选项

（7）设置结束后，单击“保存”按钮，完成站点的创建。

（8）新建的站点显示在软件主界面的右下角。“站点”面板显示当前站点的新本地根文件夹，同时显示一个图标能以分层视图查看所有本地磁盘。单击“站点”面板最右边的按钮，可以直观地查看站点中文件之间的链接关系，再次单击该按钮取消查看。选择菜单“窗口”/“文件”命令或按 F8 键，打开“文件”面板，单击该面板上部的下拉列表框，结果如图 5.82 所示。

5.4.2　创建“中医门诊部”网站首页

1. 案例知识点及效果图

本案例主要运用了以下知识点：利用表格进行页面布局的技能和方法；在网页表格中插入 Flash 动画的方法；在表格中插入图片、文字；对网页导航设置超链接；图像热点超链接的方法；在页脚创建 E-mail 链接的操作方法；设置滚动通知和图片滚动，使网页中的文字、图片运动起来。案例效果如图 5.88 所示。

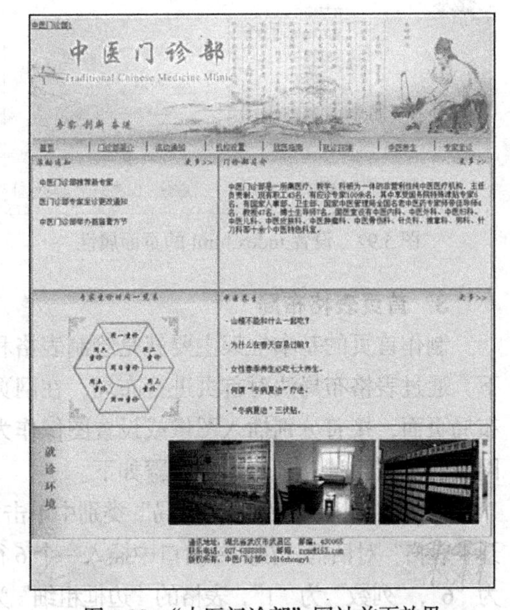

图 5.88　“中医门诊部”网站首页效果

2. 新建网页

新建名为“index.html”“introduction.html”“zhuanjiazuozhen.html”的网页文件，并设置网页属性。具体操作步骤如下。

（1）在“zymz”文件面板中单击“zymz”站点，选择“新建文件”菜单，如图 5.89 所示。选择“新建文件”菜单。

（2）在文件面板的“站点－我的站点（D:\webzymz）”站点目录中出现了一个空白文档（扩展名为 htm 或 html），名称为“untitled.html”。选择“新建文件”菜单，如图 5.89 所示，将其重命名为“index.html”，如图 5.90 所示。双击新建的“index.html”文件，在工作窗口中可以看到打开的网页文件。

（3）重复步骤（1）和（2），在文件面板的“站点 – zymz”文件夹中创建两个网页文件，将其分别重命名为“introduction.html”和“zhuanjiazuozhen.html”，如图5.91所示。

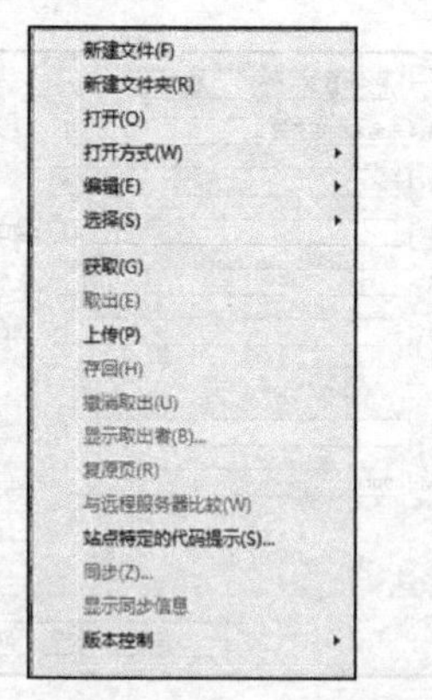

图5.89 “文件”面板中“新建文件”菜单

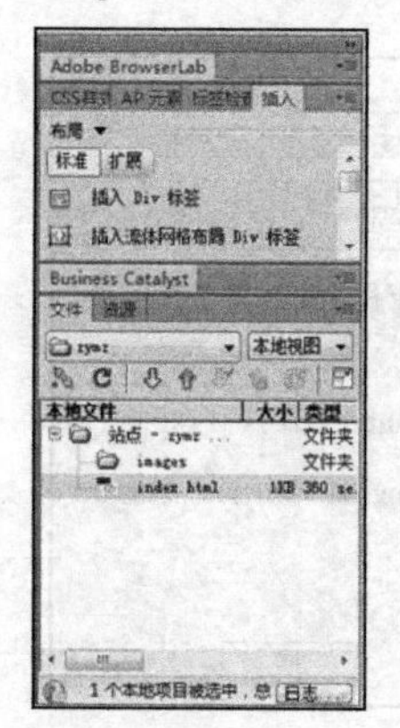

图5.90 重命名为“index.html”

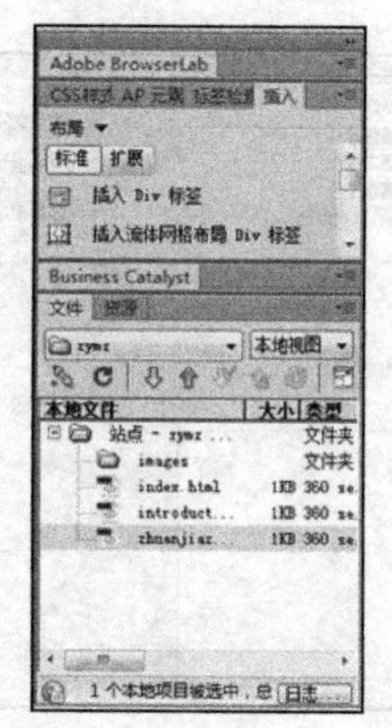

图5.91 新建另外两个网页文件

（4）设置网页整体风格。单击“修改”菜单，选择“页面属性”菜单，打开“页面属性”对话框，在“外观（CSS）”对话框中设置边距都为“0”，使用body作为选择器，设置“页面字体”为“默认字体”，“大小”为“12”px，页面的“上边距”值为“0”，使页面内容与上边界紧贴，如图5.92所示。网页初始化设置还包括设置网页的背景色与字体大小。

（5）设置网页的标题，在“标题/编码”对话框中，设置index.html的页面标题为“中医门诊部”，单击“确定”按钮保存设置，如图5.93所示。

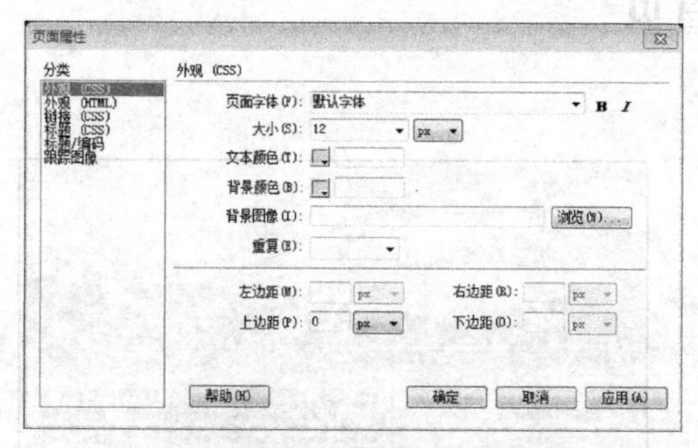

图5.92 设置index.html的页面属性

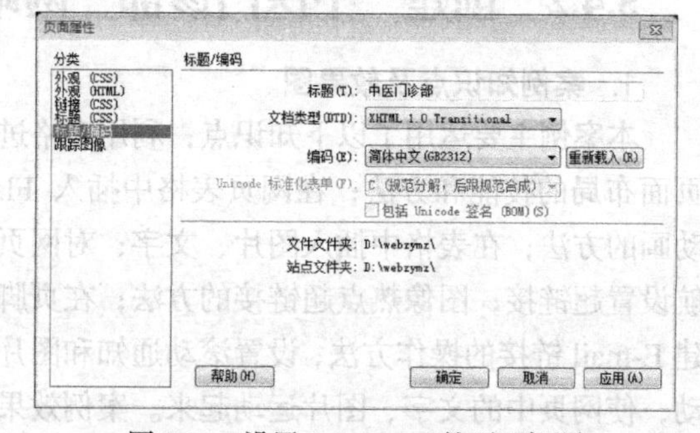

图5.93 设置index.html的页面标题

3. 首页表格布局

制作首页的基本框架主要就是绘制表格和单元格。在标准模式下，通过表格布局法对首页进行布局，在网页插入标准表格进一步布局页面，接着分别插入图像或设置图像作为背景，从而完成图示网页的主页设计。具体操作步骤如下。

（1）在“插入”栏的“布局”类别中单击“表格”图标按钮，打开“表格”对话框。在文件窗口中插入一个6行1列的表格，“行数”为“6”，“列数”为“1”，表格的“边框粗细”为“0”，宽度为“1000”像素，如图5.94所示。设计表格时，表格的边框要设为“0”，即<table>标签中的border属性值为“0”。也就是让表格在网页预览中不可见，

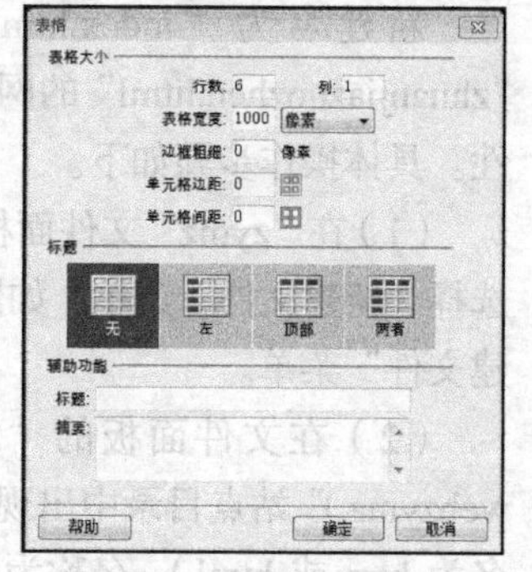

图5.94 “表格”对话框

这样才能实现表格布局的目的。本节中，为了方便观察效果，我们把“边框粗细”设为“0”。

（2）选中刚插入的表格，在“属性”面板中设置“对齐”方式为“居中对齐”。把光标置于外层表格的第1行，在“属性”面板中设置“垂直”对齐方式为“默认”，高度设置为“250”像素，如图5.95所示。根据要添加图片的大小设置各单元格的高度，并在设计模式下输入“标题图像”。

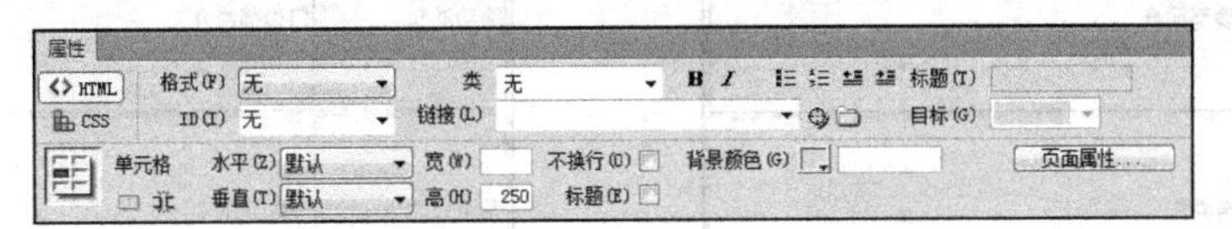

图5.95 表格第1行“属性”面板设置

（3）选中表格的第2行，将高度设置为“35”像素，并在设计模式下输入“导航栏”，这个表格将作为站内导航栏。

（4）选中表格的第3行，将高度设置为“284”像素，单击工具栏中的“插入表格”按钮，在单元格中插入一个1行2列的表格，将这个表格的间距设置为“1”，边框粗细为“1”，宽度为“100%”。在表格“属性”面板中，将该行第一列单元格的高度设置为“284”像素，宽度设置为“404”像素，如图5.96所示。这个单元格放置滚动通知栏目。在该行第二列输入“门诊部简介”。

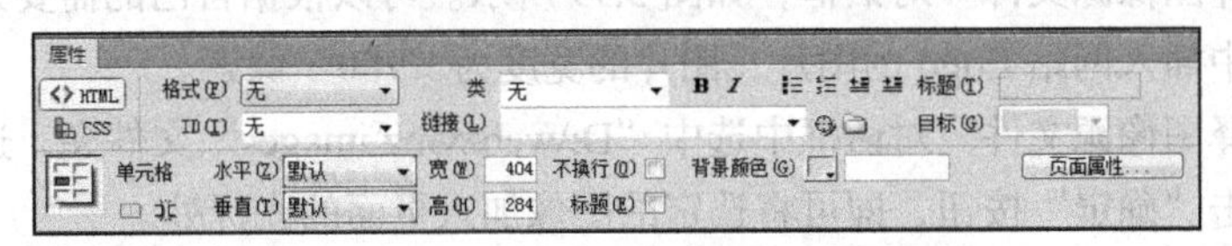

图5.96 表格第3行“属性”面板设置

（5）选中表格的第4行，单击工具栏中的“插入表格”按钮，在单元格中插入一个1行2列的表格，将该表格的间距设置为“1”，边框粗细为“0”，宽度为“100%”。在表格“属性”面板中，将该行第一列单元格的高度设置为“284”像素，宽度设置为“404”像素，并在设计模式下输入“专家坐诊”。这个单元格放置专家坐诊栏目。在该行第二列输入“中医养生”。

（6）选中表格的第5行，单击工具栏中的“插入表格”按钮，在单元格中插入一个1行2列的表格，将该表格的间距设置为“1”，边框粗细为“0”，宽度为“100%”，在表格“属性”面板中，将该行第一列单元格的高度设置为“233”像素，宽度设置为“68”像素，并在设计模式下输入“就诊环境”。这个单元格放置在就诊环境栏目。将该行第二列单元格的高度设置为“233”像素，宽度设置为“932”像素，在该行第二列输入“滚动图片”。

（7）选中表格的第6行，在表格“属性”面板中，将该行第一行的高度设置为“103”像素，并在设计模式下输入“页脚”，该行作为该网页的页脚，主要用来放置版权信息等内容。

（8）这样，首页的基本表格布局框架就制作完成了。整体效果如图5.97所示。保存并按F12键可预览。在“文件”面板中，双击“index.html”即可在Dreamweaver的文档窗口中打开该网页，对其进行编辑修改。在浏览器中预览效果如图5.98所示。

4. 插入标题图像Logo

下面，需要设置页眉。在刚才绘制的表格的最上行插入标题图像Logo（top.gif）。具体操作步骤如下。

（1）打开index.html，选择表格，在表格“属性”面板中，将表格的边框设为0，即<table>标签中的border属性值为“0”。也就是让表格在网页预览中不可见，这样才能实现表格布局的目的。

（2）选择该表格第一行，插入网站标志（Logo），根据要添加图片的大小设置单元格的高度。

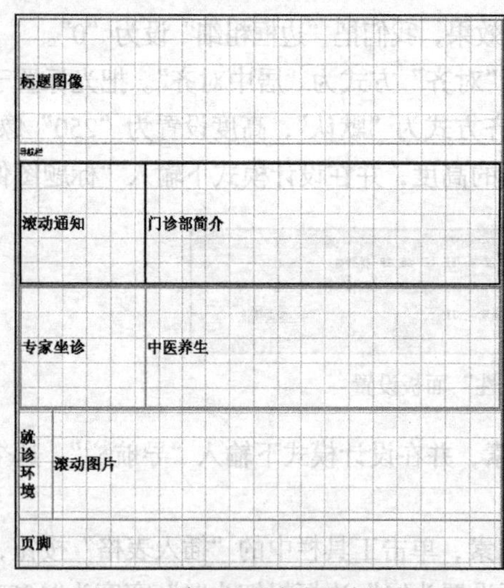

图 5.97　首页的基本表格布局框架

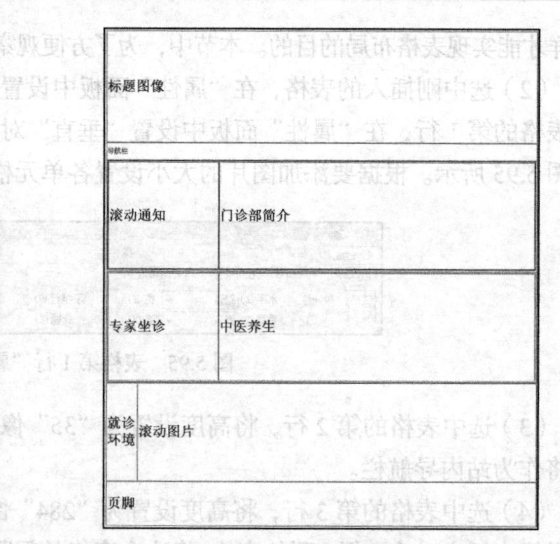

图 5.98　预览效果

（3）在“插入”面板的“常用”选项卡中单击“图像”按钮，或者使用 Ctrl+Alt+I 组合键，都可以打开“选择图像源文件”对话框，如图 5.99 所示。可以根据自己的需要选择相应的图形，在表格的第一行中插入网站 Logo 的图片，图片的宽度为“780”像素。

（4）在“选择图像源文件”对话框中选中“D:\webzymz\images”文件夹，选择“r1_c2.png”图像文件后，单击“确定”按钮，即可将选定的图像加入页面的光标处。

（5）保存并按 F12 键可预览页眉效果，如图 5.100 所示。

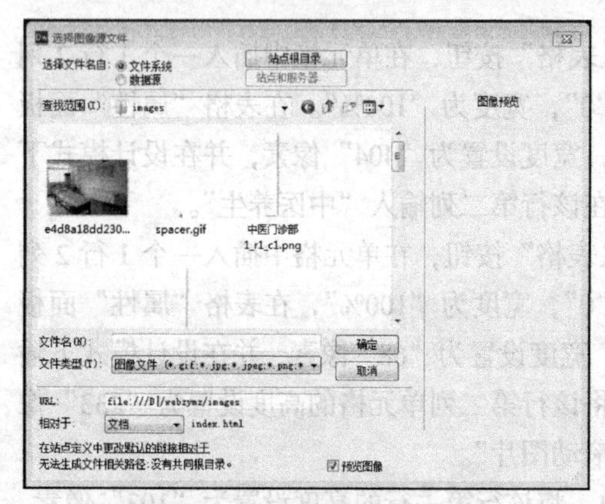

图 5.99　“选择图像源文件”对话框

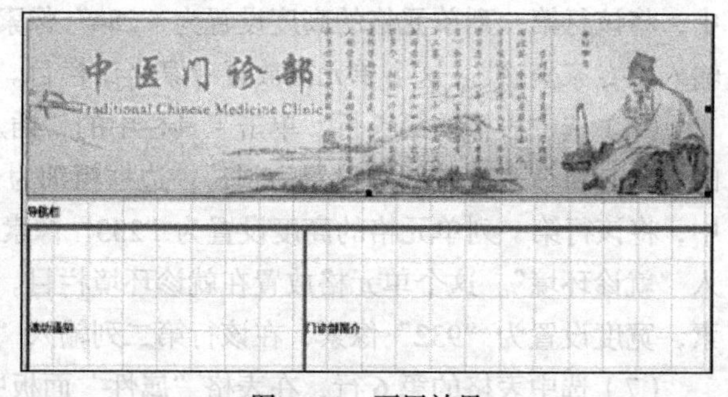

图 5.100　页眉效果

5. 添加标题 Flash 动画

添加标题 Flash 动画的具体操作步骤如下。

（1）选择该表格的第一行，插入 Flash 动画（banner.swf），根据要添加的 Flash 动画的大小设置单元格的高度，删除单元格中的“标题图像”文字。

（2）在“插入”面板的“布局”类别中，单击“绘制 AP Div”按钮，在文件窗口的“设计”视图中，拖动鼠标可以绘制一个 AP Div 元素。绘制完成后的 AP Div 元素如图 5.101 所示。

（3）打开“AP 元素”面板，在该面板中显示了网页文档中插入的层“apDiv3”，单击“AP 元素”面板中的“apDiv3”层，其“属性”面板如图 5.102 所示。在该“属性”面板上设定“apDiv3”层的属性，宽度为“1000”像素，高度为“250”像素。

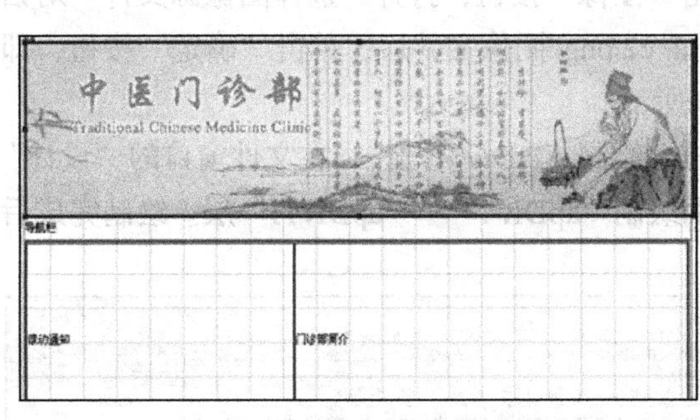

图 5.101　绘制一个 AP Div 元素

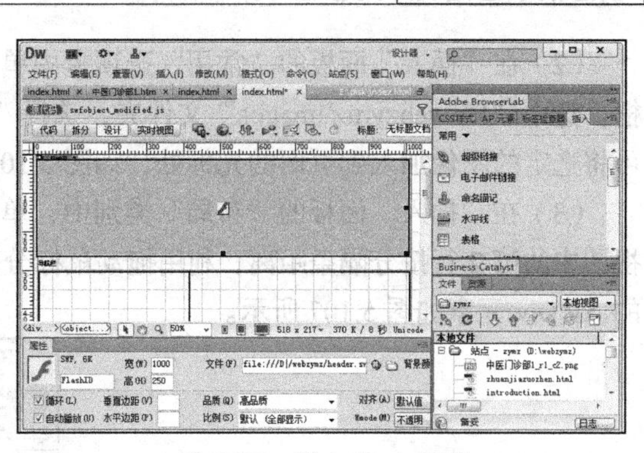

图 5.102　插入 Flash 动画

（4）将鼠标光标放置在“apDiv3”层，在“插入”面板中选择“常用”选项中的“媒体”→“SWF”按钮，从弹出的“选择文件”对话框中，选择“D:\webzymz\images”目录中的“header.swf”，如图 5.103 所示。单击“确定”按钮即可添加 Flash 动画到网页中。Flash 动画的大小为 1000 像素×270 像素。

图 5.103　插入 Flash 动画的选择文件对话框

（5）选中插入的 Flash 动画，在下面的“属性”面板中调整 SWF 文件的宽和高分别为“1000”像素和“250”像素。使其与 Logo 图片的高度一致，如图 5.103 所示。

（6）设置 header 背景透明。header 动画有一个白色的背景，会把背景图像遮盖住。选择 header 动画，在“属性”面板的“Wmode”下拉列表中选择“透明”，如图 5.104 所示，背景就变得透明了。

（7）保存并按 F12 键可预览 Flash 动画效果，如图 5.105 所示。

图 5.104　设置 Flash 动画属性

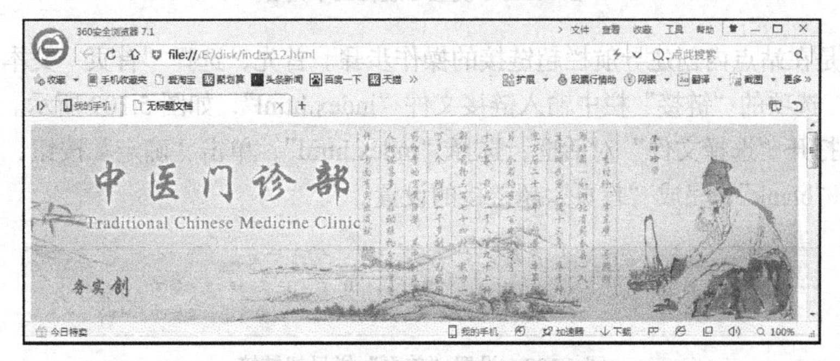

图 5.105　插入 Flash 动画后的效果

6. 制作首页导航栏

制作首页导航栏的具体操作步骤如下。

（1）将光标置于第 2 行，按 Ctrl+A 组合键选中单元格。文字加粗显示，背景色为深蓝色“#669900”，文本居中显示。删除单元格中的“导航栏”文字。

（2）在“插入”面板的“常用”选项卡中单击“图像”按钮，打开“选择图像源文件”对话框。选中“D:\webzymz\images”文件夹，选择“r2_c2.png”图像文件后，单击“确定”按钮，即可将选定的图像加入到页面的光标处，如图5.106所示。

（3）在“插入”面板的“布局”类别中，单击“绘制AP Div”按钮，在文件窗口的“设计”视图中的第2行按分隔条距离，利用拖动鼠标分别绘制“apDiv4”~“apDiv11”层。绘制完成后的AP Div元素如图5.107所示。

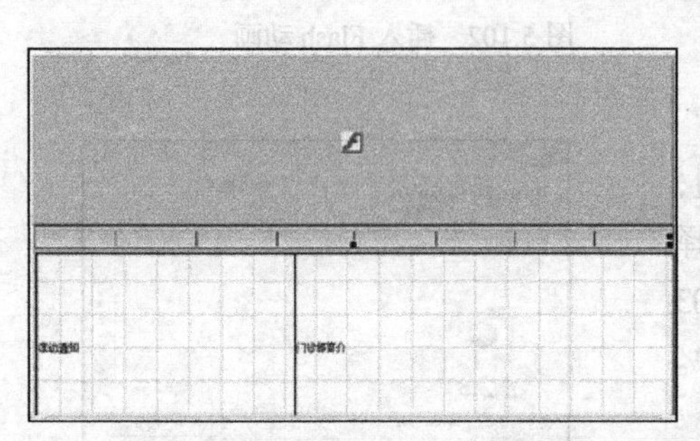

图5.106　在表格第2行中插入“导航栏”图片

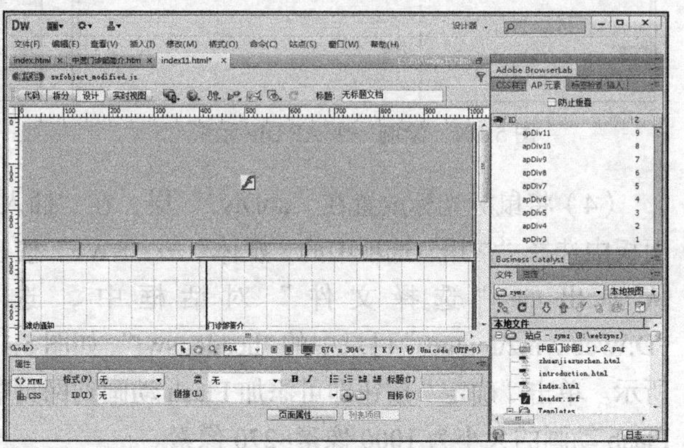

图5.107　绘制AP Div元素

（4）选中“AP元素”面板的“apDiv4”层，输入“首页”；选中“apDiv5”层，输入“门诊部简介”；选中“apDiv6”层，输入“滚动通知”；选中“apDiv7”层，输入“机构设置”；选中“apDiv8”层，输入“就医指南”；选中“apDiv9”层，输入“就诊环境”；选中“apDiv10”层，输入“中医养生”；选中“apDiv11”层，输入“专家坐诊”。导航栏文本内容的输入效果如图5.108所示。

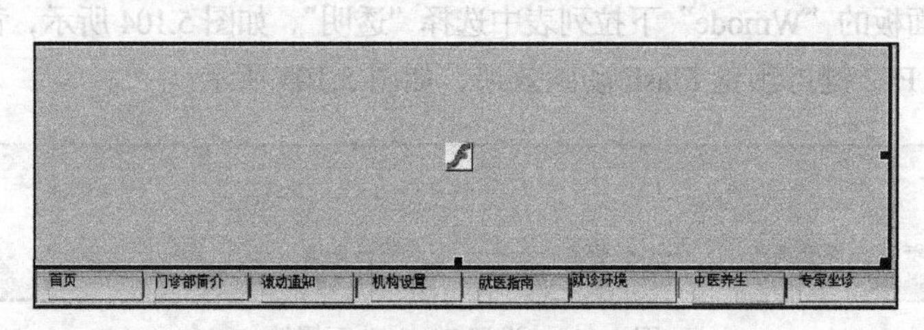

图5.108　设置导航栏文本内容

（5）下面是在站点内创建导航栏超链接的操作步骤。首先，选择“首页”文本，在“属性”面板“HTML”选项的“链接”栏中输入链接文件“index.html”，如图5.109所示。或单击“浏览文件”按钮，打开“选择文件”对话框，选择“index.html”，单击“确定”按钮，在“目标”下拉列表中选择“blank”，完成“首页”超链接的设置。

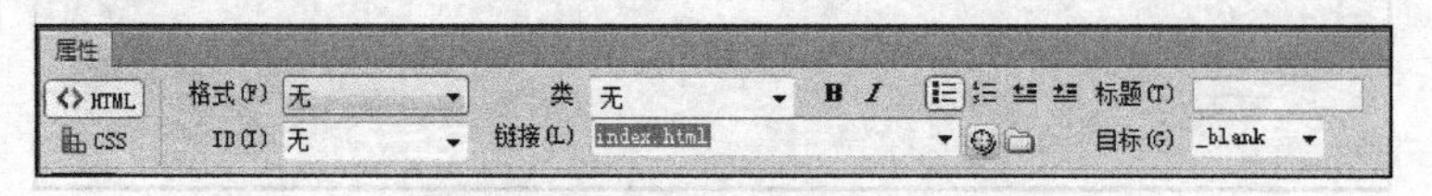

图5.109　设置“首页”栏目超链接

（6）选择“门诊部简介”，在“属性”面板“HTML”选项的“链接”栏中输入链接文件“introduction.html”，在“目标”下拉列表中选择“_blank”，如图5.110所示，完成“门诊部简介”超链接的设置。

图 5.110　设置“门诊部简介”栏目超链接

（7）选择“专家坐诊”，在“属性”面板“HTML”选项的“链接”栏中输入链接文件“zhuanjiazuozhen.html”，在“目标”下拉列表中选择“_blank”，完成“门诊部简介”超链接的设置。

（8）选择“机构设置”，在“属性”面板“HTML”选项的“链接”栏中输入空链接符号“#”。

（9）依次选择“滚动通知”“就医指南”“就诊环境”“中医养生”，在“属性”面板“HTML”选项的“链接”栏中输入空链接符号“#”。

（10）导航条制作完毕，保存并按 F12 键可预览效果，如图 5.111 所示。

图 5.111　导航栏制作效果

7. 制作滚动通知栏目

本例的效果是实现公告栏里的信息循环滚动播放。通过信息的滚动，用户可以浏览所有信息，如果见到感兴趣的信息，可以将鼠标指针停在上面，则该滚动会暂时停止。此时，若单击该信息，则会链接到该信息的具体内容；若松开鼠标，则公告栏里的信息会继续滚动。操作步骤如下。

（1）将光标置于网页布局的第 3 行第 1 列，按 Ctrl+A 组合键选中单元格。设置文字加粗显示，文本居中显示。这个单元格放置滚动通知栏目。删除单元格中的“滚动通知”文字。

（2）在“插入”栏的“布局”类别中单击“表格”图标按钮，打开“表格”对话框，如图 5.112 所示。在文件窗口中插入一个 2 行 1 列的表格，“行数”为“2”，“列数”为“1”，表格的“边框粗细”为“0”，宽度为“404”像素。

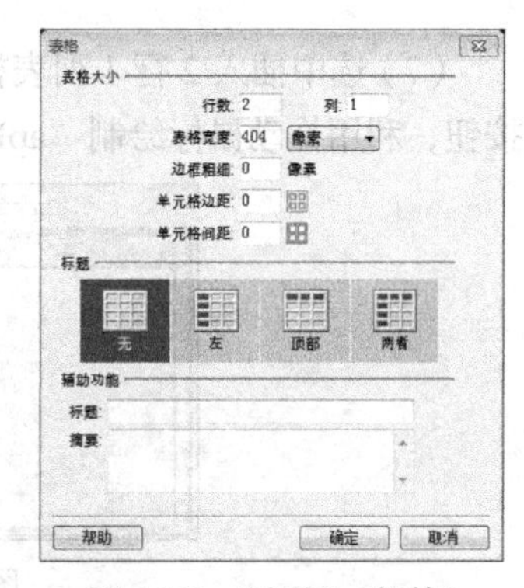

图 5.112　“表格”对话框

（3）在表格“属性”面板中，将插入表格的第 1 行单元格的高度设置为“30”像素，如图 5.113 所示。

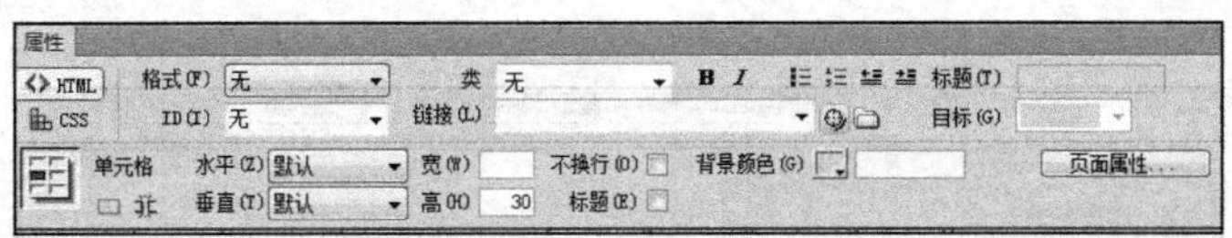

图 5.113　在表格“属性”面板中设置第 1 行单元格的高度

（4）选中插入 2 行 1 列表格的第 1 行，在“插入”面板的“常用”选项卡中单击“图像”按钮，打开“选择图像源文件”对话框。在该对话框中选中“D:\webzymz\images”文件夹，选择“r4_c2.png”图像文件（滚动通知图片）后，单击“确定”按钮，插入“滚动通知”标题的背景图片，效果如图 5.114 所示。

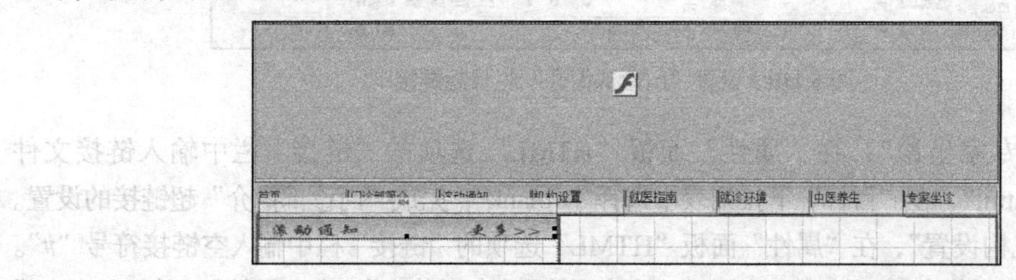

图 5.114　在表格第 1 行单元格中插入“滚动通知”标题背景图片效果

（5）在表格“属性”面板中，将插入表格的第 2 行单元格的高度设置为“254”像素。

（6）选中插入 2 行 1 列表格的第 1 行，在“插入”面板的“常用”选项卡中单击“图像”按钮，在“选择图像源文件”对话框中选中“D:\webzymz\images”文件夹，选择“r5_c2.png”图像文件后，单击“确定”按钮，插入“滚动通知”内容的背景图片，效果如图 5.115 所示。

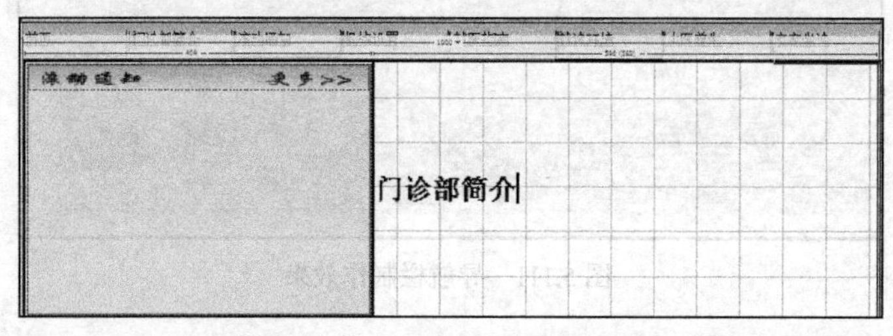

图 5.115　在表格第 2 行单元格中插入“滚动通知”背景图片效果

（7）选中插入 2 行 1 列表格的第 1 行，在“插入”面板的“布局”类别中单击“绘制 AP Div”按钮，利用拖动鼠标绘制“apDiv12”层。绘制完成后的 AP Div 元素如图 5.116 所示。

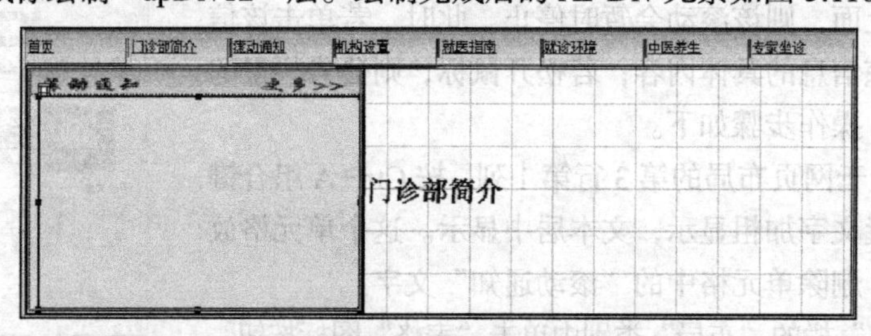

图 5.116　在表格第 2 行单元格中绘制 AP Div

（8）选中插入表格的第 2 行，插入 5 行 1 列的表格，宽度为“392”像素，居中对齐。将第 1 行和最后 1 行的行高设置为“45”像素，其他行的行高设置为“40”像素。

（9）选中插入 5 行 1 列的表格的第 1 行，输入文字“中医门诊部网站开通了”，如图 5.117 所示。

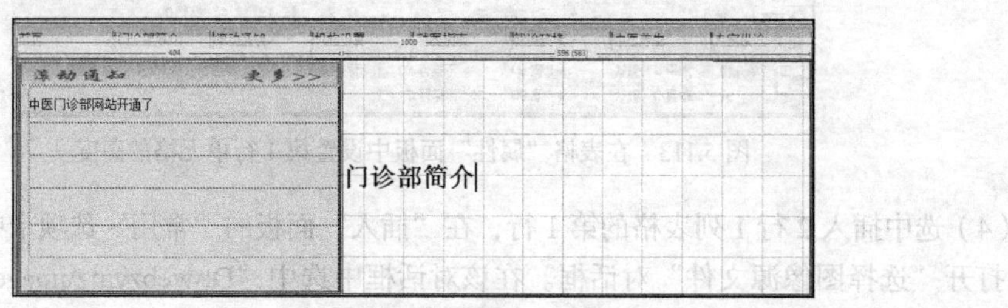

图 5.117　输入“滚动通知”文字

（10）选中插入 5 行 1 列的表格的第 2 行，输入文字“中医门诊部举行义诊通知”。选中插入 5 行 1 列的表格的第 3 行，输入文字“中医门诊部推荐新专家”。选中插入 5 行 1 列的表格的第 4 行，输入文字“中医门诊部专家坐诊更改通知”。选中插入 5 行 1 列的表格的第 5 行，输入文字“中医门诊部举办首届膏方节”，如图 5.118 所示。

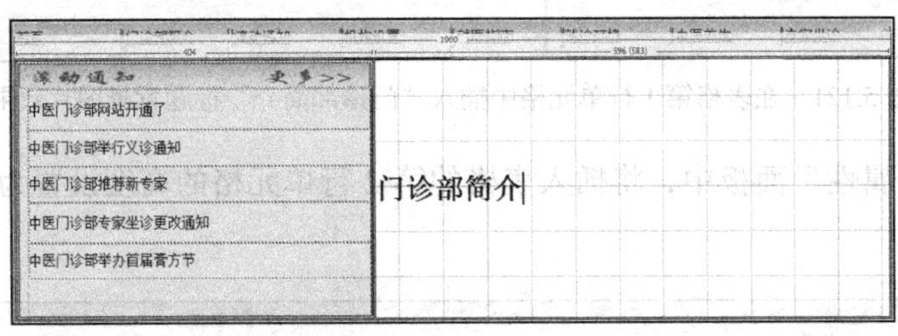

图 5.118　输入全部“滚动通知”文字

（11）切换到“代码”视图下，在插入的 5 行 1 列的表格代码前加入代码“<marquee direction="up" onmouseover=this.stop() onmouseout=this.start() behavior="scroll" loop="100" scrollamount="5" height="210" width="392">”，在插入的 5 行 1 列的表格代码后加入代码“</marquee>”，效果如图 5.119 所示。

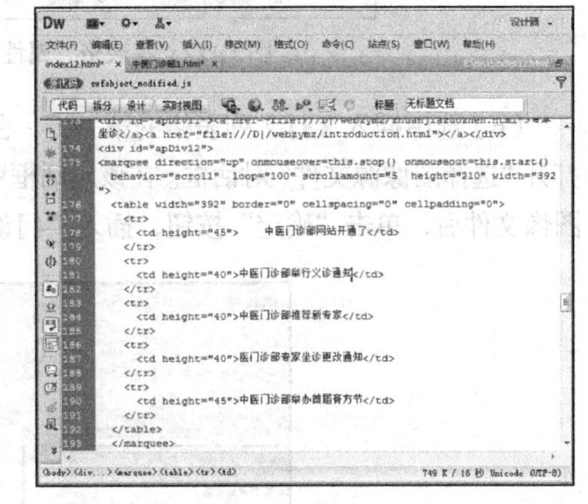

图 5.119　在“代码”视图下插入<marquee> 标签

（12）“滚动通知”栏目制作完毕，保存并按 F12 键可预览效果，如图 5.120 所示。

8. 制作门诊部简介栏目

制作门诊部简介栏目的操作步骤如下。

（1）将光标置于网页布局的第 3 行第 2 列，按 Ctrl+A 组合键选中单元格。该单元格放置专家坐诊栏目。删除单元格中的“门诊部简介”文字。

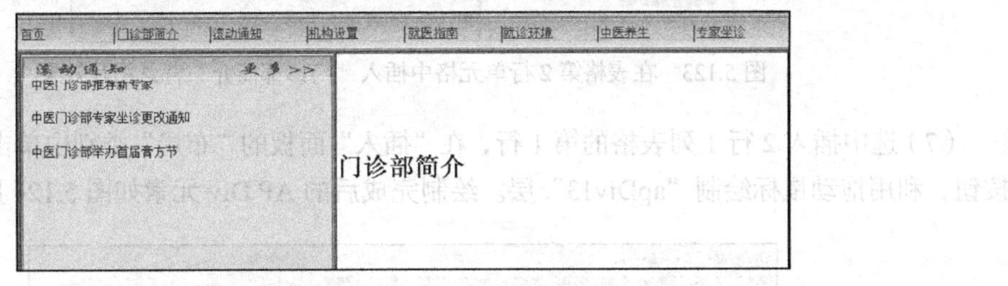

图 5.120　“滚动通知”栏目效果

（2）在“插入”栏的“布局”类别中单击“表格”图标按钮，打开“表格”对话框。在文件窗口中插入一个 2 行 1 列的表格，“行数”为“2”，“列数”为“1”，表格的“边框粗细”为“0”，宽度为“596”像素。

（3）在表格“属性”面板中，将插入表格的第 1 行单元格的高度设置为“30”像素。

（4）选中插入 2 行 1 列表格的第 1 行，在“插入”面板的“常用”选项卡中单击“图像”按钮，都可以打开“选择图像源文件”对话框。在该对话框中选中“D:\webzymz\images”文件夹，选择“r4_c4.png”图像文件后，单击“确定”按钮，插入“门诊部简介”标题的背景图片，效果如图 5.121 所示。

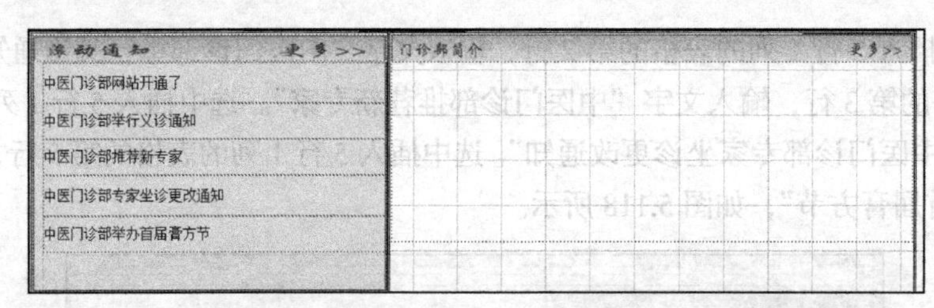

图 5.121　在表格第 1 行单元格中插入“门诊部简介”标题背景图片效果

（5）在表格“属性”面板中，将插入表格的第 2 行单元格的高度设置为“254”像素，如图 5.122 所示。

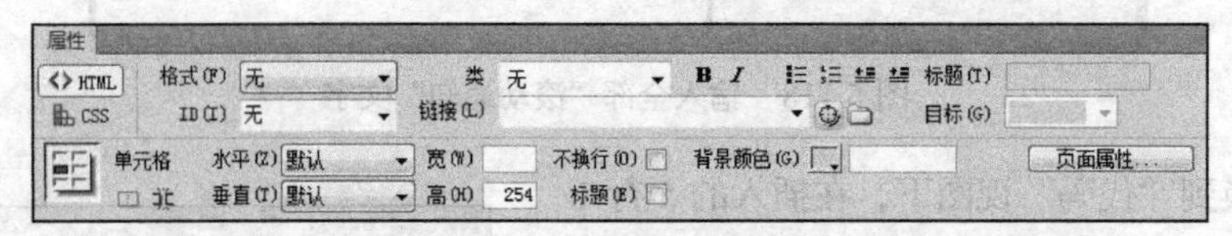

图 5.122　在表格“属性”面板中设置第 2 行单元格的高度

（6）选中插入 2 行 1 列表格的第 1 行，在“插入”面板的“常用”选项卡中单击“图像”按钮，打开“选择图像源文件”对话框。在该对话框中选中“D:\webzymz\images”文件夹，选择“r5_c5.png”图像文件后，单击“确定”按钮，插入“门诊部简介”内容的背景图片，效果如图 5.123 所示。

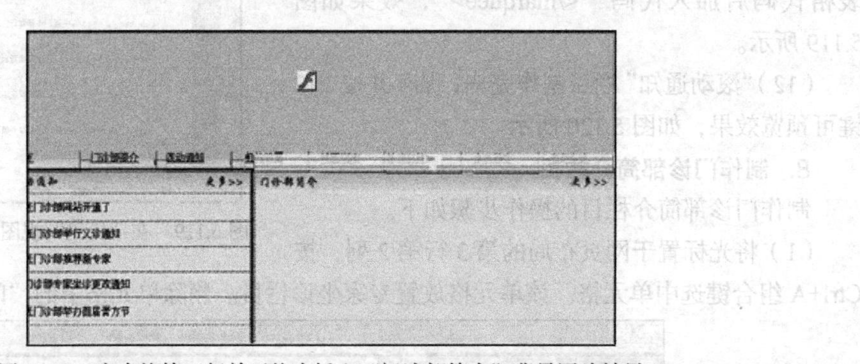

图 5.123　在表格第 2 行单元格中插入“门诊部简介”背景图片效果

（7）选中插入 2 行 1 列表格的第 1 行，在“插入”面板的“布局”类别中单击“绘制 AP Div”按钮，利用拖动鼠标绘制“apDiv13”层。绘制完成后的 AP Div 元素如图 5.124 所示。

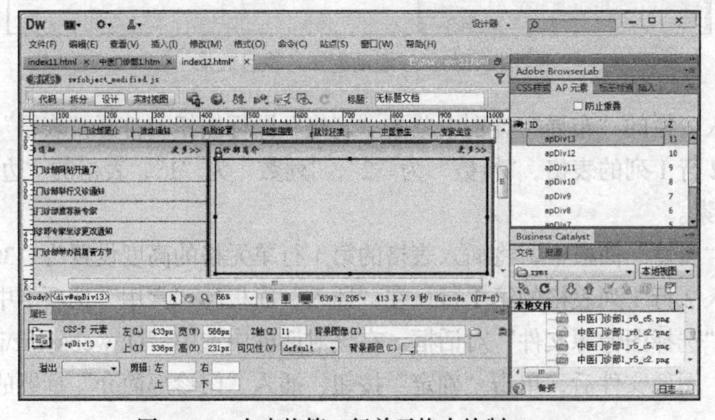

图 5.124　在表格第 2 行单元格中绘制 AP Div

（8）选中绘制的“ap Div13”层，输入中医门诊部简介文字，如图 5.125 所示。

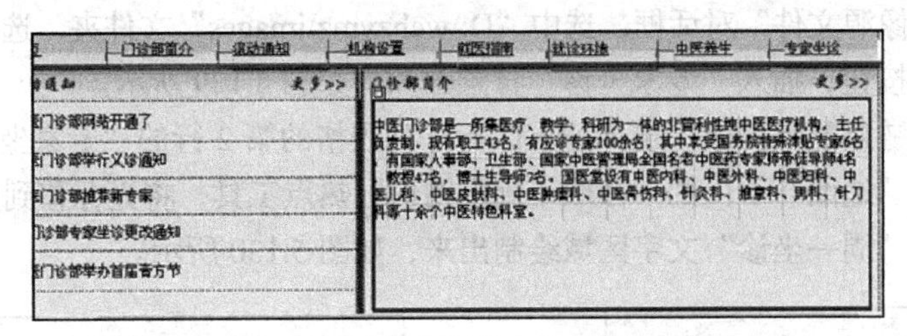

图 5.125 在“ap Div13”层输入中医门诊部简介文字

（9）门诊部简介栏目制作完毕，保存并按 F12 键可预览效果，如图 5.126 所示。

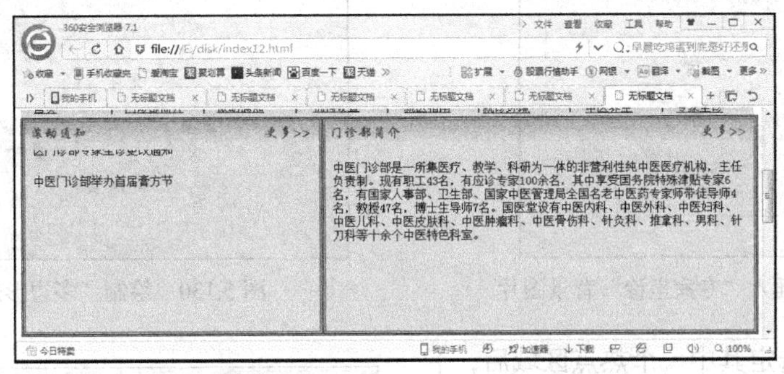

图 5.126 “门诊部简介”栏目效果

9. 制作“专家坐诊”栏目的图像热点

制作“专家坐诊”栏目图像热点的操作步骤如下。

（1）将光标置于网页布局的第 4 行第 1 列，按 Ctrl+A 组合键选中单元格。该单元格放置专家坐诊栏目。删除单元格中的“专家坐诊”文字。

（2）在“插入”栏的“布局”类别中单击“表格”图标按钮，打开“表格”对话框。在文件窗口中插入一个 2 行 1 列的表格，“行数”为“2”，“列数”为“1”，表格的“边框粗细”为“0”，宽度为“404”像素。

（3）在表格“属性”面板中，将插入表格的第 1 行单元格的高度设置为“30”像素。

（4）选中插入 2 行 1 列表格的第 1 行，在“插入”面板的“常用”选项卡中单击“图像”按钮，在“选择图像源文件”对话框中选中“D:\webzymz\images”文件夹，选择“r7_c2.png”图像文件后，单击“确定”按钮，插入“专家坐诊”标题的背景图片，效果如图 5.127 所示。

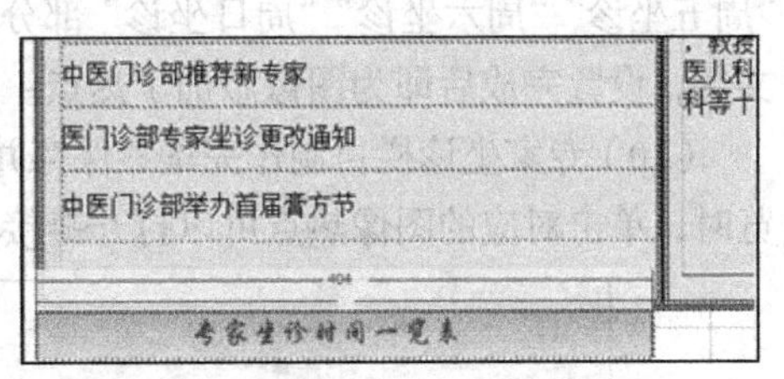

图 5.127 在表格第 1 行单元格中插入“专家坐诊”标题图片

（5）在表格“属性”面板中将插入表格的第 2 行单元格的高度设置为“254”像素，如图 5.128 所示。

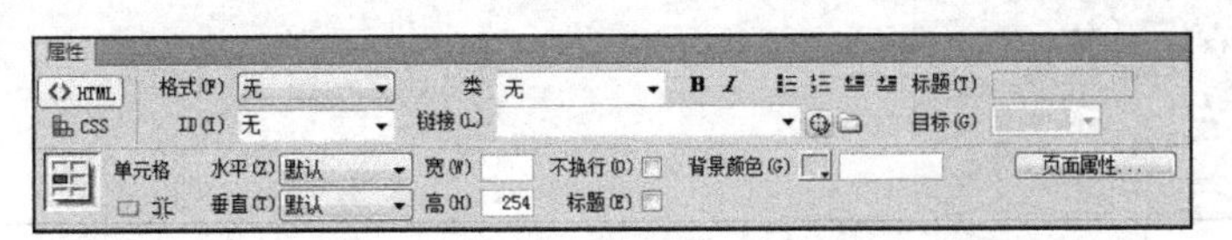

图 5.128 在表格“属性”面板中设置第 2 行单元格的高度

（6）选中插入 2 行 1 列表格的第 1 行，在“插入”面板的“常用”选项卡中单击“图像”按钮，打开“选择图像源文件”对话框，选中“D:\webzymz\images”文件夹，选择“r8_c2.png”文件，单击“确定”按钮，插入“专家坐诊”背景图片，如图 5.129 所示。

（7）创建图片链接热点区域。选择插入 2 行 1 列表格的第 2 行的“专家坐诊”背景图片，选择“属性”面板中“地图”下面的“截取不规则图形”热点工具，将光标移到图像中的“星期”部分，拖动鼠标将“周一坐诊”文字区域绘制出来，如图 5.130 所示。

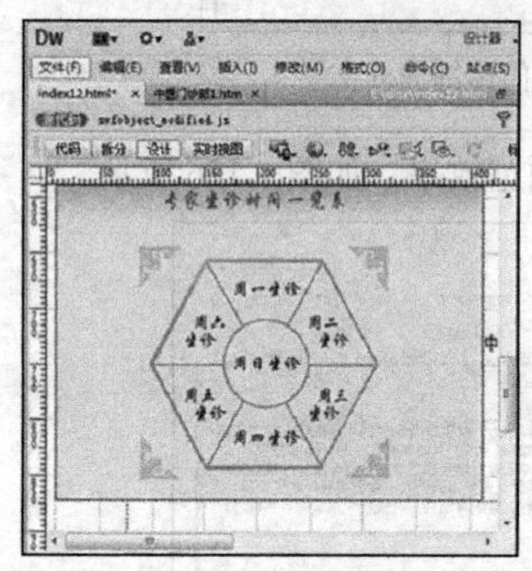

图 5.129　插入“专家坐诊”背景图片

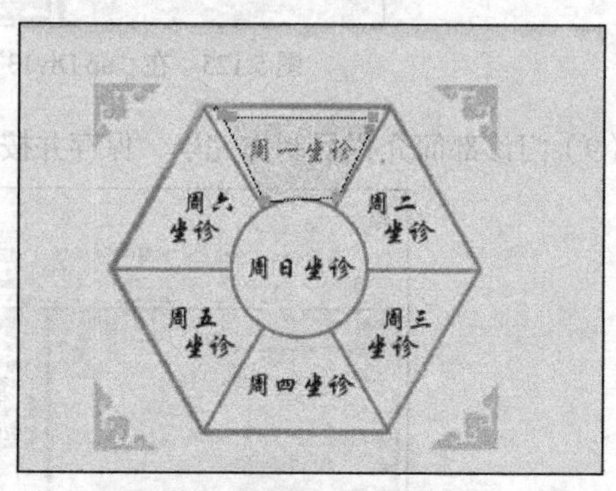

图 5.130　绘制“多边形热点”

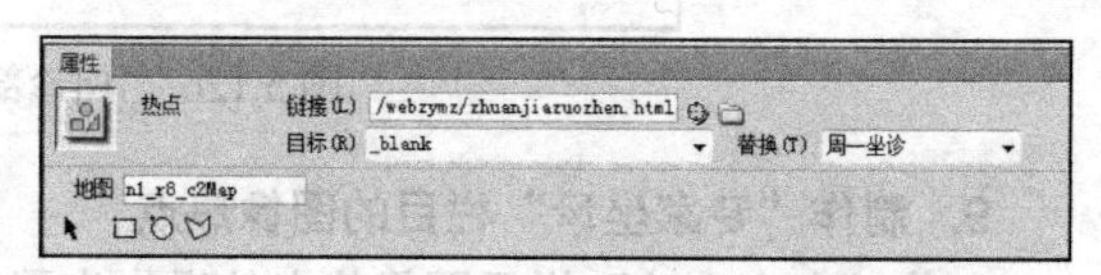

图 5.131　在图片“属性”面板中设置热点属性

（8）用鼠标选定其中一个热点区域后，下面会出现相应的热点区域“属性”面板，单击“属性”面板中的“链接”图标，打开“选择文件”对话框，选中要链接的文件“zhuanjiazuozhen.html”，单击“确定”按钮，回到热点“属性”面板中。在“替换”文本中输入“周一坐诊”，在“目标”下拉列表中单击“_blank”链接文档方式，单击“确定”按钮，如图 5.131 所示。热点为浅蓝色半透明，其四周带有控制点，可调整热点区域的位置或大小。热点在预览时是不显示的。

（9）重复步骤（7）和（8），分别给“专家坐诊”图像的“周二坐诊”“周三坐诊”“周四坐诊”“周五坐诊”“周六坐诊”“周日坐诊”部分图像添加图像热点，并超链接到“zhuanjiazuozhen.html”文件，设置完成后即为图像添加了热点。

（10）专家坐诊栏目制作完毕，保存并按 F12 键可预览效果，如图 5.132 所示。在浏览器中预览时，单击对应的图像热点可以打开链接的文档。

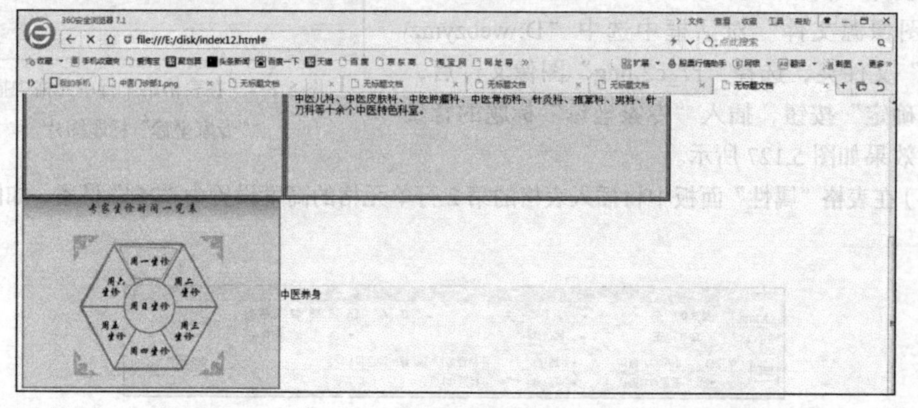

图 5.132　“门诊部简介”栏目效果

10. 制作“中医养生”栏目

制作“中医养生”栏目的操作步骤如下。

（1）将光标置于网页布局的第4行第2列。该单元格放置专家坐诊栏目。删除单元格中的“中医养生”文字。

（2）在“插入”栏的“布局”类别中单击“表格”图标按钮，打开“表格”对话框。在文件窗口中插入一个2行1列的表格，“行数”为“2”，“列数”为“1”，表格的“边框粗细”为“0”，宽度为“596”像素。

（3）在表格“属性”面板中，将插入表格的第1行单元格的高度设置为“30”像素，如图5.133所示。

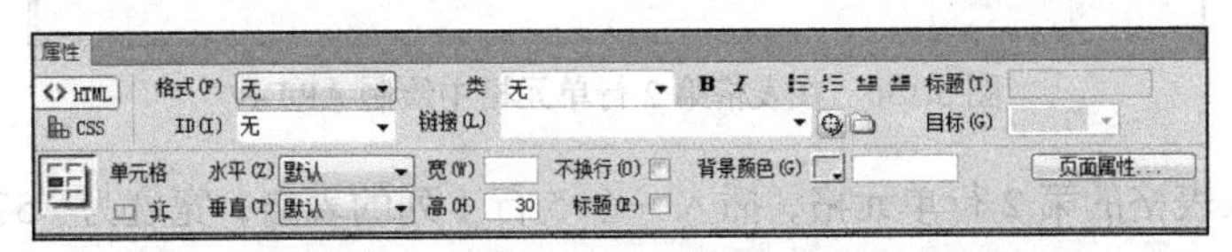

图5.133 在表格“属性”面板中设置第1行单元格的高度

（4）选中插入2行1列表格的第1行，在“插入”面板的“常用”选项卡中单击“图像”按钮，打开“选择图像源文件”对话框。在该对话框中选中“D:\webzymz\images”文件夹，选择“r7_c5.png”图像文件（“中医养生”图片）后，单击“确定”按钮，插入“中医养生”标题的背景图片，效果如图5.134所示。

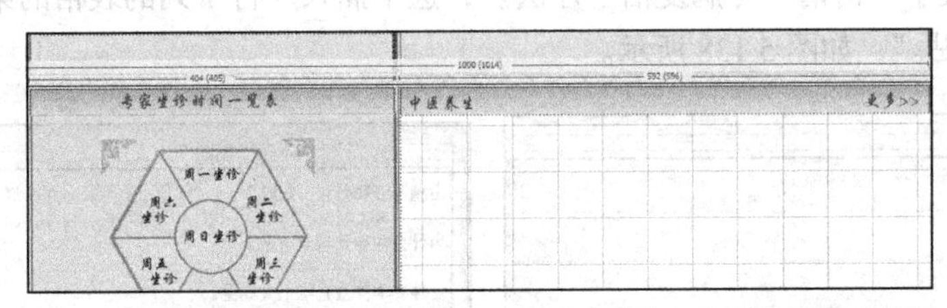

图5.134 在表格第1行单元格中插入“中医养生”标题背景图片效果

（5）在表格“属性”面板中将插入表格的第2行单元格的高度设置为“254”像素。

（6）选中插入2行1列表格的第1行，在“插入”面板的“常用”选项卡中单击“图像”按钮，打开“选择图像源文件”对话框。在该对话框中选中“D:\webzymz\images”文件夹，选择“r8_c5.png”图像文件（“中医养生”内容图片）后，单击“确定”按钮，插入“中医养生”内容的背景图片，效果如图5.135所示。

图5.135 在表格第2行单元格中插入“中医养生”背景图片效果

（7）选中插入 2 行 1 列表格的第 1 行，在“插入”面板的“布局”类别中单击“绘制 AP Div”按钮，利用拖动鼠标绘制“apDiv14”层。绘制完成后的 AP Div 元素如图 5.136 所示。

图 5.136　在表格第 2 行单元格中绘制 AP Div

（8）选中插入表格的第 2 行单元格，插入一个 5 行 1 列的表格，宽度为“576”像素，居中对齐，将第 1 行和最后 1 行的行高设置为“45”像素，其他行的行高设置为“40”像素。

（9）选中插入 5 行 1 列的表格的第 1 行，输入文字“山楂不能和什么一起吃？”，如图 5.137 所示。

（10）选中插入 5 行 1 列的表格的第 2 行，输入文字“为什么在春天容易过敏？”；选中插入 5 行 1 列的表格的第 3 行，输入文字“女性春季养生必吃七大养生。”；选中插入 5 行 1 列的表格的第 4 行，输入文字“何谓‘冬病夏治’疗法。”；选中插入 5 行 1 列的表格的第 5 行，输入文字“‘冬病夏治’三伏贴。”，如图 5.138 所示。

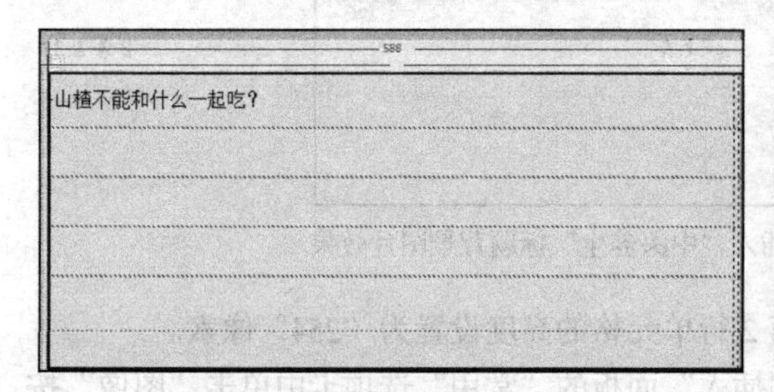

图 5.137　输入中医养生文字

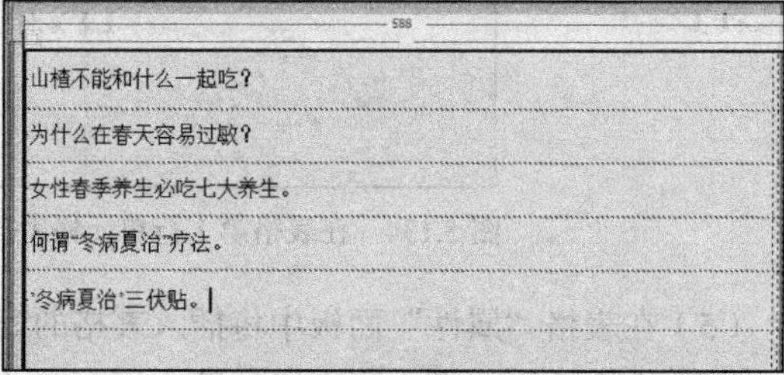

图 5.138　输入“中医养生”栏目内容

（11）“中医养生”栏目制作完毕，保存并按 F12 键可预览效果，如图 5.139 所示。

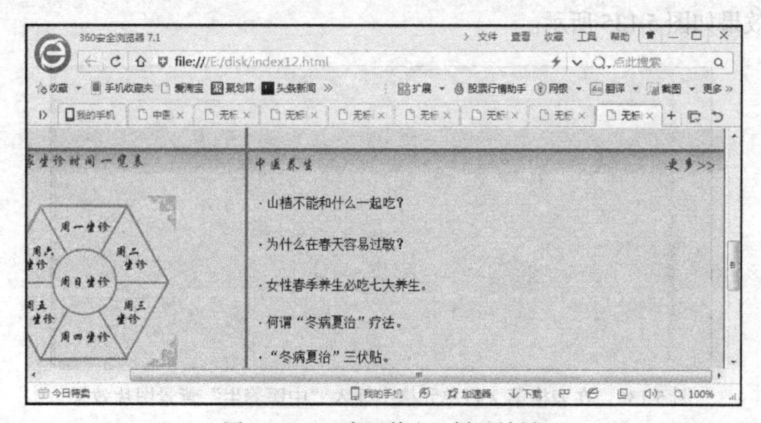

图 5.139　“中医养生”栏目效果

11. 制作“就诊环境”栏目的滚动图片

本例的效果是实现“就诊环境”栏目的图片循环滚动播放效果。通过图片的滚动，读者可以浏览所有图片信息。操作步骤如下。

（1）将光标置于网页布局的第 5 行第 1 列，按 Ctrl+A 组合键选中单元格。该单元格放置“就诊环境”栏目。删除单元格中的“就诊环境”和“滚动图片”文字。

（2）选中第 5 行第 2 列，在“插入”面板的“常用”选项卡中单击“图像”按钮，打开“选择图像源文件”对话框。在该对话框中选中“D:\webzymz\images”文件夹，选择“r10_c2.png”图像文件后，单击“确定”按钮，插入“就诊环境”标题的背景图片，效果如图 5.140 所示。

（3）选中第 5 行第 2 列，在“插入”面板的“常用”选项卡中单击“图像”按钮，打开“选择图像源文件”对话框，选中“D:\webzymz\images”文件夹，选择“r10_c3.png”图像文件后，单击“确定”按钮，插入“就诊环境”内容的背景图片，效果如图 5.141 所示。

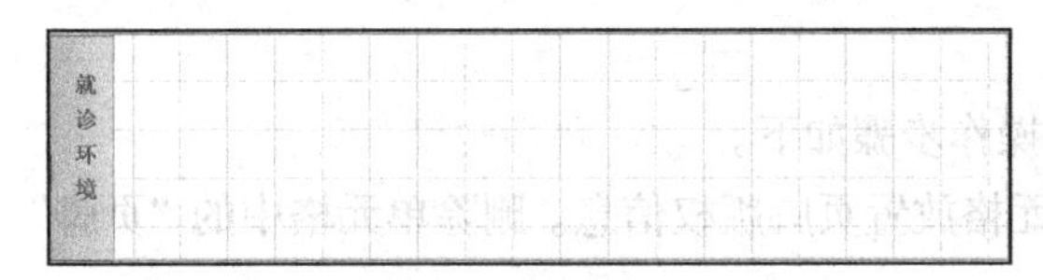

图 5.140　在表格第 5 行第 1 列单元格中插入“就诊环境”标题图片效果

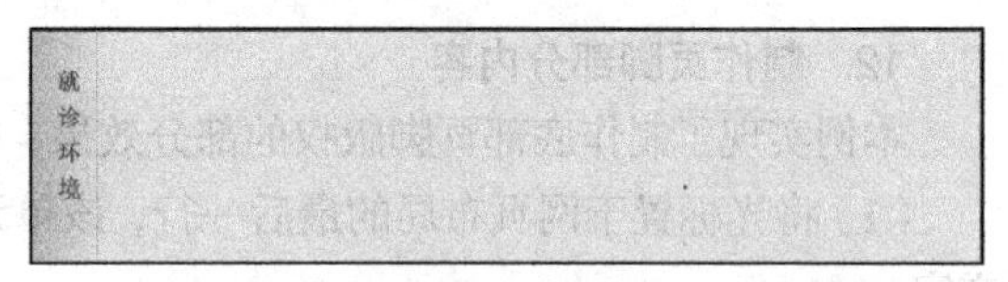

图 5.141　在表格第 5 行第 2 列单元格中插入“就诊环境”背景图片效果

（4）选中第 5 行第 2 列图片，在“插入”面板的“布局”类别中单击“绘制 AP Div”按钮，利用拖动鼠标绘制“apDiv15”层。绘制完成后的 AP Div 元素如图 5.142 所示。

（5）选中“apDiv15”层，在“插入”面板的“常用”选项卡中单击“图像”按钮，打开“选择图像源文件”对话框。在该对话框中选中“D:\webzymz\images”文件夹，选择“jz1.jpg”图像文件（“就诊环境”图片）后，单击“确定”按钮，插入“jz1.jpg”图片。

（6）选择“jz1.jpg”图像文件，设置图片“属性”面板中的宽度为“220”像素，高度为“176”像素。

（7）重复步骤（5）和（6），分别插入图片“jz2.jpg”“jz3.jpg”“jz4.jpg”。设置宽度为“220”像素，高度为“176”像素，效果如图 5.143 所示。

图 5.142　在表格在第 5 行第 2 列单元格中绘制 AP Div

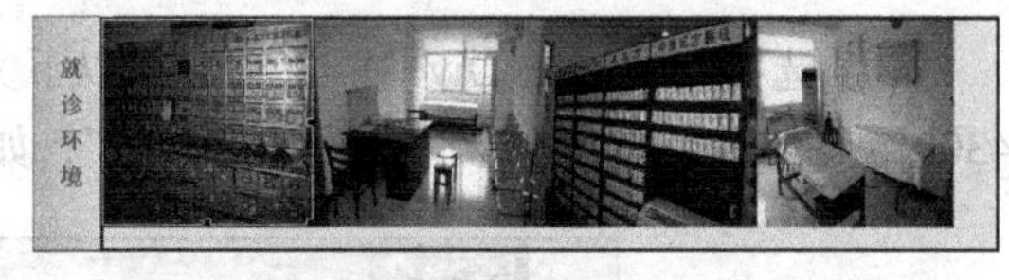

图 5.143　插入 4 张“就诊环境”图片后的效果

（8）切换到“代码”视图下，在插入的“apDiv15”代码后加入代码“<marquee direction="left" onmouseover=this.stop() onmouseout=this.start()　behavior="scroll"　loop="100"　scrollamount="5" height="176" width="908">”，在插入的图片代码后加入代码“</marquee>”，效果如图 5.144 所示。

```
270 <div id="apDiv15">
271 <marquee direction="left" onmouseover=this.stop() onmouseout=this.start()  behavior="scroll"  loop="100" scrollamount="5
    height="176" width="908">
272 <img src="webzymz/images/jz1.jpg" width="218" height="208" alt="11" /><img src="webzymz/images/jz2.jpg" width="238" height=
    "205" alt="66" /><img src="webzymz/images/jz3.jpg" width="222" height="206" alt="66" /><img src="webzymz/images/jz4.jpg" width=
    "206" height="208" alt="77" />
273 </marquee>
```

图 5.144　在“代码”视图下插入<marquee> 标签

（9）滚动图片制作完毕，保存并按 F12 键可预览效果，如图 5.145 所示。

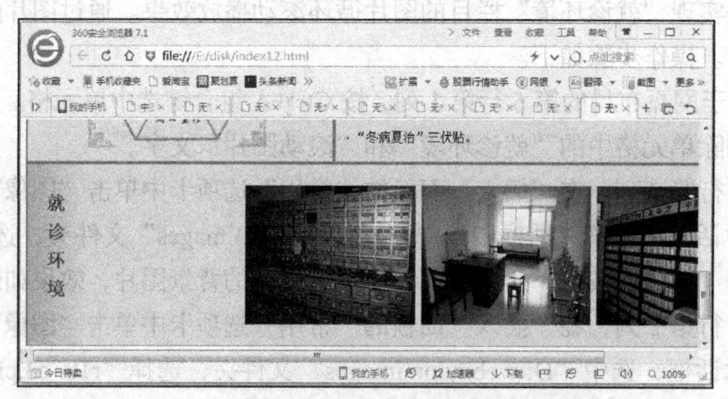

图 5.145 “就诊环境”栏目滚动图片制作效果

12. 制作页脚部分内容

本例实现了制作底部页脚版权的部分效果，操作步骤如下。

（1）将光标置于网页布局的最后一行，该单元格放置页脚版权信息。删除单元格中的“页脚”文字。

（2）在“插入”面板的“常用”选项卡中单击“图像”按钮，打开“选择图像源文件”对话框。选中“D:\webzymz\images”文件夹，选择“r11_c2.png”图像文件后，单击“确定”按钮，插入页脚图片，效果如图 5.146 所示。

（3）选中最后一行，在“插入”面板的“布局”类别中单击“绘制 AP Div”按钮，通过拖动鼠标绘制“apDiv16”层。绘制完成后的 AP Div 元素如图 5.147 所示。

图 5.146 在表格最后一行中插入页脚图片

图 5.147 在表格最后一行格中绘制 AP Div

（4）选中绘制“ap Div13”层，输入以下文字：“通信地址：湖北省武汉市武昌区 邮编：430065
联系电话：027-6888888 邮箱:”，如图 5.148 所示。

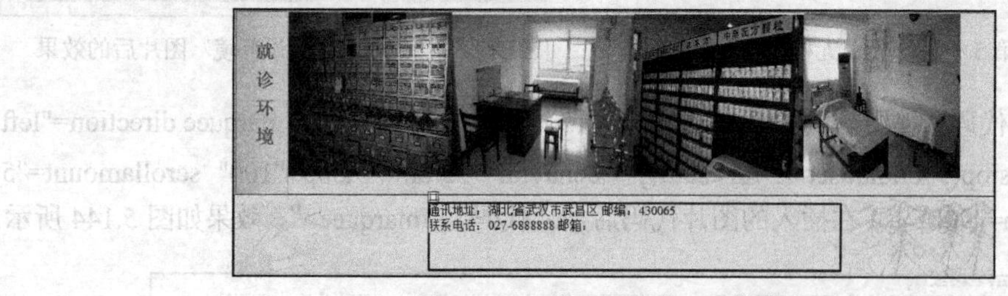

图 5.148 页脚插入通信地址等信息

（5）在“邮箱:”文字后插入 E-mail 链接，输入“zymz@16.com”。选择“插入”→“电子邮件链接”命令，弹出“电子邮件链接”对话框，如图 5.149 所示。

（6）按 Shift+Enter 组合键换行，插入“版权所有：中医门诊部　@　2016zhongyi”，在“插入面板”→“文本”→“字符”下拉列表中选择“版权”按钮插入中间的版权符号。页脚文字输入后的效果如图 5.150 所示。

图 5.149　插入 E-mail 链接

（7）页脚制作完毕，保存并按 F12 键可预览效果，如图 5.151 所示。

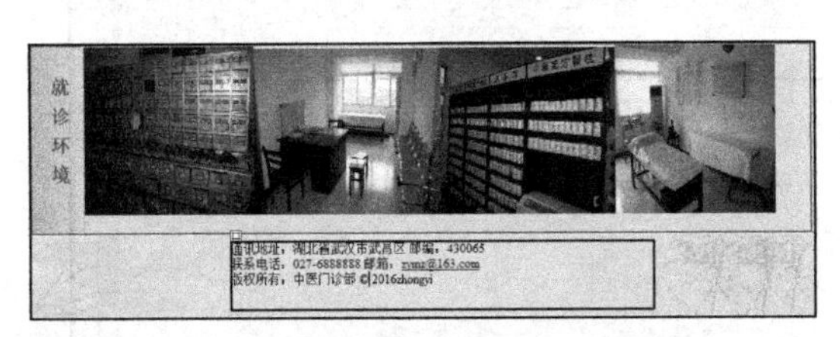

图 5.150　页脚插入版权信息后的效果

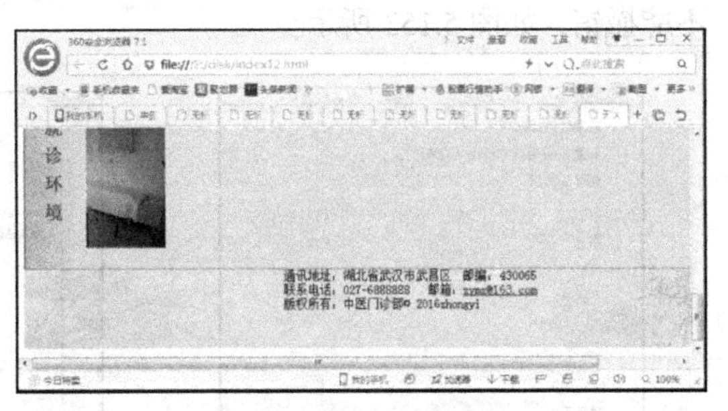

图 5.151　页脚效果

（8）至此，整个网站首页制作完毕，“中医门诊部”整个网站首页效果如图 5.88 所示。

5.4.3　知识点详解

1. Dreamweave CS6 的站点管理

制作网站的第一步就是要创建一个站点，这也是在 Dreamweaver 中的第一项操作。利用网站管理功能能使网页开发人员非常轻松地管理网站，并能保证在多人对网站进行维护时不会产生冲突。制作网页之前，为了更好地利用站点对文件进行管理，最好先定义一个新的站点，这样可以尽量避免链接和路径方面的错误。通常情况下，都是创建本地站点。完成网站的制作后，再设置远程服务器信息，将网站上传到远程服务器。用户在建立网站前必须要建立站点，修改某网页内容时，也必须打开站点，然后修改站点内的网页。本地站点实际上是位于本地计算机中指定目录下的一组页面文件及相关支持文件。本地站点文件夹是我们的工作目录，通常是硬盘上的一个文件夹，如果没有，请创建，如 F:\myweb。Dreamweaver 将此文件夹称为本地站点。

注意

① 作为本地站点的根文件夹名，站点内的子文件夹名、站点内所有的网页文件名以及其他文件名，最好全部采用英文或数字来进行命名，因为目前 Dreamweaver CS6 和互联网不识别中文文件名。

② 一个站点的创建工作只需做一次，在下次启动 Dreamweaver CS6 时，系统会默认进入本次创建的站点。

Dreamweaver 站点提供一种组织所有与 Web 站点关联的文档的方法。通过在站点中组织文件，可以利用 Dreamweaver 将站点上传到 Web 服务器、自动跟踪和维护链接、管理文件以及共享文件。若要充分利用 Dreamweaver 的功能，需要定义一个站点。

创建站点后，用户可以随时对站点进行编辑修改，也可以将不再需要的站点删除。站点的基本操作如下。

（1）编辑本地站点。

① 选择“站点”→“管理站点”命令，打开“管理站点”对话框对本地站点进行编辑，在其

中选择要编辑的站点，如图 5.152 所示。单击各按钮可进行对应的操作。

② 在对话框的左下侧有 4 个快捷按钮，从左到右分别是“删除当前选定的站点”“编辑当前选定的站点”“复制当前选定的站点”“导出当前选定的站点”。单击“编辑当前选定的站点”按钮，可以对站点的名称和站点的存放位置进行编辑。

（2）删除站点。如果不再需要某个站点，可以将其从“管理站点”对话框中的站点列表中删除。单击“删除当前选定的站点”按钮，系统会弹出一个提示信息框，提示用户删除站点的操作不能撤销，如图 5.153 所示。

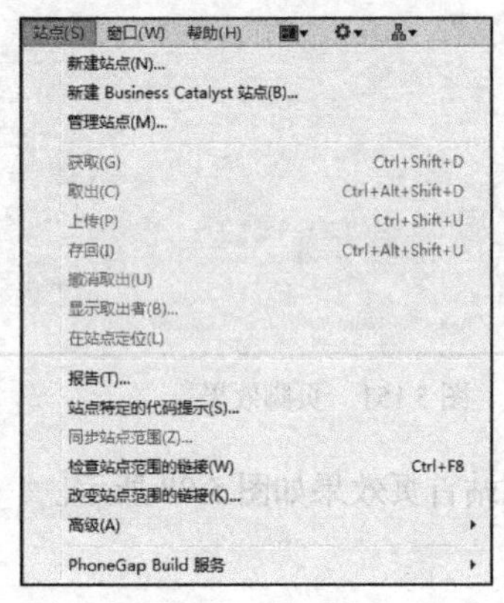

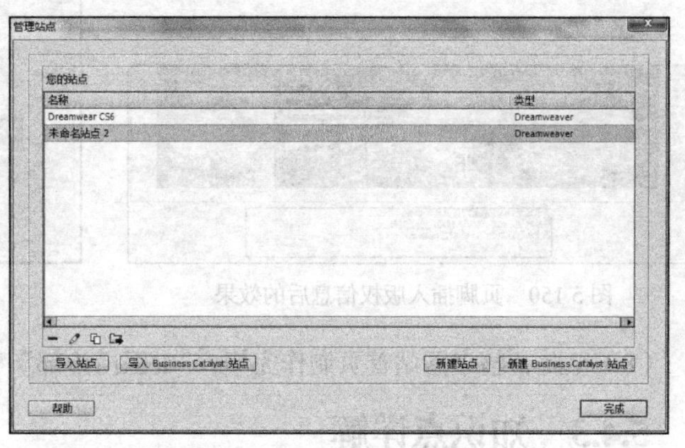

图 5.152　选择“管理站点”选项　　　　图 5.153　“管理站点”对话框

2. AP Div（层）

AP Div 又称层，是 Dreamweaver CS6 中最有价值的对象之一，它是由层叠式表发展而来的，提供了一种对网页对象进行有效控制的手段。层可以包含文本、图像、表单、插件，甚至层内还可以包含其他层，即在 HTML 文档的正文部分可以放置的元素都可以放入层内。层可以放置在网页的任何位置，从而能有效地控制网页中的对象。表格可以用来对网页进行排版，但如果需要在文字上放一些图片之类的元素，表格就不能胜任了，这时就可以利用层来排版。由于一个页面中可以拥有多个层（AP Div），而不同的层之间可以相互重叠，并能通过设置透明度来决定每个层是否可见或可见的程度。层就像是包含文字或图像等元素的胶片，按顺序叠放在一起，组合成页面。层可放在网页中的任意位置，可移动、可隐藏、可重叠。Dreamweaver CS6 可创建层并精确定位层，还可以插入嵌套层。可以通过 AP Div 来实现对页面的规划和布局。

（1）“AP 元素”面板。在 Dreamweaver 中选择“窗口”→“AP 元素”命令，打开“AP 元素”面板，如图 5.154 所示。在该面板中显示了网页文档中所有插入的层，单击该面板中需要选择的 AP Div 的名称，可以管理网页文档中所有插入的层元素，防止重叠、更改层的可见性、嵌套或堆叠层等。打开“AP Div”面板，在层列表中将需要作为子层的层选中，按住 Ctrl 键将该层拖动到父层上，释放鼠标即可。

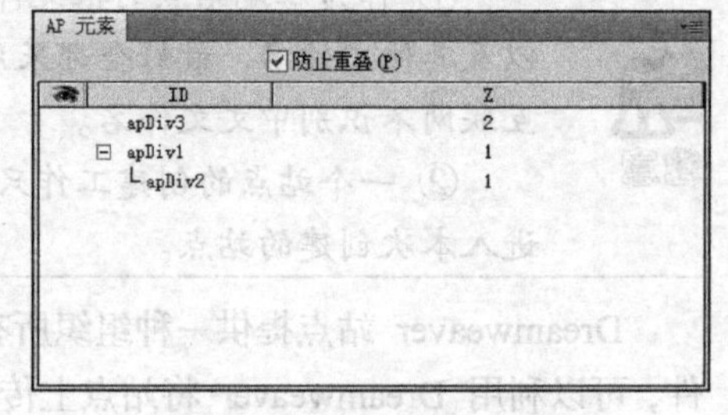

图 5.154　“AP 元素”面板

① 双击“名称”列中层的名称，输入新的层名称，可以改变层名称。层名称由字母和数字组成，以字母开头，不能用汉字。

② 勾选“防止重叠”复选框，则层与层不能重叠。

③ 单击“AP Div”面板中一个层的“眼睛”图标以更改其可见性。“眼睛”睁开则表示该层可见，“眼睛”闭合则表示该层不可见。在默认情况下，没有“眼睛”图标表示此时层可见。若要同时更改所有层的可见性，单击“AP Div”面板标题栏中的“眼睛”图标，所有AP Div为可见或不可见。

（2）AP Div元素的属性。单击层标志，其“属性”面板如图5.155所示，在“属性”面板中可以设定AP Div的属性。“属性”面板中各选项的含义如下。

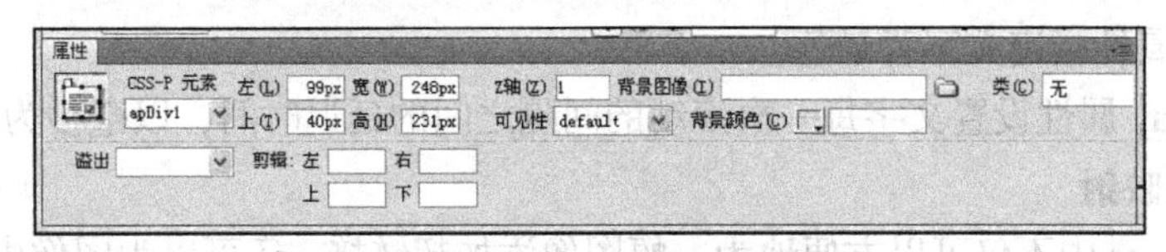

图5.155　AP Div“属性”面板

CSS-P元素：指定AP Div元素的名称，用于识别不同的AP Div。

宽和高：定义该元素的高度和宽度。

Z轴：确定AP Div元素的堆叠次序，指该元素要在这个网页中的第几层，数值越高，层数越高，越能将底层覆盖。

溢出：如果在AP Div元素中插入的内容超过其指定的大小，则在将“溢出”属性设置为“可见”的情况下，AP Div元素的底边会自动延伸以显示这些内容。

可见性：确定最初是否显示AP Div元素。“default/inherit/visible/hidden”的意思是默认、继承、可见、隐藏。

背景颜色和背景图像：为AP Div元素指定背景颜色或背景图像。

类：为AP Div元素指定CSS样式。

剪辑：定义AP Div元素的可见区域。通过指定左、上、右、下坐标，在AP Div元素的坐标空间中定义一个可见的矩形区域。

左和上：指定AP Div元素的位置。定位在网页中的位置，左是距页面左边界的距离，上是距页面上边界的距离。

要调整一个AP Div的大小，可执行拖拽法。选择AP Div，拖拽AP Div的调控点。上、下调控点只能调整层的高度，左、右调控点只能调整层的宽度，四角的调控点能同时调整层的高度和宽度。

3. 设置动态字幕

<marquee>可以使其标签的内容产生滚动效果，网上常见的滚动信息公告板就是用它来实现的，此标签只适用于IE浏览器。<marquee>标签的语法格式如下。

基本语法：

```
<marquee direction="value">滚动文字</marquee>
```

基本格式：

```
<marquee align="top/middle/bottom" bgcolor="颜色值" width x 或 x% height=y direction="left/right" loop=i/-1/infinite behavior="scroll/side/alternate" hspace=m vspace=n scrollamount=数值 scrolldelay=数值 >字幕文字 </marquee>
```

其中：

（1）滚动文字对齐方式align有top、middle、bottom，即对齐上沿、中间、下沿。

（2）height=“30” width=“150”设置文字卷动范围，可以采取相对或绝对，如30%或30，单位为像素。

（3）hspace=“0” vspace=“0”设置文字的水平及垂直空白位置。

（4）derection属性指定文字的移动方向，属性值分别为向左（left）、向右（right）、向上（up）、向下（down），使滚动的文字具有更多的变化，默认为向左滚动。

（5）behavior 属性指定文字的移动方式，属性值有 scroll、slide、alternate，分别表示循环往复滚动、只走一次、来回走动，默认为 scroll。

（6）loop 属性指定循环次数，若未指定或选取为 infinite 时，则循环不止。

（7）scrollamount 属性指定文字移动的速度。

（8）bgcolor 属性指定文字背景色。

（9）scrolldelay 属性设置文字每一次滚动的间隔之间的延迟时间，以毫秒为单位。

4. 建立图像映射

在 Dreamweaver 中不仅可以方便地为一幅图像添加超链接，还可以为图像中不同的区域创建不同的超链接，即“热点”，也叫“热区”链接。要建立图像映射，也就是要在图像上建立热点。当单击进入“热区”后，鼠标指针变为“手形”，会打开链接对象。热点是图像上的一块区域，通过在图像上创建热点，可将图像分成多个区域，每个区域链接不同的目标，这样，在一幅图上我们就可以制作多个超链接。图像的热点工具在图像属性检查器上，有矩形、圆形和多边形 3 种形状的热点。在 Dreamweaver CS6 的“设计”视图下，这些热区是可见的，但在 Web 浏览器中这些边框却是不可见的，因此，有必要在图像地图内添加一些文本标识，为浏览者了解热点的确切位置提供帮助。创建热区的图像上会蒙上一层半透明的蓝色矩形、圆形或多边形。

图形“属性”面板左下方有一项为“地图”，可用来制作图像地图。在其后可填入映象名称，若不填，Dreamweaver 会自动加上一个名字。“地图”下面有 3 个图标，从左到右依次为截取矩形、截取圆形和截取不规则图形。选中图形的某个区域，当鼠标拖出的选框与目标不重合时，可使用键盘上的方向箭头来调节。选中热区，这时“属性”栏变为图像热区“属性”栏。利用其中的“链接”栏，可以将热区与 HTML 文件或锚点建立链接。

选中要插入热点的图片，打开“属性”面板，选择要插入的热点形状，如图 5.156 所示。

图 5.156 “属性”面板

插入热点有以下几种类型。

（1）创建矩形或椭圆形图像热区。单击图像“属性”栏中的“矩形热点工具”按钮或“椭圆热点工具”按钮，然后将鼠标指针移到图像上，鼠标指针会变为“十”字形。用鼠标从要选择区域的左上角向右下角拖拽，即可形成一个矩形框或椭圆形框，这就是图像的矩形或椭圆形热区。

（2）创建多边形图像热区。单击图像“属性”栏中的“多边形热点工具”按钮。然后将鼠标指针移到图像上，鼠标指针会变为“十”字形，单击多边形上的一点，再依次单击多边形的各个转折点，最后双击起点，即可形成图像的多边形热区。

插入热点的图片后，可以很容易地对在图像映射中所创建的热点进行编辑。可以移动热点，调整热点大小，或者在层之间向上或向下移动热点。还可以将含有热点的图像从一个文档复制到其他文档，或者复制某图像中的一个或多个热点，然后将其粘贴到其他图像上。

图像热区的编辑就是改变图像热区的大小与位置或者删除热区，包括以下操作。

① 选取热区：单击图像“属性”栏中的（选取）图标，再单击热区，即可选取热区。选中圆形与矩形的热区后，其四周会出现 4 个方形的控制柄。选中多边形的热区后，其四周会出现许多

方形的控制柄。

② 调整热区的大小与形状：选中热区，再用鼠标拖拽热区的方形控制柄。

③ 调整热区的位置：选中热区，再用鼠标拖拽热区，即可调整热区的位置。

④ 删除热区：选中热区，然后按 Delete 键，即可删除选中的热区。

⑤ 为热区指定链接的文件。

5.5 思考与练习

一、思考题

1. HTML 文件的基本结构是什么？它的文件扩展名是什么？请给出一个标准 HTML 文档的结构。

2. 使用 HTML 标记有几种改变文字大小的手段？

3. 预排格式标记有什么作用？

4. HEAD 出现在 HTML 文档中的什么位置？它起什么作用？

5. Dreamweaver 的工作区主要包括哪些内容？

6. Dreamweaver 的文档编辑视图有哪几种模式？怎样切换编辑模式？

7. 可以用 Dreamweaver CS6 作为默认编辑器的文件类型有哪些？

8. Dreamweaver CS6 的插入栏分为几种类型？各自的作用是什么？

9. Dreamweaver 常用的图像有几种？各自的特点是什么？

10. 试描述 HTML 的文本标识和超链接标识。

11. 如何建立一个表格？如何理解表格的嵌套？

12. 简述绝对路径和相对路径的区别。

13. 如何在网页中插入图像并建立超链接？

14. 链接网页的“目标”位置有几种？超链接有几种状态？

15. Dreamweaver 站点包括几部分？各自的作用是什么？

二、练习题

在 Dreamweaver CS6 中制作一个“个人信息”导航网页，要求有主页和内页，内页不少于 3 个。操作步骤如下。

（1）创建一个名为“MyWeb”的本地站点，并将其存放在 D 盘，文件夹名为自己的学号。在考生文件夹下有“myweb”文件夹，用来存放完成的网页。在“myweb”文件夹下建立“images”文件夹，“images”文件夹中有图片“1. jpg”。

（2）创建一组 html 文件，包括首页（index.html）、我的个人信息（info.html）、我的爱好（favorite.html）、我的相册（photos.html），并在每个文件中添加一组链接。

（3）在 index.html 网页中对页面进行格式设置。将网页的标题设置为自己的“学号+个人主页”（如“10104 个人主页”）。

（4）打开主页时播放音乐。

（5）把“index.html”文件中的表格属性设置为“水平居中”，宽度设置为“600”像素。

（6）在第 1 行第 1 列单元格中插入子表格，行数为“3”，列数为“1”。

（7）在第 1 行 3 列单元格中添加子链接，分别为“我的信息”“我的爱好”“我的相册”，对应链接的文件为“info.html”“favorite.html”“photos.html”。同时，为文字添加样式为“Width:auto;Height:50px;LineHight:50px;Text-align:center;font-size:18px”。

（8）在第 1 行第 2 列的单元格中插入一张具有个人特色的图片，图片的位置为“images”文件夹下的“1.jpg”，并把插入的图片设置为宽“100”像素，高“120”像素。首页效果如图 5.157 所示。

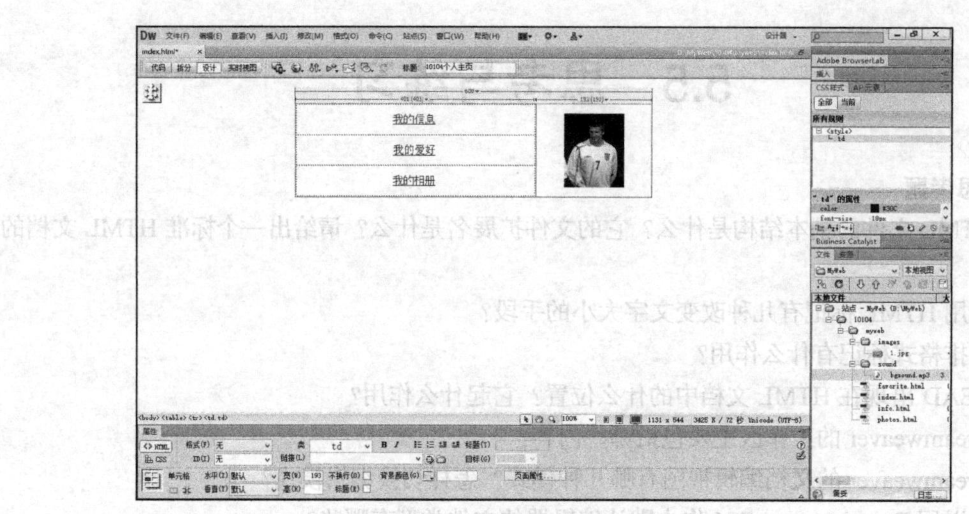

图 5.157　个人网页首页效果

（9）在建立的个人介绍网页（info.html）中首先设置网页的背景颜色为“#ffffcc”。

（10）插入一个表格，行数为 1，列数为 2，宽度为 400px；对齐方式为居中；边框为 0。在第 1 列中添加项目列，添加个人信息的详细内容，并且设置样式为“Height：20px;lineheight:20px;text-align:center;font-size:12px”，添加说明性文字，对个人简介的文字格式进行设置，“字体”为“楷体_GB2312”，“大小”为“10 磅”；将共享边框中的文字格式设置为“居中”；将联系方式的段落格式设置为：“段落间距”的“段前”为“20”，“段后”为“50”，“行间距”为“1.5 倍”；为个人简介和联系方式这两段文字设置缩进：“文本之前”为“10%”，“Font-size:14px;Font-weight:bold;text-indent:10%”。简介内容文字的样式".word"设置为“font-size:12px;font-weight:bold;font-family:'宋体'”。

（11）在表格第 2 列插入人物照片。

（12）在表格后再插入一个表格，行数为“2”，列数为“1”，宽度为“400”像素；对齐方式为居中，边框为 0；为所有的表格设置背景颜色为“#09f”。

（13）在表格的第 1 行添加“返回主页”链接，设置样式为“width:auto;height:40px;lineheight:40px;text-align:center;font-size:18px;color:#006”。

（14）二级页面要返回主页：所有页面有正确的超链接（包括框架返回主页）；在基本完成的网页上创建超链接，将个人介绍文字中的“星座”超链接到 http://astro.eladies.sina.com.cn/。将共享边框中的邮件地址超链接到 jianrufeng@sohu.com，对输入的姓名文字创建文件超链接，超链接到本地计算机上的“rar”类型的文件。

（15）在返回主页下面插入一条水平线，宽度为“400”像素，绿色，高度为“3”，居中，实线。

（16）将新插入表格第 1 行网页上的文字“返回主页”设置为超链接，链接到“index.html”

文件。

（17）必要的背景图片和色彩（系）可以用来自行修改给定的图片素材，并可添加必要的图片和简要的文字。在网页表格的第 2 行单元格中插入共享边框，共享边框的内容为网页的版权和站长的邮箱地址，插入共享边框的内容后在文字“Copyright”后插入符号“©”；为文字设置样式“font-size:12px;font-weight:normal;color:#333;text-align:center;height:20px; lineheight:20px;”。个人介绍网页效果如图 5.158 所示。

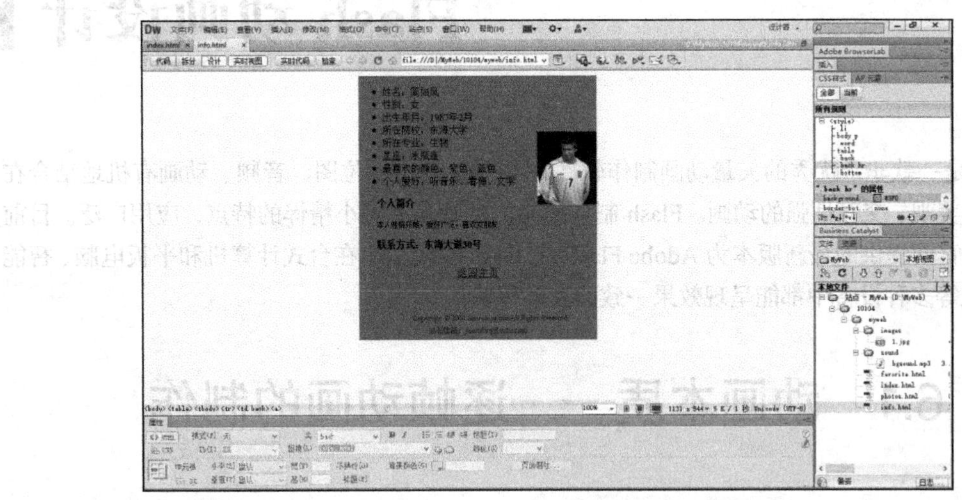

图 5.158　个人介绍网页效果

第6章 Flash 动画设计

Flash 是一款非常优秀的矢量动画制作软件,可以将矢量图、位图、音频、动画有机地结合在一起，创建美观、交互性强的动画。Flash 制作出来的动画具有短小精悍的特点，应用广泛。目前Adobe 公司官网提供的最新版本为 Adobe Flash Professional CS6，在台式计算机和平板电脑、智能手机和电视等多种设备中都能呈现效果一致的互动体验。

6.1 动画本质——逐帧动画的制作

6.1.1 歌唱小鸟效果

1. 案例知识点及效果图

本案例主要运用了以下知识点：文档设置，帧频设置，图片的使用，关键帧的插入，库文件的使用，文件保存与影片测试等。案例效果如图 6.1 所示。

图 6.1 动画效果图（8 个关键帧画面的截图）

2. 操作步骤

（1）新建一个空白 Flash 文档：单击“开始”按钮，在打开的菜单中找到“所有程序”，然后找到“Adobe”项，选择下一级菜单中的“Adobe Flash Professional CS6”命令，即可启动 Flash 软件。在图 6.2 所示的欢迎界面中，选择“新建”中的第一项“ActionScript 3.0”，将会看到图 6.3 所示的工作界面。

（2）设置文档属性：在工作界面右侧的“面板组”中选择“属性”面板，设置文档尺寸为 93 像素 × 77 像素（依据此动画所用素材图片的大小尺寸设置），帧频为 8。

（3）导入图片到库：选择“文件”菜单中的“导入”子菜单中的“导入到库”命令，在“导入到库”对话框中，选择本例要用到的图形文件“小鸟 1.jpg”小鸟 8.jpg”这 8 个文件，然后单击对话框中的“打开”按钮，这 8 个图像文件出现在库面板中。

（4）设置 8 个关键帧中舞台上的对象。

① 设置第 1 个关键帧：单击选择时间轴上第 1 帧，然后将面板组切换到“库”，将库中的项

目“小鸟 1.jpg”拖曳到舞台上。

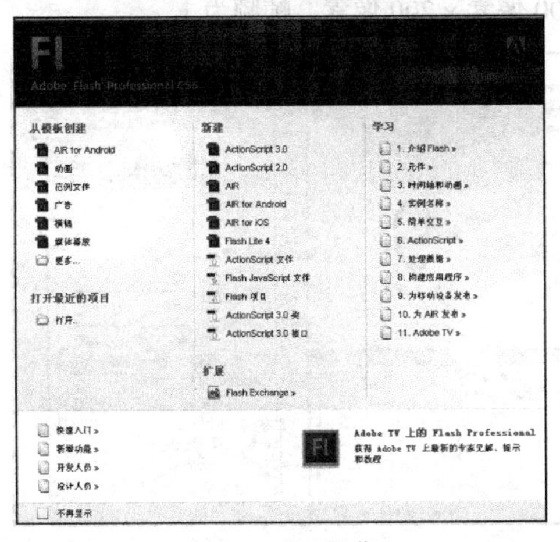

图 6.2　欢迎屏幕

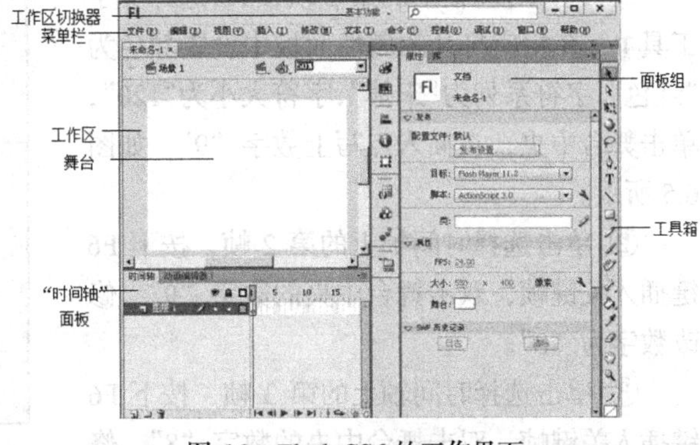

图 6.3　Flash CS6 的工作界面

② 设置第 2 个关键帧：单击选择时间轴上第 2 帧，按下 F6 键插入关键帧，删除舞台上默认的内容，将库中的项目“小鸟 2.jpg”拖曳到舞台上（与第 1 帧图片位置重合）。

③ 设置第 3 个关键帧：单击选择时间轴上第 3 帧，按下 F6 键插入关键帧，删除舞台上默认的内容，将库中的项目“小鸟 3.jpg”拖曳到舞台上（与第 2 帧图片位置重合）。

④ 设置第 4 个关键帧：单击选择时间轴上第 4 帧，然后将面板组切换到“库”，将库中的项目“小鸟 4.jpg”拖曳到舞台上（与第 3 帧图片位置重合）。

⑤ 设置第 5 个关键帧：单击选择时间轴上第 5 帧，按下 F6 键插入关键帧，删除舞台上默认的内容，将库中的项目“小鸟 5.jpg”拖曳到舞台上（与第 4 帧图片位置重合）。

⑥ 设置第 6 个关键帧：单击选择时间轴上第 6 帧，按下 F6 键插入关键帧，删除舞台上默认的内容，将库中的项目“小鸟 6.jpg”拖曳到舞台上（与第 5 帧图片位置重合）。

⑦ 设置第 7 个关键帧：单击选择时间轴上第 7 帧，然后将面板组切换到“库”，将库中的项目“小鸟 7.jpg”拖曳到舞台上（与第 6 帧图片位置重合）。

⑧ 设置第 8 个关键帧：单击选择时间轴上第 8 帧，按下 F6 键插入关键帧，删除舞台上默认的内容，将库中的项目“小鸟 8.jpg”拖曳到舞台上（与第 7 帧图片位置重合）。

（5）测试影片：选择“控制”菜单下的“测试影片”子菜单中的“测试”命令，或者按下 Ctrl+Enter 组合键，进行影片测试，将会自动打开 Adobe Flash Player 窗口，呈现小鸟张开嘴然后又闭上嘴唱歌的动画过程。

（6）保存动画文件：选择“文件”菜单下的“保存”命令，在硬盘上为文件选择一个位置，将文件命名为“歌唱的小鸟.fla”，然后单击“保存”按钮。

6.1.2　倒计时效果

1．案例知识点及效果图

本案例主要运用了以下知识点：文档设置，帧频设置，关键帧的插入，文本工具的使用，文件保存与影片测试等。案例效果如图 6.4 所示。

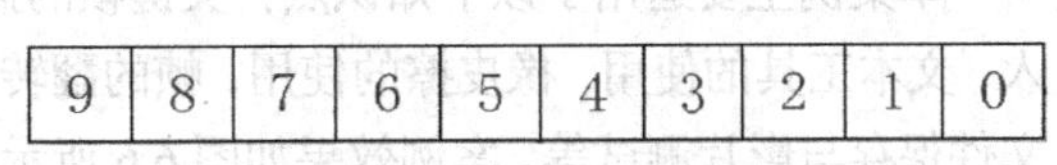

图 6.4　动画效果图（10 个关键帧画面的截图）

2. 操作步骤

（1）新建一个空白 Flash 文档，设置文档尺寸为 200 像素 × 200 像素，帧频为 1。

（2）设置 10 个关键帧中舞台上的对象。

① 选择时间轴上的第 1 帧，然后选择文字工具 T，在相应打开的属性面板中设置颜色为“红色”，字符系列为“宋体”，字符大小为“120”，单击舞台中央，在插入点写上数字“9”，如图 6.5 所示。

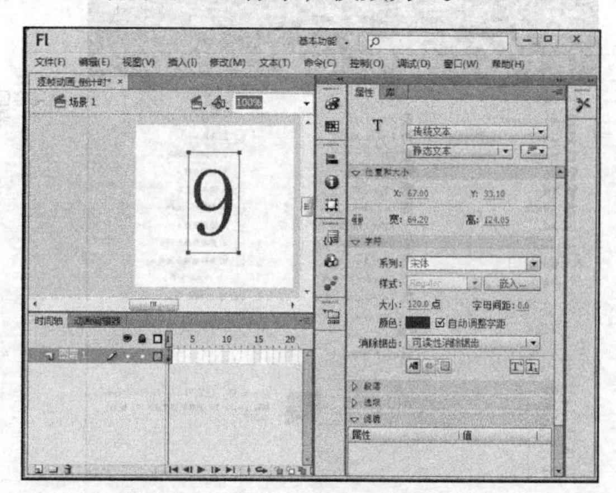

图 6.5　文本工具及其属性设置

② 单击选择时间轴上的第 2 帧，按下 F6 键插入关键帧，双击舞台中央的数字“9”，修改数字为“8”。

③ 单击选择时间轴上的第 3 帧，按下 F6 键插入关键帧，双击舞台中央的数字“8”，修改数字为“7”。

④ 单击选择时间轴上的第 4 帧，按下 F6 键插入关键帧，双击舞台中央的数字“7”，修改数字为“6”。

⑤ 单击选择时间轴上的第 5 帧，按下 F6 键插入关键帧，双击舞台中央的数字“6”，修改数字为“5”。

⑥ 单击选择时间轴上的第 6 帧，按下 F6 键插入关键帧，双击舞台中央的数字“5”，修改数字为“4”。

⑦ 单击选择时间轴上的第 7 帧，按下 F6 键插入关键帧，双击舞台中央的数字“4”，修改数字为“3”。

⑧ 单击选择时间轴上的第 8 帧，按下 F6 键插入关键帧，双击舞台中央的数字“3”，修改数字为“2”。

⑨ 单击选择时间轴上的第 9 帧，按下 F6 键插入关键帧，双击舞台中央的数字“2”，修改数字为“1”。

⑩ 单击选择时间轴上的第 10 帧，按下 F6 键插入关键帧，双击舞台中央的数字“1”，修改数字为“0”。

（3）按下 Ctrl+Enter 组合键测试影片，播放窗口中，数字每隔 1s 会更换一个，从 9 依次到 0。当计时到 0 的时候，数字又变回 9，这是因为 Flash 播放器默认设置为循环播放。

（4）保存动画文件：选择“文件”菜单下的“保存”命令，在硬盘上为文件选择一个位置，将文件命名为“倒计时.fla”，然后单击“保存”按钮。

6.1.3　手写数字效果

1. 案例知识点及效果图

本案例主要运用了以下知识点：关键帧的插入，文本工具的使用，橡皮擦的使用，帧的翻转，文件保存与影片测试等。案例效果如图 6.6 所示。

图 6.6　案例效果图（部分关键帧画面的截图）

2. 操作步骤

（1）新建一个空白 Flash 文档，保存文件名为“手写数字.fla”。

（2）选择时间轴上的第 1 帧，然后选择工具箱中的文本工具，在属性面板中进行图 6.7 所示的设置，并在舞台中输入数字“2”。

（3）使用选择工具选中文字，选择“修改”菜单下的“分离”命令，将文本打散。

（4）在时间轴上的第 2 帧处按下 F6 键插入关键帧。

（5）选择第 2 帧，选择工具箱中的橡皮擦工具，自选一种橡皮擦形状，擦除舞台中数字“2”的笔画尾部，如图 6.8（a）所示。

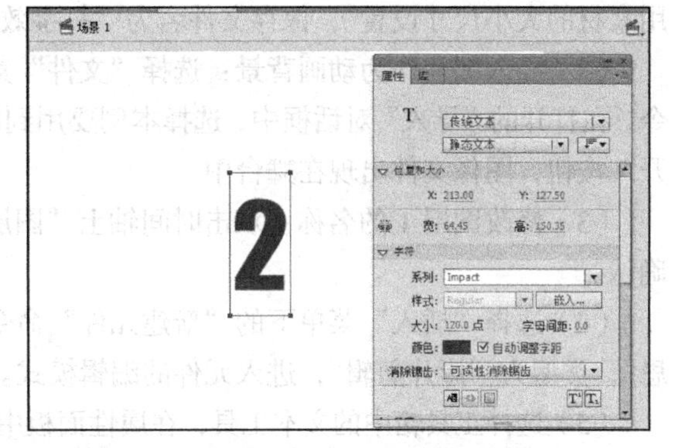

图 6.7 文本工具的属性设置，以及舞台中输入的文字效果

（6）在时间轴上的第 3 帧处按下 F6 键插入关键帧,选择第 3 帧，选择工具箱中的橡皮擦工具，自选一种橡皮擦形状，擦除舞台中数字“2”的笔画尾部，如图 6.8（b）所示。

（7）重复步骤（5）的操作，依次完成第 4 至第 13 帧的制作，在第 13 帧时，数字“2”的效果如图 6.8（c）所示，不全部擦除，留下一点笔画在舞台上。

（a）第 2 帧　　（b）第 3 帧　　（c）第 13 帧

图 6.8 第 2，3，13 帧数字“2”尾部被擦除效果

（8）选择第 1 帧，按住 Shift 键的同时，单击时间轴的最后一帧（第 13 帧），在选中的帧上单击鼠标右键，在弹出菜单中选择“翻转帧”命令。

（9）按下 Ctrl+Enter 组合键测试影片，将会出现手写数字的效果。

（10）保存动画文件：选择“文件”菜单下的“保存”命令，将动画文件的设置保存下来。

6.1.4 打字效果

1．案例知识点及效果图

本案例主要运用了以下知识点：文档设置，关键帧的插入，文本工具的使用，元件的使用，图层的使用，文件保存与影片测试等。案例效果如图 6.9 所示。

图 6.9 动画效果图（部分关键帧画面的截图）

2．操作步骤

（1）新建一个空白 Flash 文档，设置文档尺寸为 700 像素 × 795 像素（依据此动画背景图片所

用素材的大小尺寸设置），保存文件名为“打字效果.fla”。

（2）导入图片作为动画背景：选择“文件”菜单中的“导入”子菜单中的“导入到舞台”命令，在打开的“导入”对话框中，选择本例要用到的图形文件“jys.jpg”，然后单击对话框中的“打开”按钮，图像文件出现在舞台中。

（3）修改图层 1 的名称：双击时间轴上“图层 1”的名称，将其修改为“背景”，按 Enter 键确认。

（4）选择“插入”菜单下的“新建元件”命令，在“创建新元件”对话框中输入名称“静夜思”，类型为“影片剪辑”，进入元件的编辑模式。

（5）选择工具箱中的文本工具，在属性面板中进行图 6.10 所示的设置，并在舞台中输入诗句。

（6）使用选择工具选中文字，选择“修改”菜单下的“分离”命令，将文本打散成单独的文本块，如图 6.11 所示。

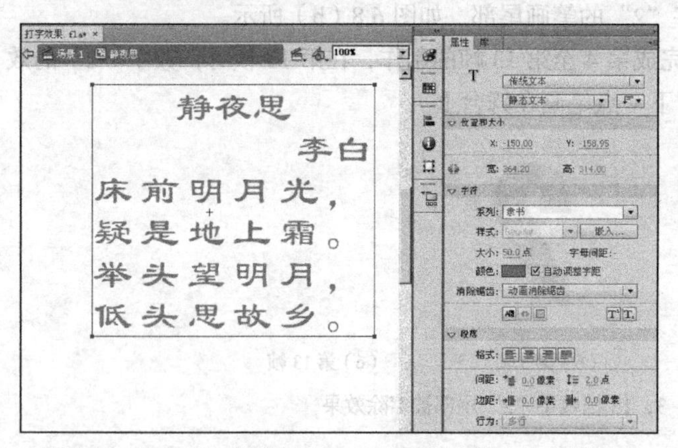

图 6.10　文本工具的属性设置，以及舞台中输入的文字效果　　　图 6.11　打散后的文本块

（7）单击舞台空白处，取消对所有文本块的选中。然后用鼠标选择诗文的最后一个文字“乡”以及跟在后面的句号（此时舞台上只有“乡。”为选中状态），按下 Delete 键删除选中内容。

（8）选择时间轴上的第 5 帧，按下 F6 键插入关键帧；单击舞台空白处，取消对所有文本块的选中。然后用鼠标选择此时诗文的最后一个文字“故”（此时舞台上只有“故”为选中状态），按下 Delete 键删除选中内容。

（9）选择时间轴上的第 10 帧，按下 F6 键插入关键帧；单击舞台空白处，取消对所有文本块的选中。然后用鼠标选择此时诗文的最后一个文字“思”（此时舞台上只有“思”为选中状态），按下 Delete 键删除选中内容。

（10）选择时间轴上的第 15 帧，按下 F6 键插入关键帧；单击舞台空白处，取消对所有文本块的选中。然后用鼠标选择此时诗文的最后一个文字“头”（此时舞台上只有“头”为选中状态），按下 Delete 键删除选中内容。

（11）选择时间轴上的第 20 帧，按下 F6 键插入关键帧；单击舞台空白处，取消对所有文本块的选中。然后用鼠标选择此时诗文的最后一个文字“低”（此时舞台上只有“低”为选中状态），按下 Delete 键删除选中内容。

（12）参照步骤第（7）~（11）的方法，每隔 5 帧设置一个关键帧，逐步完成其他文字类似的删除工作；最终在第 115 帧中，舞台上只有诗句标题第一个文字“静”。

（13）选择第 1 帧，按住 Shift 键的同时，单击时间轴的最后一帧（第 115 帧），在选中的帧上右键单击，在弹出菜单中选择“翻转帧”。

（14）退出元件编辑模式返回场景 1，在“背景”图层上新增一个图层，改名为“文本”。

（15）选择“文本”图层的第 1 帧，将库中的影片剪辑元件“静夜思”拖曳到舞台适当位置，此时舞台与时间轴上的内容如图 6.12 所示。

（16）按下 Ctrl+Enter 组合键测试影片，将会出现诗句逐字出现的过程。

（17）保存动画文件：选择“文件”菜单下的“保存”命令，将动画文件的设置保存下来。

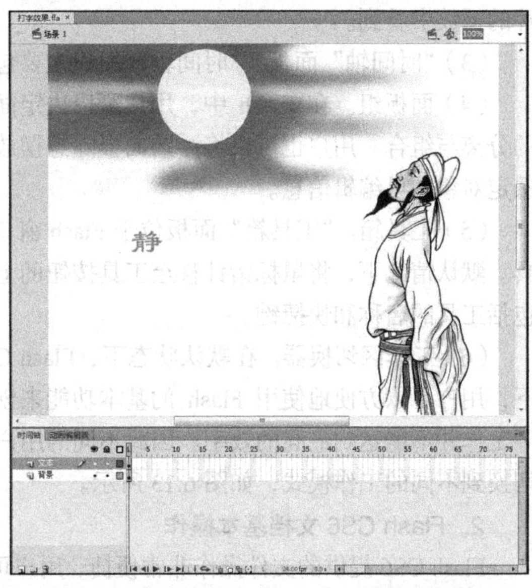

图 6.12　打字效果完成时舞台与时间轴的内容

6.1.5　知识点详解

1. Flash CS6 的工作界面

默认情况下，启动 Flash CS6 时会打开一个欢迎屏幕，通过它可以快速创建 Flash 文档或打开各种 Flash 项目，如图 6.2 所示。

欢迎屏幕上各选项介绍如下。

- 从模板创建：可以使用 Flash 自带的模板方便地创建特定的应用项目。
- 打开最近的项目：可以打开最近曾经使用过的文档。
- 新建：可以创建各种不同类型的文档。在本书中，除特别声明外，默认情况均选用第一项“ActionScript 3.0”。
- 扩展：使用 Flash 的扩展程序 Exchange。
- 学习：通过该栏目列表可以打开对应的学习页面。

欢迎屏幕的左下方是一个功能区域，它提供了“快速入门”“新增功能”“开发人员”“设计人员”等链接，可以让用户获得相关的帮助信息和资源。

欢迎屏幕的右下方提供了一个栏目，可以为用户打开 Adobe Flash 的官方网站，以获得更多的帮助信息。

如果想在下次启动 Flash 时不再显示欢迎屏幕，可以选中欢迎屏幕左下角的“不再显示”复选框。

在欢迎界面上，选择“新建”中的第一项“ActionScript 3.0”，将会看到图 6.3 所示的操作界面。

下面对 Flash CS6 的工作界面分别做说明。

（1）菜单栏。菜单栏位于 Flash 主窗口的正上方，包括“文件”“编辑”“视图”“插入”“修改”“文本”“命令”“控制”“调试”“窗口”和“帮助”共 11 个菜单。菜单栏以级联的层次结构来组织各个命令，并以下拉菜单的形式逐级显示。

（2）舞台和工作区。舞台是用户在创作时观看自己作品的场所，也是用户对动画中的对象进行编辑、修改的场所。对于没有特殊效果的动画，在舞台上可以直接播放，最后生成的.swf 播放文件中播放的内容，也只限于在舞台上出现的对象。

工作区是舞台周围的所有灰色区域，通常用作动画的开始和结束点的设置，即动画过程中对象进入舞台和退出舞台时的位置设置。工作区中的对象除非在某个时刻进入舞台，否则不会在影片的播放中看到。

（3）“时间轴”面板。“时间轴”面板主要包括了图层编辑区、帧编辑区和时间线 3 部分。

（4）面板组。在 Flash 中，用户可以决定面板的打开还是关闭，展开或是折叠，以及面板组的分离与组合。用户也可以将浮动面板随意摆放到任何位置上。其中“属性”面板显示有关任何选定对象的可编辑信息。

（5）工具箱。“工具箱”面板位于 Flash 窗口的右侧，在此面板中，包含了各种常用的编辑工具。默认情况下，将鼠标指针移至工具按钮的上方，停留片刻，便会显示相应的工具提示，其中包括工具的名称和快捷键。

（6）工作区切换器。在默认状态下，Flash CS6 以“基本功能”模式显示工作区，在此工作区下，用户可以方便地使用 Flash 的基本功能来创作动画。但对于某些高级设计来说，在此工作区下工作并不能达到最高的效率。因此不同的用户，可以根据自己的操作需要，通过工作区切换器切换到不同的工作模式，如图 6.13 所示。

2. Flash CS6 文档基本操作

Flash CS6 提供的文件操作非常便捷，用户可以很方便地进行新建、保存、关闭和打开等文件操作。

（1）新建文件。在 Flash CS6 中创建新文件可以采用两种方式。

① 启动 Flash 时直接创建，如图 6.14 所示。“新建”列表中的前 6 项都是创建的 Flash 文档。

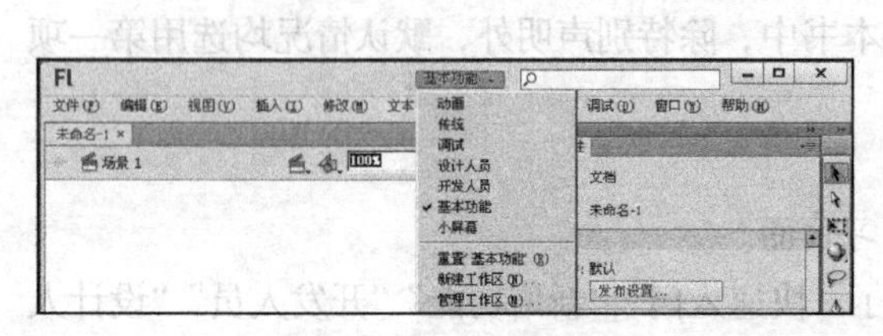

图 6.13　工作区的切换

图 6.14　直接创建文件

② 在 Flash 窗口中，选择“文件”菜单下的“新建”命令，打开“新建文档”对话框，如图 6.15 所示。

新建文件不仅可以创建空白文档，而且可以从模板中创建。在模板中，可以选择各种已经设置好文档属性的文档模板来创建，如图 6.16 所示。

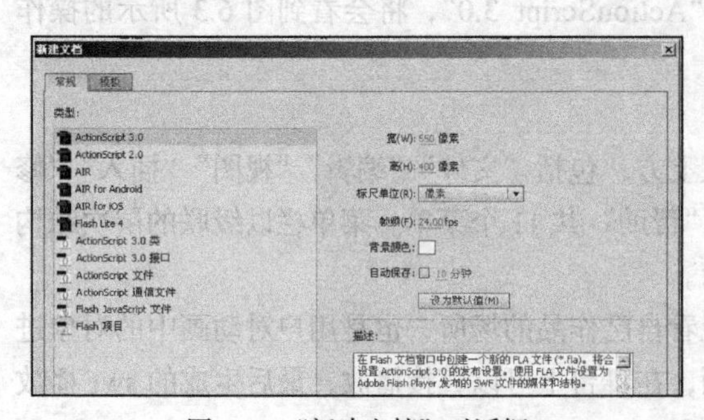

图 6.15　“新建文档”对话框

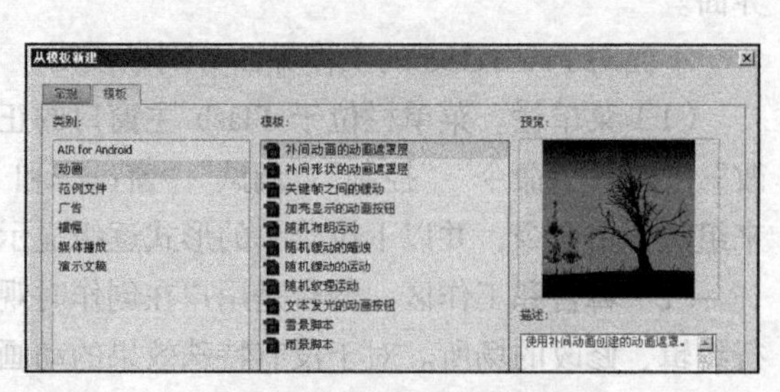

图 6.16　使用模板创建文件

（2）保存文件。选择“文件”菜单下的“保存”命令即可，需要注意默认的文档扩展名为“.fla”。

（3）关闭文件。选择“文件”菜单下的“保存”命令，或者单击界面右上方的“关闭”按钮。

（4）导出文件。使用“文件”菜单下的“导出”子菜单，可以将 Flash 文件导出为静止的图像文件或动态的 SWF 文件。打开要导出的 Flash 文件，或在当前文件中选择要导出的帧或图像，然后选择“文件”菜单下的“导出”子菜单，子菜单中有“导出图像”“导出所选内容”和“导出影片”3 个命令，根据需要做选择即可。

（5）发布文件。选择“文件”菜单下的“发布设置”命令，在弹出的对话框中可以将要发布文件的格式的内容进行设置，然后选择“文件”菜单下的“发布”命令即可。

（6）设置场景属性。场景属性决定了动画影片播放时的显示范围和背景颜色。设置场景属性步骤如下。

① 择“修改”菜单下的“文档”命令，将打开“文档设置”对话框，如图 6.17 所示。

② 在“尺寸”文本框中指定文档的宽度和高度，尺寸的单位一般为“像素”。

③ 在“标尺单位”下拉列表中指定对应的单位，一般选择“像素”。

④ 单击“背景颜色”右侧的白色方框，在其中为当前 Flash 文档选择背景颜色。

⑤ 单击“帧频”右侧的数字，在文本框中设置当前 Flash 文件的播放速度，单位 fps 是指每秒播放帧数。

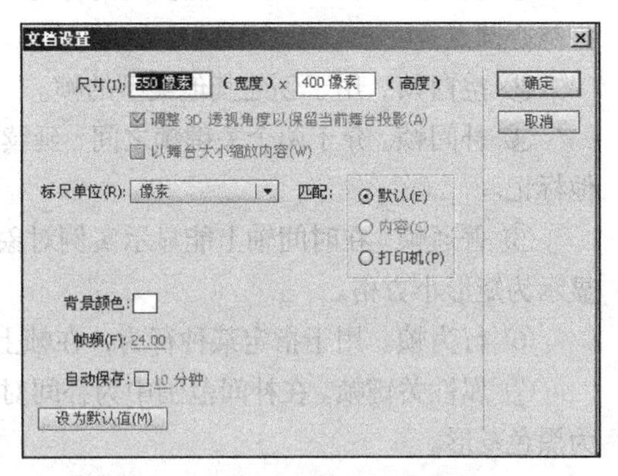

图 6.17 “文档设置”对话框

⑥ 单击“确定”按钮完成文档属性的设置。

3. Flash 基本术语与基本概念

为了便于后续章节的学习，下面简单介绍一些 Flash 的基本术语和基本概念。

（1）矢量图形和位图图像。

计算机对图像的处理方式有矢量图形和位图图像两种。在 Flash 中使用绘图工具绘制的是矢量图形。

矢量图形是用包含颜色和位置属性的点和线来描述的图像。以直线为例，它利用两端的端点坐标和粗细、颜色来表示直线，无论怎样放大缩小图像，都不会影响画质。通常情况下，矢量图形的文件比位图图像的占用存储空间小，但对于构图复杂的图像来说，矢量图形的文件比位图图像的占用存储空间大。另外，矢量图形具有独立的分辨率，它能以不同的分辨率显示和输出，即可以在不损失图像质量的前提下，以各种各样的分辨率显示在输出设备中。

位图图像是通过像素点来记录图像的。许多不同色彩的点组合在一起后，就形成了一幅完整的图像。位图图像存在的方式及所占空间的大小是由像素点的数量来控制的。图像点越多，即分辨率越大，图像所占存储空间越大。对位图进行放大时，实际是对像素的放大，因此放大到一定程度时，会出现马赛克现象。

（2）帧。动画源于图像，动画的本质就是一组连续变化的影像，Flash 动画是利用帧设置不同的内容（为对象设置不同的状态），然后经过时间轴的播放，让帧逐一地连续出现，形成动画。产生动画的每一幅图片称为动画的一帧。帧是进行 Flash 动画制作的最基本的单位。在 Flash 中，帧是指时间轴面板中窗格内一个个的小格子，由左至右编号。对于只有一个图层的 Flash 作品而言，可以简单地将帧理解为此作品在各个时刻播放的内容，包括图形、声音、各种素材和其他对象。

由于 Flash 中引入了图层的概念，因此对于有多个图层的 Flash 作品而言，某一个时刻播放的内容就是将各个图层上该时刻帧的内容的叠加，如图 6.18 所示，Flash 中常见的帧有以下几种。

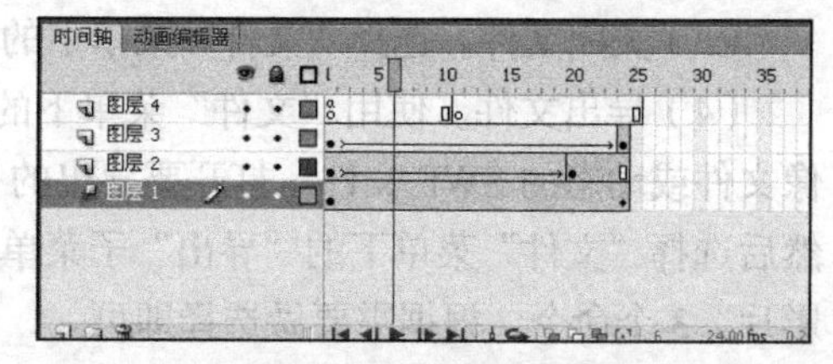

图 6.18 Flash 的各种帧

① 关键帧。用来描述动画中关键画面的帧，用来定义动画变化、更改状态的帧，即编辑舞台上存在实例对象并可对其进行编辑的帧。每个关键帧的画面都可以不同于前一个。它在时间轴上显示为实心黑点。

② 空白关键帧。空白关键帧的内容是空的，可以在此帧上创建新的内容。它在时间轴上显示为空心圆点。

③ 空白帧。用于创建其他类型的帧。

④ 补间帧。介于两个关键帧之间，延续上一个关键帧的内容，在时间轴上显示为灰色且无其他标记。

⑤ 普通帧。在时间轴上能显示实例对象，但不能对实例对象进行编辑操作的帧，在时间轴上显示为矩形小方格。

⑥ 行为帧。用于指定某种行为，在帧上有一个小写字母 a。

⑦ 属性关键帧。在补间范围中为补间对象显示定义一个或多个属性值的帧，在时间轴上显示为黑色菱形。

用户定义的每个属性都有它自己的属性关键帧。如果在单个帧中设置了多个属性，则其中每个属性的属性关键帧都会驻留在该帧中。另外，用户可以在动画编辑器中查看补间范围的每个属性及其属性关键帧。

在 Flash 中，只有关键帧是可编辑的，而补间帧是由关键帧定义产生的，代表了起始和结束关键帧之间的运动变化状态，用户可以查看补间帧，但不可以直接编辑它们。若要编辑补间帧，可以修改定义它们的关键帧，或在起始和结束帧之间插入新的关键帧。

（3）图层。图层是 Flash 为了制作复杂动画而引入的一个解决方法。图层可以帮助用户组织文档中的内容。图层是相互独立的，用户可以在图层上绘制和编辑对象，而不会影响其他图层上的对象。因此我们可以将一个大型的动画分解成很多个在各个层上的小动画，这样当对 Flash 中某个部分不满意时，只需要修改相应图层上的内容，而不必担心会影响其他已经做好的图层，从而大大提高效率。

一个图层可以看作是一张透明的胶片，按照顺序排列起来，既相互独立，又相互重叠，而各种动画对象就放置在“透明的胶片”之间，图层上没有内容的舞台区域部分是透明的，可以通过该图层看到下面的图层。图层与图层之间有先后顺序的特性，当上方图层与下方图层的内容重叠时，上方图层的内容就会覆盖下方图层的内容。因此用户在设计动画时，有时需要根据实际需求，将图层调换位置，以实现不同的效果。

Flash 文档中的每一个场景都可以包含任意数量的图层。

（4）场景。顾名思义，是最终动画表演的场所。在 Flash 中，可以将场景看作是舞台上所有静态和动态的背景、对象的集合，所有动画内容都会在场景中显示，是相对独立的一段动画内容。一个 Flash 作品可以由一个场景组成，也可以由多个场景组成，如图 6.19 所示。场景之间可以通

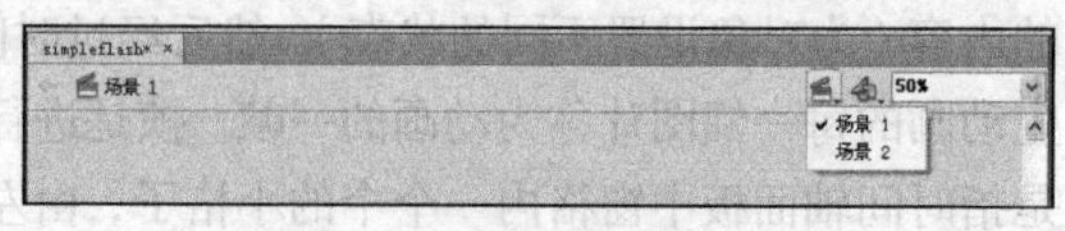

图 6.19 Flash 动画的场景设计

过交互响应进行切换，正常情况下动画播放时将按场景设置的前后顺序播放。

（5）时间轴。时间轴用于组织和控制一定时间内的图层和帧中的内容。在时间轴上可以通过颜色分辨建立的动画类型，其中，浅绿色的补间帧表示为形状补间动画，淡紫色的补间帧则是传统补间动画，淡蓝色的补间帧是补间动画帧，可称为项目动画补间帧，如图 6.17 所示。

（6）元件。元件是 Flash 中经常用到的概念，它是动画中可以反复提取使用的一个小部件，它可以是图形、按钮或者一个小动画。在开发 Flash 动画的时候，通过引用元件可以有效地减少所生成影片的大小，也可以在开发小组成员之间方便地交换使用。

（7）库。库是用来存储和组织元件以及导入的文件，包括位图图形、声音文件和视频剪辑，可以按文件夹和场景进行归类。

4. 动画的本质

动画源于图像，动画的本质就是一组连续变化的影像，Flash 动画是利用帧设置不同的内容（为对象设置不同的状态），然后经过时间轴的播放，让帧逐一地连续出现，形成动画。产生动画的每一幅图片称为动画的一帧。帧是进行 Flash 动画制作的最基本的单位。在 Flash 中，帧是指时间轴面板中窗格内一个个的小格子，由左至右编号。对于只有一个图层的 Flash 作品而言，可以简单地将帧理解为此作品在各个时刻播放的内容，包括图形、声音、各种素材和其他对象。由于 Flash 中引入了图层的概念，因此对于有多个图层的 Flash 作品而言，某一个时刻播放的内容就是将各个图层上该时刻帧的内容的叠加。

5. 动画制作步骤

在 Flash 中创作动画作品，其制作过程大致可分为以下 5 个步骤：策划主题，收集材料，创作动画，测试优化，发布动画。

6. 动画文件类型

在 Flash 中创作动画作品，常常会涉及两种文件格式。

FLA 文件（扩展名.fla）：它是 Flash 的源文件，可以在 Flash 中编辑或修改。

SWF 文件（扩展名.swf）：它由 FLA 文件经编译生成的文件，该类文件不包括原始的和冗余的信息，只保留与动画有关的必须信息，比 FLA 文件小，可以插入网页中使用，播放时必须使用 Flash 播放器来播放。

7. 帧的操作

（1）插入和删除一般帧。插入帧一般有下面 3 种方法。

① 在时间轴的某一图层中选择一个空白帧，然后按下 F5 键。

② 选择一个图层的空白帧，单击鼠标右键，在弹出菜单中选择“插入帧”命令。

③ 选择“插入”菜单下的“时间轴”子菜单中的“帧”命令。

删除一般帧的方法有以下两种。

① 选择需要删除的一般帧，然后按下 Shift+F5 组合键即可删除选定的一般帧（此方法适合删除任何帧的操作）。

② 选择需要删除的一般帧，单击鼠标右键，在弹出菜单中选择“删除帧”命令（此方法适合删除任何帧的操作）。

（2）插入和清除关键帧。插入关键帧一般有下面 3 种方法。

① 在时间轴的某一图层中选择一个空白帧，然后按下 F6 键。

② 选择图层的空白帧，单击鼠标右键，在弹出菜单中选择“插入关键帧”命令。

③ 选择“插入”菜单下的“时间轴”子菜单中的“关键帧”命令。

删除关键帧的方法有以下两种。

① 选择要删除的关键帧或关键空白帧，然后按下 Shift+F5 组合键可删除选定的帧。

② 选择需要删除的关键帧或关键空白帧，单击鼠标右键，在弹出菜单中选择“清除关键帧”命令。

注意　清除关键帧只是将关键帧转换为普通帧，而删除帧则是将当前帧（可以是关键帧或普通帧）删除。

（3）插入和转换空白关键帧。插入空白关键帧和插入关键帧的不同点在于：插入关键帧时，上一关键帧的内容会自动保留在插入的关键帧中；插入空白关键帧时，空白关键帧不保留任何内容。因此，空白关键帧一般用于编写 ActionScript 代码。

在 Flash 中，用户可以将当前帧转换为关键帧或空白关键帧，转换为关键帧时，上一关键帧的内容会自动保留在转换后的关键帧中，转换为空白关键帧时，转换后的空白关键帧不保留任何内容。

在时间轴中插入空白关键帧，可以先选定目标位置，然后选择“插入”菜单下的“时间轴”子菜单中的“空白关键帧”命令；也可以在选定目标位置上单击鼠标右键，在弹出菜单中选择“插入空白关键帧”命令。

要想将某个帧转换成关键帧或空白关键帧，可以在选择这个帧后，单击鼠标右键，在弹出菜单中选择“转换为关键帧”命令，或“转换为空白关键帧”命令。

（4）复制、剪切和粘贴帧。在创作动画时，多了快速设计，可以复制、剪切或粘贴选定的帧。复制或剪切帧时，先在需要复制或剪切的帧的上方单击鼠标右键，在弹出菜单中选择“复制帧”或“剪切帧”命令，然后在需要粘贴帧的目标位置上单击鼠标右键，在弹出菜单中选择“粘贴帧”命令。

帧频是动画播放的速度，以每秒播放的帧数 (fps) 为度量单位，帧频的设置会影响动画播放的流畅程度。帧频太慢会使动画看起来一顿一顿的，帧频太快会使动画的细节变得模糊。24fps 的帧速率是 Flash 文档的默认设置。

8. 图层的操作

（1）插入图层和删除图层。在 Flash 中，插入图层的 3 种方法如下。

① “时间轴”面板中单击左下方的“新建图层”按钮。

② 选择“插入”菜单下的“时间轴”子菜单中的“图层”命令。

③ 选择“时间轴”面板中的一个图层，单击鼠标右键，在弹出菜单中选择“插入图层”命令，会在当前选中图层的上方增加一个新的图层。

删除图层的方法也有 3 种。

① 选中时间轴上的一个图层，在“时间轴”面板中单击左下方的“删除”按钮。

② 选中时间轴上的一个图层，直接拖曳该图层到“时间轴”面板中左下方的“删除”按钮图标上。

③ 选中时间轴上的一个图层，单击鼠标右键，在弹出菜单中选择“删除图层”命令。

（2）显示、隐藏和锁定图层。在“时间轴”面板中，提供了显示、隐藏和锁定图层的功能，这些功能能够在用户创作动画时保护图层的内容，或暂时隐藏图层以便操作。

① 显示与隐藏图层。要隐藏图层，只需单击“显示或隐藏所有图层”列中图层对应的黑色圆点即可。隐藏后图层出现一个红色的交叉图形，如图 6.20 所示。而且图层的内容在 Flash 设计窗口中不可见，但播放影片时是可见的。要显示被隐藏的图层，只需在红色的交叉图形上单击即可。

若直接单击“显示或隐藏所有图层”按钮，可以隐藏/显示面板中所有的图层，如图 6.21 所示。

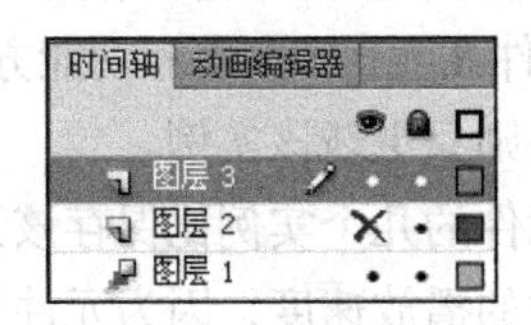

图 6.20 隐藏图层

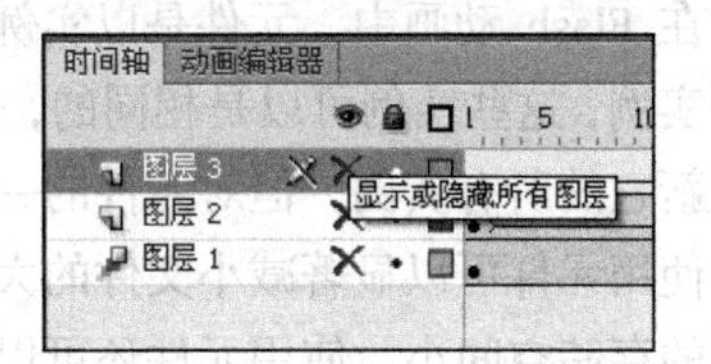

图 6.21 隐藏所有图层

② 锁定图层与解除锁定。为了防止对图层内容的误操作，可以锁定该图层。要锁定图层，只需单击“锁定或解除锁定所有图层”列中图层对应的黑色圆点即可。锁定后的图层出现一个小锁形状。要解除被锁定的图层，只需在小锁图形上再次单击即可。

当图层处于隐藏或锁定状态时，图层名称旁边的铅笔图标（表示可编辑）会被加上删除线，表示不能对该图层的内容进行编辑。

（3）设置图层的属性。当需要为图层设置属性时，可以选择该图层并单击鼠标右键，在弹出菜单中选择“属性”命令，将打开“图层属性”对话框，如图 6.22 所示。

“图层属性”对话框中各参数说明如下。

- 名称：用于设置该图层名称，用户只需在文本框中输入名称即可。若想快速为图层命名，可以直接在“时间轴”面板上双击图层名称处，当出现输入文本状态后，输入名称，并按 Enter 键确认。
- 显示和锁定：选择“显示”复选框，图层处于显示状态，反之图层被隐藏。选择“锁定”复选框，图层处于锁定状态，反之处于解除锁定状态。
- 类型：用于设置图层的类型，通过单击各类型前的单选按钮可以选择该类型。默认情况下，图层为一般类型。
- 轮廓颜色：用于设置将图层内容显示为轮廓时使用的轮廓颜色。若要更改颜色，可以单击项目的色块按钮，然后在弹出的列表中选择颜色。
- 将图层视为轮廓：选中该复选框，图层内容将以轮廓方式显示。未选中和选中该选项时，图形的显示分别如图 6.23（a）和图 6.23（b）所示。

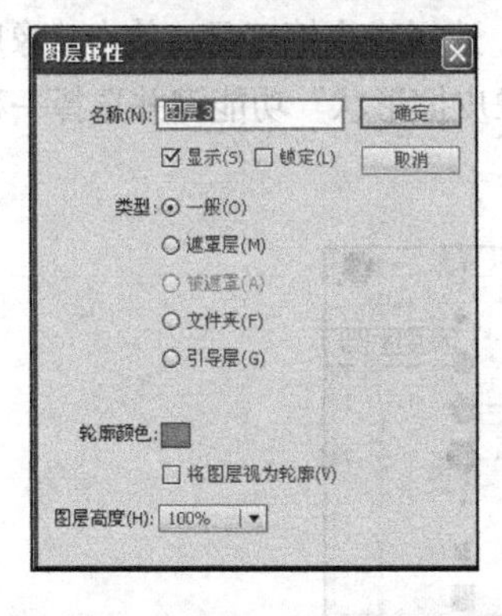

图 6.22 “图层属性”对话框

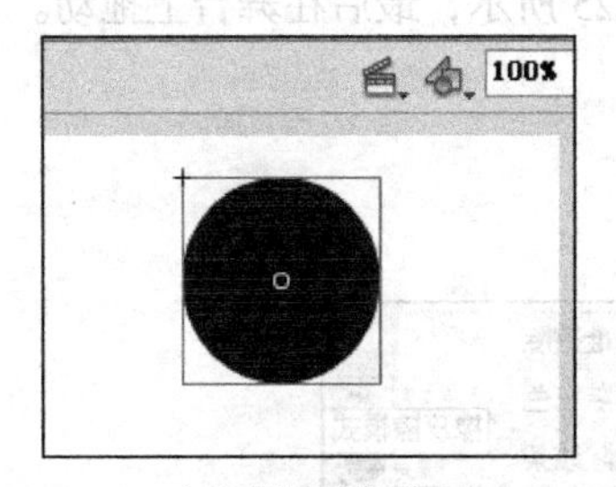

（a）图层正常显示

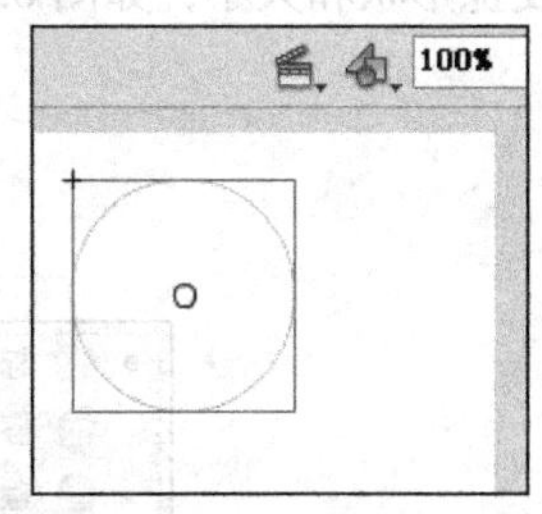

（b）图层轮廓方式显示

图 6.23 图层的显示

- 图层高度：用于设置图层的高度，默认值为 100%。用户可以在下拉列表中选择其他高度。

9. 元件的类型

元件（Symbol）是一种比较独特的、可以重复使用的对象，用户创建的任何元件都会自动成为当前文档的库的一部分。库面板是管理元件的主要工具，每个动画文档都有自己的库，存放着各自的元件。在 Flash 动画中，元件是以实例的形式存在的。实例是元件的复制品，一个元件可以产生无数个实例，这些实例可以是相同的，也可以与其父元件在颜色、大小和功能方面有差别。编辑元件会更新它的所有实例，但对元件的一个实例应用效果则只更新该实例。

在文档中使用元件可以显著减小文件的大小，保存一个元件的几个实例比保存该元件内容的多个副本占用的存储空间小。使用元件还可以加快 SWF 文件的播放速度，因为元件只需下载到 Flash Player 中一次。

在创作时或在运行时，可以将元件作为共享库资源在文档之间共享。对于运行时共享资源，可以把源文档中的资源链接到任意数量的目标文档中，而无需将这些资源导入目标文档。对于创作时共享的资源，可以用本地网络上可用的其他任何元件更新或替换一个元件。

每个元件都有一个唯一的时间轴和舞台以及图层，可以将帧、关键帧和图层添加至元件时间轴。创建元件时需要选择元件类型，在 Flash 中，元件包括图形、按钮、影片剪辑 3 类。

- 图形元件：可用于重复应用的静态图像，并可用来创建连接到主时间轴的可重用动画片段。图形元件与主时间轴同步运行。交互式控件和声音在图形元件的动画序列中不起作用。由于没有时间轴，图形元件在 FLA 文件中的尺寸小于按钮或影片剪辑。
- 按钮元件：一般用来对影片中的鼠标事件做出响应，如鼠标单击、滑过等。按钮元件一般是一种具有 4 个帧的影片剪辑，第 1 帧是弹起状态，代表指针没有经过按钮时该按钮的状态；第 2 帧是指针经过状态，代表指针划过按钮时该按钮的外观；第 3 帧是按下状态，代表单击按钮时该按钮的外观；第 4 帧是单击状态，定义响应鼠标的区域，这个区域在 Flash 影片播放时是不会显示的。按钮元件的时间轴无法被播放，它只是根据鼠标事件的不同而做出简单的响应，并转到所指向的帧。
- 影片剪辑元件：可以创建可重用的动画片段，可以包含交互式控件、声音甚至其他影片剪辑实例。也可以将影片剪辑实例放在按钮元件的时间轴内，以创建动画按钮。影片剪辑拥有各自独立于主时间轴的多帧时间轴，因此它们在 Flash 中是相互独立的。如果主场景中存在影片剪辑，即使主电影的时间轴已经停止，影片剪辑的时间轴仍可以继续播放。

10. 橡皮擦工具

双击工具栏中的橡皮擦工具，会擦除舞台上所有的内容。选择橡皮擦工具，单击“橡皮擦模式”功能键选择一种擦除模式，如图 6.24 所示。然后单击“橡皮擦形状”功能键并选择一种橡皮擦形状和大小，如图 6.25 所示，最后在舞台上拖动。

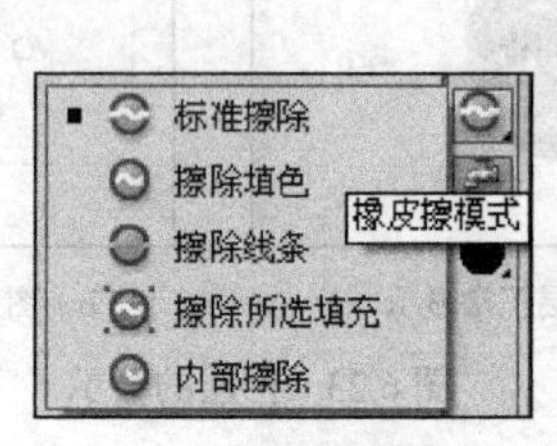

图 6.24 橡皮擦模式

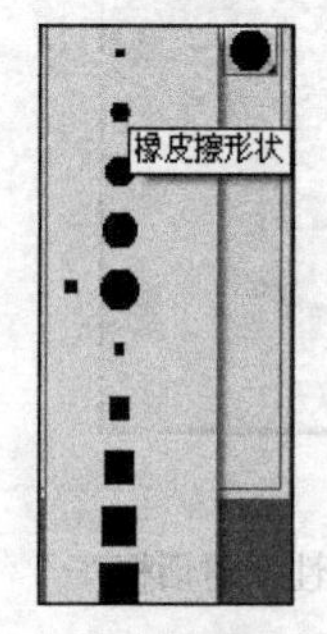

图 6.25 橡皮擦形状和大小

6.2　补间动画的制作

6.2.1　图形变化效果

1. 案例知识点及效果图

本案例主要运用了以下知识点：矩形工具的使用，椭圆工具的使用，关键帧的插入，形状补间的设置，文件保存与影片测试等。案例效果如图 6.26 所示。

图 6.26　图形变化动画效果图（部分帧画面的截图）

2. 操作步骤

（1）新建一个空白 Flash 文档。

（2）单击时间轴上的第 1 帧，然后选择工具箱中的矩形工具，矩形工具属性设置如图 6.27 所示，在舞台上正中央拖曳鼠标绘制出一个正方形，正方形的大小不限。

（3）选择同一图层的第 30 帧，然后选择“插入”菜单中“时间轴”子菜单下的“空白关键帧”来添加一个空白关键帧。

（4）选择工具箱中的椭圆工具，椭圆工具属性设置如图 6.28 所示。按住 Shift 键的同时在舞台上正中央拖曳鼠标绘制出一个圆形，圆形的大小不限；此时，时间轴的第 1 帧中包含一个带正方形的关键帧，并且第 30 帧中应包含一个带圆形的关键帧。

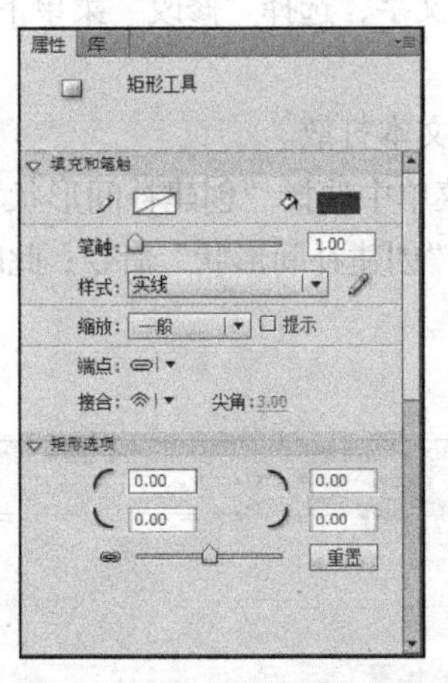

图 6.27　矩形工具属性设置

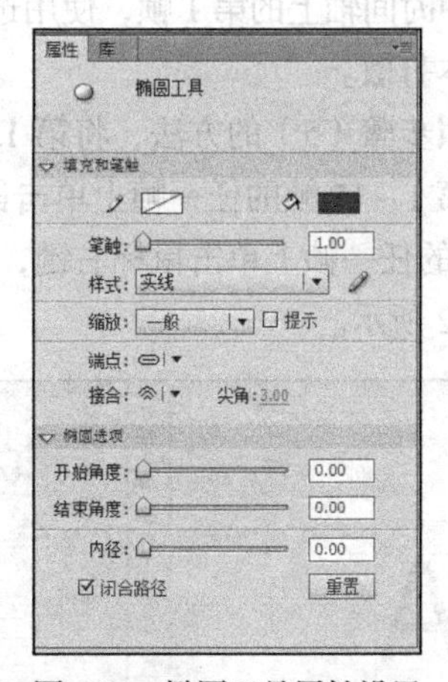

图 6.28　椭圆工具属性设置

（5）在时间轴上，选择第 1～30 帧这多个帧中的任意一个帧，然后选择“插入”菜单下的“补间形状”命令，创建“补间形状”动画之前的时间轴状态如图 6.29（a）所示，创建“补间形状”动画之后的时间轴状态如图 6.29（b）所示。

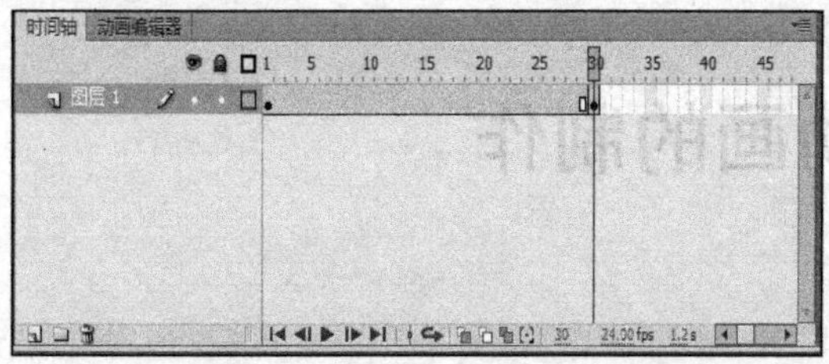

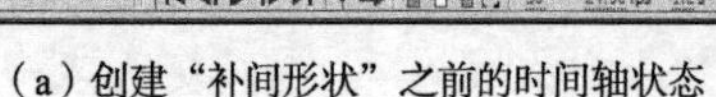
（a）创建“补间形状”之前的时间轴状态

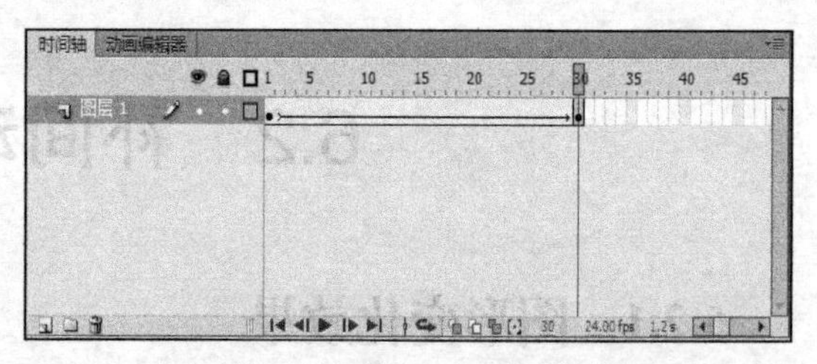

（b）创建“补间形状”之后的时间轴状态

图 6.29　时间轴状态

（6）选择时间轴上的第 1 帧，按下 Enter 键，即可预览效果；

（7）保存动画文件：选择“文件”菜单下的“保存”命令，保存文件名为“图形变化.fla”。

6.2.2　字母变化效果

1. 案例知识点及效果图

本案例主要运用了以下知识点：文本工具的使用，形状补间的设置，文件保存与影片测试等。案例效果如图 6.30 所示。

图 6.30　字母变化动画效果图（部分帧画面的截图）

2. 操作步骤

（1）新建一个空白 Flash 文档，设置文档尺寸为 400 像素 × 200 像素，保存文件名为“字母变化.fla”。

（2）选择工具箱中的文本工具，在属性面板中进行如图 6.31 所示的设置，并在舞台中输入字母“A”。

（3）选择时间轴上的第 15 帧，按下 F6 键插入关键帧，双击舞台中的字母“A”，修改为字母“B”。

（4）选择时间轴上的第 30 帧，按下 F6 键插入关键帧，双击舞台中的字母“B”，修改为字母“C”。

（5）选中时间轴上的第 1 帧，使用选择工具选中舞台中文字，选择“修改”菜单下的“分离”命令，将文本打散。

（6）按照步骤（5）的方法，将第 15 帧和第 30 帧中的文本打散。

（7）在第 1～15 帧的任一帧上单击鼠标右键，在弹出菜单中选择“创建补间形状”命令，在第 16～30 帧的任一帧上单击鼠标右键，在弹出菜单中选择“创建补间形状”命令；此时的时间轴状态如图 6.32 所示。

图 6.31　文本工具的属性设置，以及舞台中输入的文字效果

图 6.32　补间设置后的时间轴状态

（8）按下 Ctrl+Enter 组合键测试影片，将会看到字母 A 逐渐变化成字母 B，字母 B 逐渐变成字母 C 的效果。

（9）保存动画文件：选择“文件”菜单下的“保存”命令，将动画文件的设置保存下来。

6.2.3　飞升气球效果

1. 案例知识点及效果图

本案例主要运用了以下知识点：椭圆工具的使用，铅笔工具的使用，元件的使用，动作补间的设置等。案例动画效果的第一帧如图 6.33（a）所示，最后一帧如图 6.33（b）所示。

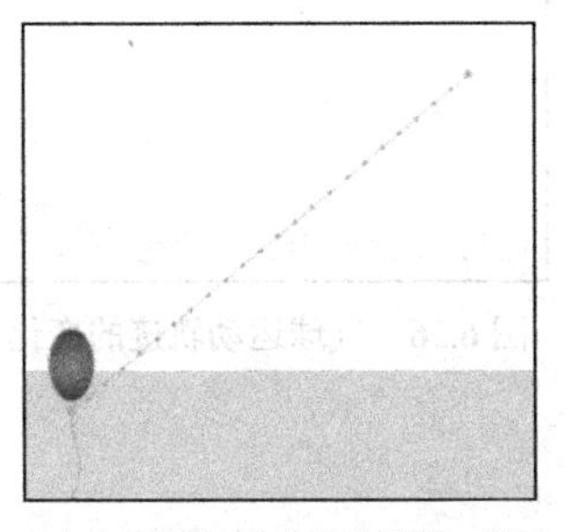

（a）飞升气球动画效果第一帧

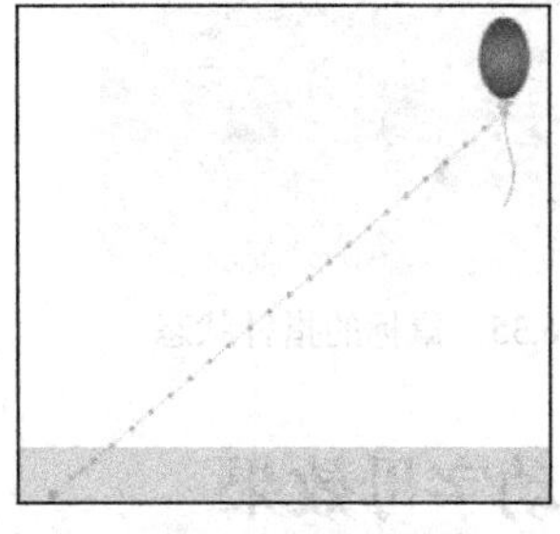

（b）飞升气球动画效果最后一帧

图 6.33　飞升气球动画效果图

2. 操作步骤

（1）新建一个空白 Flash 文档。

（2）选择“插入”菜单下的“新建元件”命令，弹出“创建新元件”对话框，在对话框中的“名称”文本框输入元件的名称“气球”，在“类型”中选择“图形”，单击“确定”按钮，进入元件的编辑模式。

（3）选择椭圆工具，将笔触颜色设置为无色。选择“窗口”菜单下的“颜色”命令，打开颜色面板，设置“颜色类型”为“径向渐变”，调整渐变颜色，将渐变轴的左端颜色设置为“#CC9933”，渐变轴的右端颜色设置为“#FF0066”。

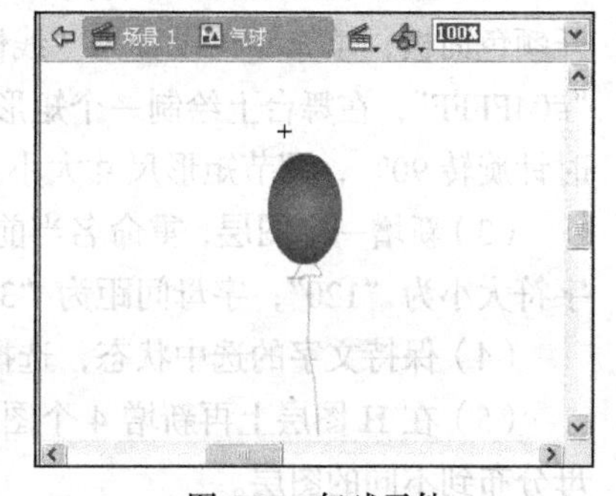

图 6.34　气球元件

（4）使用椭圆工具在舞台上绘制一个椭圆形。

（5）使用工具箱中的铅笔工具，设置铅笔模式为“平滑”，笔触颜色为“#FF99CC”，在舞台上绘制气球的气口和线，如图 6.34 所示。

（6）选择舞台中的所有对象，选择“修改”菜单下的“组合”命令。

（7）退出元件编辑模式返回到场景 1，选择时间轴上的第 1 帧，拖曳库中气球元件到舞台中，位置靠近舞台的下方，如图 6.33（a）所示；如若气球在舞台上显得过大，可以使用工具箱中的“任意变形工具”调节大小。

（8）在时间轴上第 1 帧处单击鼠标右键，在弹出菜单中选择“创建补间动画”命令，此时时间轴上的播放头自动到达第 24 帧处，并且第 1 ~ 24 帧均处于选中状态，显示为蓝色底色；选择第 24 帧，选择“插入”菜单中“时间轴”子菜单下的“关键帧”命令，调整气球的位置到舞台右上角，如图 6.33（b）所示。

（9）选择时间轴上的第 1 帧，按下 Enter 键，即可预览动画补间。

（10）保存动画文件：选择“文件”菜单下的“保存”命令，保存文件名为“飞升的气球.fla”。

场景编辑模式下，当鼠标指针靠近气球飞升的轨迹线时，鼠标指针下方会出现一段弧线，如

图 6.35 所示；此时按下鼠标左键，拖曳改变鼠标位置，气球运动的轨迹线将随之改变，如图 6.36 所示。

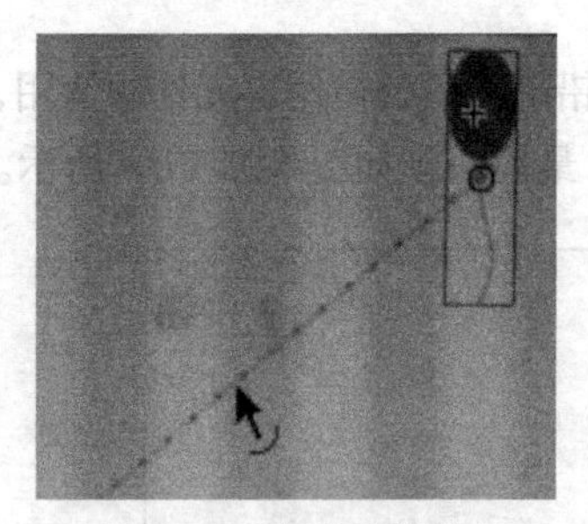

图 6.35　鼠标的指针状态

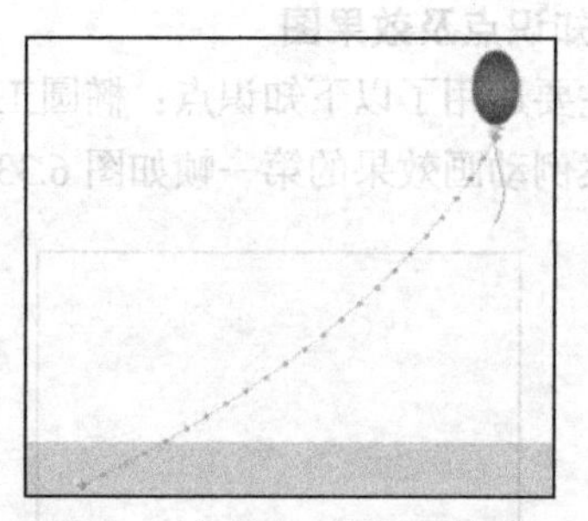

图 6.36　气球运动轨迹的变化

6.2.4　跳动字母效果

1. 案例知识点及效果图

本案例主要运用了以下知识点：文本工具的使用，图层的使用，传统补间动画的设置等。案例效果如图 6.37 所示。

图 6.37　跳动字母动画效果图（部分帧画面的截图）

2. 操作步骤

（1）新建一个空白 Flash 文档。

（2）重命名图层 1 的名称为“背景”，选择矩形工具，在属性中将笔触颜色设置为“无”，打开颜色面板，填充颜色设置为“线性渐变”，渐变轴最左端设置为“# 02BDFE”，最右端设置为“#04FFFF”，在舞台上绘制一个矩形，大小等同于舞台的大小；单击“任意变形工具”，将矩形逆时针旋转 90°，调节矩形尺寸大小，使其正好覆盖住舞台。

（3）新增一个图层，重命名当前图层的名称为“H”，选择文字工具，设置文字颜色为“黄色”，字符大小为“120”，字母间距为“30”，在舞台上输入文字“FLASH”。

（4）保持文字的选中状态，选择“修改”菜单下的“分离”命令。

（5）在 H 图层上再新增 4 个图层，从下往上依次命名为“S”“A”“L”“F”；下面将 5 个字母分布到不同的图层。

① 选择图层“H”的第一帧，选中字母“S”，然后选择“编辑”菜单下的“剪切”命令；单击选择“S”图层的第一帧，选择“编辑”菜单下的“粘贴到当前位置”命令。

② 选择图层“H”的第一帧，选中字母“A”，然后选择“编辑”菜单下的“剪切”命令；单击选择“A”图层的第一帧，选择“编辑”菜单下的“粘贴到当前位置”命令。

③ 选择图层“H”的第一帧，选中字母“L”，然后选择“编辑”菜单下的“剪切”命令；单击选择“L”图层的第一帧，选择“编辑”菜单下的“粘贴到当前位置”命令。

④ 选择图层“H”的第一帧，选中字母“F”，然后选择“编辑”菜单下的“剪切”命令；单击选择“F”图层的第一帧，选择“编辑”菜单下的“粘贴到当前位置”命令。

（6）选择“背景”层的第 50 帧，单击鼠标右键，在弹出菜单中选择“插入帧”命令。

（7）选择“F”图层的第 10 帧，单击鼠标右键，在弹出菜单中选择“插入关键帧”命令，然后选择当前层的第 1 帧，将舞台中的字母“F”拖曳到舞台上方，如图 6.38 所示。

（8）选择“F”图层的第 1 帧，单击鼠标右键，在弹出菜单中选择“创建传统补间”命令，然后选择当前图层的第 50 帧，单击鼠标右键，在弹出菜单中选择“插入帧”命令。

（9）选择“L”图层的第 1 帧，用鼠标拖曳该关键帧到第 10 帧处，然后选择当前图层的第 20 帧，单击鼠标右键，在弹出菜单中选择“插入关键帧”命令；选择当前图层的第 10 帧，将舞台中的字母“L”拖曳到舞台上方，选择当前图层的第 10 帧，单击鼠标右键，在弹出菜单中选择“创建传统补间”命令，然后选择当前图层的第 50 帧，单击鼠标右键，在弹出菜单中选择“插入帧”命令。

（10）选择“A”图层的第 1 帧，用鼠标拖曳该关键帧到第 20 帧处，然后选择当前图层的第 30 帧，单击鼠标右键，在弹出菜单中选择“插入关键帧”命令；选择当前图层的第 20 帧，将舞台中的字母“A”拖曳到舞台上方，选择当前图层的第 20 帧，单击鼠标右键，在弹出菜单中选择“创建传统补间”命令，然后选择当前图层的第 50 帧，单击鼠标右键，在弹出菜单中选择“插入帧”命令。

（11）选择“S”图层的第 1 帧，用鼠标拖曳该关键帧到第 30 帧处，然后选择当前图层的第 40 帧，单击鼠标右键，在弹出菜单中选择“插入关键帧”命令；选择当前图层的第 30 帧，将舞台中的字母“S”拖曳到舞台上方，选择当前图层的第 30 帧，单击鼠标右键，在弹出菜单中选择“创建传统补间”命令，然后选择当前图层的第 50 帧，单击鼠标右键，在弹出菜单中选择“插入帧”命令。

（12）选择“H”图层的第 1 帧，用鼠标拖曳该关键帧到第 40 帧处，然后选择当前图层的第 50 帧，单击鼠标右键，在弹出菜单中选择“插入关键帧”命令；选择当前图层的第 40 帧，将舞台中的字母“H”拖曳到舞台上方，选择当前图层的第 40 帧，单击鼠标右键，在弹出菜单中选择“创建传统补间”命令，完成后的时间轴如图 6.39 所示。

图 6.38　字母“F”第一帧处的位置

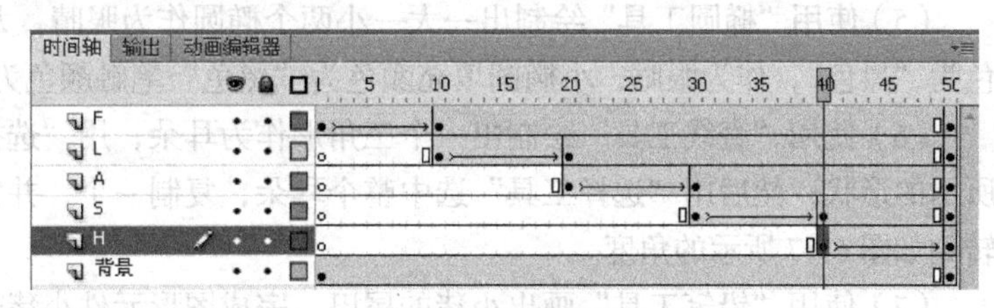

图 6.39　时间轴面板

（13）选择时间轴上的第 1 帧，按下 Enter 键，即可预览传统补间。

（14）保存动画文件：选择“文件”菜单下的“保存”命令，保存文件名为“跳动的字母.fla”。

6.2.5　亲亲小猪效果

1. 案例知识点及效果图

本案例主要运用了以下知识点：钢笔工具的使用，任意变形工具的使用，渐变变形工具的使用，图层的使用，传统补间动画的设置等。案例效果如图 6.40 所示。

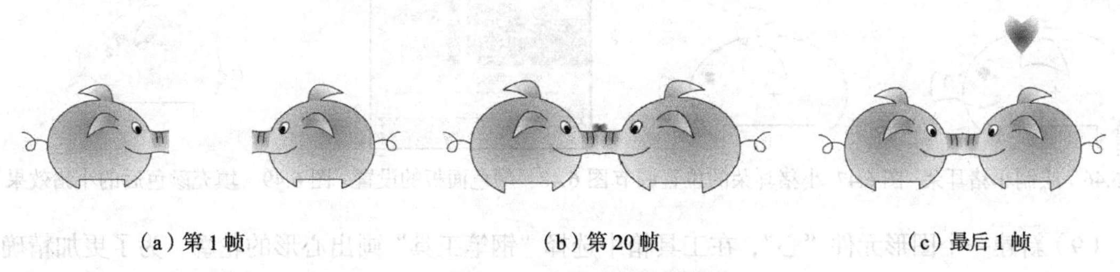

（a）第 1 帧　　（b）第 20 帧　　（c）最后 1 帧

图 6.40　小猪动画效果图

2. **操作步骤**

（1）新建一个空白 Flash 文档。

（2）创建一个图形元件，名称为“小猪”。在元件编辑模式中，选择“椭圆工具”，设置笔触颜色为“黑色”，填充颜色为“无”，确认“对象绘制”按钮为“合并绘制”模式（该按钮不被选中）后，在舞台上画出图 6.41 所示的轮廓。

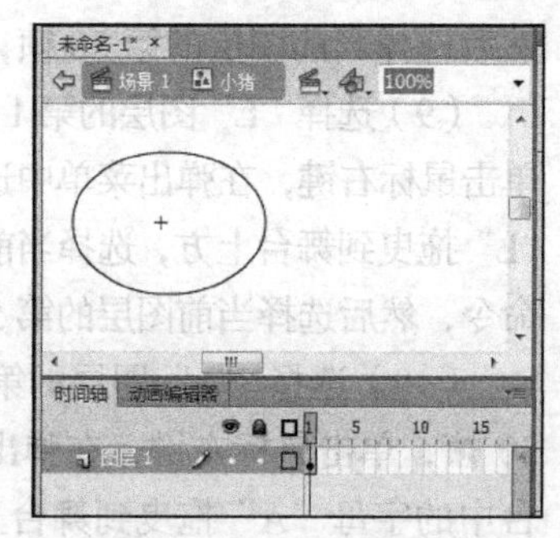

图 6.41　小猪初始轮廓

（3）选择“矩形工具”，设置笔触颜色为“黑色”，填充颜色为“无”，在椭圆下部画出图 6.42 所示的矩形；然后单击“选择工具”选中多余的线条并删除，如图 6.43 所示。

（4）使用“矩形工具”绘制一个小矩形作为小猪的鼻子，如图 6.44 所示；再使用“选择工具”选中鼻子上多余的线条并删除，然后将 3 条直线都调节成弧线；用“直线工具”在猪鼻子上画两条竖线，然后也调节成弧形；再用“直线工具”画出嘴巴的线条，并调成向下弯曲，形成微笑的表情，如图 6.45 所示。

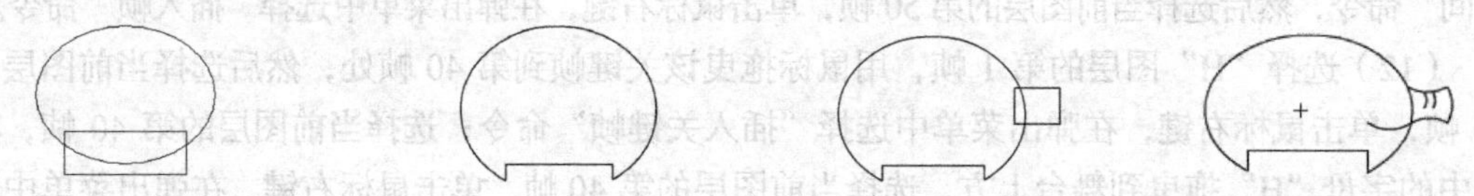
图 6.42　绘制小猪元件步骤 1　图 6.43　绘制小猪元件步骤 2　图 6.44　绘制小猪鼻子　图 6.45　绘制小猪鼻子和嘴

（5）使用“椭圆工具”绘制出一大一小两个椭圆作为眼睛，大椭圆填充颜色为“无”，笔触颜色为“黑色”，作为眼眶，小椭圆填充颜色为“黑色”笔触颜色为“无”，作为眼珠。

（6）使用“直线工具”绘制出一个三角形作为耳朵，用“选择工具”将三角形调节成图 6.46 所示的形状；然后用“选择工具”选中整个耳朵，复制一个，并使用“任意变形工具”将耳朵旋转到如图 6.47 所示的角度。

（7）使用“铅笔工具”画出小猪的尾巴，完成图形元件小猪轮廓的制作。

（8）选择“颜料桶工具”，在颜色面板中设置由粉红到白色的径向渐变，颜色面板的设置如图 6.48 所示；使用“颜料桶工具”分别给小猪身子、鼻子和耳朵填充颜色，把鼻子和耳朵与身体相连的线条删掉，用“任意变形工具”缩放调整小猪，完成效果如图 6.49 所示，至此“小猪”元件制作完成。

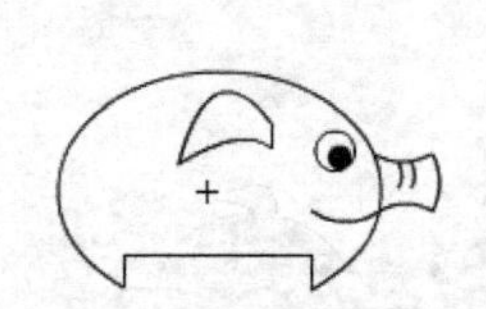

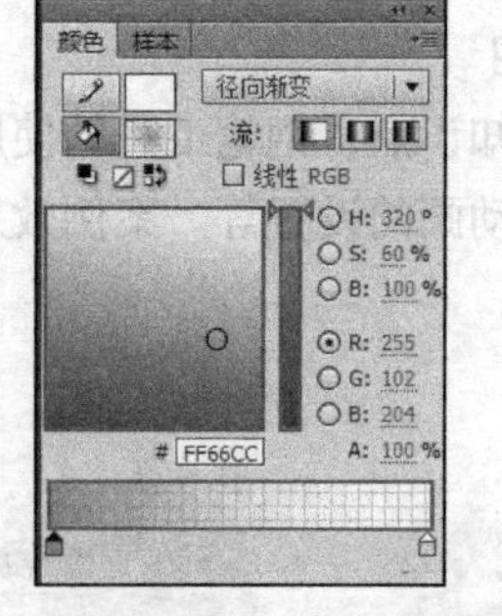

图 6.46　绘制小猪耳朵　图 6.47　小猪耳朵的位置调节　图 6.48　颜色面板的设置　图 6.49　填充颜色后的小猪效果

（9）新建一个图形元件“心”，在工具箱中选择“钢笔工具”画出心形的轮廓，为了更加精确定位每一个锚点的位置，可以选择“视图”菜单下的“网格”子菜单中的“显示网格”命令。

① 在钢笔工具属性面板中，设置笔触颜色为“橙色”，笔触高度为“6”，笔触样式为“实线”。

② 在元件编辑舞台上单击，确定线段的起点，接着再次单击，确定线段的第 2 个锚点，创建出线段。

③ 在元件编辑舞台上单击，确定线段的其他锚点，最后在线段起点处单击，闭合线段，完成如图 6.50 所示的图形。

④ 在工具箱中长按“钢笔工具”按钮，然后在打开的“工具”菜单中选择“转换锚点工具”，将鼠标移至左上方的锚点上拖出手柄，并向右上方拖动，调整曲线弧度，如图 6.51 所示。

⑤ 将鼠标移到左边的锚点上拖出手柄，并向左上方拖动，调整曲线的弧度，如图 6.52 所示。

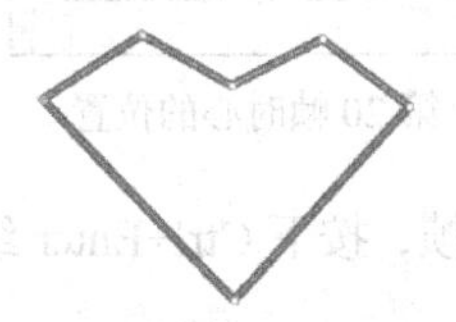

图 6.50　闭合线段

图 6.51　调整曲线弧度

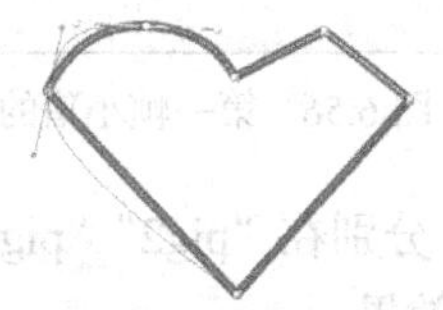

图 6.52　调整曲线弧度

⑥ 使用步骤④和步骤⑤的方法，使用“转换锚点工具”分别将右上角和右边的锚点进行转换处理，并调整产生的曲线弧度，从而形成一个心形曲线，如图 6.53 所示。

⑦ 为了让心形更加好看，可以在工具箱中选择“部分选取工具”，然后使用工具向下方拖动心形图形最底下的锚点，改善心形的形状，如图 6.54 所示。

⑧ 选择颜料桶工具，在颜色面板中设置由红到白色的径向渐变，填充心形，使用选择工具删除掉笔触线，再用渐变变形工具调整渐变，效果效果如图 6.55 所示，完成心的绘制。

图 6.53　调整其他线段的效果

图 6.54　改善心形的形状

图 6.55　心形的效果

（10）返回到场景 1，建立两个图层，分别命名为“pig1”和“pig2”。从库面板中将元件小猪拖到舞台上，分别放在两个图层上。选中 pig2 图层的小猪，选择“修改”菜单下的“变形”子菜单中的“水平翻转”命令，这样两只小猪就面对面了。选中两只小猪，选择“修改”菜单下的“对齐”子菜单中的“垂直居中”命令。在水平方向上调节两只小猪的位置，使其分别处于舞台的最左侧和最右侧，设置的效果如图 6.56 所示。

（11）分别选中两个图层的第 10 帧，按 F6 键插入关键帧，在此帧上将两只小猪分别向中间水平移动至嘴对嘴；调整好位置后分别创建传统补间。

（12）在“pig2”图层之上新建一个图层，命名为“heart”。选中第 10 帧，按 F6 键插入关键帧，从库面板中将“心”元件拖进来放在猪嘴中间，用“任意变形工具”缩小，并打散。

（13）将 heart 图层拖曳到 pig1 图层之下，使得时间轴上的图层从上到下依次为“pig2”“pig1”“heart”三个图层。

（14）在“heart”图层第 20 帧处插入一个关键帧，将红心移动到图 6.57 所示的位置，使用“任意变形工具”调节大一些，然后创建形状补间。

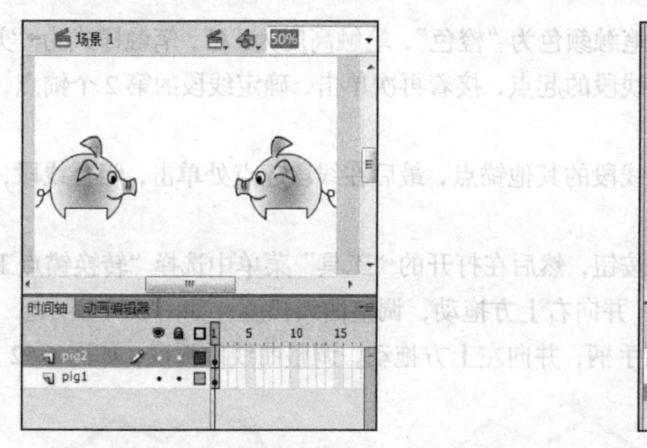

图 6.56　第一帧小猪的位置

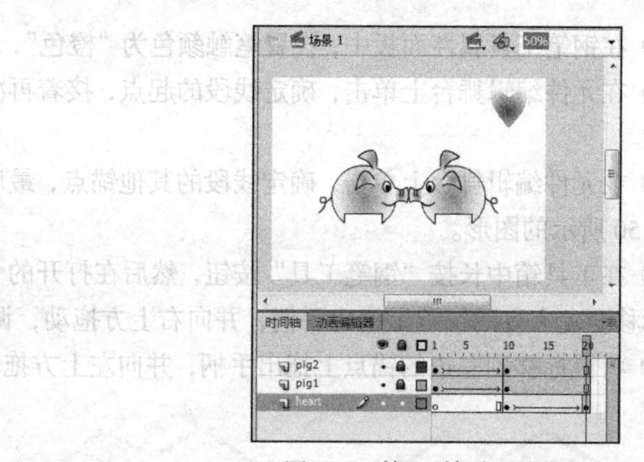

图 6.57　第 20 帧时心的位置

（15）分别在“pig2”“pig1”图层的第 20 帧处，按下 F5 键插入帧，按下 Ctrl+Enter 组合键可看到播放效果。

（16）保存动画文件：选择“文件”菜单下的“保存”命令，保存文件名为“亲亲小猪.fla”。

6.2.6　知识点详解

1. 图形的绘图模式

Flash CS6 有两种绘图模式：一种是“合并绘制”模式，一种是“对象绘制”模式。默认情况下，Flash 使用“合并绘制”模式。

（1）绘图模式的设置。当在工具箱中选取了钢笔工具、线条工具、矩形工具、铅笔工具或刷子工具时，工具箱中将会出现“对象绘制” 按钮，单击选中该按钮，则设置为“对象绘制”模式，当单击取消该按钮，即可设置为“合并绘制”模式。

（2）“合并绘制”模式。使用“合并绘制”模式绘图时，重叠的图形会自动进行合并，位于下方的图形将被上方的图形覆盖，例如在矩形上绘制一个椭圆形，并将一部分重叠，当移开上方的椭圆时，矩形中与椭圆形重叠的部分将被裁掉，如图 6.58 所示。

图 6.58　“合并绘制”模式下图形合并

图 6.59　“对象绘制”模式下图形独立存在

（3）“对象绘制”模式。使用“对象绘制”模式绘制图形时，产生的图形是独立的对象，它们互相不影响，即两个图形在叠加时不会自动合并，在重新排列重叠图形时，也不会改变它们的外形，如图 6.59 所示。

2. 基本形状绘制

（1）线条工具。单击工具箱中的“线条工具”按钮 ，将鼠标移动到工作区后将变成一个十字，此时可以在舞台上绘制线条，绘制好线条后，选择线条，通过“属性”面板调整，也可以先在“属性”面板中设置好相关属性后再进行绘制。“属性”面板如图 6.60 所示。

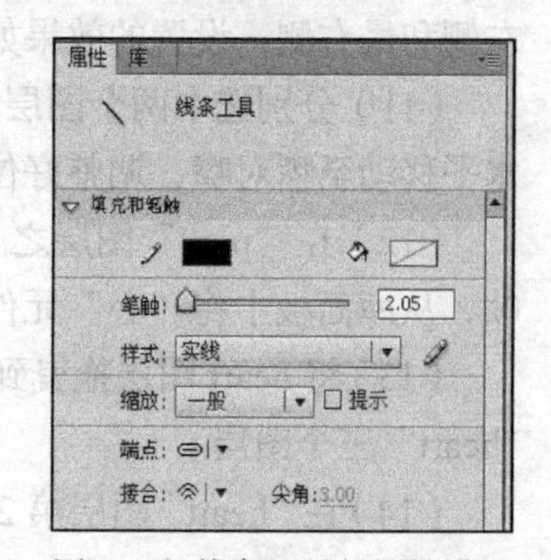

图 6.60　线条工具的属性设置

“属性”面板中的设置项目说明如下。

- 笔触颜色：设置线条的颜色。单击“笔触颜色”方块，打开调色板，可以在调色板上选择颜色，也可以在调色板左上方的文本框输入十六进制的颜色值。
- 笔触：设置线条的粗细。可以在“笔触”文本框中输入数值，也可以拖动笔触滚动条来调整笔触高度。
- 样式：设置线条的样式，例如实线、虚线等。可以打开“样式”列表框选择线条样式，也可以单击列表框右侧的“编辑笔触样式”按钮自定义线条样式。
- 缩放：该功能可以限制动画播放器中的笔触缩放效果，包括“一般”“水平”“垂直”和“无”。选择“一般”，则笔触随播放器动画的缩放而缩放；选择“水平”，则限制笔触在播放器的水平方向上进行缩放；选择“垂直”，则限制笔触在播放器的垂直方向上进行缩放；若选择“无”，则限制笔触在播放器中的缩放。

提示

选中该复选框，将笔触锚记点保持为全像素，这样可以防止出现模糊的线条。

- 端点：用于设置笔触端点的样式，包括“无”“圆角”和“方形”3 个选项。三种效果如图 6.61 所示。
- 接合：用于定义两个路径的接合方式，包括“尖角”“圆角”和“斜角”3 个选项，三种效果如图 6.62 所示。

在绘制的过程中，如果按住 Shift 键，可以绘制出垂直或水平的直线，或者 45° 斜线。

（2）铅笔工具。铅笔工具同样可以绘制线条和形状，在使用方法上与线条工具有许多相同点，也存在一定的区别，最明显的区别就是铅笔工具可以绘制出比较柔和的曲线。

选中工具箱中的铅笔工具，移动到工作区的鼠标将变成一个小铅笔形状，此时可以在工作区中起点处按下鼠标左键拖曳到达终点释放鼠标左键来绘制线条了，也可以先对绘制属性做设置，改变默认的绘制属性后再进行绘制。铅笔工具的属性设置参数与线条工具类似，不另作说明。

在选择了铅笔工具之后，在工具箱的下部单击铅笔模式按钮，将弹出铅笔模式设置菜单，如图 6.63 所示，包括“伸直”“平滑”和“墨水”3 个选项。

图 6.61　端点的 3 种样式

图 6.62　接合的 3 种效果

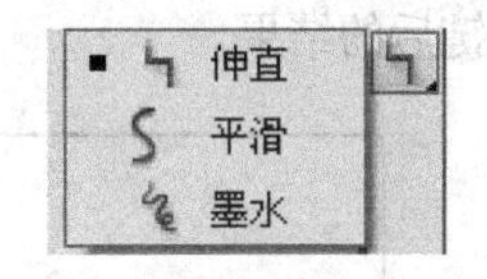

图 6.63　铅笔三种模式

- 伸直：是铅笔工具中功能最强的一种模式，具有很强的线条形状识别能力，可以对所绘制线条进行自动校正，将画出的近似直线取直，平滑曲线，简化波浪线，自动识别椭圆形、矩形和半圆形等。还可以绘制直线并将接近三角形、椭圆形、矩形和正方形的形状转换为这些常见的几何形状。
- 平滑：使用此模式绘制线条，可以自动平滑曲线，减少抖动造成的误差，从而明显地减少线条中的“碎片”，达到一种平滑的线条效果。
- 墨水：使用此模式绘图的线条就是绘制过程中鼠标所经过的实际轨迹，此模式可以在最大程度上保持实际绘出的线条形状，而只做轻微的平滑处理。同样，绘制时按住 Shift 键，可以绘制出水平或垂直的直线。

（3）钢笔工具。钢笔工具通常用于绘制精确的路径。在 Flash 中使用钢笔工具绘制的曲线，是通过贝塞尔方式创建的，因此也称为贝塞尔曲线，该曲线中控制曲线弧度的点上的手柄，称为贝塞尔手柄。

① 钢笔工具绘制直线。选择“钢笔”工具，将钢笔工具定位在直线段的起始点并单击，以定义第一个锚点。在想要该线段结束的位置处再次单击（按住 Shift 键单击将该线段的角度限制为 45° 的倍数）。继续单击，为其他的直线段设置锚点，如图 6.64 所示。

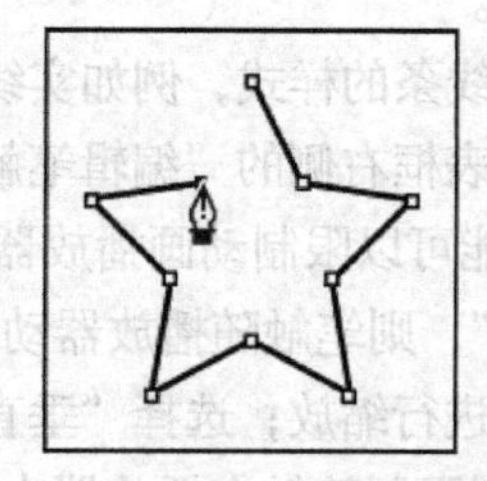

图 6.64 使用钢笔工具创建图形

若要完成一条开放路径，可双击最后一个点，或者单击“工具”面板中的钢笔工具，或者按住 Ctrl 键并单击路径外的任何位置。

若要闭合路径，可将钢笔工具定位在第一个（空心）锚点上。当位置正确时，钢笔工具指针旁边将出现一个小圆圈，单击或拖动以闭合路径。

② 用钢笔工具绘制曲线。若要创建曲线，需在曲线改变方向的位置处添加锚点，并拖动构成曲线的方向线。方向线的长度和斜率决定了曲线的形状。

如果使用尽可能少的锚点拖动曲线，会更容易编辑曲线，并且系统可更快速显示和打印它们。使用过多锚点还会在曲线中造成不必要的凸起。

绘制曲线的步骤如下。

选择“钢笔”工具，将钢笔工具定位在曲线的起始点，并按住鼠标按键；此时会出现第一个锚点，同时钢笔工具指针变为箭头。拖动设置要创建曲线段的斜率，然后松开鼠标按键。一般而言，将方向线向计划绘制的下一个锚点延长约三分之一距离，之后可以调整方向线的一端或两端。按住 Shift 键可将工具限制为 45° 的倍数。

图 6.65 所示的 A 表示定位钢笔工具，B 表示开始拖动（鼠标按键按下），C 表示拖动以延长方向线。

若要创建 C 形曲线，请以上一方向线相反方向拖动，然后松开鼠标按键。图 6.66 所示的 A 表示开始拖动第二个平滑点，B 表示远离上一方向线方向拖动，创建 C 形曲线，C 表示松开鼠标按键后的结果。

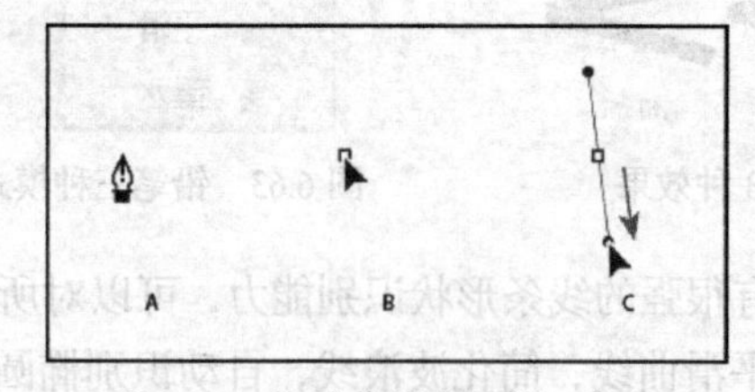

图 6.65 拖动曲线中的第一个点

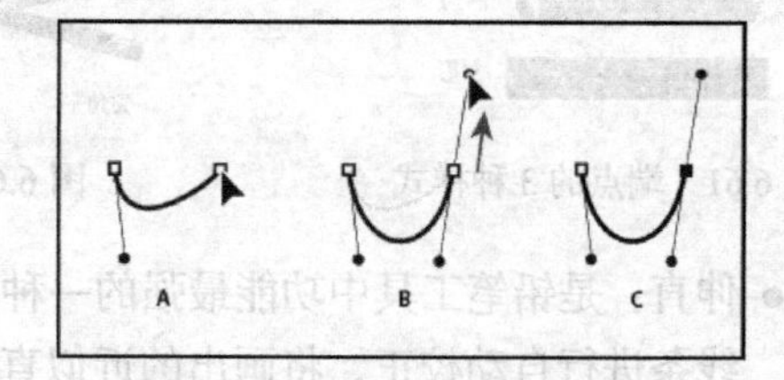

图 6.66 绘制曲线中的第二个点

若要创建一系列平滑曲线，只需继续从不同位置拖动钢笔工具。将锚点置于每条曲线的开头和结尾，不放在曲线的顶点。若要断开锚点的方向线，在按住 Alt 键的同时拖动方向线。

若要闭合路径，需将钢笔工具定位在第一个（空心）锚点上。当位置正确时，“钢笔”工具指针旁边将出现一个小圆圈，单击或拖动以闭合路径。

若要保持为开放路径，则在按住 Ctrl 键的同时单击所有对象以外的任何位置，然后选择其他工具或选择“编辑”菜单下的“取消全选”命令。

（4）刷子工具和喷涂刷工具。使用刷子工具能绘制出刷子般的笔触，就像在涂色一样。它可以创建特殊效果，包括书法效果。用户可以在刷子工具选项设置区选择刷子大小和形状。在大多数绘图板上，可以通过改变笔上的压力来改变刷子笔触的宽度。

刷子工具是在影片中进行大面积上色时使用的。虽然颜料桶工具也可以给图形设置填充色，但是它只能给封闭图形上色，而刷子工具可以给任意区域和图形进行颜色的填充，多用于对填充目标的填充精度要求不高的场合。

单击刷子工具右下角的三角箭头，会弹出图 6.67 所示的选项列表，选择喷涂刷工具后，可以在指定区域随机喷涂元件，特别适合添加一些特殊效果，如星光、雪花、落叶等画面元素（这些元素可以通过创建元件来指定）。

（5）矩形工具。矩形工具可以绘制各种比例的矩形和正方形及圆角矩形。需要注意的是：该工具绘制的图形轮廓分别是由 4 条直线段组成的。

矩形工具的“填充和笔触”属性设置，与铅笔工具类似。“矩形选项”（见图 6.68）的设置，可以设置矩形边角的半径大小，从而绘制出圆角矩形。

图 6.67　刷子工具列表

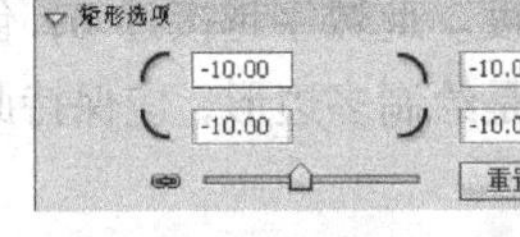

图 6.68“矩形选项”设置

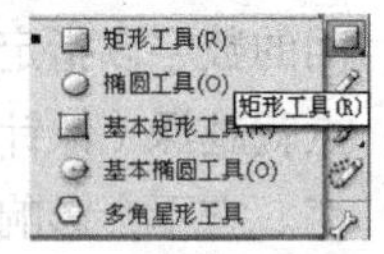

图 6.69　矩形工具下拉列表

- 矩形边角半径：用于指定矩形的角半径。默认值为零，表示创建的是直角矩形。可以在每个文本框中输入内径的数值。如果输入负值，则创建的是反半径。还可以取消选择限制角半径图标，然后分别调整每个角半径。若要对每个角指定不同的角半径，单击属性检查器的“矩形选项”区域中的“挂锁”图标取消选择即可。锁定时，半径控件将受限制，因此每个角将使用相同的半径。
- 重置：重置基本矩形工具的所有控件，并将在舞台上绘制的基本矩形形状恢复为原始大小和形状。

在绘制矩形的过程中按住 Shift 键，可在工作区中绘制一个正方形。

（6）椭圆工具。当单击矩形工具右下角的小三角箭头时，将出现图 6.69 所示的下拉列表，可选择其他绘制工具：椭圆工具，基本矩形工具，基本椭圆工具，多角星形工具。使用椭圆工具可以绘制各种大小的椭圆形和正圆形，并且可以通过设置椭圆的开始角度和结束角度绘制出各种扇形环。

“椭圆选项”设置决定了将要绘制的图形形状。“椭圆选项”包括“开始角度”“结束角度”“闭合路径”和“内径”4 个参数，如图 6.70 所示。

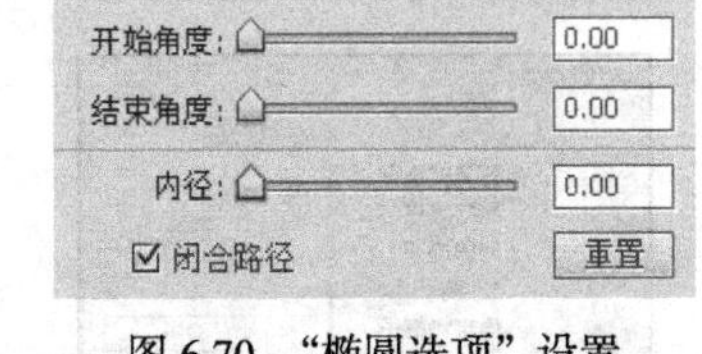

图 6.70　“椭圆选项”设置

- 开始角度和结束角度：设置椭圆的起始点角度和结束点角度。使用这两个控件可以轻松地将椭圆和圆形的形状修改为扇形、半圆形及其他有创意的形状。
- 闭合路径：确定椭圆的路径（如果指定了内径，则有多条路径）是否闭合。如果指定了一条开放路径，但未对生成的形状应用任何填充，则仅绘制笔触。默认情况下选择闭合路径。
- 内径：设置椭圆内径（即内侧椭圆）的大小。可以在框中输入介于 0 和 99 之间的值作为内径的数值，以表示删除的填充的百分比，或单击滑块相应地调整内径的大小。
- 重置：重置基本椭圆工具的所有控件，并将在舞台上绘制的基本椭圆形状恢复为原始大小和形状。

下面给出一个扇形和一个环形的绘制效果及其“椭圆选项”的设置，如图 6.71 和图 6.72 所示。

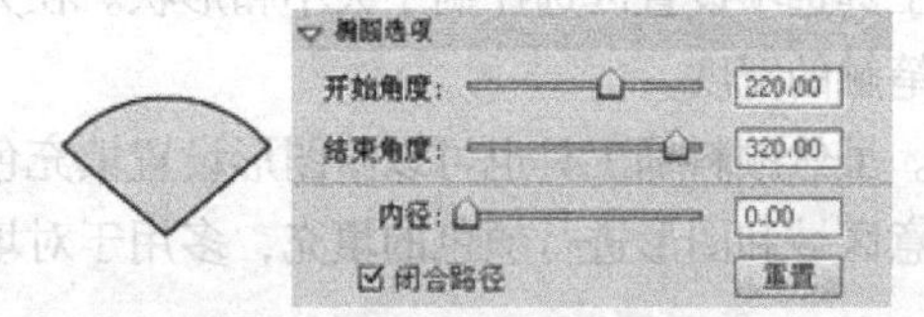

图 6.71　扇形的设置与效果图

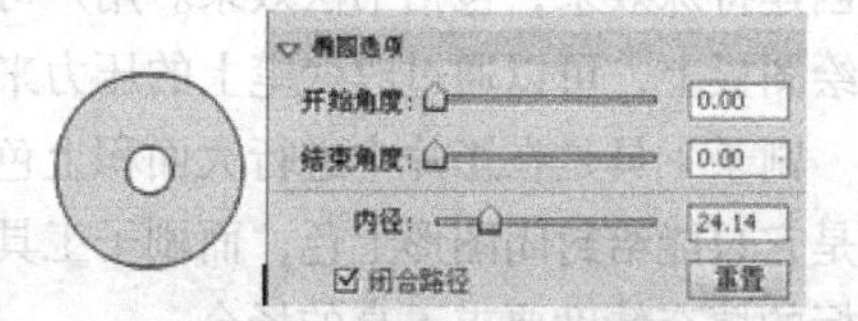

图 6.72　环形的设置与效果图

（7）多角星形工具。多角星形工具用来绘制多边形和星形。根据选项设置中样式的不同，用户可以选择要绘制的是多边形还是星形。单击“属性”面板中的“选项”按钮，将打开“工具设置”对话框，如图 6.73 所示。其中：

- 样式：有两个选项，默认的是“多边形”，也可以选择“星形”。
- 边数：设置多边形或星形的边数。
- 星形顶点大小：设置星形的顶点大小。输入一个介于 0 到 1 之间的数字以指定星形顶点的深度。此数字越接近 0，创建的顶点就越深（像针一样）。如果是绘制多边形，应保持此设置不变。它不会影响多边形的形状。

工具设置
样式：多边形
边数：5
星形顶点大小：0.50
确定　取消

图 6.73　“工具设置”对话框

（8）基本矩形工具和基本椭圆工具。图元对象是允许用户在属性检查器中调整其特征的形状。创建了图元对象图形之后，任何时候都可以精确地控制形状的大小、边角半径以及其他属性，而无需从头开始绘制。

在 Flash CS6 中提供了矩形和椭圆两种图元对象，可以使用基本矩形工具和基本椭圆工具进行绘制。使用基本矩形工具绘制图形的方法与使用矩形工具的方法相同，两者的属性项也基本相同。使用基本椭圆工具绘制图形的方法与使用椭圆工具的方法相同，两者的属性项也基本相同。

（9）Deco 工具。使用 Deco 工具可以快速地创建类似于万花筒的效果，极大地扩展了 Flash 的表现力。使用 Deco 工具创建绘图效果的操作如下：先创建一个空白的文件，然后在工具箱中选中 Deco 工具，此时鼠标指针显示为油漆桶的形状，在属性面板中，设置工具的绘制效果和工具选项，最后将鼠标移到舞台上单击即可创建出绘图效果。

使用 Deco 工具可以设置藤蔓式填充、网格填充、对称刷子等 13 种绘制效果模式，如图 6.74 所示，使用默认属性——藤蔓式填充（见图 6.75）设置后，绘制效果如图 6.76 所示。

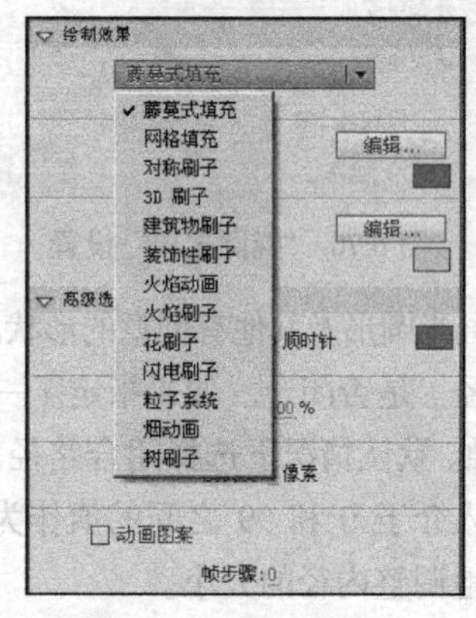

图 6.74　选择绘制效果

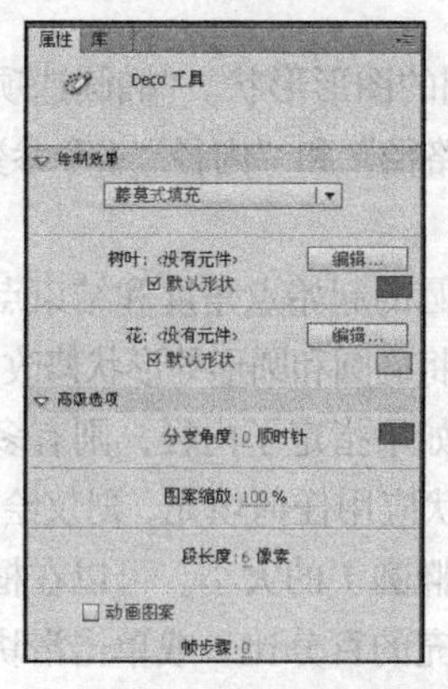

图 6.75　默认设置——藤蔓式填充

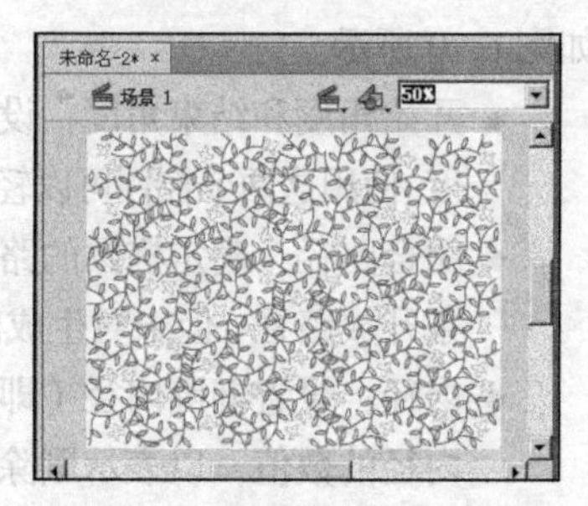

图 6.76　藤蔓式填充绘图效果

3. 色彩填充与修改

Flash CS6 支持 RGB 和 HSB 两种颜色模型。使用“颜色”面板，可以在 RGB 和 HSB 模式下创建和编辑纯色和渐变填充。若要访问系统颜色选择器，请从“颜色”面板、“工具”面板或“形状属性”检查器中的“笔触颜色”或“填充颜色”控件中选择颜色选择器图标。

（1）“颜色”面板。“颜色”面板包含下列控件。

- 笔触颜色：更改图形对象的笔触或边框的颜色。
- 填充颜色：更改填充形状的颜色，
- “颜色类型”：更改如下。
  - ◆ 无：删除填充。
  - ◆ 纯色颜色：提供一种单一的填充颜色。
  - ◆ 线性渐变：产生一种沿线性轨道混合的渐变。
  - ◆ 径向渐变：产生从一个中心焦点出发沿环形轨道向外混合的渐变。
  - ◆ 位图填充：用可选的位图图像平铺所选的填充区域。选择“位图”时，系统会显示一个对话框，可以通过该对话框选择本地计算机上的位图图像，并将其添加到库中。可以将此位图用作填充；其外观类似于形状内填充了重复图像的马赛克图案。
- A：代表 Alpha，可设置实心填充的不透明度，或者设置渐变填充的当前所选滑块的不透明度。如果 Alpha 值为 0%，则创建的填充不可见（即透明）；如果 Alpha 值为 100%，则创建的填充不透明。

对于 RGB 显示，用户可以在“红”“绿”和“蓝”颜色值框中输入颜色值；对于 HSB 显示，则输入“色相”“饱和度”和“亮度”值；对于十六进制显示，则输入十六进制数值。用户可以输入一个 Alpha 值来指定透明度，值的范围在表示完全透明的 0 和表示完全不透明的 100 之间。

若要返回到默认颜色设置，即黑白（黑色笔触和白色填充）设置，请单击“黑白”按钮。

- 若要在填充和笔触之间交换颜色，请单击“交换颜色”按钮。
- 若不对填充或笔触应用任何颜色，请单击“无颜色”按钮。

Flash 可以创建两类渐变。

- 线性渐变：沿着一根轴线（水平或垂直）改变颜色，创建从起始点到终点沿直线逐渐变化的渐变。
- 径向渐变：从一个中心焦点出发沿环形轨道向外混合的渐变。可以调整渐变的方向、颜色、焦点位置，以及渐变的其他很多属性。

（2）调整多个线条或形状的笔触。若要更改一个或多个线条或者形状轮廓的笔触颜色、宽度和样式，请使用墨水瓶工具。对直线或形状轮廓只能应用纯色，而不能应用渐变或位图。

使用墨水瓶工具而不是选择个别的线条，可以更容易地一次更改多个对象的笔触属性。从工具栏中选择墨水瓶工具，选择一种笔触颜色，从属性检查器中选择笔触样式和笔触宽度，若要应用对笔触的修改，则应单击舞台中的对象。

（3）复制笔触和填充。用户可以用“滴管”工具从一个对象复制填充和笔触属性，然后立即将它们应用到其他对象。“滴管”工具还允许用户从位图图像取样用作填充。

若要将笔触或填充区域的属性应用到另一个笔触或填充区域，请选择“滴管”工具，然后单击要应用其属性的笔触或填充区域。当用户单击一个笔触时，该工具自动变成墨水瓶工具。当用户单击已填充的区域时，该工具自动变成颜料桶工具，并且打开“锁定填充”功能键。单击其他笔触或已填充区域以应用新属性。

（4）修改涂色区域。“颜料桶”工具可以用颜色填充封闭区域。用户可以用此工具执行以下操作。

- 填充空区域，然后更改已涂色区域的颜色。
- 用纯色、渐变和位图填充进行涂色。
- 使用颜料桶工具填充不完全闭合的区域。
- 使用颜料桶工具时，让 Flash 闭合形状轮廓上的空隙。

从工具栏中选择颜料桶工具，选择一种填充颜色和样式，单击显示在工具面板底部的间隙大小修改键并选择一个间隙大小选项。如果要在填充形状之前手动封闭空隙，请选择“不封闭空隙”。对于复杂的图形，手动封闭空隙会更快一些。选择“关闭”选项可使 Flash 填充有空隙的形状。如果空隙太大，用户可能必须手动封闭它们。单击要填充的形状或封闭区域。

（5）使渐变和位图填充变形。通过调整填充的大小、方向或者中心，可以使渐变填充或位图填充变形。

从工具面板中选择“渐变变形”工具。如果在工具面板中看不到渐变变形工具，请单击并按住任意变形工具，然后从显示的菜单中选择渐变变形工具。单击用渐变或位图填充的区域。系统将显示一个带有编辑手柄的边框。当指针在这些手柄中的任何一个上面的时候，它会发生变化，显示该手柄的功能。A 表示中心点，B 表示焦点，C 表示宽度，D 表示大小，E 表示旋转，如图 6.77 所示。

- 中心点：中心点手柄的变换图标是一个四向箭头。
- 焦点：仅在选择放射状渐变时才显示焦点手柄。焦点手柄的变换图标是一个倒三角形。
- 大小：大小手柄的变换图标（边框边缘中间的手柄图标）是内部有一个箭头的圆圈。
- 旋转：调整渐变的旋转。旋转手柄的变换图标（边框边缘底部的手柄图标）是组成一个圆形的四个箭头。
- 宽度：调整渐变的宽度。宽度手柄（方形手柄）的变换图标是一个双向箭头。

按下 Shift 键可以将线性渐变填充的方向限制为 45°的倍数。

用下面的任何方法都可以更改渐变或填充的形状。

- 若要改变渐变或位图填充的中心点位置，请拖动中心点，如图 6.78 所示。
- 若要更改渐变或位图填充的宽度，请拖动边框边上的方形手柄（此选项只调整填充的大小，而不调整包含该填充的对象的大小），如图 6.79 所示。

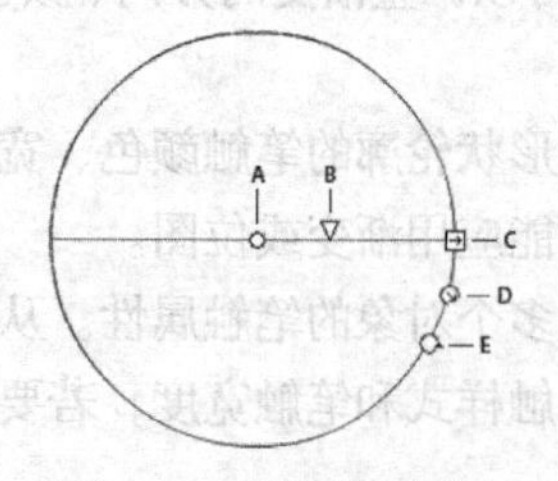

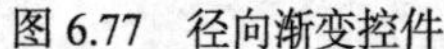

图 6.77　径向渐变控件

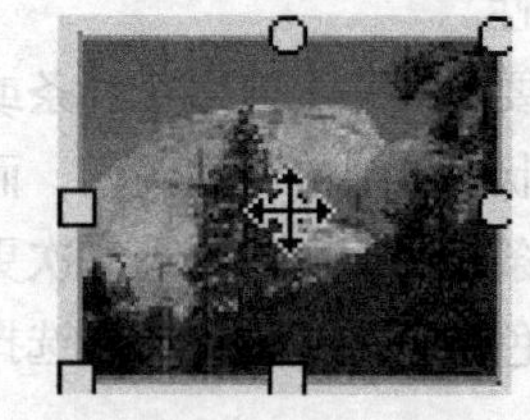

图 6.78　改变中心点位置

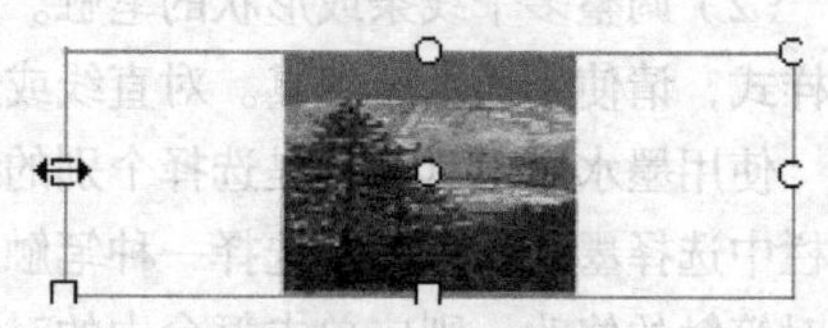

图 6.79　更改宽度

- 若要更改渐变或位图填充的高度，请拖动边框底部的方形手柄，如图 6.80 所示。
- 若要旋转渐变或位图填充，请拖动角上的圆形旋转手柄。还可以拖动圆形渐变或填充边框最下方的手柄，如图 6.81 所示。
- 若要缩放线性渐变或者填充，请拖动边框中心的方形手柄，如图 6.82 所示。
- 若要更改环形渐变的焦点，则应拖动环形边框中间的圆形手柄，如图 6.83 所示。

- 若要倾斜形状中的填充，请拖动边框顶部或右边圆形手柄中的一个，如图 6.84 所示。
- 若要在形状内部平铺位图，请缩放填充，如图 6.85 所示。

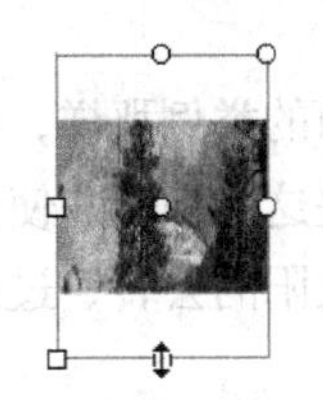

图 6.80　改变高度

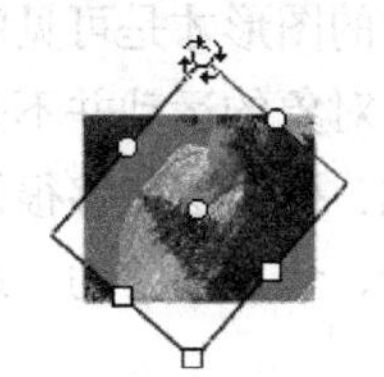

图 6.81　旋转操作

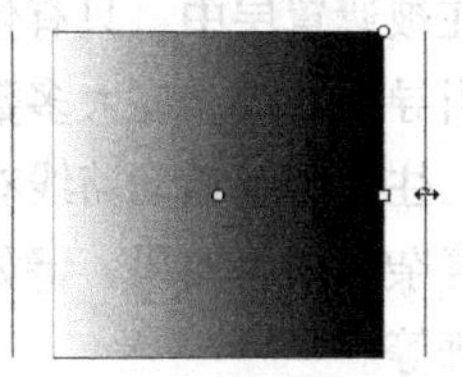

图 6.82　缩放

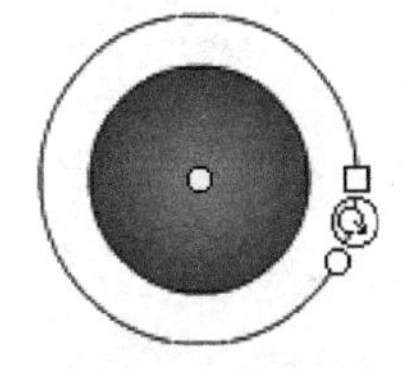

图 6.83　更改焦点

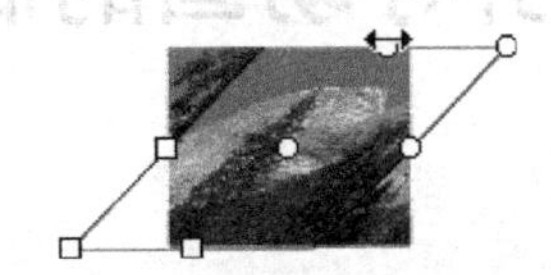

图 6.84　倾斜形状中的填充

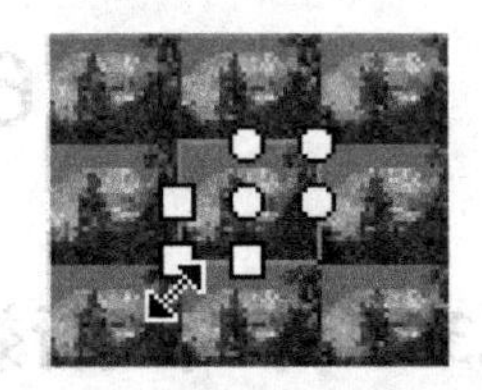

图 6.85 形状内部平铺位图

4. 基本动画类型

（1）逐帧动画。每一帧都由用户自己设定，能够忠实表达作者的意愿，但是工作量相对较大。

在形状补间中，用户在时间轴中的一个特定帧上绘制一个矢量形状，在另一个特定帧上然后更改该形状或绘制另一个形状，过渡帧由 Flash 自行创建。

（2）补间形状。最适合用于简单形状，也可以对补间形状内的形状的位置和颜色进行补间。若要对组、实例或位图图像应用形状补间，请分离这些元素。若要对文本应用形状补间，请将文本分离两次，从而将文本转换为对象。

（3）动作补间。可以制作出多种类型的动画效果，如位置移动、大小变化、旋转移动、逐渐消失等。需要注意的是，应用于动作补间的对象必须具有元件或群组的属性。

（4）传统补间。与补间动画类似，但是创建起来更复杂。使用传统补间，可以实现连续多个对象之间的大小、位置、颜色、角度、透明度的变化。在制作动画时，用户只需在时间轴面板上添加开始关键帧和结束关键帧，然后通过舞台更改关键帧的对象属性，接着在图层上单击鼠标右键并选择“创建传统补间”命令即可。

（5）滤镜特效动画。使用 Flash 滤镜，可以为文本、按钮和影片剪辑增添有趣的视觉效果。如对文本应用投影滤镜后的效果，如图 6.86 所示；应用倾斜投影滤镜的效果，如图 6.87 所示；应用模糊滤镜的效果，如图 6.88 所示；应用发光滤镜的效果，如图 6.89 所示；使用带挖空选项的发光滤镜效果，如图 6.90 所示；应用斜角滤镜的效果，如图 6.91 所示。

Text ...

图 6.86　应用投影滤镜

图 6.87　应用倾斜投影滤镜

Text ...

图 6.88　应用模糊滤镜

Text ...

图 6.89　应用发光滤镜

Text ...

图 6.90　应用带挖空选项的发光滤镜

Text ...

图 6.91　应用斜角滤镜

（6）遮罩动画。它是 Flash 的一种重要动画形式，通过使用遮罩层，可以创作出很多复杂而实用的动画效果。图层与图层之间的关系，不仅仅是上面图层挡住下面的图层，而且还可以是互相制约的关系——遮罩。遮罩能让用户自己设定对象的可见区域，即用户在遮罩层绘制出一块范围，那么在被遮罩层中，只有位于该范围内的图形才是可见的。

（7）引导线动画。在大多数的动画中，对象的运动并不是像前面的举例那样，仅仅是简单的直线运动，往往需要运动路线有一定的变化，引导层能够很好地解决这个问题。使用引导层，可以制作出复杂的动画效果，譬如小鸟的飞行、鱼儿的游动、地球绕太阳的公转、过山车的效果或者雪花飞舞等。

6.3　引导动画的制作

6.3.1　小鸟飞行效果

1. 案例知识点及效果图

本案例主要运用了以下知识点：图片的使用，图形元件的应用，引导动画的设置等。案例效果如图 6.92 所示。

图 6.92　动画效果截图（部分帧画面）

2. 操作步骤

（1）新建一个空白 Flash 文档，设置文档尺寸为 500 × 269（依据此动画所用背景图片的大小尺寸设置）。

（2）新建一个图片元件，名称为“小鸟”，进入元件的编辑模式。

（3）选择“文件”菜单中的“导入”子菜单中的“导入到舞台”命令，将名为“xiaoniao.jpg”的图片导入到舞台中。

（4）返回场景，选择“文件”菜单中的“导入”子菜单中的“导入到舞台”命令，将名为“changjing.jpg”图片导入到舞台中，调整位置使其刚好覆盖整个舞台，并修改当前图层名为“背景”，选择第 30 帧，按 F5 键插入帧。

（5）新增一个图层，命名为“小鸟”，将库中的小鸟元件拖曳到舞台中，使用“任意缩放工具”调节“小鸟”实例大小，放置在图 6.93 所示位置，选择第 30 帧，按 F6 键插入关键帧。

（6）在“小鸟”图层上单击鼠标右键，在弹出菜单中选择“添加传统运动引导层”命令，此时时间轴上新增一个图层，其默认名称为“引导层: 小鸟”，选择该图层第 1 帧，然后选择铅笔工具，绘制小鸟飞行的路径，使其起点在小鸟的位置，终点在小猪的位置。

（7）选择“小鸟”图层第 1 帧，将小鸟的中心点定位到引导线的起点处；选择第 30 帧，将小鸟的中心点定位到引导线的终点处，在第 1 帧到第 30 帧之间任意一帧上单击鼠标右键，在弹出菜单中选择“创建传统补间”命令；设置完成之后的时间轴如图 6.94 所示。

图 6.93　小鸟的位置

图 6.94　动画设计完成时的时间轴

（8）选择时间轴上的第 1 帧，按下 Enter 键，即可预览小鸟沿指定线路飞行的效果。

（9）保存动画文件。选择“文件”菜单下的“保存”命令，保存文件名为“小鸟飞行.fla”。

6.3.2　地球公转效果

1. 案例知识点及效果图

本案例主要运用了以下知识点：影片剪辑元件的应用，图层的使用，引导动画的设置等。案例效果如图 6.95 所示。

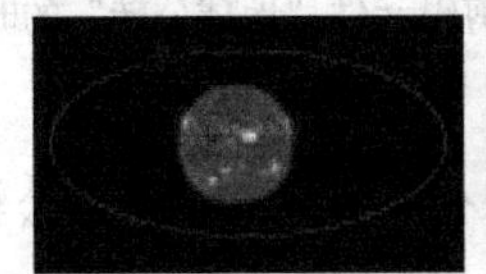
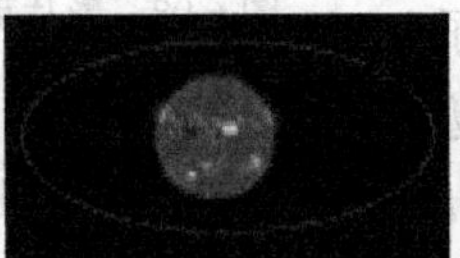
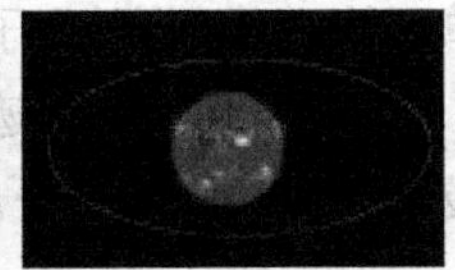
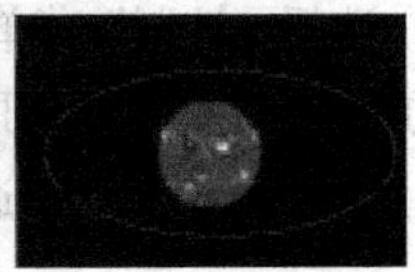

图 6.95　动画效果截图（部分帧画面）

2. 操作步骤

（1）新建一个空白 Flash 文档，设置文档背景色为“黑色”，帧频为“12”。

（2）新建一个影片剪辑元件名称为“地球公转”，进入元件的编辑模式。重命名图层 1 的名称为“太阳”，然后选择“文件”菜单中的“导入”子菜单中的“导入到舞台”命令，将名为“sun.jpg”的文件导入到舞台中，使用“任意变形工具”调整其大小，使用“选择工具”调整其位置，使其位于舞台中央。

（3）选中太阳，单击鼠标右键，在弹出菜单中选择“转换为元件”命令，设置名称为“太阳”，类型为“图形”，单击“确定”按钮。

（4）在“太阳”图层的第 50 帧处按 F5 键插入帧。

（5）在“太阳”图层之上增加一个新图层，命名为“地球”，选择该图层第 1 帧，使用椭圆工具绘制一个圆形代表地球，并用蓝色径向渐变色填充，笔触颜色设置为“无”，如图 6.96 所示。

（6）在“地球”图层的第 50 帧处按 F6 键插入关键帧，选择第 1 帧到第 50 帧之间的任意一帧，单击鼠标右键，在弹出菜单中选择“创建传统补间”命令。

（7）在“地球”图层上单击鼠标右键，在弹出菜单中选择“添加传统运动引导层”命令。

（8）在引导层的第 1 帧，使用椭圆工具，设置填充颜色为“无”，笔触颜色为“黄色”，绘制一个椭圆，作为地球公转的轨道，如图 6.97 所示。

（9）新增一个图层，命名为“轨迹”，拖曳该图层到“太阳”图层下方，复制引导图层中的椭圆形轨迹，选择新增的“轨迹”图层中第 1 帧，然后选择“编辑”菜单下的“粘贴到当前位置”命令，这样动画在播放时，可以看到地球公转的轨迹；锁定该图层。

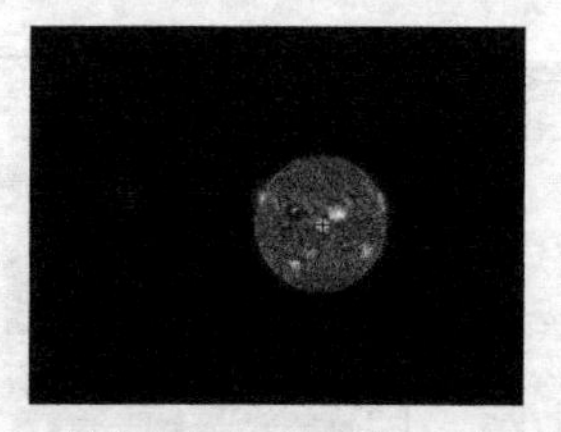

图 6.96　元件编辑模式中舞台上的太阳与地球

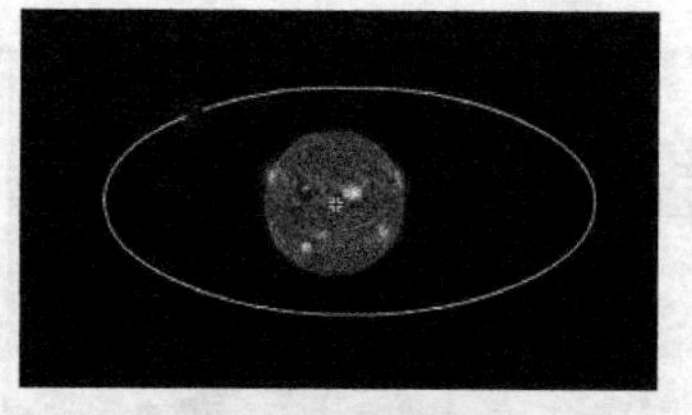

图 6.97　引导线

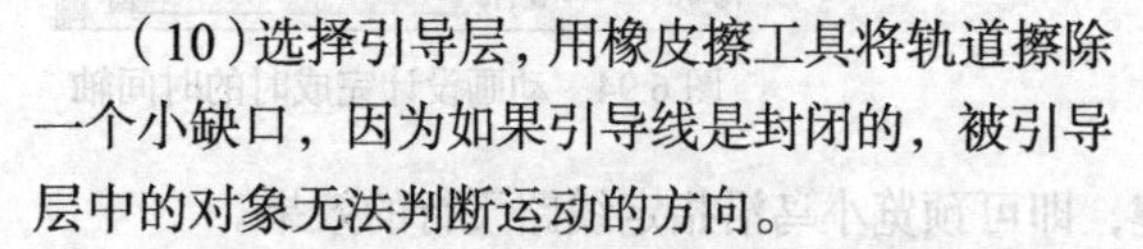

（10）选择引导层，用橡皮擦工具将轨道擦除一个小缺口，因为如果引导线是封闭的，被引导层中的对象无法判断运动的方向。

（11）选择“地球”图层第 1 帧，将地球拖曳到缺口左端，使其中心点定位到引导线的起点处，选择第 50 帧，将地球的中心点定位到缺口右端引导线的终点处，完成后的时间轴如图 6.98 所示。

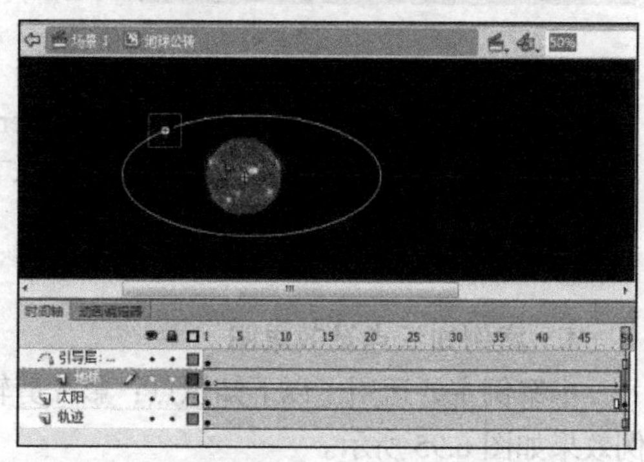

图 6.98　影片剪辑元件“地球公转”的时间轴

（12）返回场景，从库面板中将“地球公转”元件拖入到舞台中。

（13）选择“控制”菜单下的“测试影片”子菜单中的“测试”命令，可以看到地球沿着轨迹线绕太阳公转。

（14）保存动画文件。选择“文件”菜单下的“保存”命令，保存文件名为“地球公转.fla”。

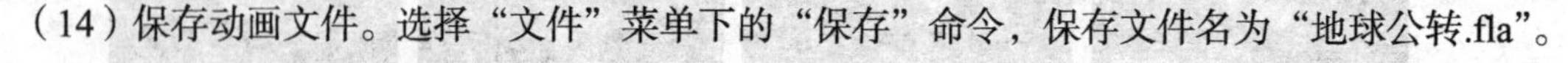

6.3.3　哭脸与笑脸效果

1. 案例知识点及效果图

本案例主要运用了以下知识点：椭圆工具的使用，影片剪辑元件的使用，引导动画的设置等。案例效果如图 6.99 所示。

图 6.99　动画效果截图（部分帧画面）

2. 操作步骤

（1）新建一个空白 Flash 文档，保存文件名为“哭脸与笑脸.fla”。

（2）新建一个影片剪辑元件“眼”，进入元件编辑模式。

（3）修改图层 1 的名称为“眼眶”；选择工具箱中的“椭圆工具”，设置笔触颜色为“黑色”，填充颜色为“黄色”；当前“椭圆”工具仍处于选中状态，按住 Shift 键在舞台上拖动以绘制出一个圆形，作为眼眶；选择第 40 帧，按下 F5 键插入帧。

（4）新增一个图层，命名为“眼珠”；选择工具箱中“椭圆工具”，设置笔触颜色为“无”，填充颜色为“黑色”；选择“眼珠”图层第 1 帧，按住 Shift 键在舞台上拖动以绘制出一个圆形，作为眼珠，眼珠与眼眶的相对位置如图 6.100 所示；在当前图层的第 40 帧处按下 F6 键插入关键帧。

（5）在“眼珠”图层的名称上单击鼠标右键，在弹出菜单中选择“添加传统运动引导层”命令；在引导层的第 1 帧绘制一个只有笔触没有填充的圆形，比眼眶要小，作为眼珠的运动轨迹，其位置如图 6.101 所示；使用 Shift 键，同时选定眼眶的笔触和眼珠轨迹线，使用“修改”菜单下的“对齐”子菜单中的“水平居中”和“垂直居中”命令，将二者对齐；锁定“眼眶”图层；将“眼球”图层设置为只显示轮廓，并锁定“眼珠”图层；再使用橡皮擦工具，选择合适的橡皮擦形状，将轨迹线擦除一个小缺口，缺口位置与眼珠位置有重合，如图 6.102 所示；锁定引导层。

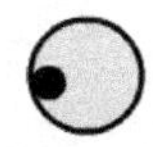

图 6.100　眼珠初始位置

图 6.101　运动轨迹的位置

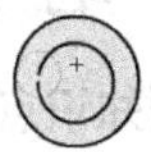

图 6.102　运动轨迹缺口位置

（6）解锁“眼珠”图层，在该图层第 1 帧到第 40 帧之间任意处单击鼠标右键，在弹出菜单中选择“创建传统补间”；单击“眼珠”图层第 1 帧，将眼珠定位到轨迹线的起点处；单击“眼珠”图层第 40 帧，将眼珠定位到轨迹线的终点处，如图 6.103 所示；影片剪辑元件“眼珠”制作完成。

（7）新建一个影片剪辑元件“嘴”，进入元件编辑模式；选择图层的第 1 帧，在工具箱中单击“线条工具”，在舞台上绘制一条直线线段，作为“嘴巴”，完成后的效果如图 6.104 所示；在工具箱中单击“选择”工具，将鼠标移动到代表“嘴”的直线线段下方，鼠标指针下方呈现弧线状态时，如图 6.105 所示，按下鼠标左键，向上拖曳鼠标，当呈现如图 6.106 所示效果时，松开鼠标左键。

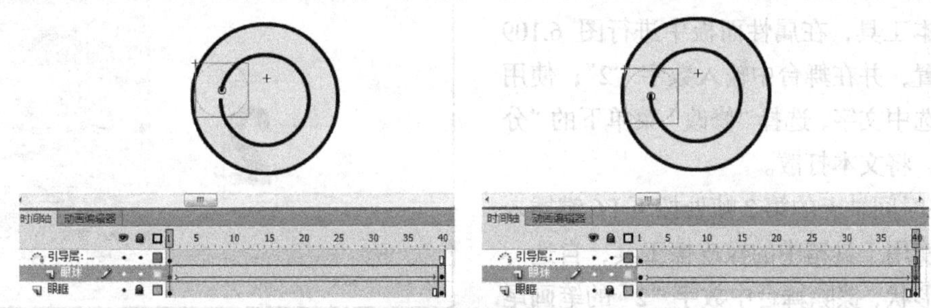

图 6.103　第 1 帧和第 40 帧时眼珠的位置

图 6.104　直线的初始状态　　图 6.105　鼠标移到直线下方的状态

图 6.106　拖曳鼠标后的效果

（8）选择第 40 帧，按下 F6 键插入关键帧；如果舞台上有对象呈现选中状态，则单击舞台空白处取消对象选择；在工具箱中单击“选择”工具，将鼠标移动到代表“嘴”的弧线下方，鼠标指针呈现图 6.105 所示状态时，按下鼠标左键向下拖曳鼠标，得到“笑”的效果。

（9）在第 1 帧到第 40 帧之间任一帧上单击鼠标右键，在弹出菜单中选择“创建补间形状”命令；至此影片剪辑元件“嘴”制作完成。

（10）返回到场景 1，将场景 1 的默认图层重命名为“脸”；选择工具箱中的“椭圆工具”，设置笔触颜色为“黑色”，填充颜色为“黄色”；当前“椭圆”工具仍处于选中状态，按住 Shift 键在舞台上拖动以绘制出一个圆形，作为脸。

（11）新增两个图层，分别命名为“眼睛”和“嘴巴”，选择图层“眼睛”的第 1 帧，先后两次从库中将元件“眼”拖曳到舞台上合适的位置，舞台上应有两只眼睛；选择图层“嘴巴”的第 1 帧，从库中将元件“嘴”拖曳到舞台上合适的位置；如图 6.107 所示。

图 6.107　场景 1 的时间轴及舞台

（12）按下 Ctrl+Enter 组合键测试影片，将会出现眼珠沿着轨迹线转动，唇线弧度变化的效果。

（13）保存动画文件。选择“文件”菜单下的“保存”命令，将动画文件的设置保存下来。

6.3.4 笔写数字效果

1. 案例知识点及效果图

本案例主要运用了以下知识点：橡皮擦的使用，文本工具的使用，引导动画的设置等。案例效果如图 6.108 所示。

图 6.108 动画效果截图（部分帧画面）

2. 操作步骤

（1）新建一个空白 Flash 文档，保存文件名为“笔写数字.fla”。

（2）首先完成 6.1.3 小节所介绍的手写数字效果。

① 重命名默认图层 1 为“逐帧擦除”。

② 选择时间轴上的第 1 帧，然后选择工具箱中的文本工具，在属性面板中进行图 6.109 所示的设置，并在舞台中输入数字“2”；使用选择工具选中文字，选择“修改”菜单下的“分离”命令，将文本打散。

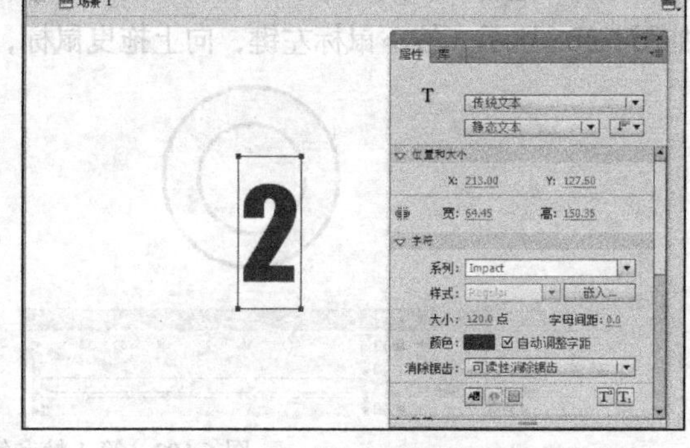

图 6.109 文本工具的属性设置，以及舞台中输入的文字效果

③ 在时间轴上的第 2 帧处按下 F6 键插入关键帧；使用工具箱中的橡皮擦工具，自选一种橡皮擦形状，擦除舞台中数字“2”的笔画尾部，如图 6.110（a）所示。

④ 在时间轴上的第 3 帧处按下 F6 键插入关键帧，选择工具箱中的橡皮擦工具，自选一种橡皮擦形状，擦除舞台中数字“2”的笔画尾部，如图 6.110（b）所示。

⑤ 重复步骤④的操作，依次完成第 4 帧到第 13 帧的制作，在第 13 帧时，数字“2”的效果如图 6.110（c）所示。

（a）第 2 帧　（b）第 3 帧　（c）第 13 帧

图 6.110 第 2，3，13 帧数字“2”尾部被擦除效果

⑥ 选择第 1 帧，按住 Shift 键的同时，单击最后一帧第 13 帧，在选中的帧上单击鼠标右键，在弹出菜单中选择“翻转帧”命令；完成了手写数字 2 的制作。

（3）新增一个图层，命名为“铅笔”；选择“文件”菜单中的“导入”子菜单中的“导入到舞台”命令，将名为“pencil.png”的图片导入到舞台中；选择“任意变形工具”，缩小图片，并将图片中心移至铅笔尖处，如图 6.111 所示；单击工具箱中的“选择工具”，选择“铅笔”图层的第 13 帧，按 F6 键插入关键帧。

（4）选择“铅笔”图层名称，单击鼠标右键，在弹出菜单中选择“添加传统运动引导层”命令，新增一个引导层；选择“逐帧擦除”图层中第 13 帧的数字 2，执行复制操作；选择引导层的第 1 帧，执行“粘贴到当前位置”操作；将“铅笔”图层第 13 帧中的铅笔，移到数字 2 的结束笔画位置，如图 6.112 所示；将“铅笔”图层第 1 帧中的铅笔，移到数字 2 的开始笔画位置，如图 6.113 所示。

图 6.111　图片中心在铅笔尖处

图 6.112　第 13 帧铅笔位置

图 6.113　第 1 帧铅笔位置

（5）在“铅笔”图层第 1 帧到第 13 帧之间任一帧上单击鼠标右键，在弹出菜单中选择“创建传统补间”命令。

（6）按下 Ctrl+Enter 组合键测试影片，将会出现铅笔书写数字 2 的效果。

（7）保存动画文件。选择“文件”菜单下的“保存”命令，将动画文件的设置保存下来。

6.3.5　知识点详解

1. 图形元件

能创建图形元件的元素可以是导入的位图图形、矢量图形、文本对象以及用 Flash 工具创建的线条、色块等。

（1）将所选元素转换为元件。例如绘制一个椭圆，然后选择该椭圆，选择“修改”菜单下的“转换为元件”命令， 此时打开库面板，其中将会显示刚生成的元件，如图 6.114 所示。

（2）新建元件。新建一个空白的 Flash 文档，选择“插入”菜单下的“新建元件”命令，弹出“创建新元件”对话框，在对话框中的“名称”文本框输入元件的名称，譬如“五边形”，在“类型”中选择“图形”，单击“确定”按钮。此时在库面板中会显示刚新建的元件项目，如图 6.115 所示，此时该元件中没有任何对象。用“多角星形”工具绘制一个五边形，库面板的元件预览随着变化，如图 6.116 所示。单击“场景 1”前面的 按钮，返回到原来的舞台，可以看到舞台上没有任何内容。

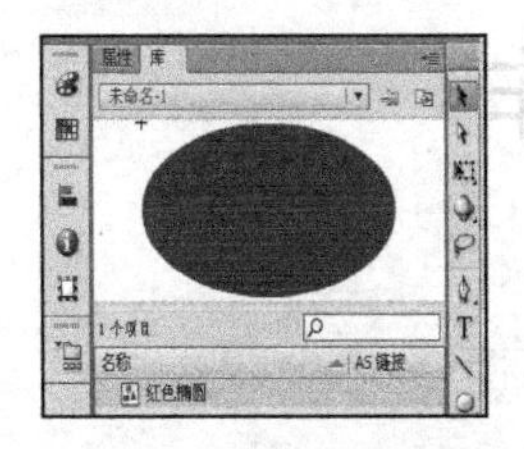

图 6.114　库面板中的元件

图 6.115　库面板

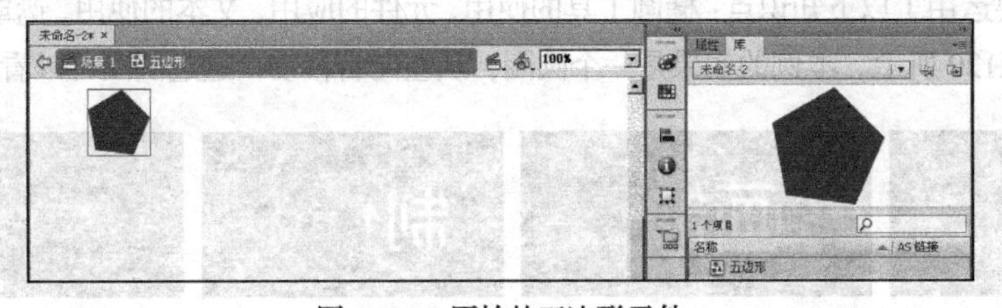

图 6.116　原始的五边形元件

用鼠标按住并拖曳库中的“五边形”元件到舞台上，连续拖曳 2 个。这两个五边形就称为元件“五边形”的实例。对舞台上的第 1 个实例用任意变形工具进行变形，会发现第 1 个实例的改变既不会影响第 2 个实例，也不会影响库中的元件，如图 6.117 所示。

双击库面板中元件“五边形”，切换至元件的编辑状态，使用颜料桶工具改变元件的填充颜色，如图 6.118 所示，然后返回到舞台，可以看到两个实例均发生了相应的变化，如图 6.119 所示。

图 6.117　1 个实例的修改，不影响元件，也不影响其他实例

图 6.118　修改之后的五边形元件

2. 影片剪辑元件

影片剪辑是包含在 Flash 影片中的影片片段，有自己的时间轴和属性，具有交互性，是用途最广、功能最多的部分。可以包含交互控制、声音以及其他影片剪辑的实例，也可以将其放置在按钮元件的时间轴中制件动画按钮。

图 6.119　元件修改后两个实例相应变化

只要在 Flash 中创建影片剪辑元件，Flash 就会将该元件添加到该 Flash 文档的库中。将某个影片剪辑元件的实例放置在舞台上时，如果该影片剪辑具有多个帧，它会自动按其时间轴进行回放，除非使用 ActionScript 更改其回放。

3. 引导动画制作步骤

引导动画的制作，可大致分成 3 个步骤：第一步，制作运动对象的补间动画；第二步，在运动对象所在图层之上添加引导层，绘制对象运动的路径；第三步，将运动对象在起始帧和结束帧处拖曳到运动路径上，使得运动对象吸附在运动路径上。

需要注意的是，在影片播放时，引导层的运动路径是不可见的。此外，运动路径不能是封闭的路径。

6.4 遮罩动画的制作

6.4.1 探照灯效果

1. 案例知识点及效果图

本案例主要运用了以下知识点：椭圆工具的使用，元件的应用，文本的使用，遮罩动画的设置等。案例效果如图 6.120 所示。本例的效果是一个圆圈，从左向右移动，透过圆圈可以看到后面的文字。

图 6.120　动画效果截图（部分帧画面）

2. 操作步骤

（1）新建一个空白 Flash 文档。

（2）在时间轴上新建两个图层，将这三个图层从上到下依次命名为“遮罩”“文字”“背景”。

（3）选择“背景”图层第 1 帧，选择矩形工具，在舞台上绘制一个矩形，大小等同于舞台的大小，设置黑色的填充，然后锁定该图层。

（4）选择“文字”图层的第 1 帧，选择文字工具，设置文字颜色为“黄色”，大小“70”，在舞台中央输入文字“动画制作真有趣”，输入完成后，使用选择工具选中文字，按下 Ctrl+B 组合键，将其打散，然后锁定该图层。

（5）选择“遮罩”图层的第 1 帧，选择椭圆工具，绘制一个圆形，笔触颜色为“无”，色彩任意，但是大小应该足够覆盖一个文字，其位置在文字“动”的左侧；选择该图形，然后选择“修改”菜单下的“转换为元件”命令，在弹出的对话框中设置名称为“遮罩圆形”，类型为“图形”，单击“确定”按钮。

（6）分别在“背景”“文字”图层的第 70 帧，按下 F5 键插入帧。

（7）在“遮罩”图层选择第 10 帧，按下 F6 键插入关键帧，将圆形拖曳到文字“动”的正上方，恰好可以将该文字遮挡起来，选后选择该层的第 1 帧，单击鼠标右键，在弹出菜单中选择“创建传统补间”命令。

（8）在“遮罩”图层选择第 20 帧，按下 F6 键插入关键帧，将圆形拖曳到文字“画”正上方，恰好可以将该文字遮挡起来，选后选择该图层的第 10 帧，单击鼠标右键，在弹出菜单中选择“创建传统补间”命令。

（9）在“遮罩”图层选择第 30 帧，按下 F6 键插入关键帧，将圆形拖曳到文字“制”的正上方，恰好可以将该文字遮挡起来，选后选择该图层的第 20 帧，单击鼠标右键，在弹出菜单中选择“创建传统补间”命令。

（10）在“遮罩”图层选择第 40 帧，按下 F6 键插入关键帧，将圆形拖曳到文字“作”的正上方，恰好可以将该文字遮挡起来，选后选择该图层的第 30 帧，单击鼠标右键，在弹出菜单中选择“创建传统补间”命令。

（11）在“遮罩”图层选择第 50 帧，按下 F6 键插入关键帧，将圆形拖曳到文字“真”的正上方，恰好可以将该文字遮挡起来，选后选择该图层的第 40 帧，单击鼠标右键，在弹出菜单中选择“创建传统补间”命令。

（12）在“遮罩”图层选择第 60 帧，按下 F6 键插入关键帧，将圆形拖曳到文字“有”的正上方，恰好可以将该文字遮挡起来，选后选择该图层的第 50 帧，单击鼠标右键，在弹出菜单中选择“创建传统补间”命令。

（13）在“遮罩”图层选择第 70 帧，按下 F6 键插入关键帧，将圆形拖曳到文字“趣”的正上方，恰好可以将该文字遮挡起来，选后选择该图层的第 60 帧，单击鼠标右键，在弹出菜单中选择“创建传统补间”命令。

（14）用鼠标右键单击“遮罩”图层，在弹出菜单中选择“遮罩层”命令，此时“遮罩”图层和“文字”图层的图标均发生了变化，而且“文字”图层的图标向后退了一格，表明受到上层的控制；此时的时间轴如图 6.121 所示。

（15）选择时间轴上的第 1 帧，按下 Enter 键，即可预览探照灯的效果。

（16）保存动画文件。选择“文件”菜单下的“保存”命令，保存文件名为“探照灯.fla”。

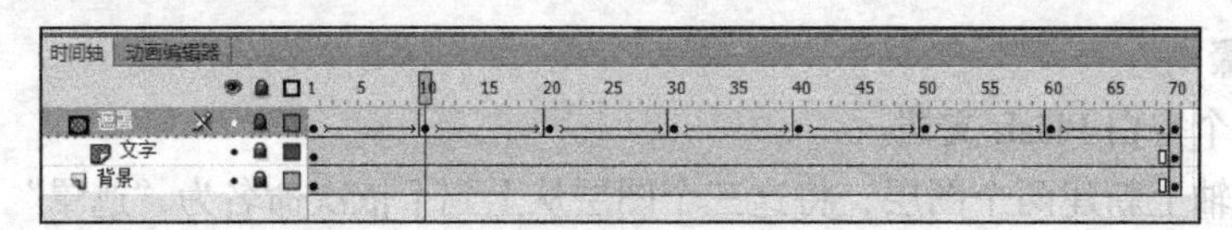

图 6.121　动画制作完成时的时间轴

6.4.2　百叶窗效果

1. 案例知识点及效果图

本案例主要运用了以下知识点：椭圆工具的使用，元件的应用，图层的使用，遮罩动画的设置等。案例效果如图 6.122 所示。

图 6.122　动画效果截图（部分帧画面）

2. 操作步骤

（1）新建一个空白 Flash 文档，设置文档属性大小为 385 像素 × 230 像素（尺寸与图片的尺寸相同），背景色为白色。

（2）将两幅事先准备好的图片导入库中，图片如图 6.123 所示。

图 6.123　导入两幅图片

（3）将图层 1 改名为“背景”，选择该图层第 1 帧，从库中将图片 1 拖入舞台上，打开“变形”面板，如图 6.124 所示。打开“信息”面板，设置“X：0，Y：0”，如图 6.125 所示；选择第 30 帧，按下 F6 键插入关键帧，从库中将图片 2 拖入到舞台上，设置“X：0，Y：0”。

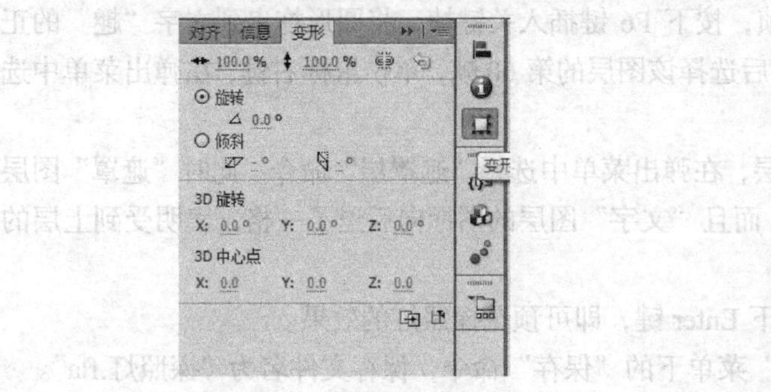

图 6.124　“变形”面板

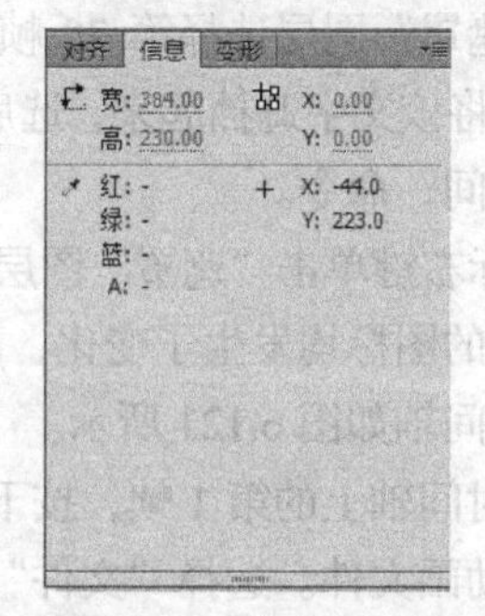

图 6.125　“信息”面板

（4）新增一个图层并改名为“图片”，选择该图层第 1 帧，从库中将图片 2 拖入舞台上，设置“X：0，Y：0”；选择第 30 帧，按下 F6 键插入关键帧，从库中将图片 1 拖入舞台上，设置“X：0，Y：0”。

（5）新建一个影片剪辑元件“横页片”，在元件编辑模式中，选中时间轴第 1 帧，使用矩形工具，设置其填充色为“黑色”，笔触为“无色”；取消对工具箱中“对象绘制”按钮的选中，使绘图模式为“合并绘制”模式；然后在工作区中绘制一个矩形，在“信息”面板中设置“宽：385，高：23”，“X=0，Y=0”，效果如图 6.126 所示；在第 30 帧按下 F6 键插入，将此矩形的高改为 1 像素，如图 6.127 所示，选中第 1 帧单击鼠标右键，在弹出菜单中选择“创建补间形状”命令。

图 6.126　影片剪辑元件“横页片”的设计

图 6.127　矩形在第 30 帧的状态

（6）返回到场景 1，新增一个图层并命名为“百叶窗”，选择第 1 帧，从库中将影片剪辑元件“横页片”拖入舞台上，再复制 9 个，调节它们的位置如图 6.128 所示，正好覆盖整个舞台；选择这 10 个“横页片”，按下 F8 键转为新的影片剪辑元件“遮罩页片”；在第 30 帧按下 F6 键插入关键帧，选择“任意变形工具”，将此帧中的页片旋转为竖页片，缩放大小正好覆盖舞台，如图 6.129 所示，按下 F8 键转为新的影片剪辑元件“遮罩竖页片”。

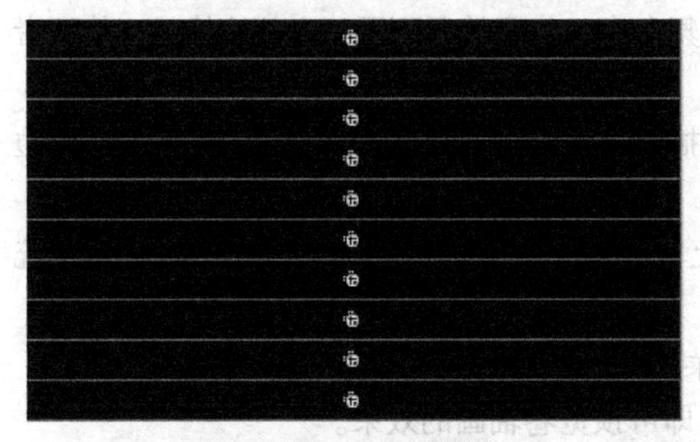

图 6.128　10 个横页片

图 6.129　旋转为竖页片

（7）分别在三个图层的第 60 帧处按下 F5 键插入帧。

（8）在图层名称“百叶窗”上单击鼠标右键，在弹出菜单中选择“遮罩层”命令，“百叶窗效果”就制作完成了，保存作品，按下 Ctrl+Enter 组合键预览最终效果。

6.4.3　卷轴画效果

1. 案例知识点及效果图

本案例主要运用了以下知识点：矩形工具的使用，元件的应用，遮罩动画的设置等。案例效果如图 6.130 所示。

图 6.130　动画效果截图（部分帧画面）

2. 操作步骤

（1）新建一个空白 Flash 文档，设置文档大小为 950 像素 × 450 像素（文档大小要稍大于图片尺寸），帧频为 12。

（2）修改当前图层名为“图片”，选择“文件”菜单中的“导入”子菜单中的“导入到舞台”命令，打开“juanzhouhua.jpg”文件，导入到舞台后，调整图片的位置，使其居于舞台的中央；也可以适当缩放图片大小。

（3）新建一个图形元件“卷轴”，进入元件的编辑模式后，使用矩形工具绘制一个卷轴，笔触颜色为“无”，灰色线性渐变进行填充，元件的高度与图片的高度一致。

（4）返回到场景 1，新增一个图层，命名为“遮罩”，使用矩形工具绘制一个矩形，填充颜色任意，大小与“图片”图层中导入的图片大小一致，位置与图片重合。

（5）在“图片”图层第 40 帧处按下 F5 键插入帧，在“遮罩”图层第 40 帧处按下 F6 键插入关键帧，将“遮罩”图层的第 1 帧中的矩形移到图片左侧，如图 6.131 所示。

图 6.131 “遮罩”图层的第 1 帧中的矩形与图片的相对位置

（6）在“遮罩”图层第 1 帧到第 40 帧中间任何一帧上单击鼠标右键，在弹出菜单中选择“创建传统补间”命令。

（7）新建一个图层 3，将元件“卷轴”拖入到舞台中，位置放置到图片左侧边缘处，使两者紧邻。

（8）在当前层（图层 3）第 40 帧处按下 F6 键插入关键帧，并调整卷轴的位置到图片右侧边缘处，使两者紧邻。

（9）在该图层第 1 帧到第 40 帧中间任何一帧上单击鼠标右键，在弹出菜单中选择“创建传统补间”命令。

（10）用鼠标右键单击“遮罩”图层，在弹出菜单中选择“遮罩层”命令。

（11）选择时间轴上的第 1 帧，按下 Enter 键，即可预览卷轴画的效果。

（12）保存动画文件。选择“文件”菜单下的“保存”命令，保存文件名为“卷轴画.fla”。

6.4.4 地球自转效果

1. 案例知识点及效果图

本案例主要运用了以下知识点：椭圆工具的使用，影片剪辑元件的应用，遮罩动画的设置等。案例效果如图 6.132 所示。

图 6.132 动画效果截图（部分帧画面）

2. 操作步骤

（1）新建一个空白 Flash 文档，设置帧频为 12。

（2）新建一个影片剪辑元件名称为“地球自转”，进入元件的编辑模式。

（3）先制作地球自转时背面的动画效果。

① 选择“文件”菜单中的“导入”子菜单中的“导入到舞台”命令，将名为“ditu.png”的图片导入到舞台中，在图片上单击鼠标右键，在弹出菜单中选择“转换为元件”命令，将图片转换为名为“地图”的图形元件。

② 新建一个图层，使用椭圆工具，笔触颜色为“无”，在舞台中绘制一个任意颜色的圆形，其高度至少要等同于地图的高度，选中该圆形，单击鼠标右键，在弹出菜单中选择“转换为元件”命令，将地图转换为名为“地球”的图形元件。

③ 在图层 2 的第 25 帧按下 F5 键插入帧，然后在图层 1 的第 25 帧按下 F6 键插入关键帧；选择图层 1 的第 1 帧，调节地图的位置，使地图的左边与地球的左边对齐，选择该图层第 25 帧，调节地图的位置，使地图的右边与地球的右边对齐，然后在该图层第 1 帧到第 25 帧中间任何一帧上单击鼠标右键，在弹出菜单中选择“创建传统补间”命令。

④ 用鼠标右键单击图层 2，在弹出菜单中选择“遮罩层”命令。

（4）制作出地球的轮廓。

① 复制图层 2 的地球，新增一个图层，选择图层 3 的第 1 帧，选择“编辑”菜单下的“粘贴到当前位置“命令。

② 选中图层 3 上的地球，在属性面板中将“色彩效果”样式设置为“Alpha”，设置其取值为“50%”。

（5）再制作地球自转时正面的动画效果。

① 单击选择图层 2 的第 1 帧，同时按下 Shift 键，然后单击选择图层 1 的最后 1 帧，松开 Shift 键，在被选中的任意一帧上单击鼠标右键，在弹出菜单中选择“复制帧”命令。

② 在图层 3 上新增一个图层，选择该层第 1 帧，单击鼠标右键，在弹出菜单中选择“粘贴帧”命令，将图层 1 和图层 2 中的所有帧都复制过来了；所有图层最多 25 帧，在粘贴帧的过程中如果产生了多余的帧，删除多余的帧。

③ 单击选择图层 4 的第 1 帧，同时按下 Shift 键，然后单击选择图层 5 的最后 1 帧，松开 Shift 键，在被选中的任意一帧上单击鼠标右键，在弹出菜单中选择“翻转帧”命令；至此影片剪辑元件制作完成，此时的时间轴如图 6.133 所示。

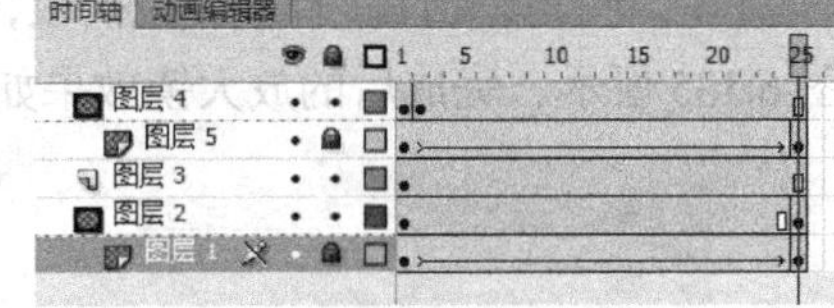

图 6.133　影片剪辑元件的时间轴

（6）返回场景 1，从库中将影片剪辑元件“地球自转”拖曳到舞台中央。

（7）按下 Ctrl+Enter 组合键，预览最终效果。

（8）保存动画文件。选择“文件”菜单下的“保存”命令，保存文件名为“地球自转.fla”。

6.4.5　放大镜效果

1. 案例知识点及效果图

本案例主要运用了以下知识点：椭圆工具的使用，影片剪辑元件的应用，遮罩动画的设置等。案例效果如图 6.134 所示。

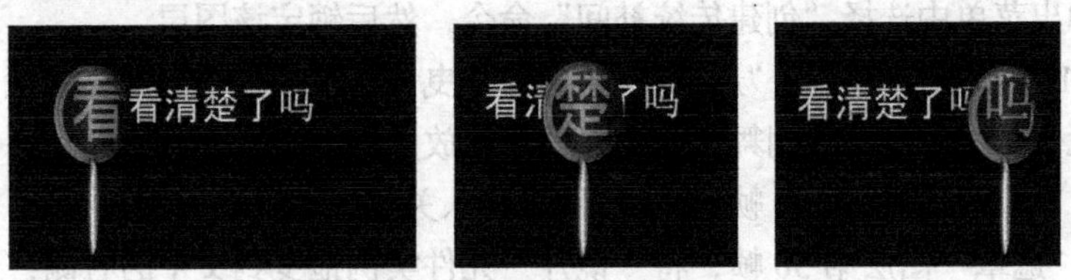

图 6.134　动画效果截图（部分帧画面）

2. 操作步骤

（1）新建一个空白 Flash 文档，设置文档背景为黑色。

（2）在时间轴上新建两个图层，将这三个图层从上到下依次命名为“放大镜”“放大文字”“原文字”。

（3）选择“原文字”图层的第1帧，选择文字工具，设置文字颜色为“黄色”，大小“36”，在舞台中央输入文字“看清楚了吗”。

（4）选择“原文字”图层中的文字，然后复制，再选择“放大文字”图层的第1帧，选择“编辑”菜单下的“粘贴到当前位置”命令；锁定“原文字”图层，选择“放大文字”图层中的文字对象，使用任意变形工具，使文字大于“原文字”图层的文字大小，并且两层的文字处于重叠的状态，然后锁定该图层。

（5）选择“放大镜”图层的第1帧，选择椭圆工具，设置笔触高度为“8”，笔触颜色设置为“由黑到白再到黑的线性渐变”，填充颜色为“白色”，然后在舞台上绘制一个椭圆形，选择该图形，然后选择“修改”菜单下的“转换为元件”命令，在弹出的对话框中设置名称为“镜片”，类型为“图形”，单击“确定”按钮，然后选中舞台上的该元件，在属性面板的“色彩效果”中选择“Alpha”，设置Alpha值为“50%”。

（6）选择椭圆工具，设置笔触高度为“1”，笔触颜色设置为“黑色”，填充颜色为“黑到白再到黑的线性渐变”，然后在舞台上绘制一个椭圆形，作为放大镜的手柄。

（7）选中该层舞台中所有对象，然后选择“修改”菜单下的“转换为元件”命令，在弹出的对话框中设置名称为“放大镜”，类型为“影片剪辑”，单击“确定”按钮；需要注意的是，不能选择为“图形”元件，否则无法实现下一步的滤镜效果。

（8）选择该元件，打开滤镜面板，添加滤镜，在弹出列表中选择“投影”滤镜，参数设置如图6.135所示，完成后的放大镜效果如图6.136所示。

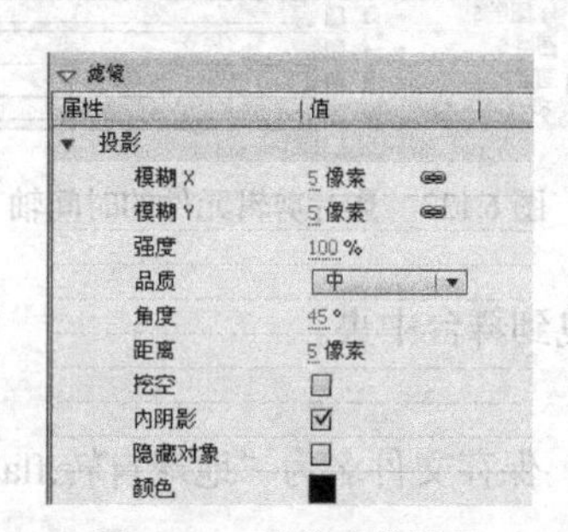

图6.135　滤镜参数设置

图6.136　当前的舞台效果

（9）分别在“放大文字”“原文字”图层的第30帧，按下F5键插入帧；在“放大镜”图层的第30帧，按下F6键插入关键帧。

（10）选择“放大镜”图层第30帧，将放大镜拖曳到文字的右侧，选择该层的第1帧，单击鼠标右键，在弹出菜单中选择“创建传统补间”命令，然后锁定该图层。

（11）新增1个图层，命名为“遮罩”，用鼠标拖曳该图层使其处于“放大镜”图层下方。选择库面板，将元件“镜片”拖曳到舞台中，并放置在放大镜的镜片所在之处。

（12）选择“遮罩”图层第30帧，按下F6键插入关键帧。

（13）选择“遮罩”图层第30帧，将“镜片”元件实例拖曳到文字的右侧，并放置在放大镜的镜片所在之处，选择该层的第1帧，单击鼠标右键，在弹出菜单中选择“创建传统补间”命令，然后锁定该图层。

（14）用鼠标右键单击“遮罩”图层，在弹出菜单中选择“遮罩层”命令。

（15）创建一个新图层，命名为“遮罩 2”，并把该层调整到“原文字”图层的上方，选择库面板，将元件“镜片”拖曳到舞台中，并放置在放大镜的镜片所在之处。

（16）选择该“镜片”实例，按下 Ctrl+B 组合键将其打散，修改填充色与舞台背景色相同，再将其转换为图形元件“黑色镜片”。

（17）选择“遮罩 2”图层第 30 帧，按下 F6 键插入关键帧，将图形元件“黑色镜片”实例拖曳到文字的右侧，并放置在放大镜的镜片所在之处，选择该层的第 1 帧，单击鼠标右键，在弹出菜单中选择“创建传统补间”命令，然后锁定该图层。

（18）选择时间轴上的第 1 帧，按下 Enter 键，即可预览效果。

（19）保存动画文件。选择“文件”菜单下的“保存”命令，保存文件名为“放大镜.fla”。

6.4.6　知识点详解

遮罩层相当于是一个窗口，遮罩层下面的被遮罩层上的内容就是透过这个窗口显现出来的。也就是说这个窗口是什么形状的，能看到的内容也就在窗口形状范围内，在窗口以外的部分就无法透出来。探照灯、放大镜、文字变色（MTV 字幕）、万花筒、百叶窗、卷轴画、地球自转、电影字幕、光束扫射效果等都是遮罩动画的应用。

遮罩层和被遮罩层两层都可做动画，因此遮罩动画制作之前，首先需要分析清楚动画是在遮罩层还是被遮罩层；其次，很多遮罩动画制作时并不是只有遮罩和被遮罩两种图层，还可能会有普通层，一般用作背景；然后需要分析清楚动画是哪种类型的，以及需要创建哪些元件。分析完后，按照倒过来的顺序开始制作，先做好最基本的元件，然后创建好各个图层，并用含义明确的名称命名方便区分，最后把制作好的元件拖入到相对应的图层中，制作动画并设置遮罩层。

6.5　文字特效

6.5.1　空心文字效果

1. 案例知识点及效果图

本案例主要运用以下知识点：文本工具的使用，墨水瓶工具的使用。案例效果如图 6.137 所示。本例将运用文本工具、选择工具和墨水瓶工具来完成。

图 6.137　空心文字效果图

2. 操作步骤

（1）打开 Flash CS6，新建一个空白文档，在属性面板中设置舞台背景色为浅灰色“#CCCCCC”。

（2）选择工具箱中的文本工具，在属性面板中设置字符系列为“方正舒体”，字符大小为“80”，字符颜色为“白色”，如图 6.138 所示，在舞台上输入文字“空心字的制作”。

（3）使用选择工具选中文字，两次选择“修改”菜单下的“分离”命令并操作执行两次，或按两次 Ctrl+B 组合键将文字进行分离；单击舞台空白处，取消对文本的默认选中。因为墨水瓶工具是对图形进行描边使用的，在使用墨水瓶工具之前，必须对文字进行分离处理。

（4）选择工具箱中的墨水瓶工具，在属性面板中将笔触颜色设置为“#993300”，笔触高度设置为“3”，样式设置为“点状线”；单击属性面板中的“编辑笔触样式”按钮（呈现铅笔形状），如图 6.139 所示，打开“笔触样式”对话框，勾选“锐化转角”复选框，用设置好的墨水瓶工具单击舞台上的文字，得到图 6.140 所示的效果。

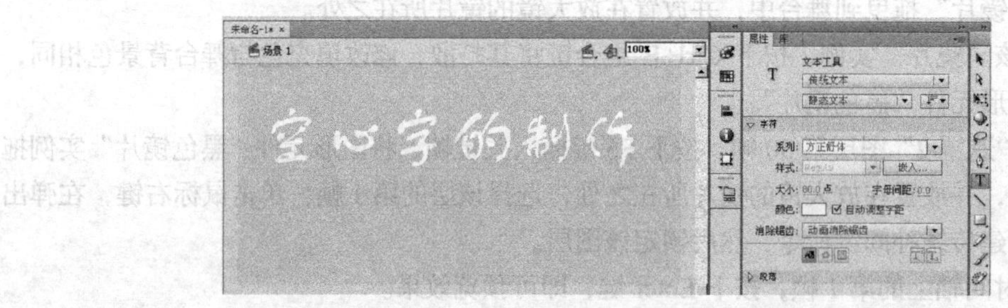

图 6.138　文本工具的属性设置，以及舞台中输入的文字效果

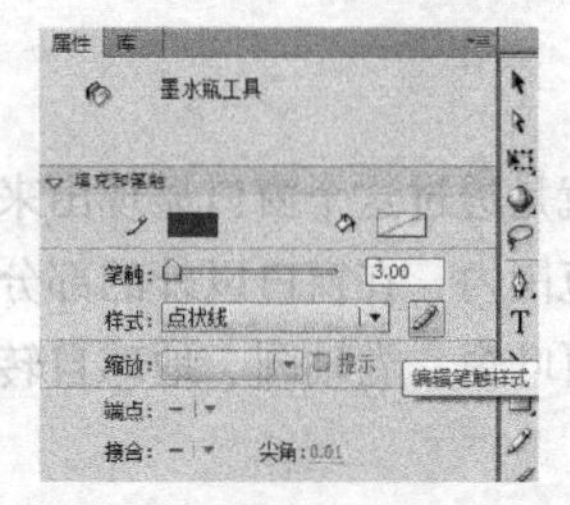

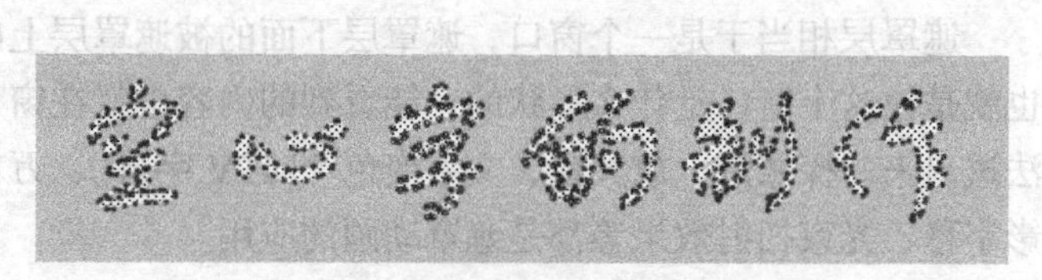

图 6.139 “编辑笔触样式”按钮　　图 6.140　填充后的效果

（5）用选择工具选中文字的填充部分，按 Delete 键将其删除掉，得到最后的效果；为了方便删除文字的填充部分，可以适当增大场景 1 的显示比例。

（6）保存文件。选择“文件”菜单下的“保存”命令，保存文件名为“空心字.fla”。

6.5.2　彩图文字效果

1. 案例知识点及效果图

本案例主要运用了以下知识点：文本工具的使用，墨水瓶工具的使用。案例效果如图 6.141 所示。本例主要使用墨水瓶工具和外部文件作为素材导入的方法，制作具有彩图底色的文字。

图 6.141　彩图文字效果图

2. 操作步骤

（1）打开 Flash CS6，新建一个空白文档，在属性面板中设置舞台背景色为浅灰色“#CCCCCC”，保存文件名为“彩图字.fla”。

（2）选择工具箱中的文本工具，在属性面板中设置字符系列为“方正舒体”，字符大小为“80”，字符颜色为“白色”，如图 6.142 所示，并在舞台上输入文字“彩图字的制作”。

图 6.142　文本工具的属性设置，以及舞台中输入的文字效果

（3）使用选择工具选中文字，按两次 Ctrl+B 组合键将文字进行分离；单击舞台空白处，取消对文本的默认选中。

（4）选择工具箱中的墨水瓶工具，在属性面板中，将笔触颜色设置为“绿色”，笔触高度设置为“2”，笔触样式设置为“实线”，用设置好的墨水瓶工具单击舞台上的文字，为文字添加实线的边框。

（5）用选择工具选中文字的填充部分，按 Delete 键将其删除掉。

（6）用选择工具选中所有文字，按下 Ctrl+X 组合键，把文字的轮廓剪切到剪贴板上。

（7）选择“文件”菜单中的“导入”子菜单下的“导入到舞台”命令，在打开的“导入”对话框中选择一幅合适的位图导入舞台，并用任意变形工具对舞台上的位图进行缩放，调整到合适的大小，并移动到适当的位置。

（8）使用选择工具选中图片，按下 Ctrl+B 组合键对图片进行分离，然后按下 Ctrl+Shift+V 组合键，或者使用“编辑”菜单下的“粘贴到当前位置”命令，把文字轮廓从剪贴板粘贴到舞台上。

（9）单击文字以外的部分，按 Delete 键删除图片的其余部分，彩图文字就完成了。

6.5.3　彩虹文字效果

1. 案例知识点及效果图

本案例主要运用了以下知识点：文本工具的使用，颜料桶工具的使用，渐变变形工具的使用。案例效果如图 6.143 所示。本例主要运用颜料桶工具和渐变变形工具，使文字具有彩虹效果。

图 6.143　彩虹文字效果图

2. 操作步骤

（1）打开 Flash CS6，新建一个空白文档，在属性面板中设置舞台背景色为浅灰色#CCCCCC，保存文件名为“彩虹字.fla”。

（2）选择工具箱中的文本工具，在属性面板中设置字符系列为“方正舒体”，字符大小为“80”，字符颜色为“白色”，如图 6.144 所示，并在舞台上输入文字“彩虹字的制作”。

图 6.144　文本工具的属性设置，以及舞台中输入的文字效果

（3）使用选择工具选中文字，按两次 Ctrl+B 组合键将文字进行分离；单击舞台空白处，取消对文本的默认选中。

（4）打开“颜色”面板，将“颜色类型”设置为“线性渐变”，并单击渐变轴中间的部分添加渐变颜色，如图 6.145 所示。

（5）用选择工具框选舞台上所有的文字，然后选择颜料桶工具，按住鼠标，从左侧第一个字到右侧最后一个字，拖曳出一条填充线，得到图 6.143 所示的效果。需要注意的是，如果在渐变填充时，没有先将所有文字都选中，而是用颜料桶工具分别单击文字，得到的将是各个文字独立的填充效果，如图 6.146 所示。

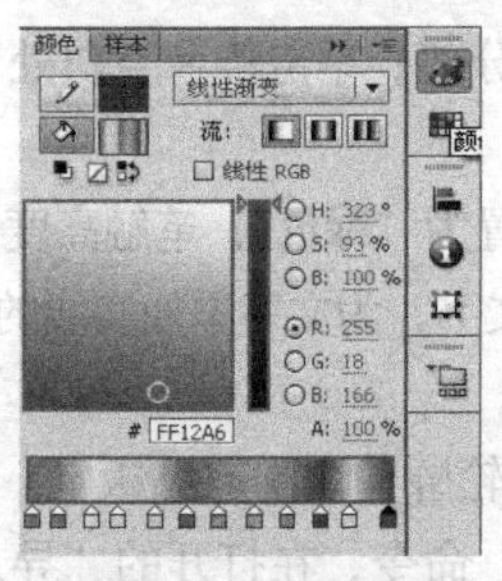

图 6.145　颜色设置

图 6.146　单个文字填充的效果

6.5.4　洋葱皮文字效果

1. 案例知识点及效果图

本案例主要运用了以下知识点：文本工具的使用，颜料桶工具的使用，图形元件的使用，脚本的使用。案例效果如图 6.147 所示。本例主要运用颜料桶工具和渐变变形工具，使文字具有彩虹效果。

图 6.147　洋葱皮文字效果图

2. 操作步骤

（1）打开 Flash CS6，新建一个空白文档，设置帧频为“12”，保存文件名为“洋葱皮文字.fla”。

（2）新建一个图形元件，名称为“文字”，进入元件的编辑模式。

（3）选择工具箱中的文本工具，设置文字颜色为“黑色”，字号为“80”，字体为“隶书”，在舞台中输入文字“洋葱皮文字”。

（4）两次按下 Crtl+B 组合键，将文字打散，保持当前对象被选中的状态；打开颜色面板，进行图 6.148 所示的设置，然后使用颜料桶工具，按住鼠标，从左侧第一个字到右侧最后一个字，拖曳出一条填充线，进行彩色文字效果的填充，如图 6.149 所示。

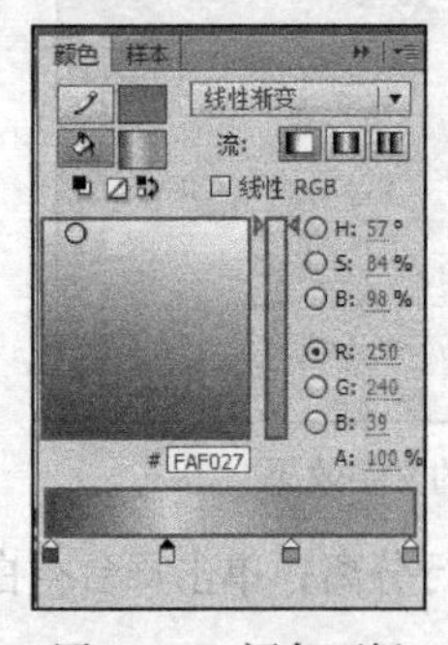

图 6.148　颜色面板

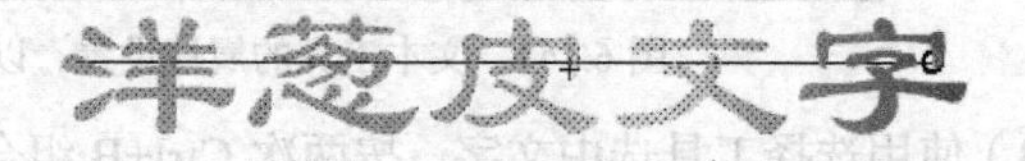

图 6.149　填充后的效果

（5）退出元件编辑模式，返回到场景 1。选择图层 1 的第 1 帧，将库中的元件“文字”拖曳到舞台中央，选择第 30 帧，按下 F6 键插入关键帧，在第 1 帧到第 30 帧之间的任一帧上单击鼠标右键，在弹出菜单中选择“创建传统补间”命令。

（6）单击该图层第 1 帧到第 30 帧之间的任一帧，在帧属性面板中设置旋转为“顺时针”，次数为 1，如图 6.150 所示。

（7）在图层 1 上单击鼠标右键，在弹出菜单中选择“复制图层”命令，在图层 1 上方增加一个名为“图层 1 复制”的图层，将其改名为“图层 2”。在图层 2 中，选中第 1 帧，按下 Shift 键的同时选中当前图层的最后一帧，使该图层的所有帧均处于被选中的状态，然后拖曳鼠标向后挪动 2 个空白帧，并调节图层 2 的位置使其处于图层 1 的下方。

（8）仿照第（6）、（7）步，完成“图层 3”“图层 4”“图层 5”“图层 6”的制作。

（9）选择图层 2 的动画起始帧第 3 帧，选中舞台上的实例，在实例的属性面板中设置色彩效果为“Alpha”，Alpha 取值为“75%”。

（10）选择图层 3 的动画起始帧第 5 帧，选中舞台上的实例，在实例的属性面板中设置色彩效果为“Alpha”，Alpha 取值为“60%”。

（11）选择图层 4 的动画起始帧第 7 帧，选中舞台上的实例，在实例的属性面板中设置色彩效果为“Alpha”，Alpha 取值为“45%”。

（12）选择图层 5 的动画起始帧第 9 帧，选中舞台上的实例，在实例的属性面板中设置色彩效果为“Alpha”，Alpha 取值为“30%”。

（13）选择图层 6 的动画起始帧第 11 帧，选中舞台上的实例，在实例的属性面板中设置色彩效果为“Alpha”，Alpha 取值为“15%”。

（14）选中图层 6 的最后 1 帧，打开“动作”面板，输入“stop();”语句，使电影播放到最后能够停止下来。

（15）上述设置完成之后的时间轴和舞台如图 6.151 所示，按下 Ctrl+Enter 组合键测试影片。

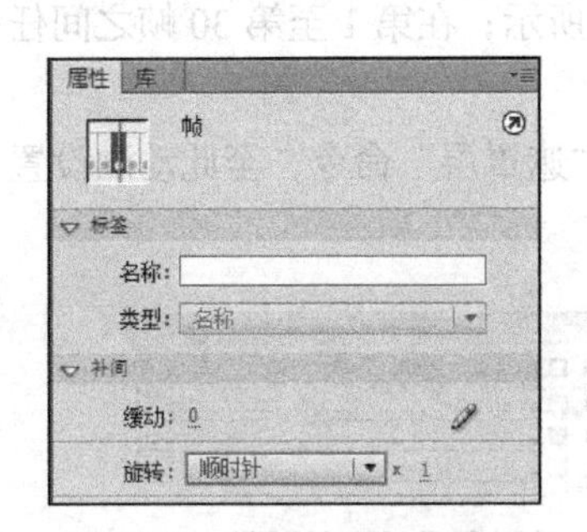

图 6.150　帧属性面板的设置

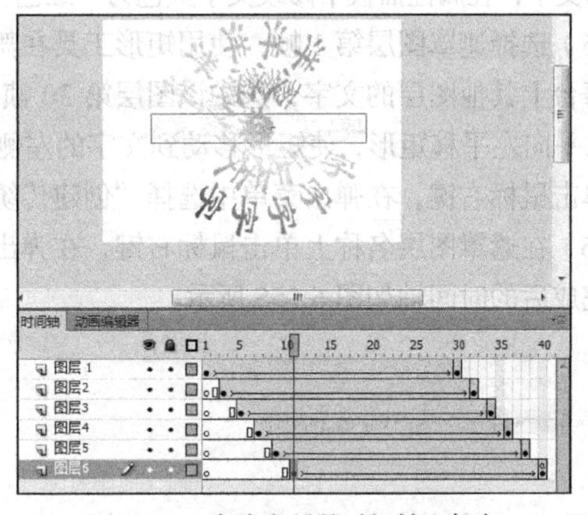

图 6.151　完成之后的时间轴和舞台

6.5.5　KTV 文字效果

1. 案例知识点及效果图

本案例主要运用了以下知识点：文本工具的使用，矩形工具的使用，遮罩动画的设置。案例效果如图 6.152 所示。本例主要通过遮罩动画的运用，使文字产生一种变色的效果。

KTV字幕的制作　　KTV字幕的制作

（a）动画第 1 帧效果　　（b）动画效果

图 6.152　KTV 文字效果图

2. 操作步骤

（1）打开 Flash CS6，新建一个空白文档，保存文件名为“KTV 文字.fla”。

（2）重命名图层 1 为“原文字”；新增两个图层，并对图层重命名，从上往下依次叫作“遮罩”和“新文字”。

（3）选择原文字图层第 1 帧，使用工具箱中的文本工具，在属性面板中设置字符系列为“黑体”，字符大小为“80”，字符颜色为“绿色”，如图 6.153 所示，并在舞台上输入文字“KTV 字幕的制作”；选择该图层第 30 帧，按下 F5 键插入帧。

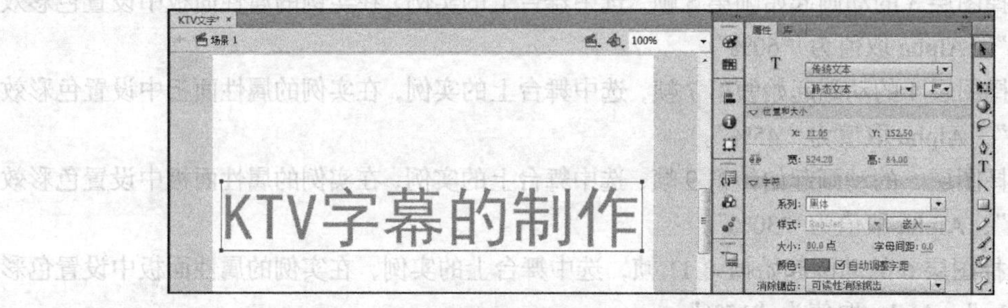

图 6.153　文本工具的属性设置，以及舞台中输入的文字效果

（4）选择原文字图层第 1 帧，使用选择工具选中舞台上的文字，选择“编辑”菜单下的“复制”命令；然后选中新文字图层的第 1 帧，选择“编辑”菜单下的“粘贴到当前位置”命令；然后选中舞台上的文字，在属性面板中修改文字颜色为“红色”；选择该图层第 30 帧，按下 F5 键插入帧。

（5）选择遮罩图层第 1 帧，使用矩形工具在舞台上绘制一个矩形，颜色任意，大小正好能够覆盖舞台上其他图层的文字；选中该图层第 30 帧，按下 F6 键插入关键帧，然后选择该图层第 1 帧，水平向左平移矩形，使矩形移动到文字的左侧，如图 6.154 所示；在第 1 至第 30 帧之间任一帧上单击鼠标右键，在弹出菜单中选择“创建传统补间”命令。

（6）在遮罩图层名称上单击鼠标右键，在弹出菜单中选择“遮罩层”命令，至此动画设置完毕，完成后的时间轴如图 6.155 所示。

图 6.154　第 1 帧时矩形的位置

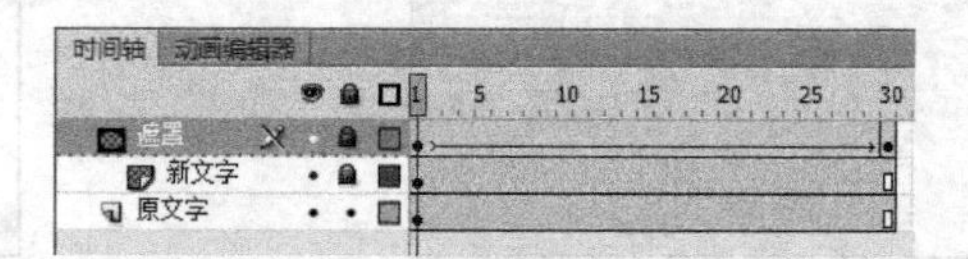

图 6.155　动画完成时的时间轴

（7）按下 Ctrl+Enter 组合键测试影片，并保存对文件的修改。

6.5.6　知识点详解

在 Flash 影片中，有时会使用文字来传达信息。Flash CS6 中，包含 TLF 文本和传统文本，并提供了多种不同的类型，利用不同类型的文本，可以创作出丰富的影片效果。

（1）TLF 文本

自从 Flash CS5 开始，提供了新文本引擎——文本布局框架（TLF）向 FLA 文件添加文本。TLF 支持更多丰富的文本布局功能和对文本属性的精细控制，与以前的文本引擎（现在称为传统文本）相比，TLF 文本可加强对文本的控制。

在传统文本和 TLF 文本之间转换文本对象时，Flash 将保留大部分格式。然而，由于文本引擎的功能不同，某些格式可能会稍有不同，包括字母间距和行距。TLF 文本无法用作遮罩。要使用文本创建遮罩，请使用传统文本。

（2）传统文本

在 Flash 中可以创建 3 种类型的传统文本字段：静态文本字段、动态文本字段和输入文本字段，所有传统文本字段都支持 Unicode 编码。

- 静态文本字段：显示不会动态更改字符的文本。
- 动态文本字段：显示动态更新的文本，如股票报价或天气预报。
- 输入文本字段：使用户可以在表单或调查表中输入文本。

创建静态文本时，可以将文本放在单独的一行中，该行会随着用户的键入而扩展，也可以将文本放在定宽字段（适用于水平文本）或定高字段（适用于垂直文本）中，这些字段会自动扩展和折行。在创建动态文本或输入文本时，可以将文本放在单独的一行中，也可以创建定宽和定高的文本字段。

6.6　综合应用

6.6.1　新闻联播片头效果

1. 案例知识点及效果图

本案例主要运用了以下知识点：椭圆工具的使用，元件的应用，遮罩动画的设置等。案例效果如图 6.156 所示。本例仅完成地球的自转同时播放片头音乐，文字的动画部分由读者自行完成。

图 6.156　新闻联播片头效果截图

2. 操作步骤

（1）新建一个空白 Flash 文档，设置帧频为“12”，保存文件名为“新闻联播片头.fla”。

（2）重命名图层 1 的名称为“声音”，选择“文件”菜单中的“导入”子菜单下的“导入到库”命令，将名为“cctvnews.wav”声音文件导入进来。

（3）选择第 1 帧，从库面板中将声音拖曳到舞台上，选中第 1 帧，在帧的属性面板中设置同步为“开始”和“重复”，重复次数为 1。

（4）新增一个图层，重命名为“地球转动”。

（5）打开 6.4.4 小节制作的地球自转的源文件，选中库中的影片剪辑元件“地球自转”，单击鼠标右键，在弹出菜单中选择“复制”命令，返回到“新闻联播片头.fla”，在库项目列表空白处单击鼠标右键，在弹出菜单中选择“粘贴”命令，则影片剪辑元件“地球自转”及其相关的素材元件全部出现到当前文档的库中。

（6）选择“地球转动”图层的第 1 帧，将库中的影片剪辑元件“地球自转”拖曳到舞台上。

（7）按下 Ctrl+Enter 组合键测试动画，并保存对文件的修改。

6.6.2　生日贺卡效果

1. 案例知识点及效果图

本案例是综合运用了本章的知识点，生日贺卡由 3 个场景组成。场景 1 是逐帧动画——倒计时，场景 2 是遮罩动画——由小变大的心形窗口中生日蛋糕的出现，场景 3 是传统补间——生日快乐四个字的依次出现，如图 6.157 所示。

图 6.157　三个场景截图

贺卡制作过程中，会用到不同的元件。场景 2 中有心形遮罩，场景 3 中的文字“生”“日”“快”“乐”四个字的背景均为心形，因此，将心形图案做成图形元件，心形内部添加文字后的效果分别制作为 4 个图形元件。场景 2 和场景 3 中的蜡烛，火苗有闪烁效果，鼠标移动到蜡烛上方停留时，会有文字出现，分别为“健康”“幸福”“快乐”，分别将火苗与光圈做成两个影片剪辑元件，鼠标停留显示文字的效果分别制作为 3 个按钮元件。场景 2 和场景 3 中舞台的背景与舞台下方的花朵一起制作为图形元件。

2. 操作步骤

（1）新建一个空白 Flash 文档，设置帧频为“12”，舞台颜色为“黑色”，保存文件名为“生日贺卡.fla”。

（2）选择“插入”菜单下的“新建元件”命令，在打开的“创建新元件”对话框中设置元件类型为“图形”，名称为“心形”；进入“心形”元件的编辑界面，使用钢笔工具绘制心形，填充为自己喜欢的颜色，“心形”元件的效果如图 6.158 所示。

（3）选择“插入”菜单下的“新建元件”命令。在打开的“创建新元件”对话框中设置元件类型为“图形”，名称为“生”；进入到“生”元件的编辑界面，在图层 1 的第 1 帧，将“心形”元件拖曳到舞台中央；新增图层 2，使用文本工具书写文字“生”，文字在心形图案的中央，效果如图 6.159 所示；同样的方法，完成图形元件“日”“快”“乐”。

（4）选择“插入”菜单下的“新建元件”命令，在打开的“创建新元件”对话框中设置元件类型为“图形”，名称为“背景”；进入到“背景”元件的编辑界面，将图层 1 改名为“矩形”，使用矩形工具绘制出一个矩形，宽度为“550”，高度为“400”，填充颜色为“径向渐变”，色彩挑选自己喜欢的颜色；新增一个图层，重命名其名称为“花”，使用 Deco 工具，“绘制效果”选择“花刷子”，在矩形的下边框处绘制出花朵；再新增一个名为“蛋糕”的图层，导入图片“cake.jpg”到舞台中央，使用“任意变形工具”调节图片大小，“背景”元件最终效果如图 6.160 所示。

图 6.158　“心形”元件

图 6.159　“生”元件

图 6.160　“背景”元件

（5）选择“插入”菜单下的“新建元件”命令，在打开的“创建新元件”对话框中设置元件类型为“影片剪辑”，名称为“光圈”；进入到“光圈”元件的编辑界面，使用椭圆工具，笔触为“无”，在舞台上绘制一个圆形，填充颜色为“径向渐变”，渐变轴左、中、右端的颜色分别设置为

“#FFFF00”“#FFFF6E”和“#FFFFCC”，Alpha 值依次设置为“100%”“77%”和“0”；分别在第 15 帧和第 30 帧处按下 F6 键插入关键帧，选择第 15 帧，使用任意变形工具，使圆形放大到原来的 1.5 倍；在第 1 ~ 15 帧和第 15 ~ 30 帧分别创建补间形状动画。

（6）选择“插入”菜单下的“新建元件”命令，在打开的“创建新元件”对话框中设置元件类型为“影片剪辑”，名称为“火苗”；进入“火苗”元件的编辑界面，更改图层 1 的名称为“烛心”，选择椭圆工具，设置笔触颜色为“无”，填充颜色为“线性渐变”，渐变轴左端颜色为“#FFFF99”，Alpha 值为“100%”，渐变轴右端颜色为“#FFFF1B”，Alpha 值为“30%”，绘制一个椭圆，并使用任意变形工具调节其形状，完成效果如图 6.161（a）所示；在第 5，10，15 帧处按下 F6 键插入关键帧，调节第 5，10，15 帧中图形形状，完成效果如图 6.161（b）、（c）、（d）所示；在第 1 ~ 5 帧任一帧上单击鼠标右键，在弹出菜单中选择“创建补间形状”命令；在第 5 ~ 10 帧任一帧上单击鼠标右键，在弹出菜单中选择“创建补间形状”命令；在第 10 ~ 15 帧任一帧上单击鼠标右键，在弹出菜单中选择“创建补间形状”命令。

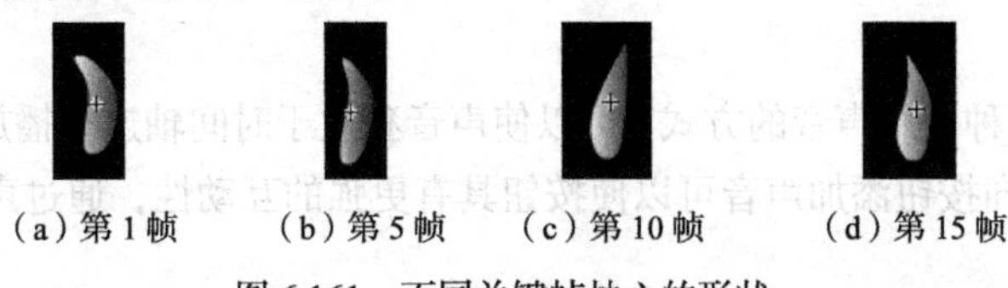

（a）第 1 帧　（b）第 5 帧　（c）第 10 帧　（d）第 15 帧

图 6.161　不同关键帧烛心的形状

锁定“烛心”图层，然后新增一个图层，图层名称重命名为“火焰”，选择该图层第 1 帧，将影片剪辑元件“光圈”拖曳到舞台中，设置其 Alpha 值为“70%”，调节“光圈”实例的位置和形状，使烛心正好出现在“光圈”实例的中央位置；在火焰图层的第 15 帧处按下 F5 键插入帧。

（7）选择“插入”菜单下的“新建元件”命令，在打开的“创建新元件”对话框中设置元件类型为“按钮”，名称为“烛光 1”；进入“烛光 1”元件的编辑界面，将“火苗”元件拖曳到“弹起”帧的舞台中，选择“指针经过”帧，按下 F6 键插入关键帧，使用文本工具，在火苗上面位置录入文字“健康”，选择“按下”帧，按下 F6 键完成“烛光 1”元件的制作；同样方法完成“烛光 2”和“烛光 3”元件的制作，文字内容分别为“幸福”和“快乐”。

（8）返回场景 1，选择第 1 帧，使用文本工具书写数字“3”，然后在第 13 帧和第 25 帧插入关键帧，在第 13 帧处将数字修改为“2”，在第 25 帧处将数字修改为“1”，然后使用 Ctrl+B 组合键分别将 3 个数字打散，填充颜色设置为“渐变填充”；新增图层 2，选择该图层第 1 帧，选择“文件”菜单中的“导入”子菜单下的“导入到库”命令，将名为“生日快乐.mp3”声音文件导入进来；然后将库中的“生日快乐.mp3”拖曳到舞台中，选择第 1 帧，在帧属性面板中设置同步为“开始”和“重复”，重复次数为 1，完成背景音乐的添加。

（9）选择“插入”菜单下的“场景”命令，进入场景 2 的编辑。将图层 1 改名为“背景”，选择第 1 帧，从库面板中将图形元件“背景”拖曳到舞台上，调整位置使其正好覆盖住舞台；打开库面板，将按钮元件“烛光 1”“烛光 2”“烛光 3”分别拖曳到舞台上三根蜡烛上方，调节位置和大小，使其看起来是点燃的蜡烛；选择第 25 帧，按下 F5 键插入帧；新增一个图层，图层名称重命名为“心形窗口”；选择第 1 帧，从库面板中将图形元件“心形”拖曳到舞台上，调整位置使其正好处于舞台中央，并调节大小，使得“心形”足够小但又恰好能被看到；选择第 25 帧，按下 F6 键插入关键帧，调节“心形”实例的大小，使得整个舞台被“心形”实例覆盖住；在第 1 ~ 25 帧的任一帧上单击鼠标右键，在弹出菜单中选择“创建传统补间”命令，设置图层“心形窗口”为遮罩层。

（10）选择“插入”菜单下的“场景”命令，进入场景 3 的编辑。重命名场景 3 的图层 1 为“背景”，复制场景2的“背景”图层第1帧的内容，粘贴到场景3的图层1的第1帧，在第30帧处按下F5键普通帧；新增4个图层，依次命名为“生”“日”“快”“乐”；选择图层“生”的第1帧，拖曳库资源图形元件“生”到舞台上恰当位置，在第15帧处插入关键帧；选择该图层第1帧，使用变形工具缩小实例，在第1～15帧创建传统补间，该图层第30帧处按下F5键插入普通帧；另外三个图层“日”“快”“乐”中动画的制作方法类似，动画的起始时间如图6.162所示；在图层“乐”的第30帧，添加动作，按下F9键，在打开的“动作”面板右侧窗格中输入“stop();”。

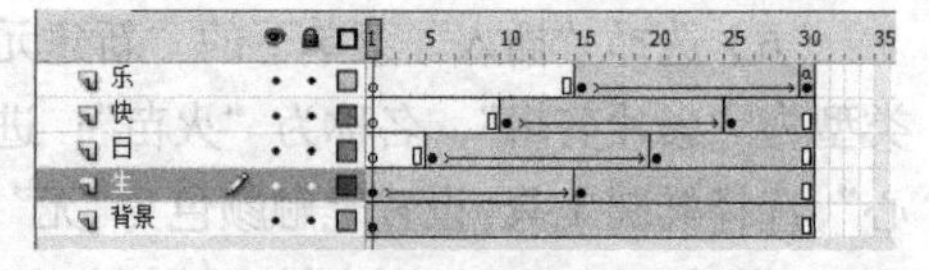

图6.162　场景3时间轴

（11）按下Ctrl+Enter组合键测试影片，动画会按照场景1、场景2、场景3的顺序播放。

（12）保存文件。

6.6.3　知识点详解

1. 音频的使用

Flash CS6提供多种使用声音的方式，可以使声音独立于时间轴连续播放，或使用时间轴将动画与音轨保持同步。向按钮添加声音可以使按钮具有更强的互动性，通过声音淡入淡出还可以使音轨更加优美。

Flash中有两种声音类型：事件声音和音频流。事件声音必须完全下载后才能开始播放，除非明确停止，否则它将一直连续播放。音频流在前几帧下载了足够的数据后就开始播放，音频流要与时间轴同步以便在网站上播放。

如果正在为移动设备创作Flash内容，则Flash还会允许在发布的SWF文件中包含设备声音。设备声音以设备本身支持的音频格式编码，如MIDI、MFi或SMAF。

用户可以使用共享库将声音链接到多个文档，还可以使用ActionScript事件根据声音的完成触发事件。并且可以使用预先编写的行为或媒体组件来加载声音和控制声音回放；后者（媒体组件）还提供了用于停止、暂停、后退等动作的控制器。

Flash支持的声音文件格式如下。

- ASND（Windows系统或Macintosh系统）。这是Adobe® Soundbooth™的本机声音格式。
- WAV（仅限Windows系统）。
- AIFF（仅限Macintosh系统）。
- mp3（Windows系统或Macintosh系统）。

如果系统上安装了QuickTime® 4或更高版本，则可以导入这些附加的声音文件格式。

- AIFF（Windows系统或Macintosh系统）。
- Sound Designer® II（仅限Macintosh系统）。
- 只有声音的QuickTime影片（Windows系统或Macintosh系统）。
- Sun AU（Windows系统或Macintosh系统）。
- System7声音（仅限Macintosh系统）。
- WAV（Windows系统或Macintosh系统）。

注意

ASND格式是Adobe Soundbooth的本机音频文件格式，具有非破坏性。ASND文件可以包含应用了效果的音频数据（稍后可对效果进行修改）、Soundbooth多轨道会话和快照（允许用户恢复到ASND文件的前一状态）。

将声音文件导入当前文档的库，这样就可以将声音文件放入 Flash 中，操作步骤如下：选择“文件”菜单中的“导入”子菜单下的“导入到库”命令，弹出的对话框中，定位并打开所需的声音文件。

（1）将声音添加到时间轴。用户可以使用库将声音添加至文档，或者可以在运行时使用 Sound 对象的 loadSound 方法将声音加载至 SWF 文件。如果还没有将声音导入库，可先将其导入库，然后选择“插入”菜单中的“时间轴”子菜单下的“图层”命令；选定新建的声音层后，将声音从“库”面板中拖到舞台中。声音就会添加到当前层中。可以把多个声音放在一个图层上，或放在包含其他对象的多个图层上。但是，建议将每个声音放在一个独立的图层上。每个图层都作为一个独立的声道。播放 SWF 文件时，会混合所有图层上的声音。

在时间轴上，选择包含声音文件的第一个帧，然后选择“窗口”菜单下的“属性”命令，单击右下角的箭头以展开属性检查器。在“属性”检查器中，从“声音”弹出菜单中选择声音文件。从“效果”弹出菜单中选择效果选项。

① 无：不对声音文件应用效果。选中此选项将删除以前应用的效果。

② 左声道/ 右声道：只在左声道或右声道中播放声音。

③ 从左到右淡出/从右到左淡出：会将声音从一个声道切换到另一个声道。

④ 淡入：随着声音的播放逐渐增加音量。

⑤ 淡出：随着声音的播放逐渐减小音量。

⑥ 自定义：允许使用“ 编辑封套”创建自定义的声音淡入和淡出点。

⑦ 从“同步”弹出菜单中选择“同步”选项，若放置声音的帧不是主时间轴中的第 1 帧，则选择“停止”选项。

⑧ 事件：会将声音和一个事件的发生过程同步起来。事件声音（例如，用户单击按钮时播放的声音）在显示其起始关键帧时开始播放，并独立于时间轴完整播放，即使 SWF 文件停止播放也会继续。当播放发布的 SWF 文件时，事件声音会混合在一起。 如果事件声音正在播放，而声音再次被实例化（例如，用户再次单击按钮），则第一个声音实例继续播放，另一个声音实例同时开始播放。

⑨ 开始：与“事件”选项的功能相近，但是如果声音已经在播放，则新声音实例就不会播放。

⑩ 停止：使指定的声音静音。

⑪ 流：将同步声音，以便在网站上播放。Flash 强制动画和音频流同步。如果 Flash 不能足够快地绘制动画的帧，它就会跳过帧。

与事件声音不同，音频流随着 SWF 文件的停止而停止。而且，音频流的播放时间绝对不会比帧的播放时间长。当发布 SWF 文件时，音频流混合在一起。音频流的一个示例就是动画中一个人物的声音在多个帧中播放。如果用户使用 mp3 声音作为音频流，则必须重新压缩声音，以便能够导出。可以将声音导出为 mp3 文件，所用的压缩设置与导入它时的设置相同。

为“重复”设置一个值，以指定声音应循环的次数，或者选择“循环”以连续重复声音。

要连续播放，请输入一个足够大的数，以便在扩展持续时间内播放声音。不建议循环播放音频流。如果将音频流设为循环播放，帧就会添加到文件中，文件的大小就会根据声音循环播放的次数而倍增。若要测试声音，请在包含声音的帧上拖动播放头，或使用“控制器”或“控制”菜单中的命令。

（2）向按钮添加声音。可以将声音和一个按钮元件的不同状态关联起来。因为声音和元件存储在一起，它们可以用于元件的所有实例。

在“库”面板中选择按钮，从面板右上角的“面板”菜单中选择“编辑”，在按钮的时间轴上，用“插入”菜单中的“时间轴”子菜单下的“图层”命令添加一个声音层，在声音层中，创建一个常规或空白的关键帧，用来对应要添加声音的按钮状态。例如，要添加一段单击按钮时播放的声音，可以在标记为“Down”的帧中创建关键帧。单击已创建的关键帧，选择“窗口”菜单下的“属性”命令。从属性检查器的“声音”弹出菜单中选择一个声音文件，从“同步”弹出菜单中选择“事件”。要将其他声音和按钮的每个关键帧关联在一起，请创建一个空白的关键帧，然后给每个关键帧添加其他声音文件。也可以使用同一个声音文件，然后为按钮的每一个关键帧应用不同的声音效果。

（3）将声音与动画同步。若要将声音与动画同步，在关键帧处开始播放和停止播放声音。

首先向文档中添加声音，如果要使此声音和场景中的事件同步，请选择一个与场景中事件的关键帧相对应的开始关键帧。可以选择任何同步选项，在声音层时间轴中要停止播放声音的帧上创建一个关键帧，在时间轴中显示声音文件的表示形式，然后选择“窗口”菜单下的“属性”命令，单击右下角的箭头以展开属性检查器。在属性检查器的“声音”弹出菜单中，选择同一声音，从“同步”弹出菜单中选择“停止”。在播放SWF文件时，声音会在结束关键帧处停止播放。若要回放声音，只需移动播放头。

（4）在Flash中编辑声音。在Flash中，用户可以定义声音的起始点或在播放时控制声音的音量。还可以改变声音开始播放和停止播放的位置。这对于通过删除声音文件的无用部分来减小文件的大小是很有用的。

首先将声音添加至帧或选择某个已经包含声音的帧。然后选择“窗口”菜单下的“属性”命令，单击属性检查器右边的“编辑”按钮，如果要改变声音的起始点和终止点，则拖动“编辑封套”中的“开始时间”和“停止时间”控件；如果要更改声音封套，则拖动封套手柄来改变声音中不同点处的级别。封套线显示声音播放时的音量。如果要创建其他封套手柄（总共可达8个），请单击封套线。如果要删除封套手柄，请将其拖出窗口。如果要改变窗口中显示声音的多少，请单击“放大”或“缩小”按钮。要在秒和帧之间切换时间单位，请单击“秒”和“帧”按钮。如果要听编辑后的声音，请单击“播放”按钮。

2. 脚本的使用

在Flash动画制作过程中，ActionScript动作脚本扮演着一个重要的角色。动作脚本是Flash动画中使用的程序脚本，通过动作脚本，可以对动画进行高级的逻辑控制，能实现时间轴的特殊效果，能帮助用户按照自己的想法更加准确地创建电影，效果更加精彩纷呈。

（1）动作脚本相关术语。和任何脚本语言一样，Flash动作脚本既有和其他语言相同之处，比如数据类型、关键字、运算符、表达式、函数、变量等，也有自己的独特专用术语，只有准确地理解术语，才能真正地理解脚本的含义，逐步构建自己编写动作脚本的基础。

① 动作：在播放SWF文件时指示SWF文件执行某些任务的语句。

② 类：可以创建与定义新类型的数据类型。若要定义类，需在外部脚本文件中使用Class关键字。

③ 构造函数：用于定义类的属性和方法的函数。

④ 事件：SWF文件播放时发生的动作。例如，在加载影片剪辑，时间轴上播放头进入编写有动作代码的帧，用户单击按钮或影片剪辑，或者用户按下键盘上的键时，会产生不同的事件。

⑤ 实例：属于某个类的对象，类的每个实例均包含该类的所有属性和方法。

⑥ 方法：与类关联的函数。

⑦ 实例名称：脚本中用来表示影片剪辑和按钮实例的唯一名称，可以使用属性面板为舞台上的实例指定实例名称。

⑧ 对象：属性和方法的集合，每个对象都有其各自的名称，并且都是特定类的实例。

⑨ 包：位于指定的类路径目录下，包含一个或多个类文件的目录。

⑩ 属性：定义对象的特性。

⑪ 目标路径：SWF 文件中影片剪辑实例名称变量和对象的分层结构地址。

（2）ActionScript 的版本。Flash 包含多个 ActionScript 版本，以满足各类开发人员和播放设备的需要。

① ActionScript3.0：执行速度极快。与其他 ActionScript 版本相比，此版本要求开发人员对面向对象的编程概念有更深入的了解。ActionScript3.0 完全符合 ECMAScript 规范，提供了更出色的 XML 处理、一个改进的事件模型以及一个用于处理屏幕元素的改进的体系结构。使用 ActionScript3.0 的 FLA 文件不能包含 ActionScript 的早期版本。

② ActionScript2.0：比 ActionScript3.0 更容易学习。尽管 Flash Player 运行编译后的 ActionScript2.0 代码比运行编译后的 ActionScript3.0 代码的速度慢，但 ActionScript 2.0 对于许多计算量不大的项目仍然十分有用；例如，更面向设计的内容。ActionScript 2.0 也基于 ECMAScript 规范，但并不完全遵循该规范。

③ ActionScript1.0：最简单的 ActionScript，仍为 Flash Lite Player 的一些版本所使用。ActionScript1.0 和 2.0 可共存于同一个 FLA 文件中。

④ Flash Lite 2.x ActionScript：ActionScript2.0 的子集，受运行在移动电话和移动设备上的 Flash Lite 2.x 的支持。

⑤ Flash Lite 1.x ActionScript：ActionScript1.0 的子集，受运行在移动电话和移动设备上的 Flash Lite 1.x 的支持。

（3）ActionScript 的使用方法。在 Flash 中使用 ActionScript 的方法如下。

① 使用“脚本助手”模式：可以在不亲自编写代码的情况下将 ActionScript 添加到 FLA 文件。用户选择动作后，软件将显示一个用户界面，用于输入每个动作所需的参数。必须对完成特定任务应使用哪些函数有所了解，但不必学习语法。许多设计人员和非程序员都使用此模式。

② 使用行为：可以在不编写代码的情况下将代码添加到文件中。行为是针对常见任务预先编写的脚本。可以添加行为，然后轻松地在“行为“面板中配置它。行为仅对 ActionScript 2.0 及更早版本可用。

③ 编写自己的 ActionScript：可使用户获得最大的灵活性和对文档的最大控制能力，但同时要求用户熟悉 ActionScript 语言和约定。

④ 组件：预先构建的影片剪辑，可帮助用户实现复杂的功能。组件可以是一个简单的用户界面控件（如复选框），也可以是一个复杂的控件（如滚动窗格）。用户可以自定义组件的功能和外观，并可下载其他开发人员创建的组件。大多数组件要求用户自行编写一些 ActionScript 代码来触发或控制组件。

（4）编写 ActionScript。在创作环境中编写 ActionScript 代码时，可使用动作面板或“脚本”窗口。动作面板和“脚本”窗口包含一个全功能代码编辑器，其中包括代码提示和着色、代码格式设置、语法加亮显示、语法检查、调试、行号、自动换行等功能，并支持 Unicode。

可使用动作面板编写属于 Flash 文档一部分的脚本（即嵌入 FLA 文件的脚本）。动作面板提供了多种功能，比如动作工具箱（使用户能够快速访问核心 ActionScript 语言元素）和“脚本助手”模式（提示用户输入创建脚本所需的元素）。

如果要编写外部脚本（即存储在外部文件中的脚本或类），可以使用“脚本”窗口，也可以使用文本编辑器创建外部 AS 文件。“脚本”窗口具有代码帮助功能，例如代码提示和着色、语法检查和自动套用格式。

3. 多场景的使用

Flash 软件的默认设置是为一个影片提供一个场景，但很多动画效果的实现需要通过多个场景来实现，会涉及多场景的应用。

在 Flash 中建立多个场景，需要在“场景”面板中进行操作。打开“窗口”菜单，展开的菜单项中选择“其他面板”子菜单中的“场景”，将打开“场景”面板，如图 6.163 所示，“场景”面板左下角有三个按钮，分别是“添加场景”“重制场景”“删除场景”。单击“添加场景”按钮，Flash 会为当前影片添加一个新场景，位于当前活动场景的下方，场景默认名称会自动往后顺延编号。此时，新增场景成为当前的活动场景，舞台设计也会自动切换到新建的场景，如图 6.164 所示。直接在场景面板中单击场景名称，可以切换当前活动场景，舞台也相应切换为对应的场景。单击“重制场景”按钮，所选择的“场景”即被“复制”，从“场景”列表中可以看到复制得到的场景名称后多了一个“副本”。复制场景时，副本场景中会拥有与原模板场景一样的对象和动画。如果想删除不需要的“场景”，只需要选择“场景”名称，然后单击“删除场景”按钮即可。

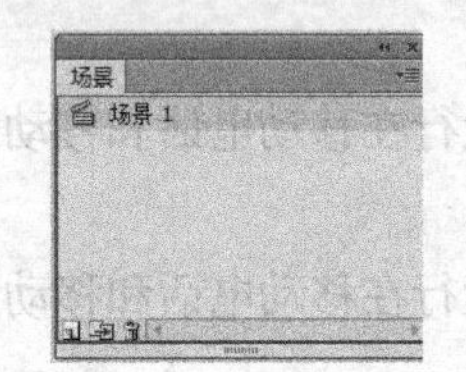

图 6.163 “场景”面板

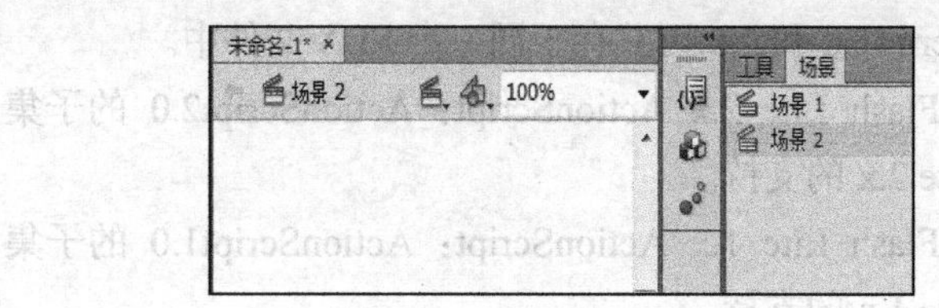

图 6.164 新增“场景 2”

在场景列表中拖曳场景名，可以调整“场景”排列的顺序。默认情况下，影片的播放，是按照“场景”面板中场景排序从上往下顺序播放的，可以通过脚本编写改变场景播放顺序，也可以在“场景”面板中做调整。

4. Flash 文档的发布

Flash 文件可以用以下方式播放内容。

① 在安装了 Flash Player 的 Internet 浏览器中播放。

② 作为一种称为放映文件的独立应用程序播放。

③ 利用 Microsoft Office 和其他 ActiveX 主机中的 Flash ActiveX 控件播放。

④ 在 Adobe 的 Director 和 Authorware 中用 Flash Xtra 播放。

默认情况下，“发布”命令会创建一个 Flash SWF 文件和一个 HTML 文档。该 HTML 文档会将 Flash 内容插入浏览器窗口。如果更改发布设置，Flash 将更改与该文档一并保存。在创建发布配置文件之后，将其导出以便在其他文档中使用，或供在同一项目上工作的其他人使用。

当使用“发布”“测试影片”或“调试影片”命令时，Flash 将从用户的 FLA 文件中创建一个 SWF 文件。用户可以在“文档属性”检查器中查看从当前 FLA 文件创建的所有 SWF 文件的大小。

Flash Player 6 及更高版本都支持 Unicode 文本编码。使用 Unicode 支持，用户可以查看多语言文本，与运行播放器的操作系统使用的语言无关。

可以用替代文件格式（GIF、JPEG 和 PNG）发布 FLA 文件，但需要使用 HTML 才能在浏览器窗口中显示这些文件。对于尚未安装目标 Adobe Flash Player 的用户，替代格式可使他们在浏览器中浏览用户的 SWF 文件动画并进行交互。用替代文件格式发布 Flash 文档（FLA 文件）时，每种文件格式的设置都会与该 FLA 文件一并存储。用户可以用多种格式导出 FLA 文件，与用替代文件格式发布 FLA 文件类似，只是每种文件格式的设置不会与该 FLA 文件一并存储。或者，使用任意 HTML 编辑器创建自定义的 HTML 文档，并在其中包括显示 SWF 文件所需的标签。Flash

文档的发布设置如下。

① 指定 SWF 文件的发布设置。

第一步，选择“文件”菜单下的“发布设置”命令，弹出“发布设置”对话框，如图 6.165 所示。

第二步：从“目标”下拉列表中选择要发布的 SWF 文件的播放器版本，从“脚本”下拉列表中选择 ActionScript 版本。如果选择 ActionScript 2.0 或 3.0 并创建了类，则单击“设置”按钮来设置类文件的相对类路径，该路径与在“首选参数”中设置的默认目录的路径不同。

第三步：如果要控制位图压缩，可调节“JPEG 品质”滑块或输入一个值。图像品质越低，生成的文件就越小；图像品质越高，生成的文件就越大。值为 100 时图像品质最佳，压缩比最小。如果要使高度压缩的 JPEG 图像显得更加平滑，请选择“启用 JPEG 解块”。此选项可减少由于 JPEG 压缩导致的典型失真，如图像中通常出现的 8 像素 × 8 像素的马赛克。选中此选项后，一些 JPEG 图像可能会丢失少量细节。

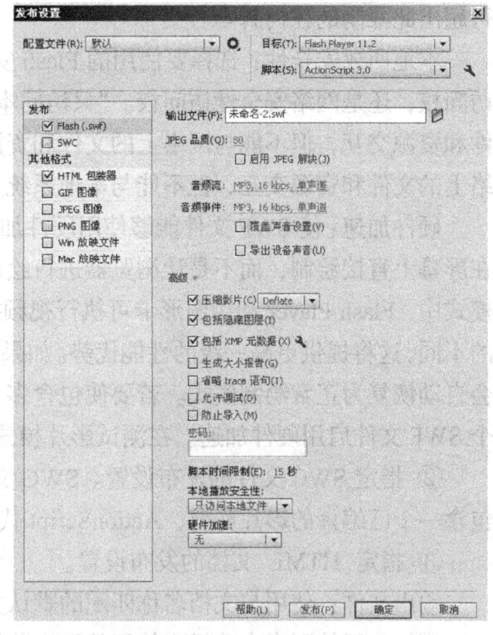

图 6.165 “发布设置”对话框

第四步：如果要为 SWF 文件中的所有声音流或事件声音设置采样率和压缩，请单击“音频流”或“音频事件”旁边的数据，可弹出“声音设置”对话框，然后根据需要选择相应的选项。需要注意的是，只要前几帧下载了足够的数据，声音流就会开始播放；它与时间轴同步。事件声音需要完全下载后才能播放，并且在明确停止之前，将一直持续播放。如果要覆盖在属性检查器的“声音”部分中为个别声音指定的设置，请选择“覆盖声音设置”。如果要创建一个较小的低保真版本的 SWF 文件，请选择此选项。如果取消选择了“覆盖声音设置”选项，则 Flash 会扫描文档中的所有音频流（包括导入视频的声音），然后按照各个设置中最高的设置发布所有音频流。如果一个或多个音频流具有较高的导出设置，则可能增加文件大小。如果要导出适合于设备（包括移动设备）的声音而不是原始库声音，请选择“导出设备声音”。

第五步：单击“高级”，可以进一步设置 SWF 选项。

压缩影片：默认选中，压缩 SWF 文件以减小文件大小和缩短下载时间。当文件包含大量文本或 ActionScript 时，使用此选项十分有益。经过压缩的文件只能在 Flash Player 6 或更高版本中播放。

包括隐藏图层：默认选中，导出 Flash 文档中所有隐藏的图层。取消选择“导出隐藏的图层”将阻止把生成的 SWF 文件中标记为隐藏的所有图层（包括嵌套在影片剪辑内的图层）导出。这样，用户就可以通过使图层不可见来轻松测试不同版本的 Flash 文档。

包括 XMP 元数据：默认选中，将在“文件信息”对话框中导出输入的所有元数据。单击“文件信息”按钮打开此对话框。也可以通过选择“文件”菜单下的“文件信息”命令，弹出“文件信息”对话框。

生成大小报告：生成一个报告，按文件列出最终 Flash 内容中的数据量。

省略 Trace 语句：使 Flash 忽略当前 SWF 文件中的 ActionScript Trace 语句。如果选择此选项，Trace 语句的信息将不会显示在“输出”面板中。

允许调试：激活调试器并允许远程调试 Flash SWF 文件。

防止导入：防止其他人导入 SWF 文件并将其转换回 FLA 文档。可使用密码来保护 Flash SWF 文件。

脚本时间限制：设置脚本在 SWF 文件中执行时可占用的最大时间量。Flash Player 将取消执行超出此限制的任何脚本。

本地回放安全性：选择要使用的 Flash 安全模型。指定是授予已发布的 SWF 文件本地安全性访问权，还是网络安全性访问权。“只访问本地文件”可使已发布的 SWF 文件与本地系统上的文件和资源交互，但不能与网络上的文件和资源交互。“只访问网络”可使已发布的 SWF 文件与网络上的文件和资源交互，但不能与本地系统上的文件和资源交互。

硬件加速：使 SWF 文件能够使用硬件加速。第 1 级为直接，“直接”模式通过允许 Flash Player 在屏幕上直接绘制，而不是让浏览器进行绘制，从而改善播放性能。第 2 级为 GPU，在“GPU”模式中，Flash Player 利用图形卡可执行视频播放并对图层化图形进行复合。根据用户的图形硬件的不同，这将提供更高一级的性能优势。如果播放系统的硬件能力不足以启用加速，则 Flash Player 会自动恢复为正常绘制模式。若要使包含多个 SWF 文件的网页发挥最佳性能，请只对其中的一个 SWF 文件启用硬件加速。在测试影片模式下不使用硬件加速。

② 指定 SWC 文件的发布设置。SWC 文件包含可重复使用的 Flash 组件，每个 SWC 文件都包含一个已编译的影片剪辑、ActionScript 代码以及组件所要求的任何其他资源。

③ 指定 HTML 文档的发布设置。

输出文件：使用与文档名称匹配的默认文件名，或者输入唯一名称，包括.html 扩展名。

模板：下拉列表中选择要使用的已安装模板，“发布”命令会根据模板文档中的 HTML 参数自动生成此文档。若要显示所选模板的说明，请单击“信息”按钮。默认选项是“仅 Flash”。

Flash 版本检测：将文档配置为检测用户所拥有的 Flash Player 的版本，并在用户没有指定的播放器时向用户发送替代 HTML 页面。

大小：选项“匹配影片“（默认值）使用 SWF 文件的大小。选项“像素”输入宽度和高度的像素数量。选项“百分比”指定 SWF 文件所占浏览器窗口的百分比。

播放：选择选项“开始时暂停”，会一直暂停播放 SWF 文件，直到用户单击按钮或从快捷菜单中选择“播放”后才开始播放；默认情况不选中此选项，即加载内容后就立即开始播放。选择选项“循环”，内容到达最后一帧后再重复播放；取消选择此选项会使内容在到达最后一帧后停止播放。默认情况下 LOOP 参数处于启用状态。选择选项“显示菜单”，用户右键单击 SWF 文件时，会显示一个快捷菜单。若要在快捷菜单中只显示“关于 Flash”，请取消选择此选项；默认情况下，会选中此选项。选择选项“设备字体”，会用消除锯齿（边缘平滑）的系统字体替换用户系统上未安装的字体。使用设备字体可使小号字体清晰易辨，并能减小 SWF 文件的大小。此选项只影响那些包含静态文本（创作SWF文件时创建且在内容显示时不会发生更改的文本）且文本设置为用设备字体显示的SWF文件。

品质：在处理时间和外观之间确定一个平衡点。“低”使回放速度优先于外观，并且不使用消除锯齿功能。“自动降低”优先考虑速度，但是也会尽可能改善外观。回放开始时，消除锯齿功能处于关闭状态。如果 Flash Player 检测到处理器可以处理消除锯齿功能，就会自动打开该功能。“自动升高”在开始时是回放速度和外观两者并重，但在必要时会牺牲外观来保证回放速度。回放开始时，消除锯齿功能处于打开状态。如果实际帧频降到指定帧频之下，就会关闭消除锯齿功能以提高回放速度。“中”会应用一些消除锯齿功能，但并不会平滑位图。“中”选项生成的图像品质要高于“低”设置生成的图像品质，但低于“高”设置生成的图像品质。“高”是默认值，使外观优先于回放速度，并始终使用消除锯齿功能。如果 SWF 文件不包含动画，则会对位图进行平滑处理；如果 SWF 文件包含动画，则不会对位图进行平滑处理。“最佳”提供最好的显示品质，而不考虑回放速度。所有的输出都已消除锯齿，而且始终对位图进行光滑处理。

窗口模式：窗口模式修改内容边框或虚拟窗口与 HTML 页中内容的关系。选项"窗口"，是默认值，不会在 object 和 embed 标签中嵌入任何窗口相关的属性。内容的背景不透明并使用 HTML 背景颜色。HTML 代码无法呈现在 Flash 内容的上方或下方。选择选项"不透明无窗口"将 Flash 内容的背景设置为不透明，并遮蔽该内容下面的所有内容。使 HTML 内容显示在该内容的上方或上面。选择选项"透明无窗口"将 Flash 内容的背景设置为透明，并使 HTML 内容显示在该内容的上方。值得注意的是，在某些情况下，当 HTML 图像复杂时，透明无窗口模式的复杂呈现方式可能会导致动画速度变慢。

显示警告消息：标签设置发生冲突时（例如，某个模板的代码引用了尚未指定的替代图像时）显示错误消息。

缩放：设置 object 和 embed 标签中的 SCALE 参数。要在更改了文档的原始宽度和高度的情况下将内容放到指定的边界内，请设置"缩放"选项。选择选项"默认（显示全部）"，在指定的区域显示整个文档，并且保持 SWF 文件的原始高宽比，而不发生扭曲。应用程序的两侧可能会显示边框。选择选项"无边框"，对文档进行缩放以填充指定的区域，并保持 SWF 文件的原始高宽比，同时不会发生扭曲，并根据需要裁剪 SWF 文件边缘。选择选项"精确匹配"，在指定区域显示整个文档，但不保持原始高宽比，因此可能会发生扭曲。选择选项"无缩放"，禁止文档在调整 Flash Player 窗口大小时进行缩放。

HTML 对齐：在浏览器窗口中定位 SWF 文件窗口。默认内容在浏览器窗口内居中显示，如果浏览器窗口小于应用程序，则会裁剪边缘。选择选项"左""右"，会将 SWF 文件与浏览器窗口的相应边缘对齐，并根据需要裁剪其余的三边。

Flash 水平对齐、Flash 垂直对齐：设置如何在应用程序窗口内放置内容以及如何裁剪内容。

④ 指定 GIF 文件的发布设置。GIF 文件可以导出绘画和简单动画，以供在网页中使用。标准 GIF 文件是一种压缩位图。GIF 动画文件（有时也称作 GIF89a）提供了一种简单的方法来导出简短的动画序列。Flash 可以优化 GIF 动画文件，并且只存储逐帧更改。除非通过在"属性"检查器中输入帧标签#Static 来标记要导出的其他关键帧，否则 Flash 会将 SWF 文件中的第一帧导出为 GIF 文件。除非通过在相应关键帧中输入#First 和#Last 帧标签来指定要导出的帧范围，否则 Flash 会将当前 SWF 文件中的所有帧导出到一个 GIF 动画文件。

GIF 图像的发布设置如下。

输出文件：对于 GIF 文件名，请使用默认文件名，或者输入带.gif 扩展名的新文件名。

大小：输入导出的位图图像的宽度和高度值（以像素为单位），或者选择"匹配影片"使 GIF 和 SWF 文件大小相同并保持原始图像的高宽比。

播放：确定 Flash 创建的是静止（"静态"）图像还是 GIF 动画（"动画"）。如果选择"动画"，可选择"不断循环"或输入重复次数。

颜色：若要指定导出的 GIF 文件的外观设置范围，请选择选项"优化颜色"，从 GIF 文件的颜色表中删除任何未使用的颜色。该选项可减小文件大小，而不会影响图像质量，只是稍稍提高了内存要求。该选项不影响最适色彩调色板（最适色彩调色板会分析图像中的颜色，并为选定的 GIF 文件创建一个唯一的颜色表）。选择选项"交错"则下载导出的 GIF 文件时，在浏览器中逐步显示该文件，使用户在文件完全下载之前就能看到基本的图形内容，并能在较慢的网络连接中以更快的速度下载文件。不要交错 GIF 动画图像。选择选项"平滑"可消除导出位图的锯齿，从而生成较高品质的位图图像并改善文本的显示品质。但是，平滑可能导致彩色背景上已消除锯齿的图像周围出现灰色像素的光晕，并且会增加GIF文件的大小。如果出现光晕或者如果要将透明的GIF放置在彩色背景上，则在导出图像时不要使用平滑操作。选择选项“抖动纯色”将抖动应用于纯色和渐变色。选择选项“删除渐变色”，用渐变色中的第一种颜色将SWF文件中的所有渐变填充转换为纯色。渐变色会增加GIF文件的大小，而且通常品质欠佳。为了防止出现意想不到的结果，请在使用该选项时小心选择渐变色的第一种颜色。

透明：确定应用程序背景的透明度以及是将Alpha设置转换为GIF的方式。选择选项“不透明”使背景成为纯色。选择选项“透明”使背景透明。选择选项“Alpha”，设置局部透明度。输入一个介于0到255之间的阈值，值越低，透明度越高。例如，值128对应50%的透明度。

抖动：指定如何组合可用颜色的像素来模拟当前调色板中没有的颜色。抖动可以改善颜色品质，但是也会增加文件大小。选择选项“无”会关闭抖动，并用基本颜色表中最接近指定颜色的纯色替代该表中没有的颜色。如果关闭抖动，则产生的文件较小，但颜色不能令人满意。选择选项“有序”，提供高品质的抖动，同时文件大小的增长幅度也最小。选择选项“扩散”会提供最佳品质的抖动，但会增加文件大小并延长处理时间。

调色板类型：定义图像的调色板。选择选项“Web 216色”会使用标准的Web安全216色调色板来创建GIF图像，这样会获得较好的图像品质，并且在服务器上的处理速度最快。选择选项“最合适”会分析图像中的颜色，并为所选GIF文件创建一个唯一的颜色表。对于显示成千上万种颜色的系统而言是最佳的；它可以创建最精确的图像颜色，但会增加文件大小。若要减小用最适色彩调色板创建的GIF文件的大小，请使用“最多颜色”选项减少调色板中的颜色数量。选项“接近Web最适色”，与“最合适调色板”选项相同，但是会将接近的颜色转换为Web 216色调色板。生成的调色板已针对图像进行优化，但Flash会尽可能使用Web 216色调色板中的颜色。如果在256色系统上启用了Web 216色调色板，此选项将使图像的颜色更出色。选择选项“自定义”会指定已针对所选图像进行优化的调色板。自定义调色板的处理速度与“Web 216色”调色板的处理速度相同。若要选择自定义调色板，请单击“调色板”文件夹图标（显示在“调色板”文本字段末尾的文件夹图标），然后选择一个调色板文件。Flash支持由某些图形应用程序导出的以ACT格式保存的调色板。若要在选择了“最合适”或“接近Web最适色”调色板的情况下设置GIF图像中使用的颜色数量，请输入一个“最多颜色”值。颜色数量越少，生成的文件也越小，但可能会降低图像的颜色品质。

⑤ 指定JPEG文件的发布设置。JPEG格式可将图像保存为高压缩比的24位位图。通常，GIF格式对于导出线条绘画效果较好，而JPEG格式更适合显示包含连续色调（如照片、渐变色或嵌入位图）的图像。除非通过输入帧标签#Static来标记要导出的其他关键帧，否则Flash会将SWF文件中的第一帧导出为JPEG 文件。

JPEG图像的发布设置如下。

输出文件：对于JPEG文件名，请使用默认文件名，或者输入带.jpg扩展名的新文件名。

大小：输入导出的位图图像的宽度和高度值（以像素为单位），或者选择“匹配影片”使JPEG图像和舞台大小相同并保持原始图像的高宽比。

品质：拖动滑块或输入一个值，可控制JPEG文件的压缩量。图像品质越低则文件越小，反之亦然。若要确定文件大小和图像品质之间的最佳平衡点，请尝试使用不同的设置。

渐进：在Web浏览器中增量显示渐进式JEPG图像，从而可在低速网络连接上以较快的速度显示加载的图像。类似于GIF和PNG图像中的交错选项。

⑥ 指定PNG文件的发布设置。PNG是唯一支持透明度（Alpha通道）的跨平台位图格式。

除非通过输入帧标签#Static 来标记要导出的其他关键帧，否则 Flash 会将 SWF 文件中的第一帧导出为 PNG 文件。

PNG 图像的发布设置如下。

输出文件：对于 PNG 文件名，请使用默认文件名，或者输入带.png 扩展名的新文件名。

大小：输入导出的位图图像的宽度和高度值（以像素为单位），或者选择“匹配影片”使 PNG 图像和 SWF 文件大小相同并保持原始图像的高宽比。

位深度：设置创建图像时要使用的每个像素的位数和颜色数。位深度越高，文件就越大。选择选项“8 位”用于 256 色图像；选择选项“24 位”用于数千种颜色的图像；选择选项“24 位 Alpha”用于数千种颜色并带有透明度的图像。

优化颜色：从 PNG 文件的颜色表中删除任何未使用的颜色，在不影响图像品质的情况下将文件大小减少 1000 至 1500 个字节，但会稍稍提高内存要求。不影响最适色彩调色板。

交错：下载导出的 PNG 文件时，在浏览器中逐步显示该文件。用户可以在文件完全下载之前就能看到基本的图形内容，并能在较慢的网络连接中以更快的速度下载文件。不要交错 PNG 动画文件。

平滑：消除导出位图的锯齿，从而生成较高品质的位图图像，并改善文本的显示品质。但是，平滑可能导致彩色背景上已消除锯齿的图像周围出现灰色像素的光晕，并且会增加 PNG 文件的大小。如果出现光晕，或者如果要将透明的 PNG 放置在彩色背景上，则在导出图像时不要使用平滑操作。

抖动纯色：将抖动应用于纯色和渐变色。

删除渐变：用渐变色中的第一种颜色将应用程序中的所有渐变填充转换为纯色。渐变色会增加 PNG 文件的大小，而且通常品质欠佳。为了防止出现意想不到的结果，请在使用该选项时小心选择渐变色的第一种颜色。

抖动：如果将“位深度”选为 8 位，请选择一个“抖动”选项来指定如何组合可用颜色的像素来模拟当前调色板中没有的颜色。抖动可以改善颜色品质，但是也会增加文件大小。选择选项“无”会关闭抖动，并用基本颜色表中最接近指定颜色的纯色替代该表中没有的颜色。如果关闭抖动，则产生的文件较小，但颜色不能令人满意。选择选项“有序”，提供高品质的抖动，同时文件大小的增长幅度也最小。选择选项“扩散”会提供最佳品质的抖动，但会增加文件大小并延长处理时间。而且，只有选定 Web 216 色调色板时才起作用。

调色板类型：定义 PNG 图像的调色板。选择选项“Web 216 色”会使用标准的 Web 安全 216 色调色板来创建 PNG 图像，这样会获得较好的图像品质，并且在服务器上的处理速度最快。选择选项“最合适”会分析图像中的颜色，并为所选 PNG 文件创建一个唯一的颜色表。对于显示成千上万种颜色的系统而言是最佳的；它可以创建最精确的图像颜色，但所生成的文件要比用 Web 安全 216 色调色板创建的 PNG 文件大。选择选项“接近 Web 最适色”，与选择“最合适调色板”选项相同，但是会将接近的颜色转换为 Web 安全 216 色调色板。生成的调色板已针对图像进行优化，但 Flash 会尽可能使用 Web 安全 216 色调色板中的颜色。如果在 256 色系统上启用了 Web 安全 216 色调色板，此选项将使图像的颜色更出色。若要减小用最适色彩调色板创建的 PNG 文件的大小，请使用“最多颜色”选项来减少调色板中的颜色数量。选择选项“自定义”会指定针对所选图像进行优化的调色板。自定义调色板的处理速度与 Web 安全 216 色调色板的处理速度相同。若要选择自定义调色板，请单击“调色板”文件夹图标（显示在“调色板”文本字段末尾的文件夹图标），然后选择一个调色板文件。Flash 支持由主要图形应用程序导出的以 ACT 格式保存的调色板。如果选择了“最合适”或“接近 Web 最适色”调色板，请输入一个“最多颜色”值设置 PNG 图像中使用的颜色数量。颜色数量越少，生成的文件也越小，但可能会降低图像的颜色品质。

滤镜选项：选择一种逐行过滤方法使 PNG 文件的压缩性更好。选择选项“无”会关闭滤镜功能。选择选项“下”会传递每个字节和前一像素相应字节的值之间的差。选择选项“上”会传递每个字节和它上面相邻像素的相应字节的值之间的差。选择选项“平均”会使用两个相邻像素（左侧像素和上方像素）的平均值来预测该像素的值。选择选项“路径”会计算三个相邻像素（左侧、上方、左上方）的简单线性函数，然后选择最接近计算值的相邻像素作为颜色的预测值。选择选项“最合适”会分析图像中的颜色，并为所选 PNG 文件创建一个唯一的颜色表，对于显示成千上万种颜色的系统而言是最佳的。它可以创建最精确的图像颜色，但所生成的文件要比用“Web 216 色”调色板创建的 PNG 文件大。减少最适色彩调色板的颜色数量可以减小用该调色板创建的 PNG 的大小。

5. Flash 文档的导出

Flash 支持导出的文件格式有以下 3 种。

（1）导出为图像。将 Flash 图像保存为位图 GIF、JPEG 或 BMP 文件时，图像会丢失其矢量信息，仅以像素信息保存。用户可以在图像编辑器（例如 Photoshop）中编辑导出为位图的图像，但是不能再在基于矢量的绘图程序中编辑这些图像了。

（2）导出所选内容。Flash 内容将导出为序列文件，而图像则导出为单个文件。PNG 是唯透明度（作为 Alpha 通道）的跨平台位图格式。某些非位图导出格式不支持 Alpha 效果或遮罩层。

（3）导出影片。导出 SWF 格式的 Flash 文件时，文本以 Unicode 格式编码，从而提供了对国际字符集的支持，包括对双字节字体的支持。Flash Player 6 及更高版本支持 Unicode 编码。

至此，Flash 中的基本操作和应用介绍完毕，其应用的好坏，除了跟制作者的创意有关，也跟制作者 Flash 的操作熟练程度相关。有关 Flash 的更高级应用，读者可查阅 Adobe 官方参考文档。

6.7 思考与练习

一、思考题

1. 什么是动画？Flash 动画分为哪几种类型？
2. 帧是动画的基本组成元素，在 Flash 中帧的类型包括哪几种？可以对帧进行哪些操作？
3. Flash 中填充方式有哪几种类型？
4. Flash 中使用元件进行动画设计的优点是什么？
5. 什么是元件？什么是实例？简述元件和实例的关系。
6. Flash 中可以创建哪些类型的元件？各自的优点或特点是什么？
7. 简述创建元件的几种常用方法。
8. 什么是图层？Flash 中图层包括哪几种类型？
9. 补间动画是创建随时间移动或变化的一种有效方法，由于 Flash 自动补充创建关键帧之间过渡画面帧，因此称为补间动画。补间动画有两种形式，请简述有哪两种形式？其作用和区别是什么？
10. 如何让运动的对象沿指定的路径运动？简述操作步骤。

二、练习题

1. 制作地球绕太阳公转的同时月亮绕着地球公转的动画。
2. 制作出地球自转的同时还在绕太阳公转的动画。
3. 设计并制作贺卡动画，主题可以为生日贺卡、节日贺卡等。要求至少包含三种动画类型，三种元件类型都要使用，并且整个动画作品由多个场景组成。

参考文献

[1] 陈达，蒋厚亮. 信息技术应用基础教程. 北京：中国医药科技出版社，2015.

[2] 吴长海，陈达. 计算机基础教程. 北京：科学出版社，2009.

[3] 张青，何中林，杨族桥. 大学计算机基础教程（Windows 7+Office 2010）. 西安：西安交通大学出版社，2014.

[4] 张赵管，李应勇，刘经天. 计算机应用基础 Windows 7+Office 2010. 天津：南开大学出版社，2013.

[5] 吴宛萍，许小静，张青. Office 2010 高级应用. 西安：西安交通大学出版社，2016.

[6]（韩）金钟哲，（韩）权熙哲. 表达的艺术 PPT 动画设计. 北京：人民邮电出版社，2012.

[7] 未来教育. 全国计算机等级考试模拟考场二级 MS Office 高级应用. 成都：电子科技大学出版社，2015.

[8] ExcelHome.Excel 2010 应用大全. 北京：人民邮电出版社，2012.

[9] 王道乾，刘继华，陈少敏. 网页设计与制作. 天津：天津教育出版社，2013.

[10] 耿国华. 网页设计与制作（第 2 版）. 北京：高等教育出版社，2012.

[11] 胡娜，徐敏，唐龙. Flash CS5 版动画设计经典 200 例. 北京：科学出版社，2011.

[12] 李诚. Flash CS5 动画制作基础与应用教程. 北京：人民邮电出版社，2013.

[13] 胡崧，李敏，张伟. Flash CS6 中文版从入门到精通. 北京：中国青年出版社，2013.

参考文献

[1] 陈达，蒋厚亮. 信息技术应用基础教程. 北京：中国农业科技出版社，2015

[2] 吴长海，陈达. 计算机基础教程. 北京：科学出版社，2009.

[3] 张青，何中林，杨族桥. 大学计算机基础教程（Windows 7+Office 2010）. 西安：西安交通大学出版社，2014

[4] 张敏慧，李应勇，刘鑫天. 计算机应用基础 Windows 7+Office 2010. 天津：南开大学出版社，2013

[5] 吴婉萍，许小静，张青. Office 2010 高级应用. 西安：西安交通大学出版社，2016.

[6]（韩）金钟哲，（韩）权赫哲. 表达的艺术 PPT 动画设计. 北京：人民邮电出版社，2012.

[7] 未来教育. 全国计算机等级考试模拟考场二级 MS Office 高级应用. 成都：电子科技大学出版社，2015

[8] ExcelHome.Excel 2010 应用大全. 北京：人民邮电出版社，2012.

[9] 王道尧，刘继华，陈少敏. 网页设计与制作. 天津：天津教育出版社，2013

[10] 耿国华. 网页设计与制作（第2版）. 北京：高等教育出版社，2012.

[11] 胡娜，徐敏，胡龙. Flash CS5 版动画设计经典 200 例. 北京：科学出版社，2011.

[12] 李斌. Flash CS5 动画制作基础与应用教程. 北京：人民邮电出版社，2013.

[13] 胡崧，李敏，张伟. Flash CS6 中文版从入门到精通. 北京：中国青年出版社，2013.